CAD/CAM 专业技能视频教程

UG NX 12 模具设计技能课训

云杰漫步科技 CAX 教研室

张云杰　郝利剑　编　著

電子工業出版社

Publishing House of Electronics Industry

北京 • BEIJING

内容简介

NX是当前三维设计软件中比较突出的一款软件，广泛应用于通用机械、模具、家电、汽车及航空航天领域。Siemens公司现在推出了该软件的最新版本NX 12，本书详细介绍其模具设计工具、分型线设计、分型面设计/模具分析、模架库、标准件、浇注和冷却系统的设计、镶件、滑块和斜销机构的设计及模具设计其他功能等内容。另外，本书还配备了交互式多媒体教学资源，便于读者学习。

本书结构严谨、内容翔实、知识全面、可读性强，设计实例专业性强、步骤明确，是广大读者快速掌握 NX 12 模具设计的实用指导书，同时也适合作为职业培训学校和大专院校计算机辅助设计课程的教材。

图书在版编目（CIP）数据

UG NX 12模具设计技能课训 / 张云杰，郝利剑编著. —北京：电子工业出版社，2020.5
CAD/CAM专业技能视频教程
ISBN 978-7-121-38801-9

Ⅰ. ①U… Ⅱ. ①张… ②郝… Ⅲ. ①模具－计算机辅助设计－应用软件－教材 Ⅳ. ①TG76-39

中国版本图书馆CIP数据核字（2020）第047227号

责任编辑：许存权（QQ：76584717）
印　　刷：三河市君旺印务有限公司
装　　订：三河市君旺印务有限公司
出版发行：电子工业出版社
　　　　　北京市海淀区万寿路173信箱　邮编：100036
开　　本：787×1 092　1/16　印张：25.5　字数：653千字
版　　次：2020年5月第1版
印　　次：2020年5月第1次印刷
定　　价：79.00元

凡所购买电子工业出版社图书有缺损问题，请向购买书店调换。若书店售缺，请与本社发行部联系，联系及邮购电话：（010）88254888，88258888。

质量投诉请发邮件至zlts@phei.com.cn，盗版侵权举报请发邮件至dbqq@phei.com.cn。

本书咨询联系方式：（010）88254484，xucq@phei.com.cn。

Preface/前 言

本书是“CAD/CAM 专业技能视频教程”丛书中的一本，本套丛书建立在云杰漫步科技 CAX 教研室与众多 CAD 软件公司长期密切合作的基础上，通过继承和发展各公司内部培训方法，并吸收和细化培训过程中客户需求的经典案例，从而推出的一套专业课训教材。丛书本着服务读者的理念，通过大量内训经典实用案例对功能模块进行讲解，提高读者的应用水平，使读者全面掌握所学知识。丛书拥有完善的知识体系和教学思路，采用阶梯式学习方法，对设计专业知识、软件构架、应用方向及命令操作都进行了详尽的讲解，以循序渐进地提高读者的应用能力。

NX 是 Siemens 公司出品的一个产品工程解决方案，它为用户的产品设计及加工过程提供了数字化造型和验证手段。目前 Siemens 公司推出了其最新版本 NX 12，由于该软件强大的功能，现已逐渐成为当今世界最为流行的 CAD/CAM/CAE 软件之一，同时更有利于用户在模具设计中的使用，在实际模具设计中应用广泛，广泛应用于通用机械、模具、家电、汽车及航空航天领域。为了使读者能更好地学习 NX 12 中文版的模具设计功能，作者根据多年在该领域的设计经验精心编写了本书。本书按照合理的 NX 12 模具设计教学培训分类，采用阶梯式学习方法，对 NX 12 模具设计的构架、应用方向及命令操作都进行了详尽的讲解，以循序渐进地提高读者的应用能力。全书分为 10 章，主要内容：模具设计工具、分型线设计、分型面设计、模具分析、模架库、标准件、流道和冷却系统的设计、镶件、滑块和斜销机构的设计及其他模具设计功能；在每章中结合实例进行讲解，并在最后讲解了一个综合应用范例，以此来说明 NX 12 模具设计的实际应用，也充分介绍了 NX 12 的模具设计方法和设计职业知识。

云杰漫步科技 CAX 教研室长期从事 NX 的专业设计和教学，数年来承接了大量项目，参与 NX 模具设计的教学和培训工作，积累了丰富的实践经验。本书就像一位专业设计师，针对使用 NX 12 中文版的广大初中级用户，将模具设计项目时的思路、流程、方法和技巧、操作步骤面对面地与读者交流，是广大读者快速掌握 NX 12 模具设计的实用指导书，同时更适合作为职业培训学校和大专院校计算机辅助设计课程的教材。

本书还配备了交互式多媒体教学演示视频，将案例操作过程制作为多媒体进行讲解，有从教多年的专业讲师全程多媒体语音视频跟踪教学，以面对面的形式讲解，便于读者学习。同时配套资源中还提供了所有实例的源文件，以便读者练习时使用。读者可以关注“云杰漫步科技”微信公众号，查看关于多媒体教学资源的使用方法和下载方法，也欢迎读者登录云杰漫步多媒体科技的网上技术论坛进行交流（http://www.yunjiework.给com/bbs），论坛分为多个专业的设计板块，可以为读者提供实时的技术支持，解答读者疑难。

本书由云杰漫步科技 CAX 教研室编写，参加编写工作的有张云杰、尚蕾、张云静、郝利剑等。书中的案例均由云杰漫步科技 CAX 设计教研室设计制作，多媒体资源由北京云杰漫步多媒体科技公司提供技术支持，同时要感谢电子工业出版社编辑的大力协助。

由于编写时间紧张，编者的水平有限，因此本书难免有不足之处，在此，编者对广大读者表示歉意，望广大读者不吝赐教，对书中的不足之处给予指正。

编　者

（扫码获取资源）

Contents/目 录

第1章　NX 12模具设计基础

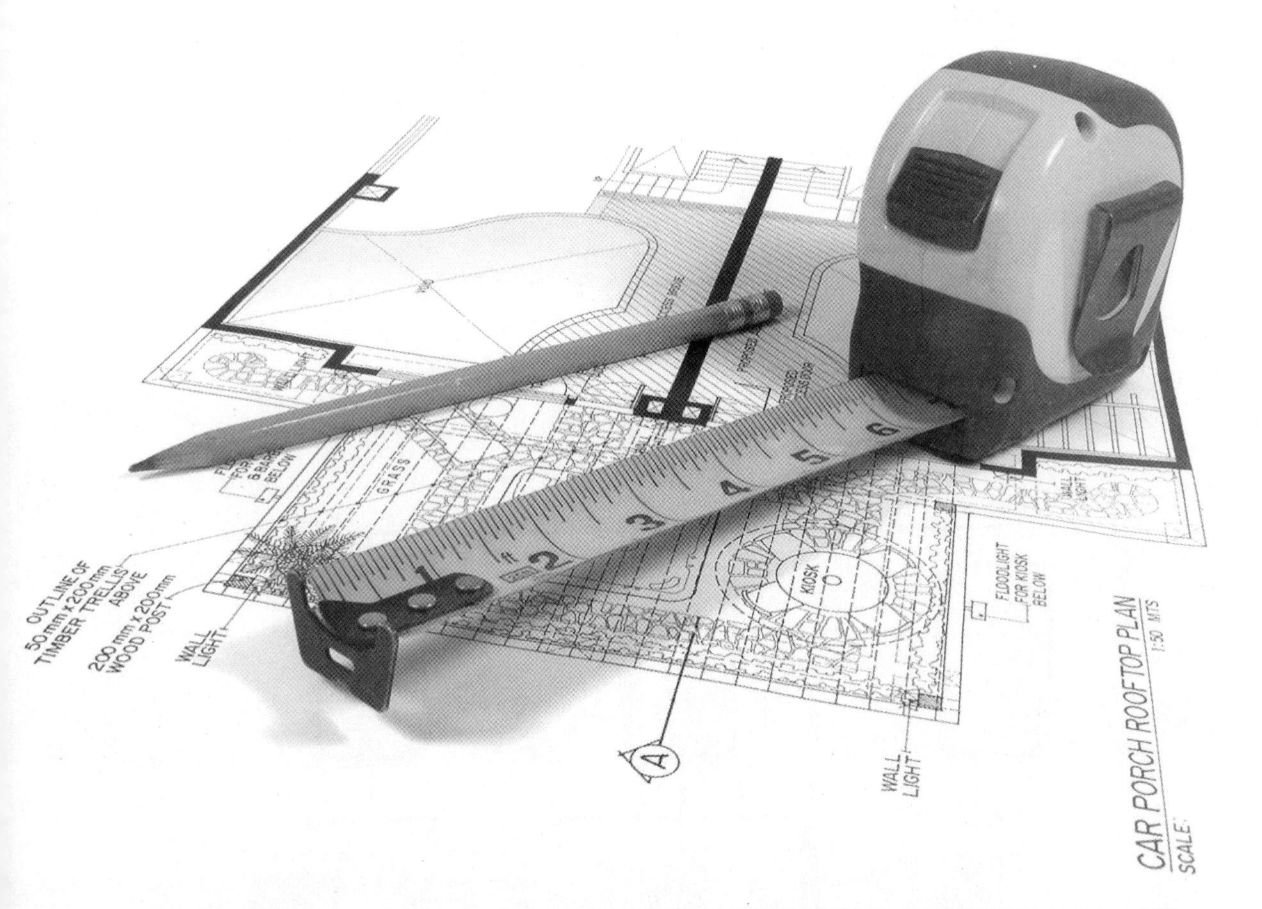

课训目标	内　容	掌握程度	课　时
	NX 12注塑模向导	熟练运用	2
	模具初始化设置	熟练运用	2
	腔体设计	了解	1

课程学习建议

NX 12（NX 1847）提供了塑料注塑模具、铝镁合金压铸模具、钣金冲压模具等模具设计模块，由于塑料注塑模具设计模块涵盖了其他模具设计模块的流程和功能，所以本书主要介绍塑料注塑模具建模的一般流程和加工模块，本书中所有模具均指注塑模具。

本章主要讲解注塑模具设计的一些基础知识，塑料注塑模具建模的腔体设计和 NX 12 注塑模向导模块的主要功能，并介绍使用 NX 12 注塑模向导模块进行模具设计，通过过程自动化、参数全相关技术，快速建立模具型芯、型腔、滑块、镶件、模架等模具零件三维实体模型。

本课程主要基于软件的模具模块进行讲解，其培训课程表如下。

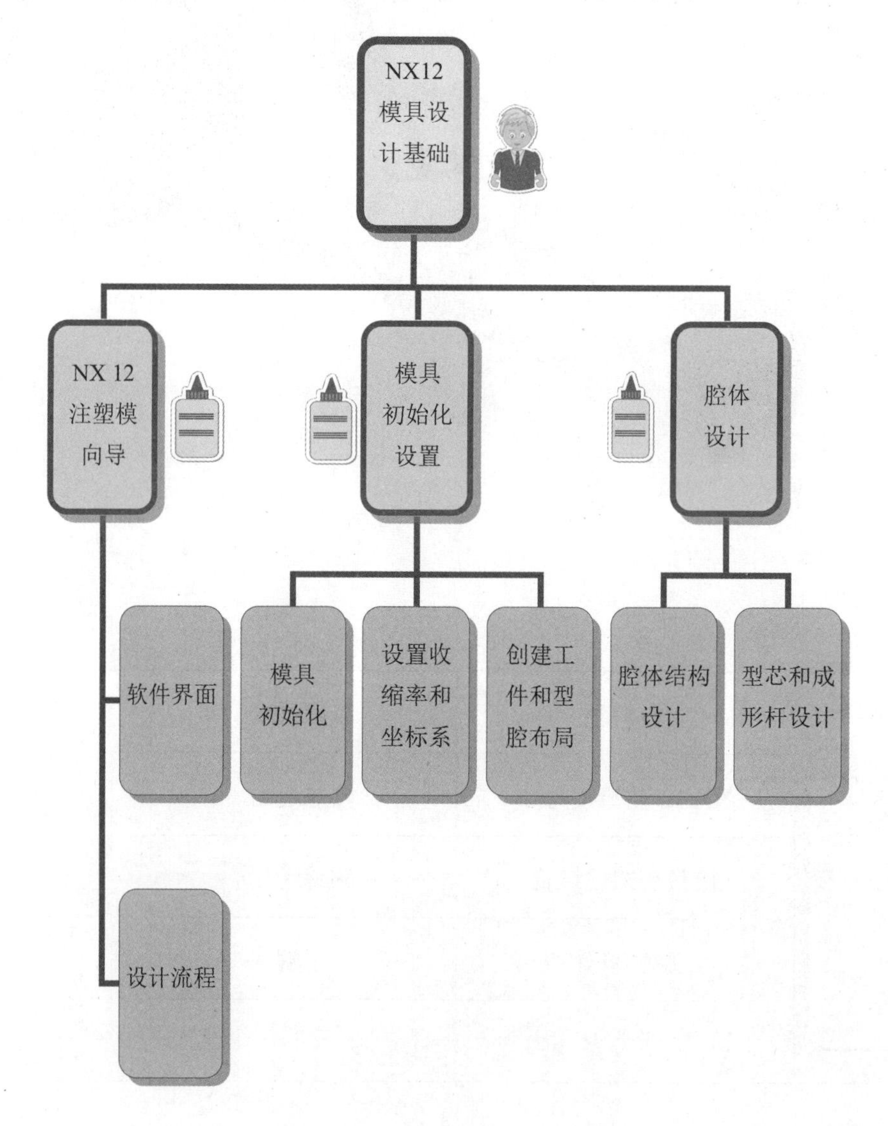

1.1 NX 12 注塑模向导

基本概念

NX 注塑模向导是一个非常好的工具，它使模具设计中耗时、烦琐的操作变得更精确、便捷，使模具设计完成后的产品能自动更新相应的模具零件，大大地提高模具设计师的工作效率。

课堂讲解课时：2 课时

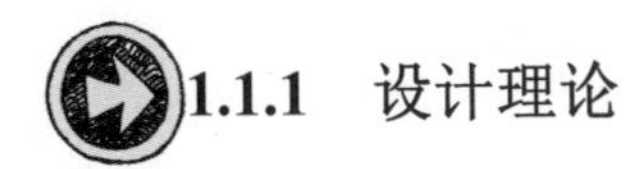

1.1.1 设计理论

NX 的模具设计过程使用了很多术语来描述设计步骤，这些是模具设计所独有的，熟练掌握这些术语，对理解 NX 模具设计有很大帮助，下面将分别说明。

设计模型：模具设计必须有一个设计模型，也就是模具将要制造的产品原型，如图 1-1 所示。

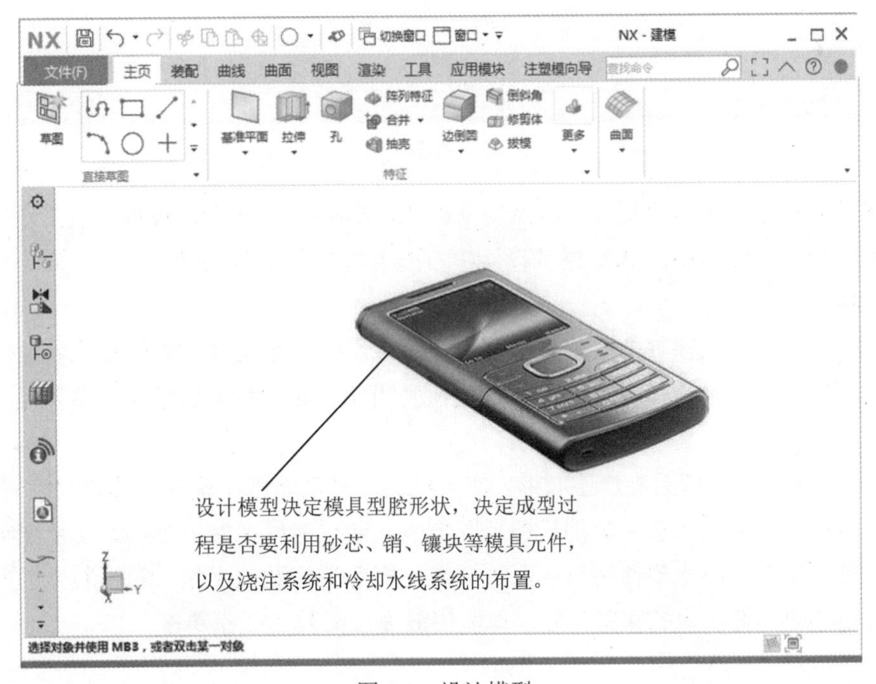

图 1-1 设计模型

参照模型：是设计模型在模具模型中的映像，如果在零件设计模块中编辑更改了设计模型，那么包含在模具模型的参照模型也将发生相应变化，而在模具模型中对参照模型进行编辑，修改其特征，则影响不到设计模型。

工件：表示直接参与熔料（如顶部和底部嵌入物成型）的模具元件的总体积，使用分型面分割工件，可以得到型腔、型芯等元件，工件的体积应当包围所有参考模型、模穴、浇口、流道和模口等，如图 1-2 所示。

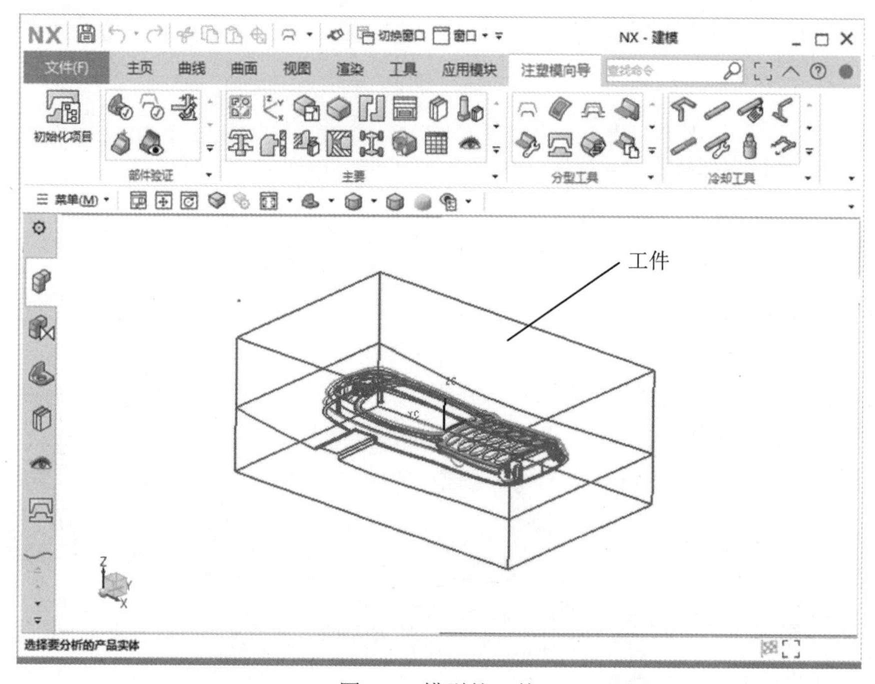

图 1-2　模型的工件

分型面：分型面由一个或多个曲面特征组成，如图 1-3 所示，可以分割工件或者已存在的模具体积块。分型面在 NX 模具设计中占据着重要和最为关键的地位，应当合理地选择分型面的位置。

收缩率：注塑件从模具中取出冷却至室温后，尺寸缩小变化的特性称为收缩性，衡量塑件收缩程度大小的参数称为收缩率。对高精度塑件，必须考虑收缩率给塑件尺寸形状带来的误差。

拔模斜度：塑料冷却后会产生收缩，使塑料制件紧紧地包住模具型芯或型腔突出部分，造成脱模困难，为了便于塑料制件从模具取出或从塑料制件中抽出型芯，防止塑料制件与模具成型表面粘附，防止塑件制件表面被划伤、擦毛等问题的产生，塑料制件的内外表面沿脱模方向都应该有一定的倾斜角度，即脱模斜度，又称为拔模斜度。

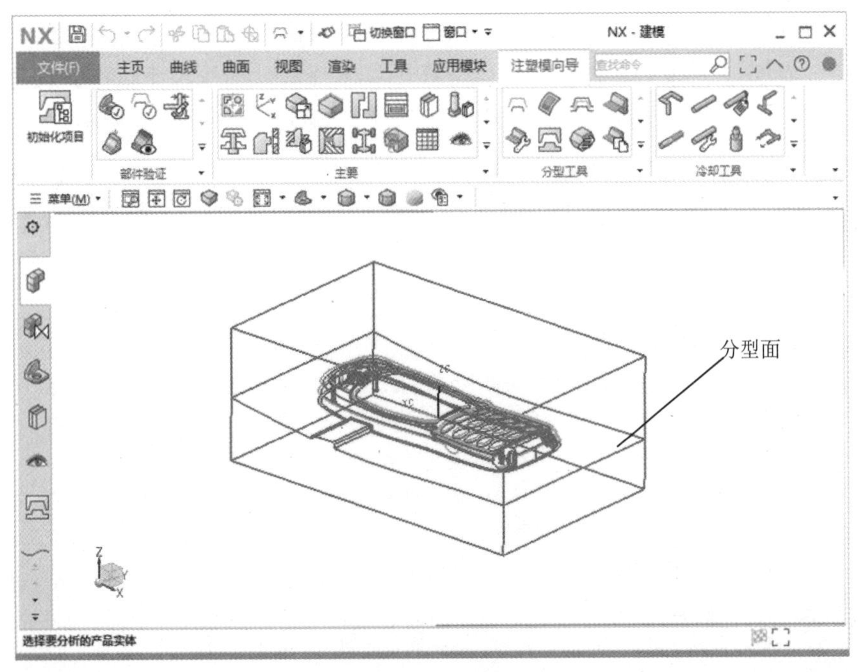

图 1-3　分型面

1.1.2　课堂讲解

下面介绍 NX 模具设计的相关术语。

1. NX 注塑模设计界面

打开 NX 12 后，选择【文件】|【所有应用模块】|【注塑模向导】菜单命令，进入注塑模向导应用模块，如图 1-4 所示。

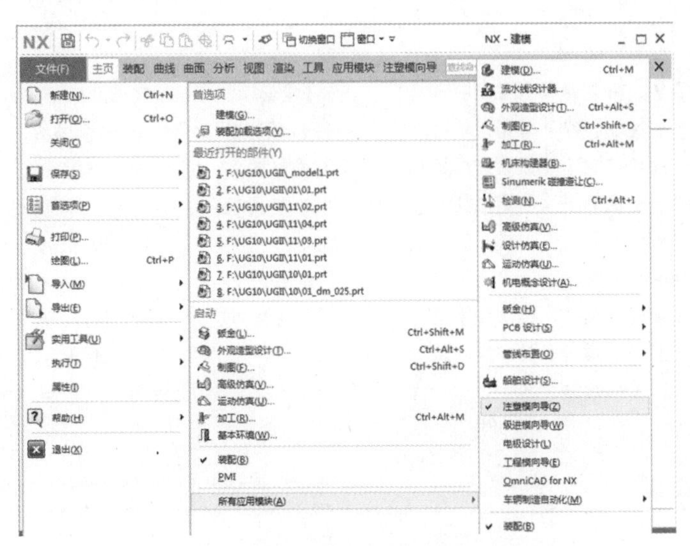

图 1-4　选择【注塑模向导】菜单命令

此时打开【注塑模向导】选项卡。使用注塑模向导提供的实体工具和片体工具，可以快速、准确地对模型进行实体修补、片体修补、实体分割等操作。鼠标指针放到选项卡工具条中的按钮上会显示按钮的名称，常用的按钮功能如图 1-5 和图 1-6 所示。

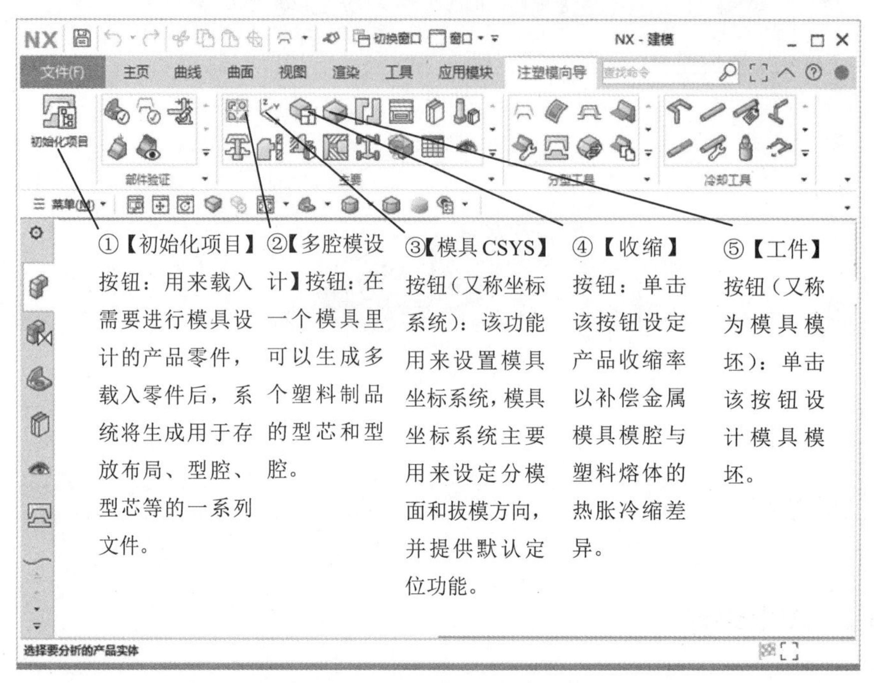

图 1-5 【注塑模向导】选项卡

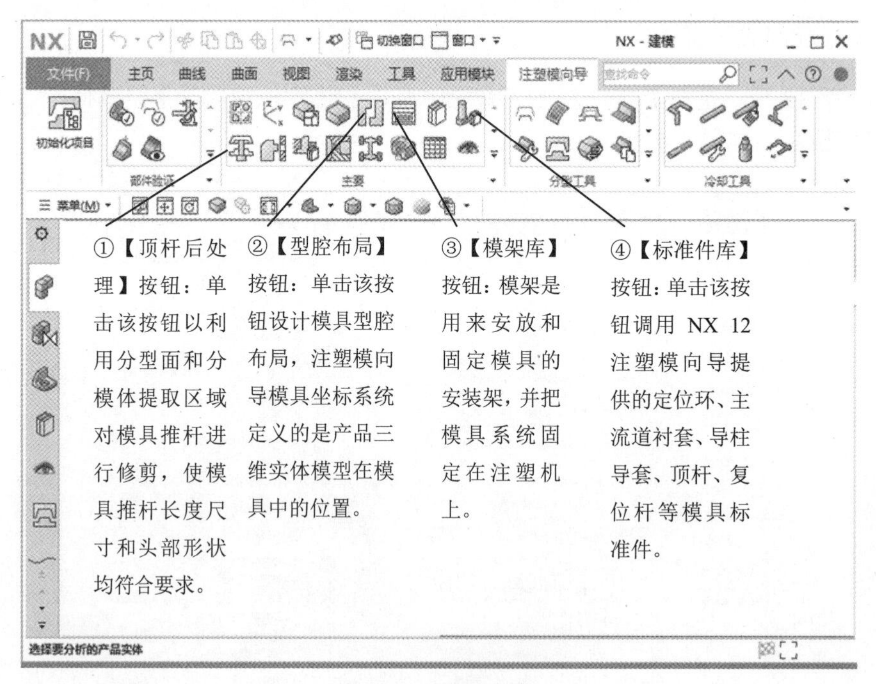

图 1-6 主要工具条

注塑模向导模块提供模具设计型腔布局，系统提供了矩形排列和圆形排列两种模具型腔排布方式。

在 NX 12 的注塑模向导系统中，坐标系统的 XC-YC 平面定义在模具动模和定模的接触面上，模具坐标系统的 ZC 轴正方向指向塑料熔体注入模具主流道的方向。模具坐标系统设计是模具设计中相当重要的一步，模具坐标系统与产品模型的相对位置决定了产品模型在模具中的放置位置和模具结构，是模具设计成败的关键。

NX 12 注塑模向导按设定的收缩率对产品三维实体模型进行放大并生成一个名为“shrink part”的三维实体模型，后续的分型线选择、补破孔、提取区域、分型面设计等分模操作均以此模型为基础进行操作。

2. NX 塑料注塑模具的设计流程

NX 塑料注塑模具的设计过程遵循模具设计的一般规律，主要流程如下。

（1）产品模型准备

用于模具设计的产品三维模型文件有多种文件格式，NX 12 注塑模向导模块需要一个 NX 文件格式的三维产品实体模型作为模具设计的原始模型，如果一个模型不是 NX 文件格式的三维实体模型，则需用 NX 软件将文件转换成 NX 文件格式的三维实体模型或重新创建 NX 三维实体模型。正确的三维实体模型有利于 NX 12 注塑模向导模块进行自动模具设计。

（2）产品加载和初始化

产品加载是使用 NX 12 注塑模向导模块进行模具设计的第一步，产品成功加载后，NX 注塑模向导模块将自动产生一个模具装配结构，该装配结构包括构成模具所必需的标准元素。

（3）设置模具坐标系统

设置模具坐标系统是模具设计中相当重要的一步，模具坐标系统的原点须设置于模具动模和定模的接触面上，模具坐标系统的 XC-YC 平面须定义在动模和定模接触面上，模具坐标系统的 ZC 轴正方向指向塑料熔体注入模具主流道的方向。模具坐标系统与产品模型的相对位置决定产品模型在模具中的放置位置，是模具设计成败的关键。

（4）计算产品收缩率

塑料熔体在模具内冷却成型为产品后，由于塑料的热胀冷缩大于金属模具的热胀冷缩，所以成型后的产品尺寸将略小于模具型腔的相应尺寸，因此模具设计时模腔的尺寸要求略大于产品的相应尺寸，以补偿金属模具型腔与塑料熔体的热胀冷缩差异。NX 12 模具向导处理这种差异的方法是将产品模型按要求放大生成一个名为缩放体的分模实体模型，该实体模型的参数与产品模型参数是全相关的。

（5）设定模具型腔和型芯毛坯尺寸

模具型腔和型芯毛坯（简称“模坯”）是外形尺寸大于产品尺寸，用于加工模具型腔和型芯的金属坯料。NX 12 注塑模向导模块自动识别产品外形尺寸，并预定义模具型腔型芯毛坯的外形尺寸，其默认值在模具坐标系六个方向上比产品外形尺寸大 25mm。NX 模具向导通过分模将模具坯料分割成模具型腔和型芯。

（6）模具型腔布局

模具型腔布局即是通常所说的“一模多腔”，它指的是产品模型在模具型腔内的排布数量。NX 12 注塑模向导模块提供了矩形排列和圆形排列两种模具型腔排布方式。

（7）建立模具分型线

NX 12 注塑模向导模块提供 MPV（Mould Part Validation 分模对象验证的简写）功能，将分模实体的模型表面分割成型腔区域和型芯区域两种面，两种面相交产生的一组封闭曲线就是分型线。

（8）修补分模实体模型破孔

塑料产品由于功能或结构需要，在产品上常有一些穿透产品的孔，即所称的“破孔”。为将模坯分割成完全分离的两部分：（型腔和型芯），NX 12 注塑模向导模块需要用一组厚度为零的片体将分模实体模型上的这些孔“封闭”起来，这些厚度为零的片体和分型面、分模实体模型表面可将模坯分割成型腔和型芯。NX 注塑模向导模块提供自动补孔功能。

（9）建立模具分型面

分型面是一组由分型线向模坯四周按一定方式扫描、延伸、扩展而形成的一组连续封闭曲面。NX 12 注塑模向导模块提供自动生成分型面功能。

（10）建立模具型腔和型芯

分模实体模型在破孔修补和创建分型面后，即可用 NX 12 注塑模向导模块提供的建立模具型腔和型芯功能，将模坯分割成型腔和型芯。

（11）使用模架

建立模具型腔、型芯后，需要提供模架以固定模具型腔和型芯。NX 12 注塑模向导模块提供有电子表格驱动的模架库和模具标件库。

（12）加入模具标件

模具标件是指模具定位环、主流道衬套、顶杆、复位杆等模具配件，NX 12 注塑模向导模块提供有电子表格驱动的三维实体模具标件库。

（13）模具建腔

建腔是指在模具型腔、型芯、模板上建立腔、孔等特征以安装模具型腔、型芯、镶块及各种模具标件。

1.1.3 课堂练习——创建手板零件模型并启动模具设计向导

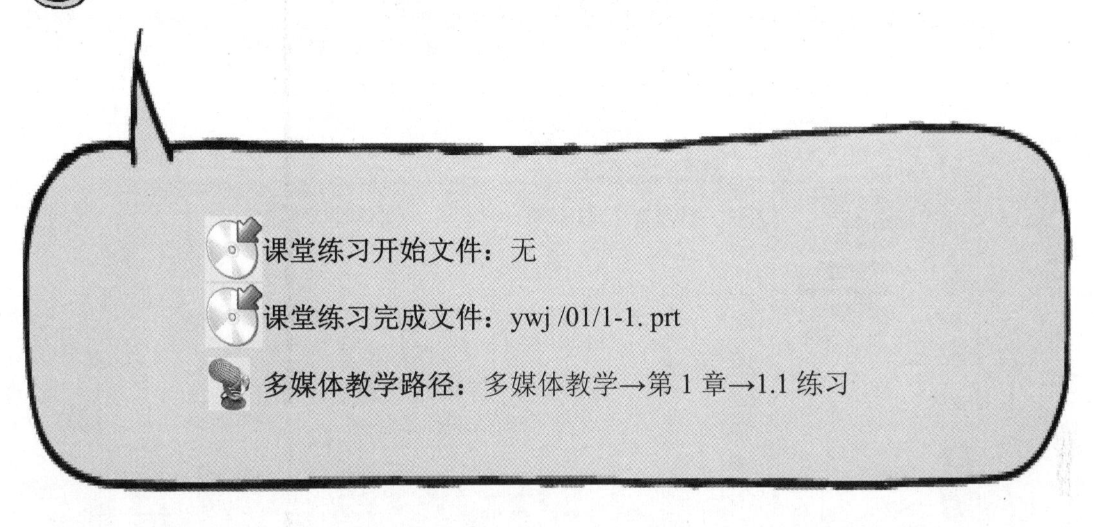

Step1 新建文件，选择草绘面，如图 1-7 所示。

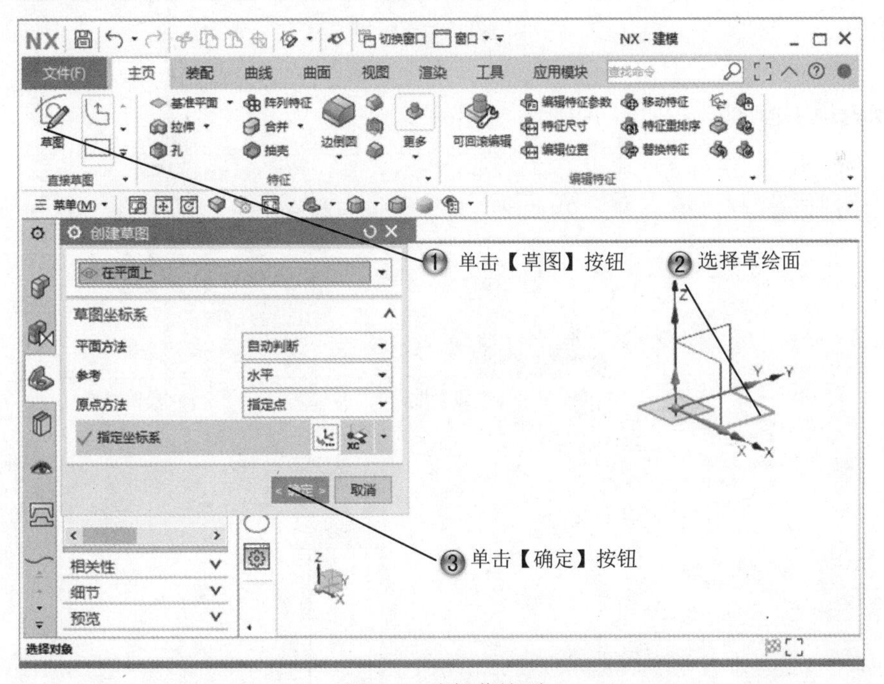

图 1-7 选择草绘面

Step2 绘制圆形，如图 1-8 所示。

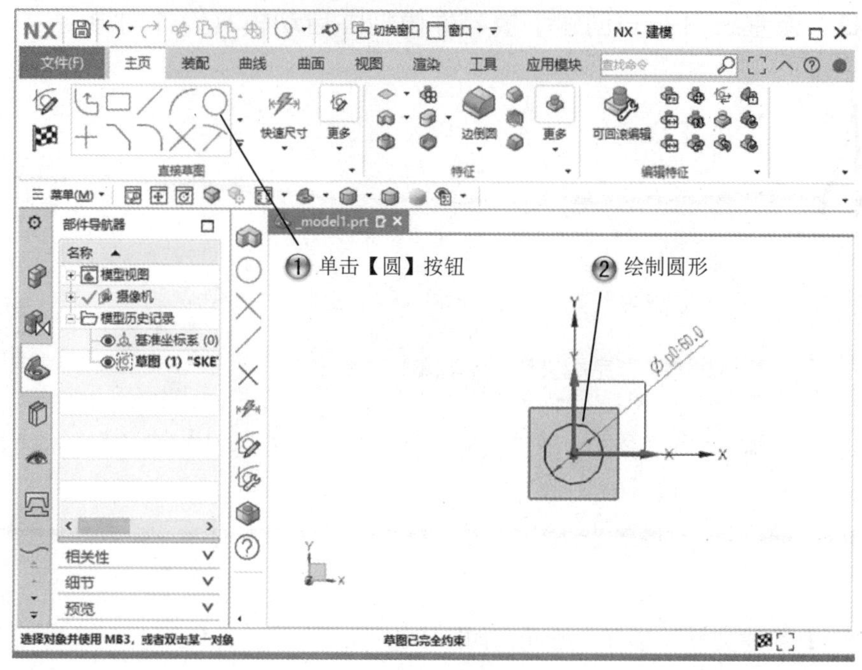

图 1-8　绘制圆形

Step3 绘制直线，如图 1-9 所示。

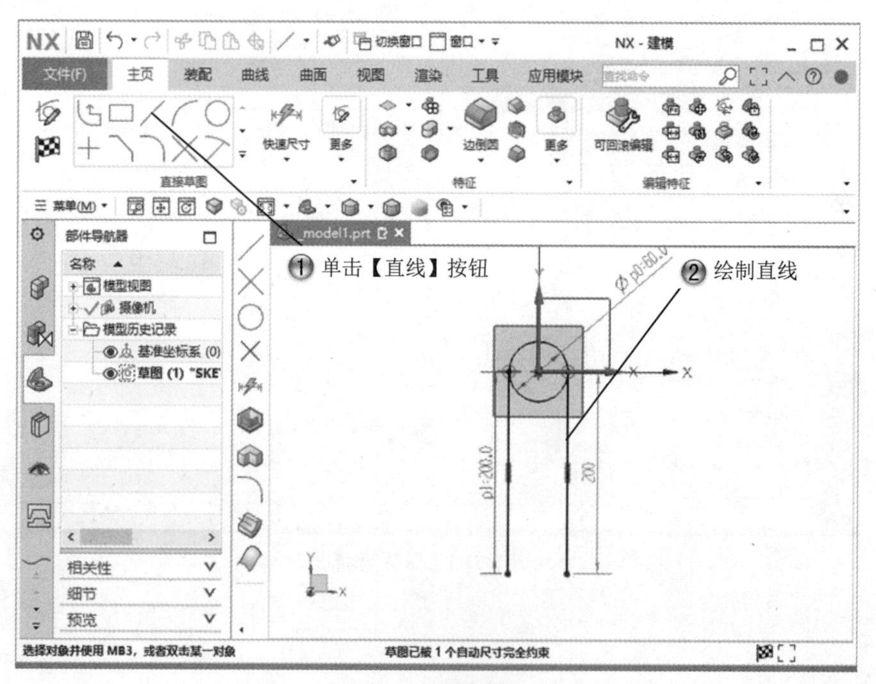

图 1-9　绘制直线

Step4 绘制矩形 1，如图 1-10 所示。

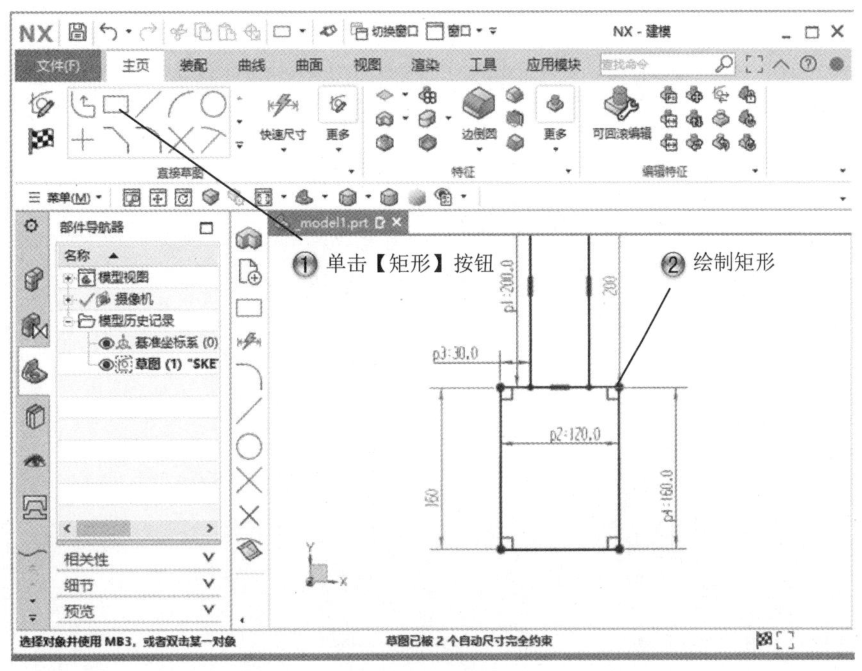

图 1-10　绘制矩形 1

Step5 绘制矩形 2，如图 1-11 所示。

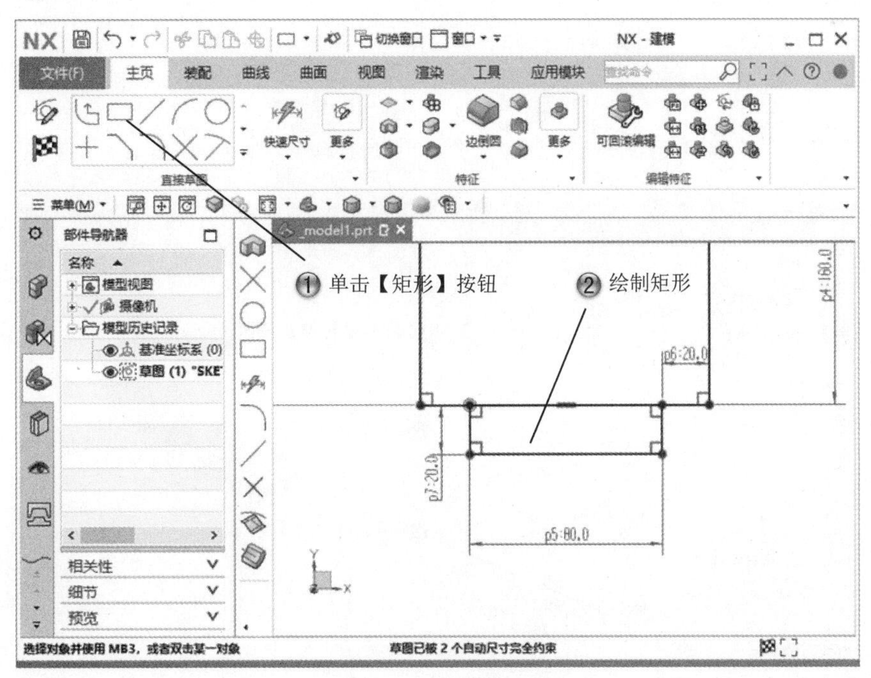

图 1-11　绘制矩形 2

Step6 修剪图形，如图 1-12 所示。

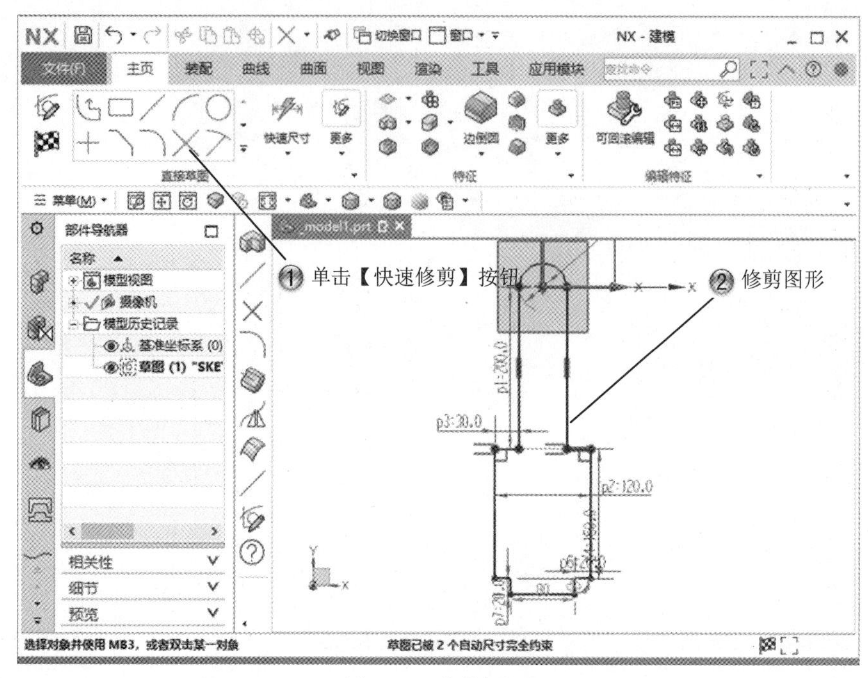

图 1-12　修剪图形

Step7 创建拉伸特征，如图 1-13 所示。

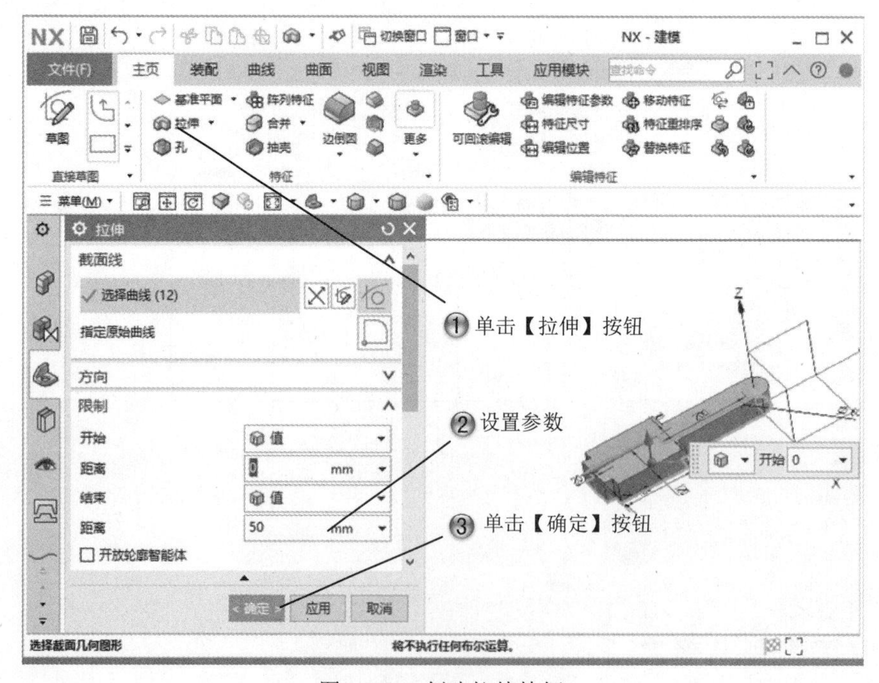

图 1-113　创建拉伸特征

Step8 创建边倒圆，如图 1-14 所示。

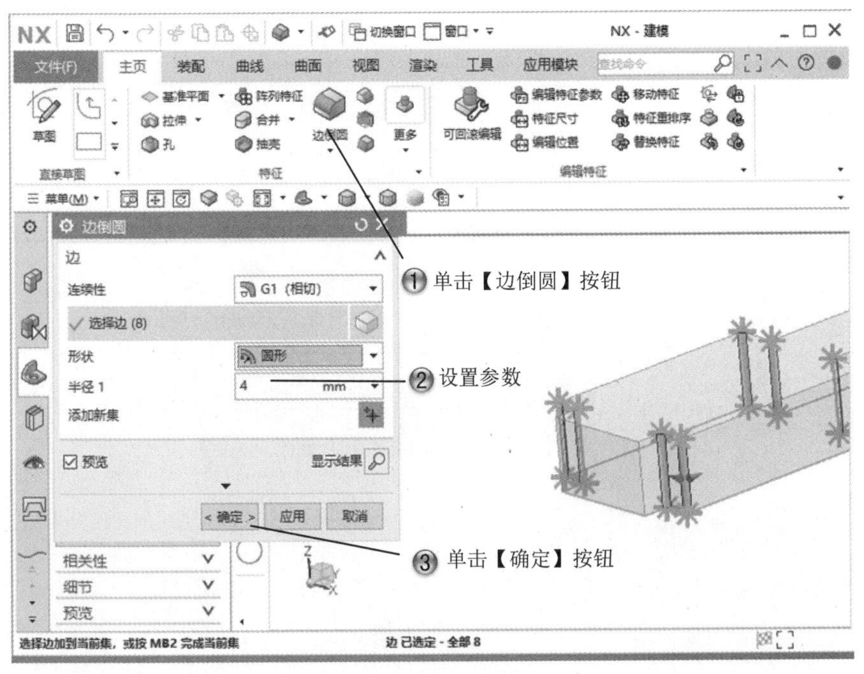

图 1-14　创建边倒圆

Step9 选择草绘面，如图 1-15 所示。

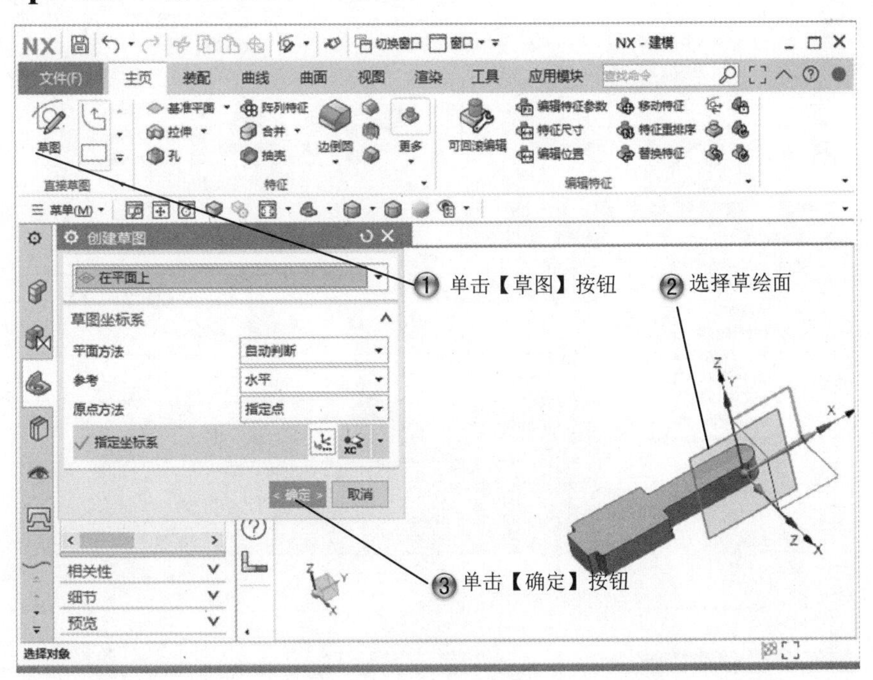

图 1-15　选择草绘面

Step10 绘制矩形，如图 1-16 所示。

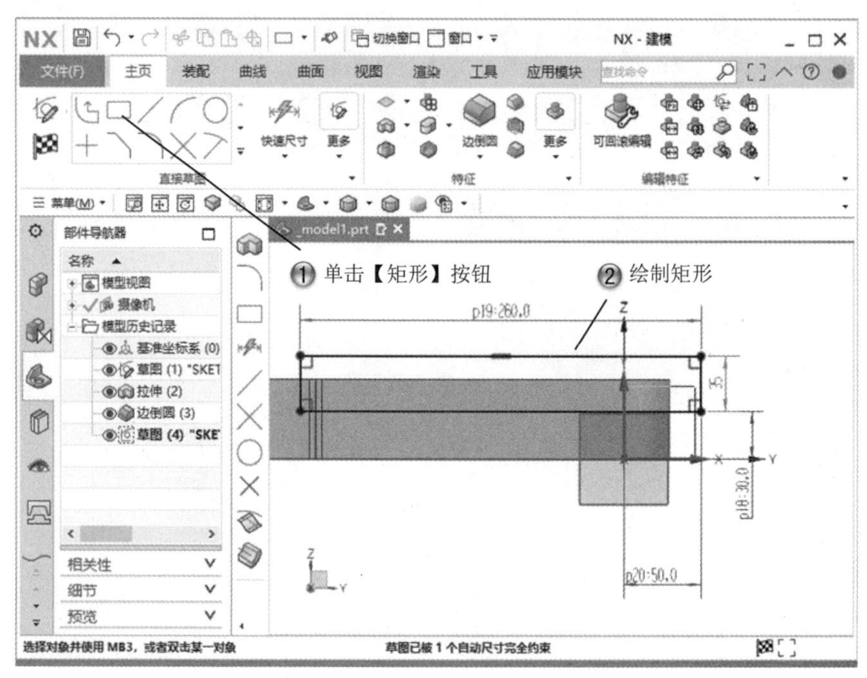

图 1-16　绘制矩形

Step11 绘制斜线，如图 1-17 所示。

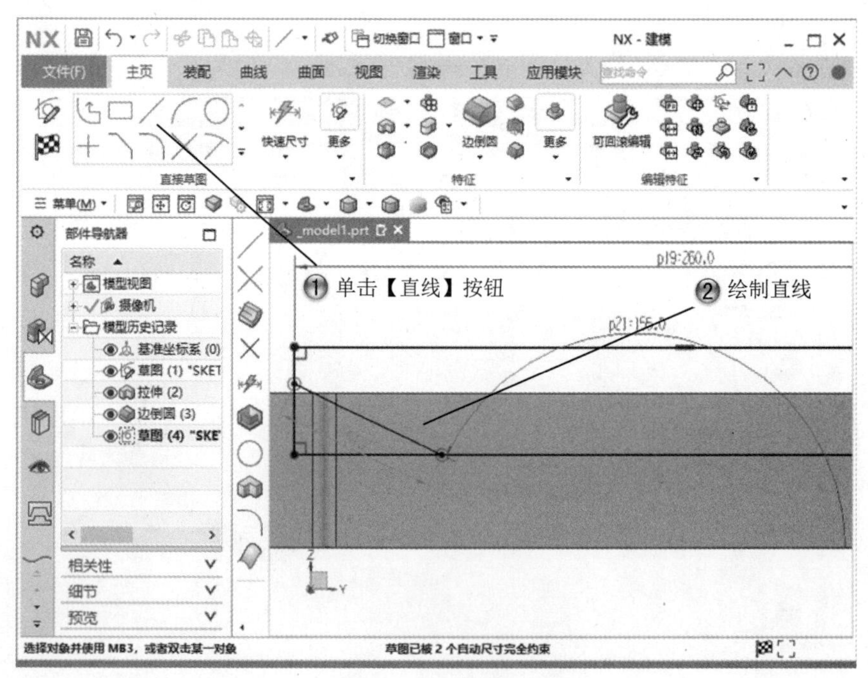

图 1-17　绘制斜线

Step12 修剪草图，如图 1-18 所示。

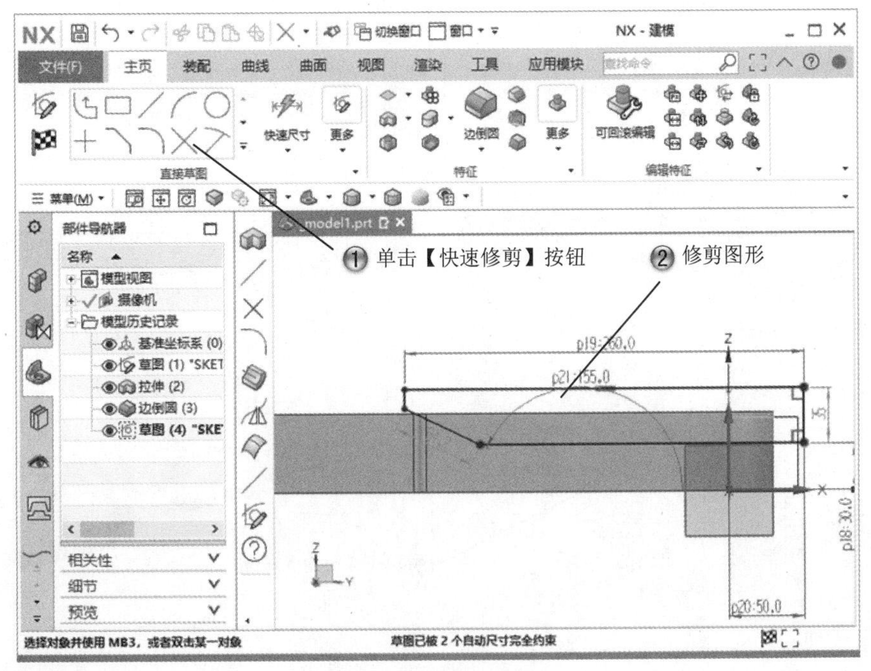

图 1-18 修剪草图

Step13 创建拉伸特征，如图 1-19 所示。

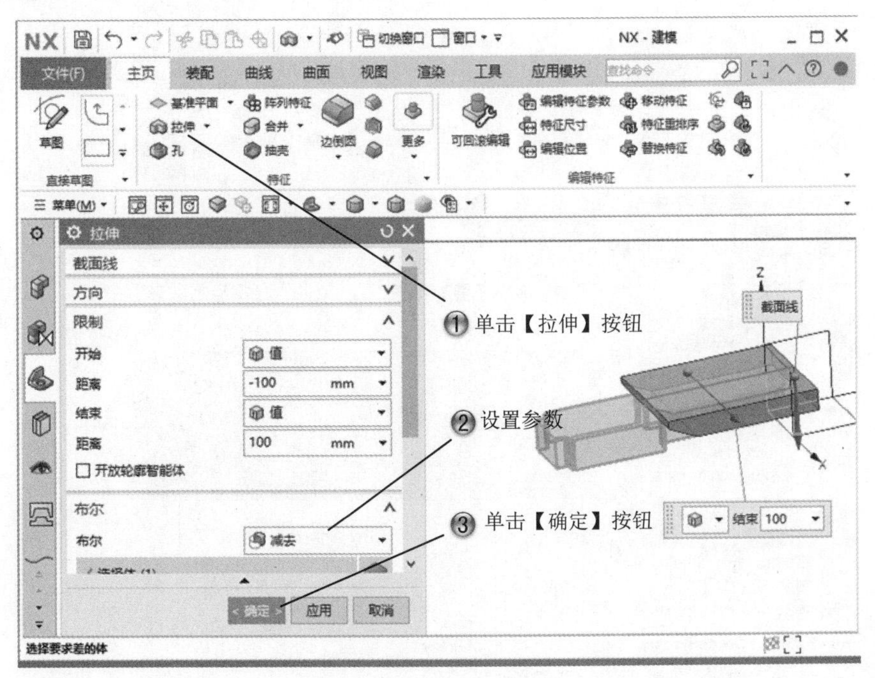

图 1-19 创建拉伸特征

Step14 选择草绘面，如图 1-20 所示。

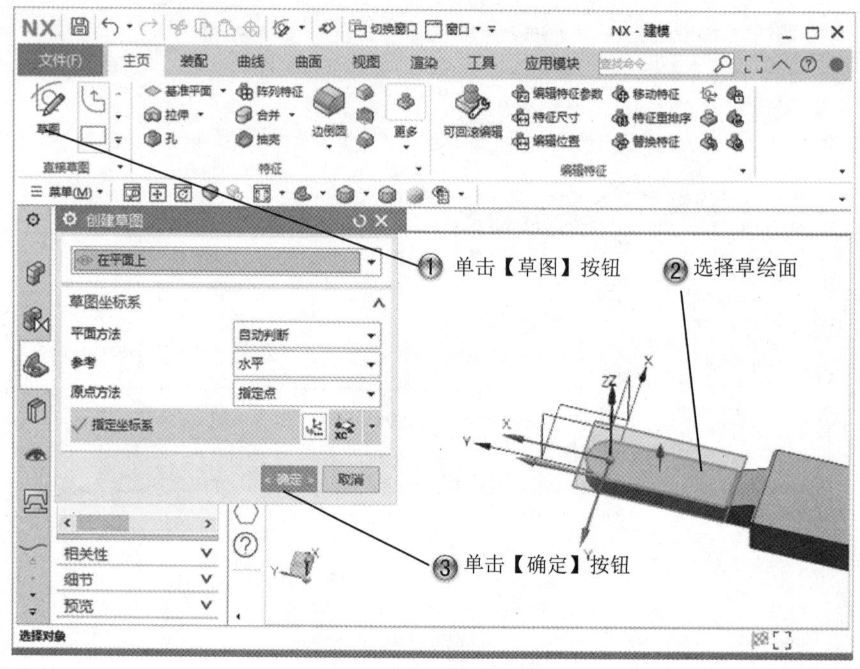

图 1-20　选择草绘面

Step15 绘制圆形，如图 1-21 所示。

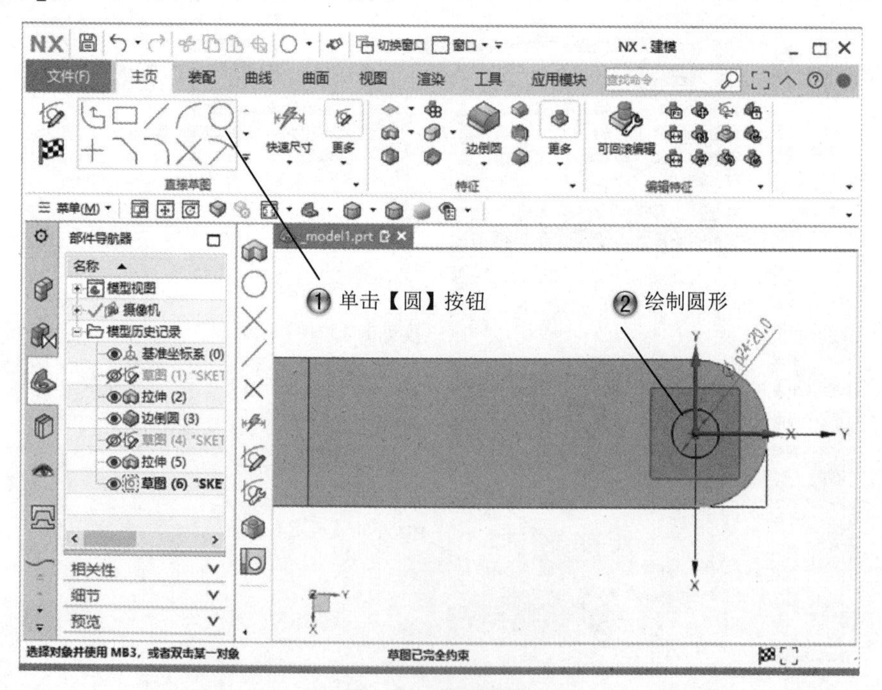

图 1-21　绘制圆形

Step16 创建拉伸特征，如图 1-22 所示。

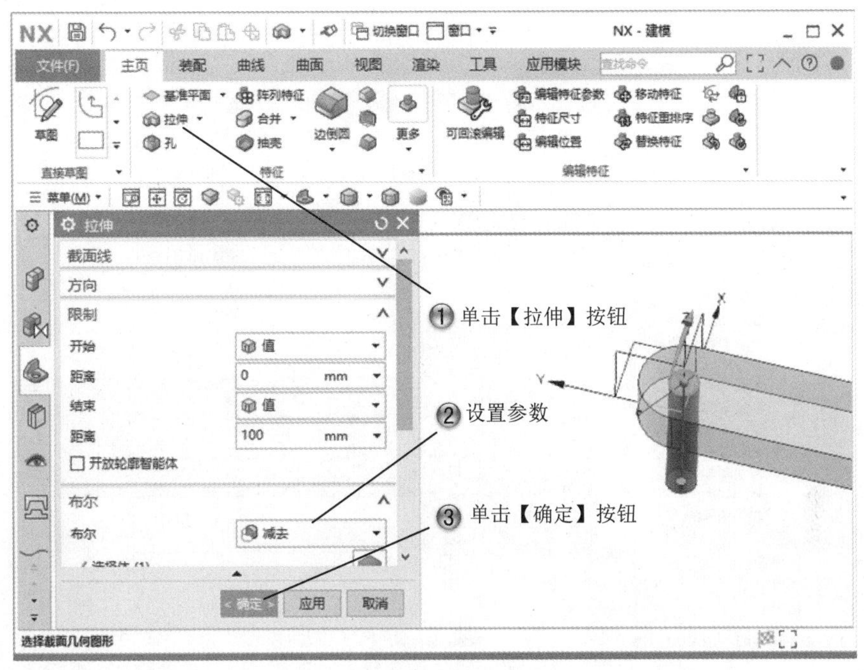

图 1-22　创建拉伸特征

Step17 选择草绘面，如图 1-23 所示。

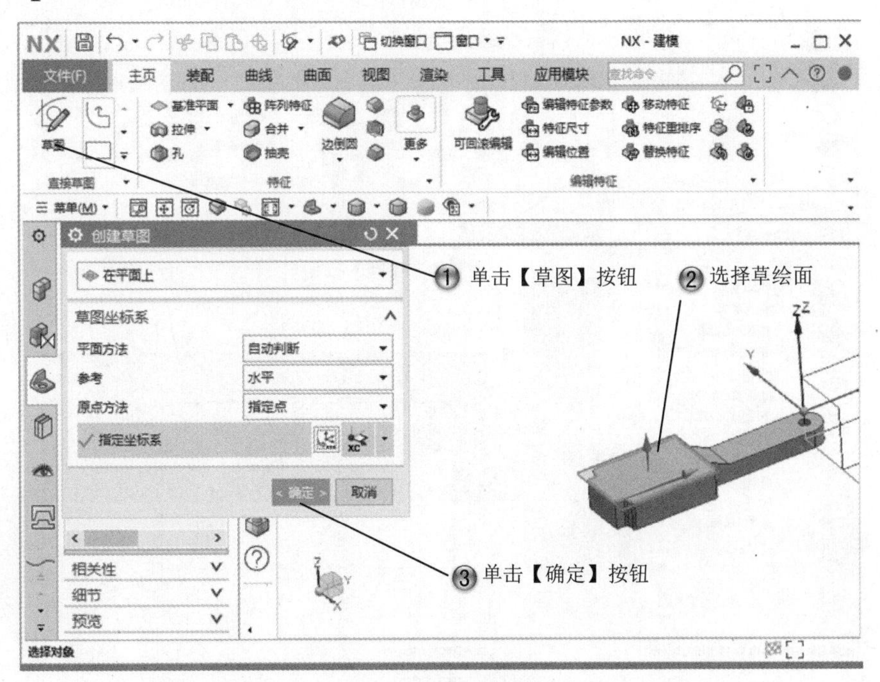

图 1-23　选择草绘面

Step18 绘制矩形，如图 1-24 所示。

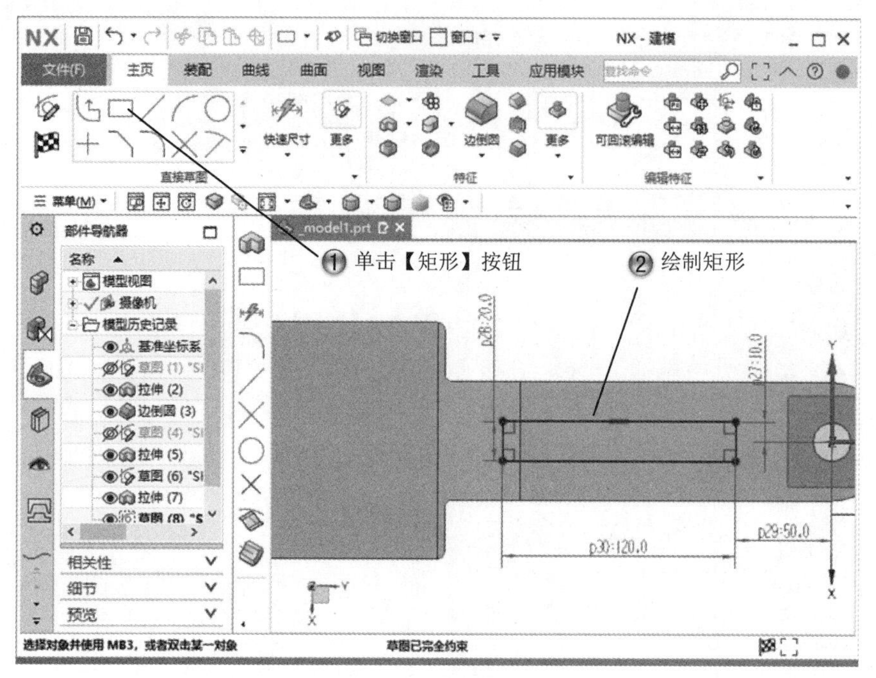

图 1-24　绘制矩形

Step19 绘制圆形，如图 1-25 所示。

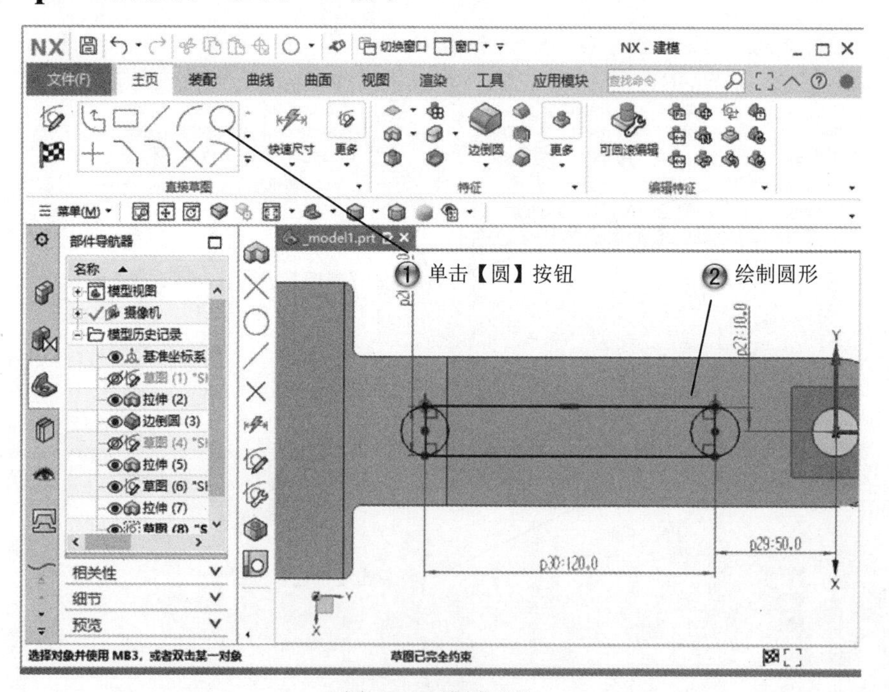

图 1-25　绘制圆形

Step20 修剪图形，如图 1-26 所示。

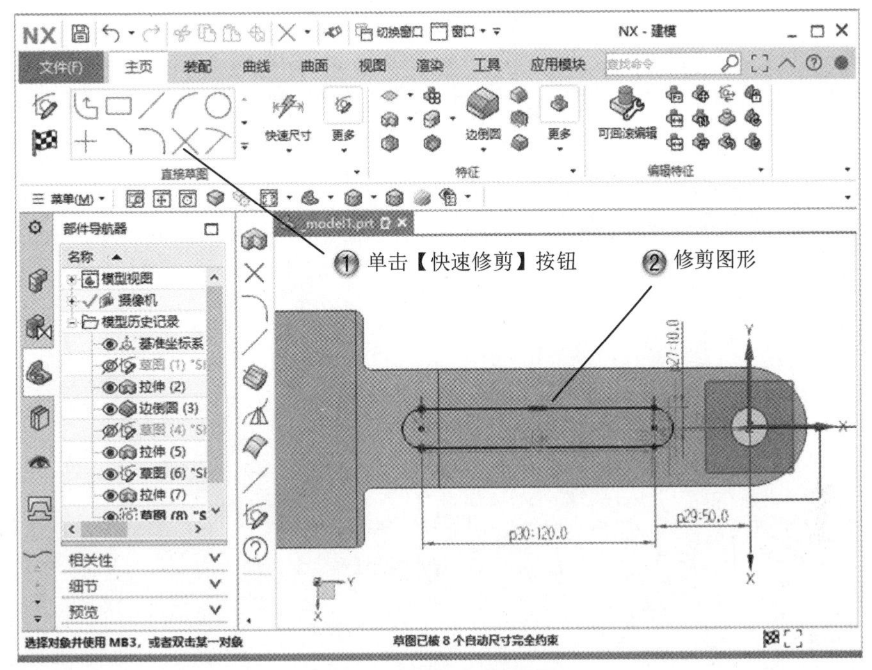

图 1-26　修剪图形

Step21 创建拉伸特征，如图 1-27 所示。

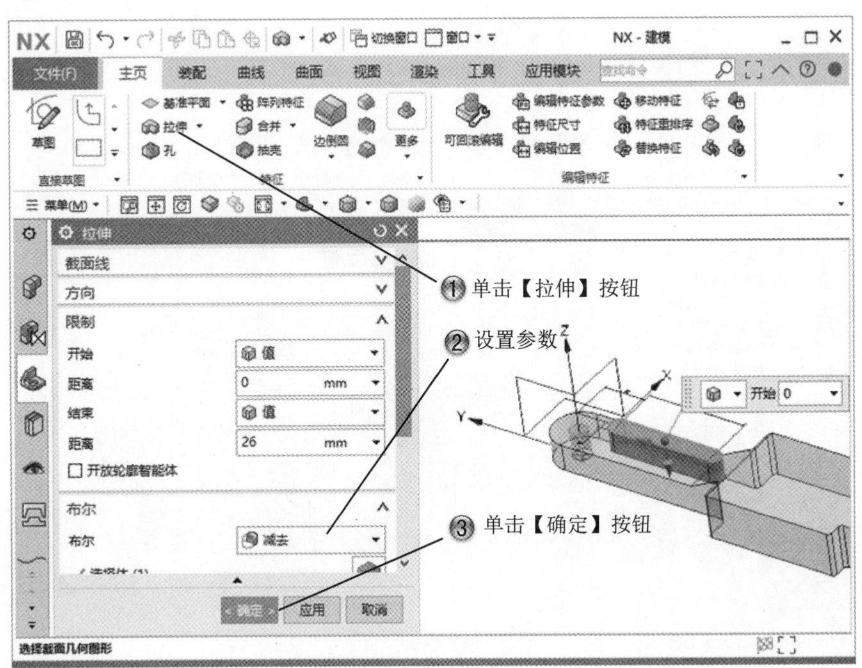

图 1-27　创建拉伸特征

Step22 选择草绘面，如图 1-28 所示。

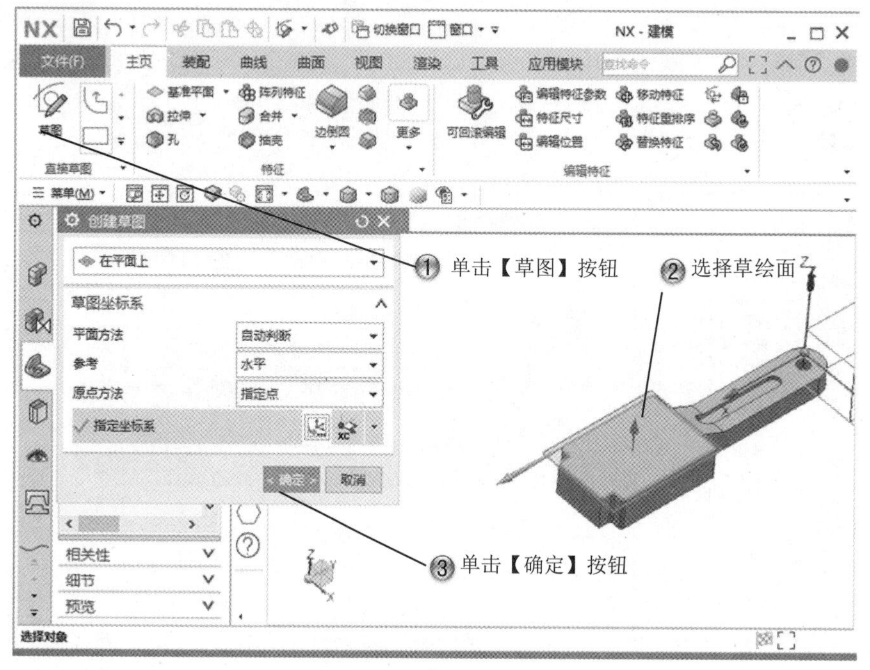

图 1-28　选择草绘面

Step23 绘制矩形，如图 1-29 所示。

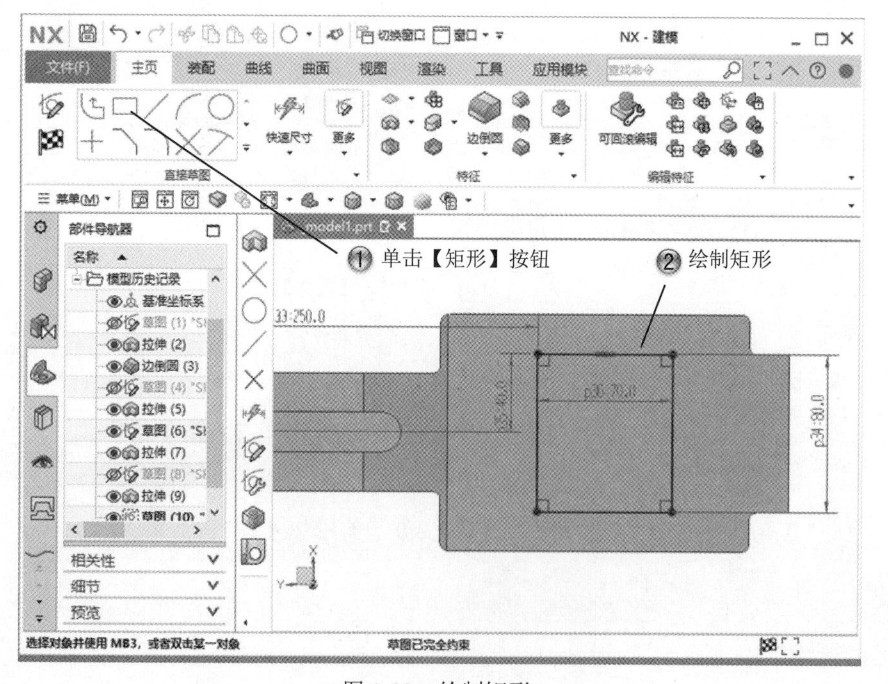

图 1-29　绘制矩形

Step24 绘制圆形，如图 1-30 所示。

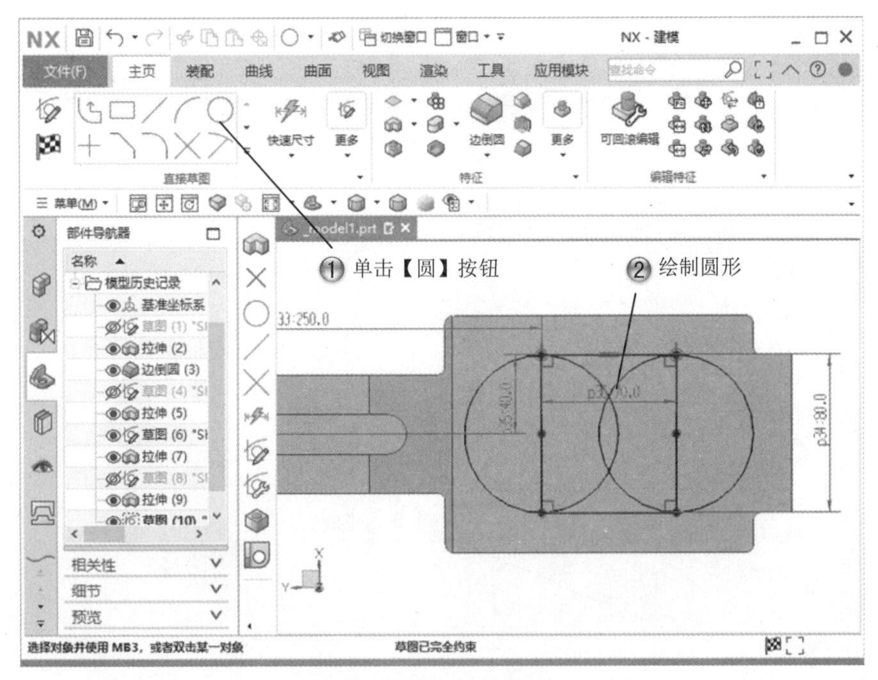

图 1-30　绘制圆形

Step25 修剪图形，如图 1-31 所示。

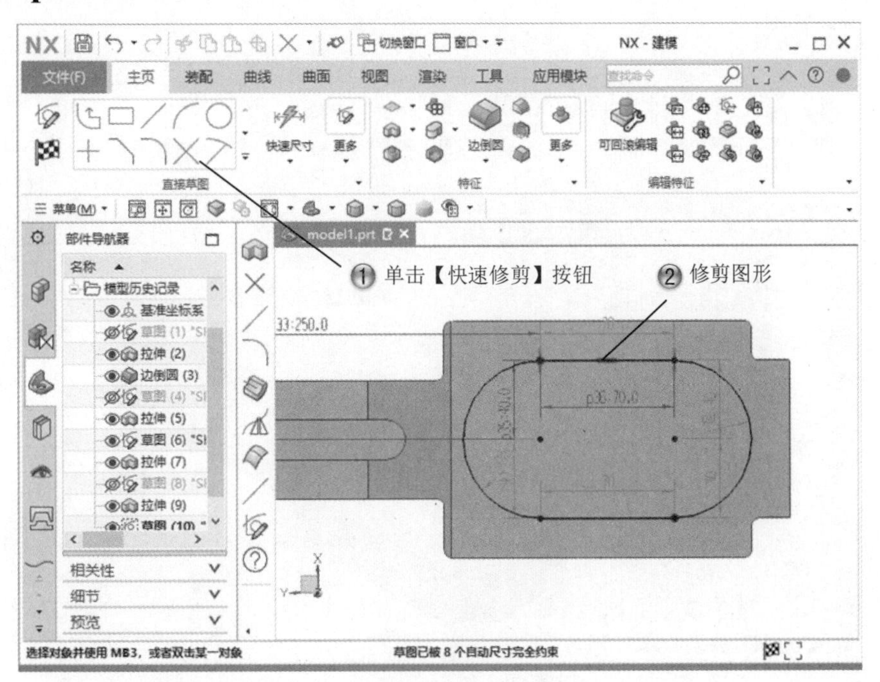

图 1-31　修剪图形

Step26 创建拉伸特征，如图 1-32 所示。

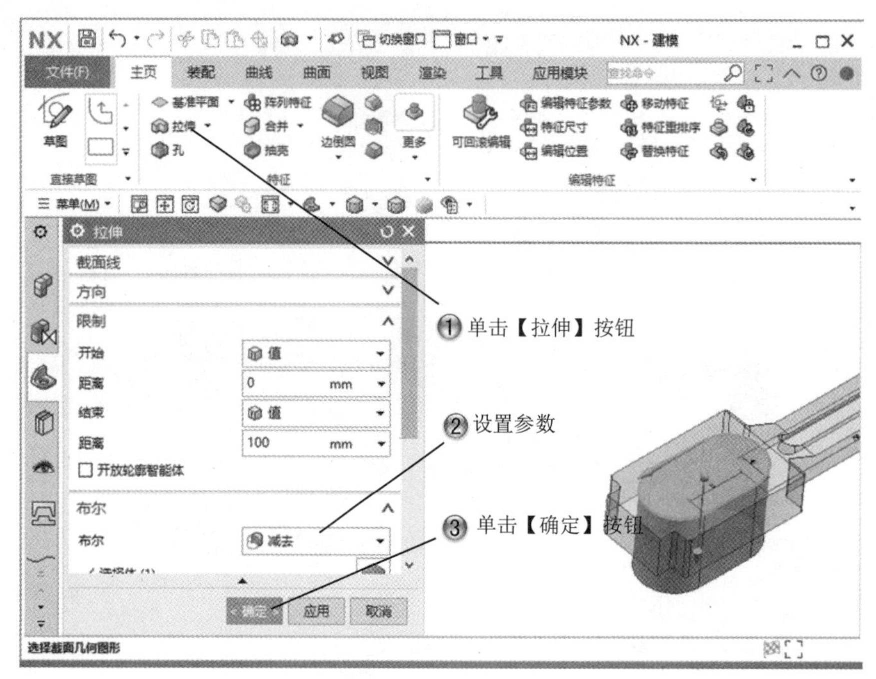

图 1-32　创建拉伸特征

Step27 完成零件模型，打开注塑模模块，如图 1-33 所示。

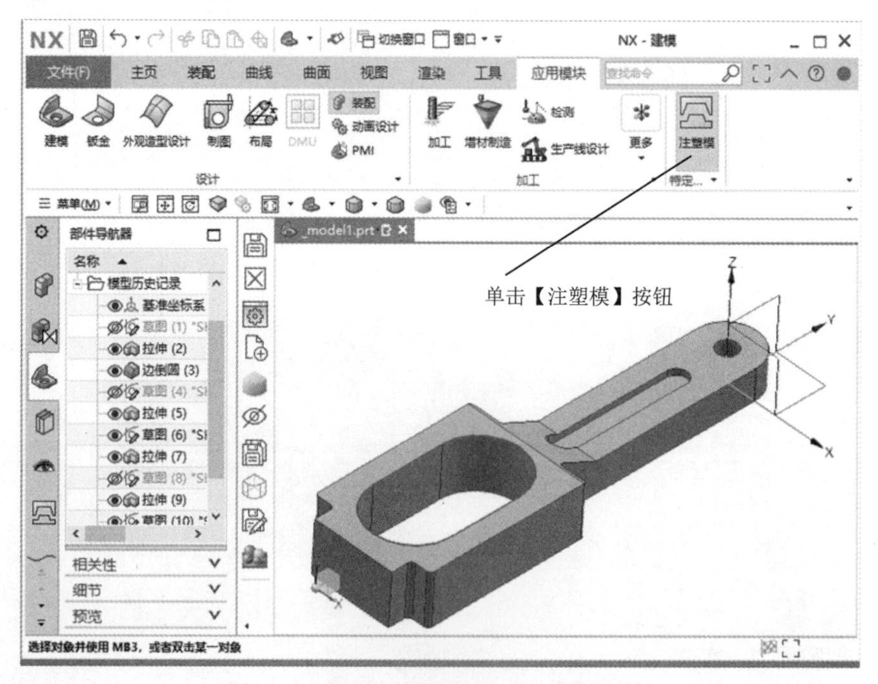

图 1-33　完成零件模型并打开注塑模模块

1.2　模具初始化设置

基本概念

设计项目初始化是使用注塑模向导模块进行设计的第一步，将自动产生并组成模具必须的标准元素，从而生成默认装配结构的一组零件图文件。

课堂讲解课时：2 课时

1.2.1　设计理论

注塑模向导模块规定 XC-YC 平面是模具装配的主分型面，坐标原点位于模架的动、定模接触面的中心，+ZC 方向为顶出方向。因此定义模具坐标系必须考虑产品形状。

模具坐标系功能是把当前产品装配体的工作坐标系原点平移到模具绝对坐标系原点上，使绝对坐标原点在分型面上。

塑料受热膨胀，遇冷收缩，因而采用热加工方法制得的制件，冷却定型后其尺寸一般小于相应部件的模具尺寸，所以在设计模具时，必须把塑件的收缩量补偿到模具的相应尺寸中，这样才可以得到符合尺寸要求的塑件。

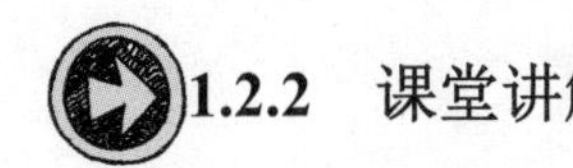

1.2.2　课堂讲解

1. 模具设计项目初始化

单击【注塑模向导】选项卡中的【初始化项目】按钮，打开如图 1-34 所示的【打开】对话框。之后系统弹出【初始化项目】对话框，如图 1-35 所示。

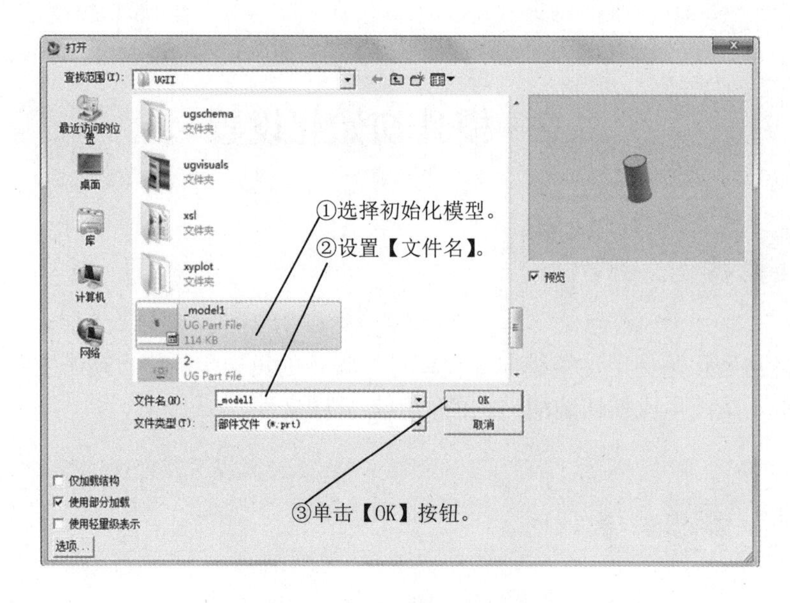

图 1-34 【打开】对话框

图 1-35 【初始化项目】对话框

2. 设置多腔模

单击主要工具条中的【多腔模设计】按钮来选取当前产品模型，打开【多腔模设计】对话框，如图 1-36 所示。

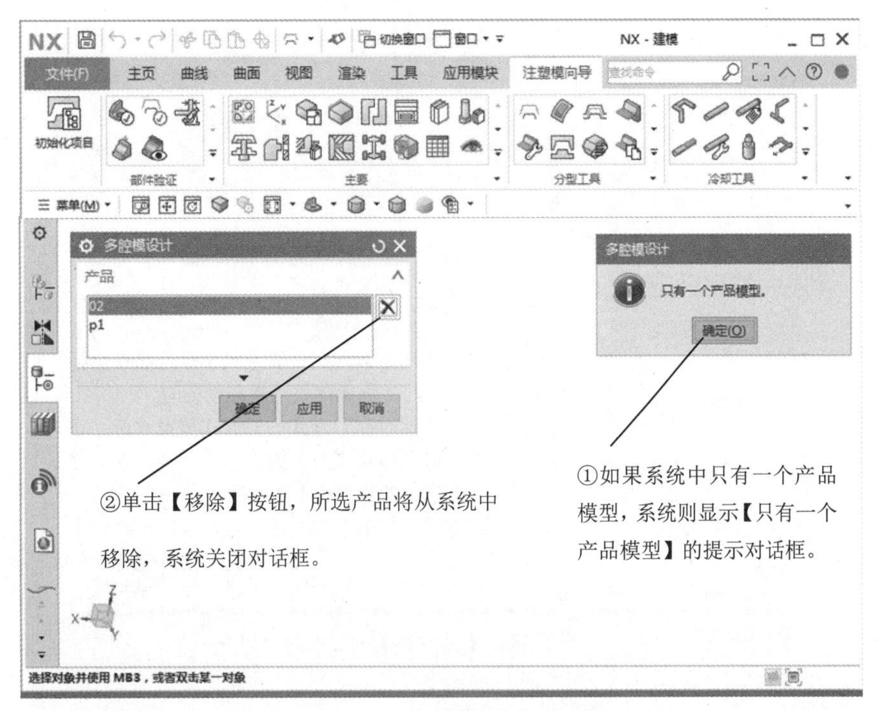

图 1-36 【多腔模设计】对话框

3. 设定模具坐标系

（1）调整分模体坐标系，使分模体坐标系的轴平面，定义在模具动模和定模的接触面上，分模体坐标系的另一轴正方向，指向塑料熔体注入模具的主流道方向。

（2）单击【主要】工具条中的【模具 CSYS】按钮，打开如图 1-37 所示的【模具坐标系】对话框。

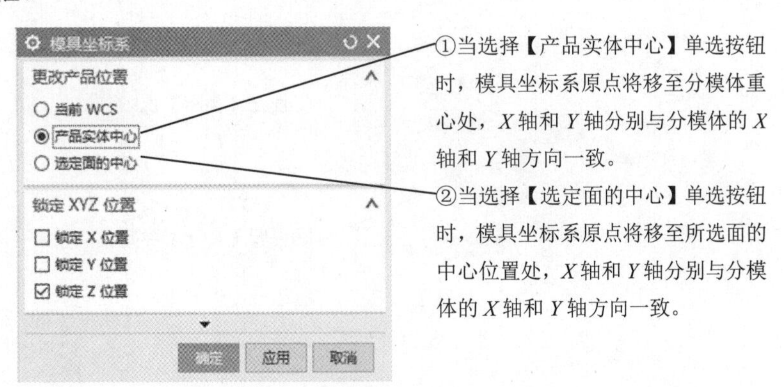

图 1-37 【模具坐标系】对话框

4. 更改产品收缩率

单击【主要】工具条中的【收缩】按钮，以更改产品收缩率，打开如图 1-38 所示的【缩放体】对话框，系统提供三种设定产品收缩方式的工具。

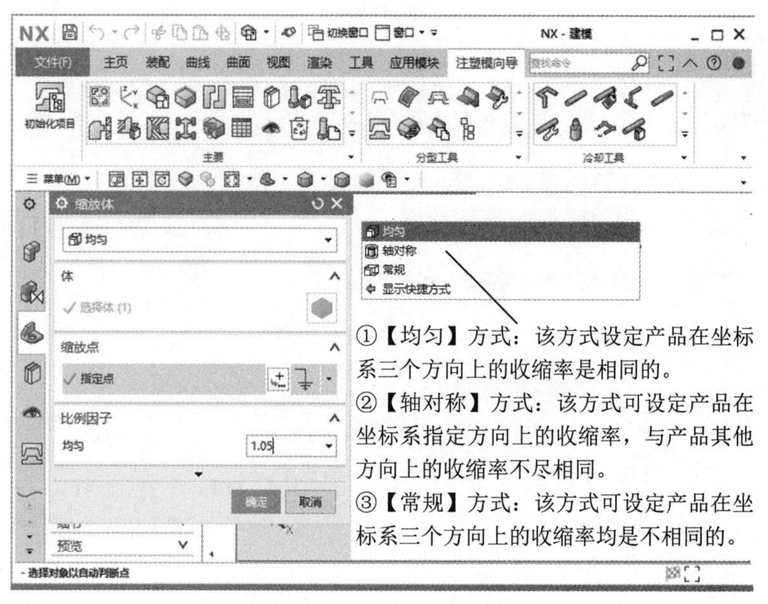

图 1-38　【缩放体】对话框

5. 工件设计

单击【主要】工具条中的【工件】按钮进入工件设计，打开如图 1-39 所示的【工件】对话框。

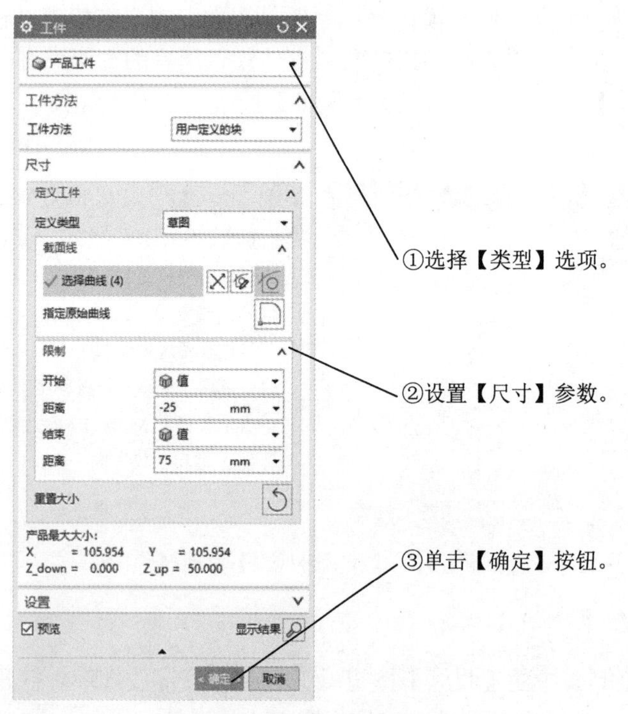

图 1-39　【工件】对话框

系统提供了四种模坯设计方式，如图 1-40 所示。

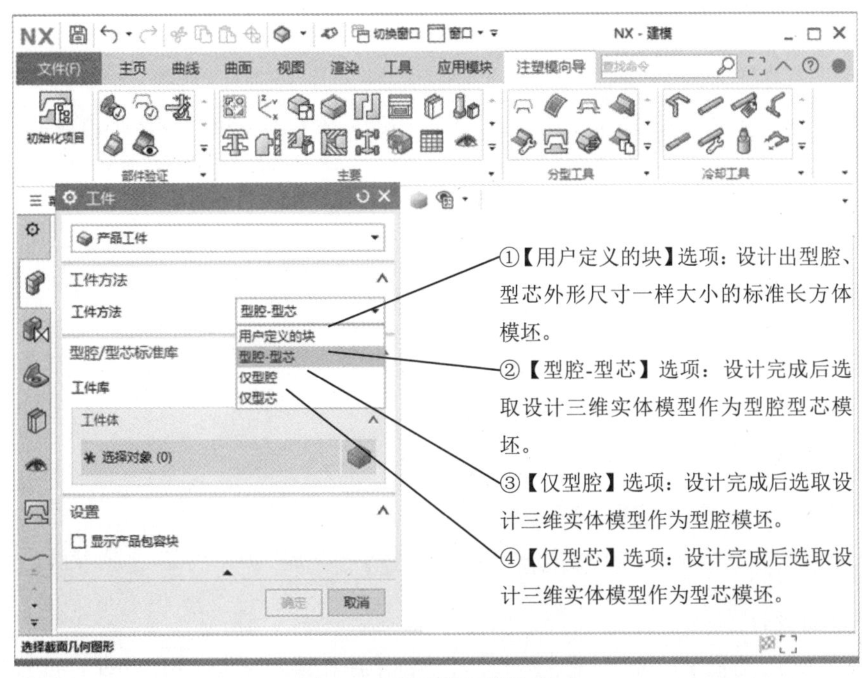

图 1-40　四种模坯设计方式

2. 分型线设计

单击【注塑模向导】选项卡中的【检查区域】按钮，系统弹出【检查区域】对话框，进入分模设计，如图 1-41 所示。

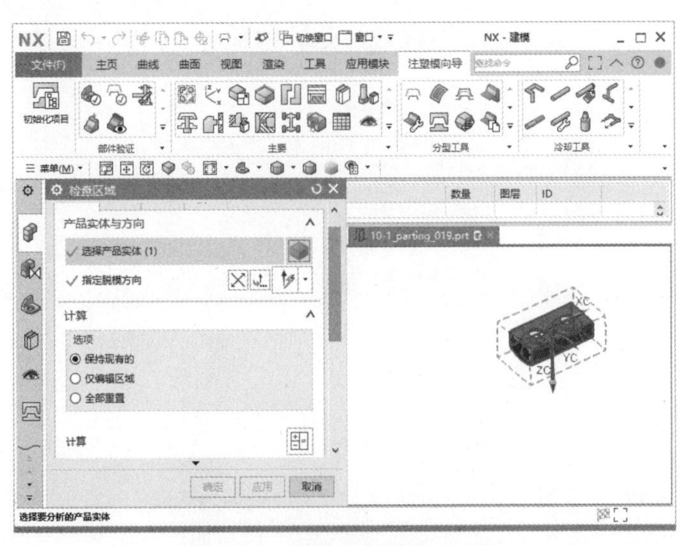

图 1-41　【检查区域】对话框

单击【注塑模向导】选项卡中的【定义区域】按钮，打开如图 1-42 所示的【定义区域】对话框。

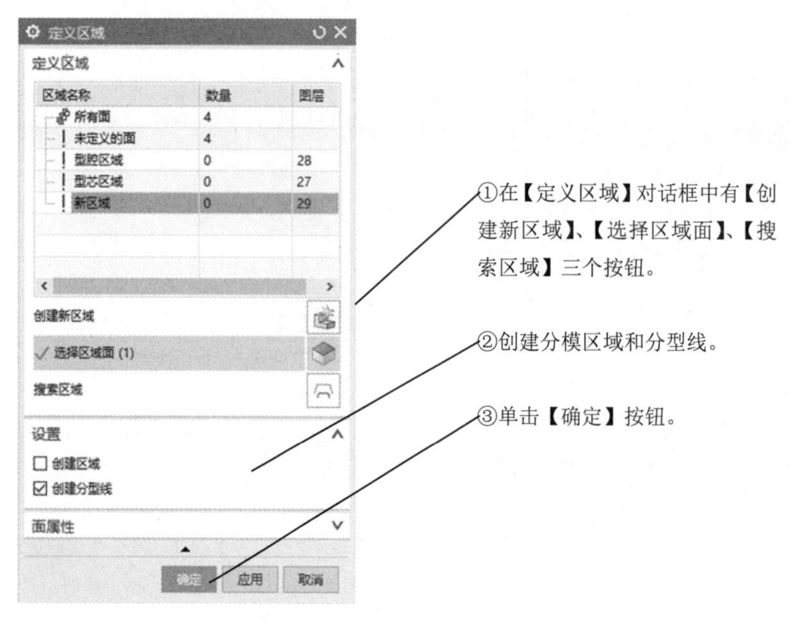

图 1-42 【定义区域】对话框

3. 分型面设计

单击【注塑模向导】选项卡中的【设计分型面】按钮，系统弹出如图 1-43 所示的【设计分型面】对话框，可以创建分型曲面。

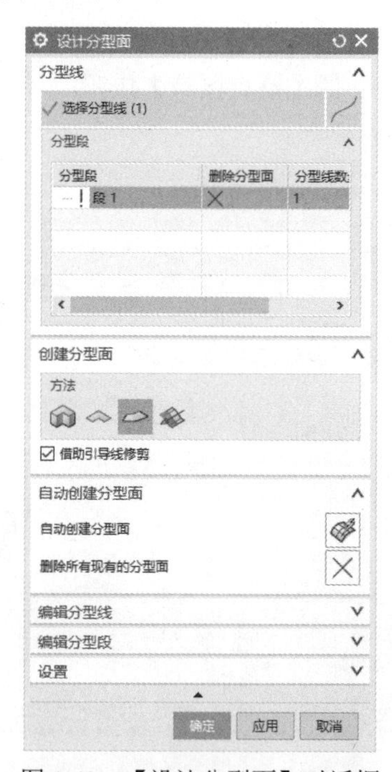

图 1-43 【设计分型面】对话框

1.2.3 课堂练习——模具初始化

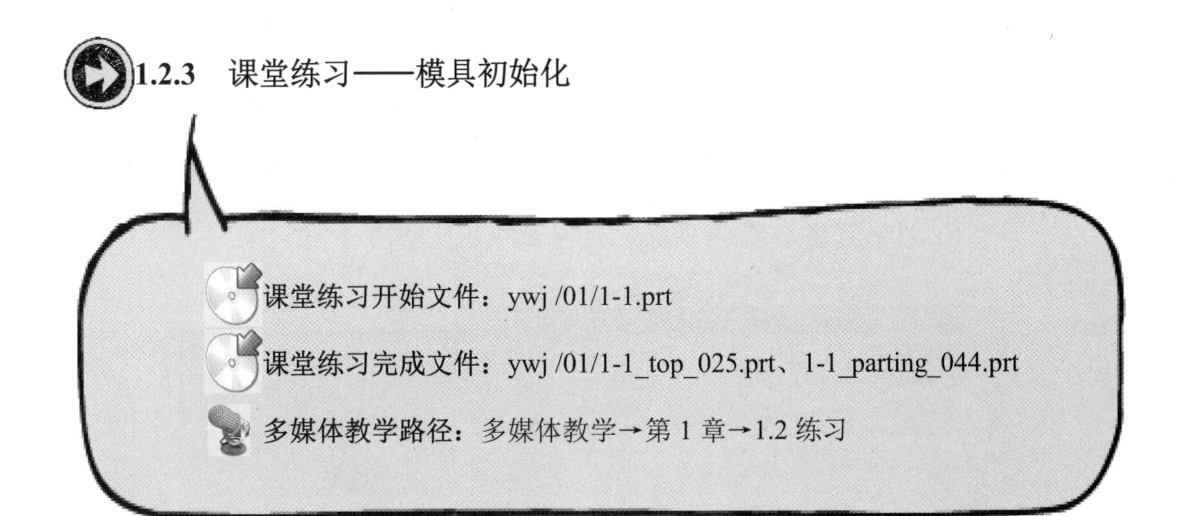

Step1 打开 1-1.prt 文件的手板模型，初始化模型，如图 1-44 所示。

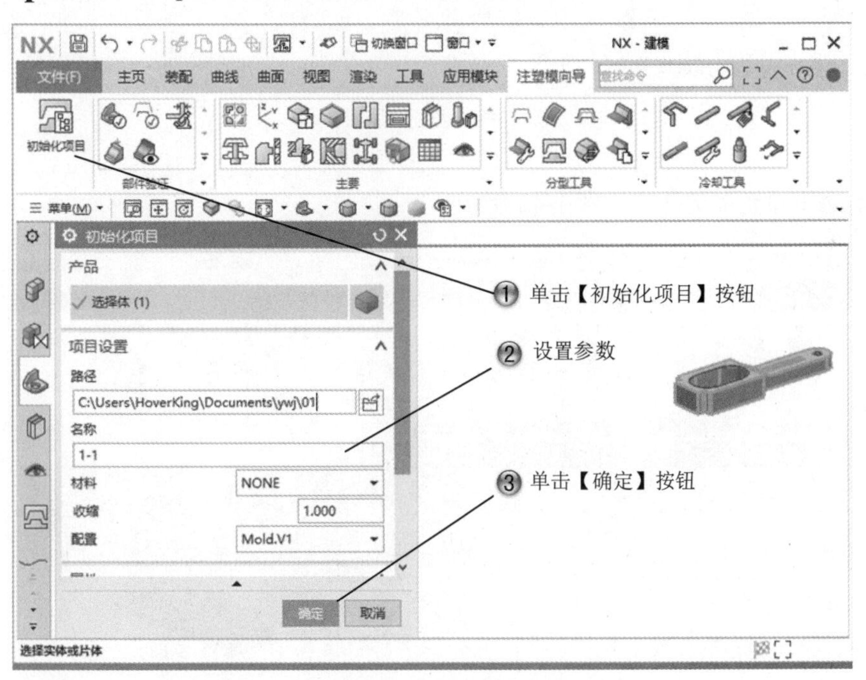

图 1-44 初始化模型

Step2 创建模具坐标，如图 1-45 所示。

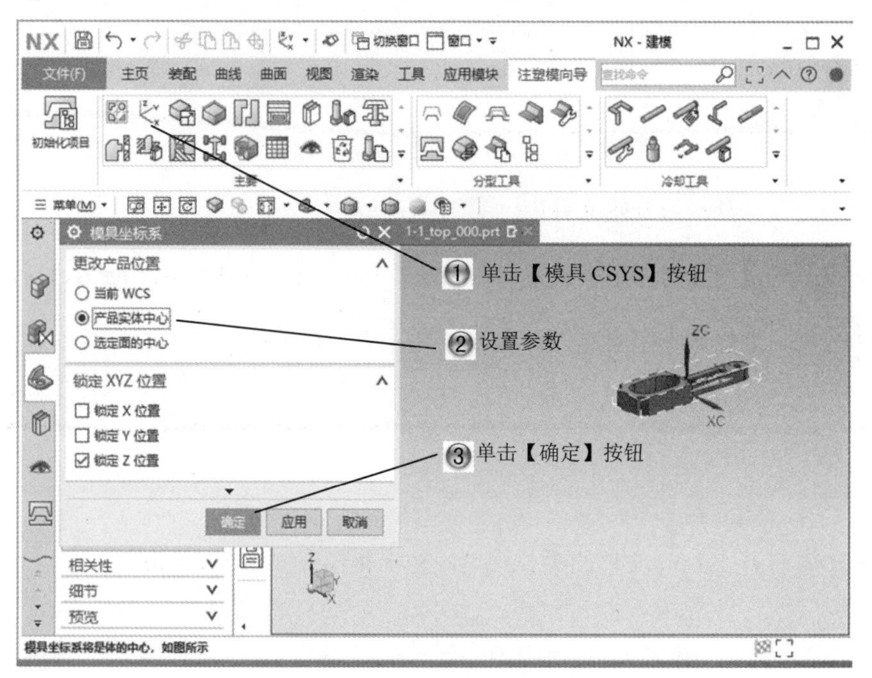

图 1-45　创建模具坐标

Step3 设置缩放体，如图 1-46 所示。

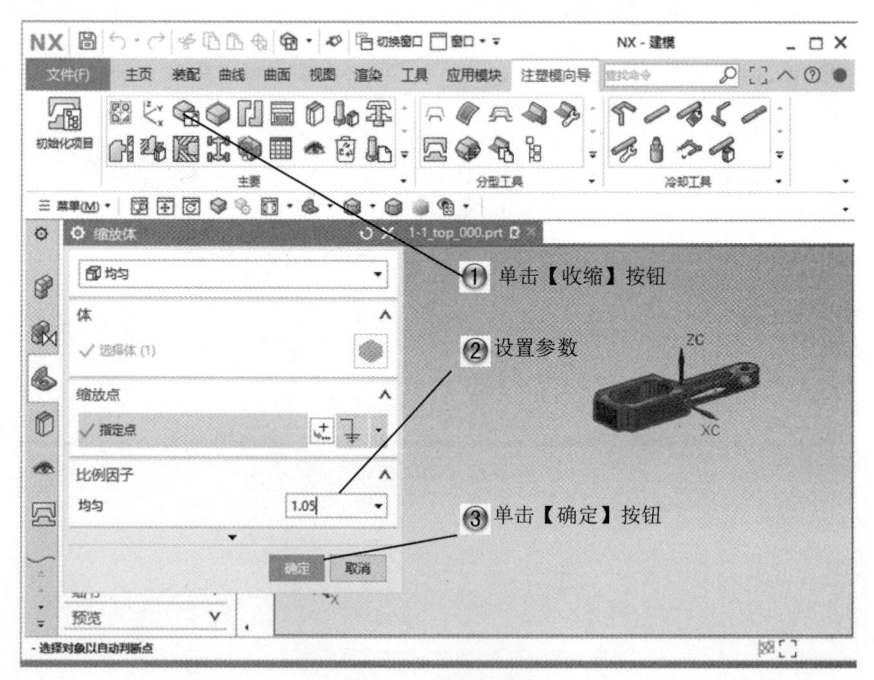

图 1-46　设置缩放体

Step4 创建工件，如图 1-47 所示。

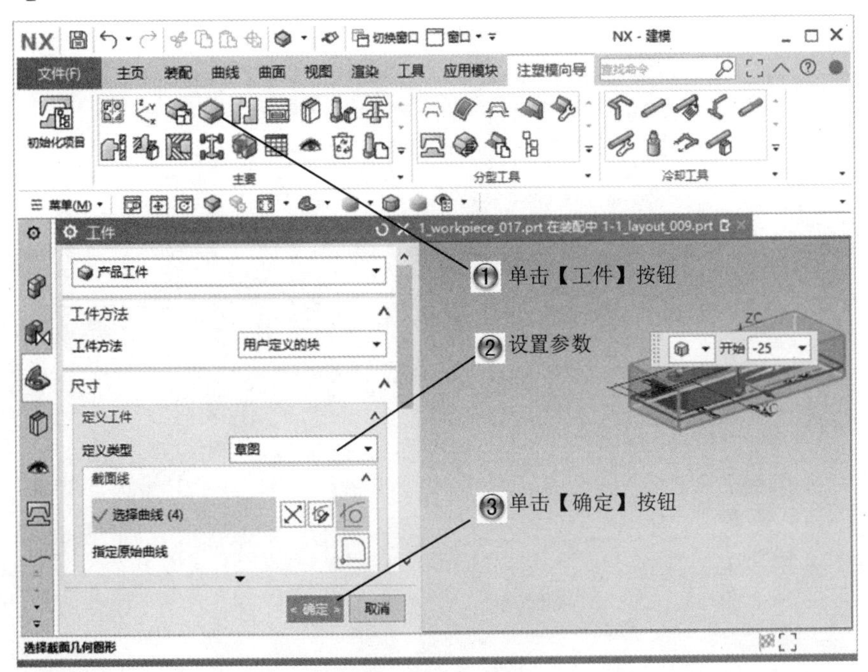

图 1-47　创建工件

Step5 检查区域，如图 1-48 所示。

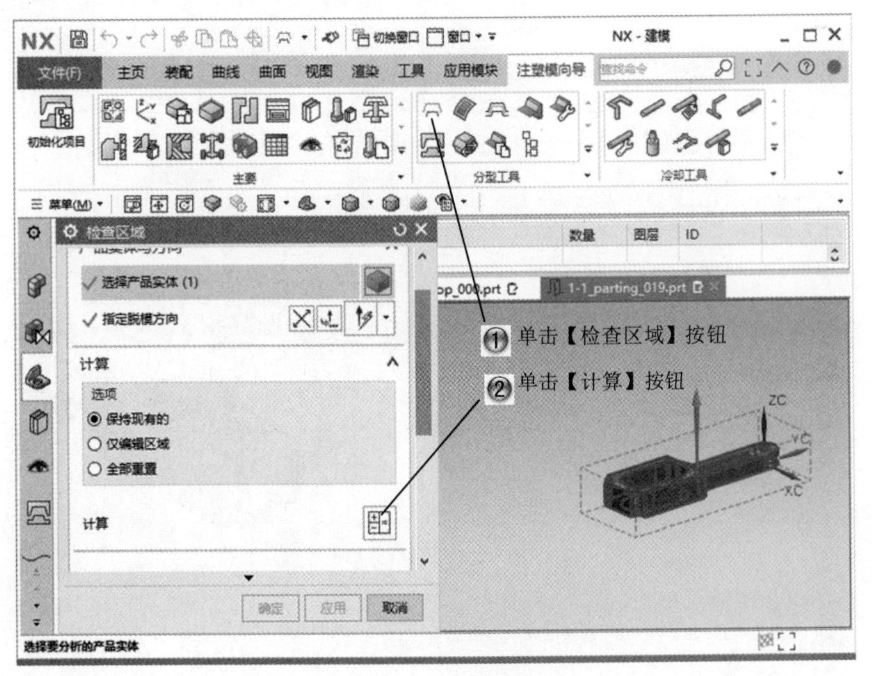

图 1-48　检查区域

Step6 查看未定义区域，如图 1-49 所示。

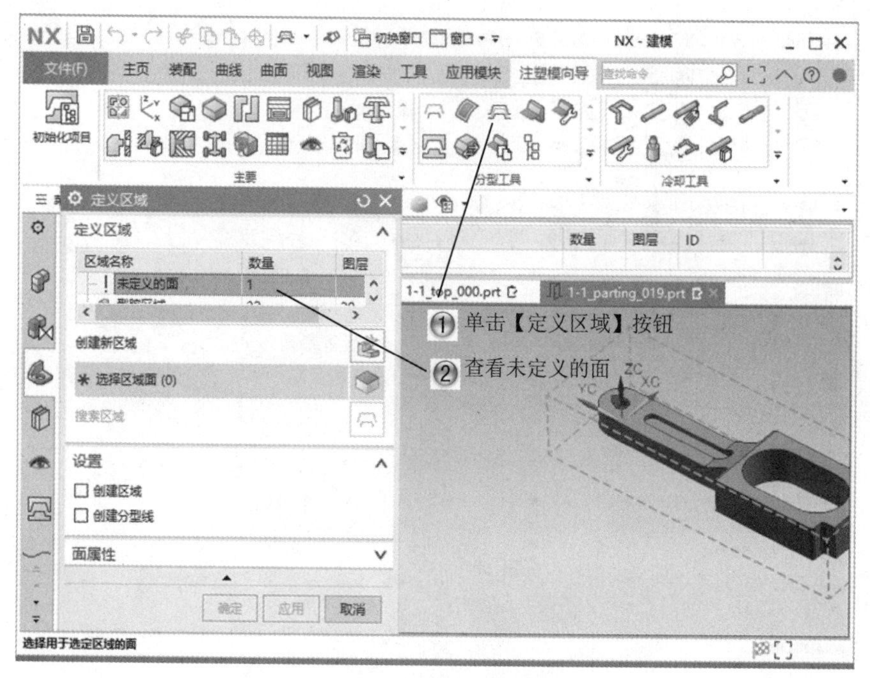

图 1-49　查看未定义区域

Step7 设置型腔面，如图 1-50 所示。

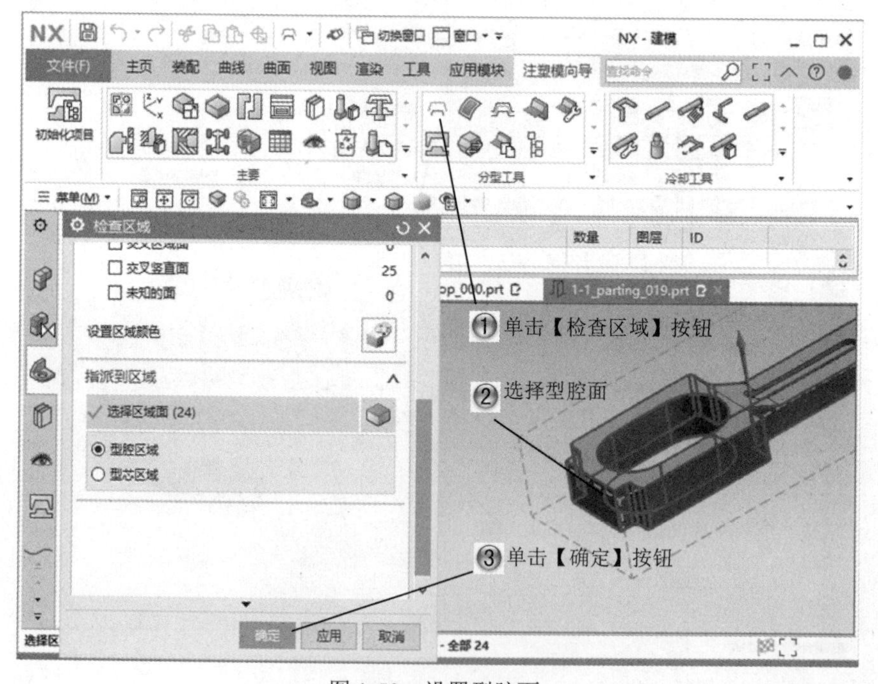

图 1-50　设置型腔面

Step8 创建分型线，如图 1-51 所示。

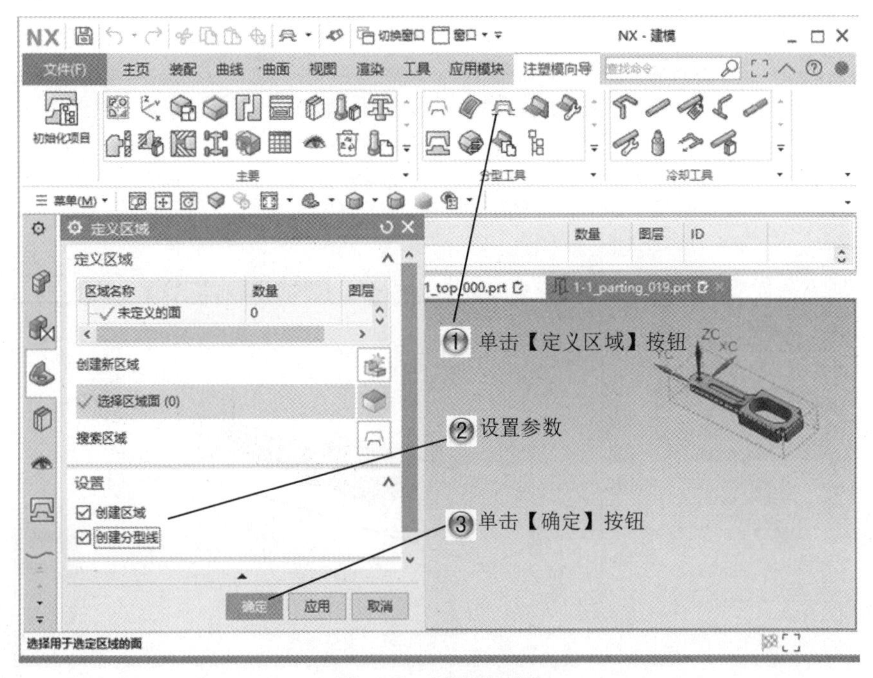

图 1-51　创建分型线

Step9 创建分型面，如图 1-52 所示。

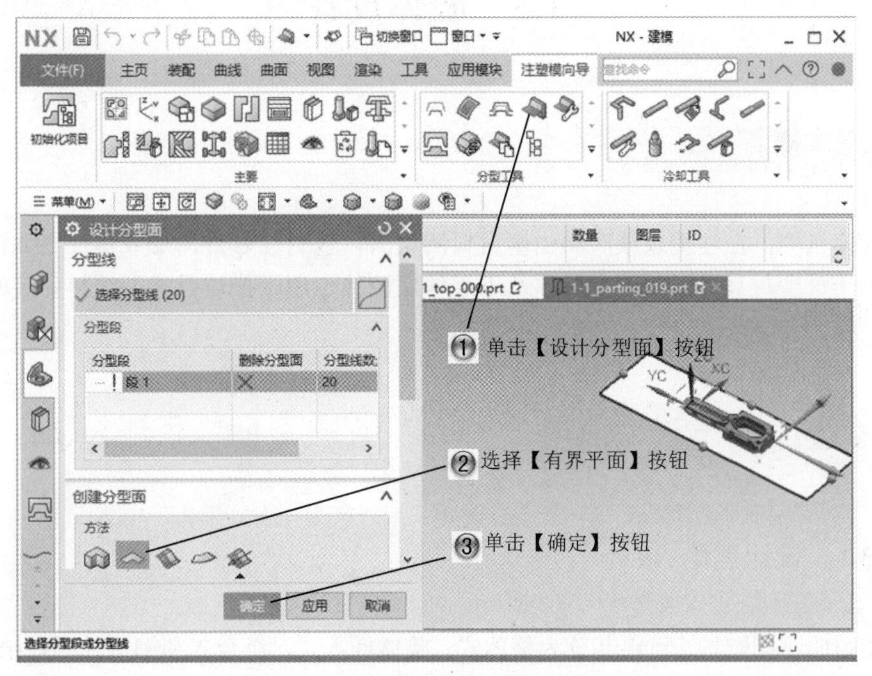

图 1-52　创建分型面

Step10 完成分型面，如图 1-53 所示。

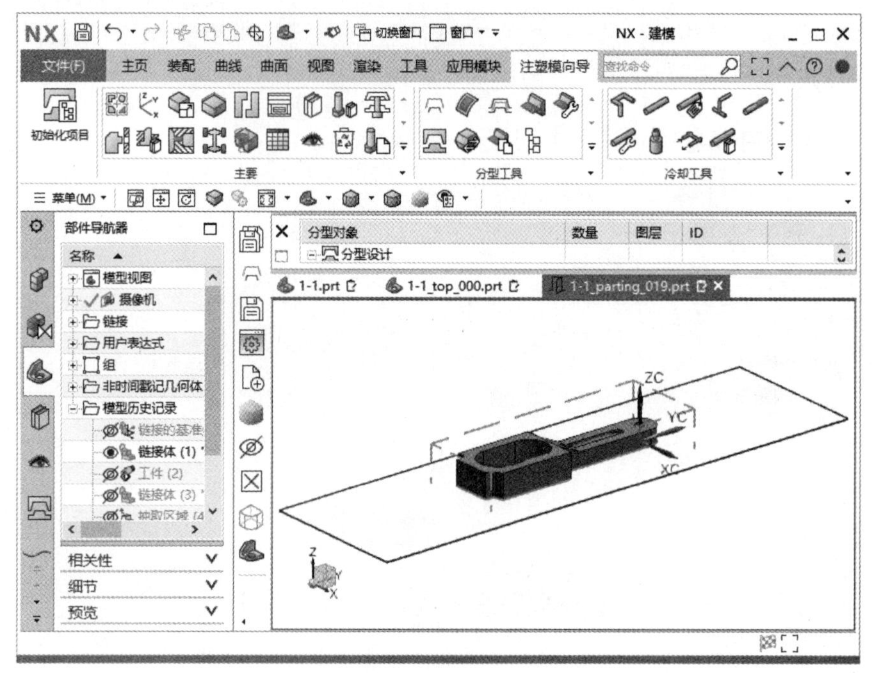

图 1-53　完成分型面

1.3　腔体设计

塑封模具中，在注塑成模时将由塑封料所填满，包封住芯片，形成器件主体模具的一些空间。一个塑封具有匹配的上腔体及下腔体，腔体也用于描述已成型塑料封装的顶部和底部。

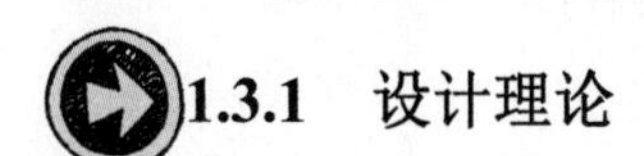

1.3.1　设计理论

按型腔的不同结构，可将其分为整体式、整体嵌入式、组合式和镶拼式四种结构形式。

成形塑料件内表面的零件统称为凸模或型芯。对于结构简单的容器、壳、罩、盖、帽、套之类的塑料件，成形其主体部分内表面的零件称为主型芯或凸模，而将成形其他小孔或细微结构的型芯称为小型芯或成形杆，型芯按复杂程度和结构形式大致分为4种类型。

1.3.2 课堂讲解

1. 型腔的结构设计

（1）整体式型腔

整体式型腔是把型腔加工在一个整块零件上，如图1-54所示。

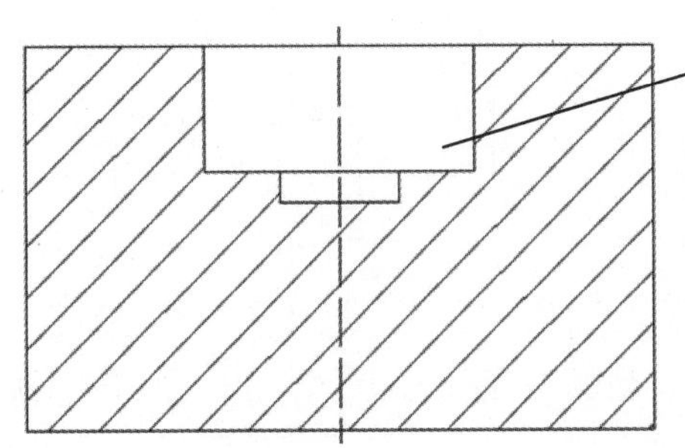

整体式型腔具有强度高、刚度好的优点，但对于形状复杂的塑料件，其加工困难，热处理不方便，因而适用于形状比较简单的塑料件。随着加工方法的不断改进，整体式型腔的适用范围已越来越广。

图1-54 整体式型腔

（2）整体嵌入式型腔

整体嵌入式型腔仍然是把型腔加工在一个整块零件上，但会在该零件中嵌入另一个零件，主要适用于塑料件生产批量较大时采用一模多腔的模具，如图1-55所示。

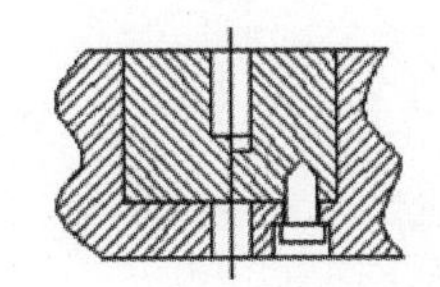
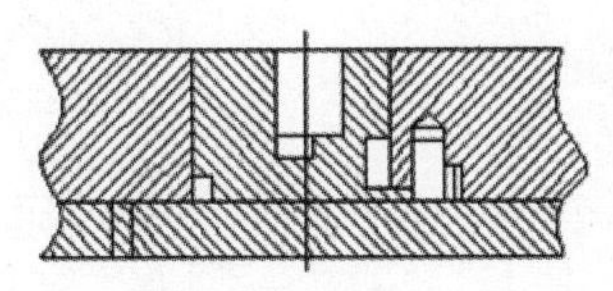
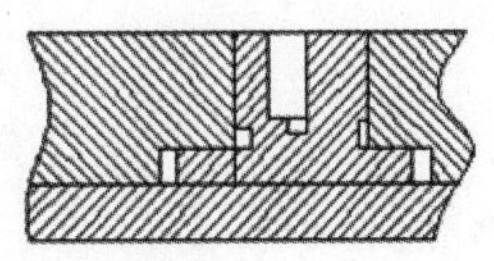

为了保证各型腔尺寸和表面状况一致，或为减少切削工作量，有时也为了型腔部分采用优质钢材，整体嵌入式型腔采用冷挤压或其他方法。

图1-55 整体嵌入式型腔

（3）局部镶嵌式型腔

在型腔的某一部分形状特殊，或易损坏需要更换时，可以采用整体型腔，但特殊形状部分则采用局部镶嵌方法，如图 1-56 和图 1-57 所示。

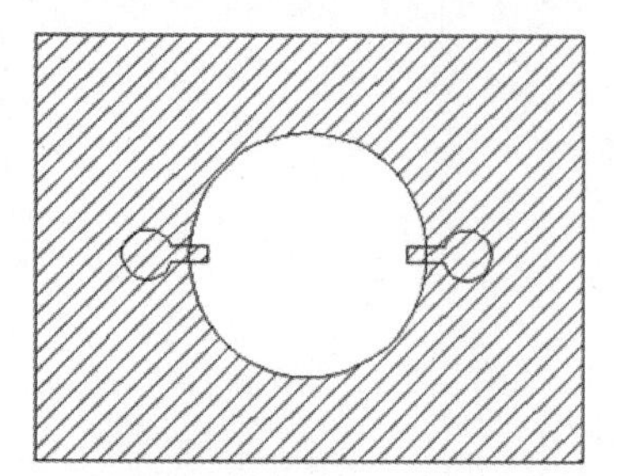

型腔侧表面有突出肋条，可以将此肋条单独加工，采用 T 形槽、燕尾槽或圆形槽镶入型腔内。

图 1-56　局部镶嵌式型腔

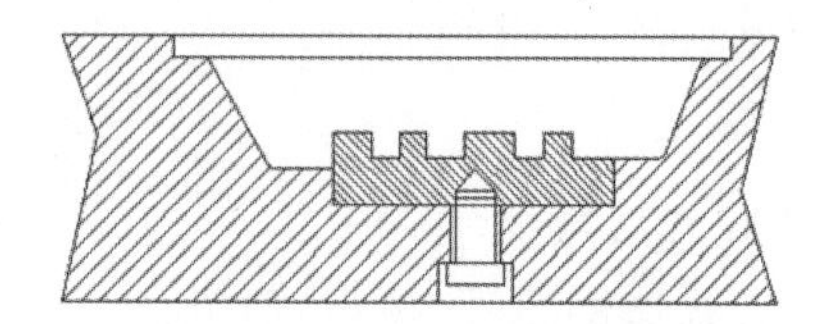

型腔底部中间带有波纹，可将该部分单独加工为独立零件，再镶入型腔底部构成完整型腔。

图 1-57　型腔底部中间带有波纹

（4）组合式型腔

组合式型腔的侧壁和底部由不同零件组合而成，多用于尺寸较大的塑料件生产，为了型腔加工、热处理、抛光研磨的方便，将完整的型腔分为几个部分，分别加工后再组合为一体。根据塑料件的结构特点，组合式型腔大致有：不同形式整体侧壁与腔底组合、四壁组合后再与底部组合。如图 1-58～图 1-62 所示。

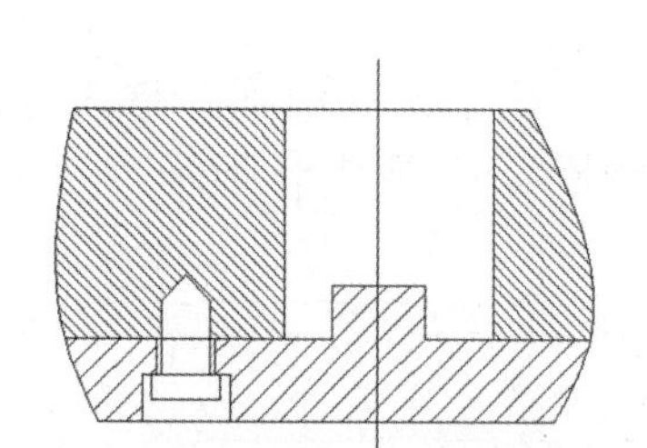

将侧壁用螺钉连接，无配合部分，结构简单，加工迅速，但在成形过程中连接面容易楔入塑料，且加工侧壁时应防止侧面下端的棱边损伤。

图 1-58　侧壁用螺钉连接的组合式型腔

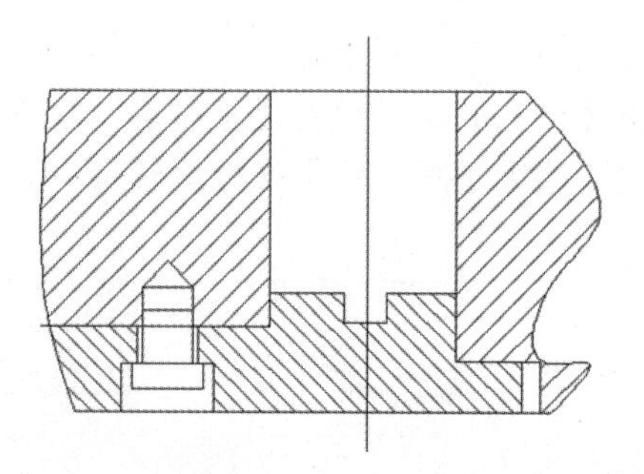

底部与侧壁拼合时增加了一个配合面，再用螺钉连接，配合面采用过渡配合，可防止塑料楔入连接面。

图 1-59　增加了配合面的组合式型腔

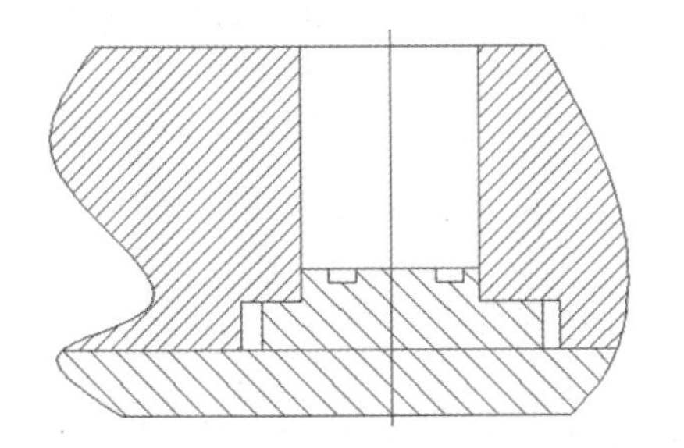

不是用螺钉直接将型腔底部与侧壁连接，而是增加了一块垫板，靠垫板将两者压紧，再将垫板与侧壁用螺钉紧固连接。

图 1-60　增加了垫板的组合式型腔

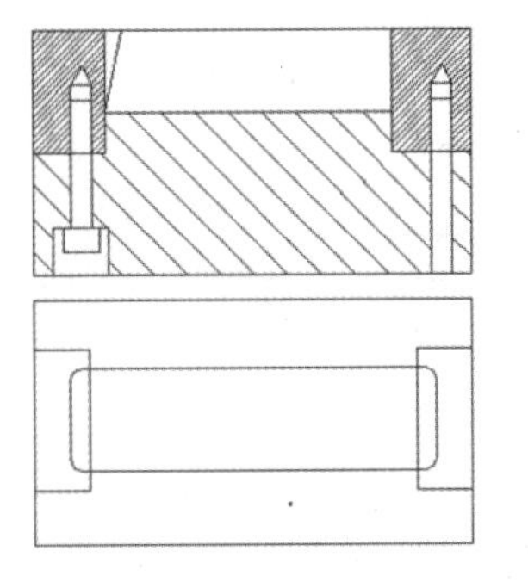

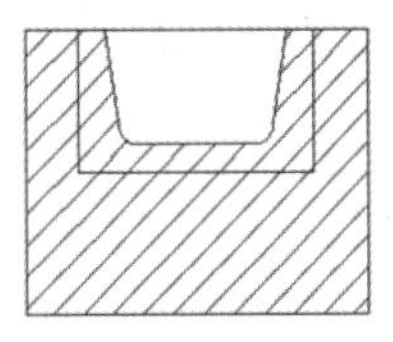

四壁相拼合套入模套中，再与腔底拼合，下面垫上垫板，用螺钉与模套连接。四壁拼合采用互相扣锁形式，为保证扣锁的紧密性，四处边角扣锁接触面应留有一段非接触部分，留出 0.3~0.4mm 的间隙。基于同样原因，四壁转角处圆角半径 R 应大于模套转角处半径 r。

图 1-61　侧壁组合后再与底部组合的型腔

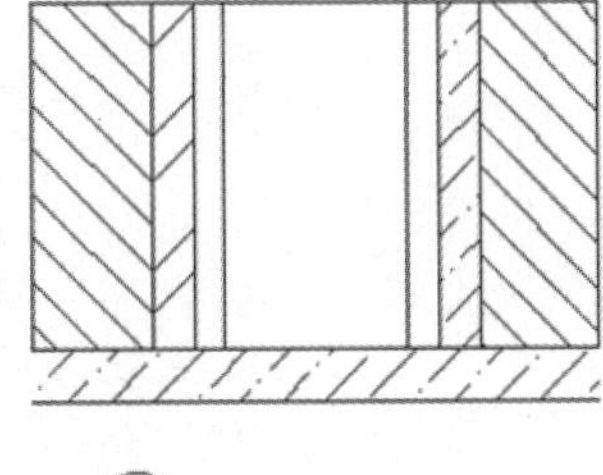

四壁互相扣锁拼合后与腔底扣锁并连接。

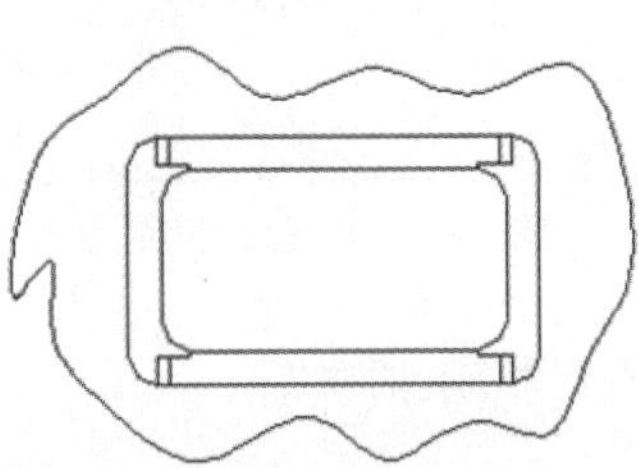

图 1-62　四壁互相扣锁拼合后与腔底扣锁并连接的型腔

设计镶嵌式和组合式型腔时，应尽可能满足下列要求：

（1）将型腔的内部形状变为镶件或组合件的外形加工；

（2）拼缝应避开型腔的转角或圆弧部分，并与脱模方向一致；

（3）镶嵌件和组合件数量力求少，以减少对塑料件外观和尺寸精度的影响；

（4）易损部分应设计为独立的镶拼件，便于更换；

（5）组合件的结合面应采用凹凸槽互相扣锁，防止在压力作用下产生位移。

名师点拨

2. 型芯和成形杆的设计

（1）整体式型芯

这是形状最简单的主型芯，用一整块材料加工而成，结构牢固，加工方便，但仅适用于塑料件内表面形状简单的情况，如图 1-63 所示。

（2）嵌入式型芯

主要用于圆形、方形等形状比较简单的型芯，如图 1-64 和图 1-65 所示。

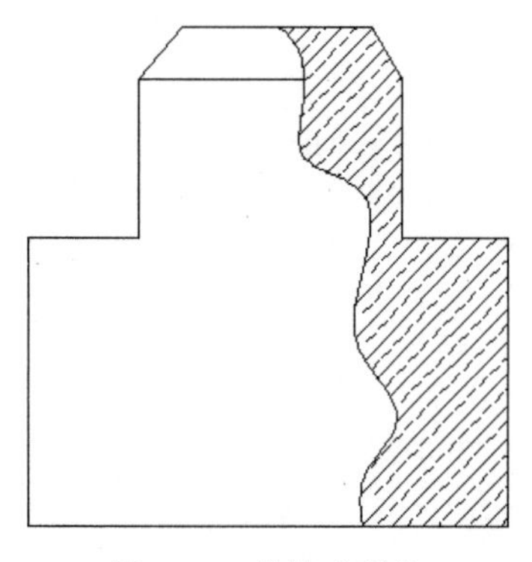

图 1-63 整体式型芯

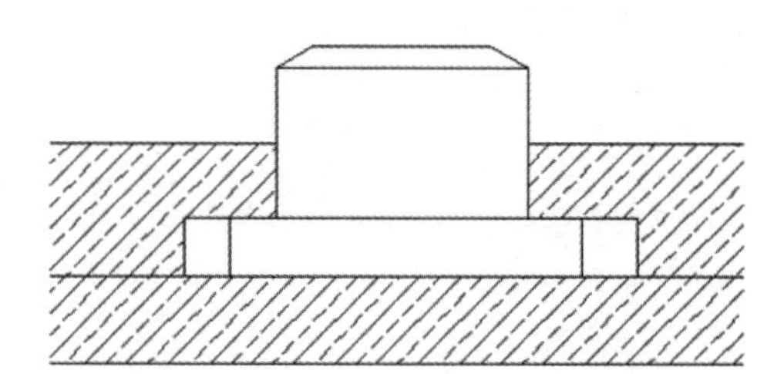

最常采用的嵌入形式是型芯带有凸肩，在型芯嵌入固定板的同时，凸肩部分沉入固定板的沉孔部分，再垫上垫板，并用螺钉将垫板与固定板连接。

图 1-64 带有凸肩的型芯

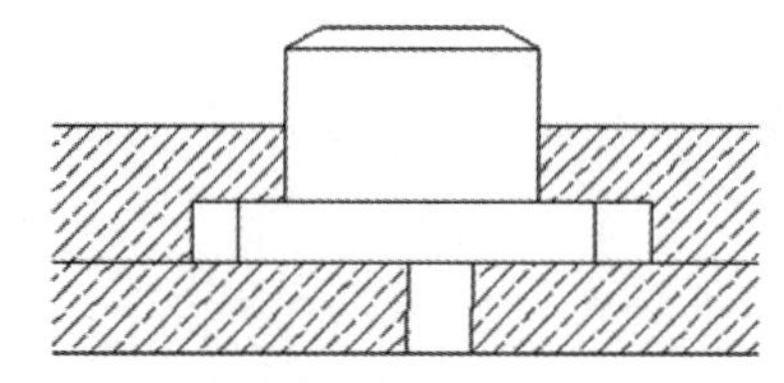

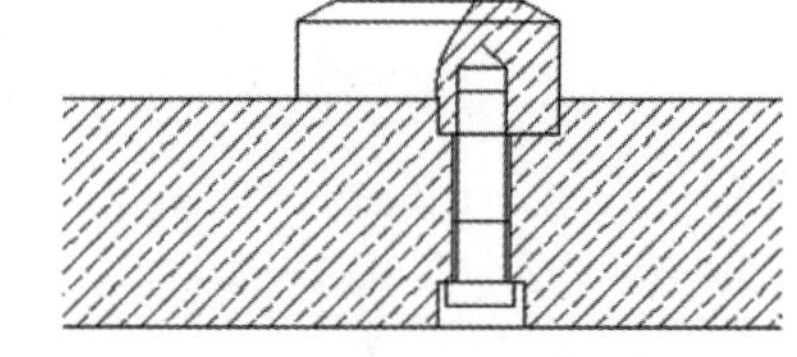

另一种嵌入方法是在固定板上加工出盲沉孔，型芯嵌入盲沉孔后用螺钉直接与固定板连接。

图 1-65 嵌入盲沉孔的型芯

（3）异形型芯结构形式

对于形状特殊或结构复杂的型芯，需要采用组合式结构或特殊固定形式，但应视具体形状而定，下面以具体实例说明。非圆形型芯的几种固定方法，如图 1-66 和图 1-67 所示。

（4）小型芯安装的固定形式

直径较小的型芯，如果数量较多，采用凸肩垫板安装方法比较好。若各型芯之间距离较近，可以在固定板上加工出一个大的公用沉孔，如图 1-68 所示。因为对每个型芯分别加工出单独的沉孔，孔间壁厚较薄，热处理时易出现裂纹。各型芯的凸肩如果重叠干涉，可将相干涉的一面削掉一部分。图 1-69 是凸肩垫板的固定方法。

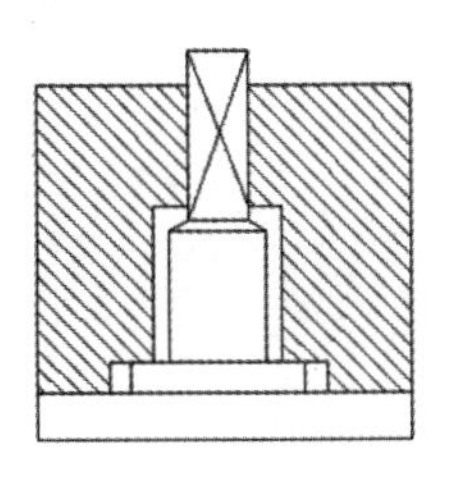
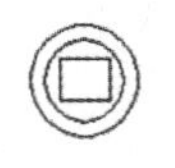

型芯成形部分断面是矩形，但为了便于向固定板中固定，固定部分设计为圆形。

图 1-66　成形部分断面是矩形的型芯

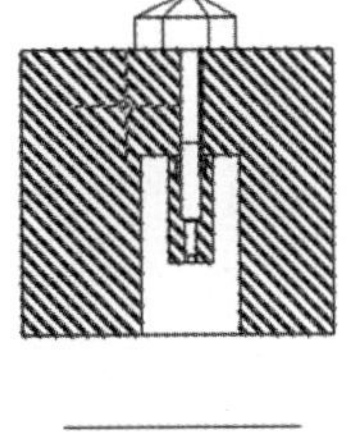
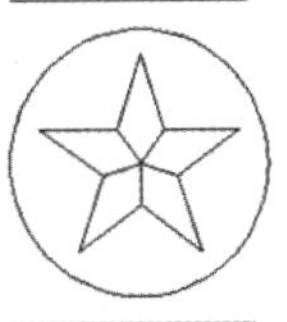

比较复杂，可以分别设计为两个零件，组合后再固定到模板中。

图 1-67　成形部分是五角形的型芯

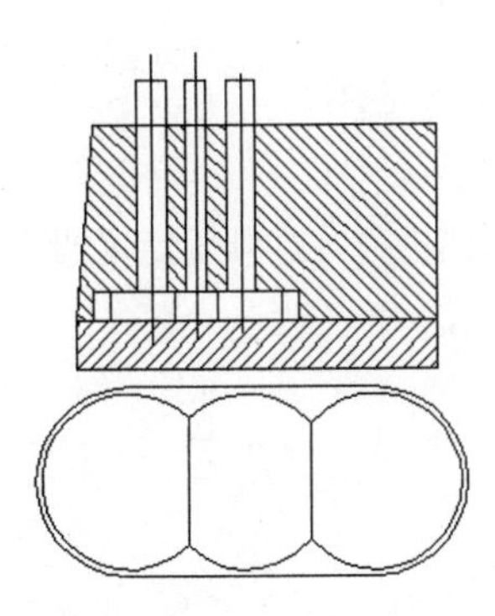

图 1-68　加工出公用沉孔的型芯

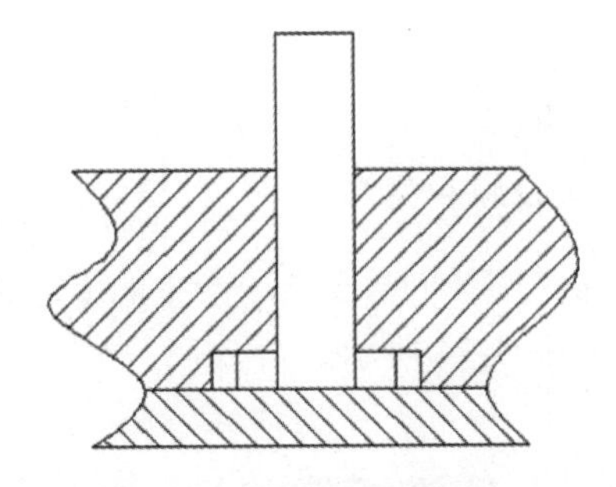

对于单个小型芯，既可以采用凸肩垫板固定方法，也可采用省去垫板的固定方法。

图 1-69　凸肩垫板的固定方法

如图 1-70 所示，为使安装方便，将固定部分仅留 3～5mm 配合段防止塑料进入，固定孔长度的其余部分扩大 0.5～1mm。如图 1-71 所示型芯的修磨与更换方便，打开垫板更换型芯下部的支承销即可调节型芯的安装高度。

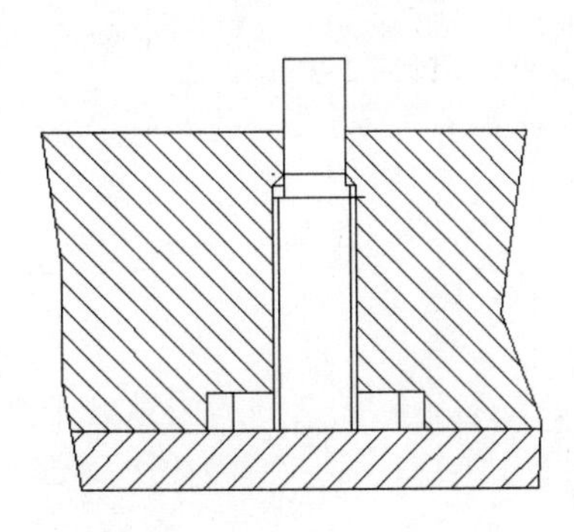

图 1-70　固定部分仅留 3～5mm

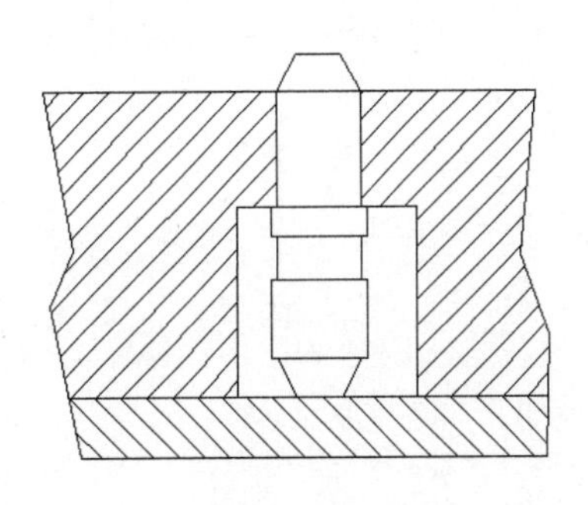

图 1-71　修磨与更换方便的型芯

图 1-72 和图 1-73 都是省去垫板的固定方法，其中图 1-72 采用过渡配合或小间隙配合，另一端铆死，图 1-73 中型芯仍带凸肩，用螺丝将凸肩拧紧。

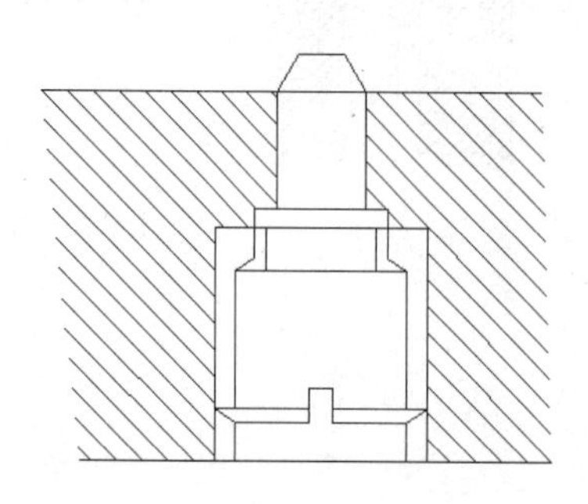

图 1-72　过渡配合或小间隙配合的固定

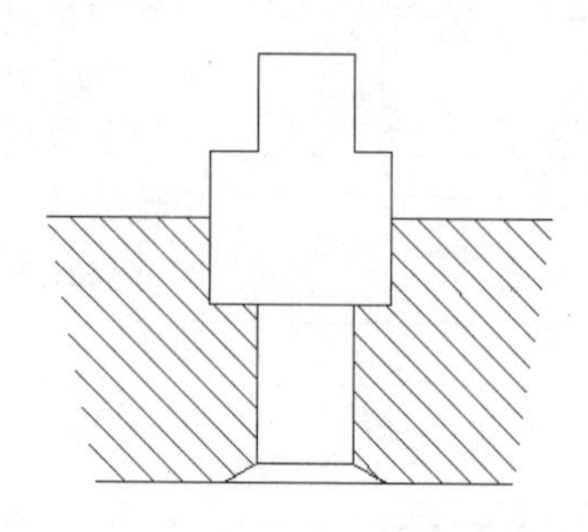

图 1-73　仍带凸肩的固定

3. 定义型腔和型芯

单击【注塑模向导】选项卡中的【定义型腔和型芯】按钮，打开【定义型腔和型芯】对话框，如图 1-74 所示。

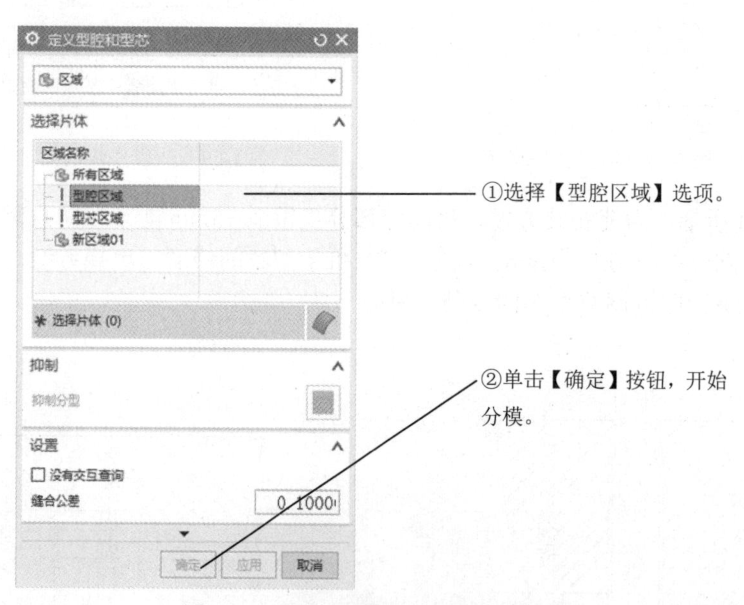

图 1-74　【定义型腔和型芯】对话框

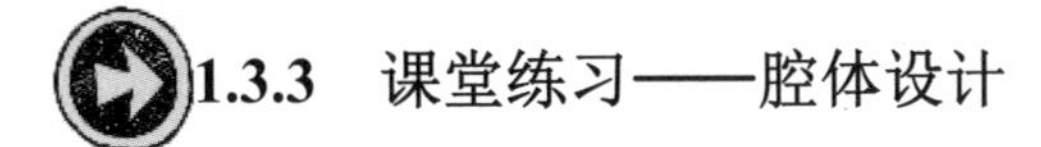

1.3.3 课堂练习——腔体设计

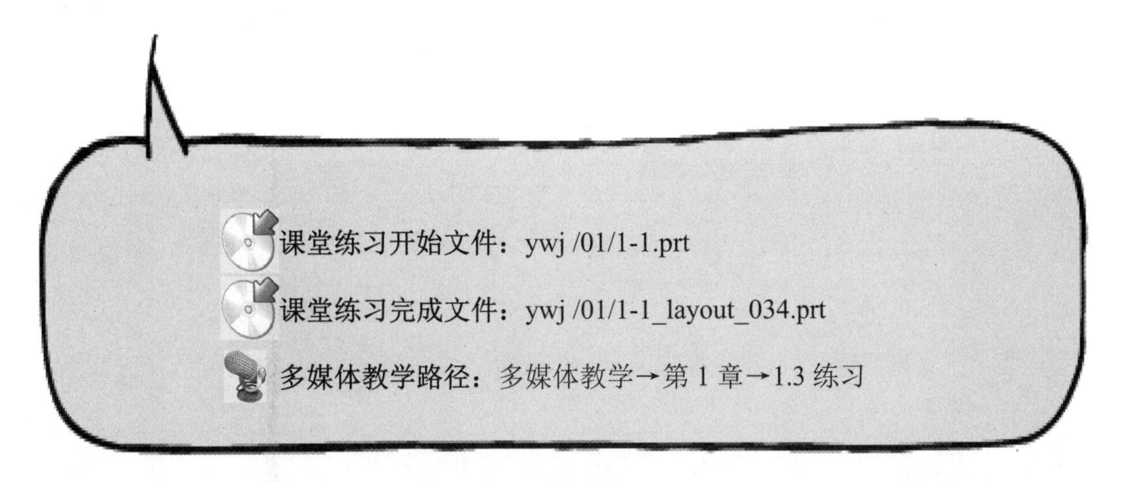

Step1 打开 1-1.prt 文件的模型，进行曲面补片，如图 1-75 所示。

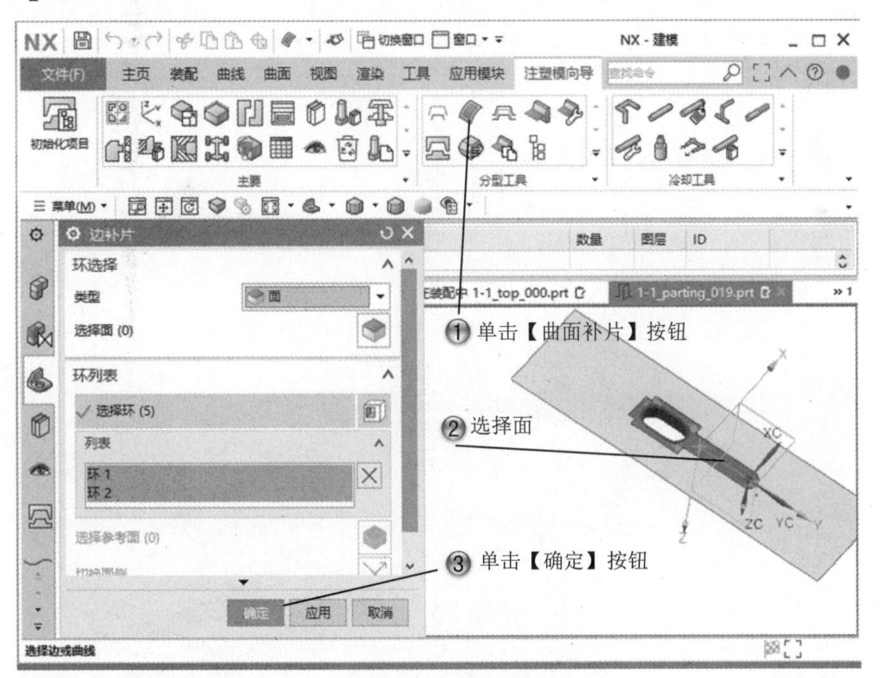

图 1-75　曲面补片

Step2 创建型腔区域，如图 1-76 所示。

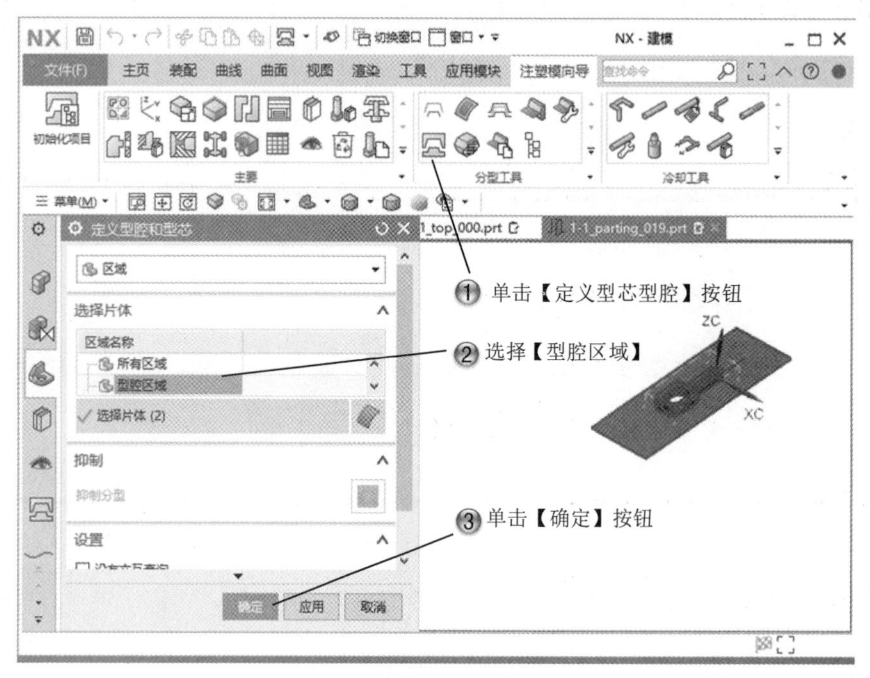

图 1-76　创建型腔区域

Step3 设置型腔方向，如图 1-77 所示。

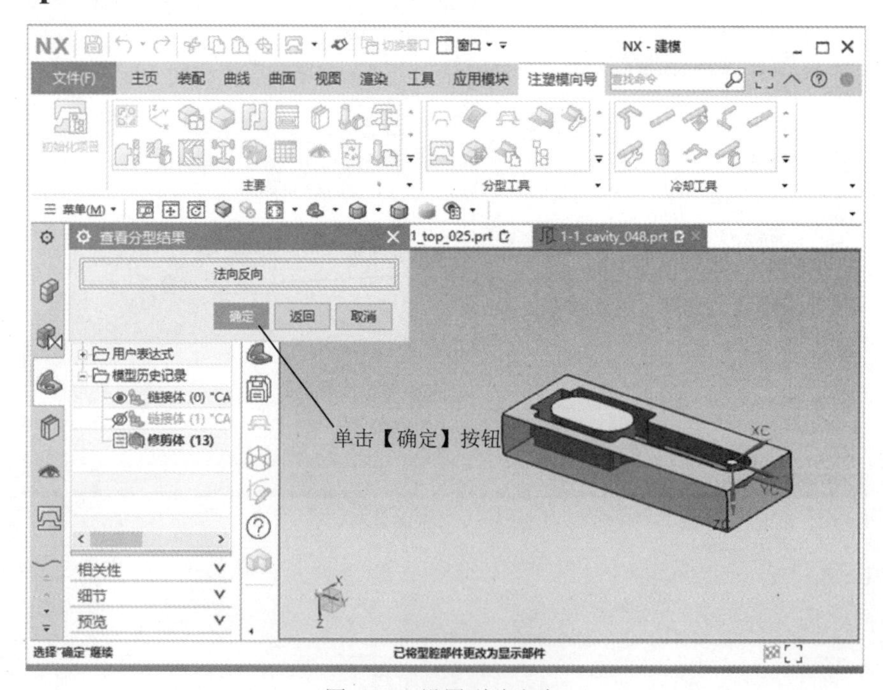

图 1-77　设置型腔方向

Step4 创建型芯区域，如图 1-78 所示。

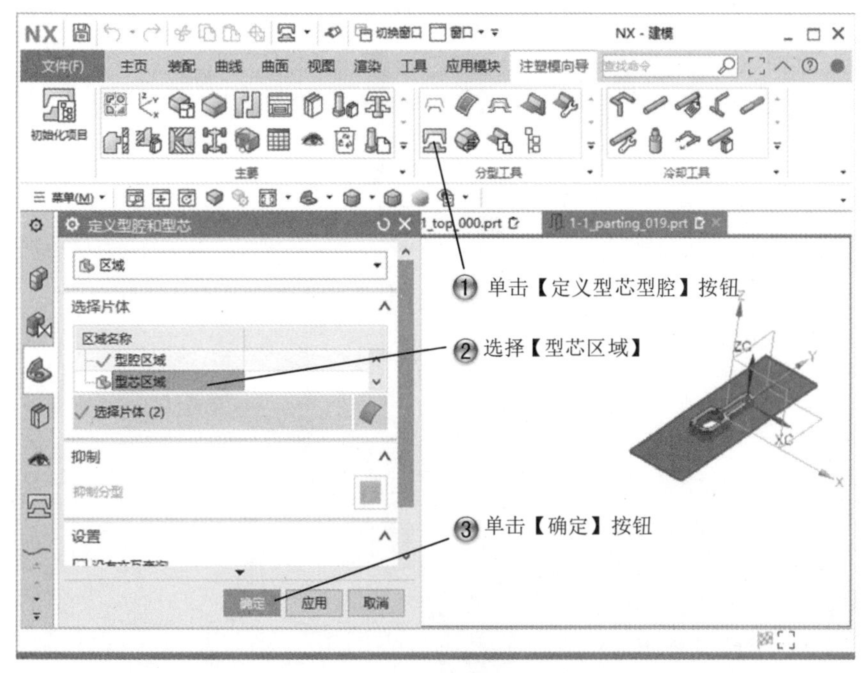

图 1-78　创建型芯区域

Step5 设置型芯方向，如图 1-79 所示。

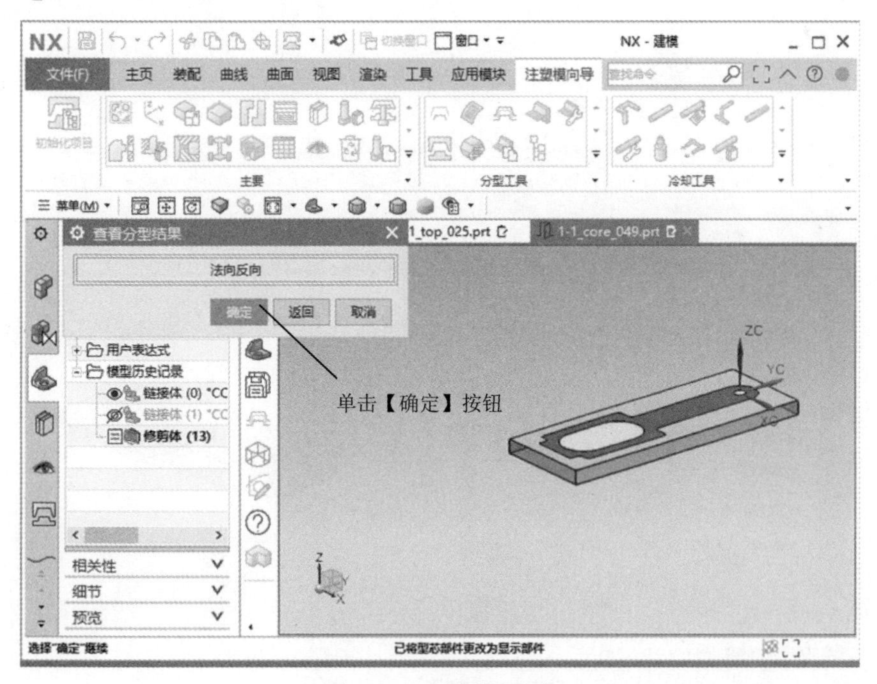

图 1-79　设置型芯方向

Step6 完成型芯和型腔，如图 1-80 所示。

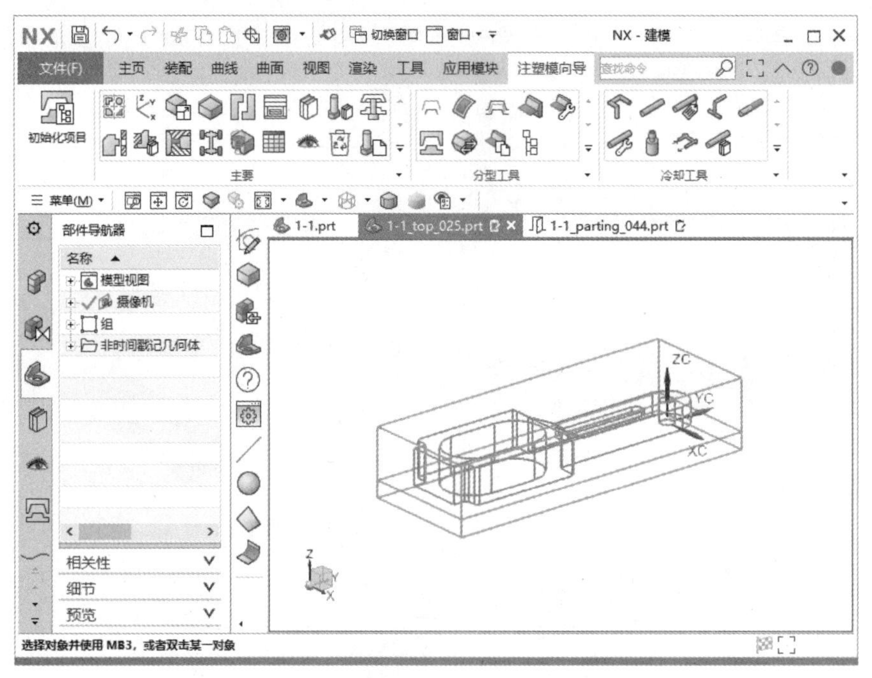

图 1-80　完成型芯和型腔

Step7 型腔布局，如图 1-81 所示。

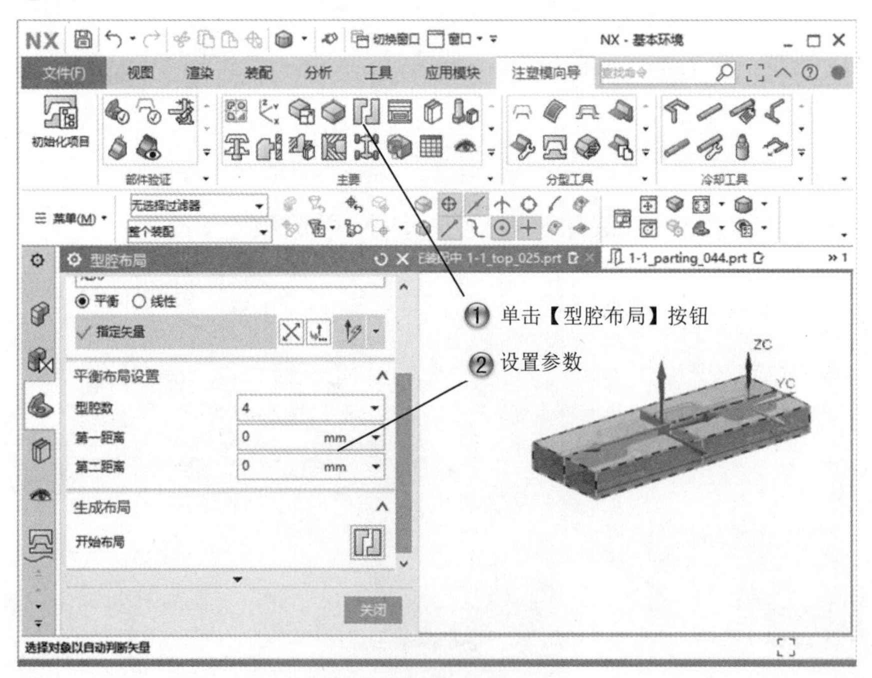

图 1-81　型腔布局

Step8 自动对准中心，如图 1-82 所示。

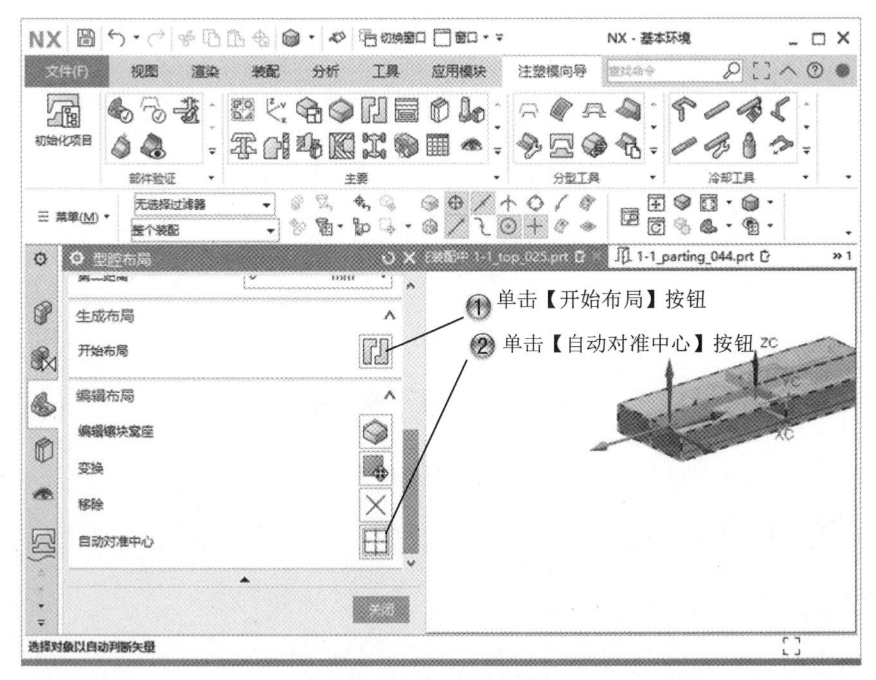

图 1-82　自动对准中心

Step9 完成腔体设计，如图 1-83 所示。

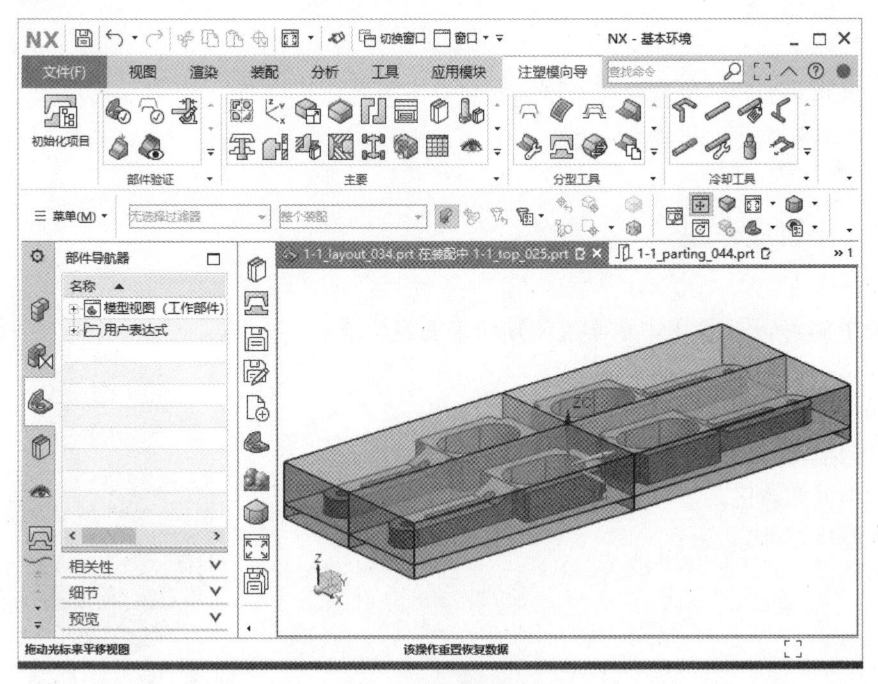

图 1-83　完成腔体设计

1.4　专家总结

本章主要介绍了注塑模具的一些基本知识，包括模具成型工艺，模具结构和类别，型腔设计的基本方法，以及一个完整的注塑模向导设计流程。注塑模向导是 NX 12 软件中设计注塑模具的专业模块，它以模具三维实体零件参数全相关技术，提供了设计模具型芯、型腔、滑块、推杆、镶块、侧抽芯零件等模具三维实体模型的高级建模工具，读者通过学习本章内容，对这些模块有一个初步的认识。

1.5　课后习题

1.5.1　填空题

（1）模具主要部分分________种。

（2）创建型芯和型腔的方法是________。

（3）型腔结构的种类有________、________、________、________。

1.5.2　问答题

（1）型芯和型腔的位置有什么不同？

（2）模具初始化的步骤有哪些？

1.5.3　上机操作题

如图 1-84 所示，使用本章学过的知识来创建轮子模型的模具。

操作步骤和方法如下：

（1）创建轮子模型。

（2）模具初始化。

（3）腔体设计。

图 1-84　轮子模型

第2章　分型线设计

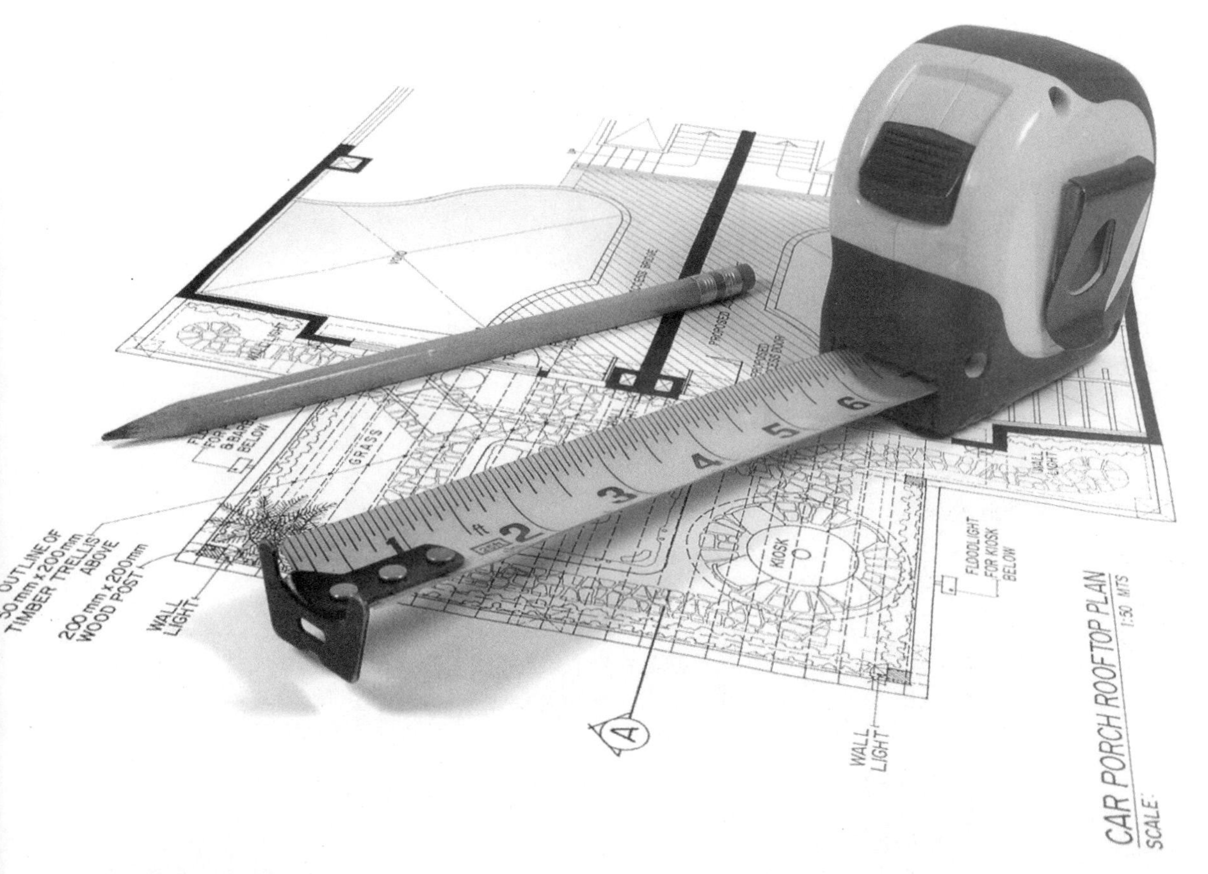

课训目标	内　容	掌握程度	课　时
	曲面补片	熟练运用	2
	创建分型线	熟练运用	2
	定义分型段	熟练运用	2

课程学习建议

NX 的模具设计模块是以创建分型线，然后利用各种方式创建分型面作为设计思路的。因此在注塑模向导模块中进行模具设计，分型步骤是必须的。模具设计时要在软件中利用分型线创建分型面，加载产品上下表面，对实体进行分割再创建型腔和型芯。

本课程主要基于软件的模具模块进行讲解，其培训课程表如下。

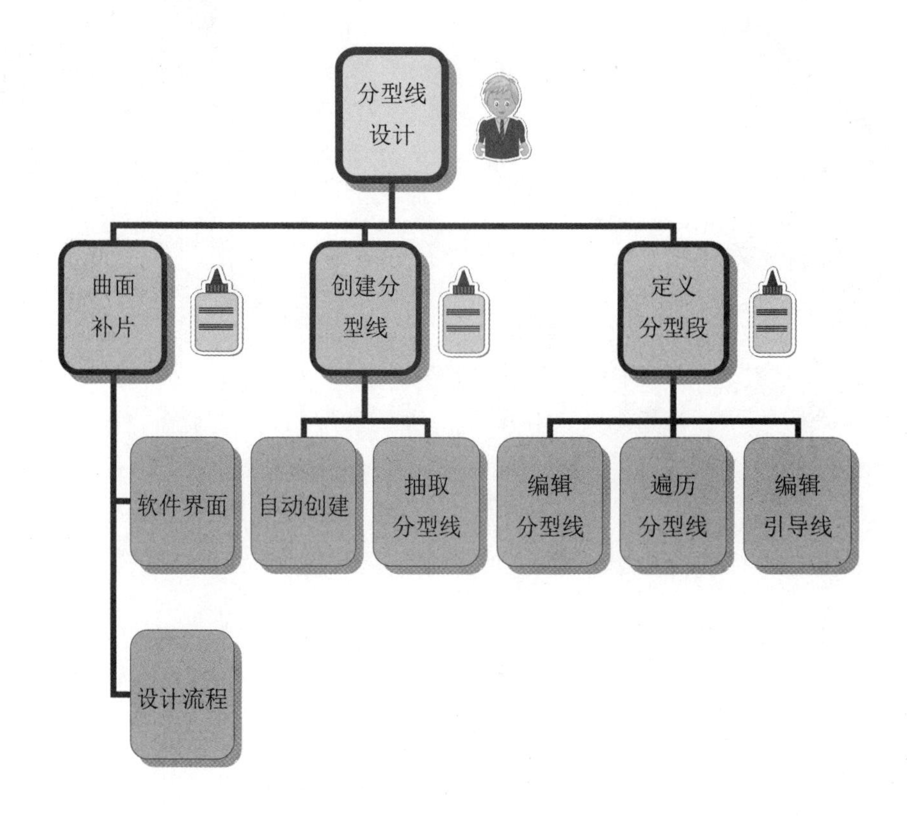

2.1 曲面补片

曲面补片是指系统使用曲面修补的方法修补产品内部的通孔。

课堂讲解课时：2 课时

2.1.1 设计理论

曲面补片命令可以选择不同的【类型】进行补片，再选择面或者边线，得以修补曲面。

2.1.2 课堂讲解

单击【注塑模工具】工具条中的【曲面补片】按钮，系统弹出如图 2-1 所示的【边补片】对话框。

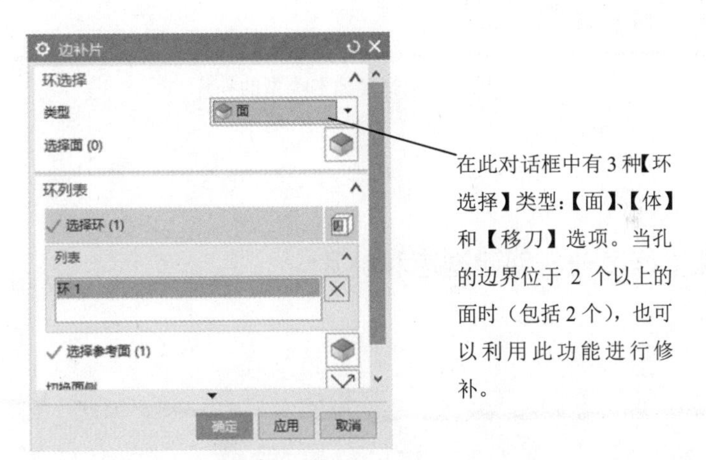

图 2-1 【边修补】对话框

在【边补片】对话框的【类型】下拉列表中，选择【面】选项，对话框如图 2-2 所示。

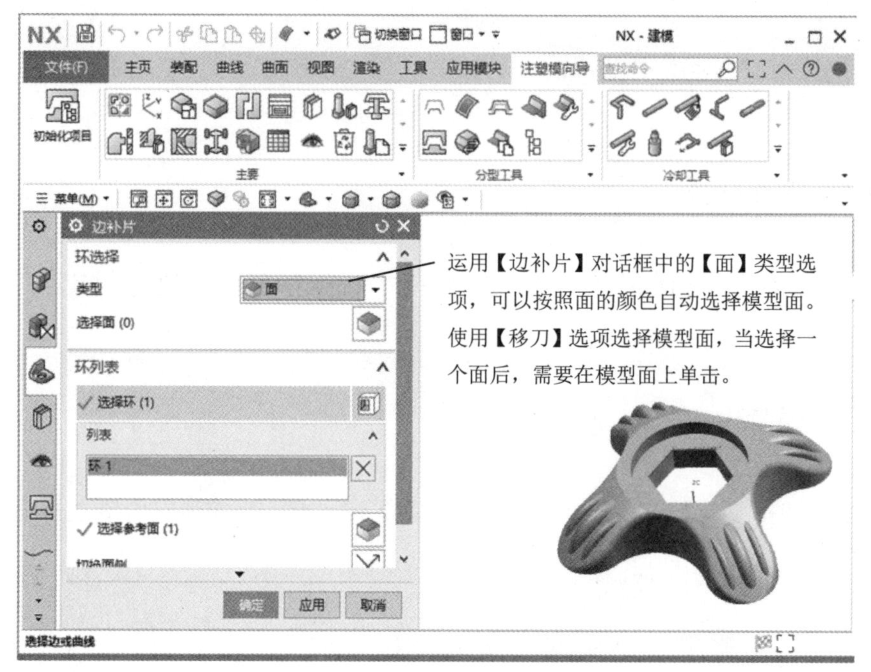

图 2-2　选择【面】类型的补片

2.1.3　课堂练习——创建基座和补片

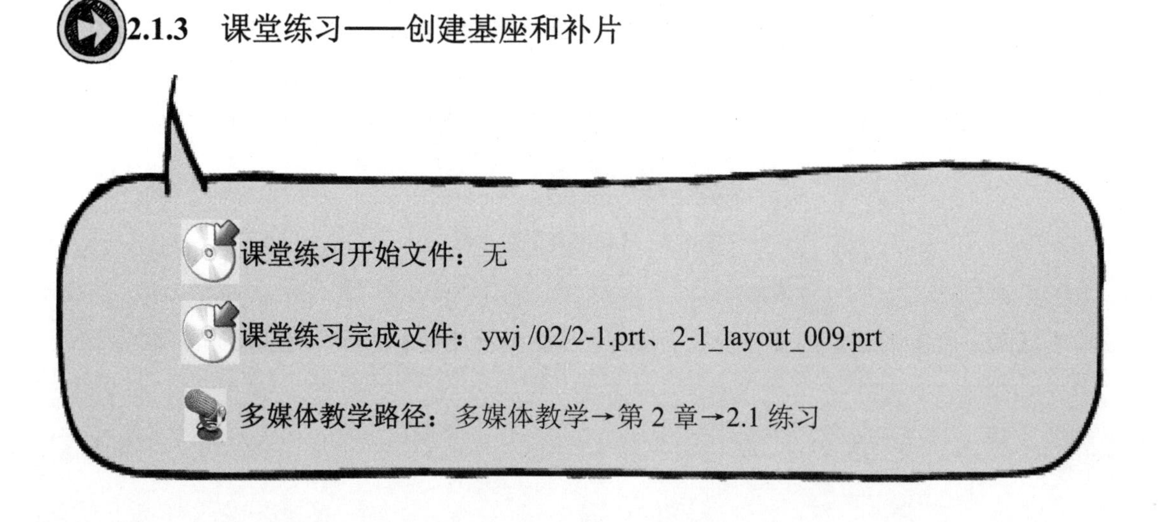

课堂练习开始文件：无

课堂练习完成文件：ywj /02/2-1.prt、2-1_layout_009.prt

多媒体教学路径：多媒体教学→第 2 章→2.1 练习

Step1 选择草绘面，如图 2-3 所示。

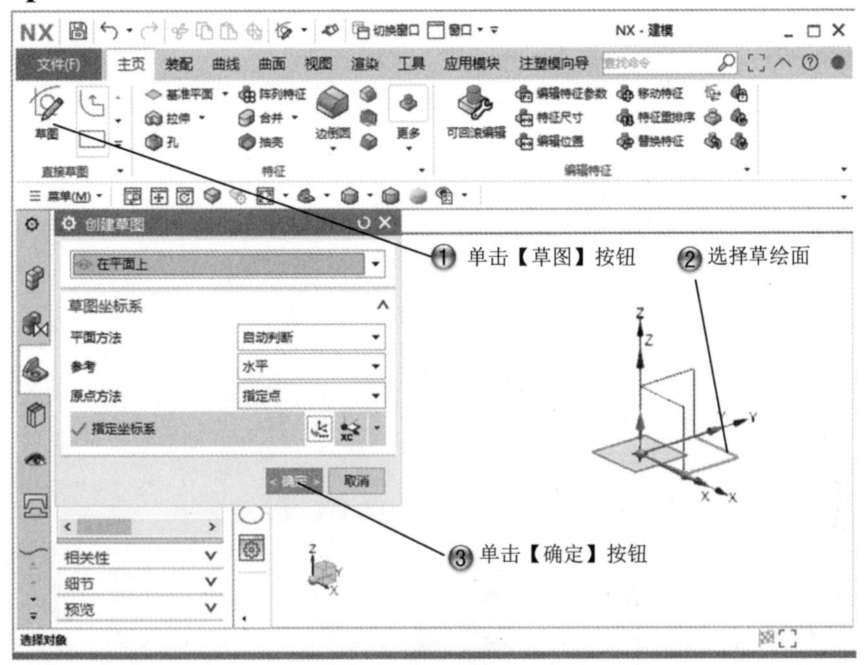

图 2-3　选择草绘面

Step2 绘制矩形，如图 2-4 所示。

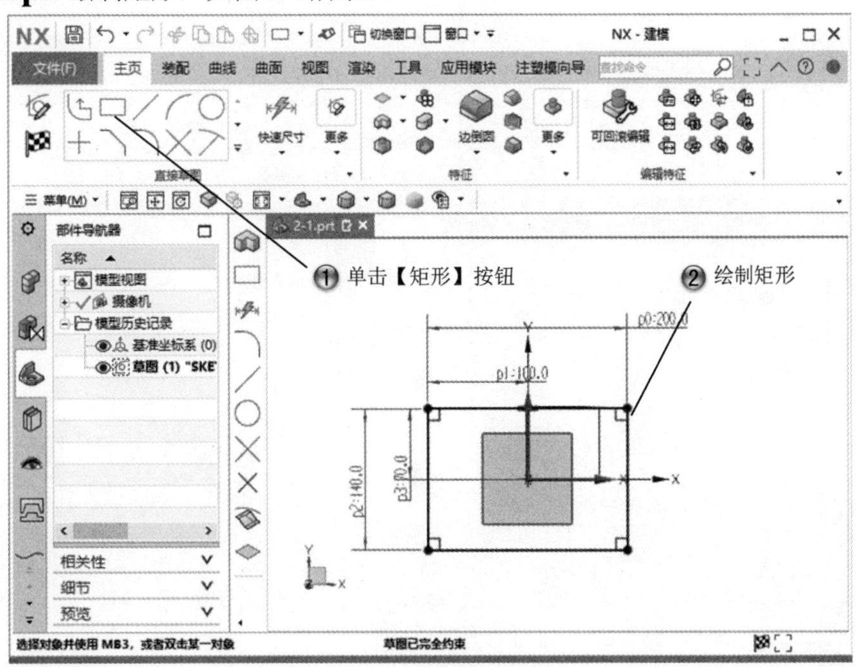

图 2-4　绘制矩形

Step3 创建拉伸特征，如图 2-5 所示。

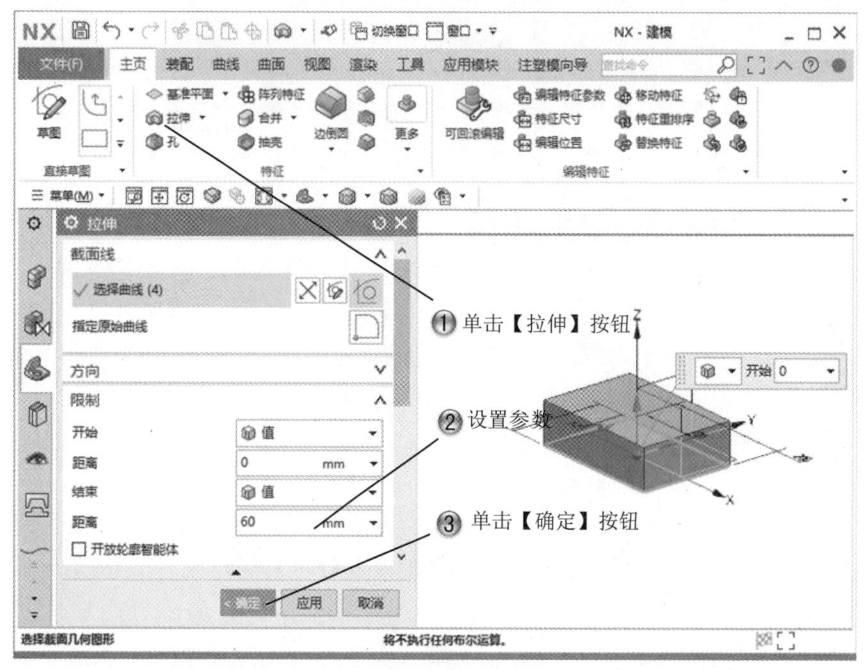

图 2-5　创建拉伸特征

Step4 创建倒斜角，如图 2-6 所示。

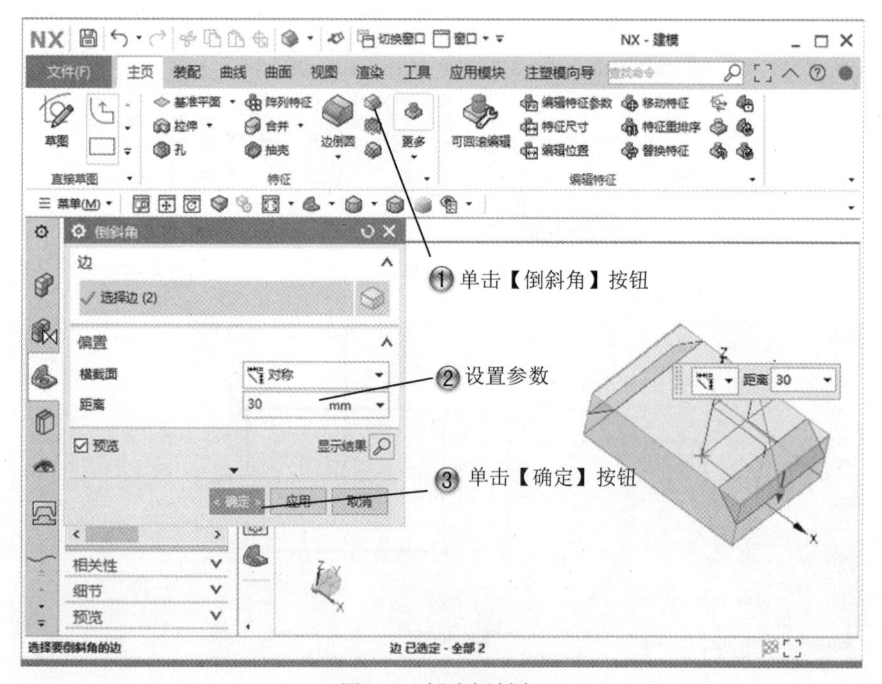

图 2-6　创建倒斜角

Step5 选择草绘面，如图 2-7 所示。

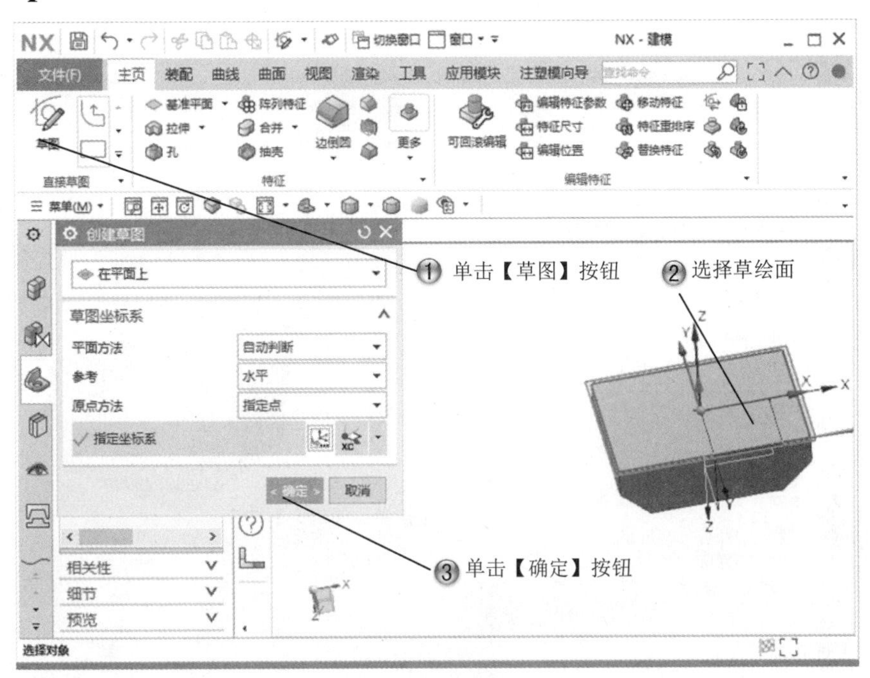

图 2- 选择草绘面

Step6 绘制矩形，如图 2-8 所示。

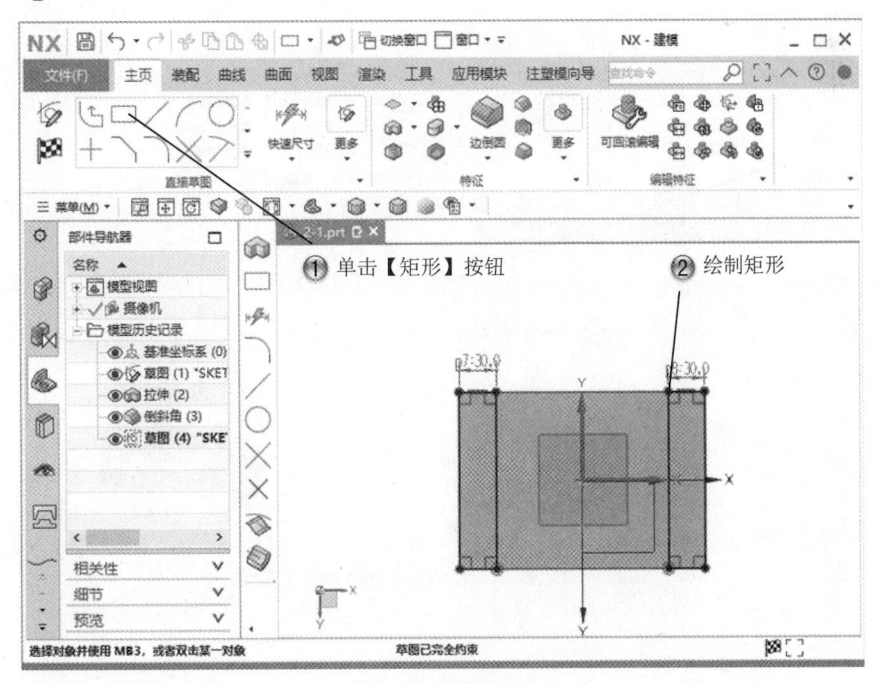

图 2-8 绘制矩形

Step7 创建拉伸特征，如图 2-9 所示。

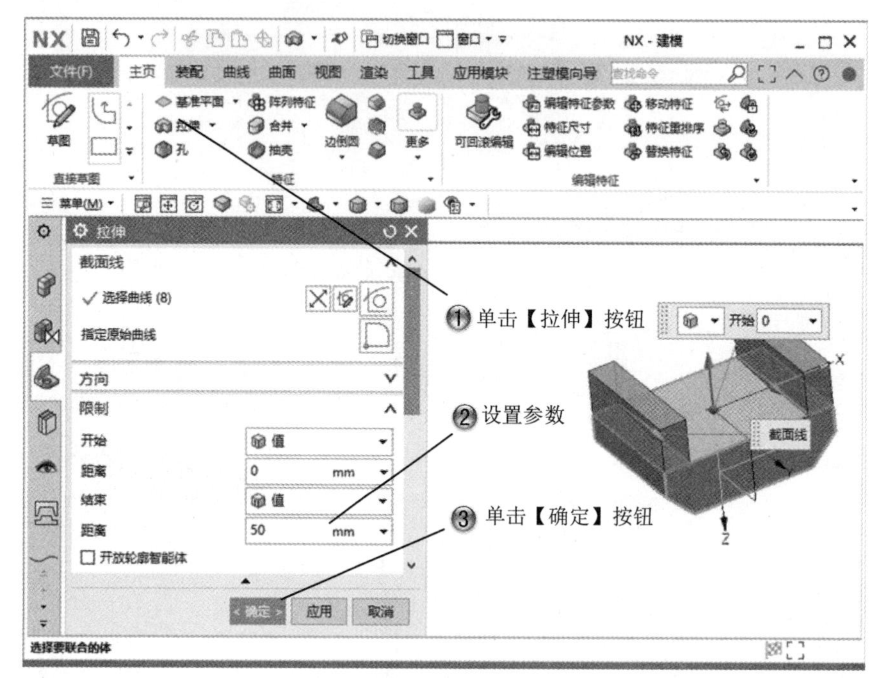

图 2-9　创建拉伸特征

Step8 选择草绘面，如图 2-10 所示。

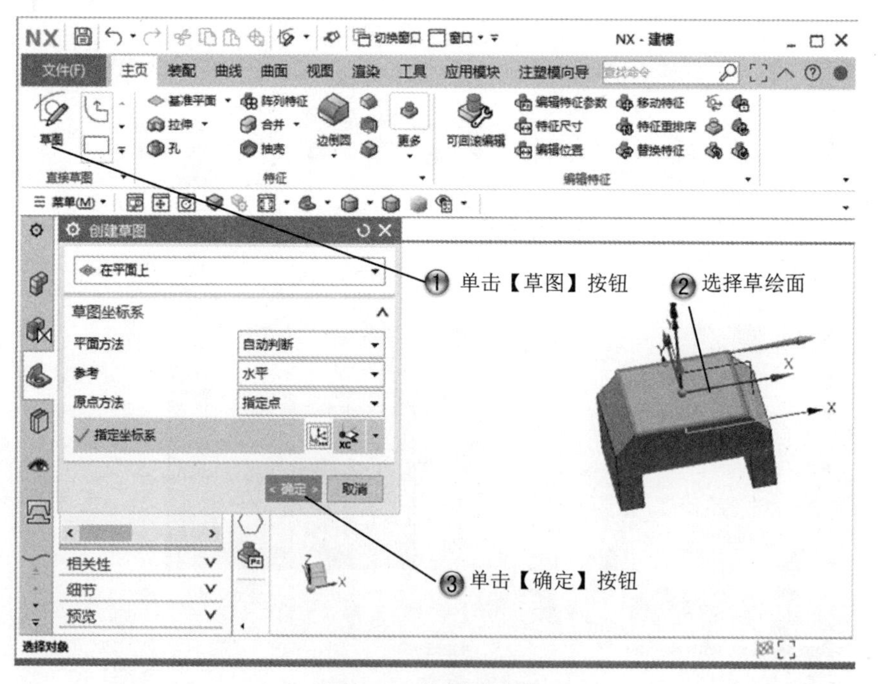

图 2-10　选择草绘面

Step9 绘制三角形，如图 2-11 所示。

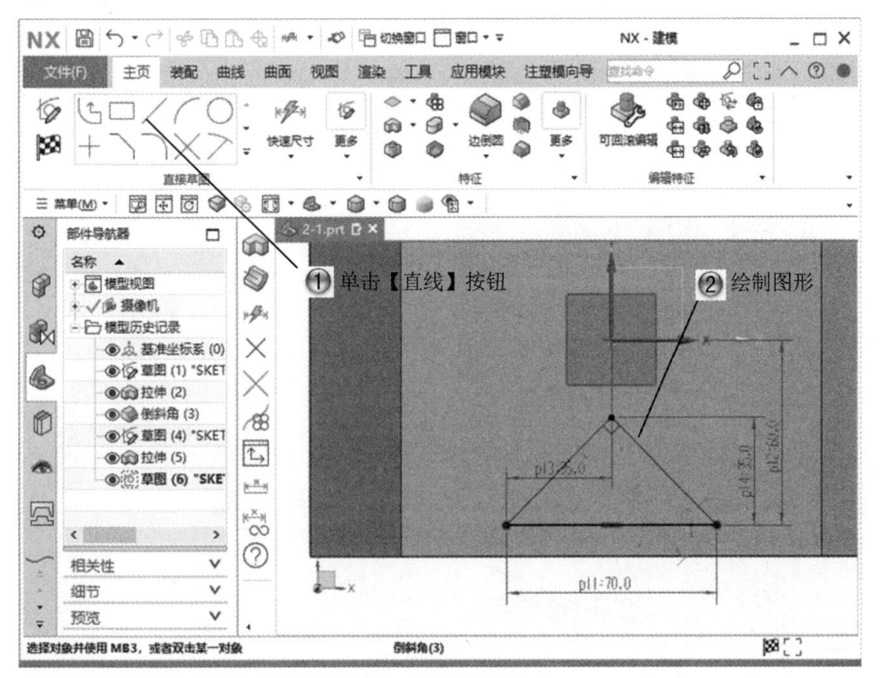

图 2-11　绘制三角形

Step10 创建拉伸特征，如图 2-12 所示。

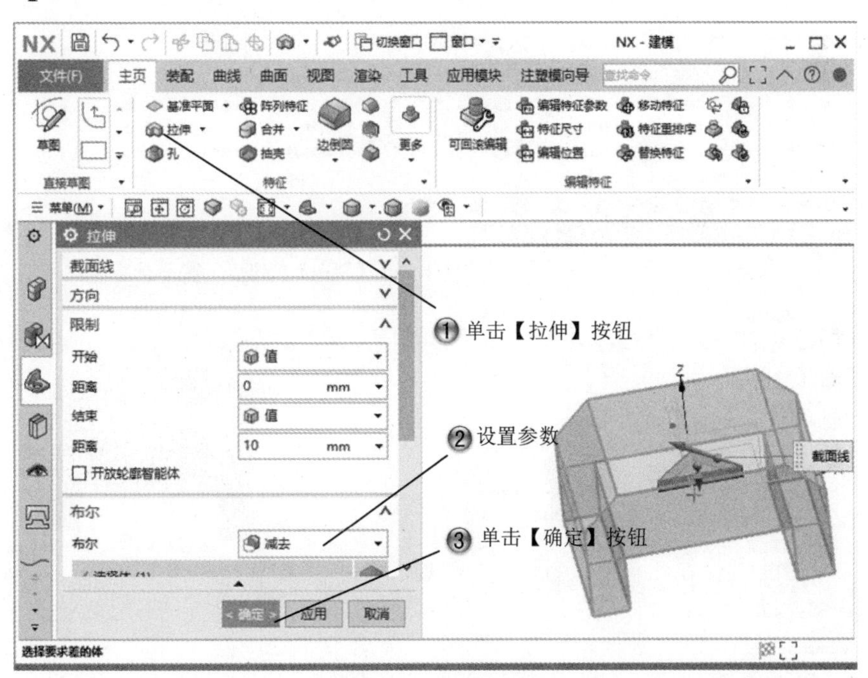

图 2-12　创建拉伸特征

Step11 创建阵列特征，如图 2-13 所示。

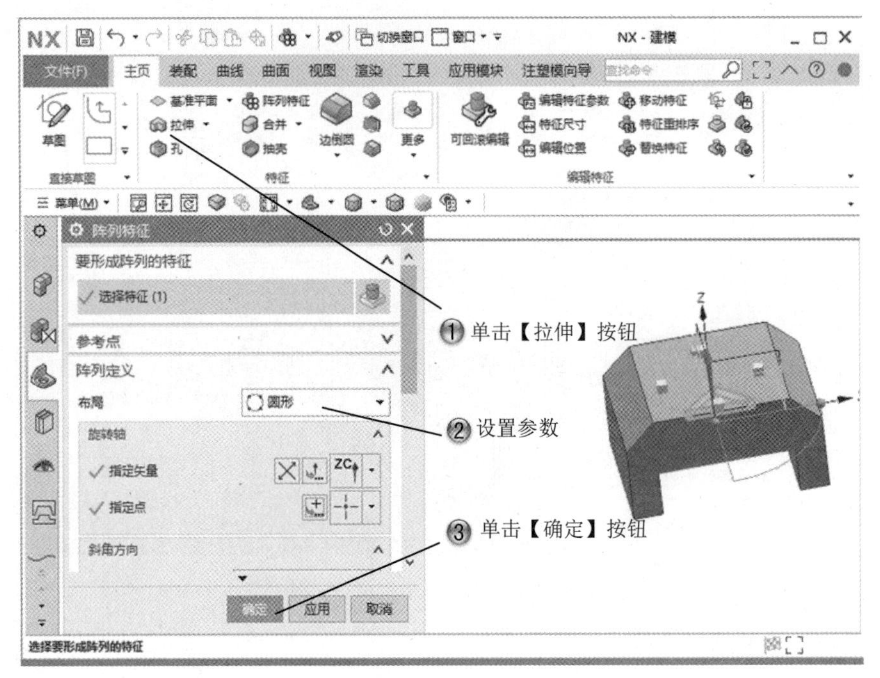

图 2-13　创建阵列特征

Step12 选择草绘面，如图 2-14 所示。

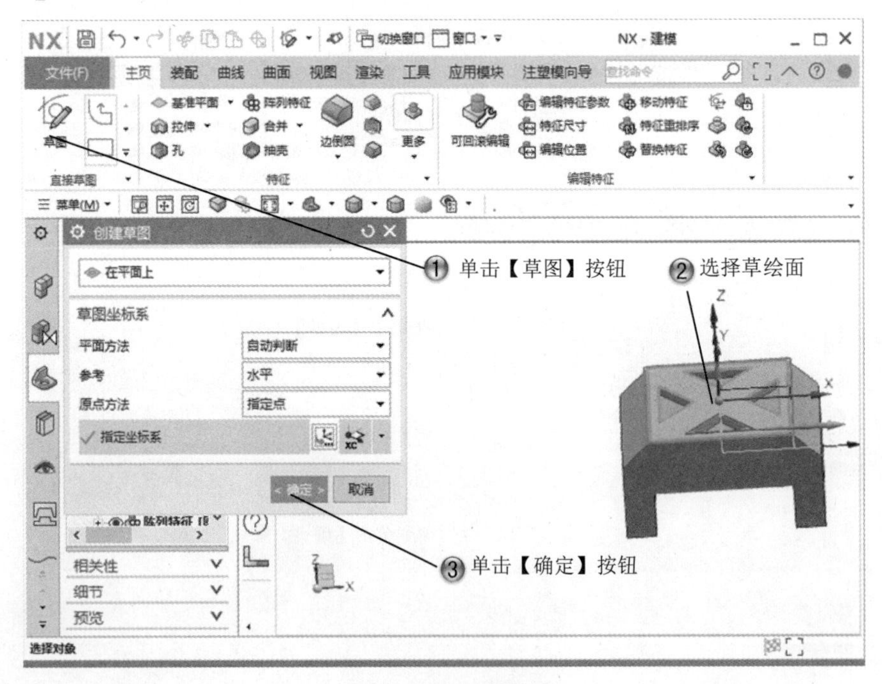

图 2-14　选择草绘面

Step13 绘制圆形，如图2-15所示。

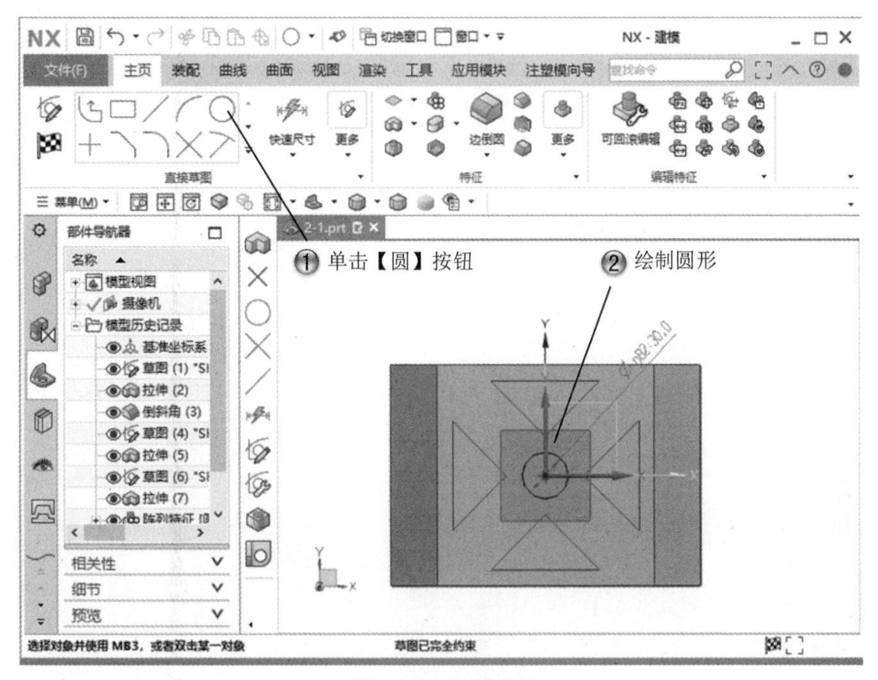

图2-15　绘制圆形

Step14 创建拉伸特征，如图2-16所示。

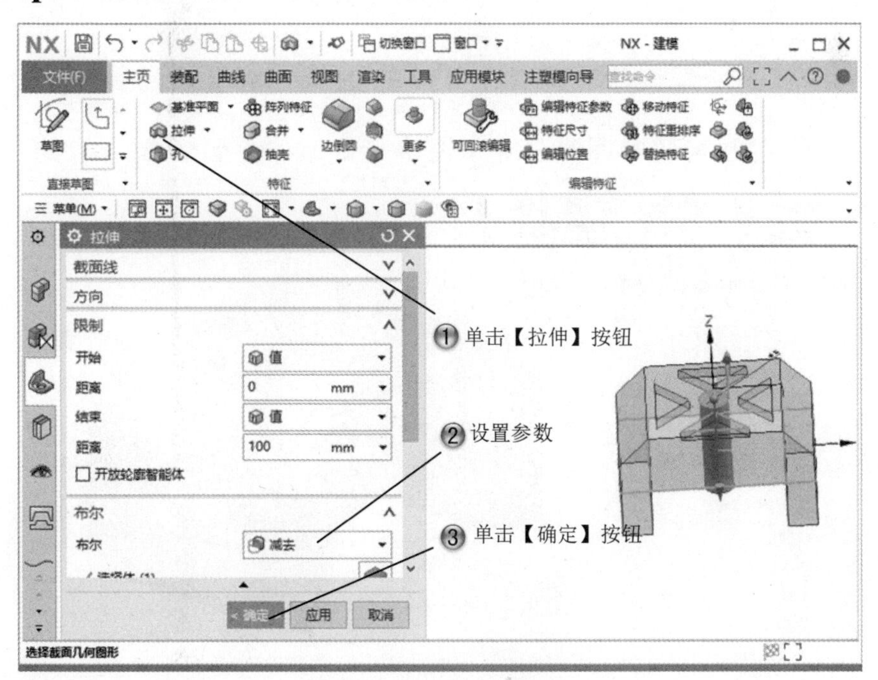

图2-16　创建拉伸特征

Step15 创建倒斜角，如图 2-17 所示。

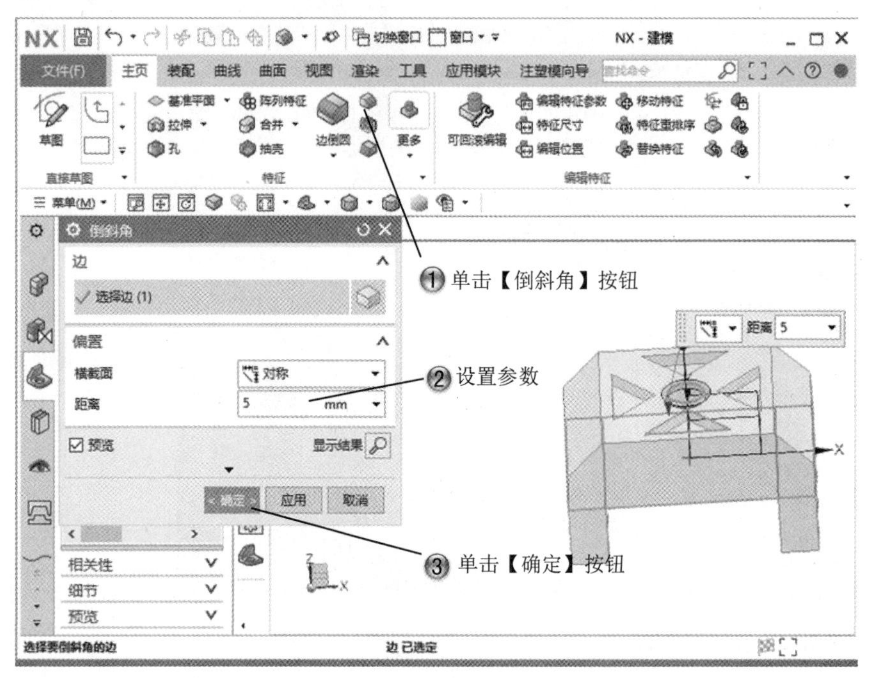

图 2-17　创建倒斜角

Step16 完成零件模型，如图 2-18 所示。

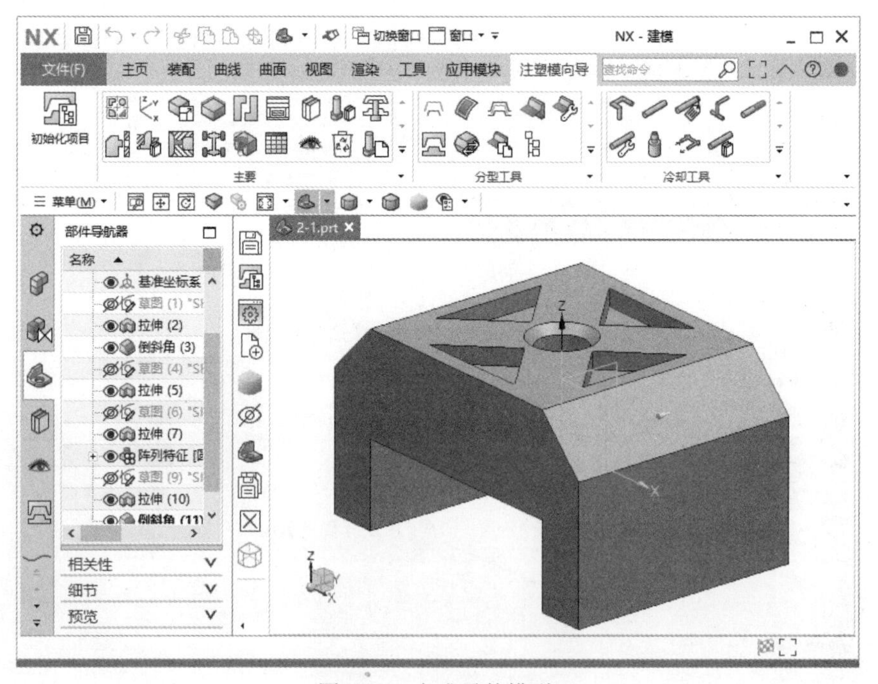

图 2-18　完成零件模型

Step17 初始化模型，如图 2-19 所示。

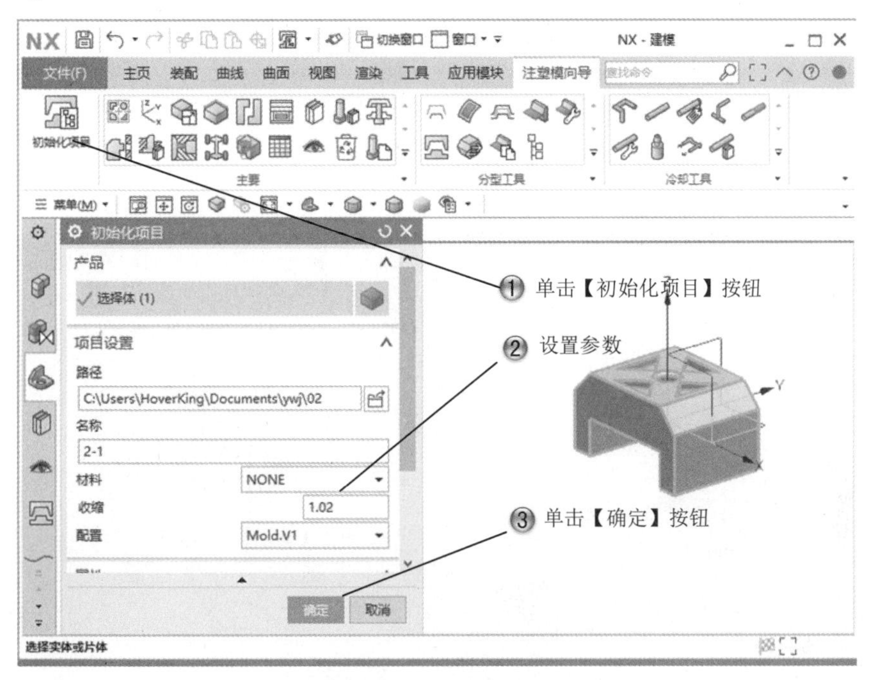

图 2-19　初始化模型

Step18 创建模具坐标，如图 2-20 所示。

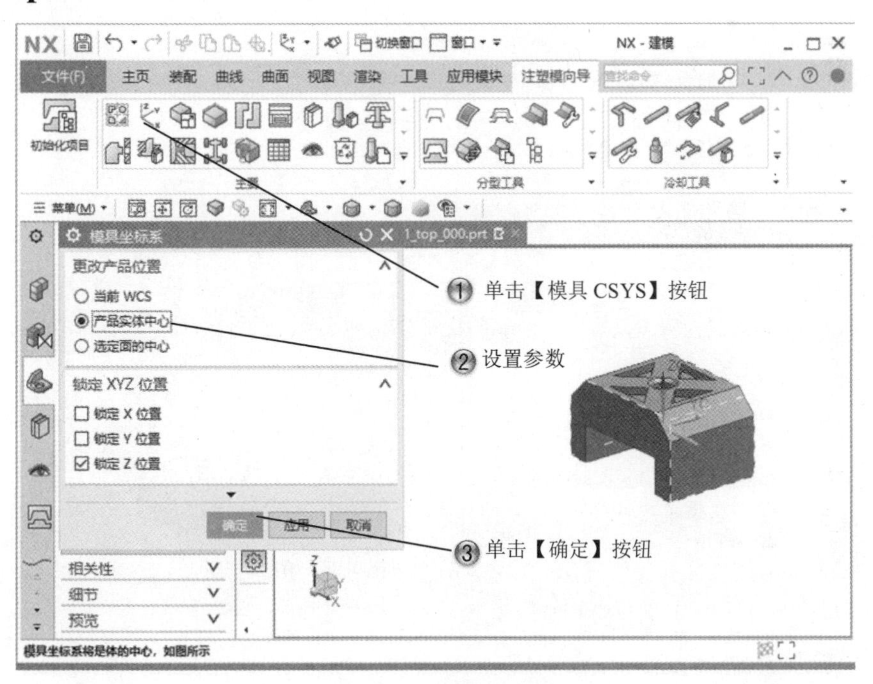

图 2-20　创建模具坐标

Step19 创建工件，如图 2-21 所示。

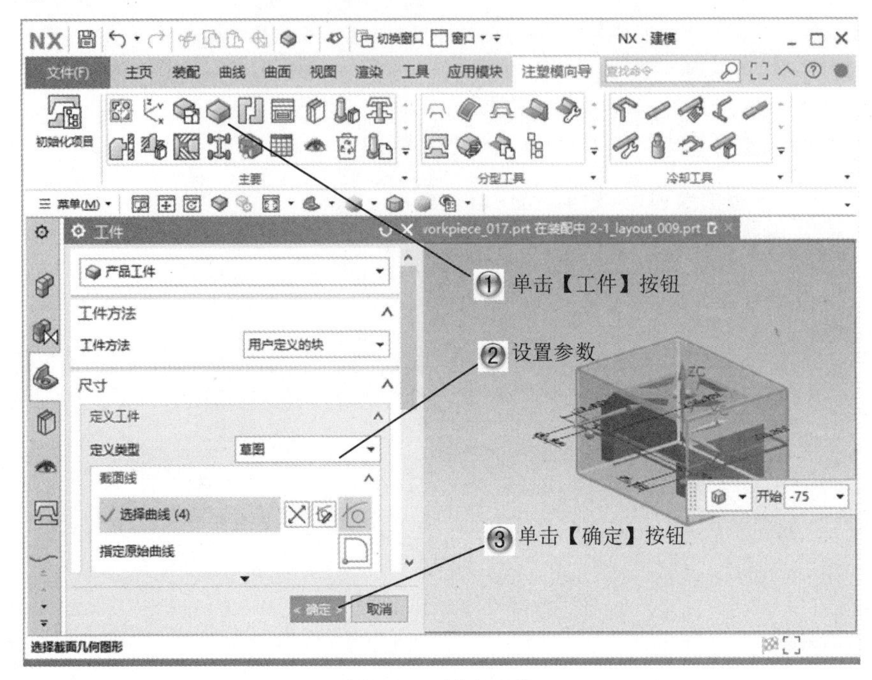

图 2-21　创建工件

Step20 曲面补片，如图 2-22 所示。

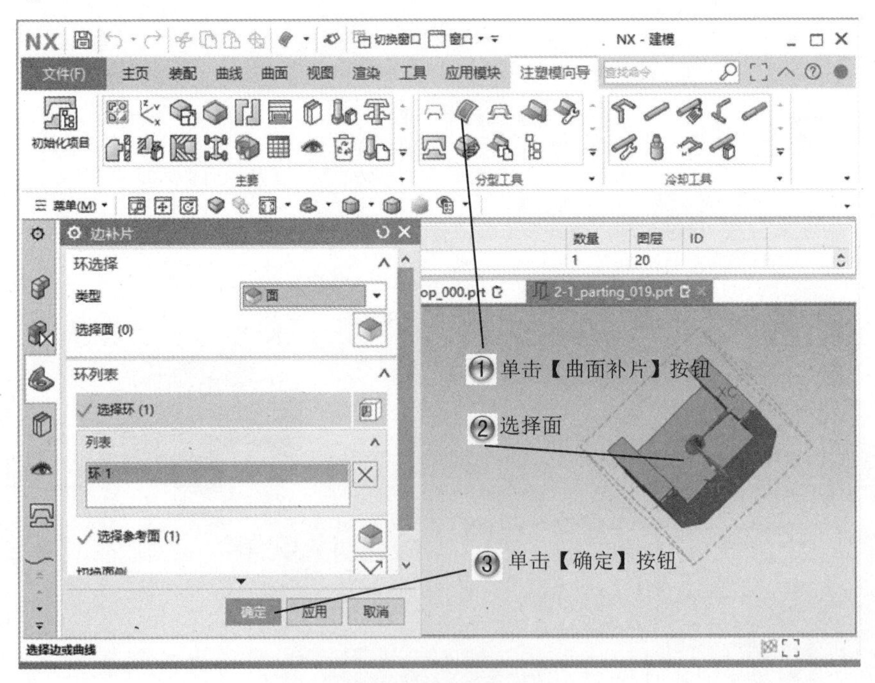

图 2-22　曲面补片

Step21 完成的模型，如图 2-23 所示。

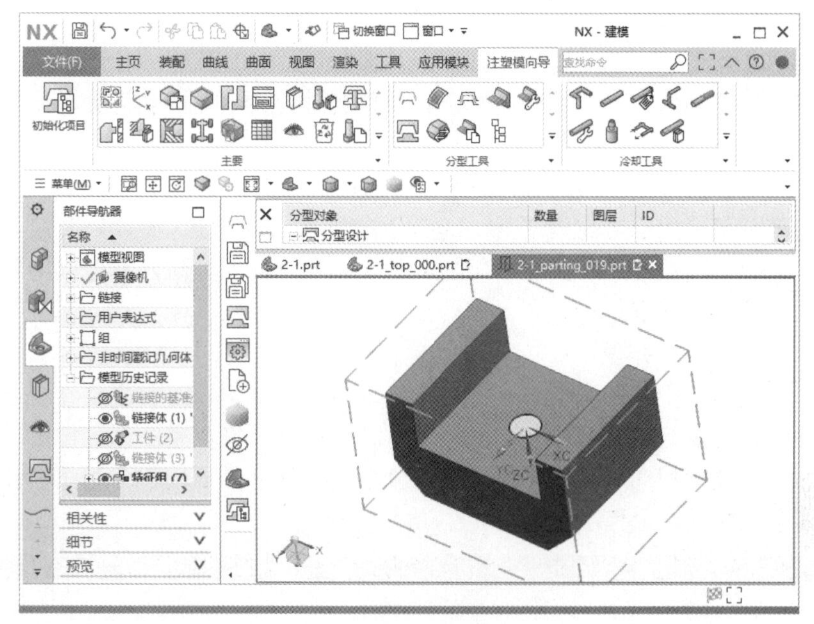

图 2-23　完成模型

2.2　创建分型线

在模具设计中，分离型腔和型芯，定义分型线，是一个比较复杂的任务，尤其在分型线较复杂的情况更是如此。注塑模向导模块提供了一组简化分型面构造的功能，当产品模型被修剪时，与产品保持相关。

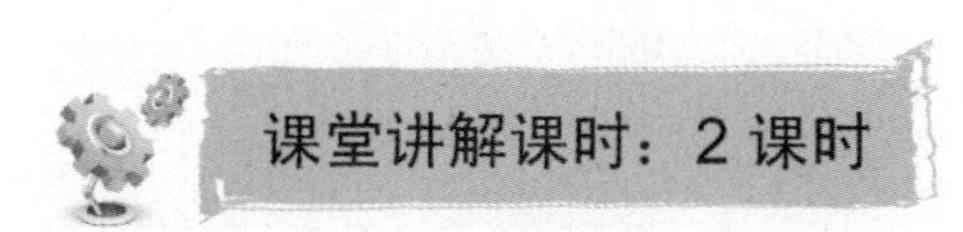

2.2.1　设计理论

了解了分型的基本概念，现在介绍分型的步骤。

（1）创建分型面

利用【分型工具】工具条中的命令创建分型面，如图 2-24 所示。可以确认产品模型有正确的脱模斜度，而基于脱模斜度方向做产品的几何分析，可以确定如何设计合理的分型线。

（2）进行内部分型

内部分型适用于带有内部开口的产品模型，它们需使用封闭的几何体来分隔工件，使用注塑模向导模块提供的一些实体和片体的方法，都可以用于此类产品模型的内部分型。

（3）进行外部分型

外部分型是由外部分型线延伸到工件远端的曲面，这时首先要设置顶出方向，并创建必要的修补几何体。如果要自动拉伸，还需要手动创建自由形状的分型面。创建分型线后，用转换对象将分型线分开。然后创建分型面，并将分型面缝合成为一个分型面系。

2.2.2 课堂讲解

分型之前首先要熟悉【分型工具】工具条中的分型工具按钮，如图 2-24 所示。

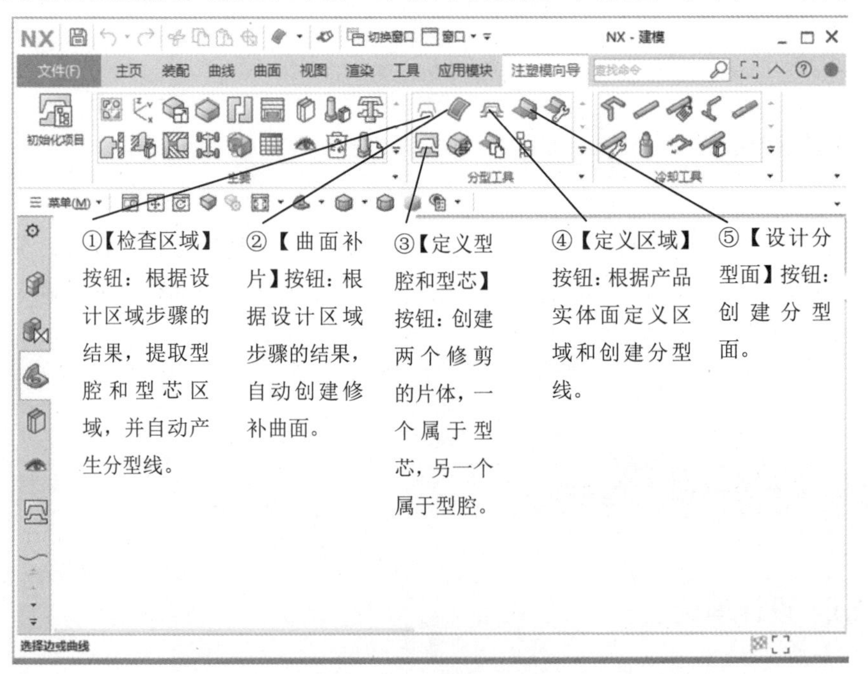

图 2-24 【分型工具】工具条

1. 自动创建

【定义区域】按钮是创建分型线和分型边缘的关键工具。单击【分型导航器】对话框中的【定义区域】按钮，系统会弹出如图2-25所示的【定义区域】对话框。

图2-25　【定义区域】对话框

2. 抽取分型线

注塑模向导模块一般是通过搜索分型线的自动过程建立分型线，在此过程中，系统将自动识别适合建立分型面的现有边界作为分型线。

另外可以通过【抽取曲线】的方法在选择的实体、曲面、平面和曲线上抽取曲线、直线和圆弧等形成分型线。在【菜单栏】中选择【菜单】|【插入】|【派生曲线】|【抽取】命令，弹出【抽取曲线】对话框，如图2-26所示。

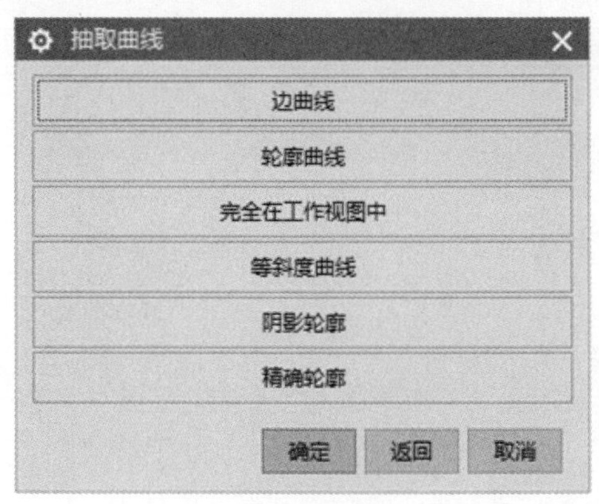

用户可抽取的曲线类型包括【边曲线】、【轮廓曲线】、【等斜度曲线】、【精确轮廓】和【阴影轮廓】等。一般来说，大多数的抽取曲线都与原来的实体、曲面、平面和曲线不相关。

图2-26　【抽取曲线】对话框

（1）边曲线

在【抽取曲线】对话框中单击【边曲线】按钮，弹出【单边曲线】对话框，在模型上单击选择一条边线，如图 2-27 所示，单击【确定】按钮。

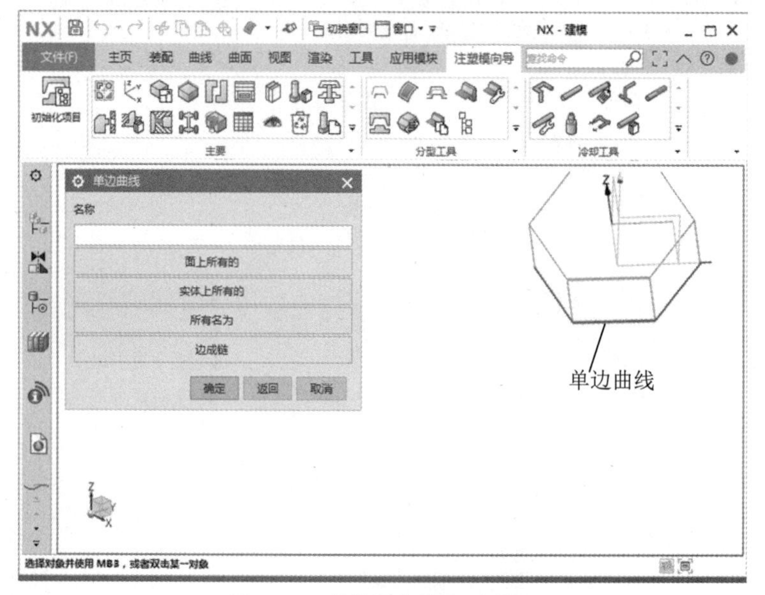

图 2-27　【单边曲线】对话框

（2）轮廓曲线

在【抽取曲线】对话框中单击【轮廓曲线】按钮，弹出【轮廓曲线】对话框。单击选择模型，在【轮廓曲线】对话框中输入曲线名称，创建模型的所有轮廓边线，如图 2-28 所示，单击【确定】按钮。

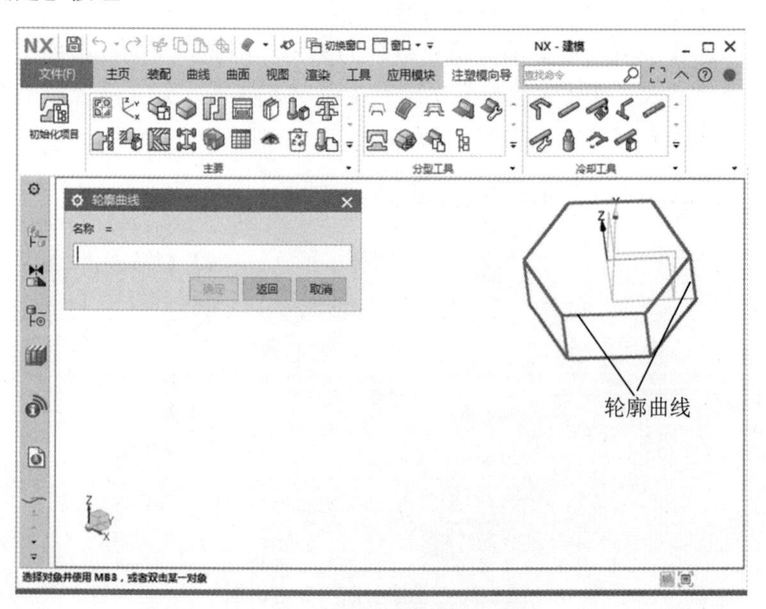

图 2-28　【轮廓曲线】对话框

（3）等斜度曲线

在【抽取曲线】对话框中单击【等斜度曲线】按钮，弹出【矢量】对话框，首先在【矢量】对话框中选择矢量的【类型】，在模型上单击两点形成等斜度曲线，并设置【矢量方向】，如图 2-29 所示，单击【确定】按钮。

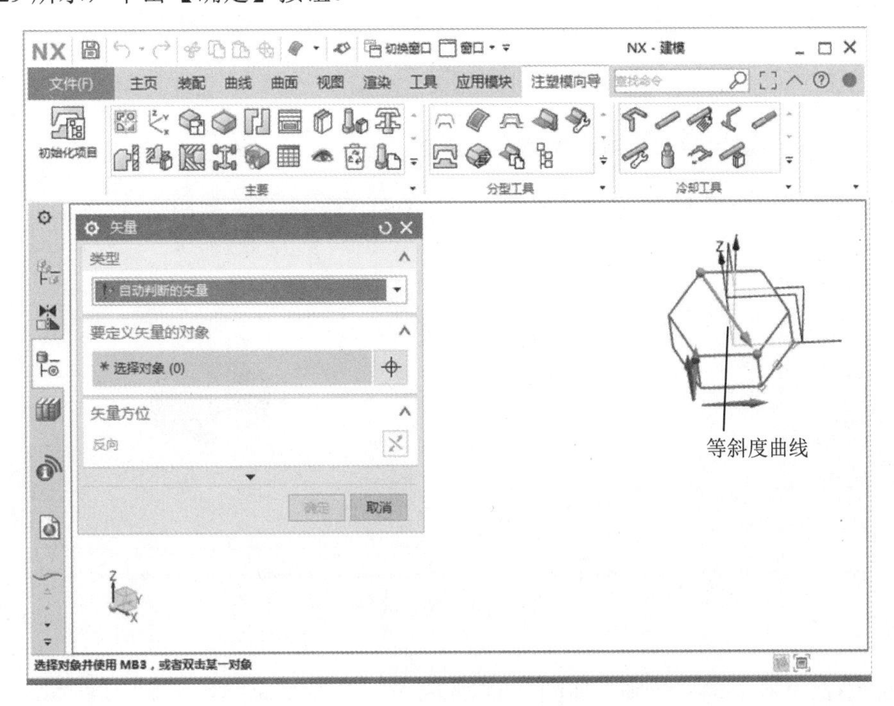

图 2-29　【矢量】对话框

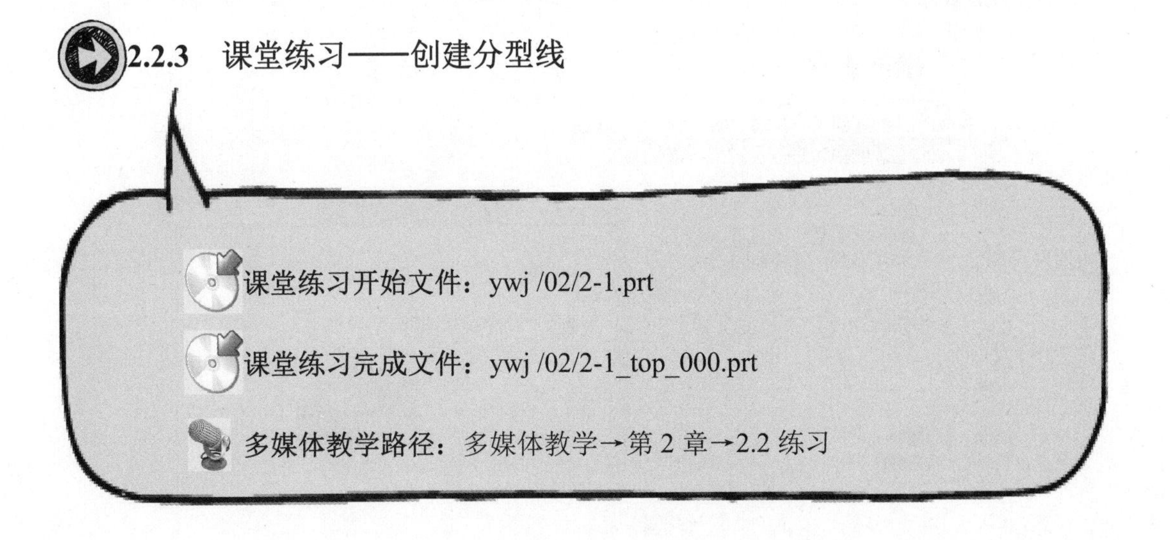

2.2.3 课堂练习——创建分型线

课堂练习开始文件：ywj /02/2-1.prt

课堂练习完成文件：ywj /02/2-1_top_000.prt

多媒体教学路径：多媒体教学→第 2 章→2.2 练习

Step1 检查区域，如图 2-30 所示。

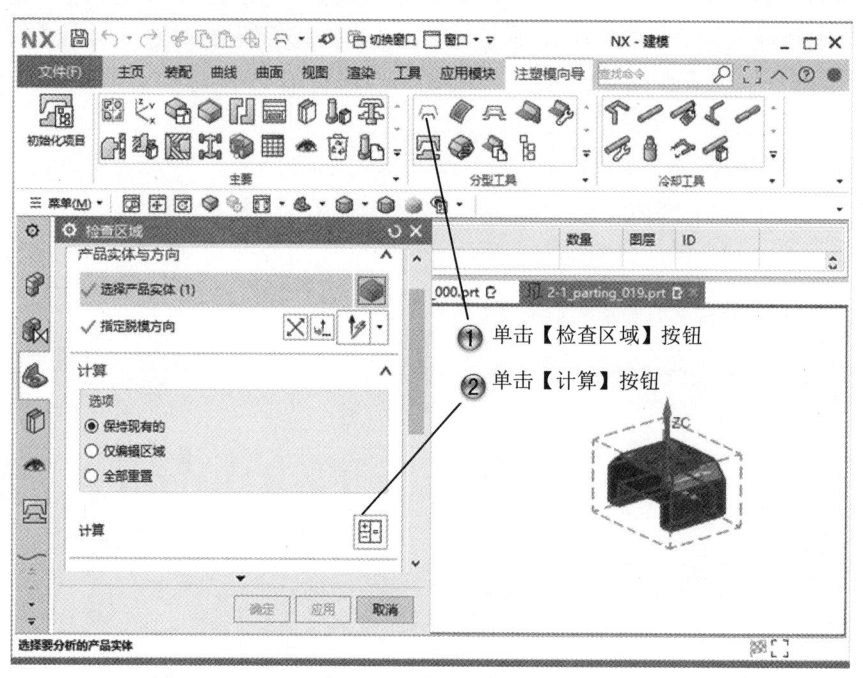

图 2-30　检查区域

Step2 查看未定义区域，如图 2-31 所示。

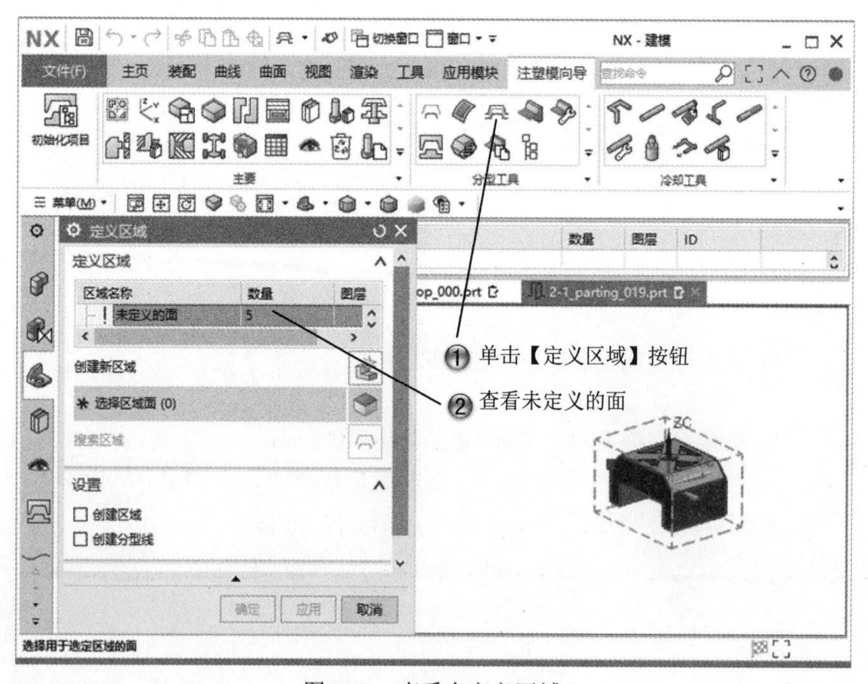

图 2-31　查看未定义区域

Step3 设置型腔面，如图 2-32 所示。

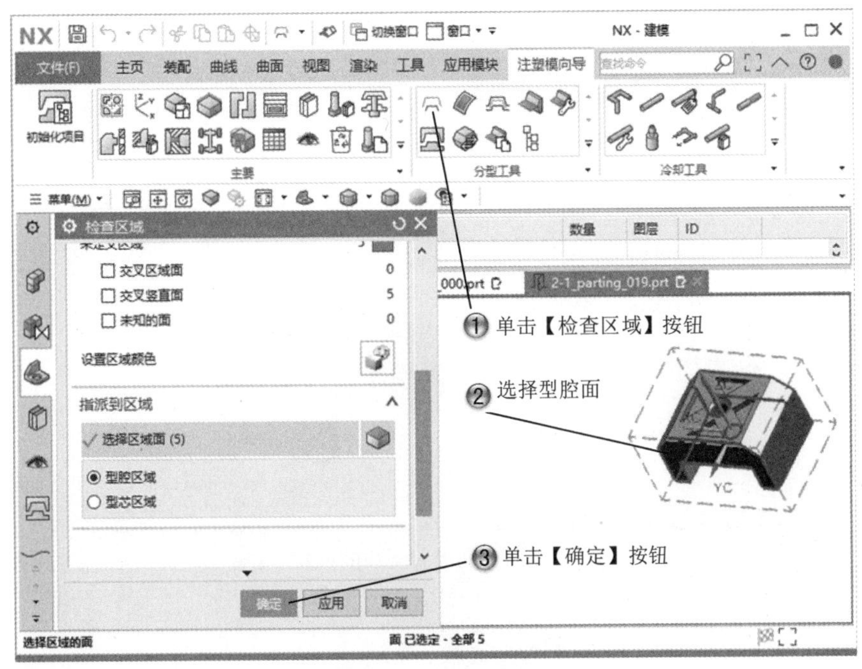

图 2-32　设置型腔面

Step4 创建分型线，如图 2-33 所示。

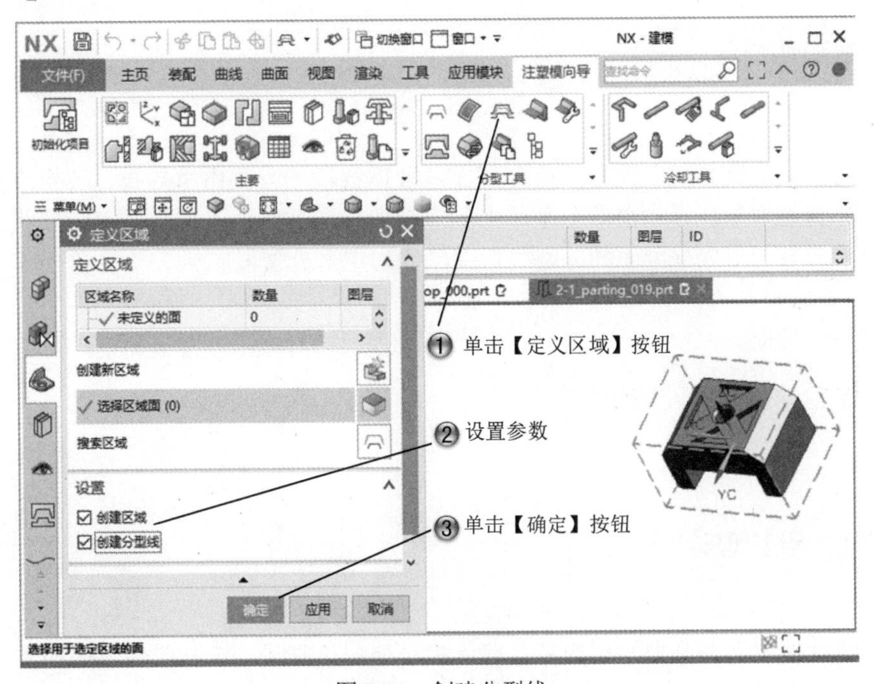

图 2-33　创建分型线

Step5 完成分型线的创建，如图 2-34 所示。

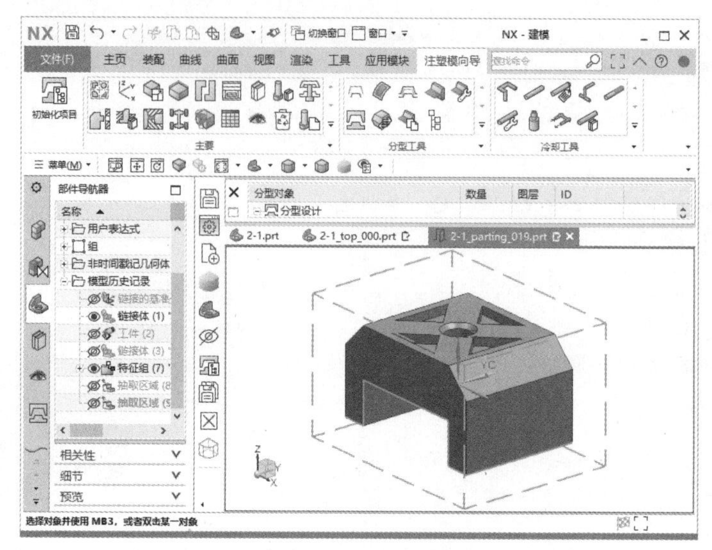

图 2-34　完成分型线的创建

2.3　定义分型段

分型线一般需要分成几段来形成分型面，分型线段的分割由引导线、转换点和转换对象来定义，转换对象就是指沿着分型环上的点或曲线或曲线组。用这些点或曲线或曲线组来定义沿单一方向形成分型面的分型线范围，称为定义分型段。

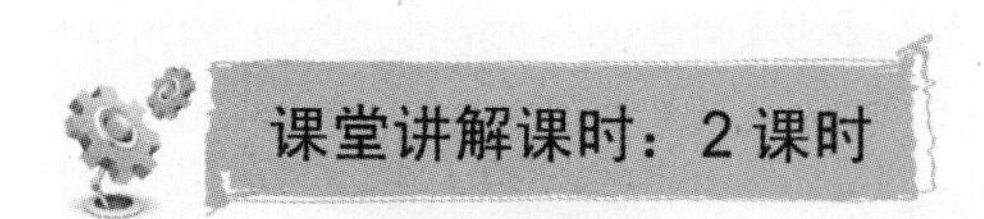

2.3.1　设计理论

分型线是被定义在分型面和产品几何体相交处的相交线，它与脱模方向相关。注塑模向导模块基于脱模斜度方向（一般为+ZC 方向，除非特殊指定的其他方向）做产品的几何分解，以确定分型线可能产生的边缘。在很少的情况下，会呈现多个可能的分型线供用户选择。这时，用户可使用注塑模向导模块提供的一些工具选择恰当的分型线。

2.3.2 课堂讲解

1. 编辑分型线

编辑分型线是指对自动生成的、手动选择等所定义的分型线进行添加或删除，以获得所需的合理的分型线。

单击【分型刀具】工具条中的【设计分型面】按钮，打开【设计分型面】对话框，其中有【编辑分型线】和【编辑分型段】选项组，如图 2-35 所示。

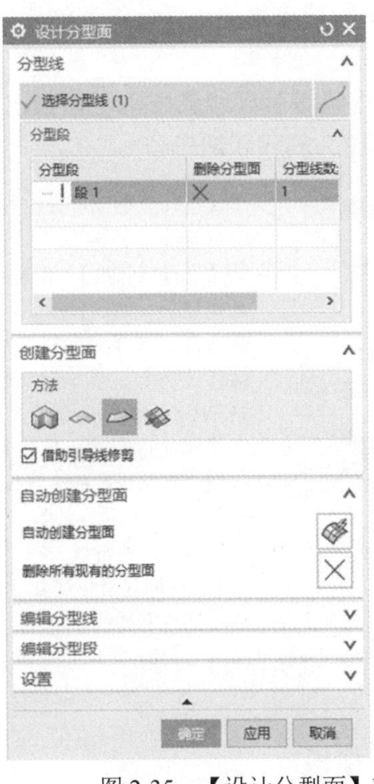

选择相应的选项可以对分型线进行添加、删除和编辑。

图 2-35　【设计分型面】对话框

2. 遍历分型线

遍历分型线是指根据系统提示，手动选择所选曲线作为产品分型线的一种功能，在【设计分型面】对话框中单击【遍历分型线】按钮，则会弹出如图 2-36 所示的【遍历分型线】对话框。

在绘图区选择所需的曲线，所选的曲线将高亮显示，系统将同时选择所选曲线相连的下一条曲线，单击【选择边/曲线】按钮，一步一步地选择分型线，选择适合的封闭曲线环作为产品模型的分型线。

分型线应该选择那些连续成链的线段或边界，这时对话框中的公差也就用于成链公差。如果发现间隙或出现分支，则必须在公差范围内手动操纵引导线条成链。

图 2-36　【遍历分型线】对话框

3. 编辑引导线

【引导线】功能可以指定各个分型段端点处的矢量，作为创建分型面的参考，它的方向表示延伸和扩展的方向，它的长度表示扩展长度。

在【设计分型面】对话框中单击【编辑引导线】按钮，弹出如图 2-37 所示的【引导线】对话框，它可以进行引导线的添加、删除和编辑。

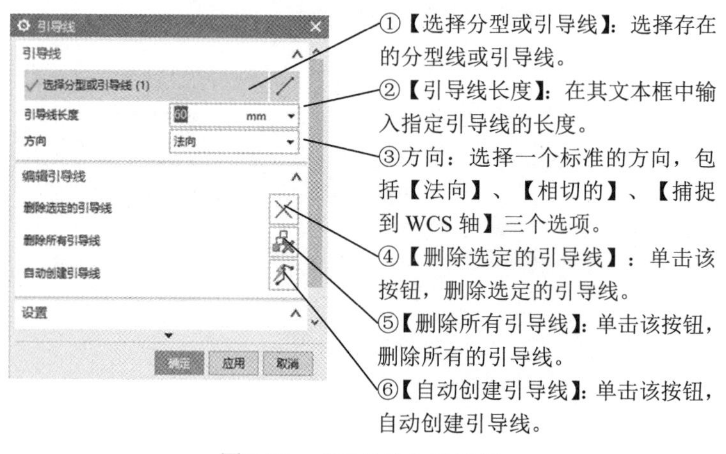

图 2-37　【引导线】对话框

2.3.3　课堂练习——定义分型段

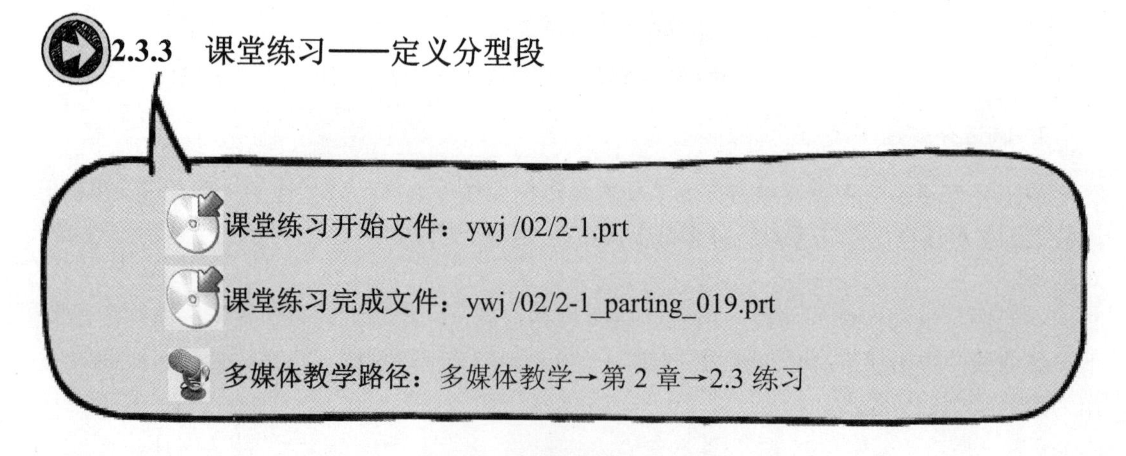

Step1 编辑引导线，如图2-38所示。

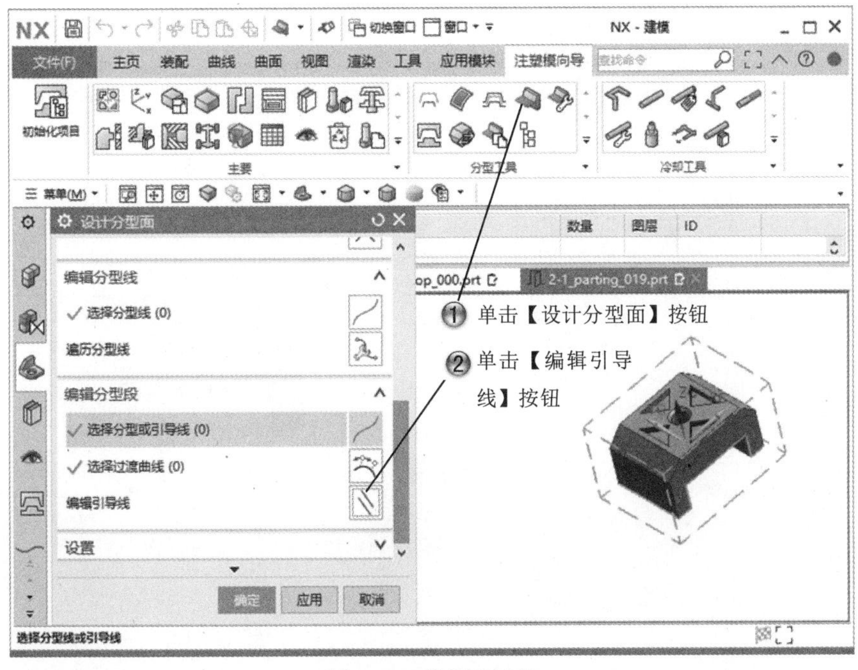

图2-38　编辑引导线

Step2 设置引导线段1，如图2-39所示。

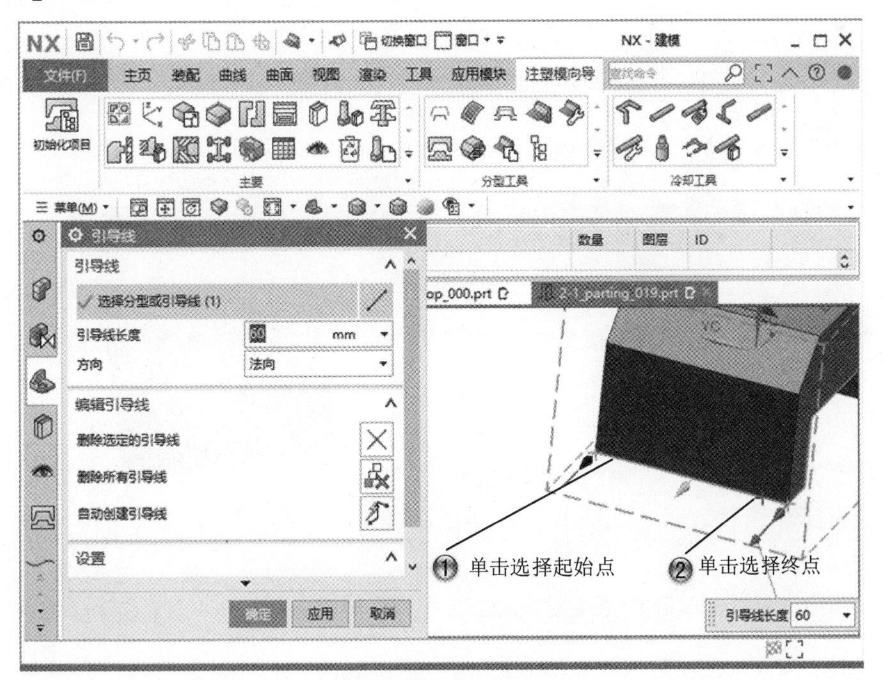

图2-39　设置引导线段1

Step3 设置引导线段 2，如图 2-40 所示。

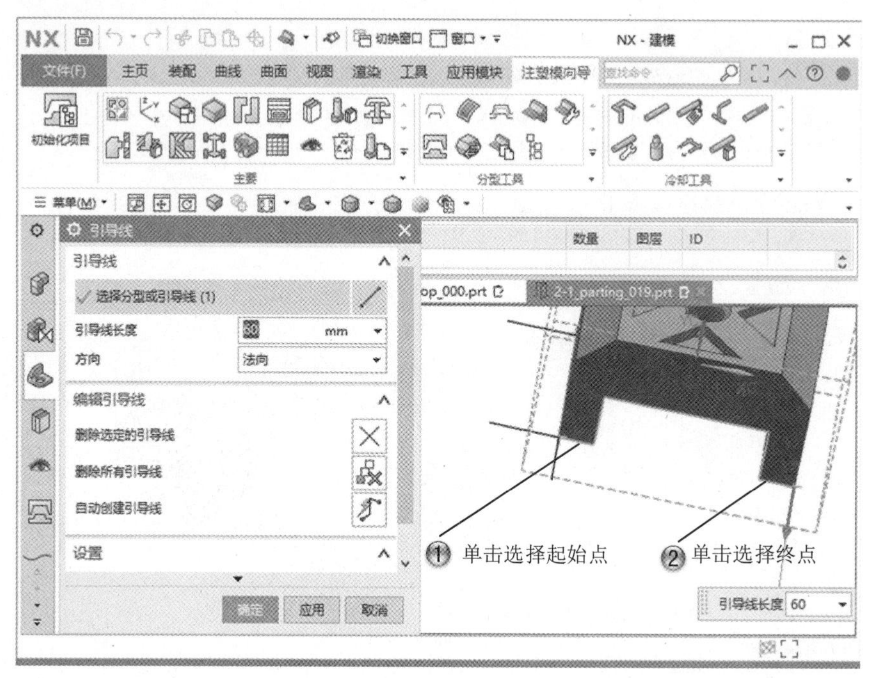

图 2-40　设置引导线段 2

Step4 设置引导线段 3，如图 2-41 所示。

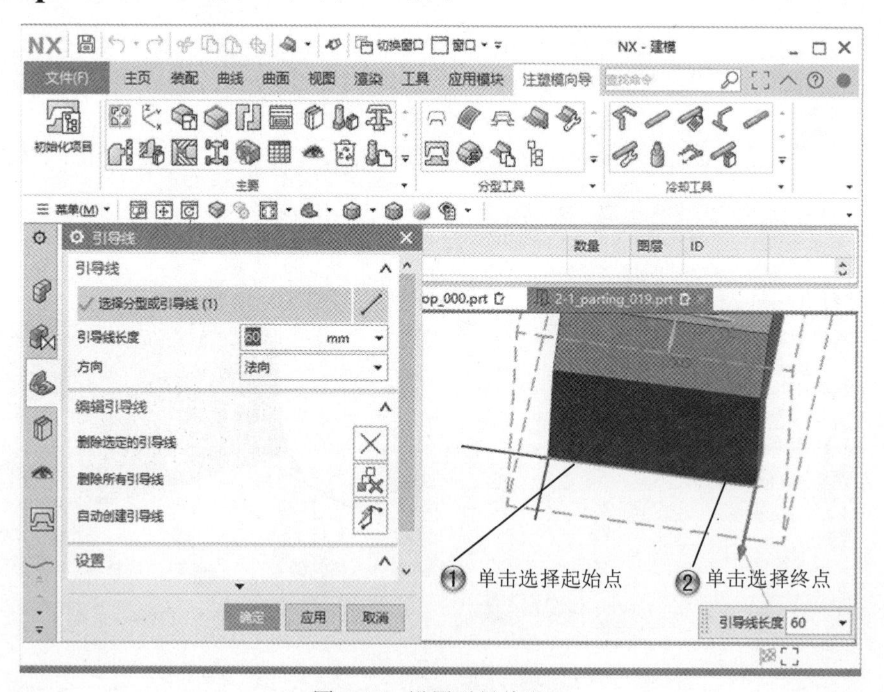

图 2-41　设置引导线段 3

Step5 设置引导线段 4，如图 2-42 所示。

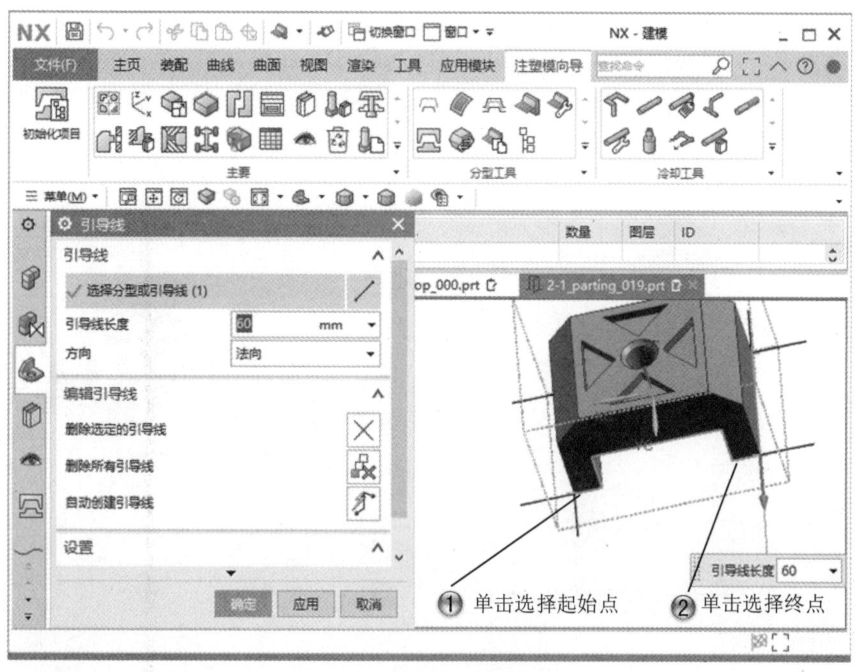

图 2-42 设置引导线段 4

Step6 设置分型面 1，如图 2-43 所示。

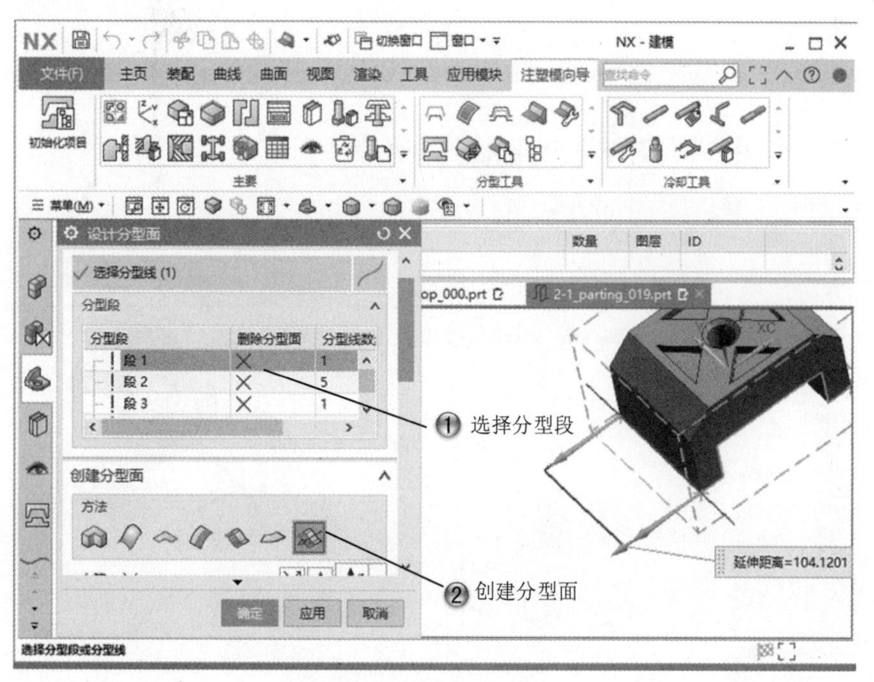

图 2-43 设置分型面 1

Step7 设置分型面 2，而 2-44 所示。

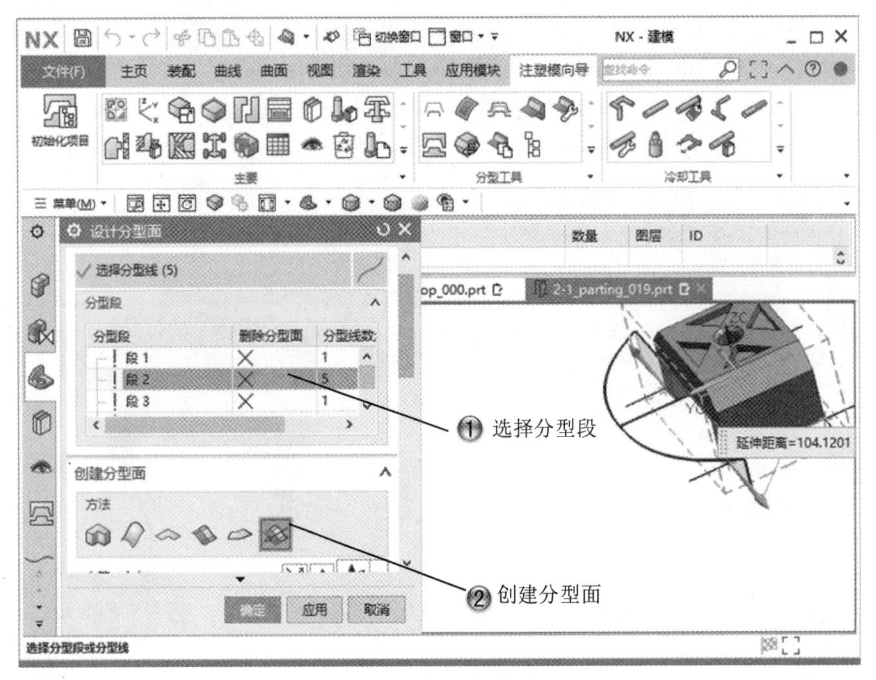

图 2-44　设置分型面 2

Step8 设置分型面 3，如图 2-45 所示。

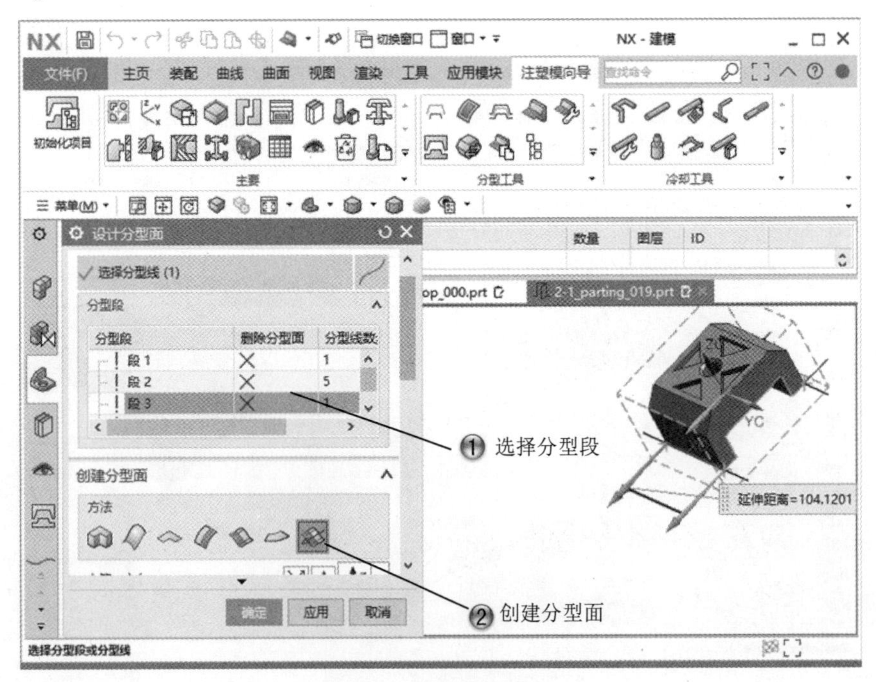

图 2-45　设置分型面 3

Step9 设置分型面 4，如图 2-46 所示。

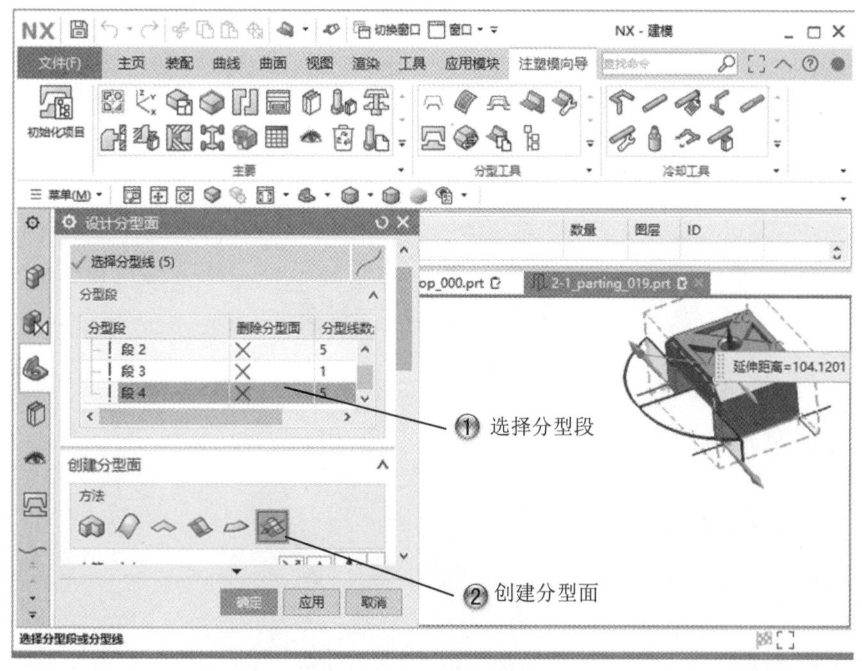

图 2-46　设置分型面 4

Step10 完成分型设计，如图 2-47 所示。

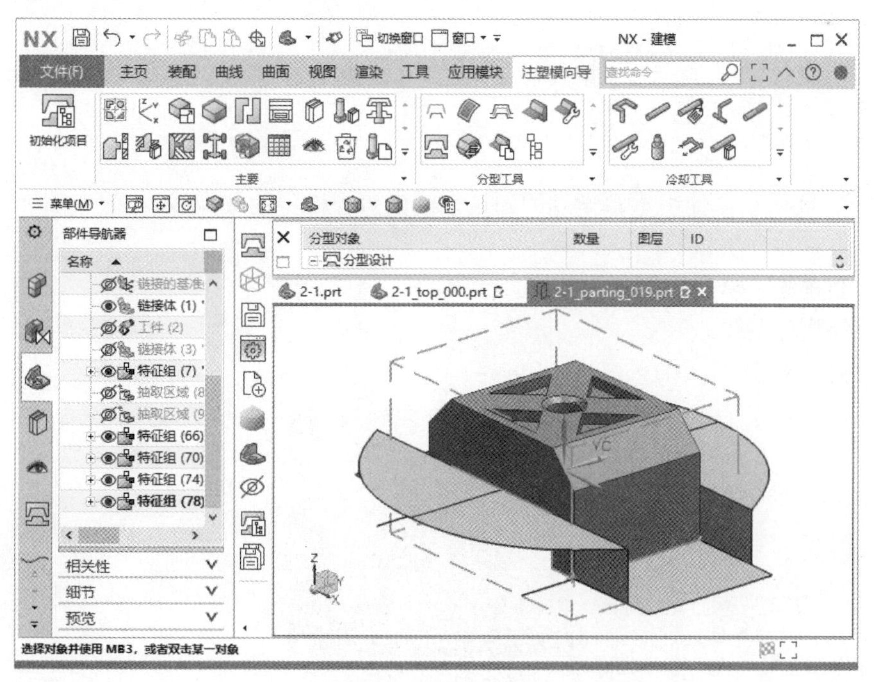

图 2-47　完成分型设计

2.4　专家总结

本章首先讲解了曲面补片，之后介绍了创建分型线的方法，在创建分型线时，过渡点的放置较为重要。在分型中，分型线设计是第一步，也是基础，因此本章重点介绍了创建和定义分型线的方法。

2.5　课后习题

2.5.1　填空题

（1）曲面补片的作用是________。

（2）创建分型线的方法有________、________。

2.5.2　问答题

（1）定义分型段的方法有哪些？

（2）分型线如何拆分？

2.5.3　上机操作题

如图 2-48 所示，使用本章学过的知识来创建盖子模型的分型线。

操作步骤和方法如下：

（1）创建盖子模型。

（2）创建分型线。

（3）曲面补片。

图 2-48　盖子模型

第 3 章　分型面设计

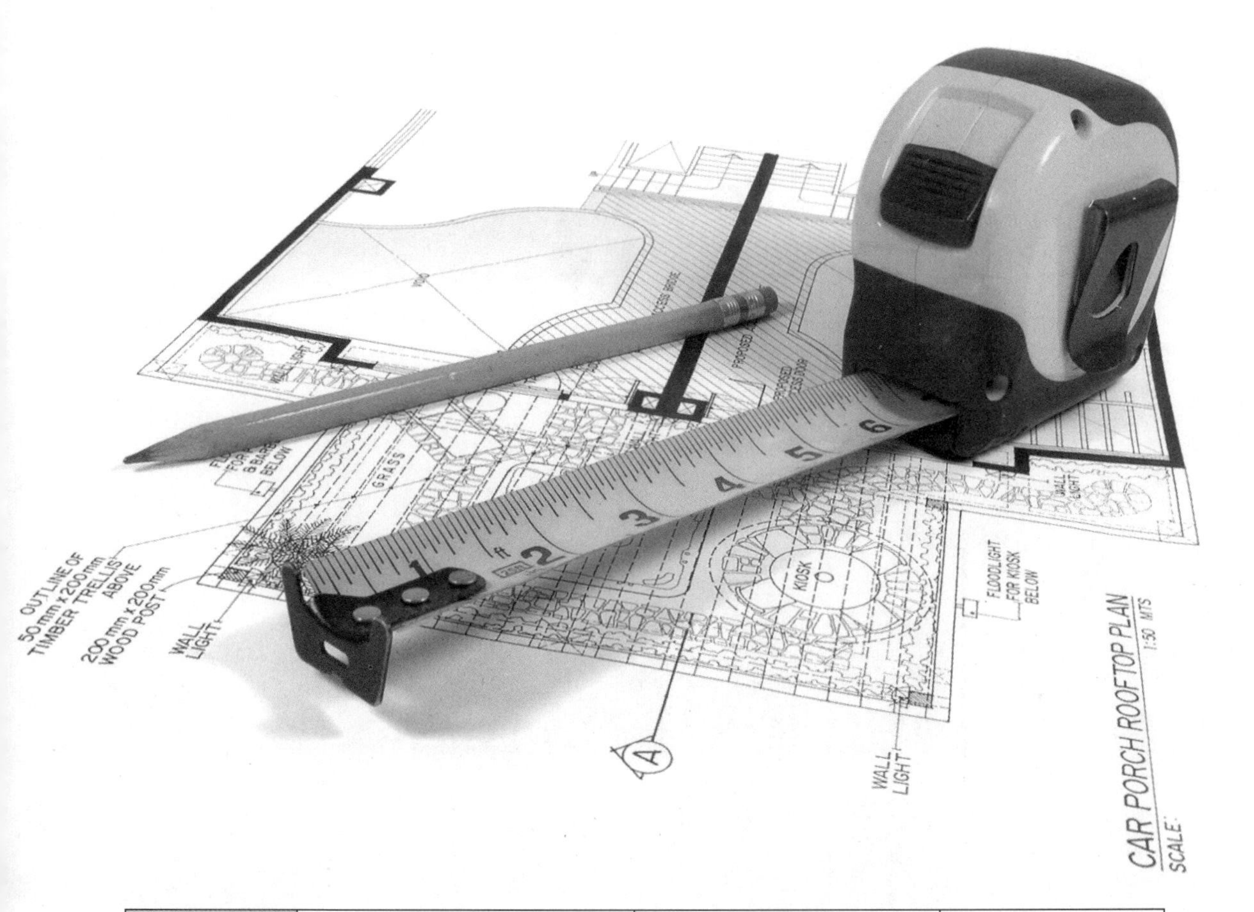

课训目标	内　容	掌握程度	课　时
	概述	了解	1
	创建分型面	熟练运用	2
	操作分型面	熟练运用	2

课程学习建议

模具设计时要在软件中创建分型面，加载产品的上下表面，对实体进行分割从而创建型腔和型芯。分型面是定模与动模的分界面，也就是分开模具后可以取出塑料零件制品的界面。在注塑模向导模块中，分型面是由分型线通过拉伸、扫掠和扩大曲面等方法来创建的，用于分割工件形成型腔和型芯体积块。模具设计中创建完型腔和型芯的工作也就完成了模具的大部分，因此创建型腔和型芯的工作非常重要，在设计中需要了解的知识点也很多。

本课程主要基于软件的模具模块进行讲解，其培训课程表如下。

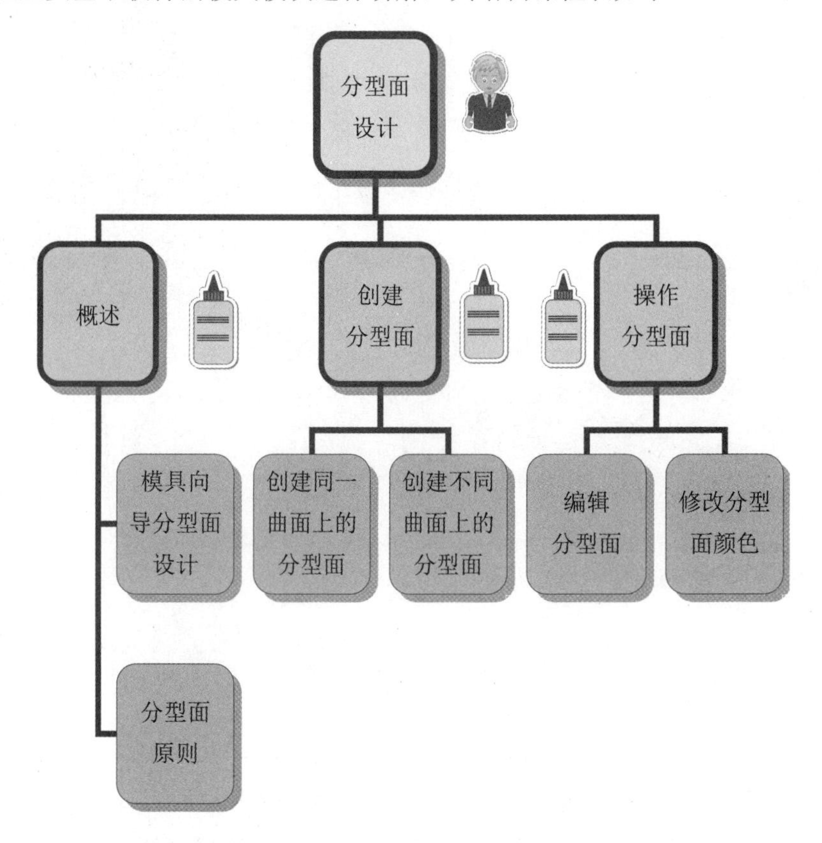

3.1 概　　述

所谓分型面，就是模具上用以取出塑件和浇注系统凝料的可分离的接触表面，也叫合模面。

课堂讲解课时：1课时

3.1.1 设计理论

型腔和型芯会在设计区域步骤中自动复制并构建成组。然后，提取的型腔和型芯区域会缝合成分型面来分别形成两个修剪片体。修剪片体会几何链接到型腔和型芯组件中，并缝合成种子片体。而型腔和型芯可以由分型片体的几何链接复制来修剪得到，这就是基本的分型原理。

分型面的功能就是创建修剪型芯、型腔的分型片体。NX 12 模具向导提供了创建分型面的多种方式，可用手动或自动方式创建片体。

分型过程包含了以下两种分型面类型：
（1）外部：由外部分型线延伸的封闭曲面。
（2）内部：部件内部开口的封闭曲面。

3.1.2 课堂讲解

首先介绍分型面设计的功能和选取原则。

1. UG 模具向导分型面设计

分型面的类型、形状及位置选择得是否恰当，设计得是否合理，在模具的结构设计中非常重要。它们不仅直接关系到模具结构的复杂程度，而且对制品成型质量的生产操作等都有很大的影响，如图 3-1 所示为一个产品的分型面。

2. 分型面选取原则

在选择分型面时，要遵循如下一些基本原则。

（1）分型面应选择在塑件外形的最大轮廓处，也就是通过该方向上的塑件的最大截面，否则塑件无法从型腔中脱出，如图 3-2 所示。

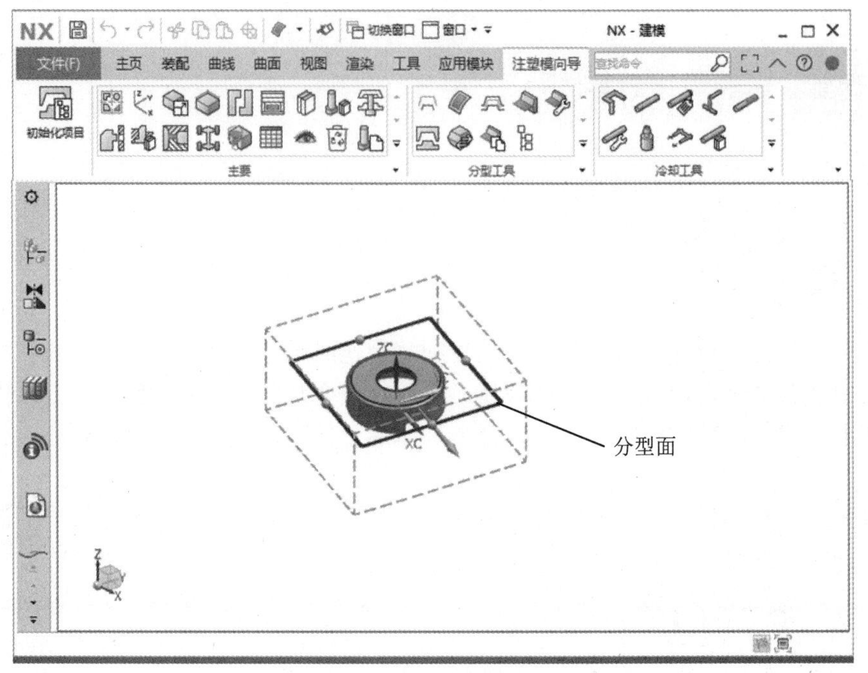

图 3-1　分型面

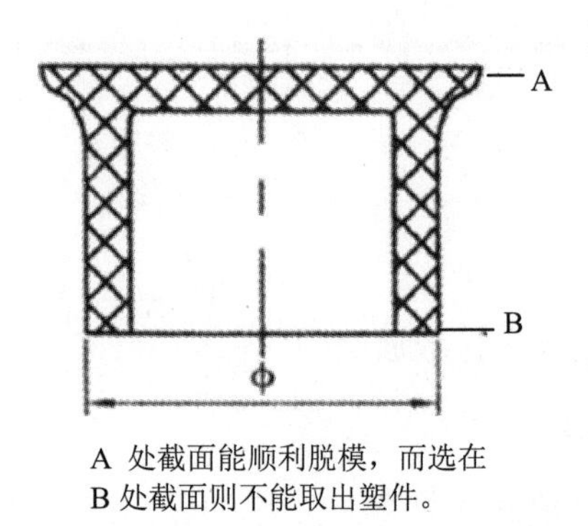

图 3-2　分型面放在尺寸最大处

（2）分型面的选择应有利于塑件成型后能顺利脱模。通常分型面的选择应尽可能使塑件在开模后留在动模一侧，以便通过设置在动模内的推出机构将塑件推出模外。否则若塑件留在定模，脱模会很困难。通常在定模内设置推出机构推出塑件，会使模具结构非常复杂，如图 3-3 所示。

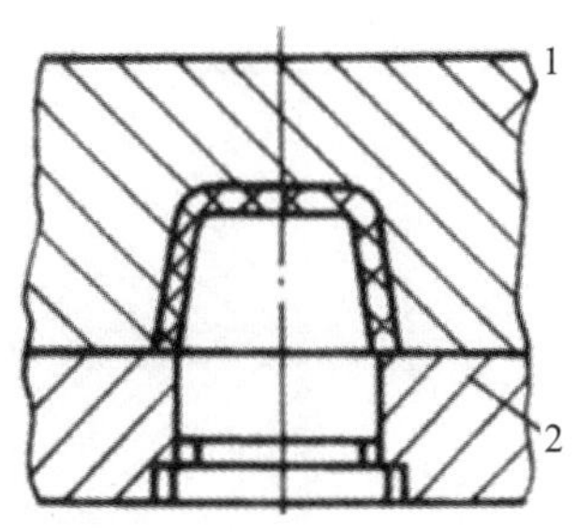

从分模面开模后，2部分为模具的定模部分；模具的定模部分开模后固定不动。一般情况下，定模部分没有推出机构。从分模面开模后，1部分为模具的动模部分；模具的动模部分在开模时由注射机的连杆机构带动模具的动模移动，打开模具。动模部分设有推出机构，由注射机上的液压系统推动模具上的推出机构使塑件从动模中推出模外，实现塑件自动脱模的过程。

图3-3　有利于脱模的分型面

实际模具中，因为动模有型芯，塑件成型后，会朝中心收缩，使得型芯上的开模力大于定模上型腔的开模力，塑件可以留在动模一侧，再由推出机构将塑件从动模上推出。

名师点拨

（3）分型面的选择应有利于塑件的精度要求。比如同心度、同轴度、平行度等。因而，希望在模具的制造过程中尽可能地控制位置精度，使合模时的错位尽可能小。如图3-4所示模具的A处分型面，把型腔放在模具同一侧才能够满足双联齿轮的同轴度要求。

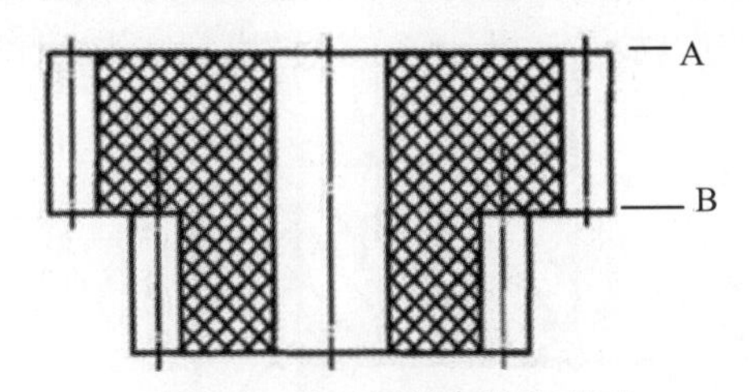

图3-4　满足同轴度的分型面

（4）分型面的选择应满足塑件的外观质量要求，如图3-5所示。

（5）分型面的选择应有利于排气。在分型面上与浇口相对的位置处可以开排气槽。以排除型腔中以及熔体在成型过程中所释放出来的气体。这些气体在成型过程中若不能及时排出，将会返回到熔体中冷却后在塑件内部形成气泡，出现疏松等缺陷，从而影响塑件的机械性能，给产品带来质量问题，如图3-6所示。

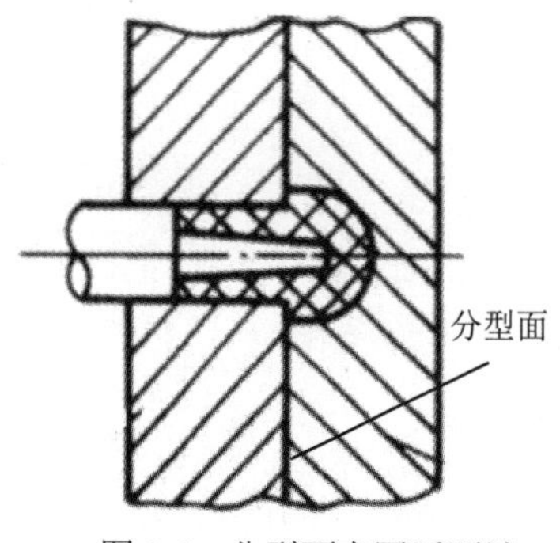

图 3-5　分型面在圆弧顶端

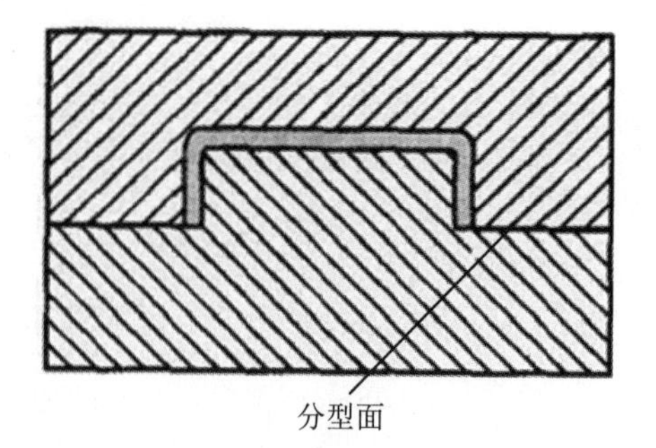

图 3-6　利于排气的分型面

（6）分型面的选择应尽量使成型零件便于加工。这一点是针对模具零件的加工问题所提出来的。在选择分型面时必须考虑模具零件制作加工方面的问题，尽可能使模具的成型零件在加工制作过程中既方便又可靠。如图 3-7 所示，斜分型面的型腔部分比平直分型面的型腔更容易加工。

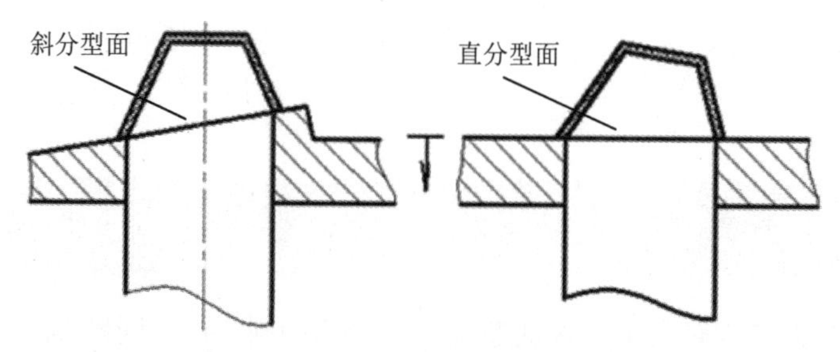

图 3-7　合理的斜分型面和直分型面

（7）分型面的选择应有利于侧向分型与抽芯。这一点是针对产品零件有侧孔和侧凹的情况提出来的。侧向滑块型芯应当放在动模一侧，这样模具结构会比较简单，如图 3-8 所示。

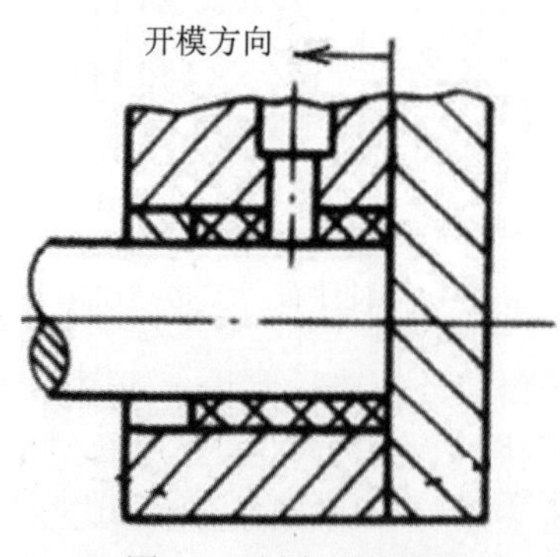

图 3-8　侧向抽芯位置

（8）尽量减少塑件在分型面上的投影面积，如图 3-9 所示的右图中投影面积较小。

（9）分型面的选择应尽可能减少由于脱模斜度造成塑件的大小端尺寸的差异。

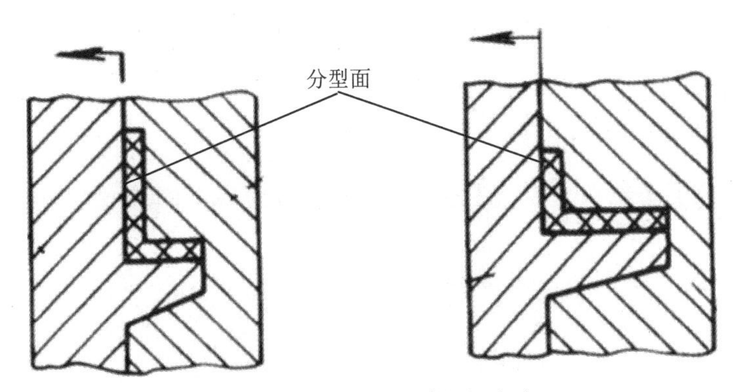

图 3-9 减少投影面积的分型面

3.2 创建分型面

基本概念

分型面的创建是指将分型线延伸到工件的外沿生成一个片体，该片体与其他修补片体将工件分为型腔和型芯两部分。

课堂讲解课时：2 课时

3.2.1 设计理论

分型是模具设计中很重要的步骤，事实上注塑模向导的分型过程发生在 parting 部件中，在 parting 部件中有两种不同的体，分别是：定义型腔和型芯体的两个工件体；一个收缩部件的几何链接复制件。注塑模向导模块将逐段亮显出前面所识别、分解的分型线段，并根据所亮显出的分型线段的具体情况，编辑包含一个至多个合适该线段的分型段。本节将介绍两种不同情况下创建分型面的具体方法。

创建分型面有下面两个步骤：

（1）可用自动工具直接从所识别出的分型线中分段逐个创建片体，或创建一个自定义片体。

（2）缝补所创建的分型片体，使之从分型体开始到工件边缘之间形成连续的边界。

3.2.2 课堂讲解

单击【分型工具】选项卡中的【设计分型面】按钮，弹出如图 3-10 所示的【设计分型面】对话框。

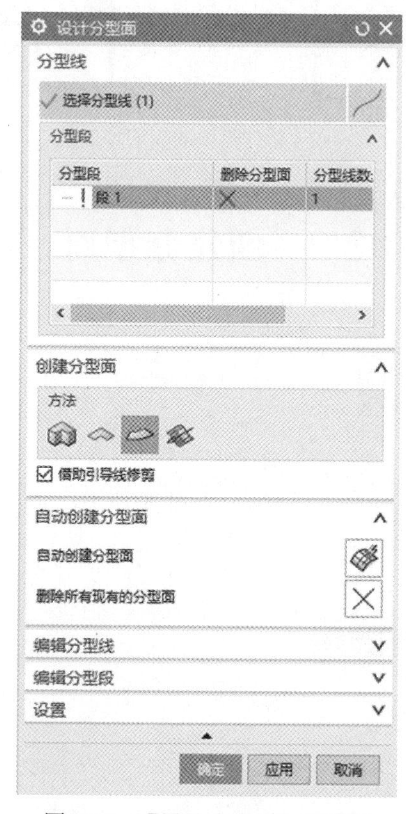

图 3-10 【设计分型面】对话框

1. 创建位于同一曲面上的分型面

当分型线段属于一个曲面时，打开【设计分型面】对话框中的【创建分型面】选项组，如图 3-11 所示，当分型线段同属于一个平面时，选择【有界平面】按钮来完成。

（1）有界平面

如果系统发现高亮显示的分型线均在同一平面上(不包括两端的过渡物体)，便选择【有界平面】按钮，创建一个局部的边界平面。系统首先沿分型面创建一张平面型曲面，再用分型线裁去内部的曲面。

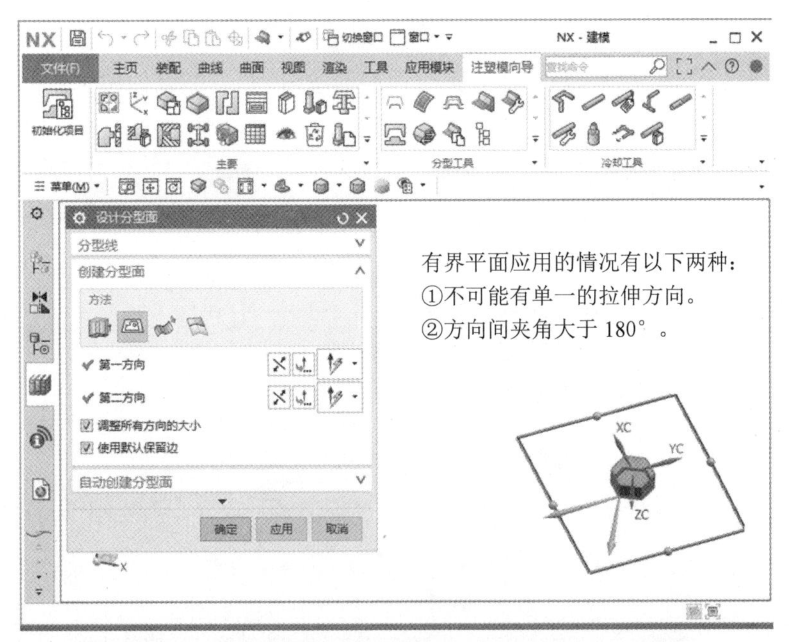

图 3-11 【设计分型面】对话框的【创建分型面】选项组

（2）扩大的曲面

选择【设计分型面】对话框中的【扩大的曲面】按钮，创建的扩大曲面如图 3-12 所示。

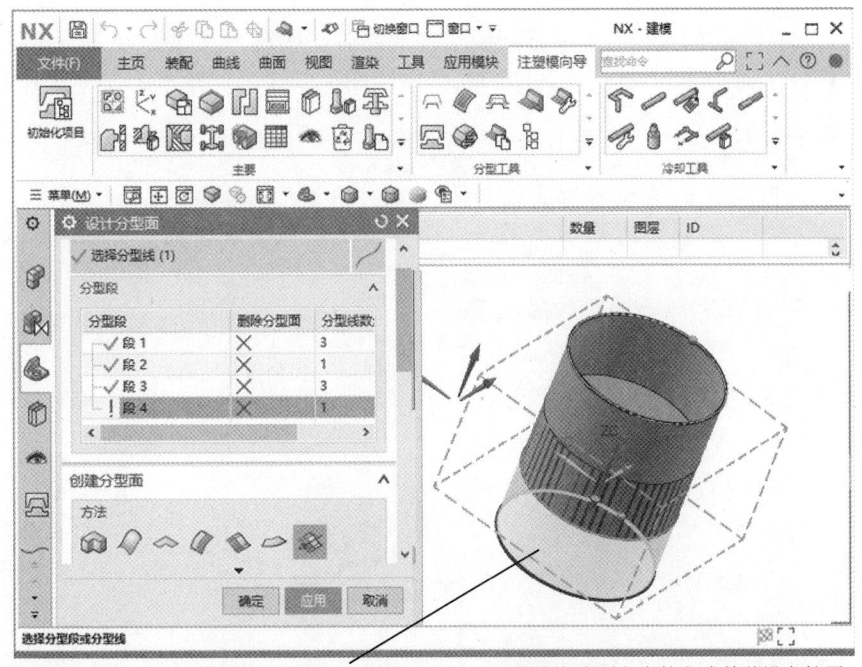

曲面各个方向的扩展同步，在有界平面状态下，可以通过拖动面上点的方式单独设定扩展的值，通过这种方式就可以使分型面扩展到能够完全分割工件。

图 3-12 扩大的曲面

（3）条带曲面

选择【设计分型面】对话框中的【条带曲面】按钮，可以创建带状的曲面，使整段分型线向外延伸，如图 3-13 所示。

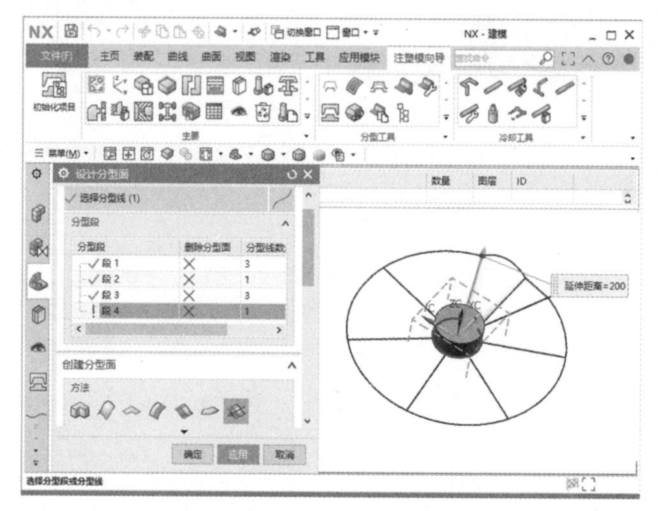

图 3-13　条带曲面

2. 创建不在同一曲面上的分型面

当分型面不在同一平面或曲面上时，使用下面几种方法创建分型面。

（1）拉伸

当高亮显示某分型线可朝一个方向被拉伸成面时，应选择【设计分型面】对话框中的【拉伸】按钮，如图 3-14 所示，拉伸的长度由绘图区的【延伸距离】文本框控制。

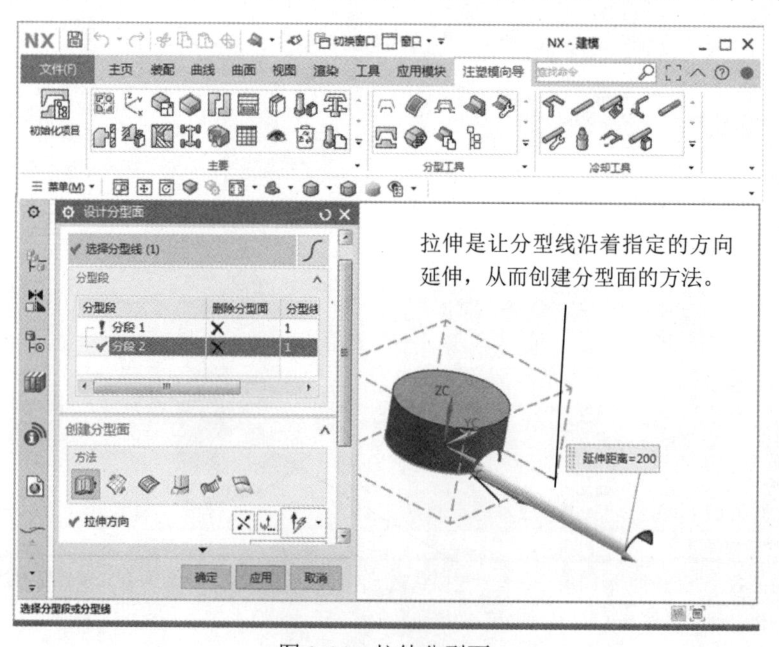

图 3-14　拉伸分型面

选择【设计分型面】对话框中的【矢量对话框】按钮时，用如图 3-15 所示的【矢量】对话框，控制拉伸的方向。

（2）修剪和延伸

如果系统发现高亮显示的分型线均在同一平面上（不包括两端的过渡物体），便选择【设计分型面】对话框中的【修剪和延伸】按钮，创建一个局部的边界平面。此时【设计分型面】对话框，如图 3-16 所示。

图 3-15　【矢量】对话框

图 3-16　【设计分型面】对话框

在【设计分型面】对话框中，一旦出现修剪和延伸平面的选项，系统便准备了一个交互式的定义边界平面范围的过程。如图 3-17 所示，是创建好的分型线。

单击【型腔区域】或【型芯区域】单选项，定义各个线段的修剪线方向。如图 3-18 所示，较大分型面的第二方向是沿-*Y* 轴方向。

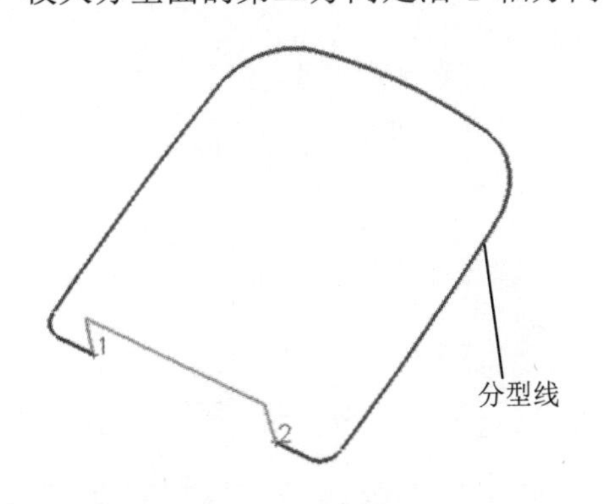

图 3-17　创建的分型线

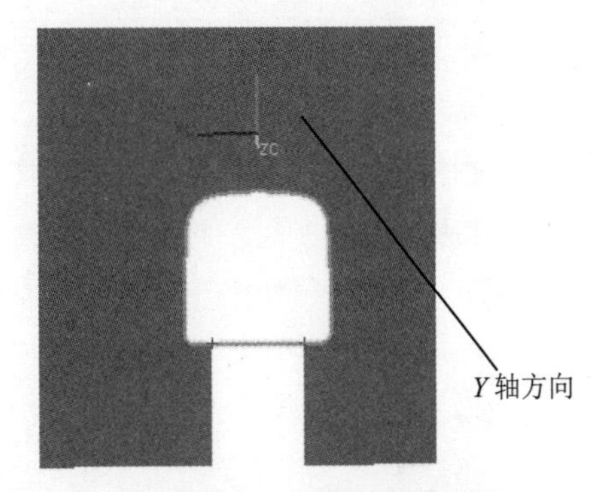

图 3-18　创建的修剪平面

（3）条带曲面

单击【设计分型面】对话框中的【条带曲面】按钮，打开如图 3-19 所示的【创建分型面】选项组。当选择【条带曲面】按钮时，分型线将沿着指定的方向扫描创建分型面。

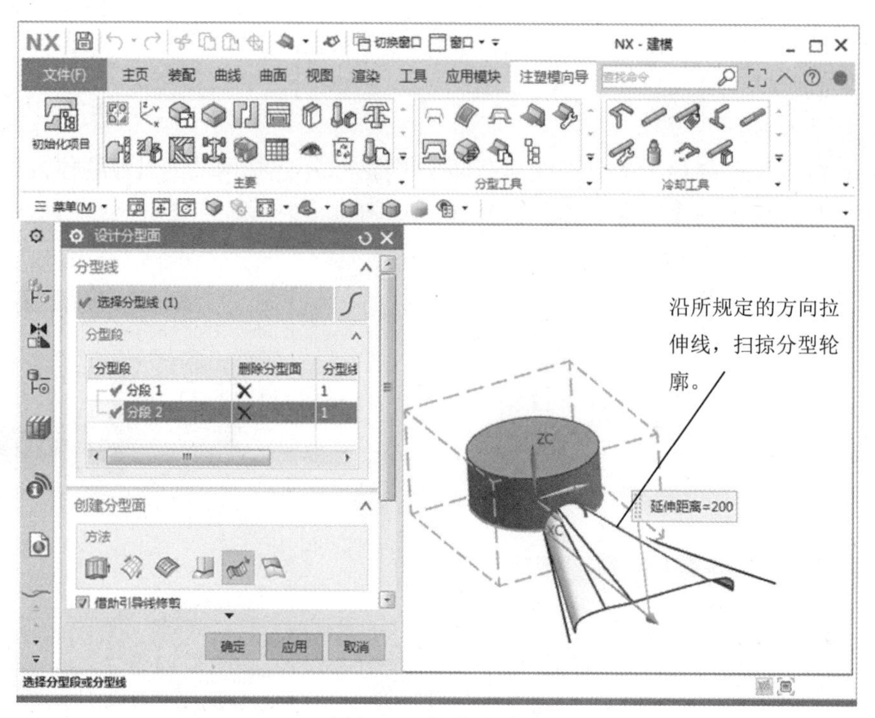

图 3-19　条带分型面

单击【设计分型面】对话框中的【引导式延伸】按钮，与条带曲面类似，产生的分型面如图 3-20 所示。

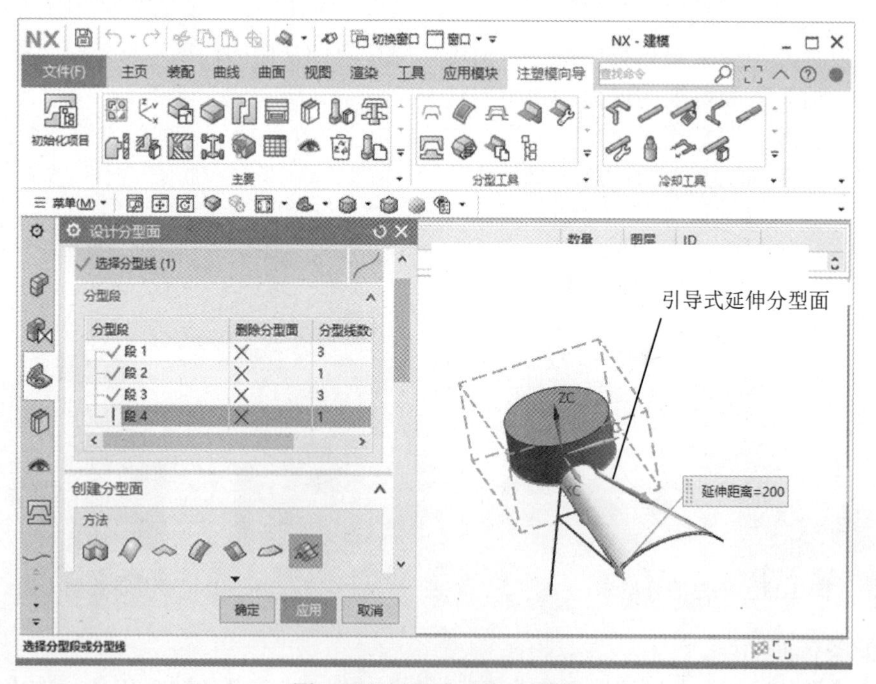

图 3-20　引导式延伸分型面

（4）选择分型面类型

有的产品模型分型线比较复杂，自动创建分型线和转换过渡对象后，分型线将被过渡对象分割成若干段，这时要分析每段过渡对象的特征。

将过渡对象分隔的主分型线是否在同一平面内、是否在同一曲面内、是否不在同一曲面内作为特征判断依据，可以用如图3-21所示的流程图来判断分型面类型。

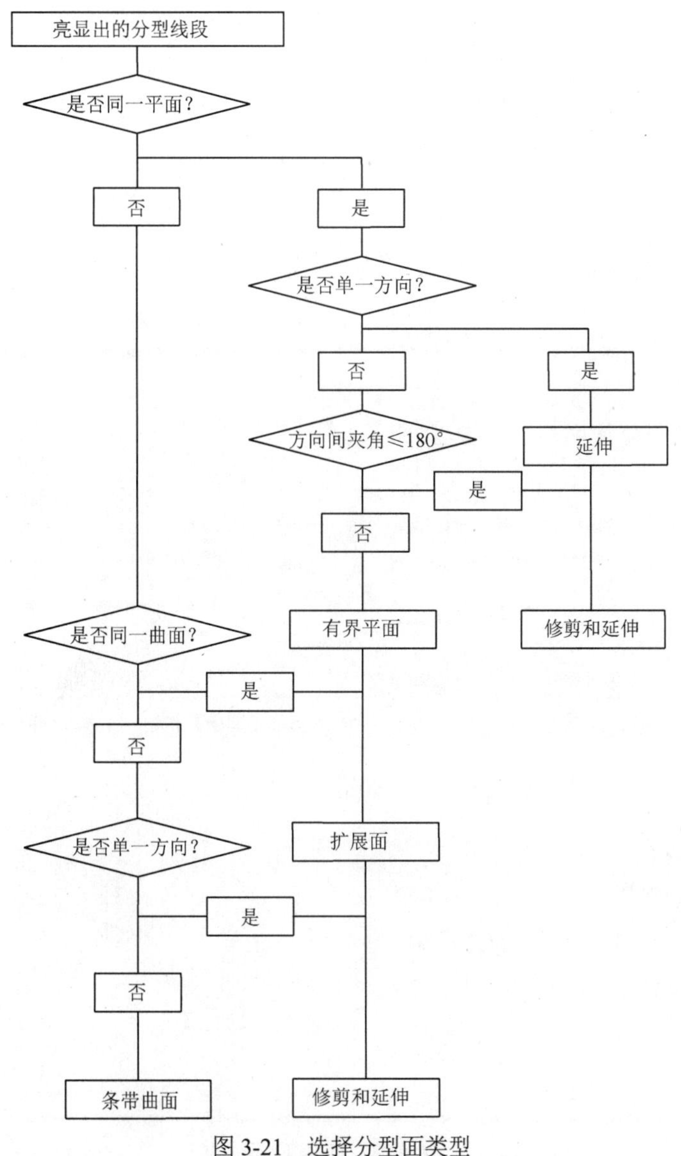

图3-21　选择分型面类型

3.2.3　课堂练习——创建分型面

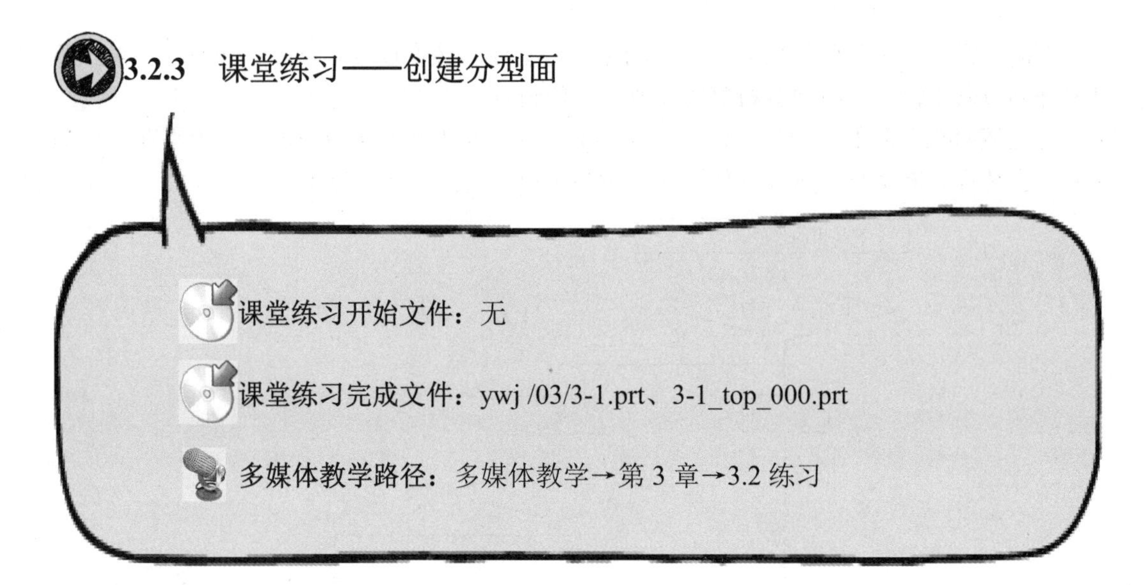

Step1 选择草绘面，如图 3-22 所示。

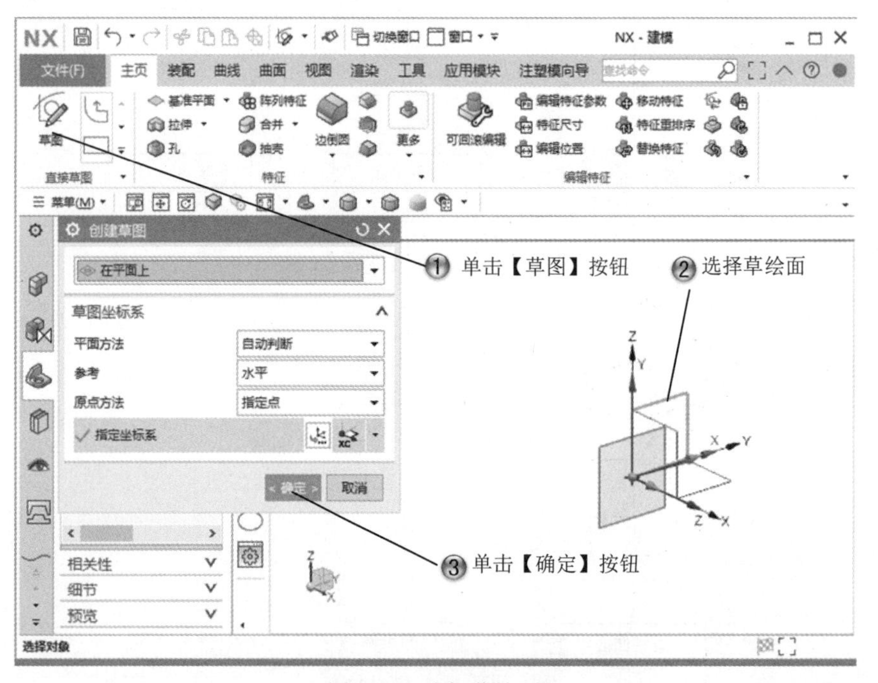

图 3-22　选择草绘面

Step2 绘制矩形，如图 3-23 所示。

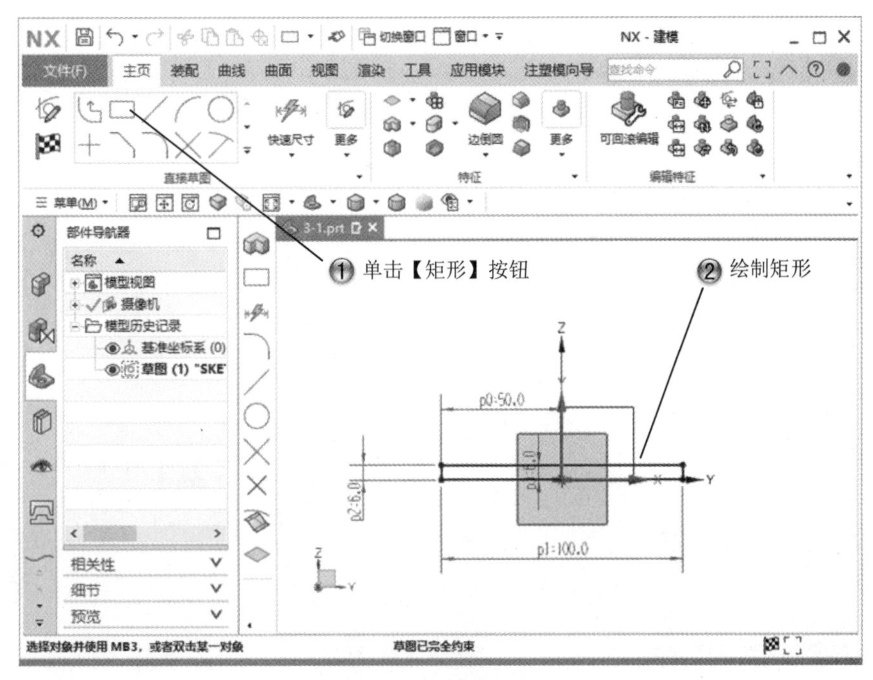

图 3-23　绘制矩形

Step3 绘制圆形，如图 3-24 所示。

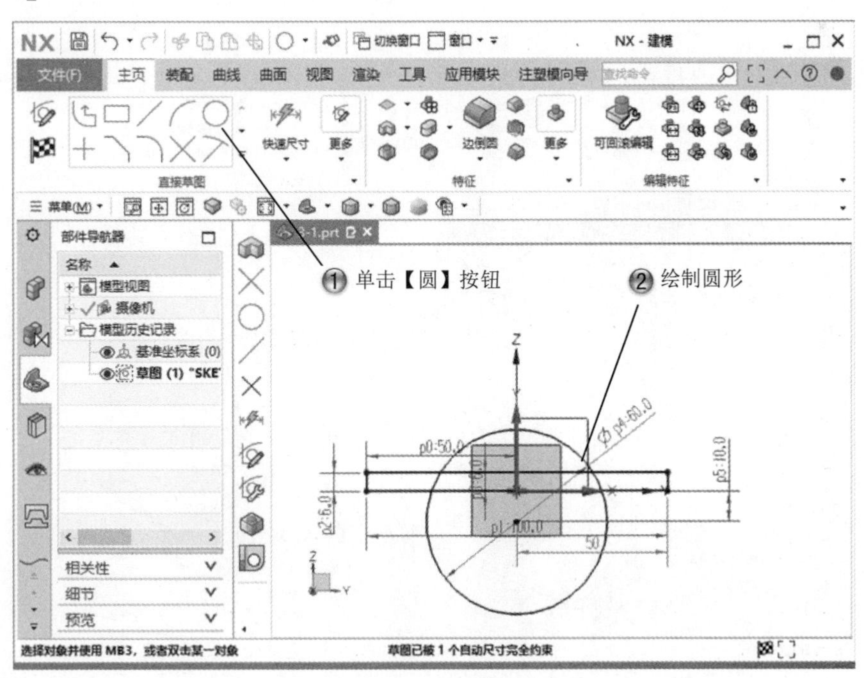

图 3-24　绘制圆形

Step4 修剪草图，如图 3-25 所示。

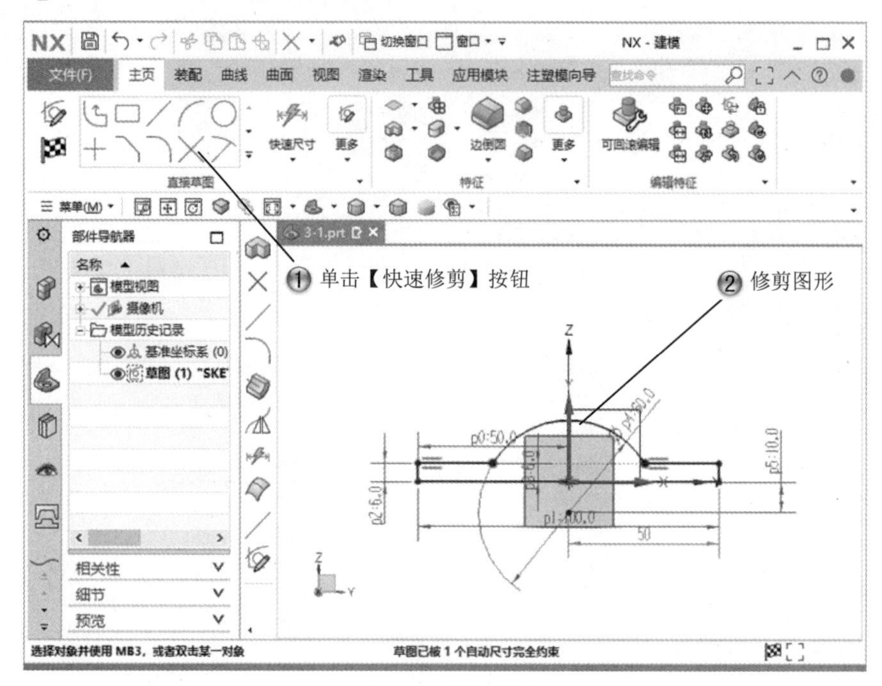

图 3-25　修剪草图

Step5 创建拉伸特征，如图 3-26 所示。

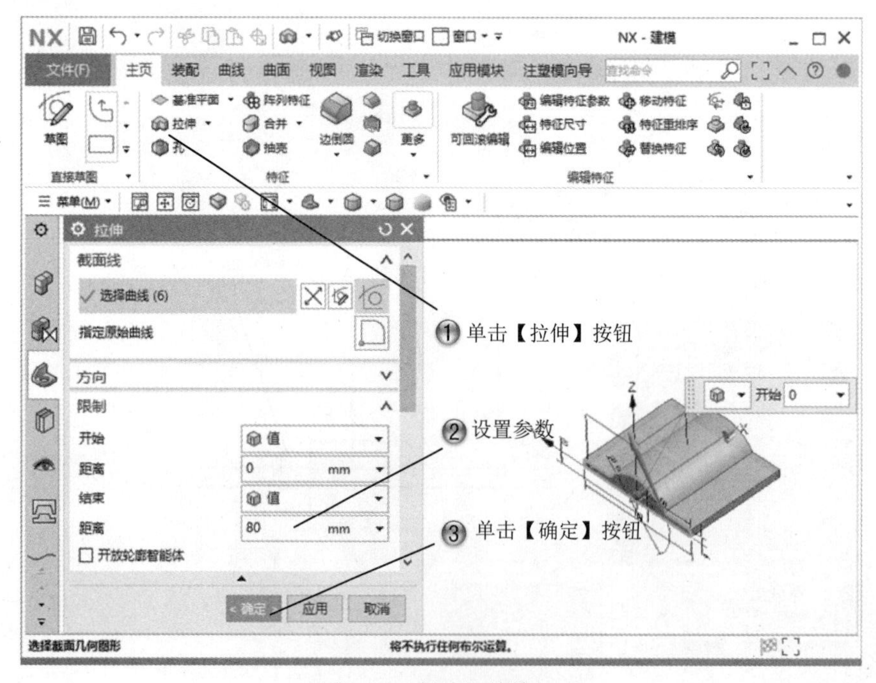

图 3-26　创建拉伸特征

Step6 选择草绘面，如图 3-27 所示。

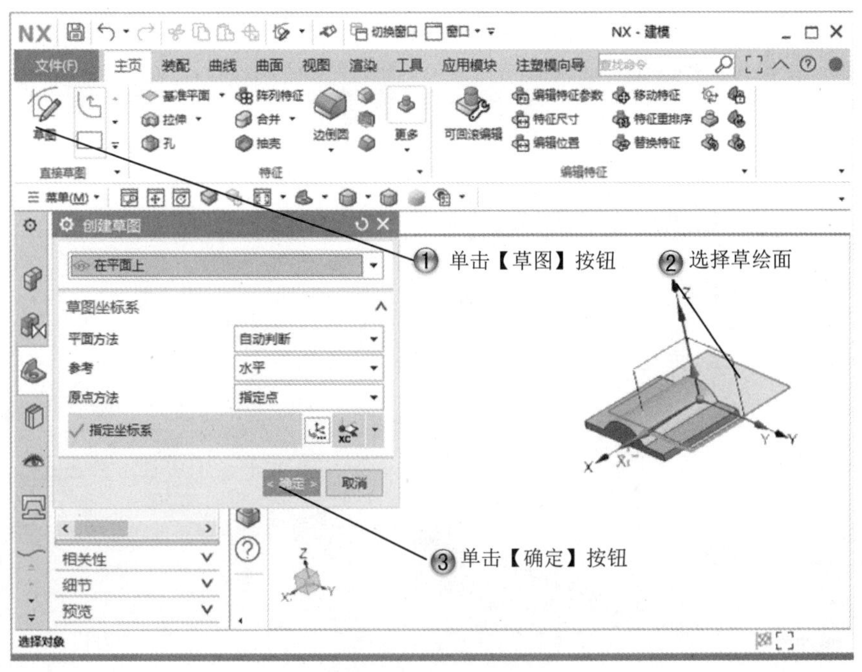

图 3-27　选择草绘面

Step7 绘制圆形，如图 3-28 所示。

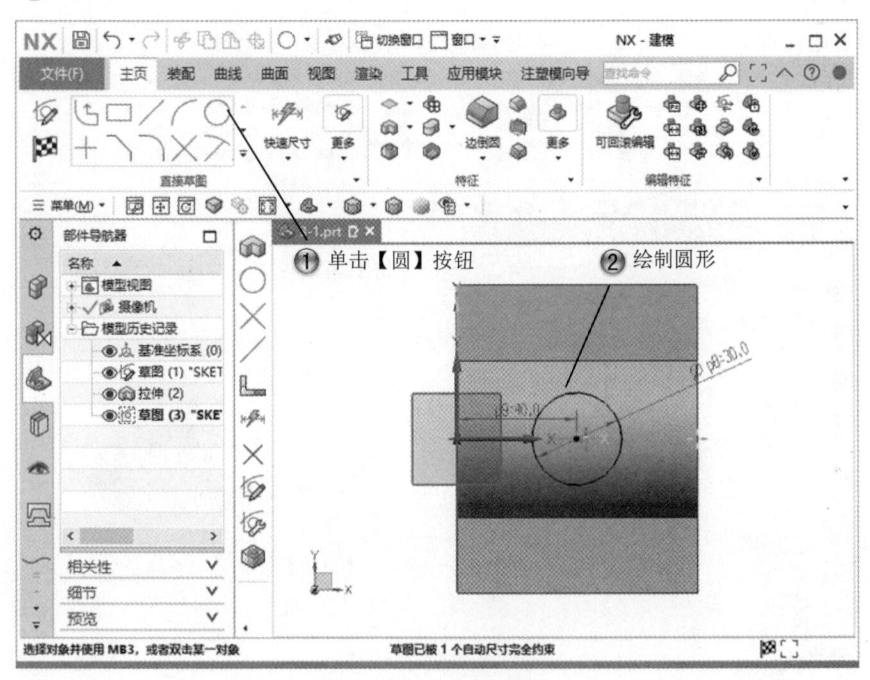

图 3-28　绘制圆形

Step8 创建拉伸特征，如图 3-29 所示。

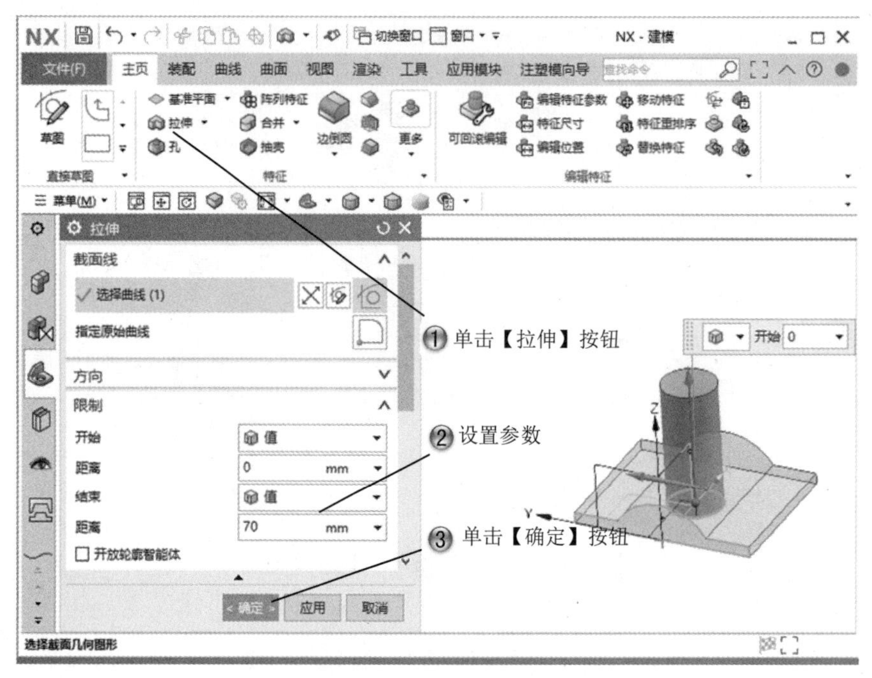

图 3-29 创建拉伸特征

Step9 选择草绘面，如图 3-30 所示。

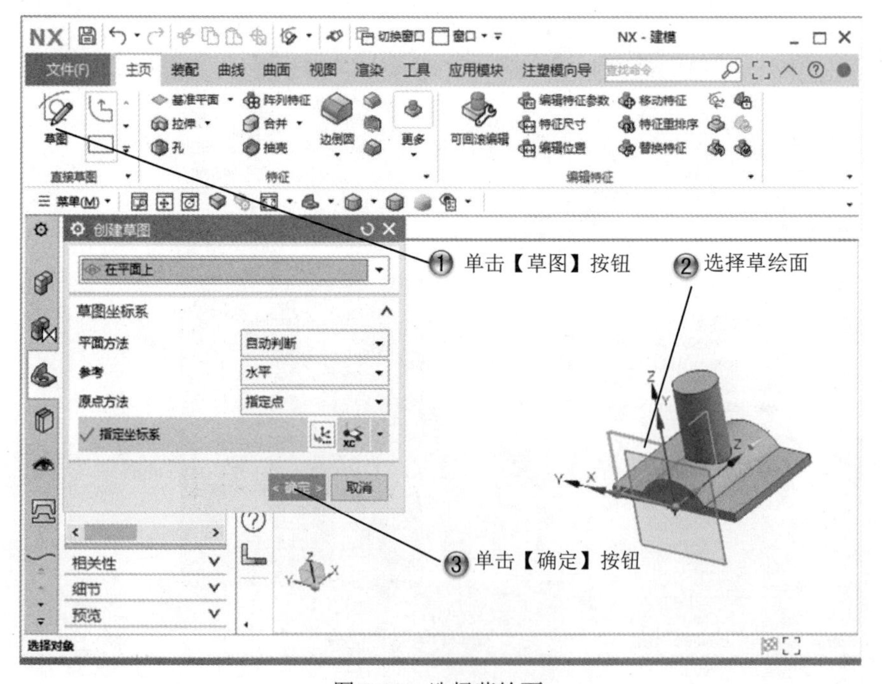

图 3-30 选择草绘面

Step10 绘制圆形，如图 3-31 所示。

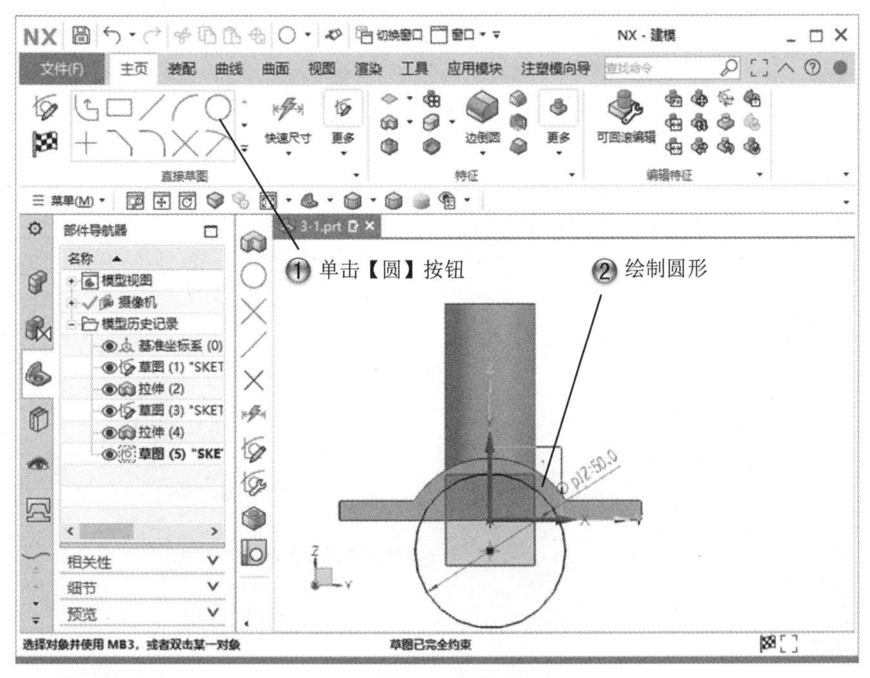

图 3-31　绘制圆形

Step11 创建拉伸特征，如图 3-32 所示。

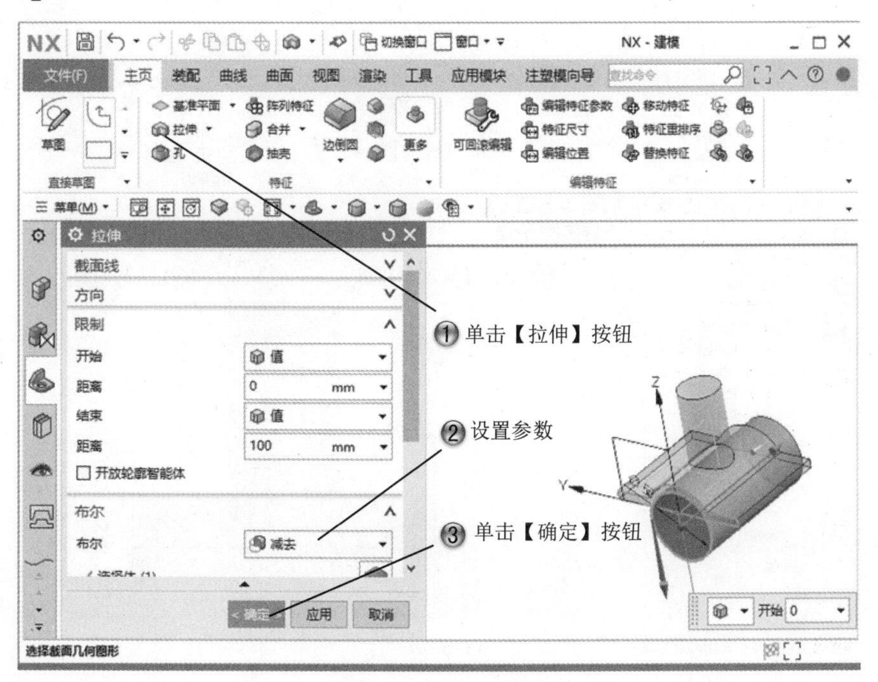

图 3-32　创建拉伸特征

Step12 选择草绘面，如图 3-33 所示。

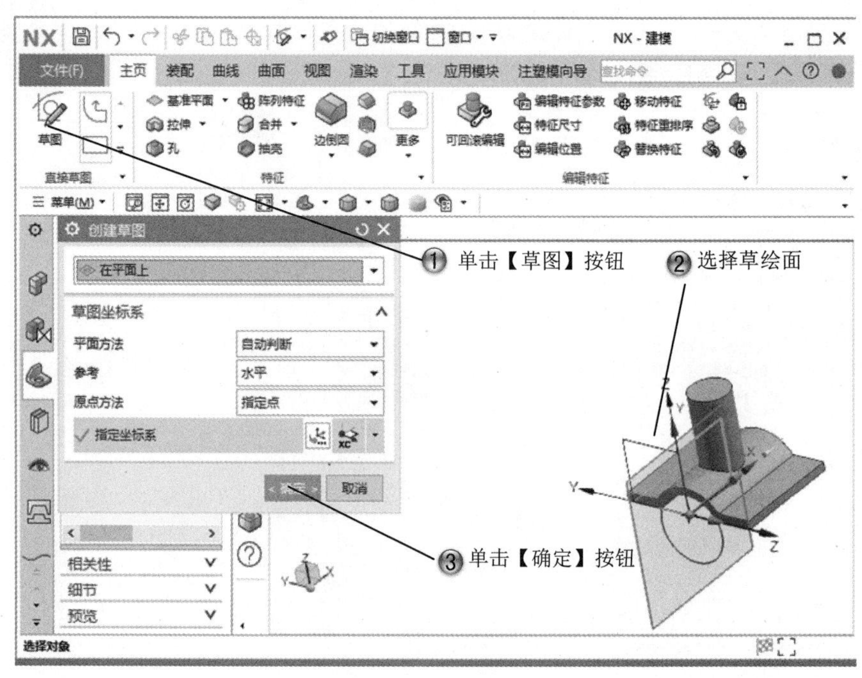

图 3-33　选择草绘面

Step13 绘制矩形，如图 3-34 所示。

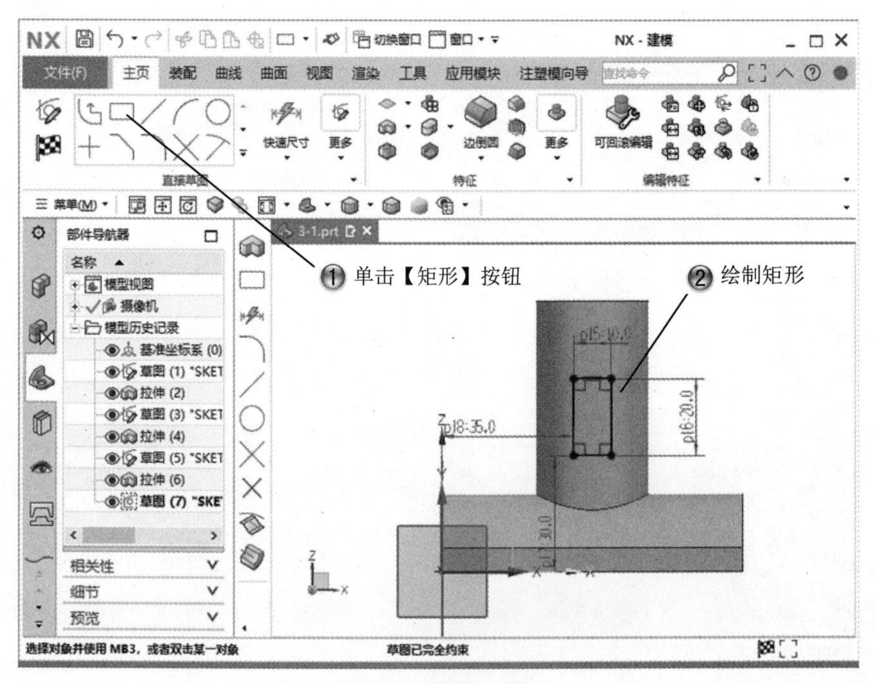

图 3-34　绘制矩形

Step14 绘制圆形，如图 3-35 所示。

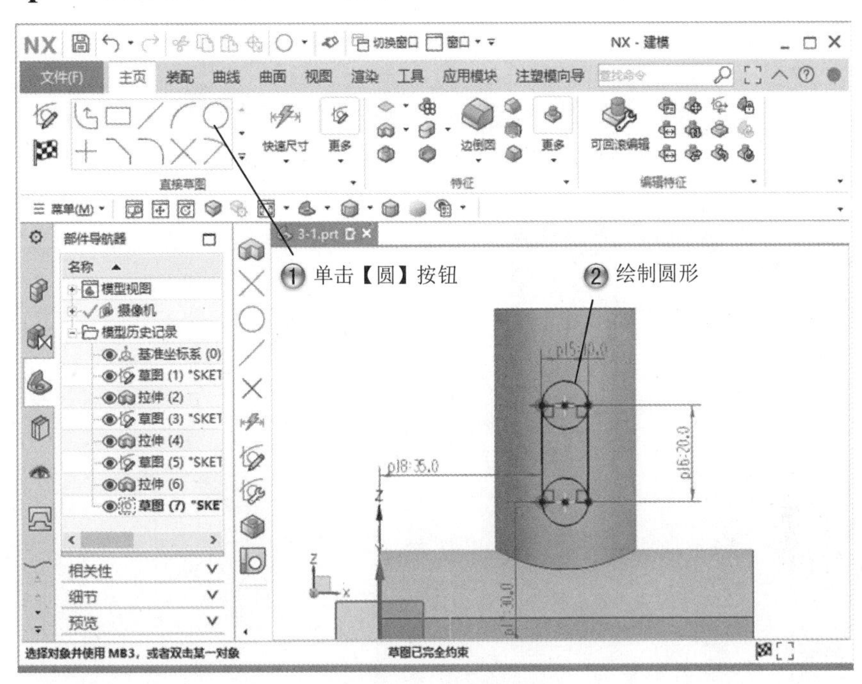

图 3-35　绘制圆形

Step15 修剪图形，如图 3-36 所示。

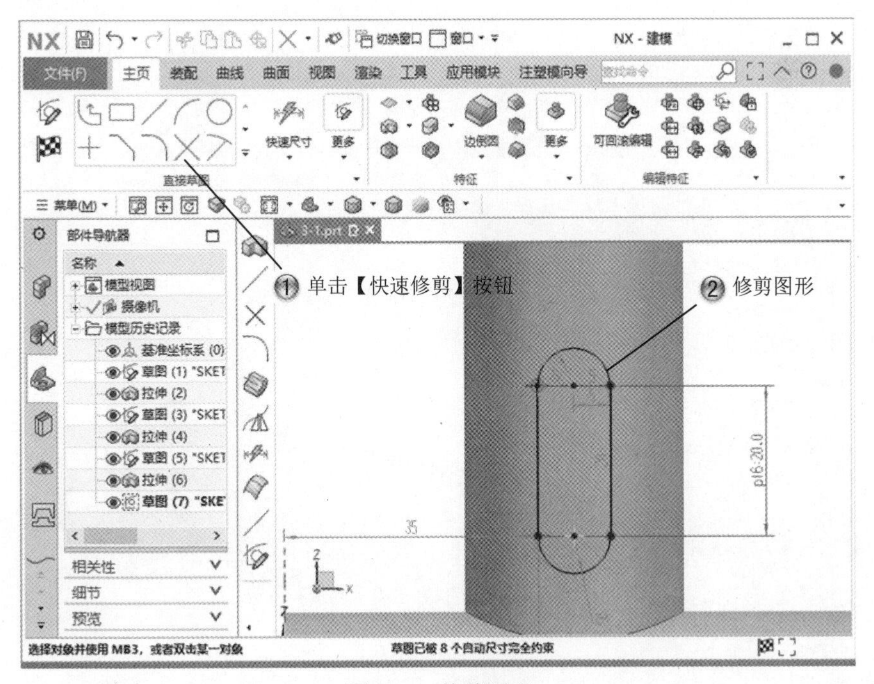

图 3-36　修剪图形

Step16 创建拉伸特征，如图 3-37 所示。

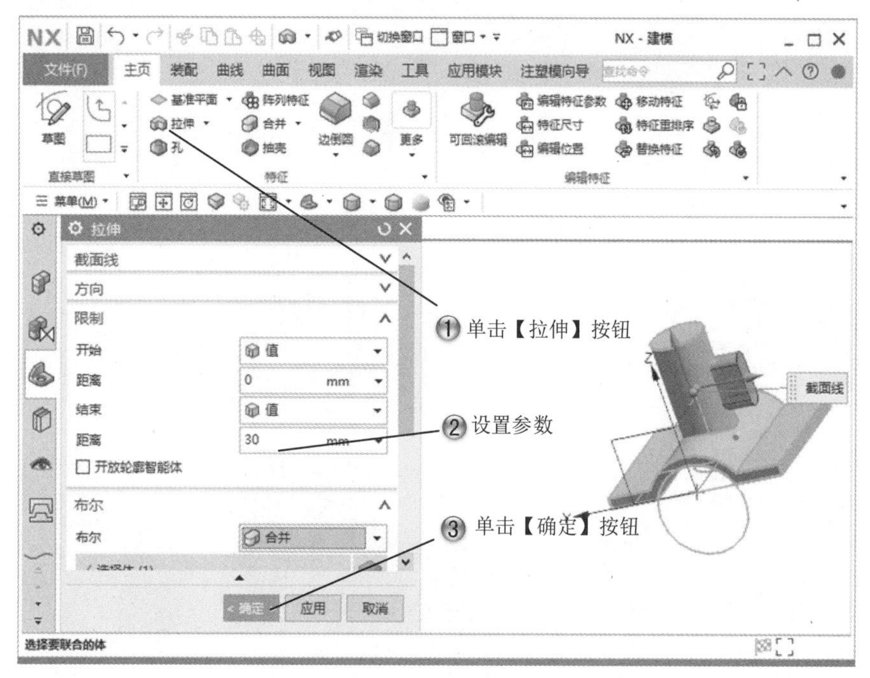

图 3-37　创建拉伸特征

Step17 选择草绘面，如图 3-38 所示。

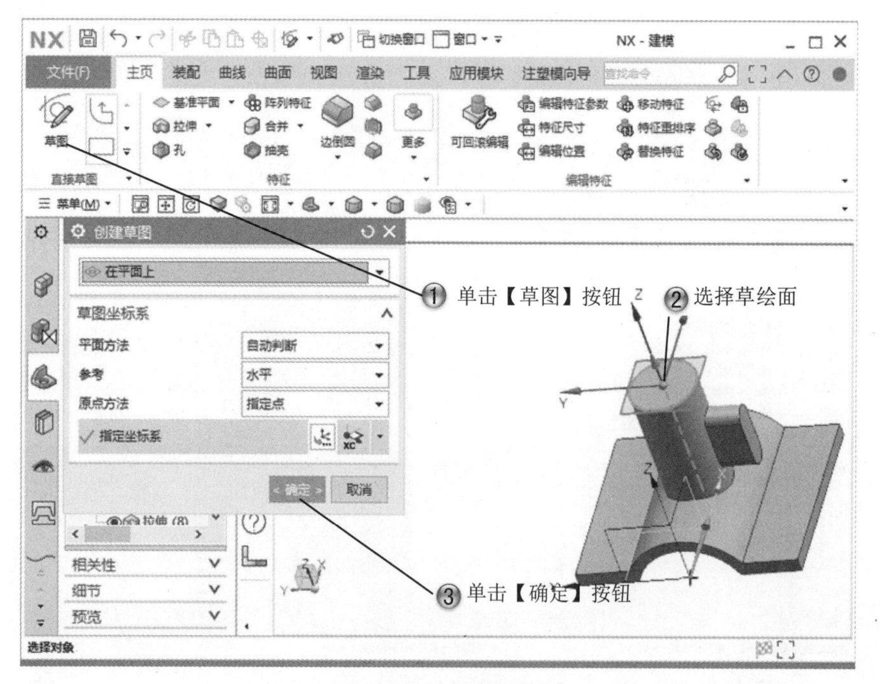

图 3-38　选择草绘面

Step18 绘制圆形，如图 3-39 所示。

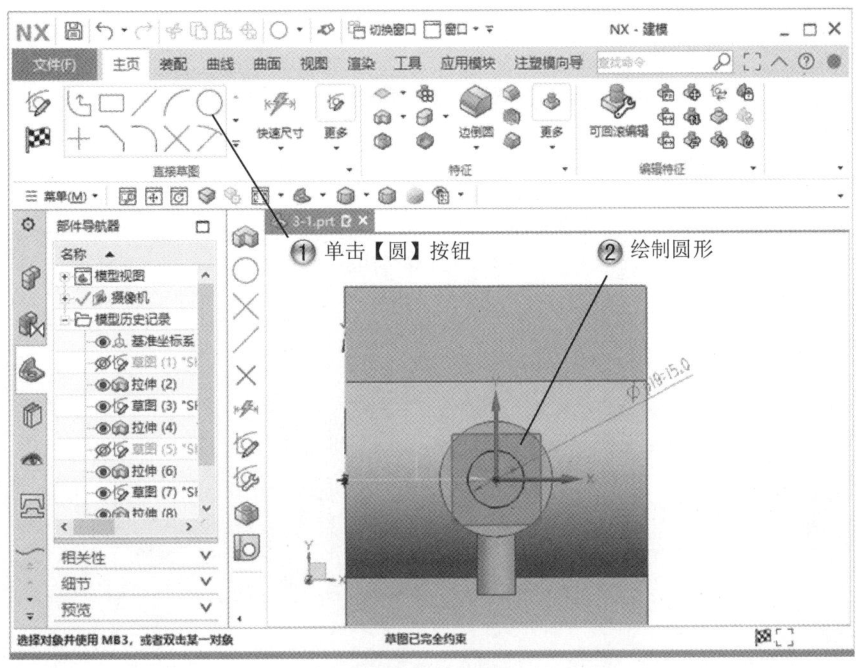

图 3-39　绘制圆形

Step19 创建拉伸特征，如图 3-40 所示。

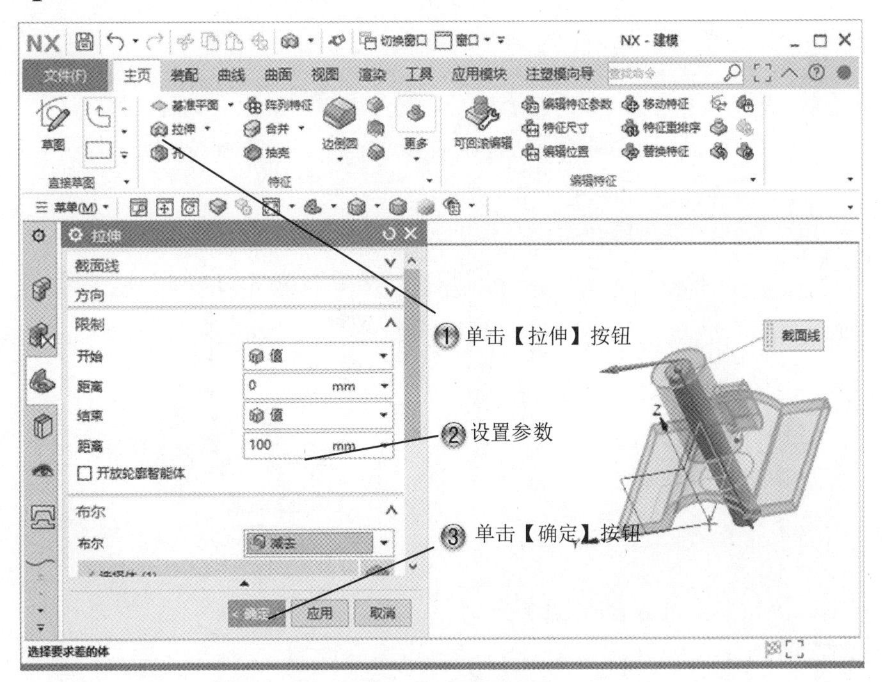

图 3-40　创建拉伸特征

Step20 完成轴瓦零件创建并打开注塑模模块，如图 3-41 所示。

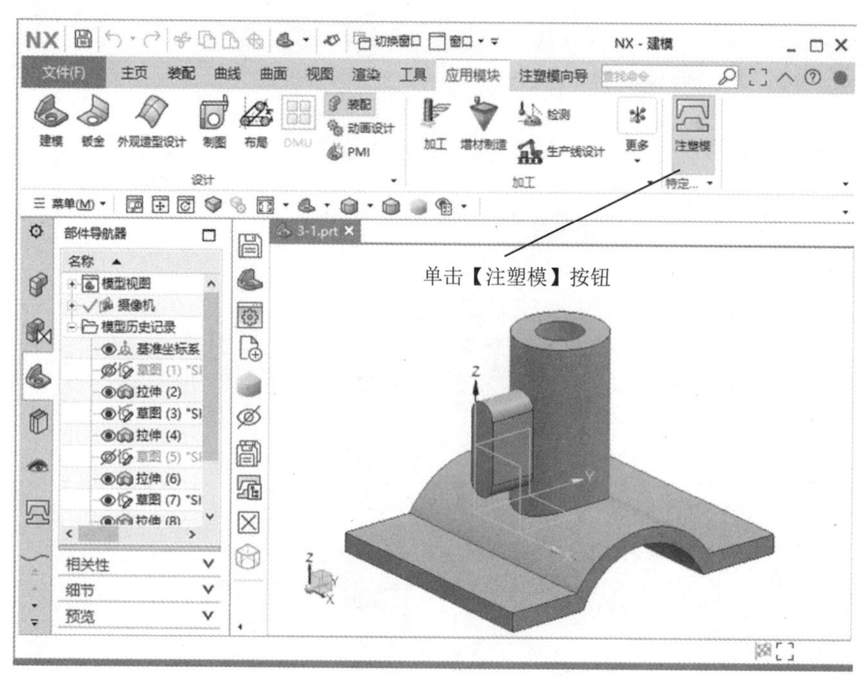

图 3-41　完成轴瓦零件并打开注塑模模块

Step21 初始化模型，如图 3-42 所示。

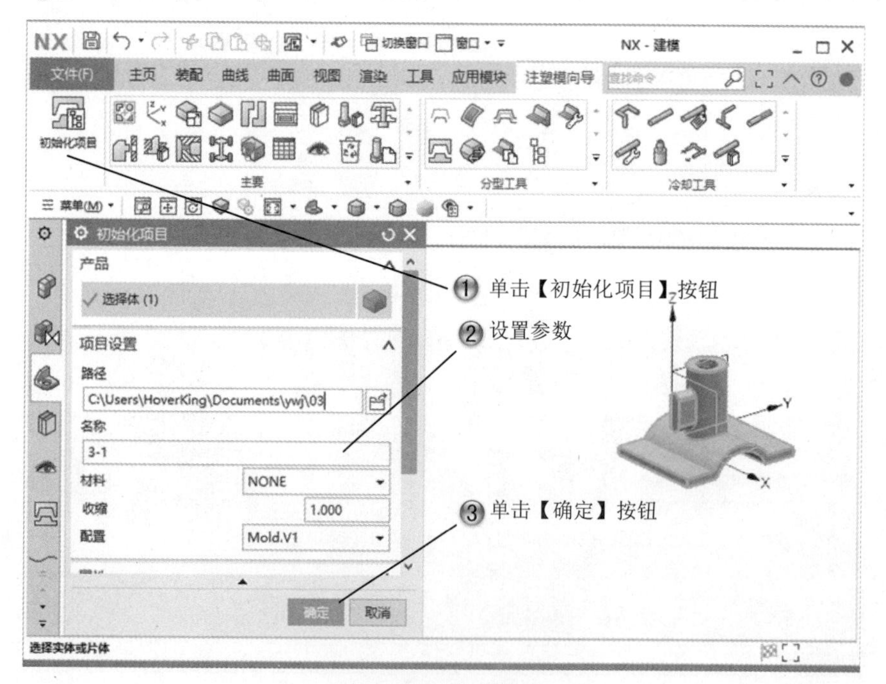

图 3-42　初始化模型

Step22 创建模具坐标，如图 3-43 所示。

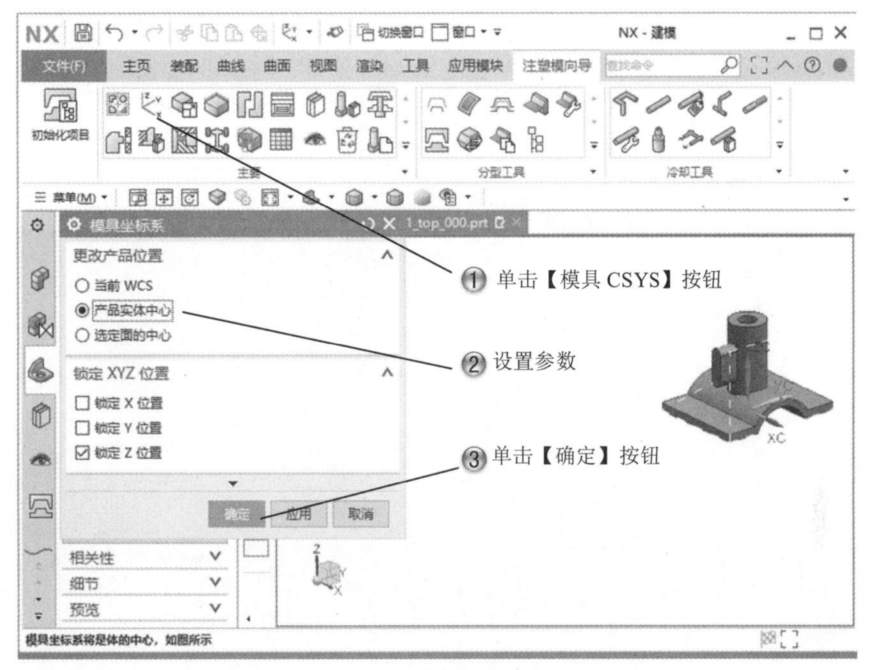

图 3-43　创建模具坐标

Step23 设置缩放体，如图 3-44 所示。

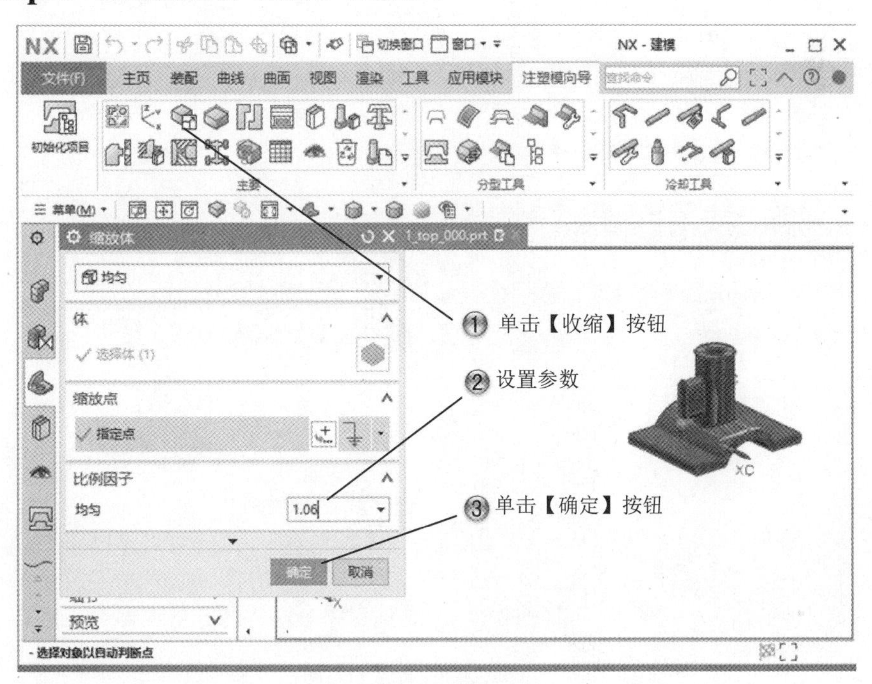

图 3-44　设置缩放体

Step24 创建工件，如图 3-45 所示。

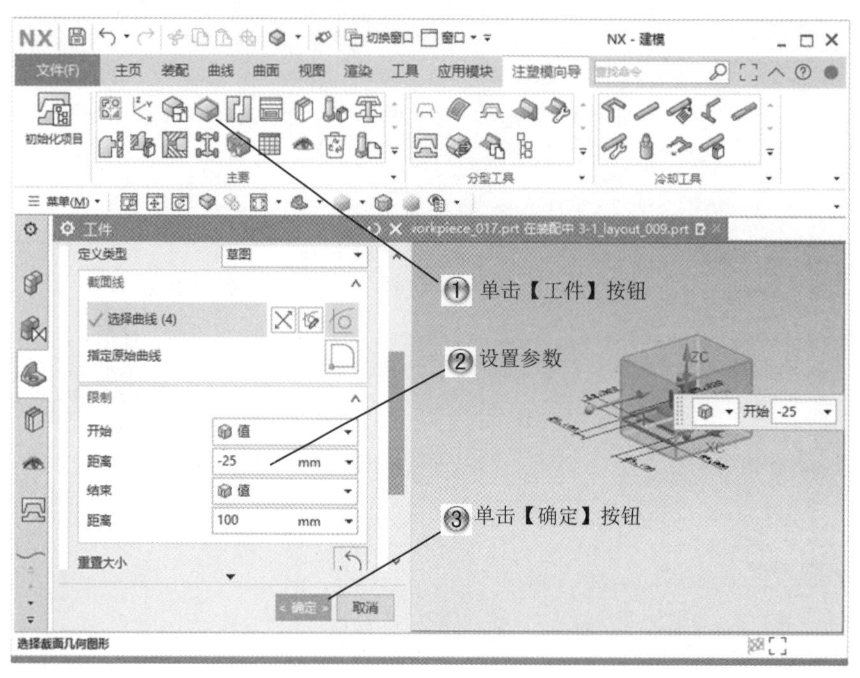

图 3-45 创建工件

Step25 检查区域，如图 3-46 所示。

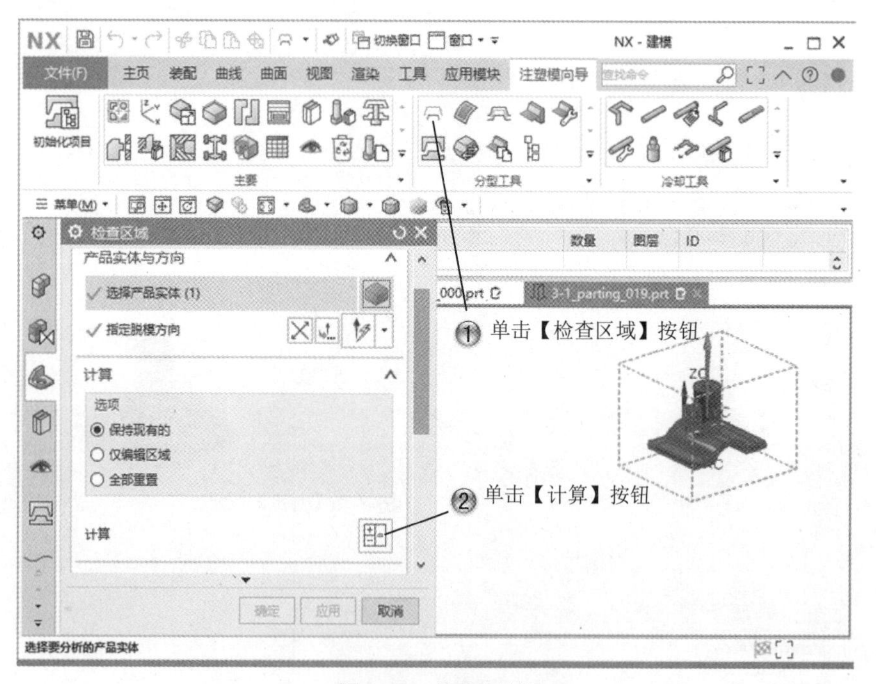

图 3-46 检查区域

Step26 查看未定义区域，如图 3-47 所示。

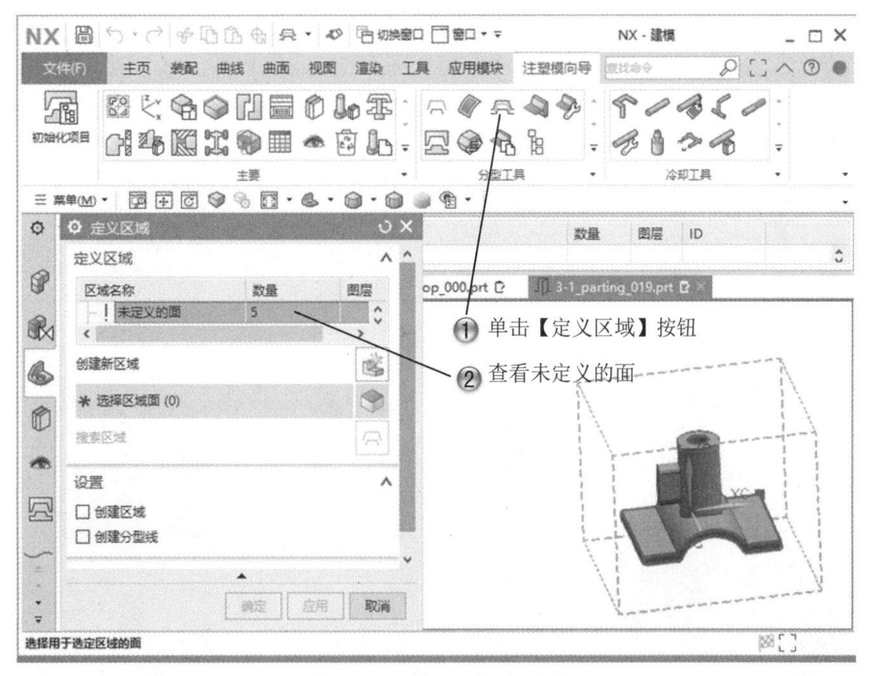

图 3-47　查看未定义区域

Step27 设置型腔面，如图 3-48 所示。

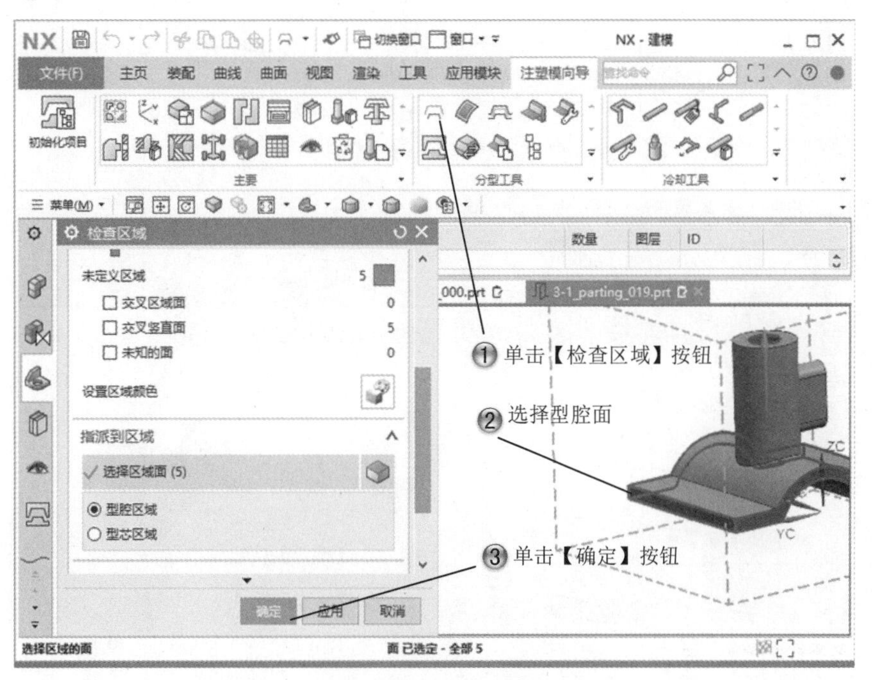

图 3-48　设置型腔面

Step28 曲面补片，如图 3-49 所示。

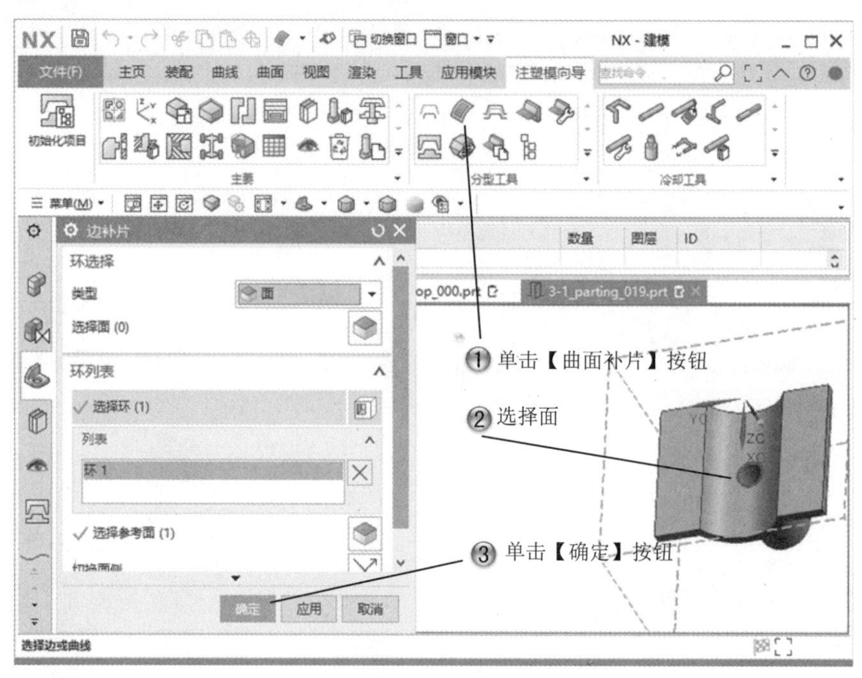

图 3-49　曲面补片

Step29 创建分型线，如图 3-50 所示。

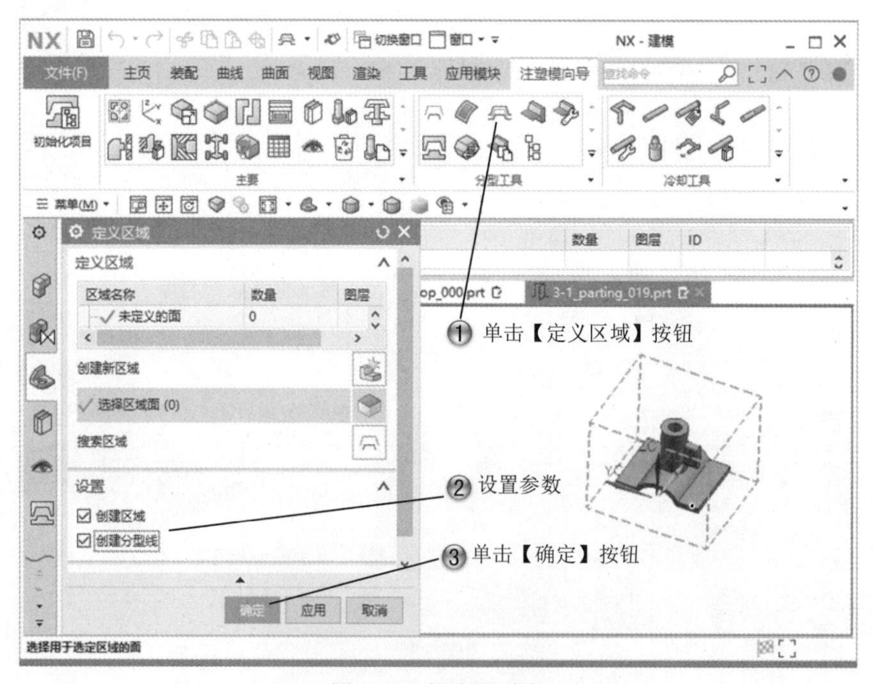

图 3-50　创建分型线

Step30 编辑引导线，如图 3-51 所示。

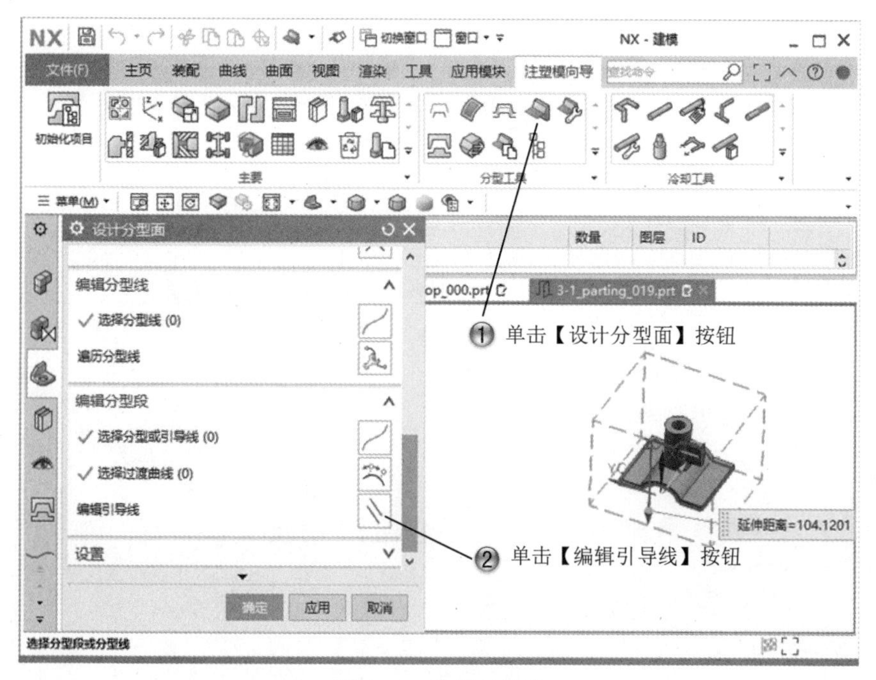

图 3-51　编辑引导线

Step31 设置引导线，如图 3-52 所示。

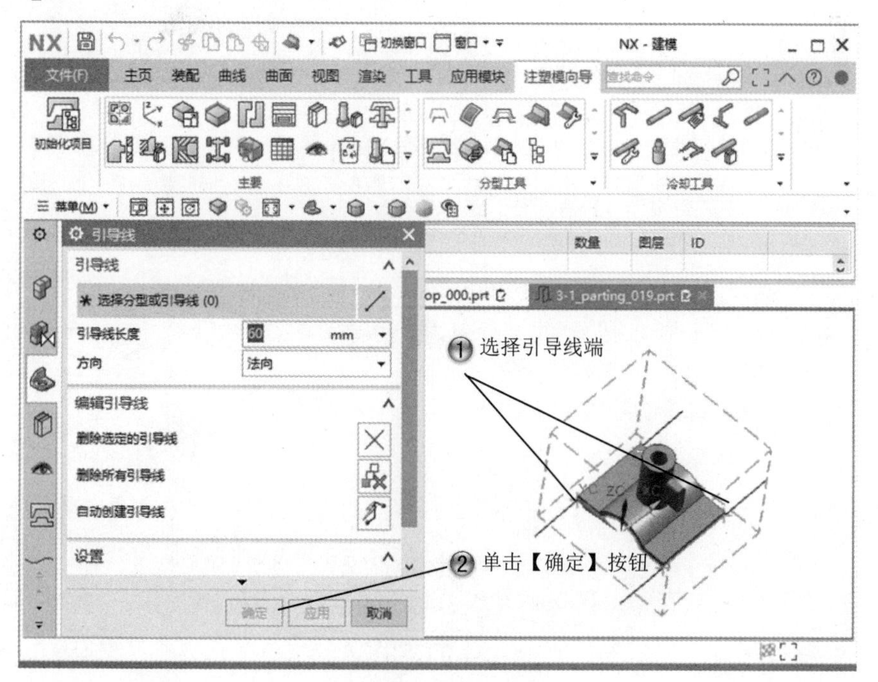

图 3-52　设置引导线

Step32 创建分型面 1，如图 3-53 所示。

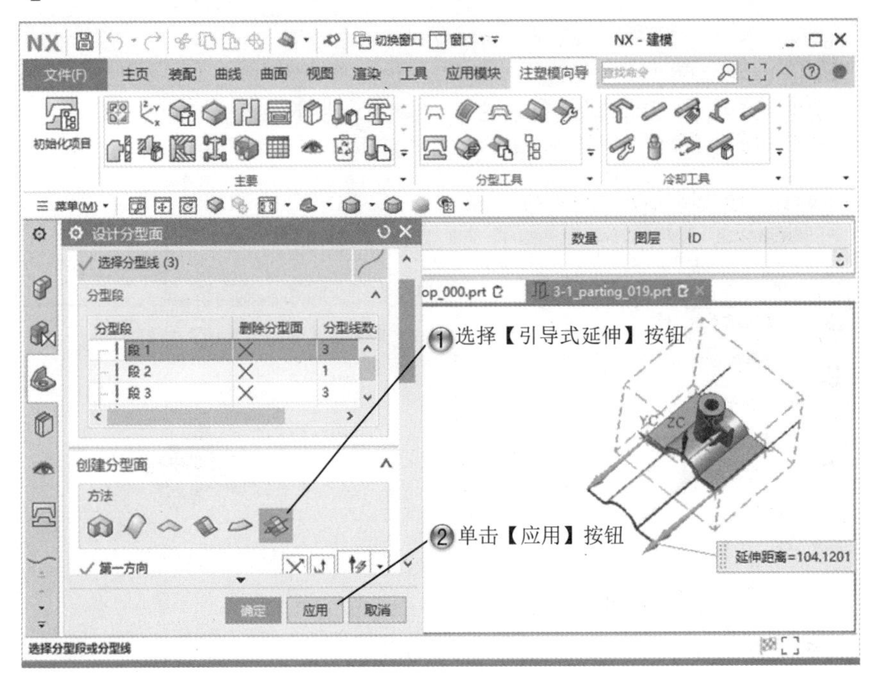

图 3-53 创建分型面 1

Step33 创建分型面 2，如图 3-54 所示。

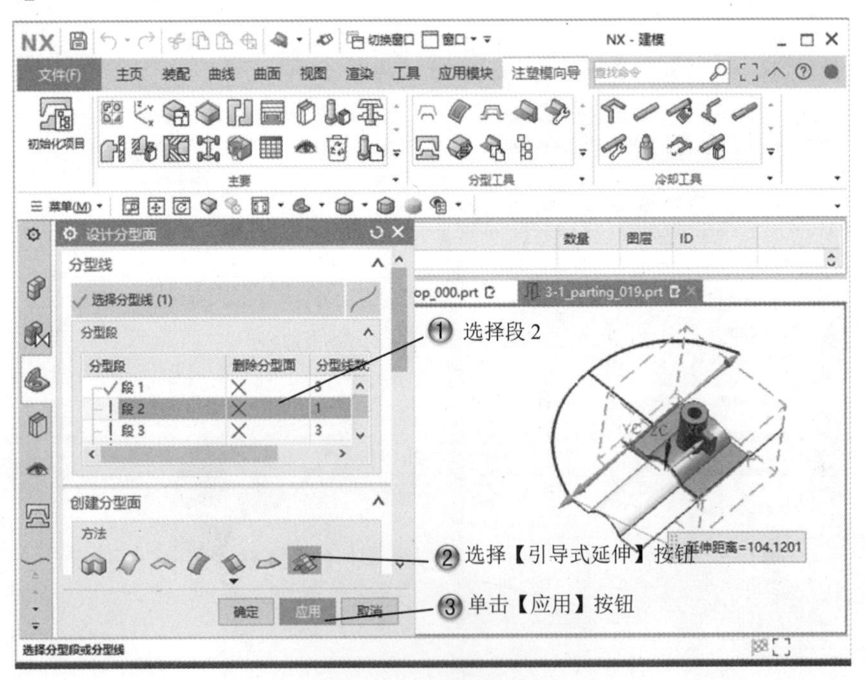

图 3-54 创建分型面 2

Step34 创建分型面 3，如图 3-55 所示。

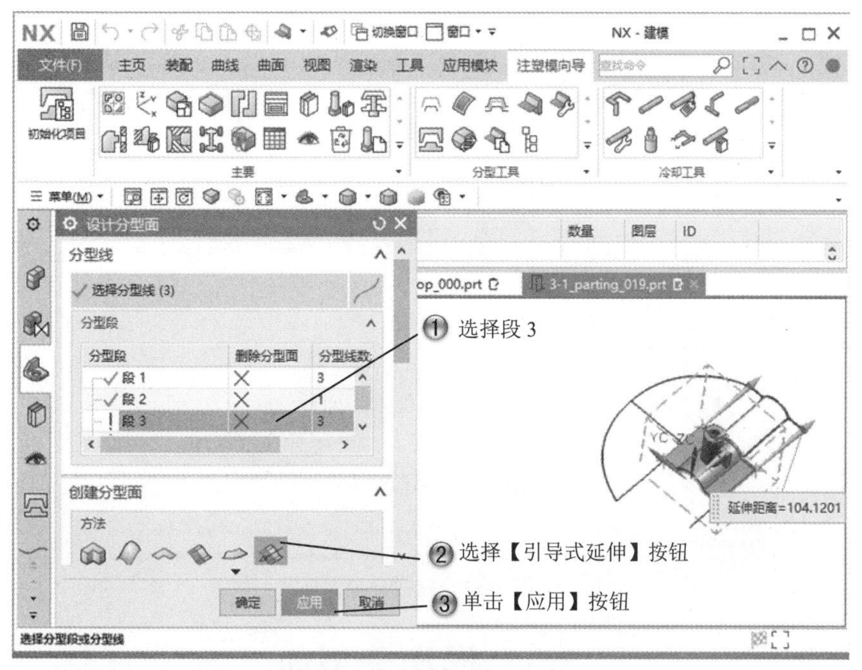

图 3-55　创建分型面 3

Step35 创建分型面 4，如图 3-56 所示。

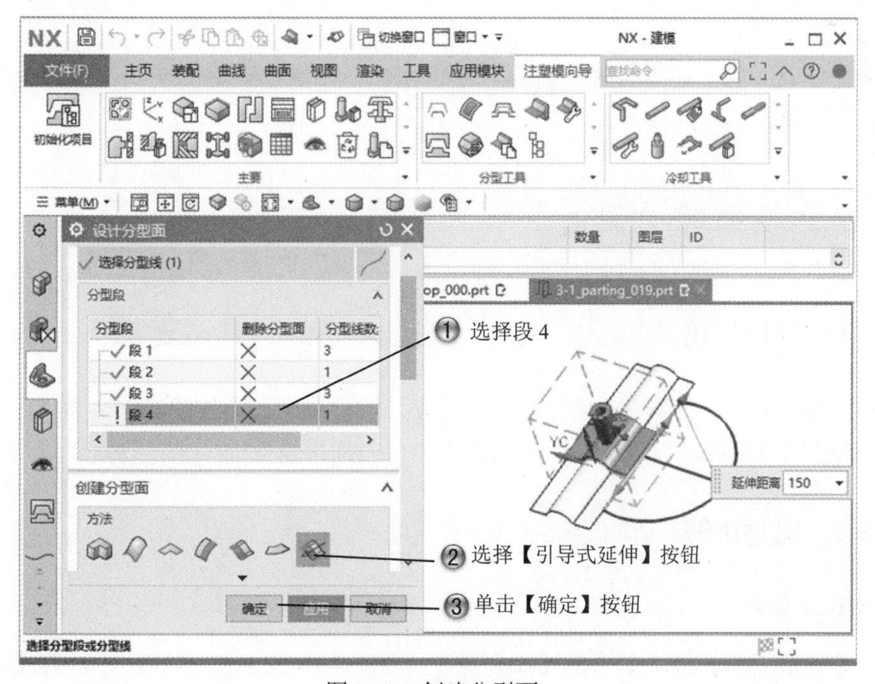

图 3-56　创建分型面 4

Step36 完成分型面，如图 3-57 所示。

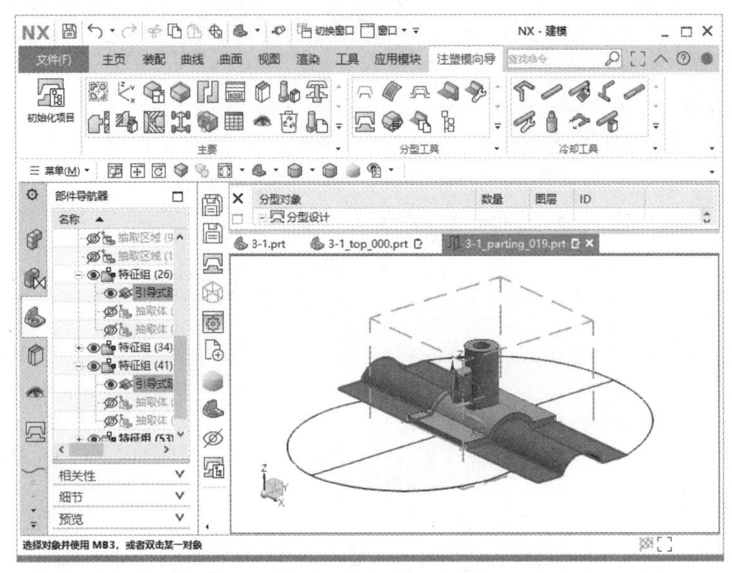

图 3-57　完成分型面

3.3　操作分型面

基本概念

创建好分型面后，还要对分型面进行编辑操作，以满足最终的要求，操作分型面是对原分型面属性或者形状的改变。

课堂讲解课时：2 课时

3.3.1　设计理论

编辑分型面可以一次编辑一段分型面，如果该段分型面已经生成，此选项可以删除分型面再次生成新的分型面，以改变分型面的类型。分型面可以修改颜色，以便于识别和操作。

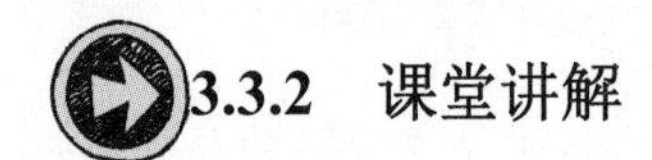

3.3.2　课堂讲解

1. 编辑分型面

单击【分型工具】选项卡中的【编辑分型面和曲面补片】按钮，将打开【编辑分型面和曲面补片】对话框，如图 3-58 所示，这时系统识别出所选对象分型面，以进行编辑。

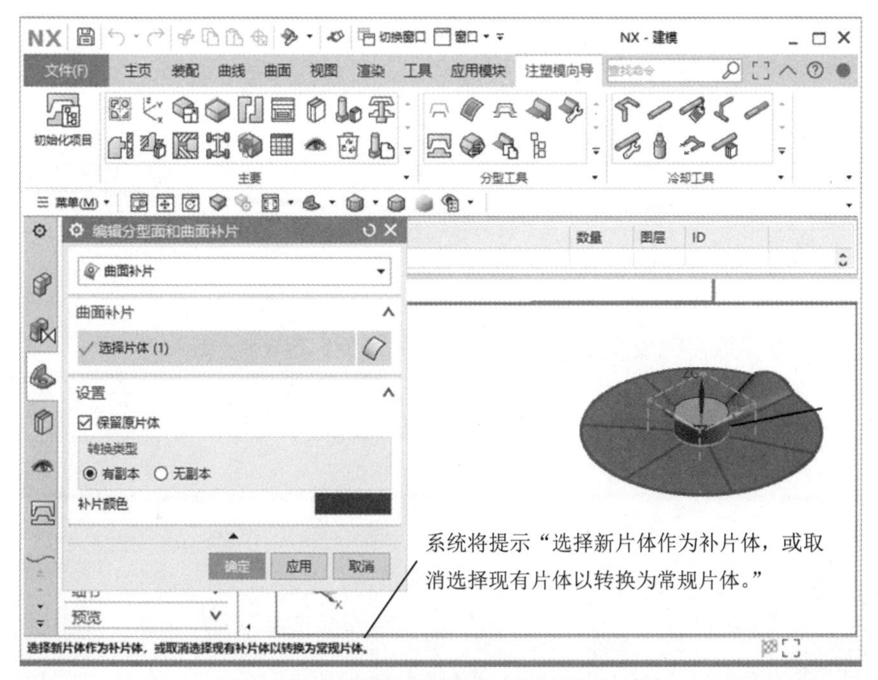

图 3-58 【编辑分型面和曲面补片】对话框

2. 修改分型面颜色

单击【编辑分型面和曲面补片】对话框中的【补片颜色】色块，系统将打开如图 3-59 所示的【颜色】对话框，对话框中可以设定预存的颜色或者自定义颜色。

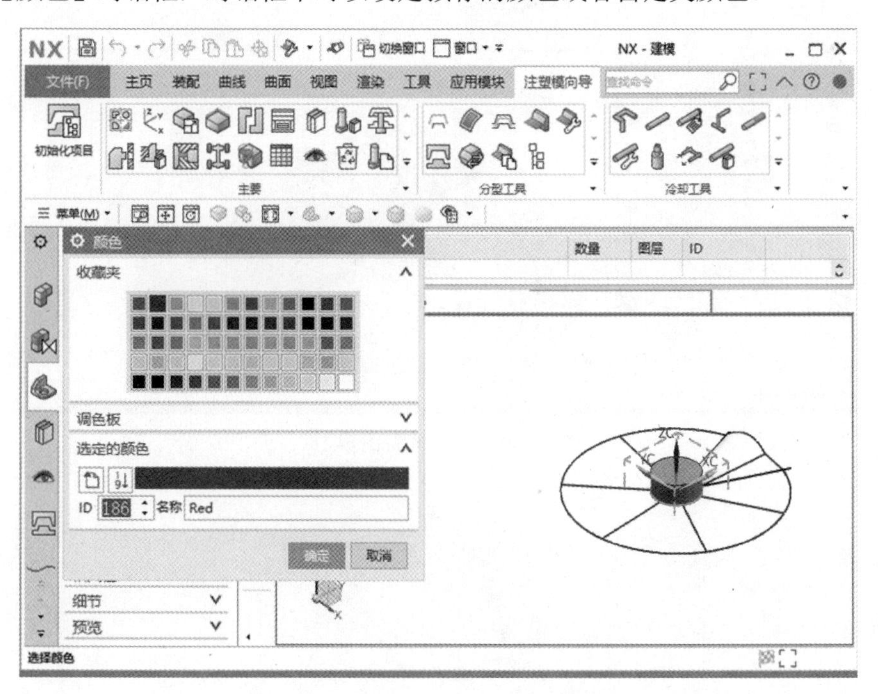

图 3-59 【颜色】对话框

3.3.3 课堂练习——操作分型面

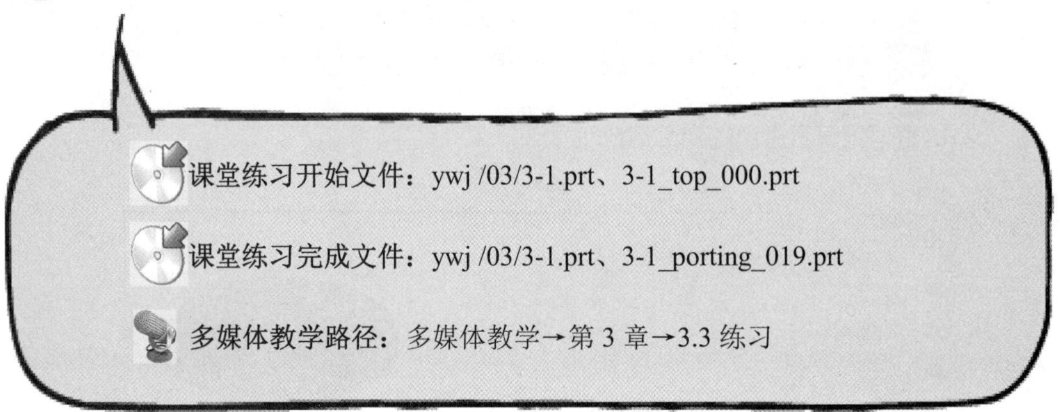

Step1 打开分型面模型，如图 3-60 所示。

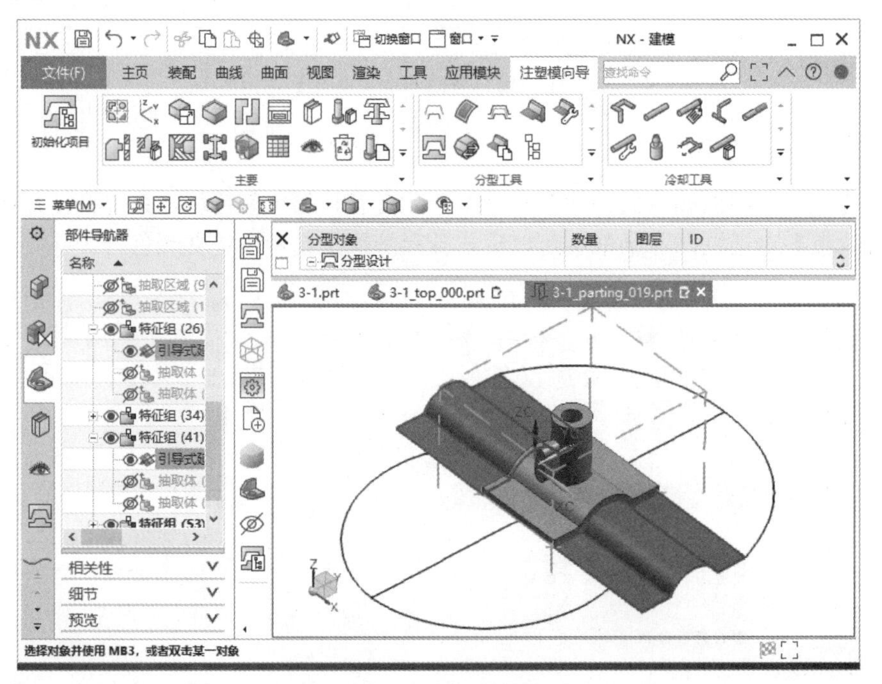

图 3-60 打开分型面模型

Step2 编辑分型面，如图 3-61 所示。

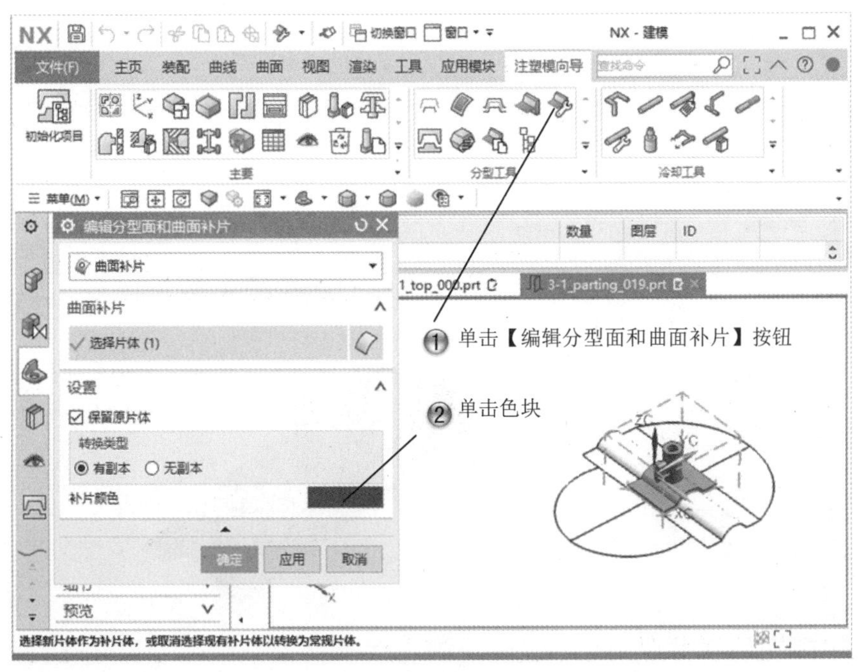

图 3-61　编辑分型面

Step3 修改分型面颜色，如图 3-62 所示。

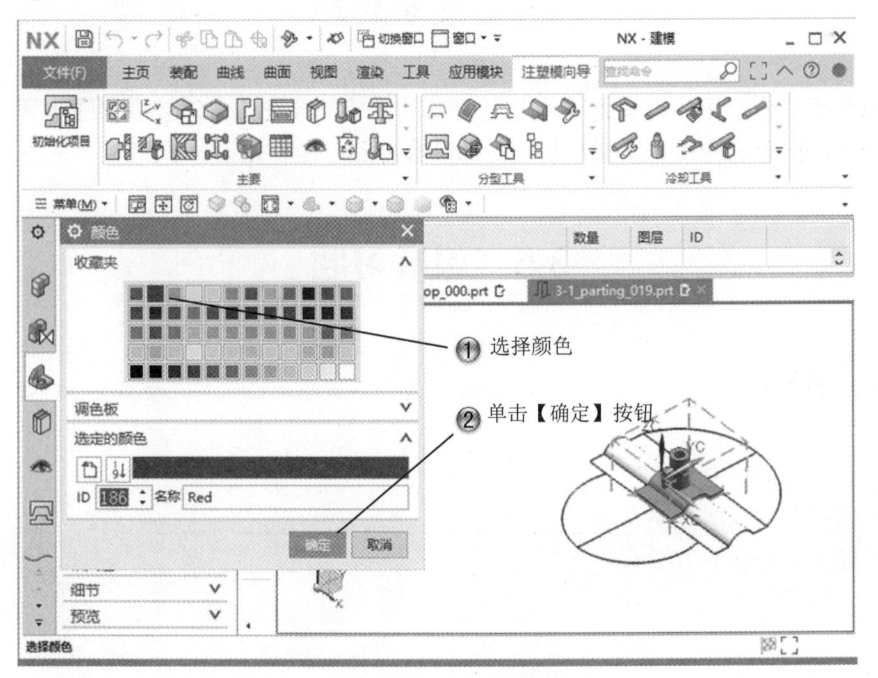

图 3-62　修改分型面颜色

Step4 完成操作分型面，如图 3-63 所示。

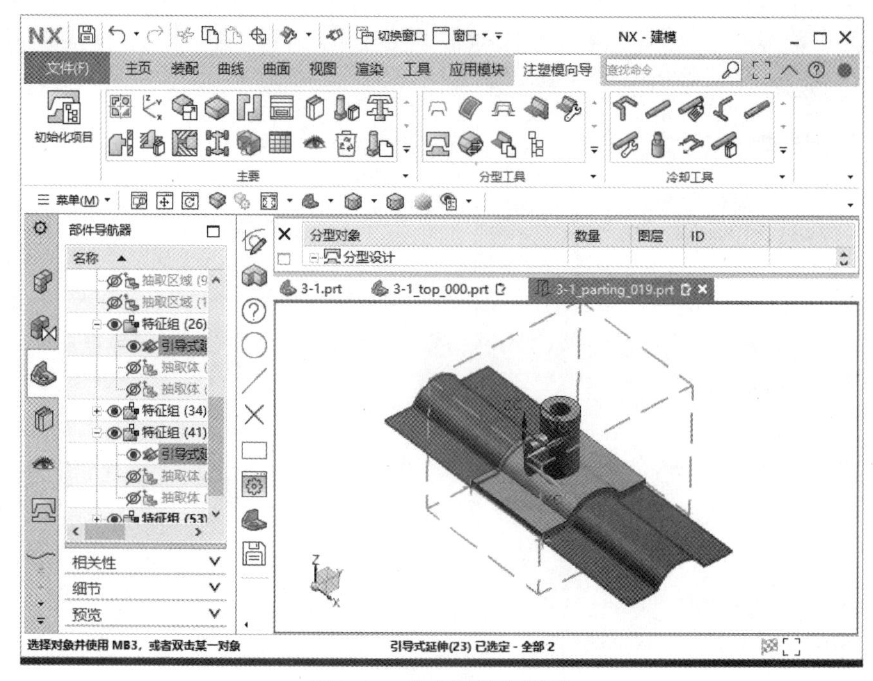

图 3-63　完成操作分型面

3.4　专家总结

本章介绍了分型面的相关知识，分型面可以说是模具设计中比较重要的步骤，分型面选择的好坏直接影响到模具质量，从而对产品会起到一定作用。

3.5　课后习题

3.5.1　填空题

（1）分型面的概念是________。

（2）创建分型面的方法有________、________、________、________。

（3）操作分型面的方法有________、________。

3.5.2 问答题

（1）分型线和分型面的关系有哪些？

（2）创建分型面的步骤有哪些？

3.5.3 上机操作题

如图 3-64 所示，使用本章学过的知识来创建轴套模型的模具分型面。

操作步骤和方法如下：

（1）创建轴套模型。

（2）模具初始化。

（3）创建分型线。

（4）创建分型面。

图 3-64 轴套模型

第4章　注塑模工具

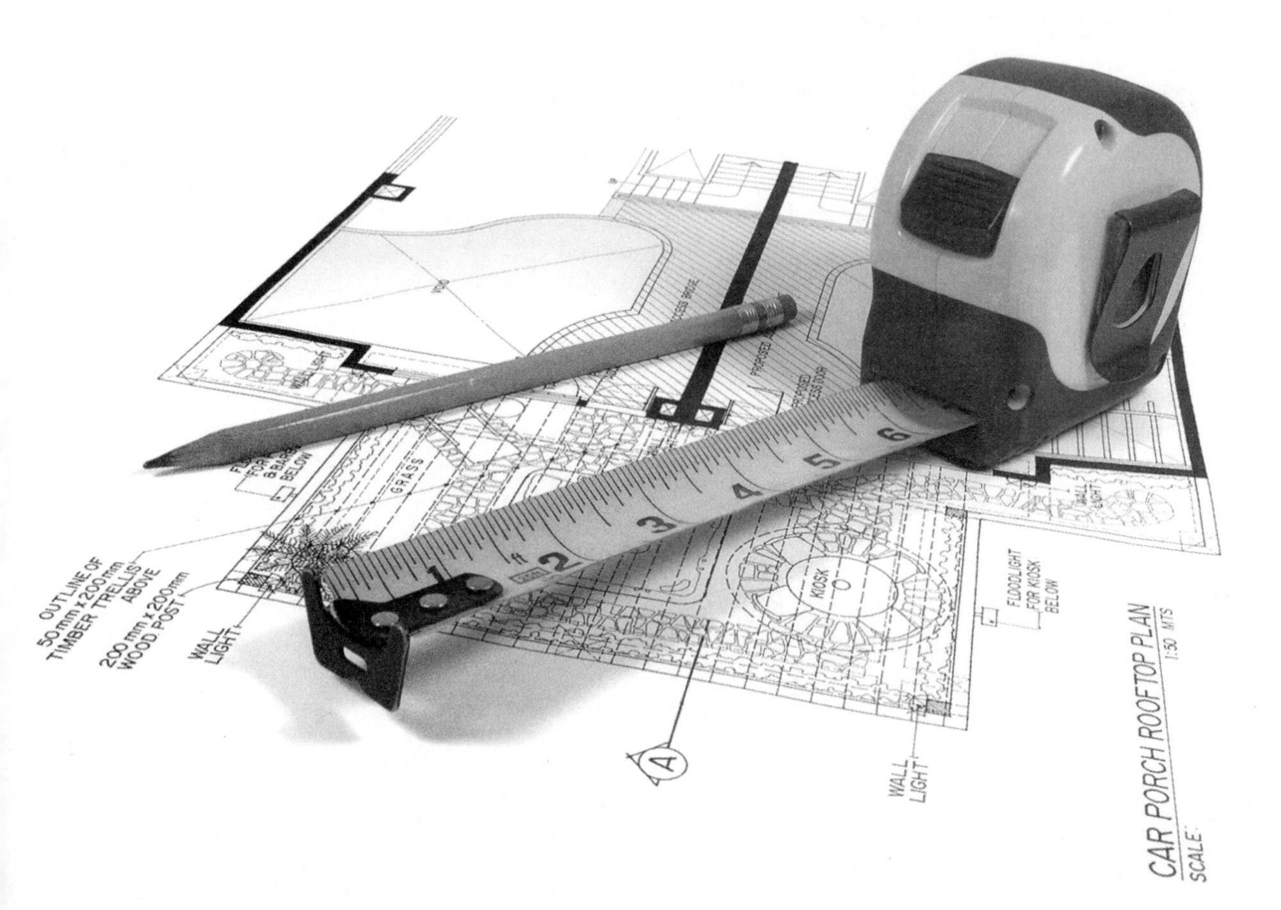

课训目标	内　容	掌握程度	课　时
	创建包容体	熟练运用	2
	分割工具	熟练运用	2
	修补破孔	熟练运用	2
	曲面工具	熟练运用	2

课程学习建议

注塑模具设计的必要步骤就是对零件进行分型和初始化，这种分型和初始化在NX 12注塑模向导模块中尤为重要，因为这些都是软件固有的要求。例如，注塑模向导模块对产品的拔模角度有非常严格的要求，只有拔模角度设置正确后，才可以很正确、顺利地创建分型面并进行分模，否则即使可以创建分型面也无法完成分模。

注塑模工具包括创建包容体工具、分割工具、修补破孔和曲面工具等。修补破孔对于模具设计来说是非常重要的，即使分型面做得再好，如果破孔补不好就没办法做出前后模。在修补破孔和分型的过程中，还有很多需要使用的注塑模工具，如包容体工具和分割工具等，这些工具也很实用。

本课程主要基于软件的模具模块进行讲解，其培训课程表如下。

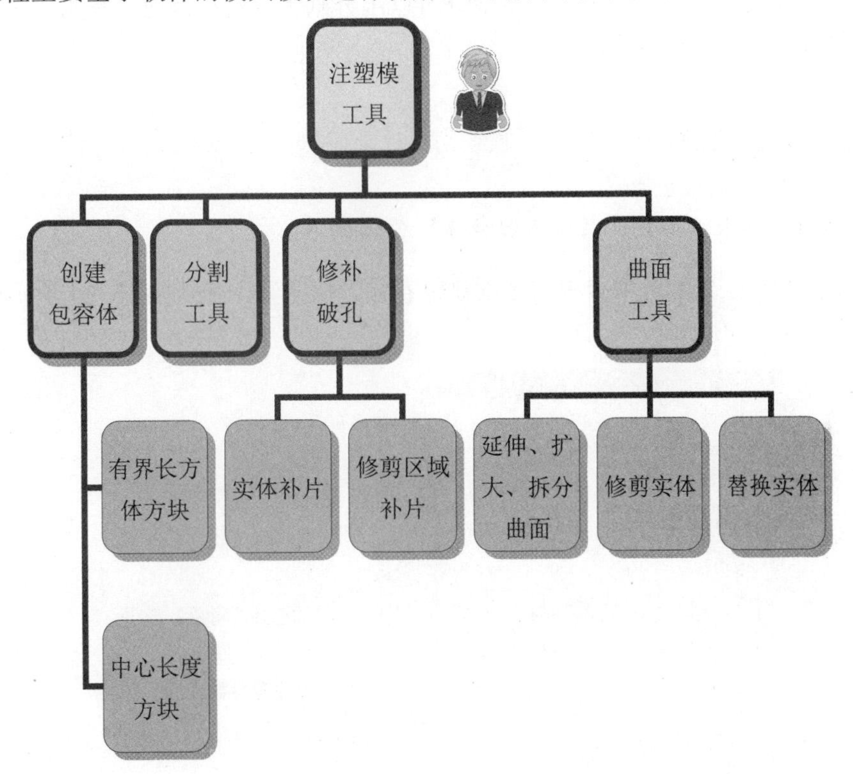

4.1 创建包容体

创建包容体就是创建一个六面实体补丁，用于充填需要添加分型面的破孔，最终达到分型的目的。

课堂讲解课时：2 课时

4.1.1 设计理论

在注塑模向导模块中有一类专用工具，被称为注塑模工具，包括快速创建包容体、分割实体、实体补片等各种实用工具。包容体通常是在曲面修补或边界修补不能完成的情况下来进行创建，这种方法对修补破孔来说是一种既有效而又快捷的方法。创建包容体需要指定所修补的曲面的边界面，此边界面可为规则曲面也可以为不规则曲面。NX 将创建一个包含所选面在内的一个长方体，多余部分可以用分割工具进行修剪。有两种包容体，分别是对象包容体和一般包容体。

4.1.2 课堂讲解

1. 创建【有界长方体】、【有界圆柱体】包容体

单击【注塑模工具】选项卡中的【创建包容体】按钮，打开如图 4-1 所示的【包容体】对话框。

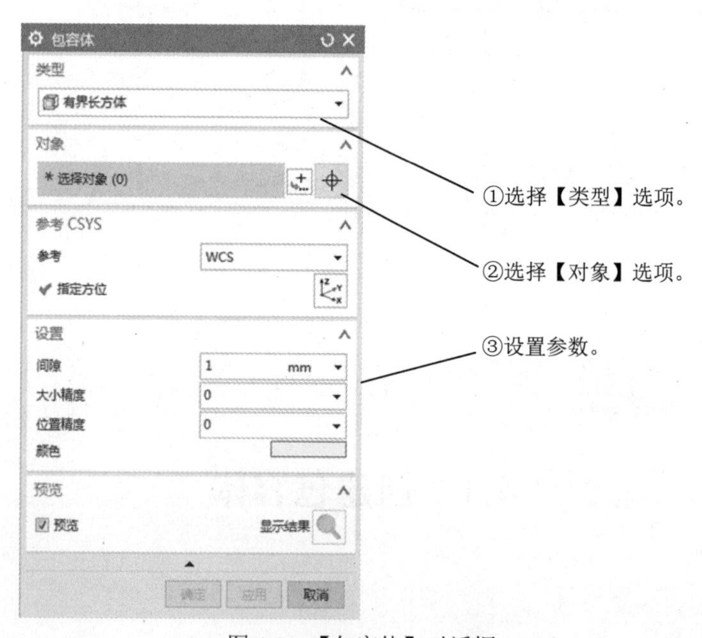

图 4-1 【包容体】对话框

【有界长方体】是以分别选择对象的几条边进行有范围创建的包容体，此处可以自己设定大于被选面的尺寸，同样在选定边界后也可以通过拖动箭头实现对包容体尺寸的编

辑，如图 4-2 所示。

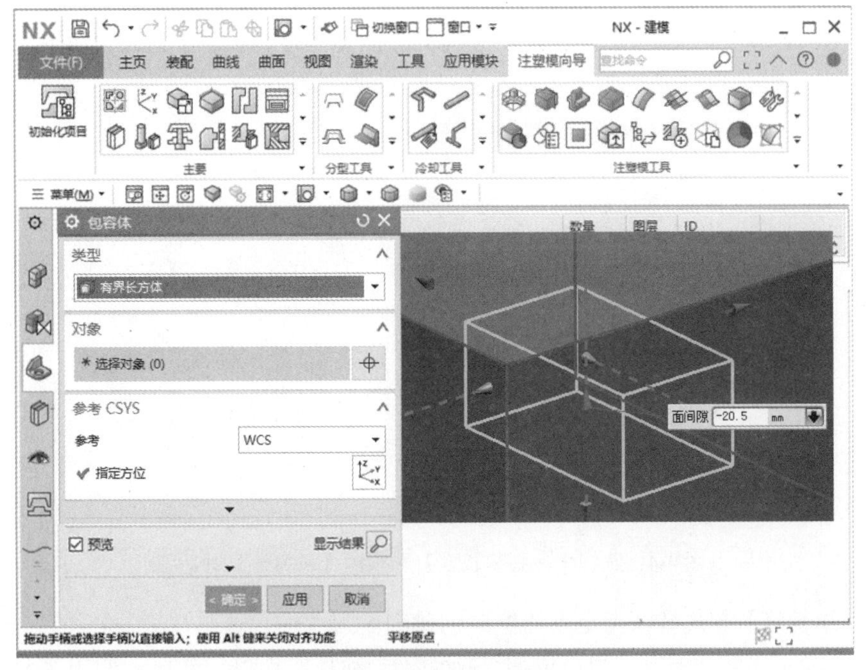

图 4-2　有界长方体

【有界圆柱体】选项创建的实体和有界长方体类似，如图 4-3 所示。

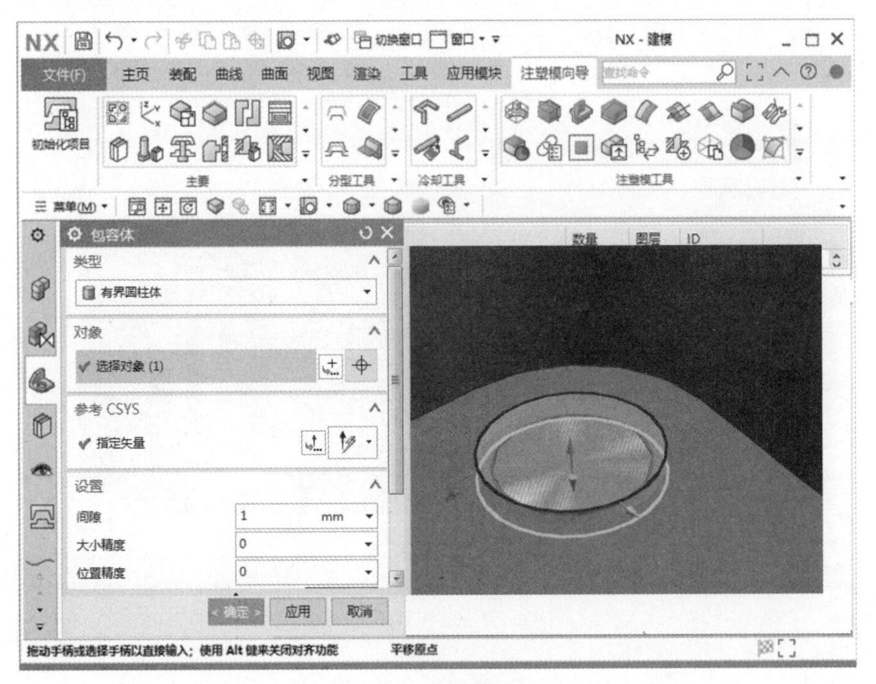

图 4-3　有界圆柱体

2. 创建【中心和长度】包容体

当在【包容体】对话框【类型】下拉列表选择【中心和长度】选项，并且定义点后，【包容体】对话框会自动变为如图 4-4 所示，此时可以设置包容体的尺寸，创建包容体。

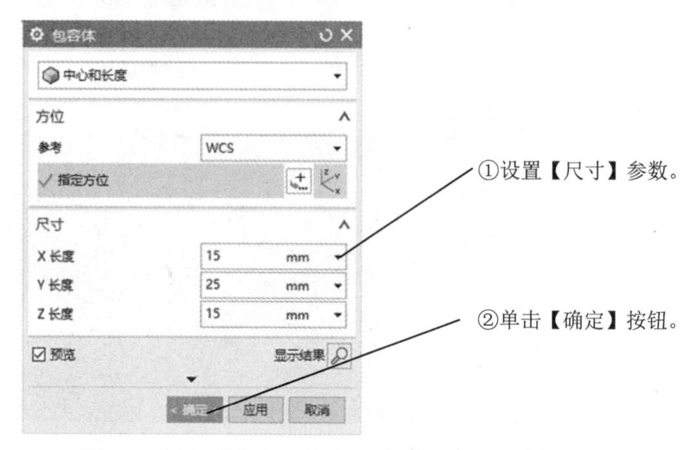

图 4-4　选择【中心和长度】选项的【包容体】对话框

【中心和长度】方式是以指定点的位置创建固定尺寸的包容体，其中创建后可以修改尺寸，对包容体尺寸进行编辑，也可以通过拖动三个箭头实现尺寸变化，如图 4-5 所示。

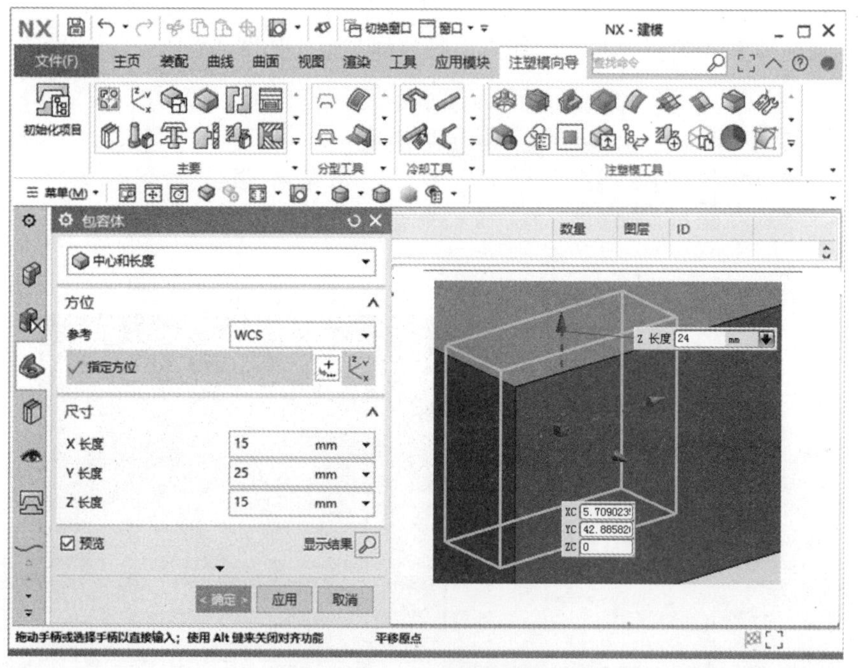

图 4-5　中心和长度包容体

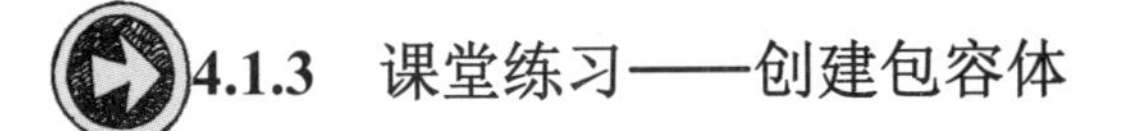

4.1.3 课堂练习——创建包容体

课堂练习开始文件：无

课堂练习完成文件：ywj /04/4-1.prt、4-1_cavity_023.prt

多媒体教学路径：多媒体教学→第 4 章→4.1 练习

Step1 选择草绘面，如图 4-6 所示。

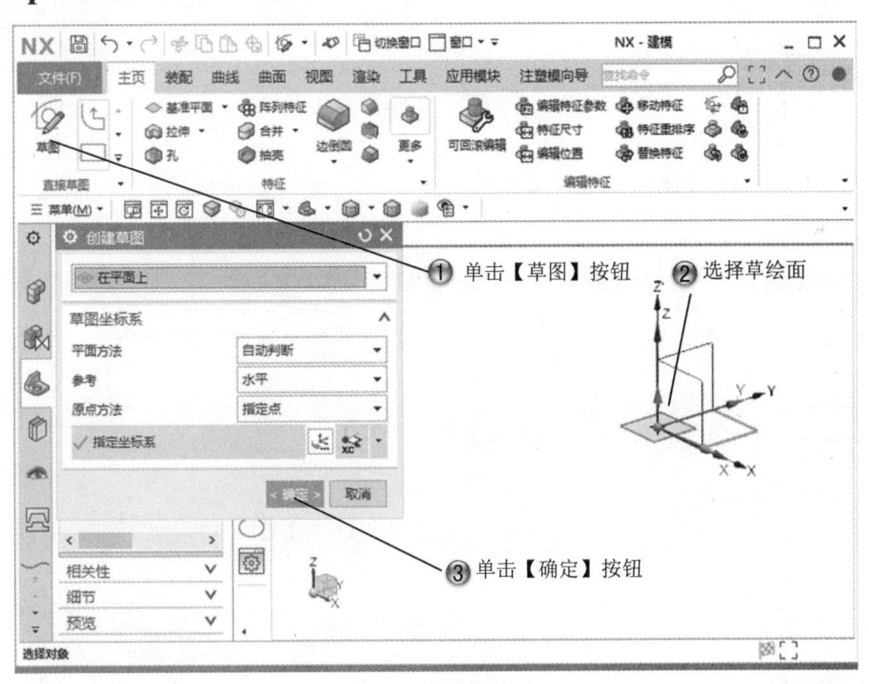

图 4-6　选择草绘面

Step2 绘制圆形，如图 4-7 所示。

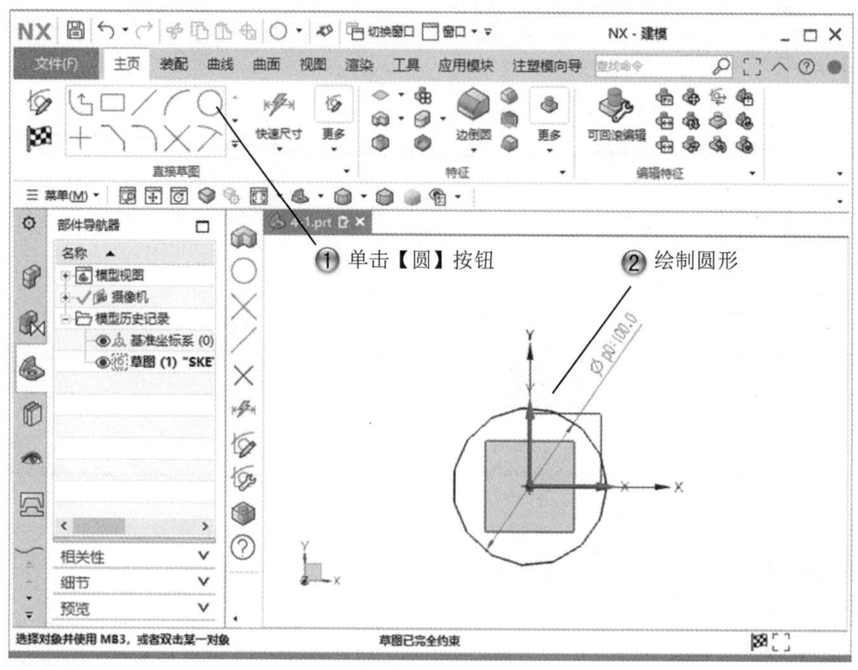

图 4-7　绘制圆形

Step3 创建拉伸特征，如图 4-8 所示。

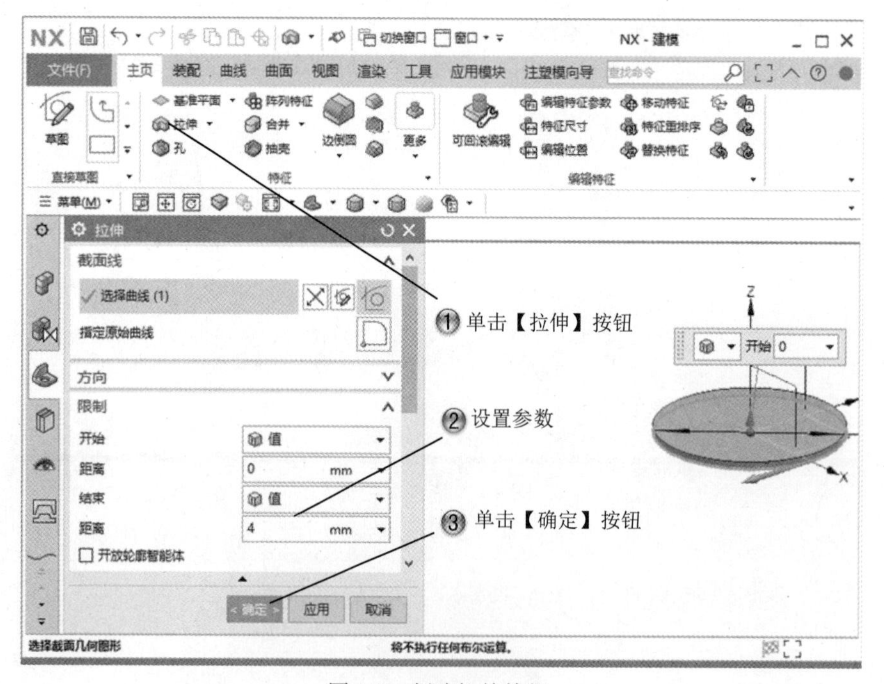

图 4-8　创建拉伸特征

Step4 选择草绘面，如图 4-9 所示。

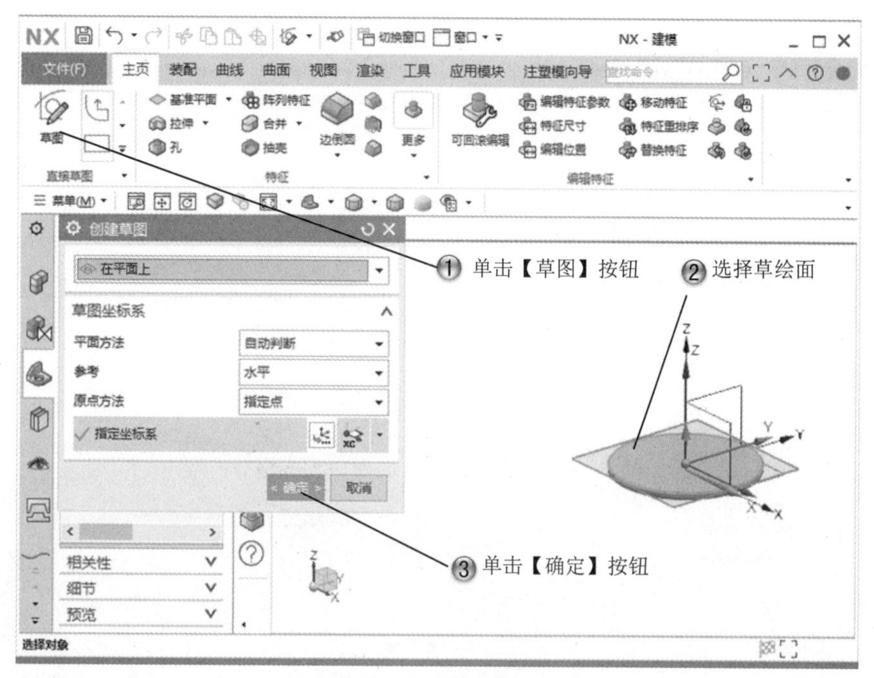

图 4-9 选择草绘面

Step5 绘制圆形，如图 4-10 所示。

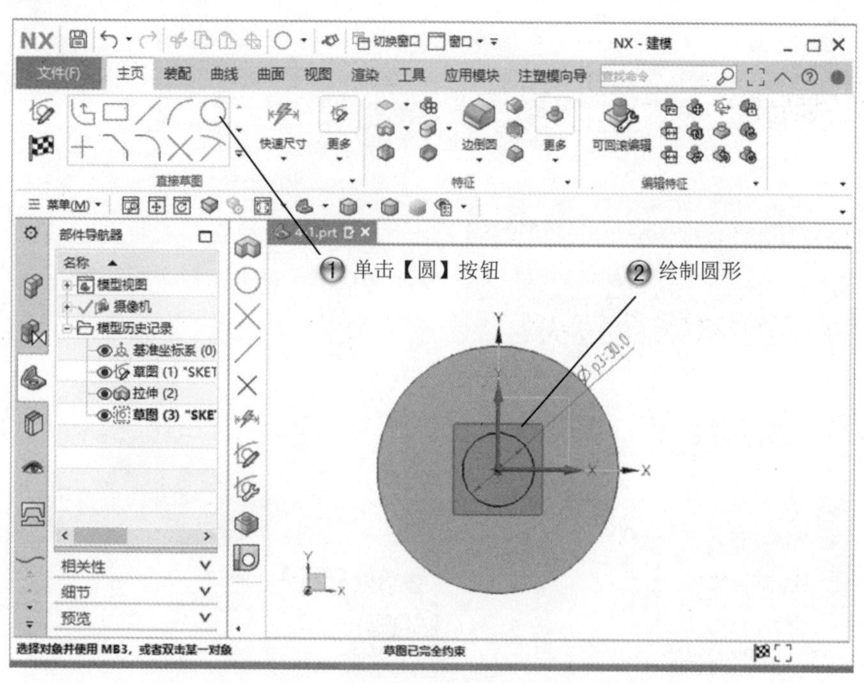

图 4-10 绘制圆形

Step6 创建拉伸特征，如图 4-11 所示。

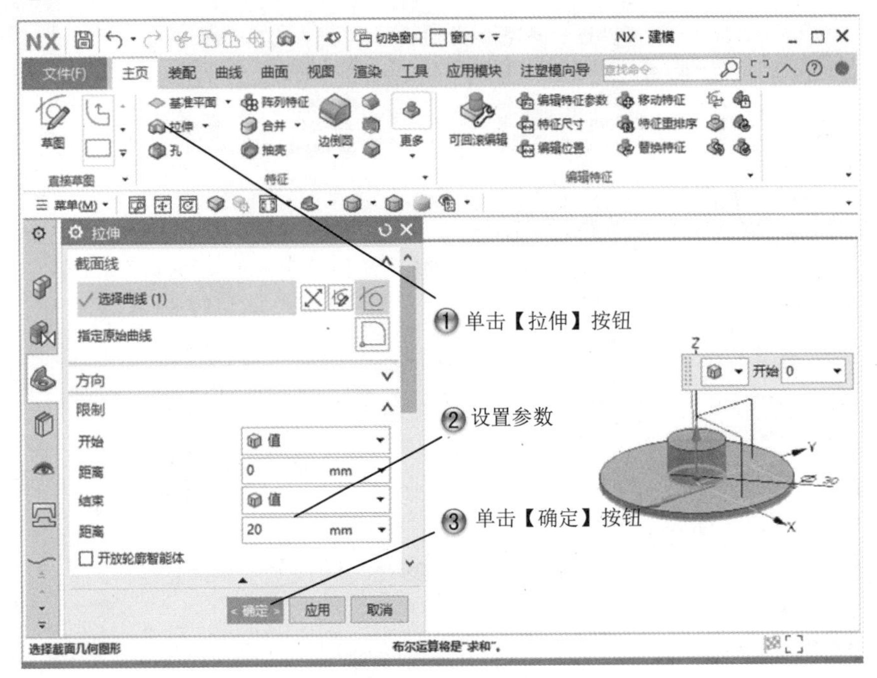

图 4-11　创建拉伸特征

Step7 选择草绘面，如图 4-12 所示。

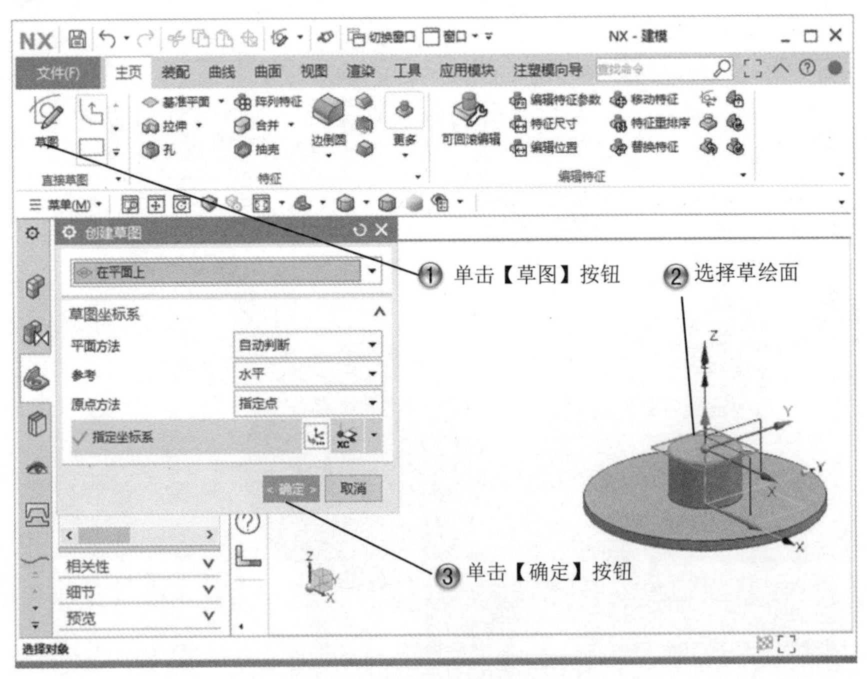

图 4-12　选择草绘面

Step8 绘制圆形，如图 4-13 所示。

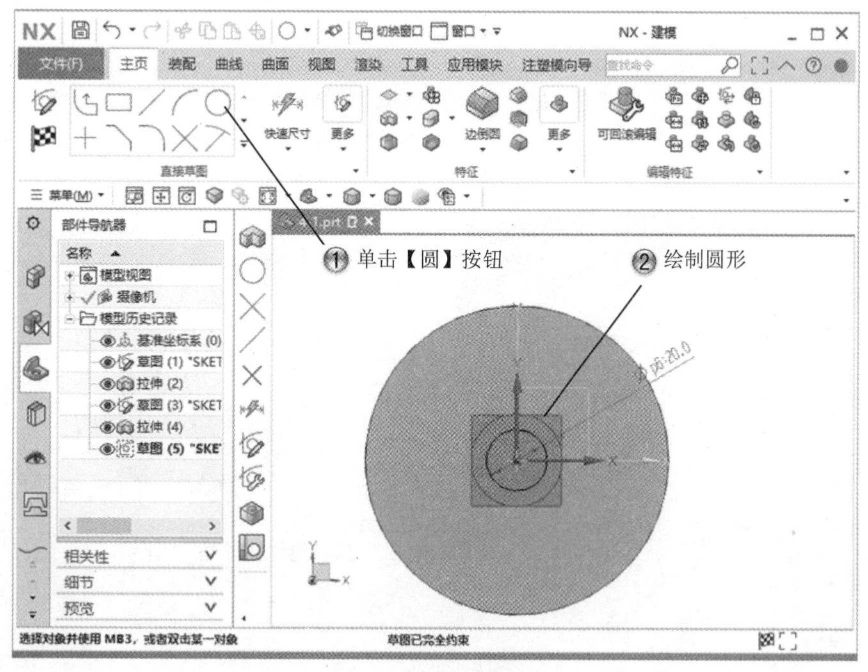

图 4-13　绘制圆形

Step9 创建拉伸特征，如图 4-14 所示。

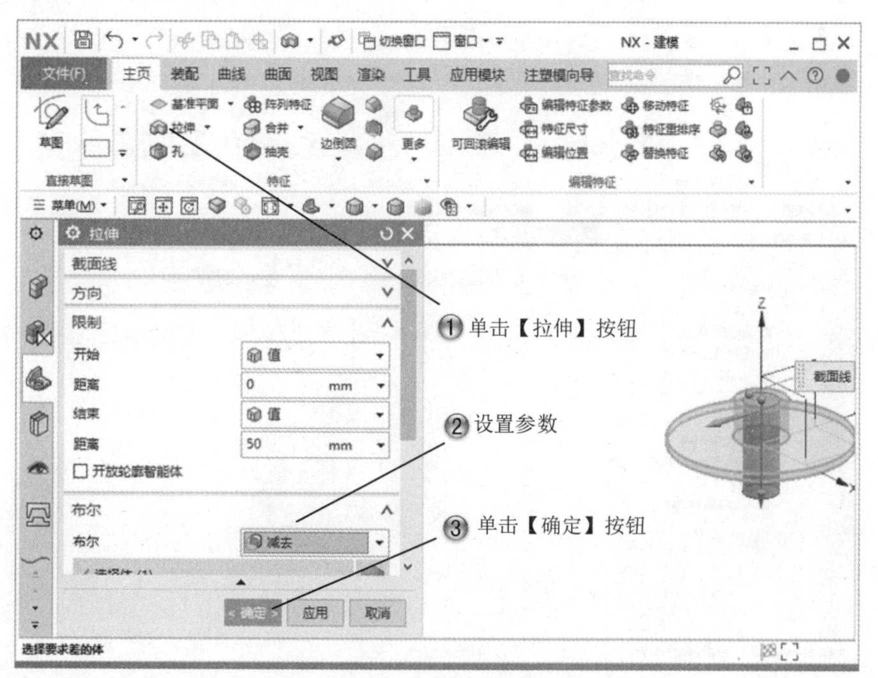

图 4-14　创建拉伸特征

Step10 选择草绘面，如图 4-15 所示。

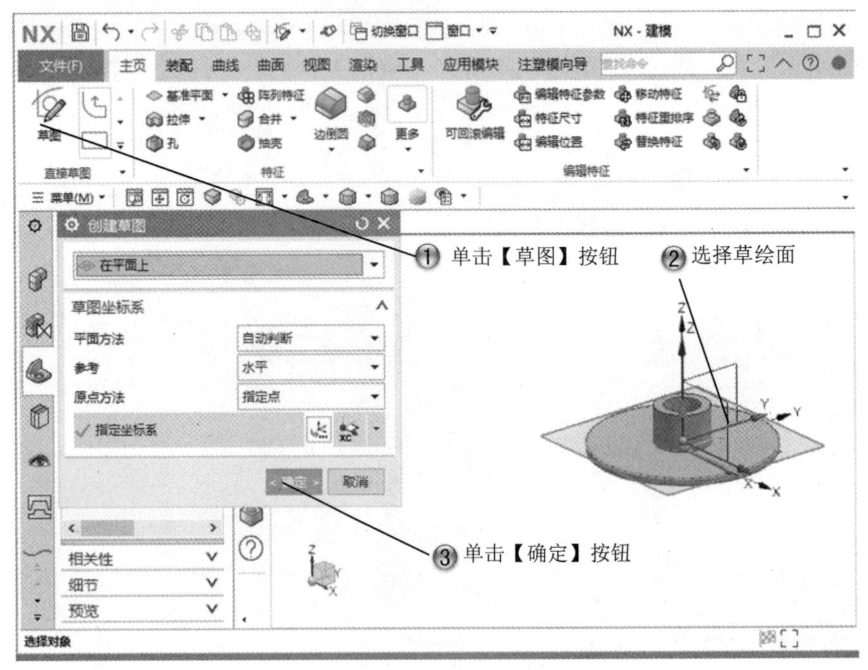

图 4-15　选择草绘面

Step11 绘制圆形，如图 4-16 所示。

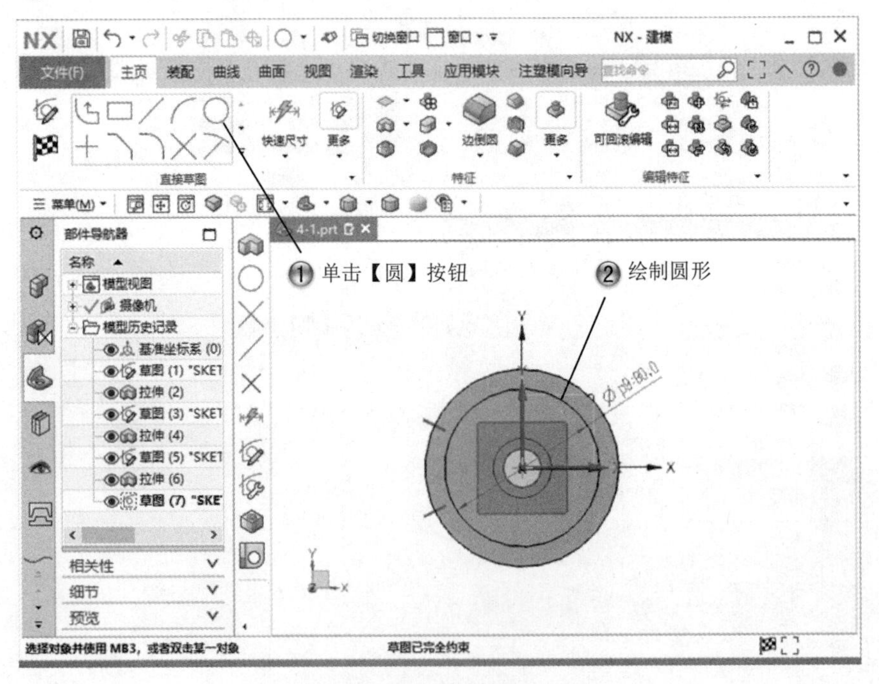

图 4-16　绘制圆形

Step12 绘制斜线，如图 4-17 所示。

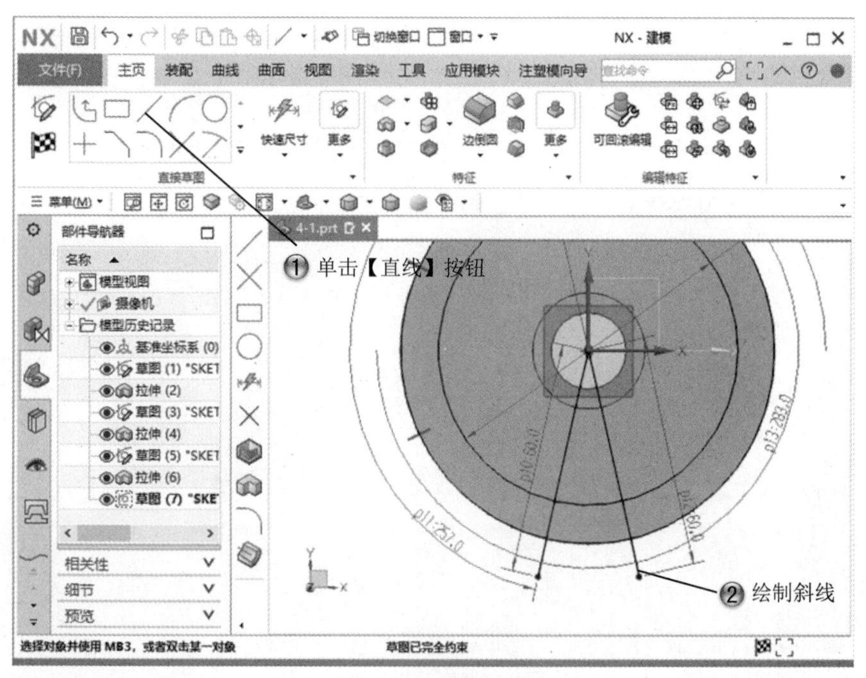

图 4-17　绘制斜线

Step13 修剪图形，如图 4-18 所示。

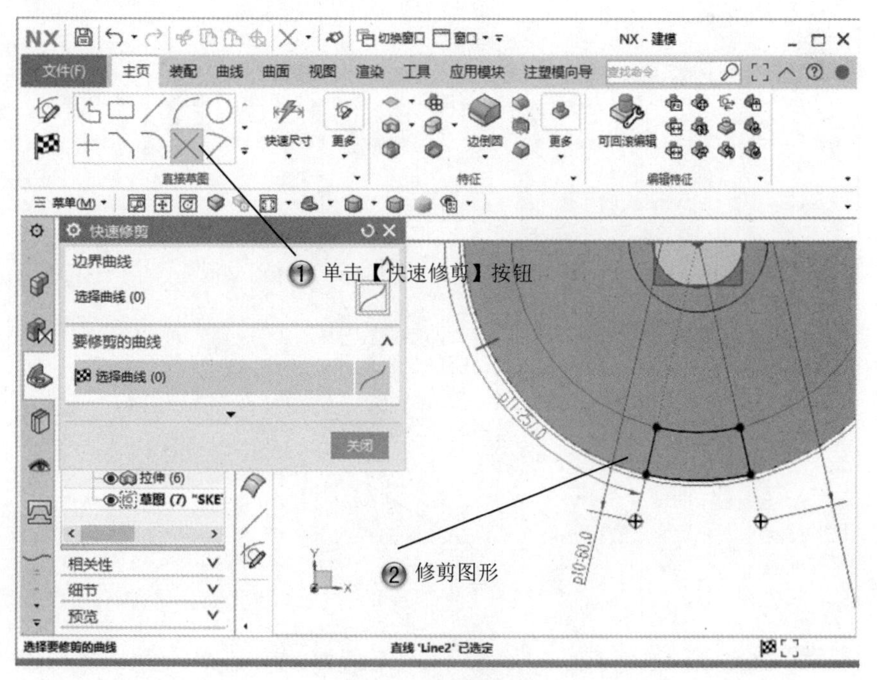

图 4-18　修剪图形

Step14 绘制圆形，如图 4-19 所示。

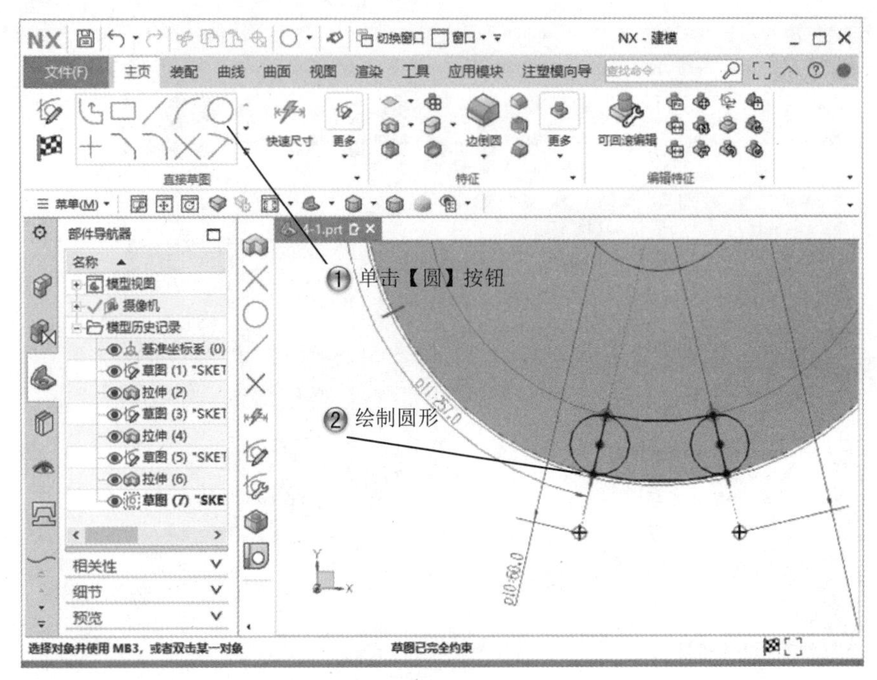

图 4-19　绘制圆形

Step15 修剪草图，如图 4-20 所示。

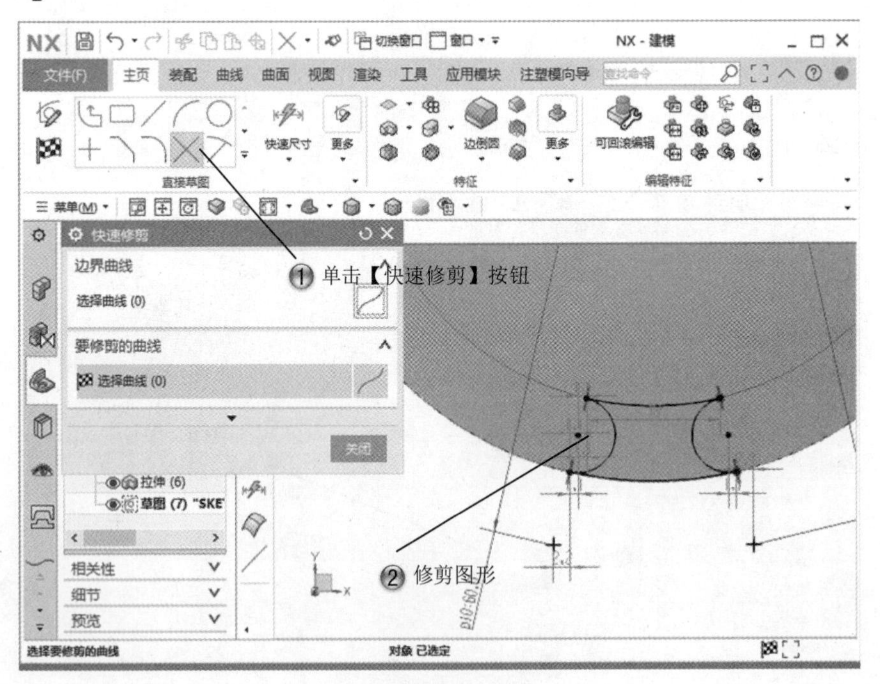

图 4-20　修剪草图

Step16 创建拉伸特征，如图4-21所示。

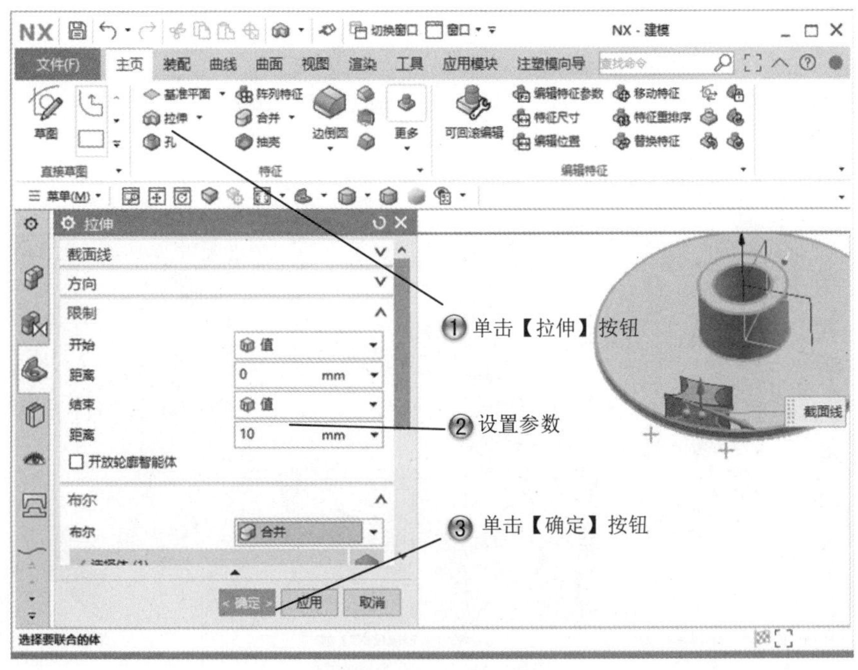

图4-21 创建拉伸特征

Step17 选择草绘面，如图4-22所示。

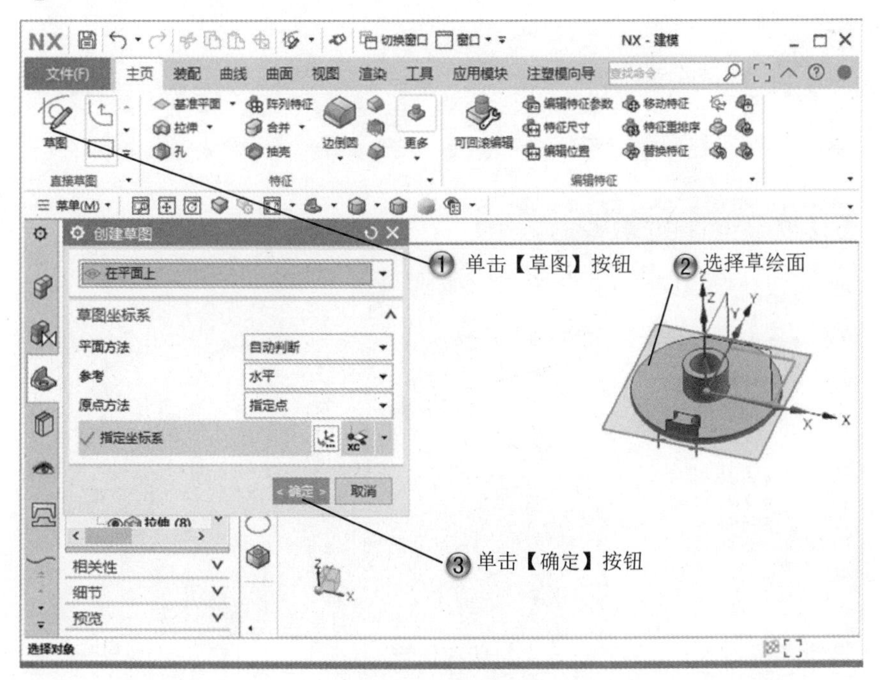

图4-22 选择草绘面

Step18 绘制圆形，如图 4-23 所示。

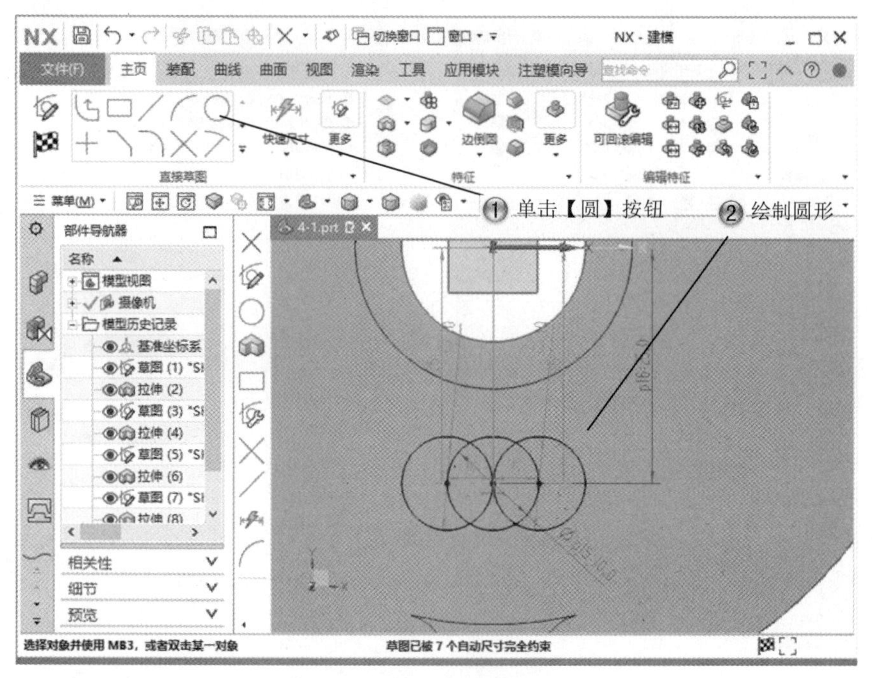

图 4-23　绘制圆形

Step19 修剪草图，如图 4-24 所示。

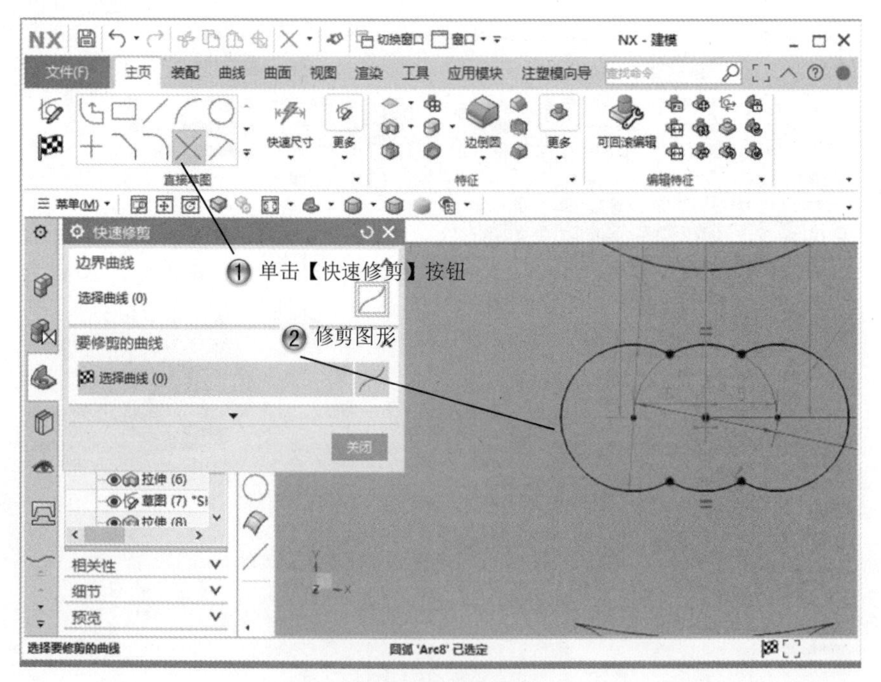

图 4-24　修剪草图

Step20 创建拉伸特征，如图 4-25 所示。

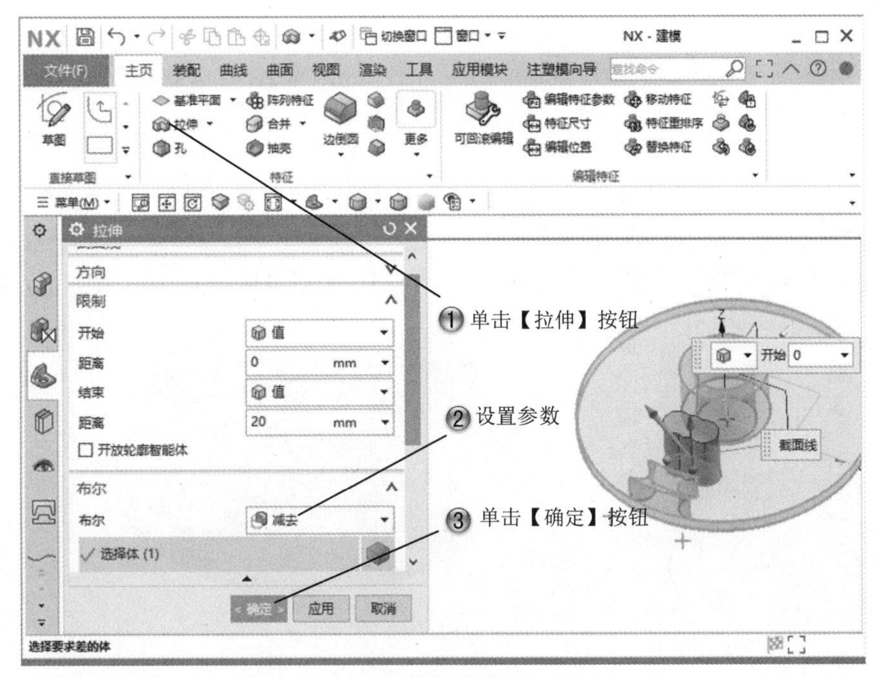

图 4-25　创建拉伸特征

Step21 创建阵列特征，如图 4-26 所示。

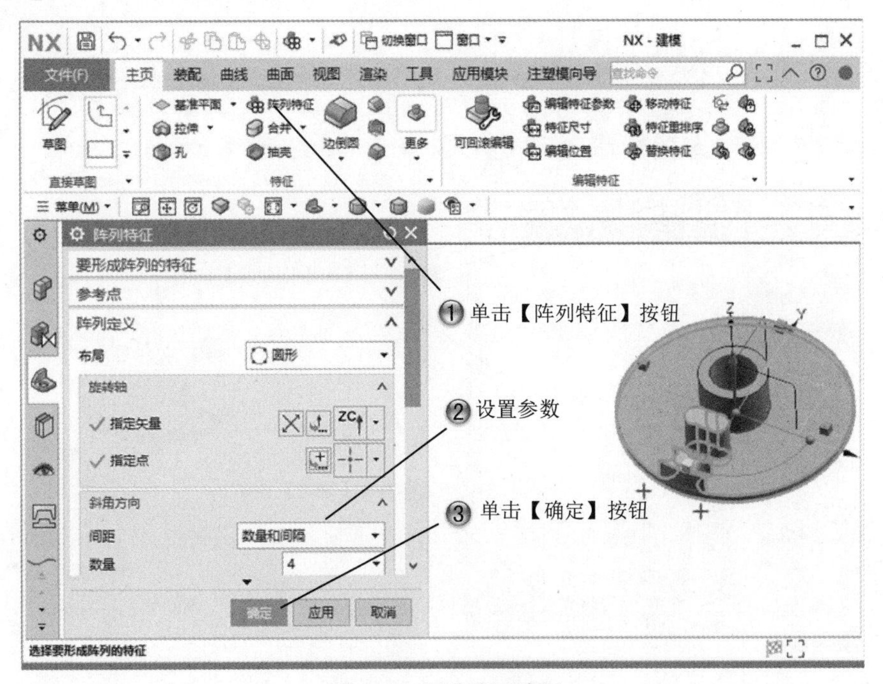

图 4-26　创建阵列特征

Step22 完成盘体创建并打开注塑模模块，如图 4-27 所示。

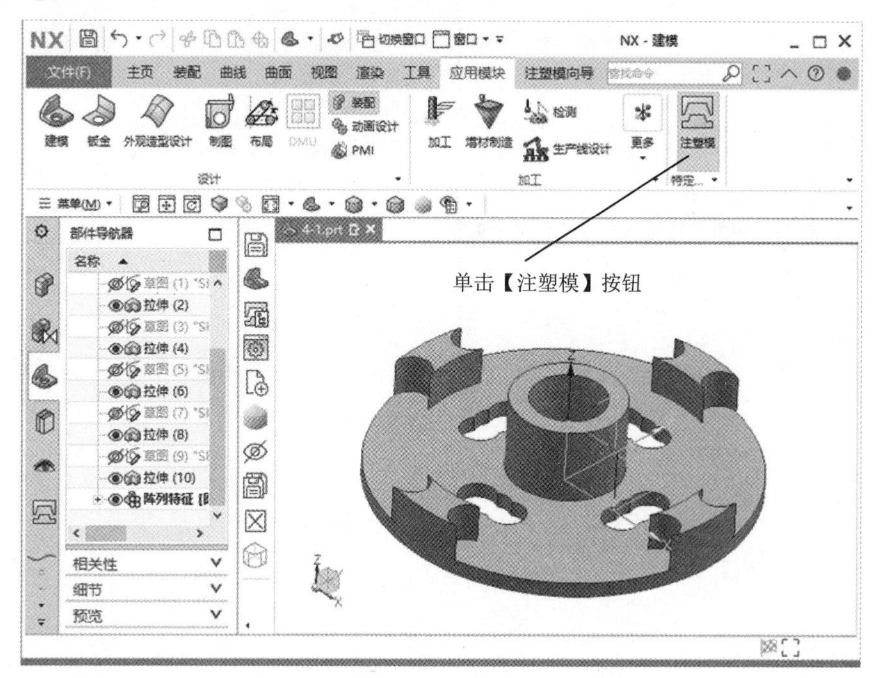

图 4-27　完成盘体创建并打开注塑模模块

Step23 初始化模型，如图 4-28 所示。

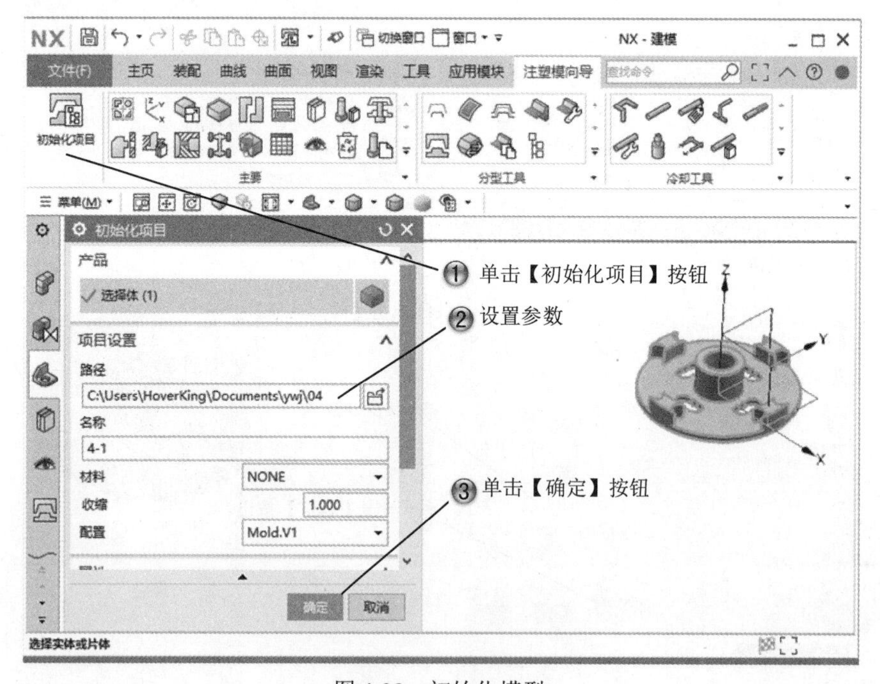

图 4-28　初始化模型

Step24 创建模具坐标，如图 4-29 所示。

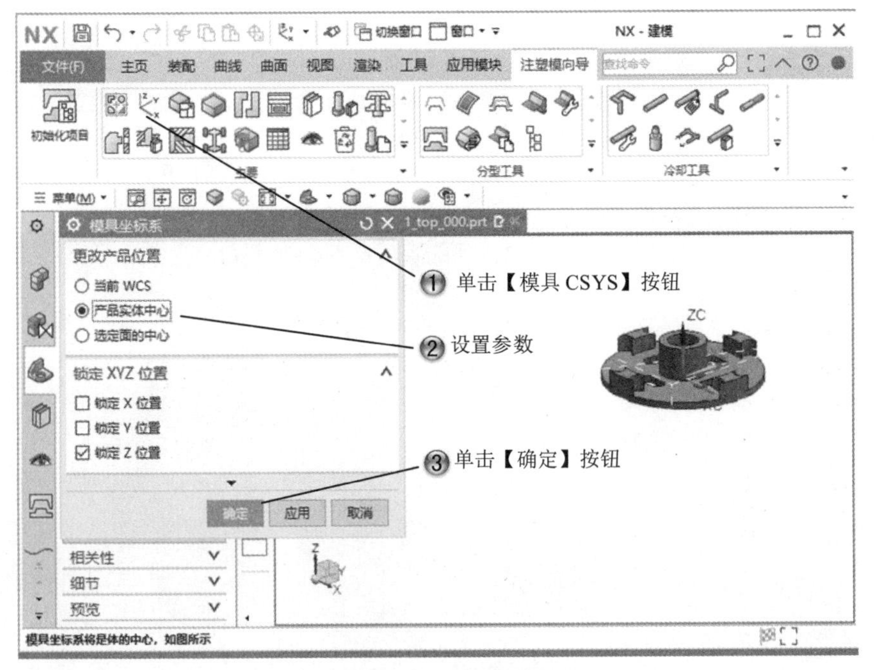

图 4-29　创建模具坐标

Step25 设置缩放体，如图 4-30 所示。

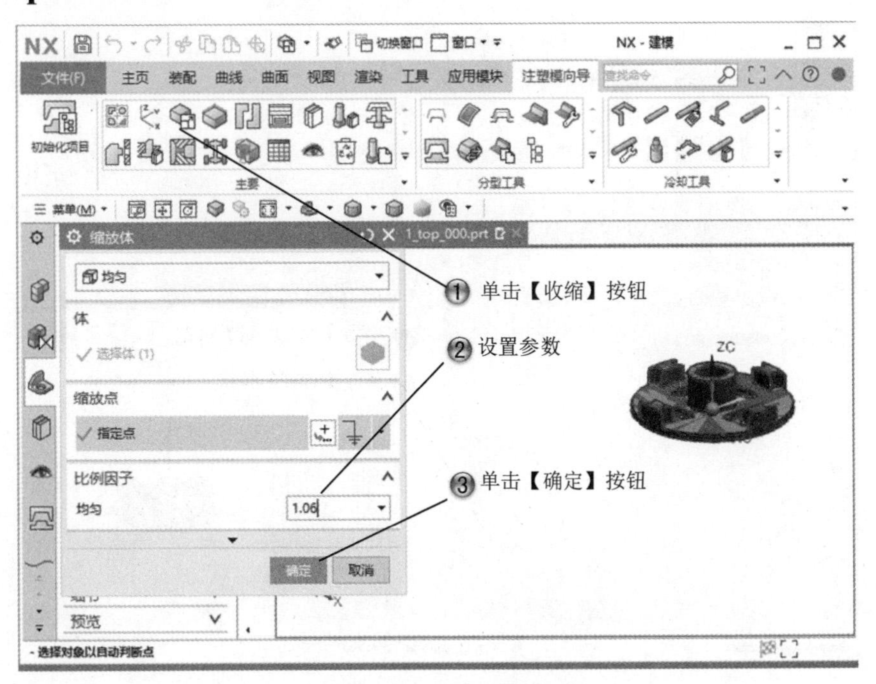

图 4-30　设置缩放体

Step26 创建工件，如图 4-31 所示。

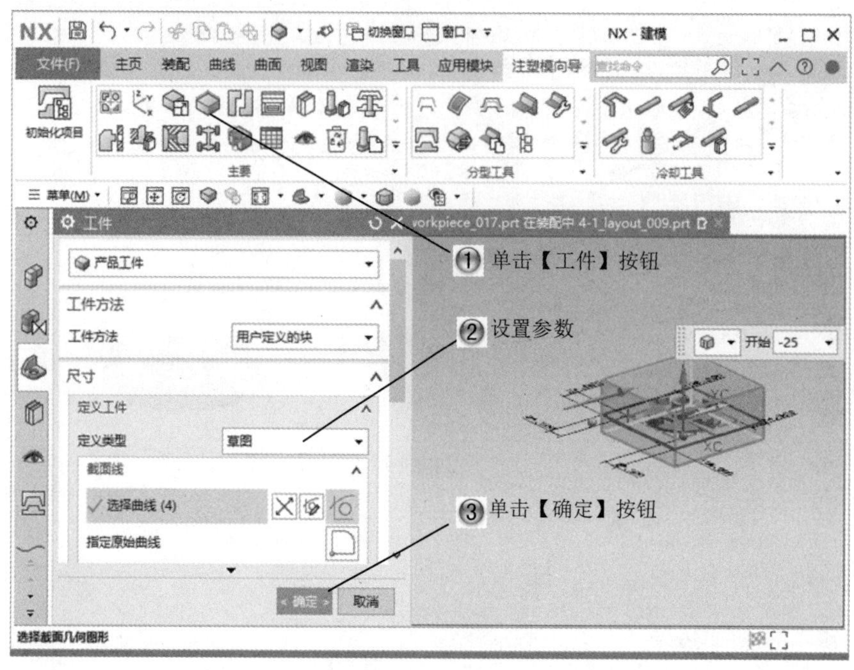

图 4-31 创建工件

Step27 检查区域，如图 4-32 所示。

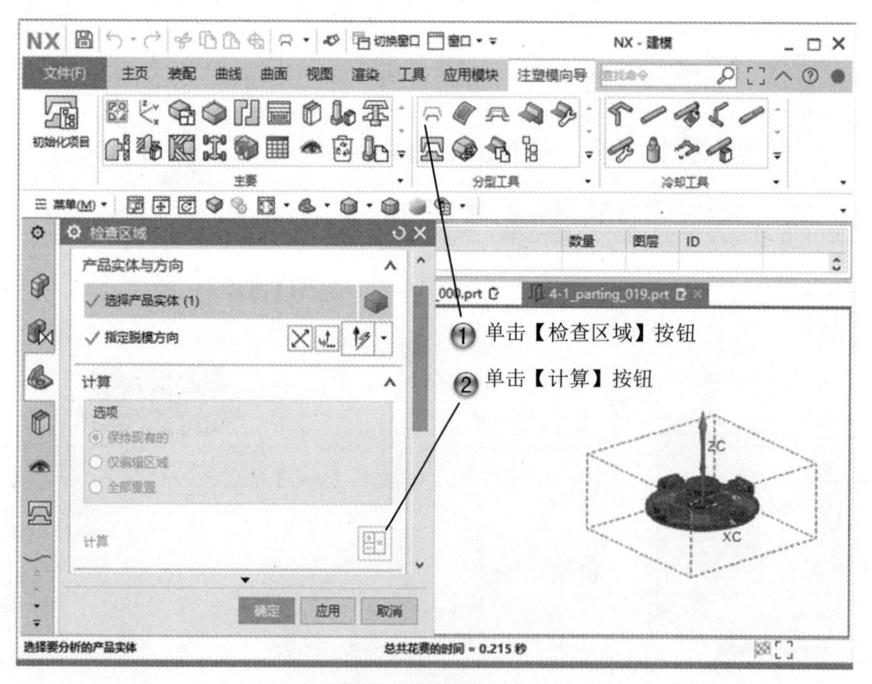

图 4-32 检查区域

Step28 查看未定义区域，如图 4-33 所示。

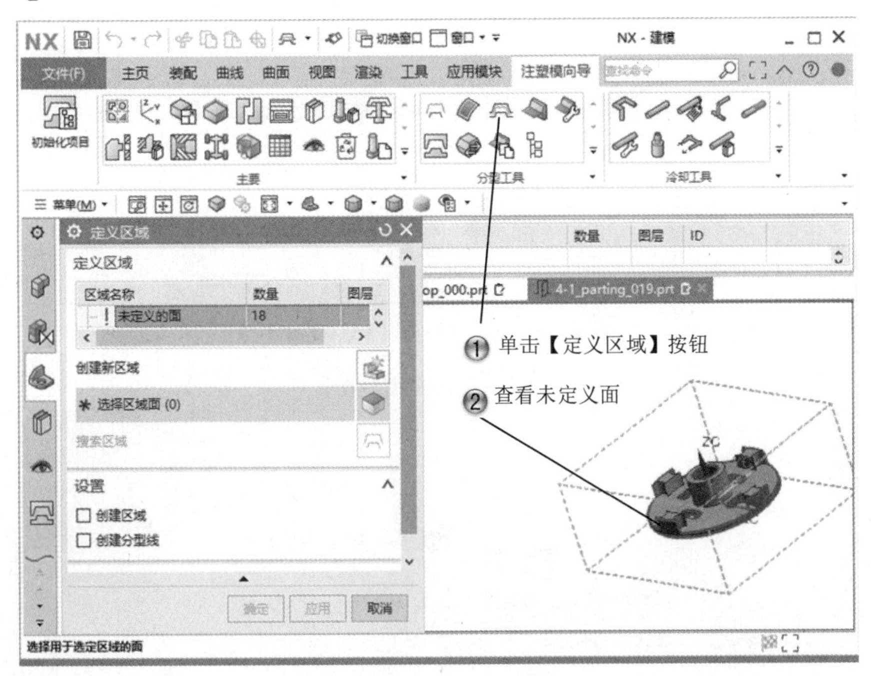

图 4-33　查看未定义区域

Step29 设置型腔面，如图 4-34 所示。

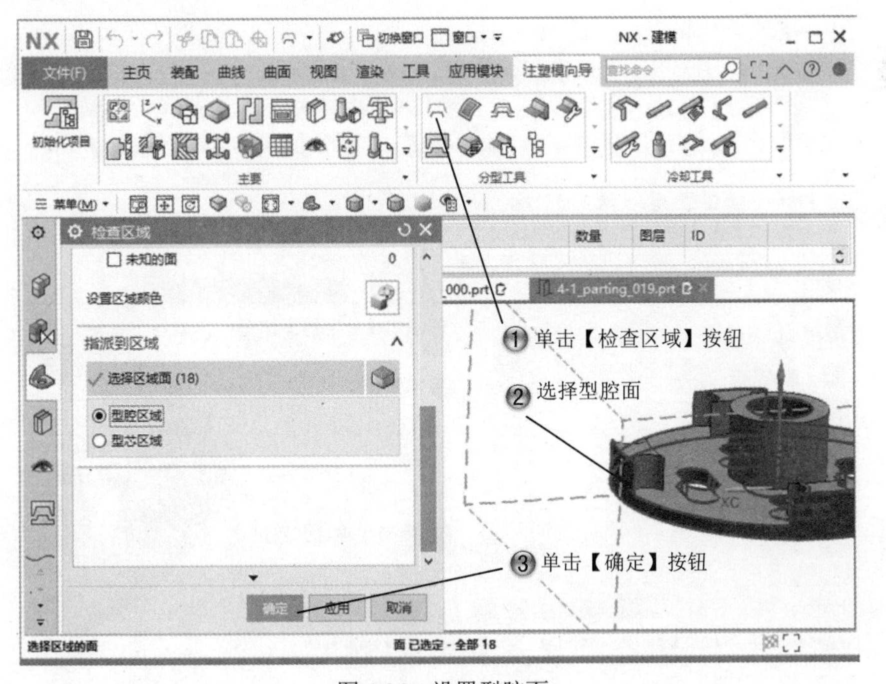

图 4-34　设置型腔面

Step30 创建包容体 1，如图 4-35 所示。

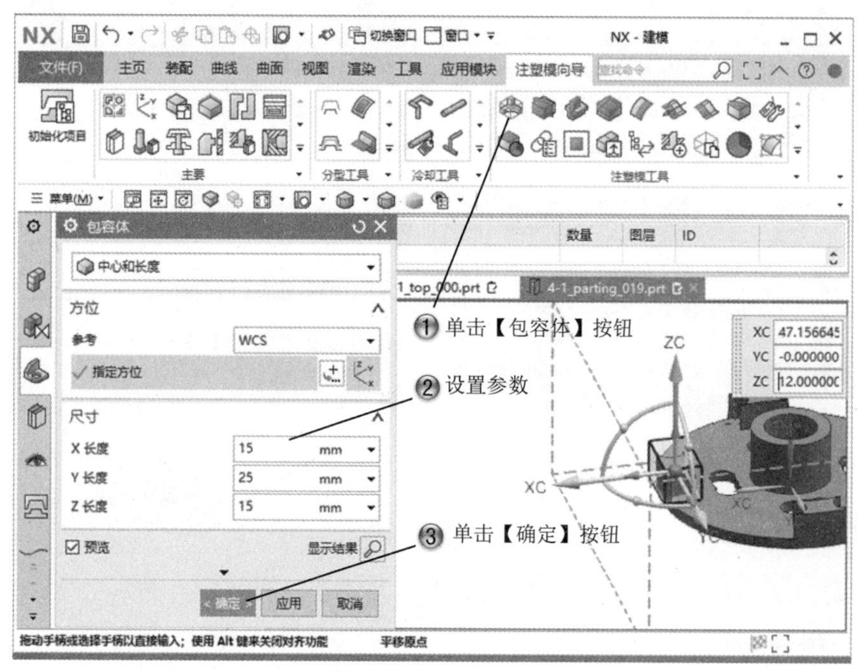

图 4-35　创建包容体 1

Step31 创建包容体 2，如图 4-36 所示。

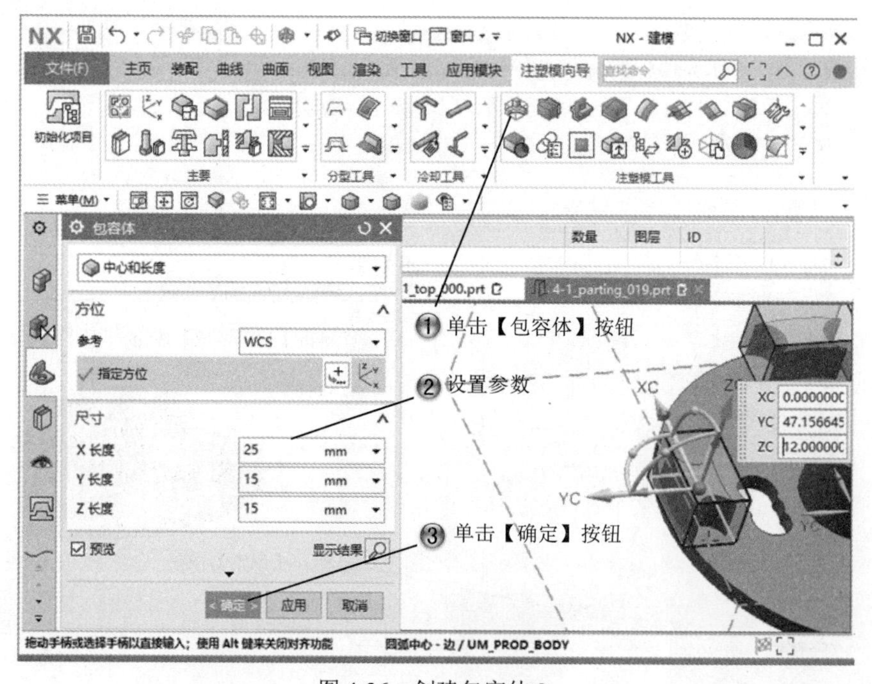

图 4-36　创建包容体 2

Step32 创建包容体 3，如图 4-37 所示。

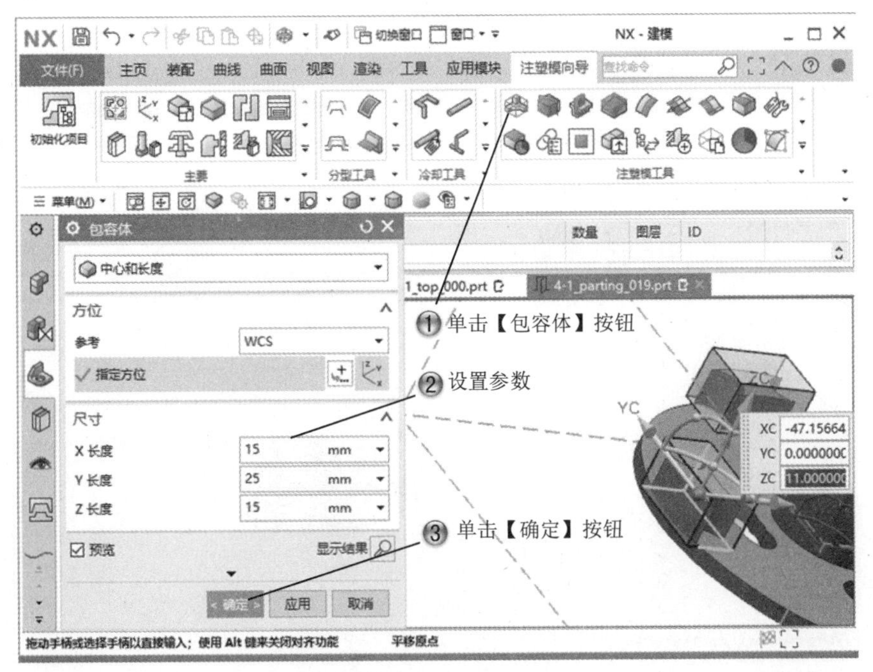

图 4-37　创建包容体 3

Step33 创建包容体 4，如图 4-38 所示。

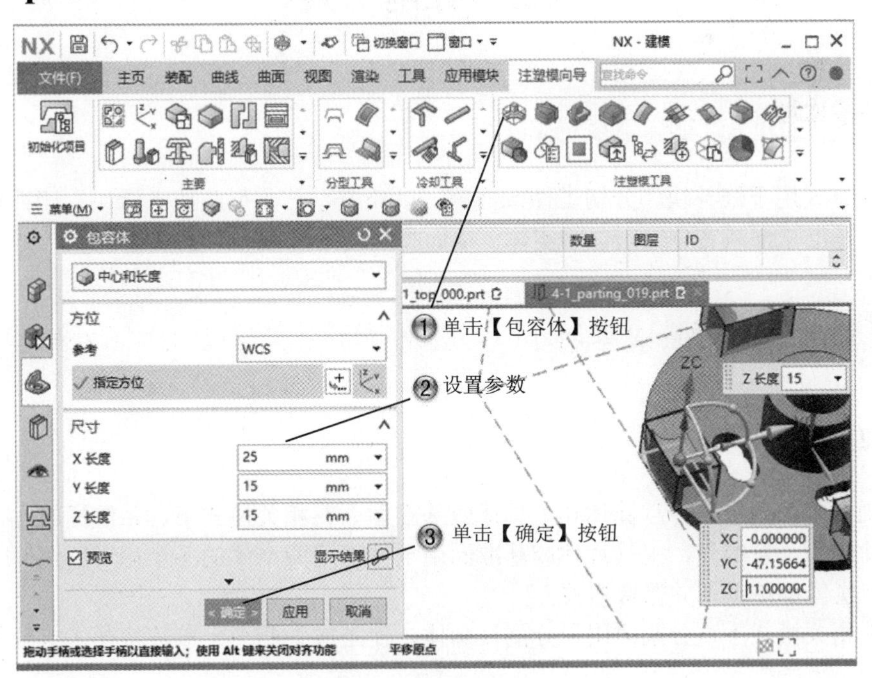

图 4-38　创建包容体 4

Step34 完成创建零件包容体，如图 4-39 所示。

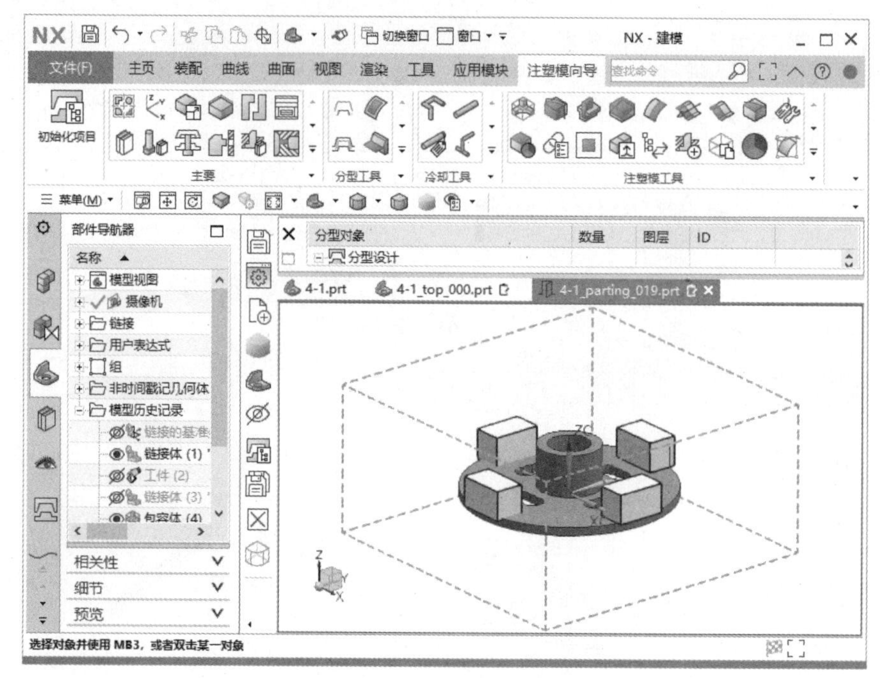

图 4-39　完成创建零件包容体

4.2　分割工具

分割方式用于修补块、分切工件或修剪，以获取型芯、型腔或者滑块、镶件等特征，使用面、基准平面或者体分割一个实体，从而得到两个保留参数的实体。

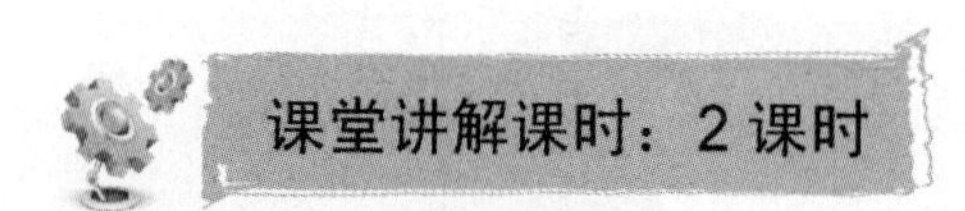

4.2.1　设计理论

分割会要求用户选择目标体和工具体或基准面。在相关模式下，系统提取实体制造一个目标体的两个复制体，工具片体或基准面用于修剪这两个体的各个相对的两侧。工具片体和修剪实体都被保留并保持相关。

在非相关模式下，分割面用于分割目标体，使之成为两个无参数特征，该分割面随之被删除。

4.2.2 课堂讲解

单击【注塑模工具】选项卡中的【拆分体】按钮，系统弹出如图 4-40 所示的【拆分体】对话框。

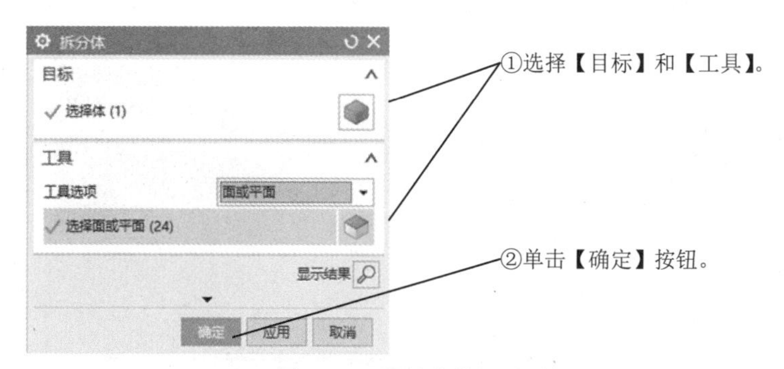

图 4-40 【拆分体】对话框

此时选择目标，选择一个创建完毕的模型进行分割，例如一个实体如图 4-41 所示；单击【面】按钮，利用平面的上表面进行分割，如图 4-42 所示。

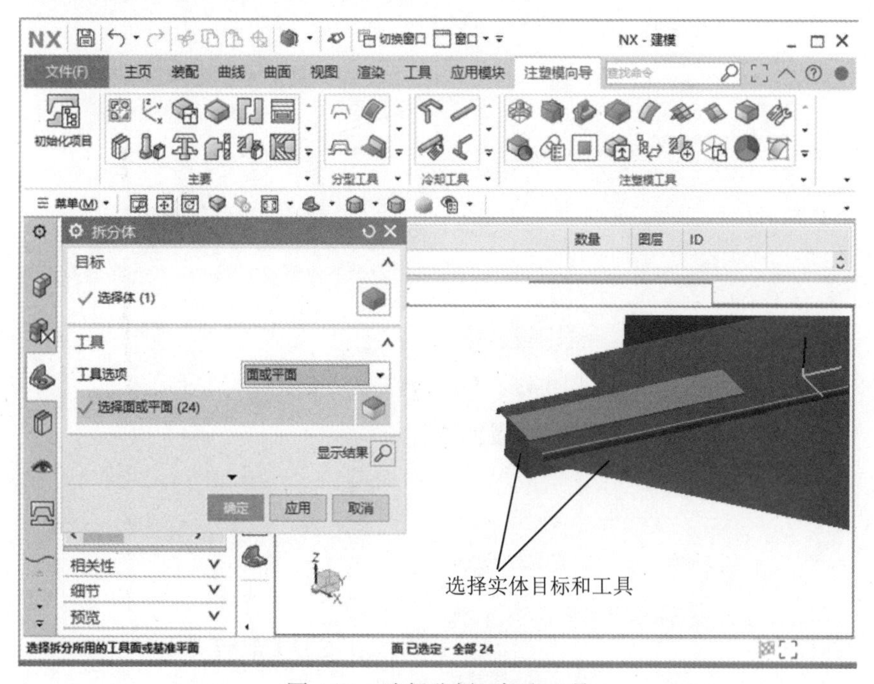

图 4-41 选择分割目标和工具

当在【拆分体】对话框的【工具选项】中选择【拉伸】选项时，【拆分体】对话框将会变为如图 4-43 所示。当在【工具选项】中选择【旋转】选项时，【拆分体】对话框将会变为如图 4-44 所示。这两种情况都可以选择不同的截面曲线工具，进行拆分。

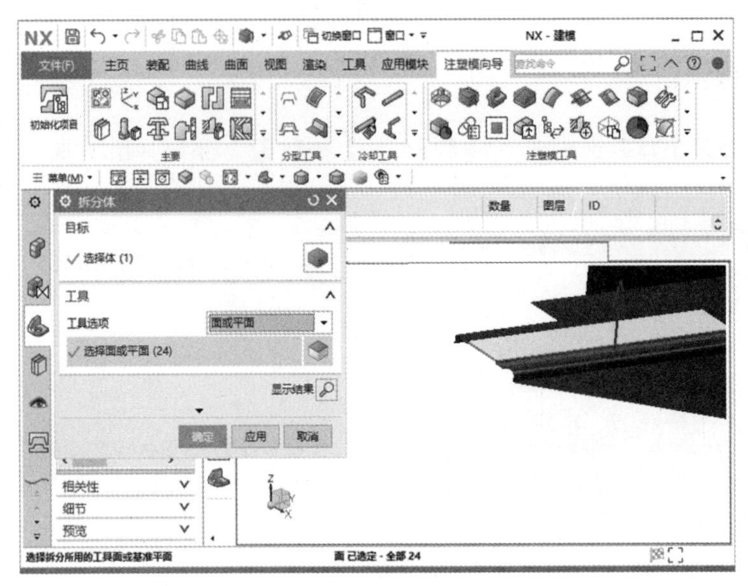

图 4-42　分割后的曲面

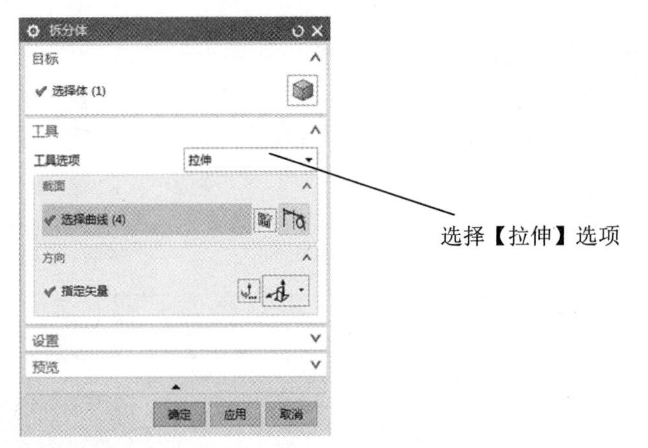

图 4-43　【拆分体】对话框 1

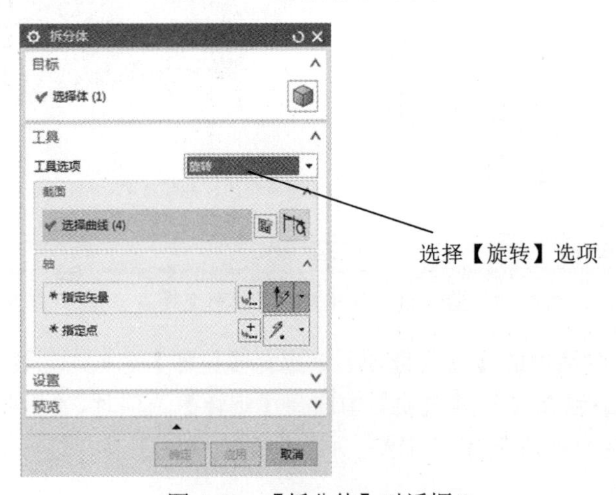

图 4-44　【拆分体】对话框 2

4.2.3 课堂练习——创建分割工具

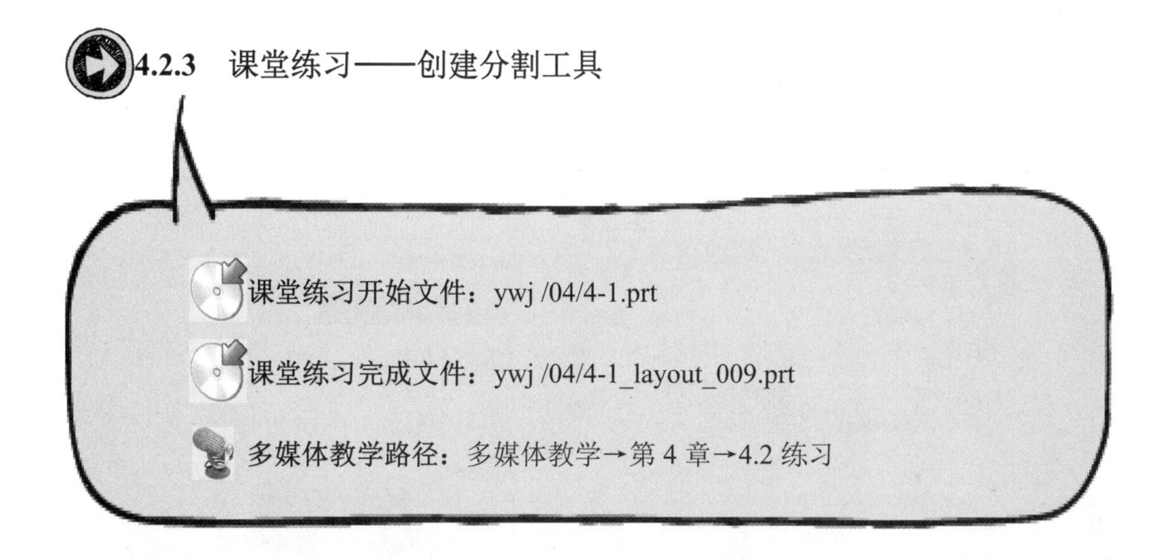

Step1 打开 4-1.prt 的零件模型，进入模具设计，如图 4-45 所示。

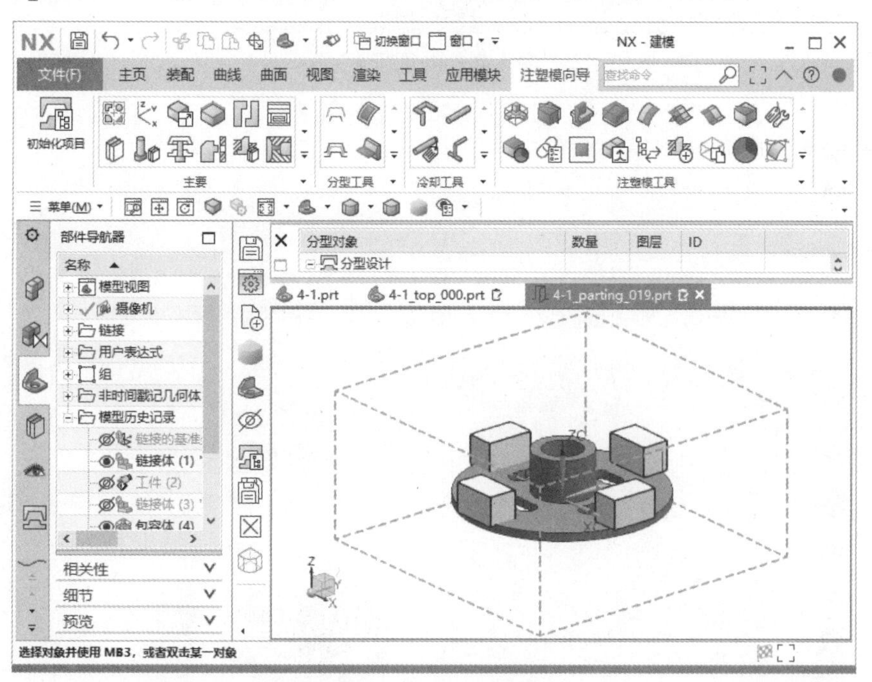

图 4-45　打开零件模型

Step2 创建拆分体，如图 4-46 所示。

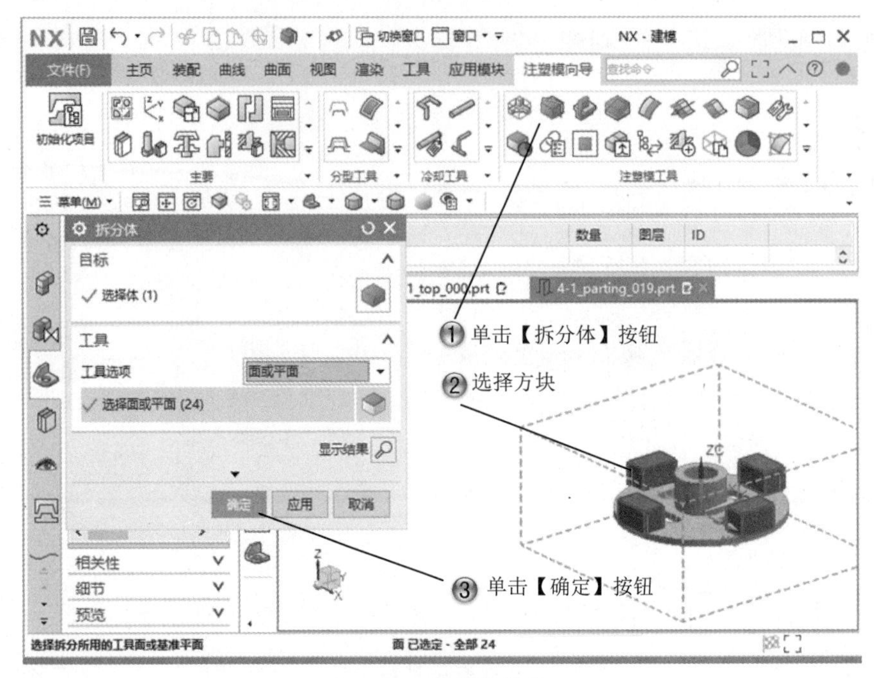

图 4-46　创建拆分体

Step3 完成模型分割，如图 4-47 所示。

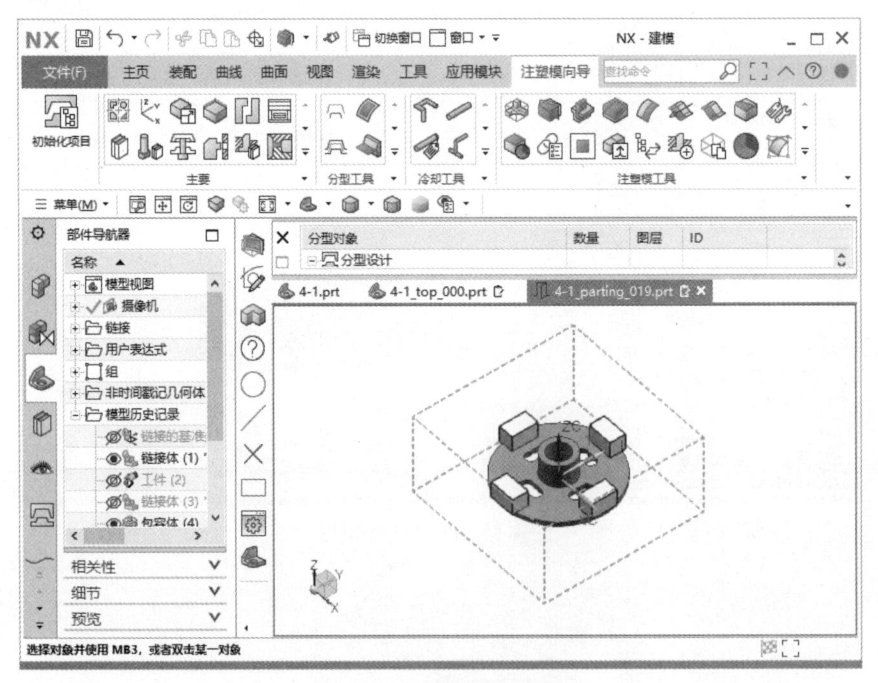

图 4-47　完成模型分割

4.3 修补破孔

基本概念

在模具设计中，大多数存在于零件表面上开放的孔和槽都要求被“封闭”，那些需要“封闭”的孔和槽，就是需要修补的地方。修补破孔就是用一个片体覆盖开放面的开放部分。实体修补使用材料去填充一个空隙，并将该填补的材料加到以后的型腔、型芯或模具的侧抽芯，来补偿实体修补所移去的面和边。

课堂讲解课时：2 课时

4.3.1 设计理论

初始化后的文件中包含一个实体和几个种子实体，其实体链接至文件中的父级实体，而那些种子片体其中有成型镶件的父级实体，还有一些种子片体连接到型芯和型腔文件。注塑模向导模块就是用那些连接到工件的种子片体来产生型芯和型腔的。在 parting 中的那些公共分型面和提取区域面，都被附加在上面提及的种子片体中。

修剪产生型芯、型腔的片体，在型芯和型腔文件中被作为修剪体。如果这些修剪体靠近边界处有间隙或修剪片体存在内部孔，在 NX 12 中就不能用这些面来修补。但是在注塑模向导模块中可以使用实体来进行补孔，从而达到分型。

在模具设计的三维设计中使用曲面进行分模、修补孔都是最简单、最直接的方法，但是有一些特殊的原因会导致在整个过程中无法完全使用面进行修补，此时需使用修剪区域补片命令。在注塑模向导模块中也是如此，用户需要合理、灵活地使用三维软件，这样才能使软件发挥最大作用，工作效率才会提高。

4.3.2 课堂讲解

1. 实体补片

在模具设计中，几乎大多数产品会存在通孔，并且孔的形状并非全是规则的。在此种情况下就要引入手动补片，其中实体补片是比较简单而且经常用到的，它是通过创建实体来对产品的孔进行修补。

单击【注塑模工具】选项卡中的【实体补片】按钮，系统会弹出如图 4-48 所示的【实体补片】对话框，并且提示“选择产品体作为补片目标体”。

①此时在【目标组件】列表中选择相应组件进入总装配体，此时为【装配导航器】中的工作部件。

②完成选择产品后，系统会提示“选择面”，选择刚刚补好的实体，然后单击【应用】按钮即可，当型芯和型腔任何一个没有选择时，【应用】和【确定】按钮都是无法单击的。

图 4-48　【实体补片】对话框

此功能需要在产品目录中进行，否则无法完成实体与产品的关联。即在【目标组件】列表中选择相应组件，之后单击【包容体】按钮对工件创建适当的实体，单击【拆分体】按钮利用几个外表面对工件进行修剪，完成此工作后方可进行上述操作。

名师点拨

继续双击相应的部件将所有部件转换为工作部件，在注塑模向导模块中遵循的是装配的关系，希望读者能在学懂装配模块的情况下再来学习，这样会更快入门。创建完成并且回到总装配图后的产品如图 4-49 所示。

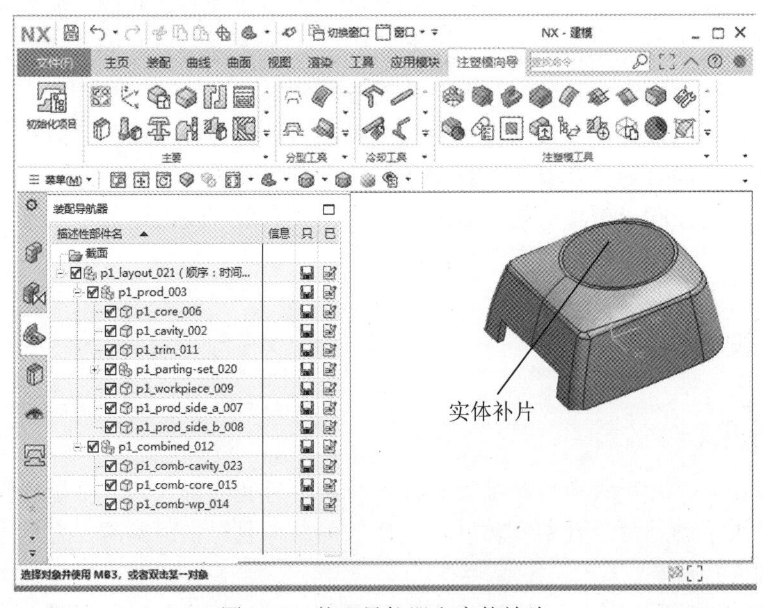

图 4-49　装配导航器和实体补片

2. 修剪区域补片

下面结合【修剪区域补片】对话框，介绍修剪区域补片的操作。

单击【注塑模工具】选项卡中的【修剪区域补片】按钮，系统会弹出如图4-50所示的【修剪区域补片】对话框。

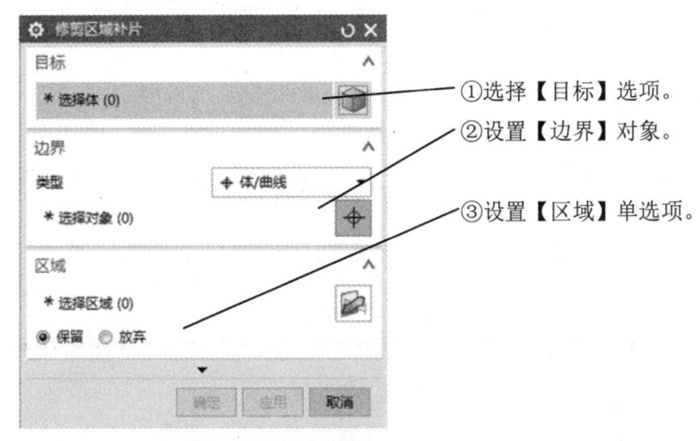

图4-50 【修剪区域补片】对话框

系统要求用户“选择要修剪的目标体”，此时选择的这个面为创建的补面。当选择面后，再选择分割所使用的边界线，此时可以单击【确定】按钮，系统自动创建修剪面，如图4-51所示。

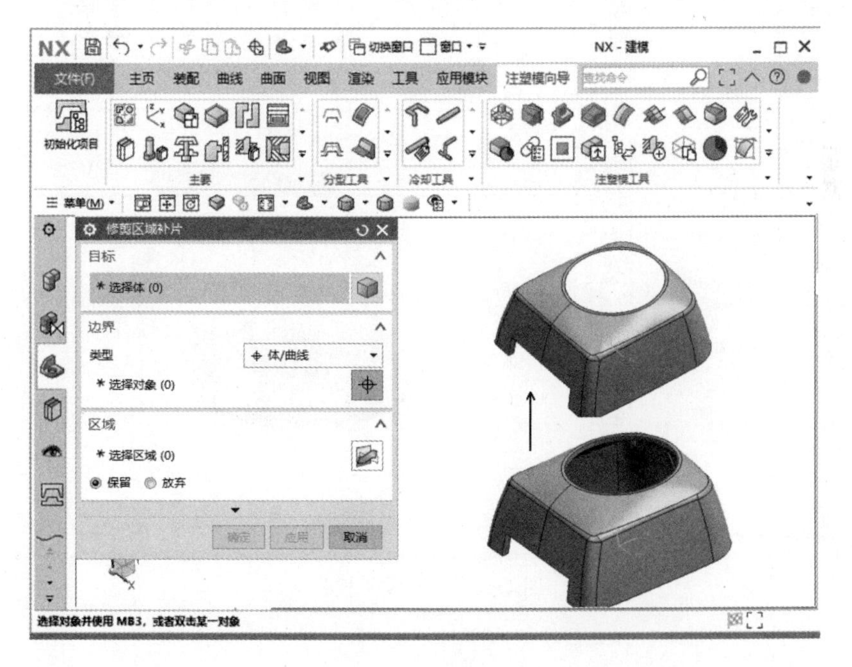

图4-51 修剪面完毕

4.3.3 课堂练习——修补破孔

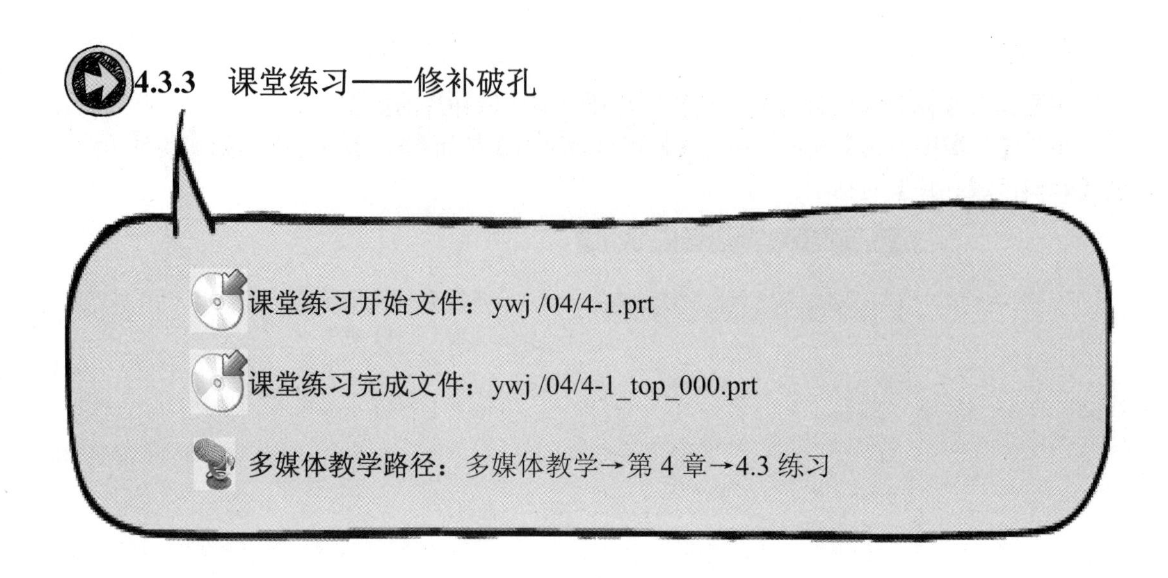

Step1 打开 4-1.prt 的零件模型，如图 4-52 所示。

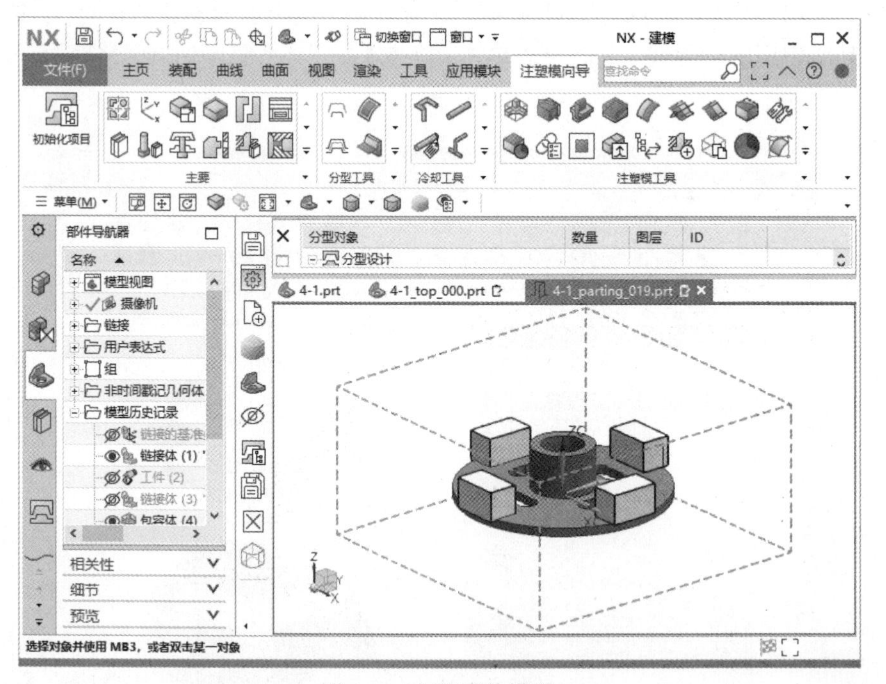

图 4-52　打开零件模型

Step2 创建补片，如图 4-53 所示。

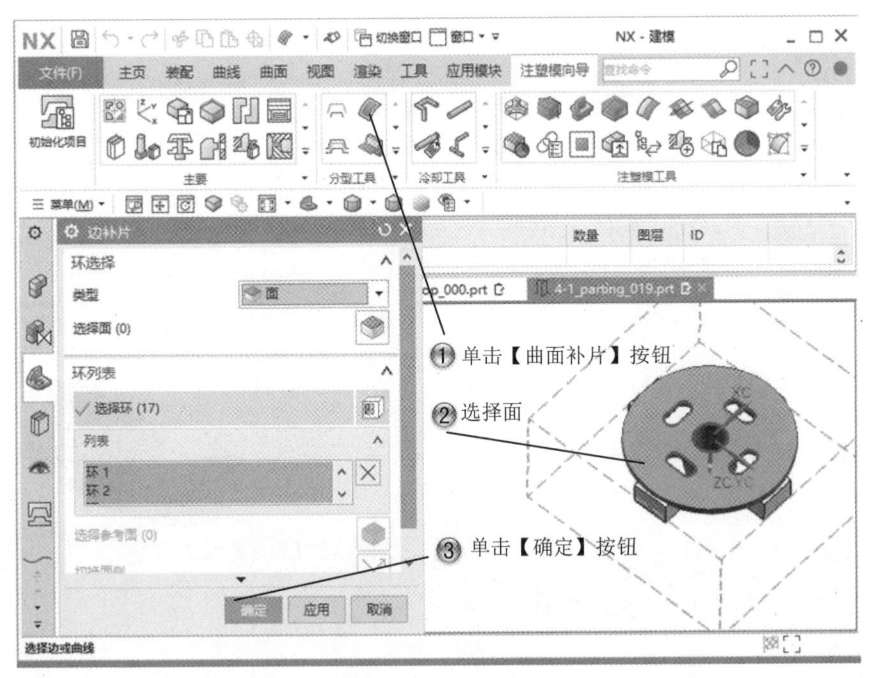

图 4-53　创建补片

Step3 创建实体补片，如图 4-54 所示。

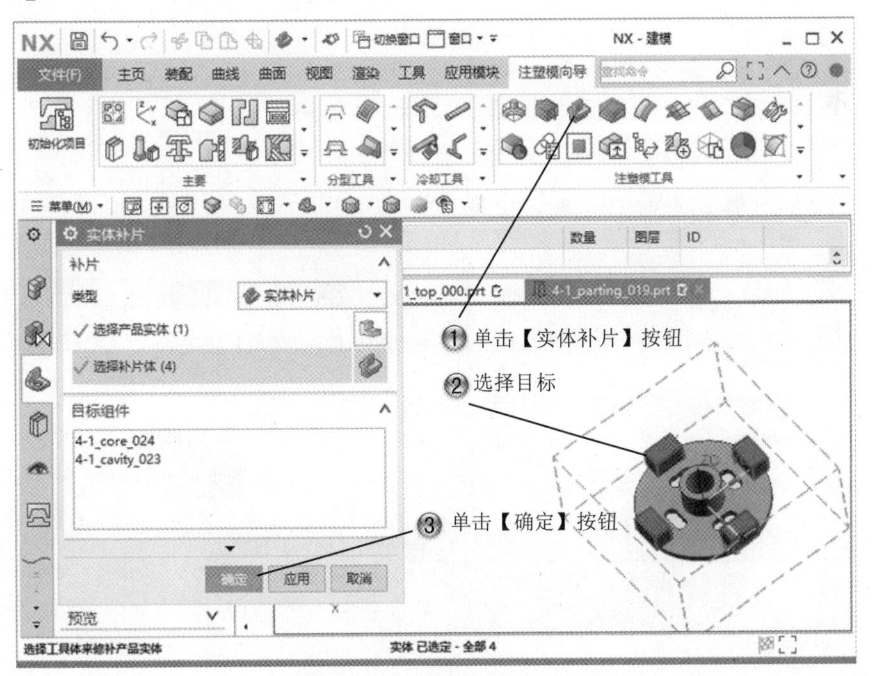

图 4-54　创建实体补片

Step4 定义型腔区域，如图 4-55 所示。

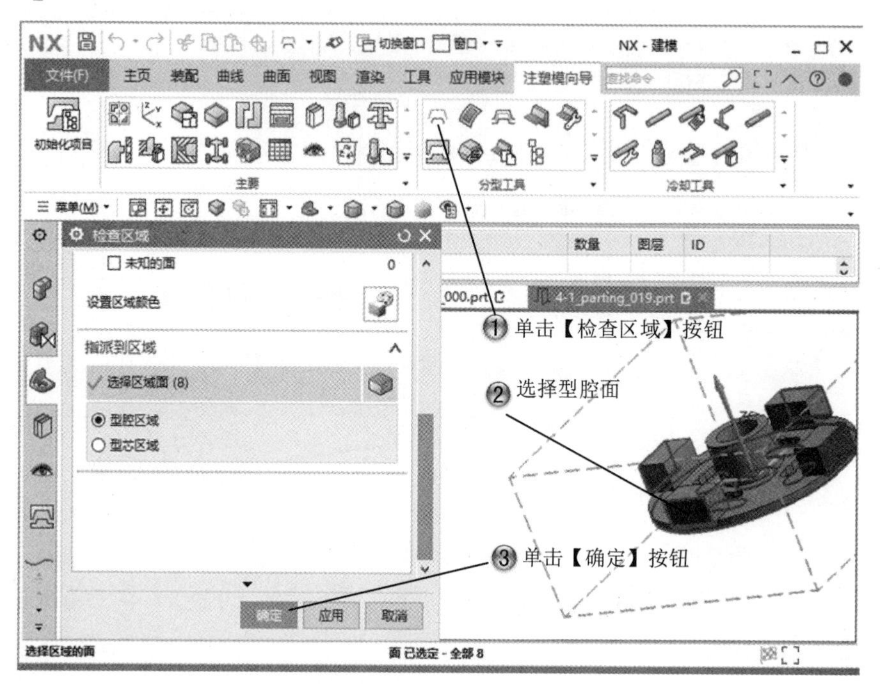

图 4-55　定义型腔区域

Step5 创建分型线，如图 4-56 所示。

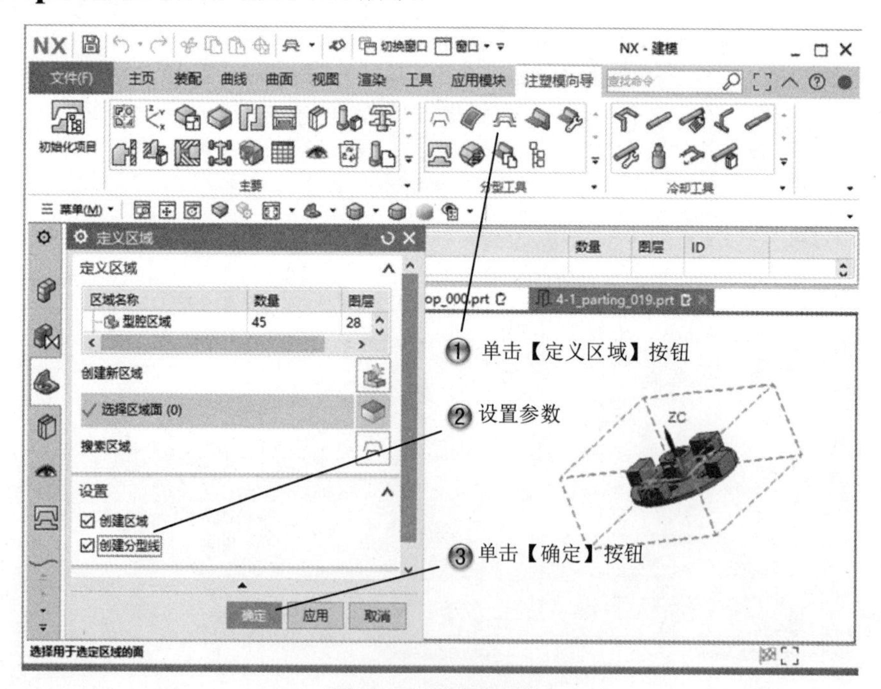

图 4-56　创建分型线

Step6 创建分型面，如图 4-57 所示。

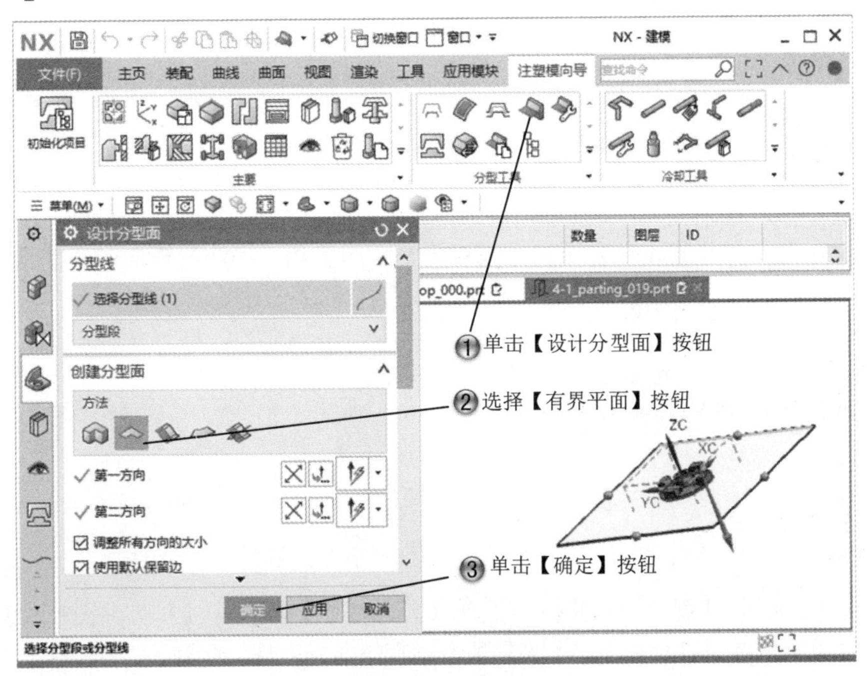

图 4-57　创建分型面

Step7 完成分型面，如图 4-58 所示。

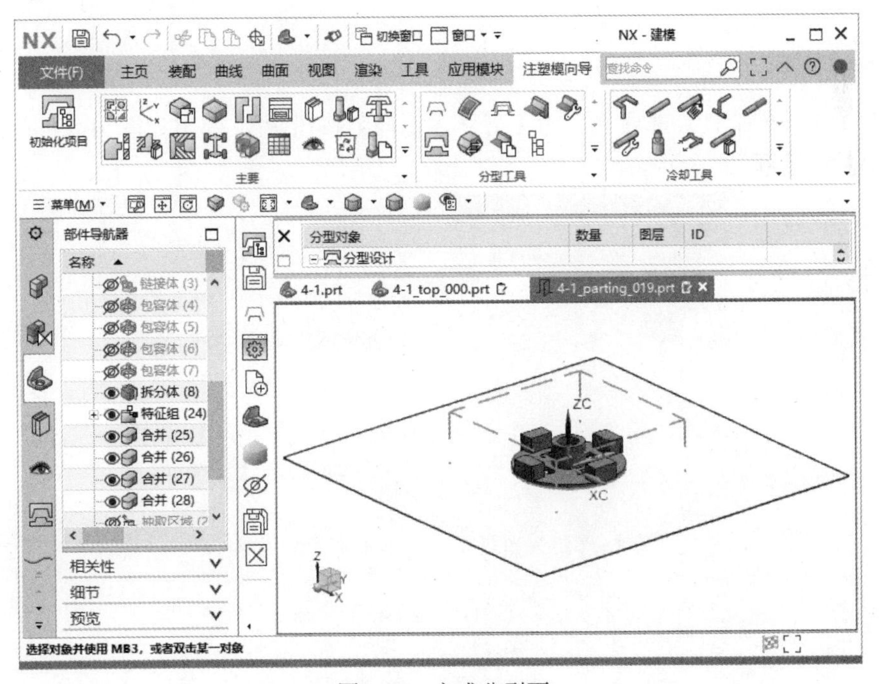

图 4-58　完成分型面

4.4 曲面工具

在创建分型面和补破孔时会遇到一些较为复杂的形状，如注塑模向导模块无法创建理想的曲面，此时可以使用本节所讲的曲面工具来进行修补与创建。

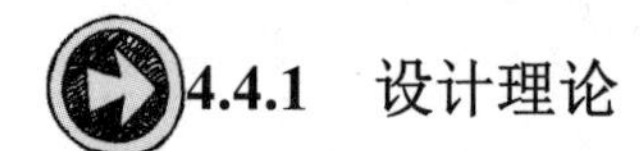

4.4.1 设计理论

曲面工具分别有：【引导式延伸】按钮、【延伸片体】按钮、【扩大曲面补片】按钮、【拆分面】按钮。在【注塑模工具】工具条中还有一部分工具，该部分功能包括【修剪实体】按钮、【替换实体】按钮等，这些功能可以对模具设计中的实体和面进行操作。

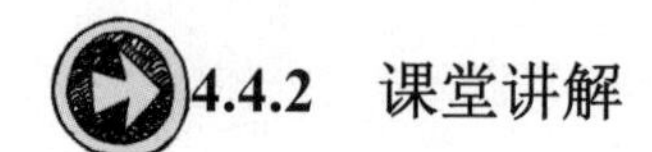

4.4.2 课堂讲解

1. 延伸曲面

单击【注塑模工具】选项卡中的【引导式延伸】按钮，弹出如图 4-59 所示的【引导式延伸】对话框。

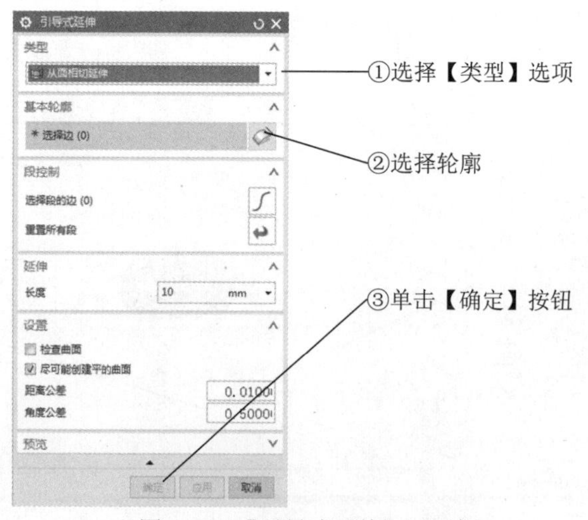

图 4-59 【引导式延伸】对话框

选取所要编辑的曲面，单击【确定】按钮，即可将曲面添加到注塑模向导模块中进行编辑，如图 4-60 所示。

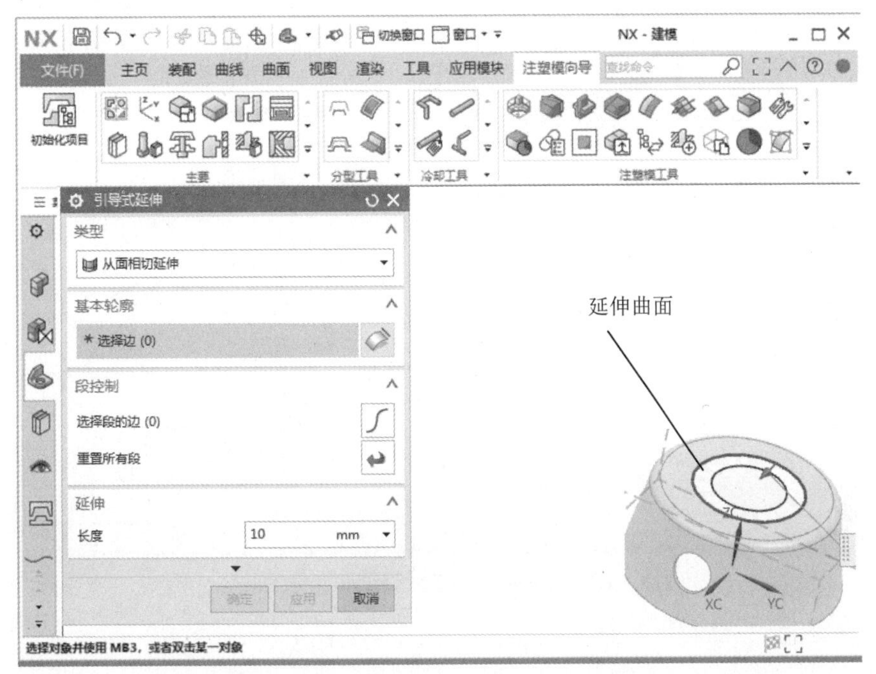

图 4-60 【引导式延伸】对话框和曲面

单击【注塑模工具】选项卡中的【延伸片体】按钮，弹出如图 4-61 所示的【延伸片体】对话框。

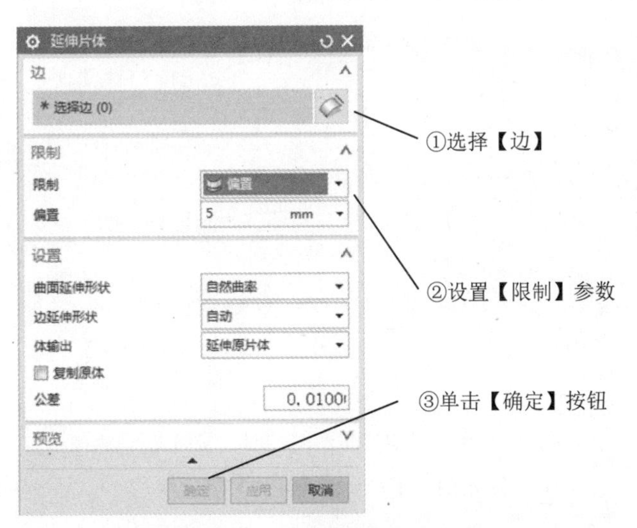

图 4-61 【延伸片体】对话框

选取所要编辑的曲面，单击【确定】按钮，即可将曲面添加到注塑模向导模块中进行编辑，如图 4-62 所示。

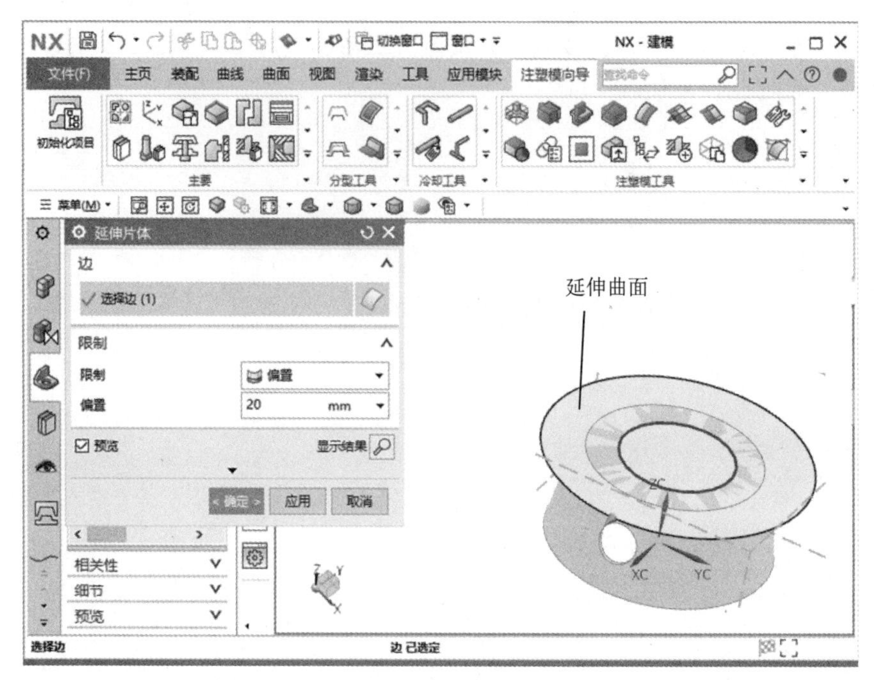

图 4-62　【延伸片体】对话框和延伸的片体

2. 扩大曲面

单击【注塑模工具】选项卡中的【扩大曲面补片】按钮，系统弹出如图 4-63 所示对话框。

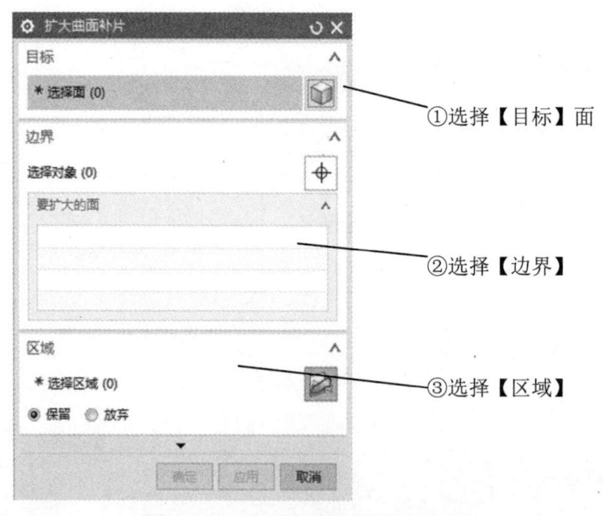

图 4-63　【扩大曲面补片】对话框

在【区域】选项组中有两个单选按钮，分别为【保留】和【放弃】单选按钮。在扩大曲面的时候所采用的扩大方式，也决定着曲面创建后的形状。扩大曲面后，效果如图 4-64 所示。当编辑好所需要的面时，单击【确定】按钮退出【扩大曲面补片】对话框。

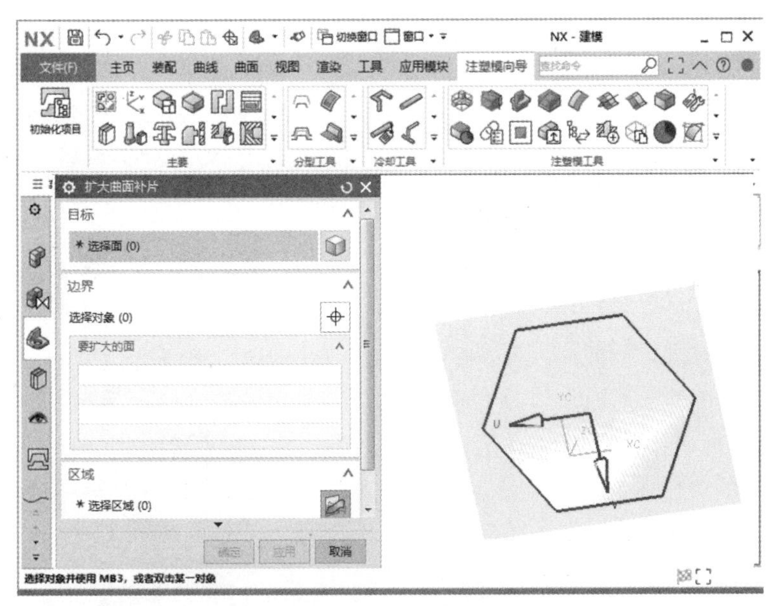

图 4-64　扩大曲面

3. 拆分面

【拆分面】功能就是分割面功能，在设计产品时是非常实用的一个功能。

单击【注塑模工具】选项卡中的【拆分面】按钮，系统弹出如图 4-65 所示的【拆分面】对话框。

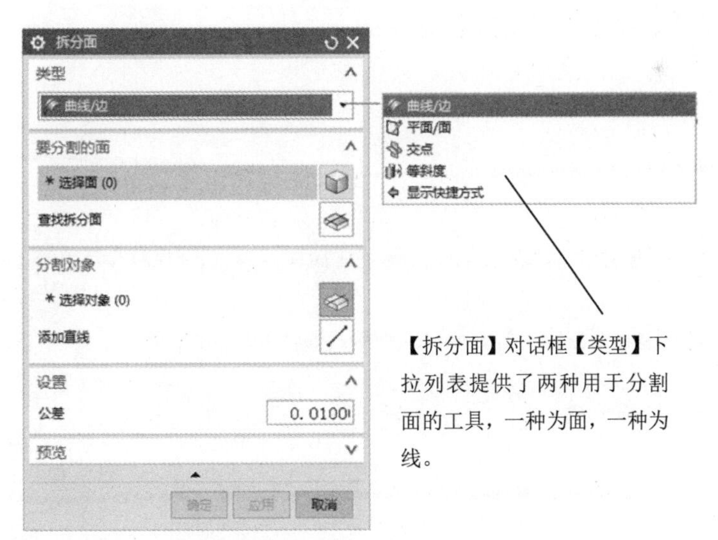

图 4-65　【拆分面】对话框

当选择完毕后单击【确定】按钮即可将面在曲线处分割，最终分割面的过程如图 4-66 所示。分割面对于模具设计在注塑模向导模块中的作用并不是很大，在产品设计中则很重要。

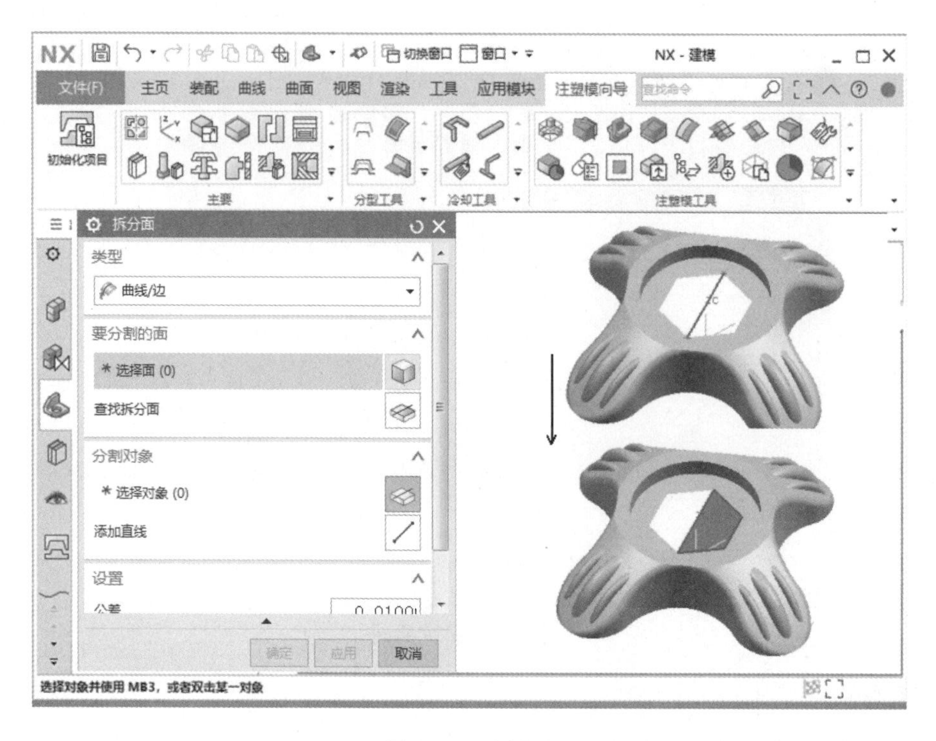

图 4-66　分割面

4.4.3　课堂练习——修改分型曲面

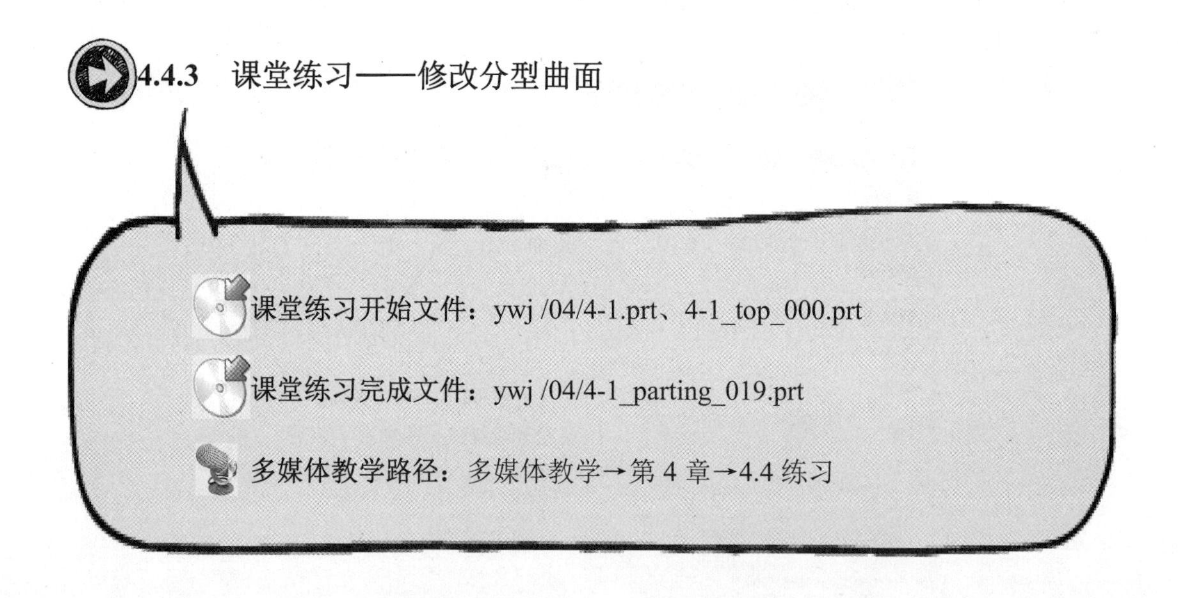

课堂练习开始文件：ywj /04/4-1.prt、4-1_top_000.prt

课堂练习完成文件：ywj /04/4-1_parting_019.prt

多媒体教学路径：多媒体教学→第 4 章→4.4 练习

Step1 打开 4.3 节中的模具文件，如图 4-67 所示。

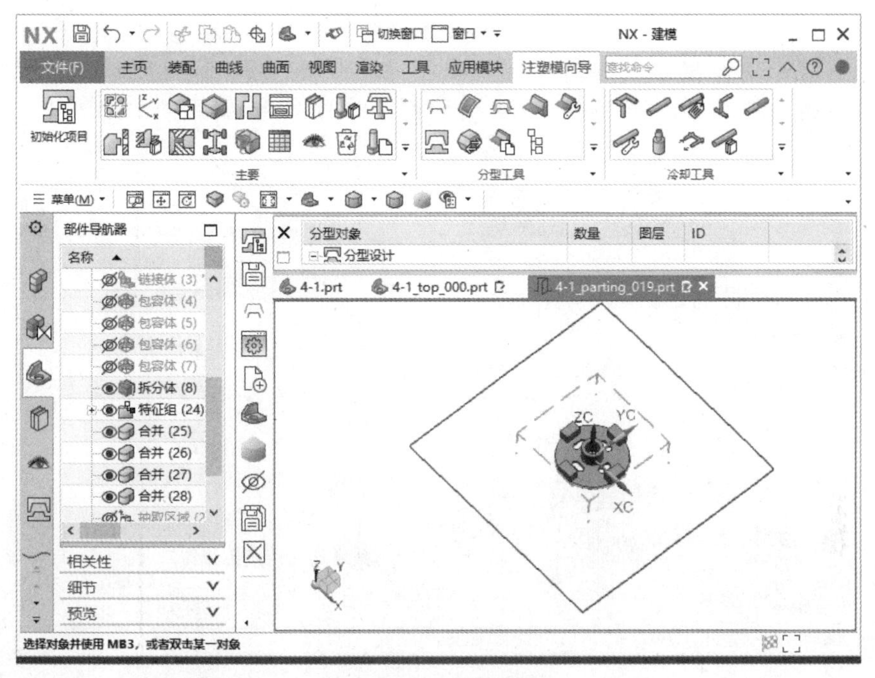

图 4-67　打开模具文件

Step2 延伸片体 1，如图 4-68 所示。

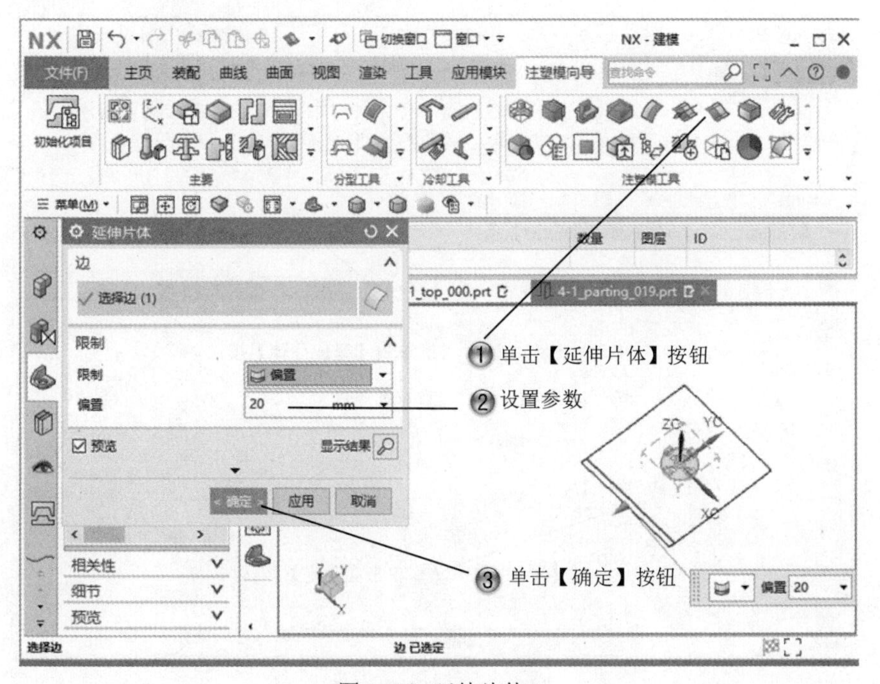

图 4-68　延伸片体 1

Step3 延伸片体 2，如图 4-69 所示。

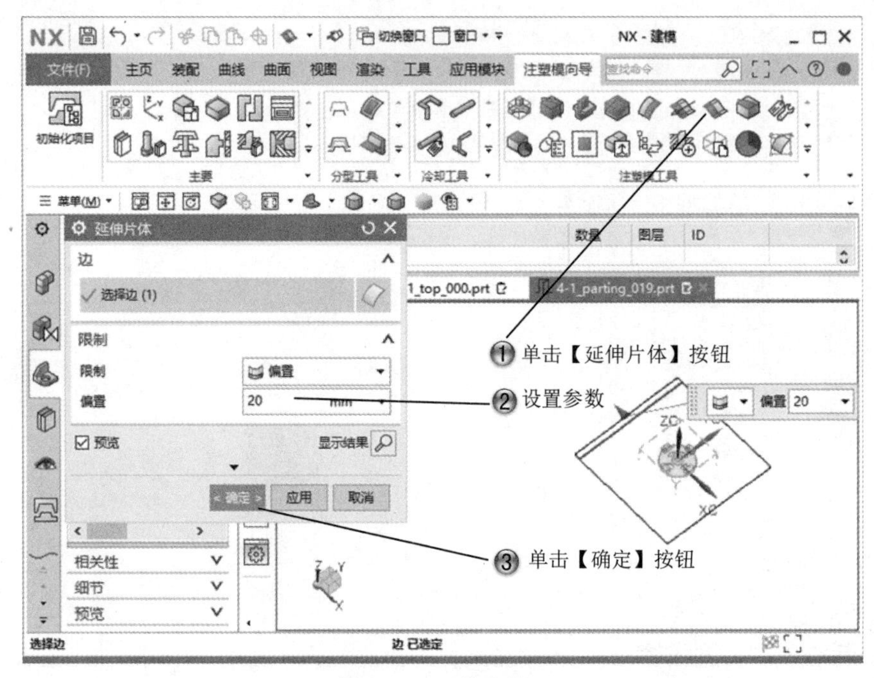

图 4-69　延伸片体 2

Step4 延伸片体 3，如图 4-70 所示。

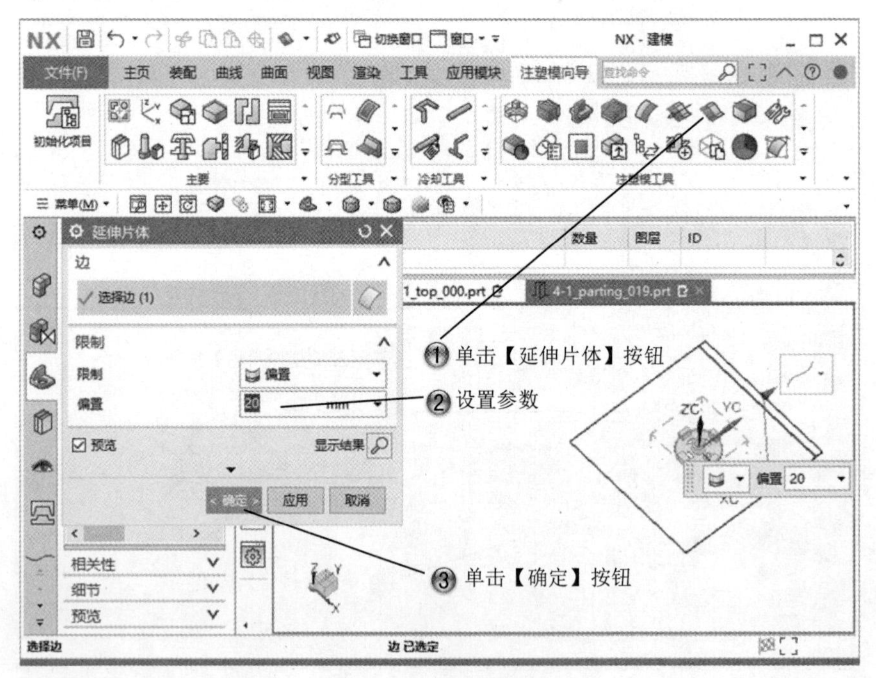

图 4-70　延伸片体 3

Step5 延伸片体 4，如图 4-71 所示。

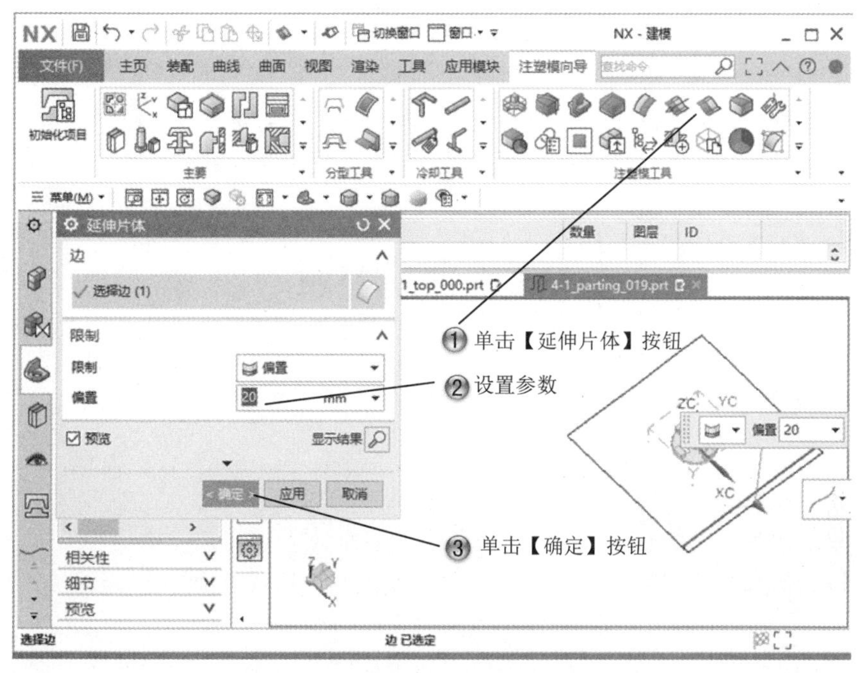

图 4-71　延伸片体 4

Step6 完成分型面修改，如图 4-72 所示。

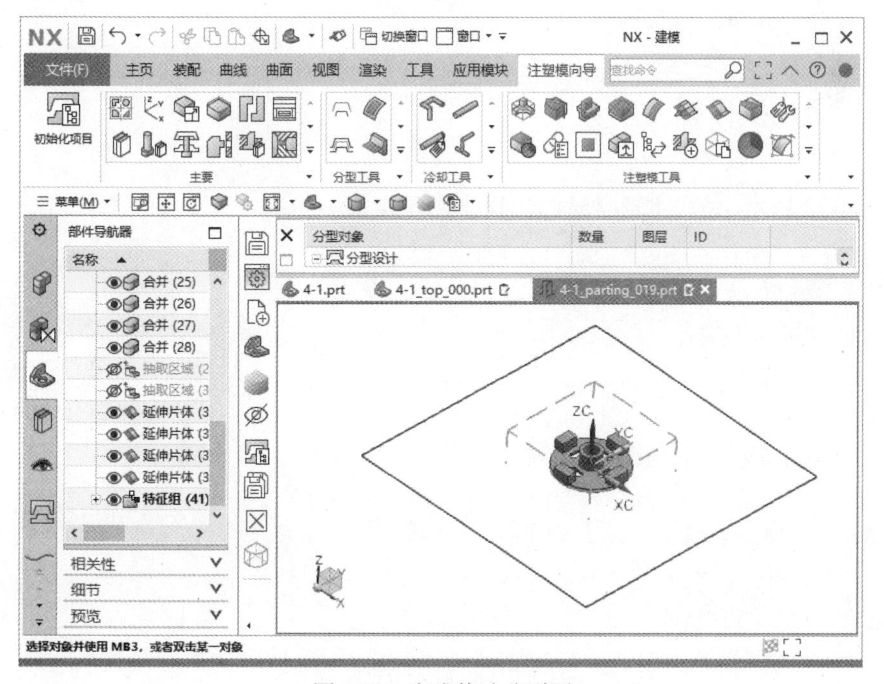

图 4-72　完成修改分型面

4.5 专家总结

本章首先讲解在模具模块中创建包容体，进行初始化设置，之后讲解在 NX 12 模具设计中必须用到的破孔的填补与模具工具的使用，模具工件有很多个，可结合练习进行学习。

4.6 课后习题

4.6.1 填空题

（1）模具创建包容体的作用________。

（2）分割工具有哪些________。

（3）修补破孔的作用是________。

4.6.2 问答题

（1）曲面工具有哪些？

（2）修补破孔的步骤有哪些？

4.6.3 上机操作题

如图 4-73 所示，使用本章学过的知识来创建接头模型的模具。

操作步骤和方法如下：

（1）创建接头模型。

（2）模具初始化。

（3）创建分型面。

（4）使用注塑模工具修改分型面。

图 4-73 接头模型

第5章　型芯与型腔

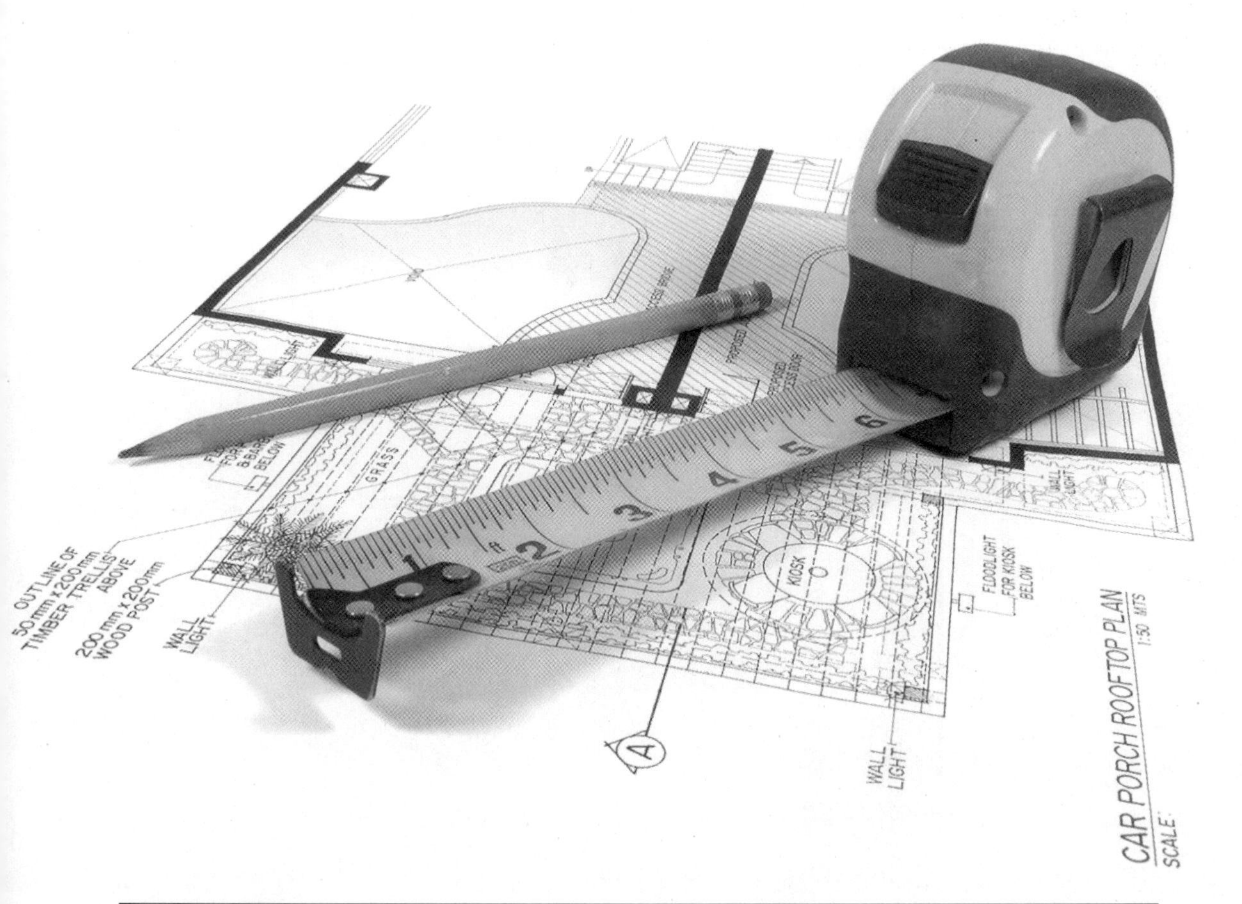

课训目标	内　容	掌握程度	课　时
	设计和提取区域	熟练运用	2
	创建型芯和型腔	熟练运用	2
	编辑分型功能	了解	1
	模型比较与分析	了解	1

课程学习建议

在注塑模向导模块中，分型面是由分型线通过拉伸、扫掠和扩大曲面等方法来创建的，用于分割工件形成型腔和型芯体积块。本章介绍型腔和型芯的设计方法，包括设计区域的设置、提取区域的方法、型腔和型芯和编辑分型功能，以及模型的比较与分析。创建完型腔和型芯的设计工作也就完成了模具的大部分设计工作，因此创建型腔和型芯的设计工作非常重要，在设计中需要了解的知识点也很多。

本课程主要基于软件的模具模块进行讲解，其培训课程表如下。

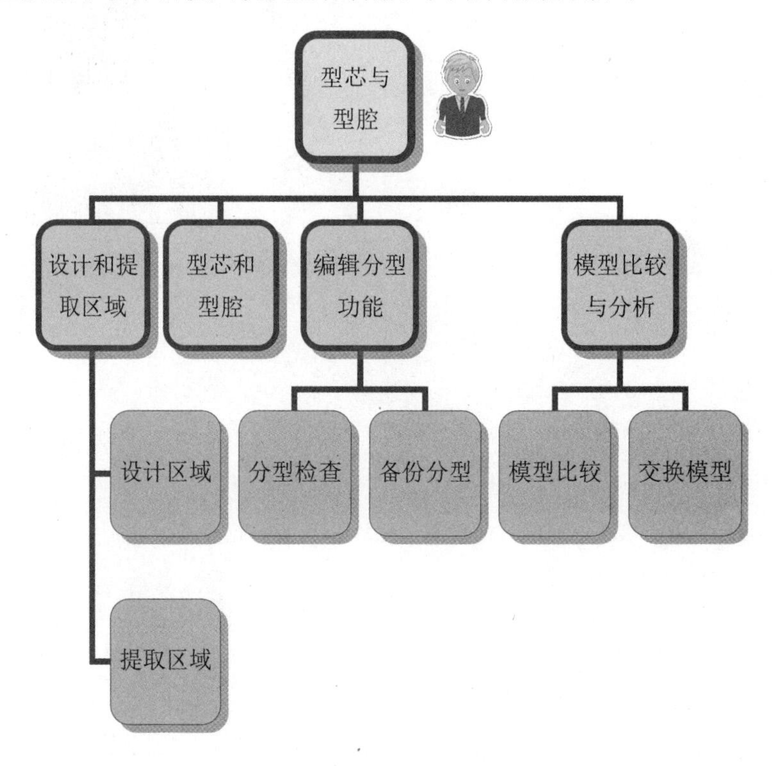

5.1 设计和提取区域

设计区域是指系统通过自身计算，得到创建分型线后产品的脱模斜度是否合理、内部孔是否需要修补和是否存在倒扣现象等适合分模的信息。另外，提取区域的功能便是帮助模具设计者来创建这部分面，然后与分型面缝合创建型腔和型芯。

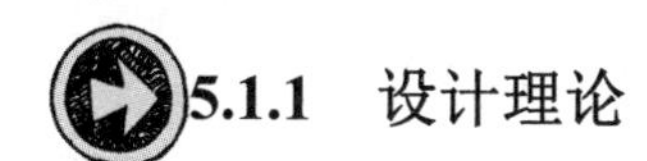

5.1.1 设计理论

在模具设计中，最简单创建型腔和型芯的方法就是利用产品创建面，然后与分型面进行缝合从而创建出型腔和型芯。在模具设计中只能手动提取然后添加，才可以创建面，但是在注塑模向导模块中系统可以自动抽取这部分面，在比较复杂的产品中这显得尤为重要。

5.1.2 课堂讲解

1. 设计区域

单击【分型工具】选项卡中的【检查区域】按钮，系统弹出【检查区域】对话框，进入分模设计（即 MPV 分模对象验证），如图 5-1 所示。

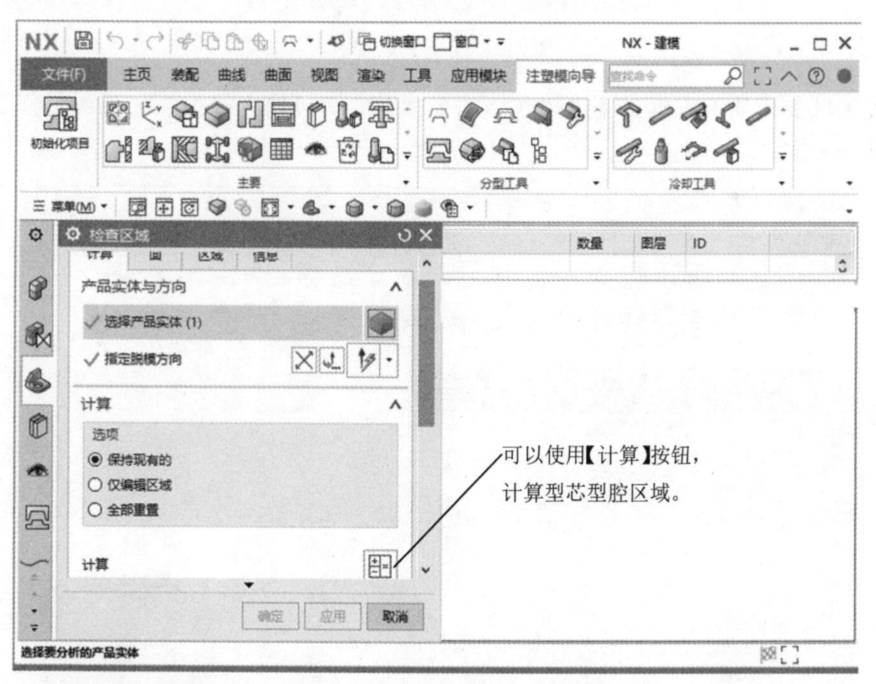

图 5-1 【检查区域】对话框

在打开的【检查区域】对话框中，切换到【面】和【区域】选项卡，分别设置区域颜色，指派型腔和型芯区域，如图 5-2 所示。

图 5-2 【面】选项卡

在【区域】选项卡中单击【选择区域面】按钮，可以选择型腔区域或者型芯区域，结果如图 5-3 所示。

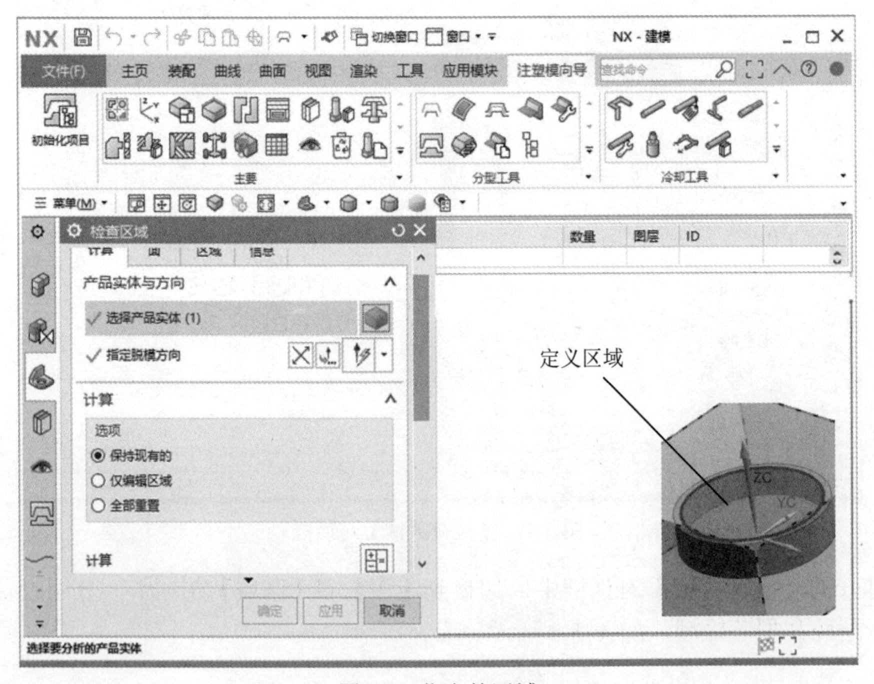

图 5-3 指定的区域

单击【面】标签，切换到【面】选项卡，设置颜色，如图5-4所示。

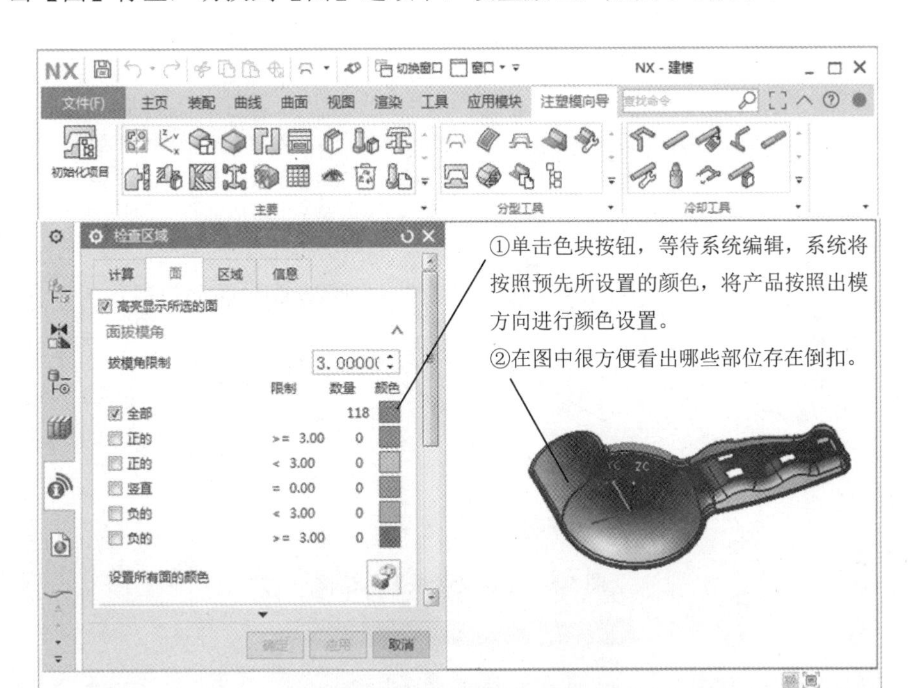

图5-4　产品分析完毕

如果此前做过分析，现在需要修改，还可以在【检查区域】对话框的【计算】选项卡中选择【仅编辑区域】或者【全部重置】单选按钮，对已经编辑好的产品进行重新编辑或者修改。

名师点拨

2. 提取区域

单击【分型工具】选项卡中的【定义区域】按钮，打开如图5-5所示的【定义区域】对话框。

单击【分型工具】选项卡中的【设计分型面】按钮，系统弹出如图5-6所示的【设计分型面】对话框，可以创建分型曲面。

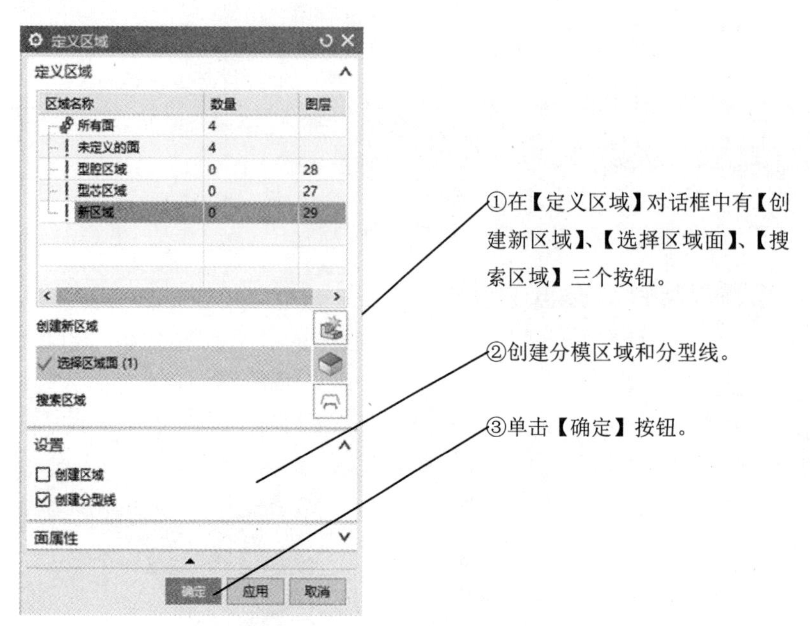

图 5-5 【定义区域】对话框

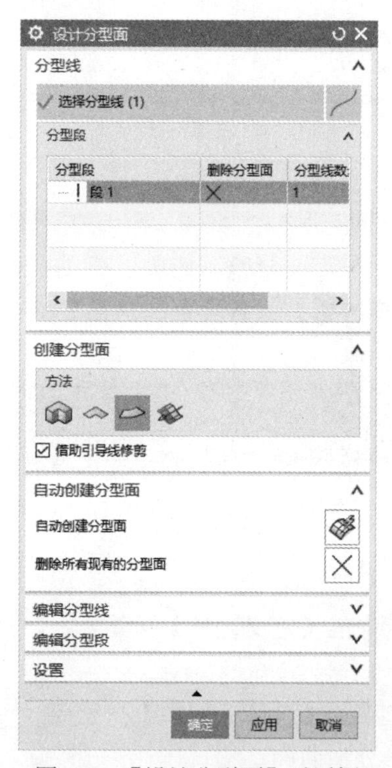

图 5-6 【设计分型面】对话框

单击【分型工具】选项卡中的【定义型腔和型芯】按钮，打开如图 5-7 所示的【定义型腔和型芯】对话框，进行自动分型。

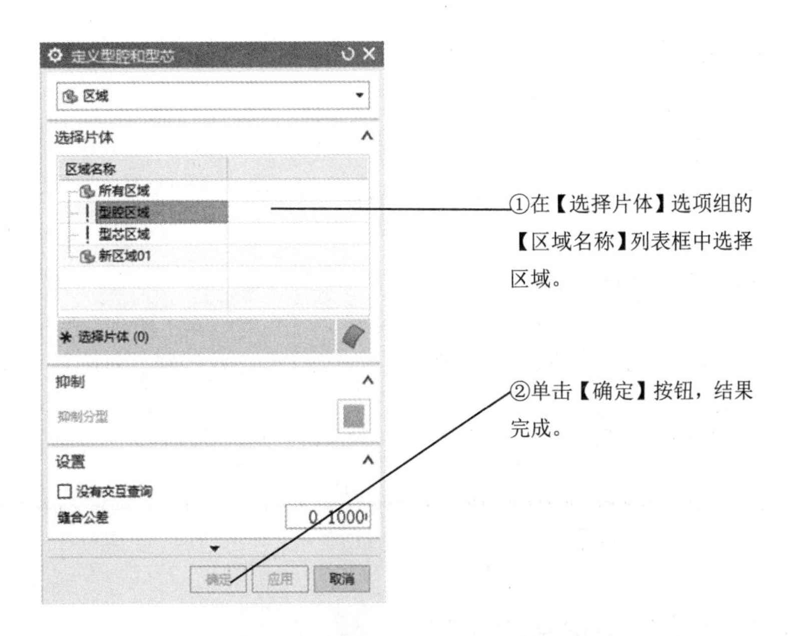

图 5-7 【定义型腔和型芯】对话框

在分型中，还可以将分型/补片片体备份下来，方法是单击【分型工具】选项卡中的【备份分型片/补片】按钮，打开如图 5-8 所示的【备份分型对象】对话框，进行设置即可。

图 5-8 【备份分型对象】对话框

5.1.3 课堂练习——创建轴架零件并分型

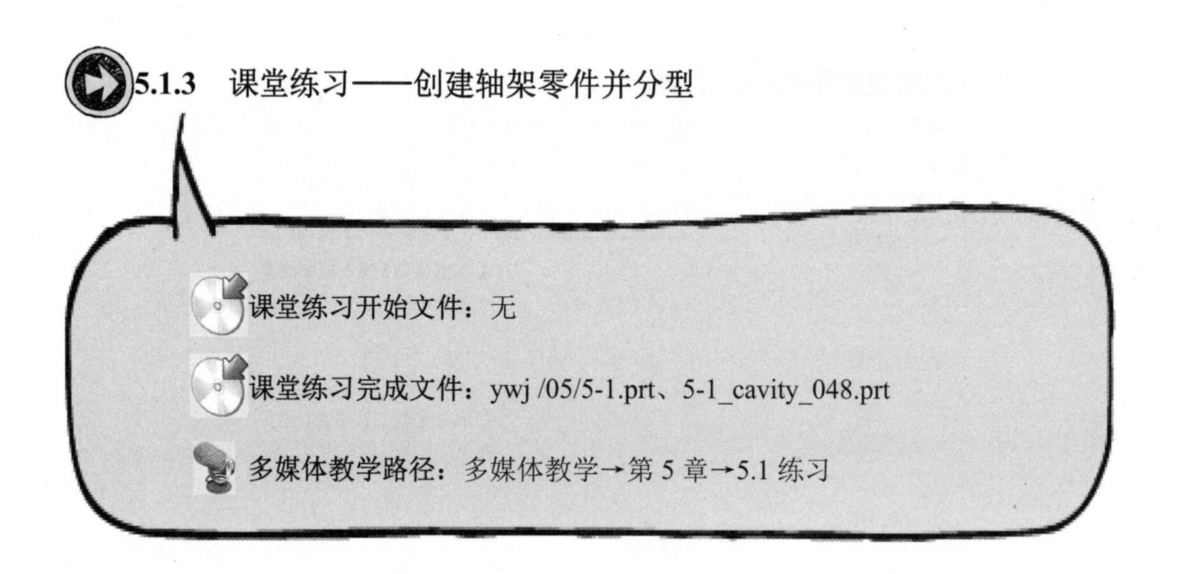

Step1 选择草绘面，如图 5-9 所示。

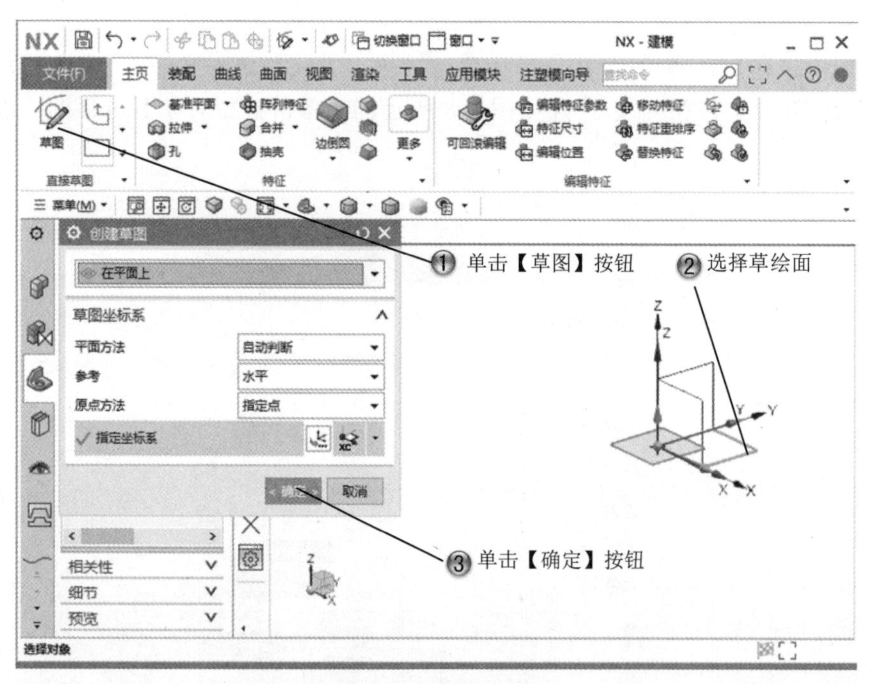

图 5-9　选择草绘面

Step2 绘制圆形，如图 5-10 所示。

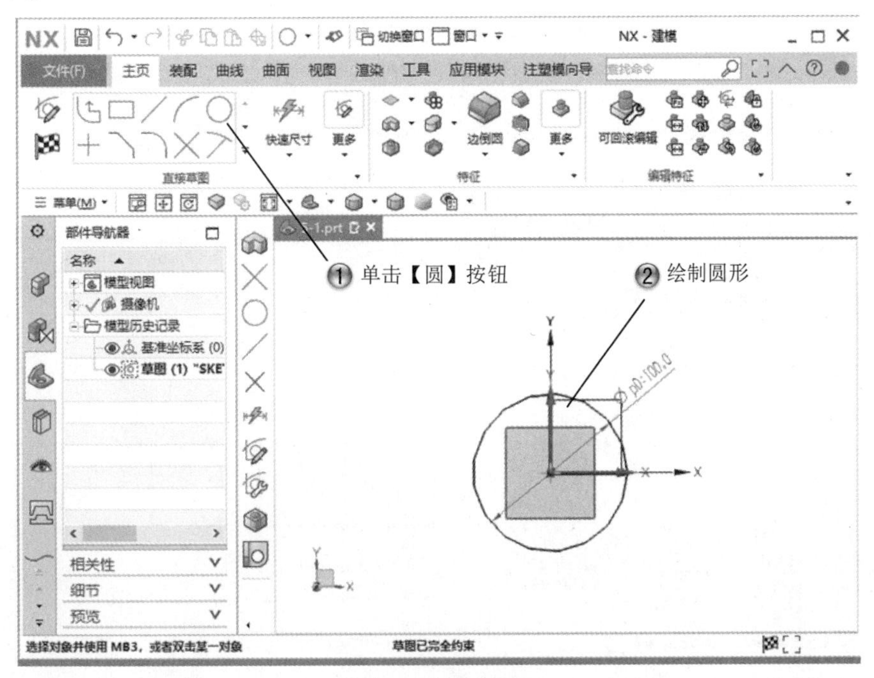

图 5-10　绘制圆形

Step3 绘制直线图形，如图 5-11 所示。

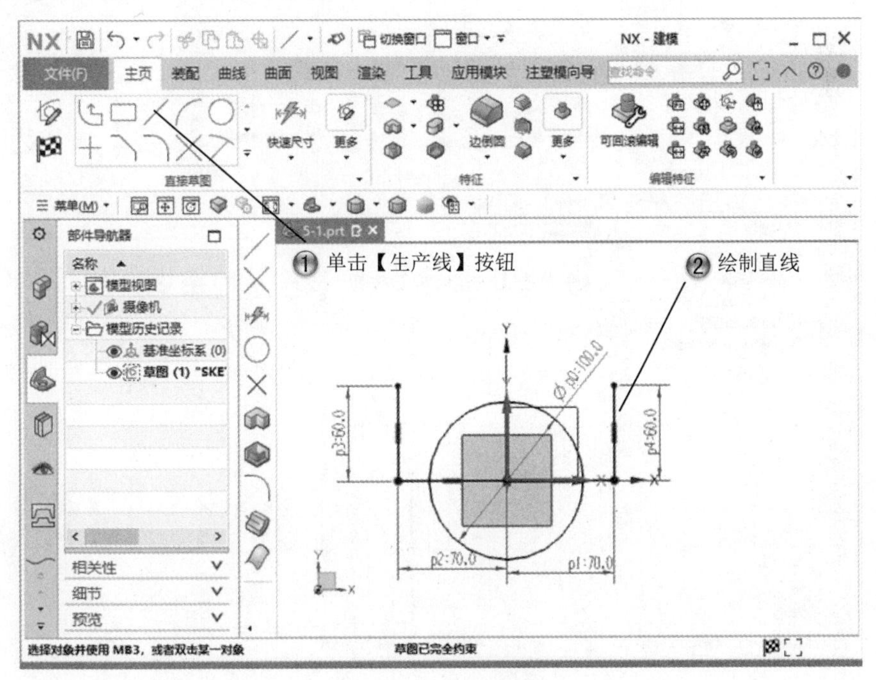

图 5-11　绘制直线图形

Step4 绘制斜线，如图 5-12 所示。

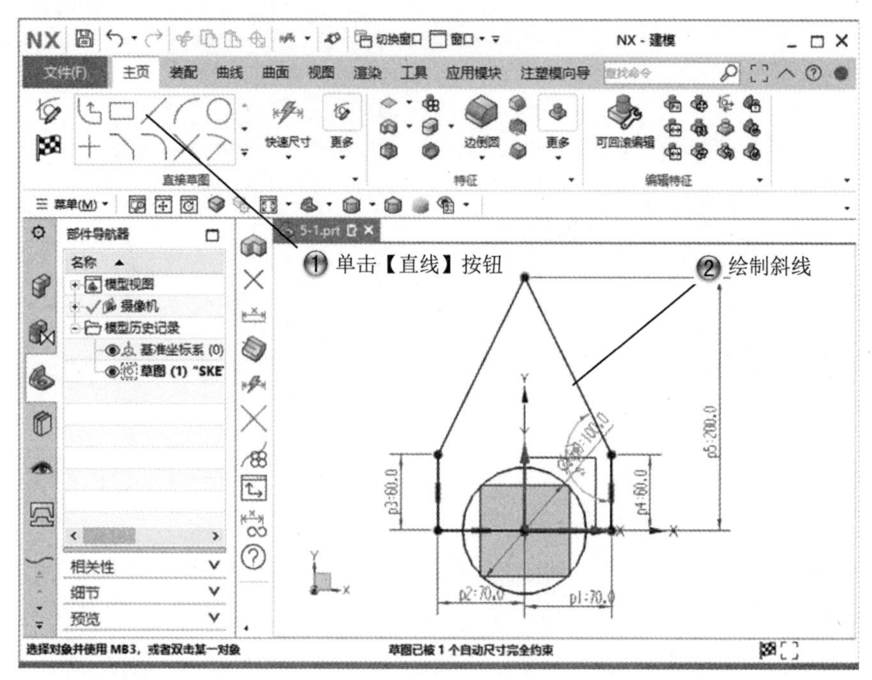

图 5-12　绘制斜线

Step5 修剪图形，如图 5-13 所示。

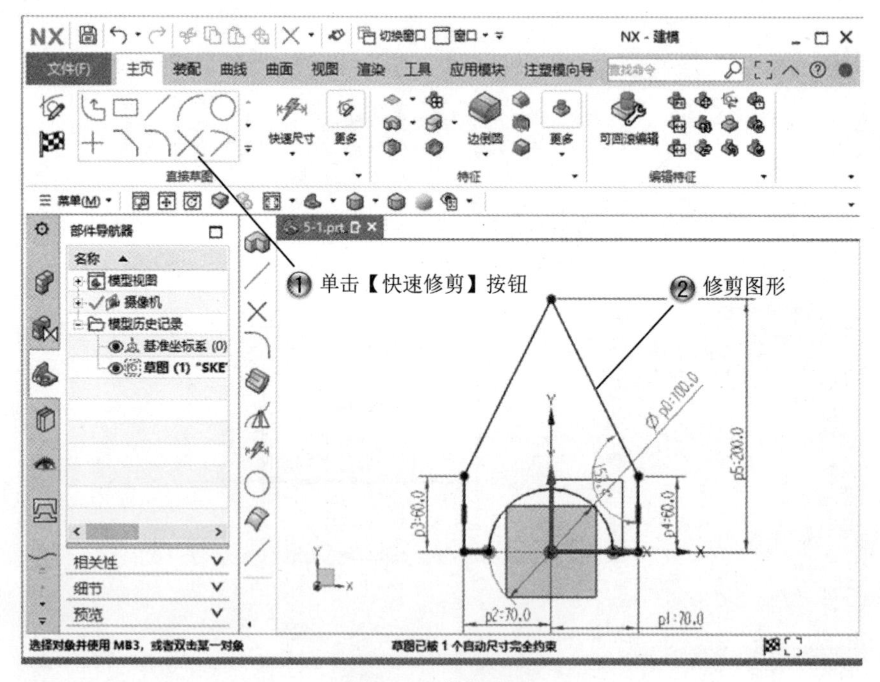

图 5-13　修剪图形

Step6 创建拉伸特征，如图 5-14 所示。

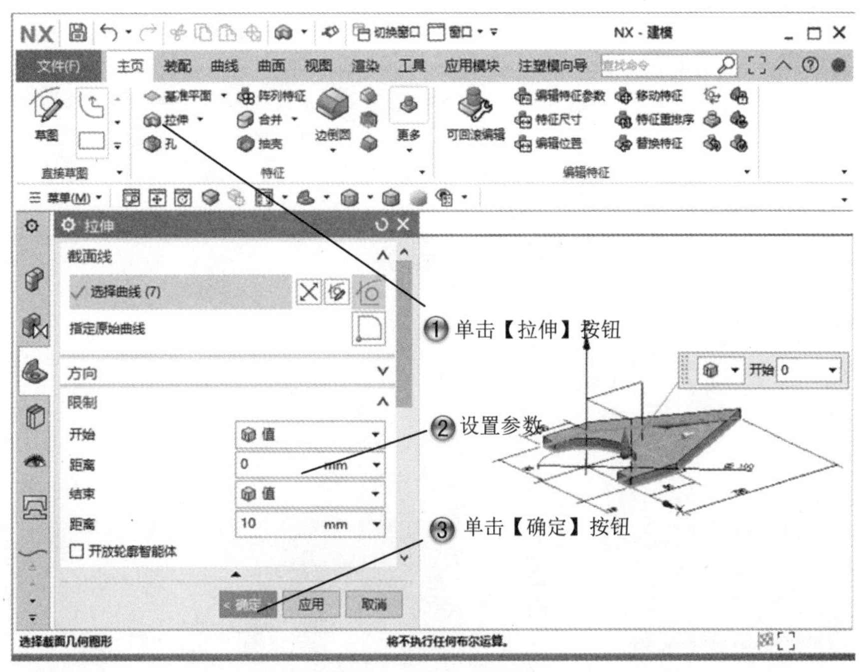

图 5-14　创建拉伸特征

Step7 选择草绘面，如图 5-15 所示。

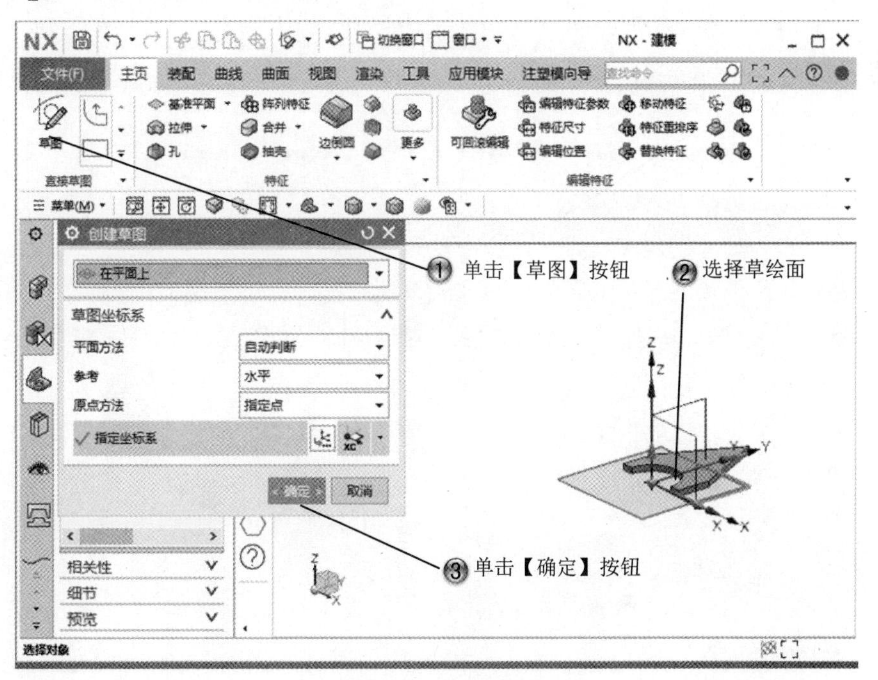

图 5-15　选择草绘面

Step8 绘制圆形，如图 5-16 所示。

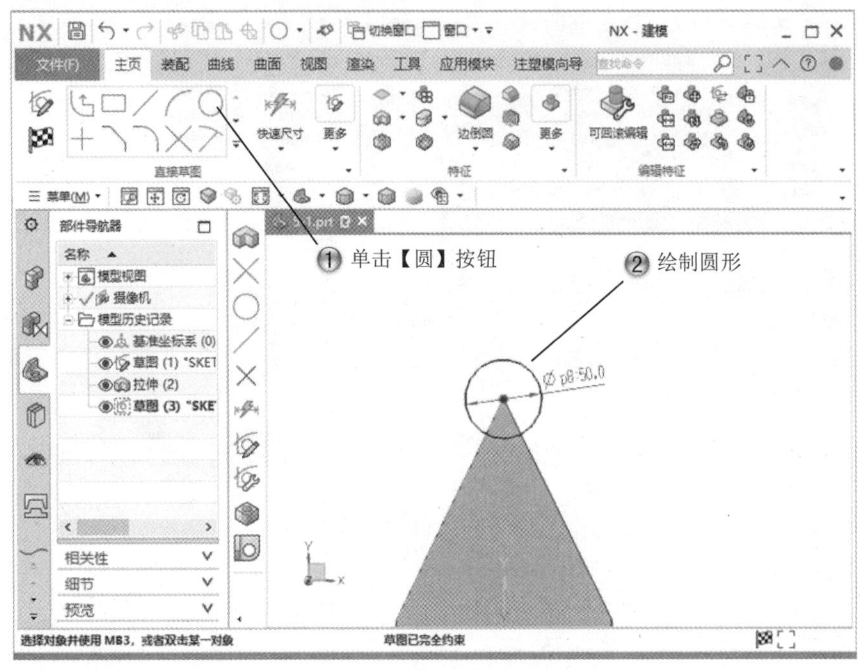

图 5-16　绘制圆形

Step9 创建拉伸特征，如图 5-17 所示。

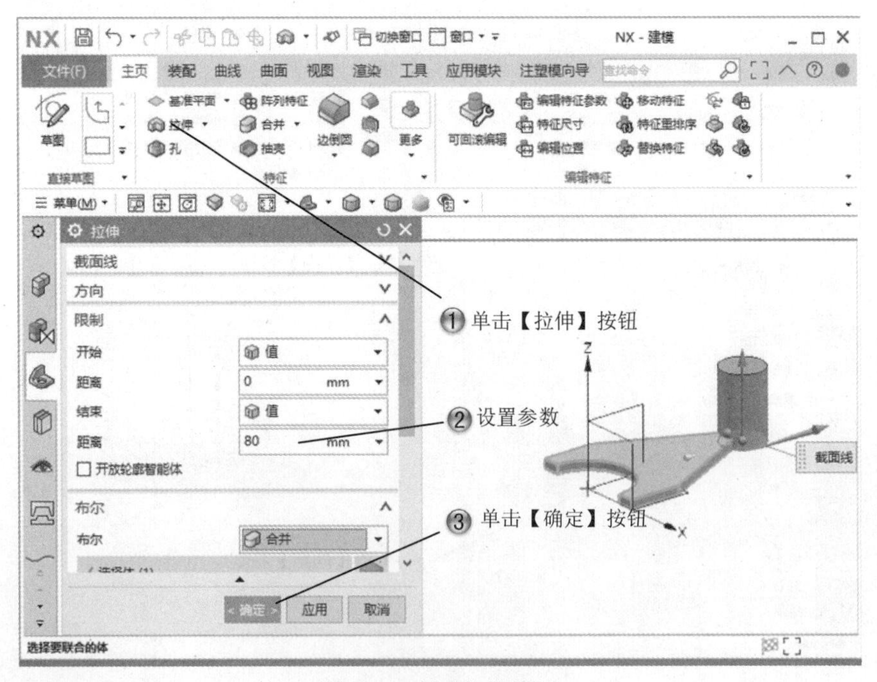

图 5-17　创建拉伸特征

Step10 选择草绘面，如图 5-18 所示。

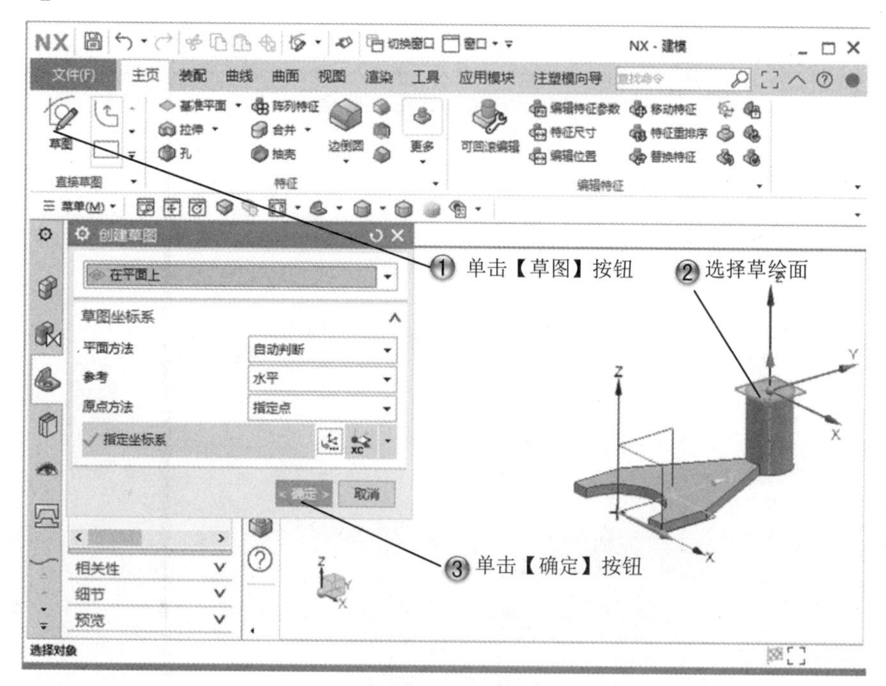

图 5-18　选择草绘面

Step11 绘制圆形，如图 5-19 所示。

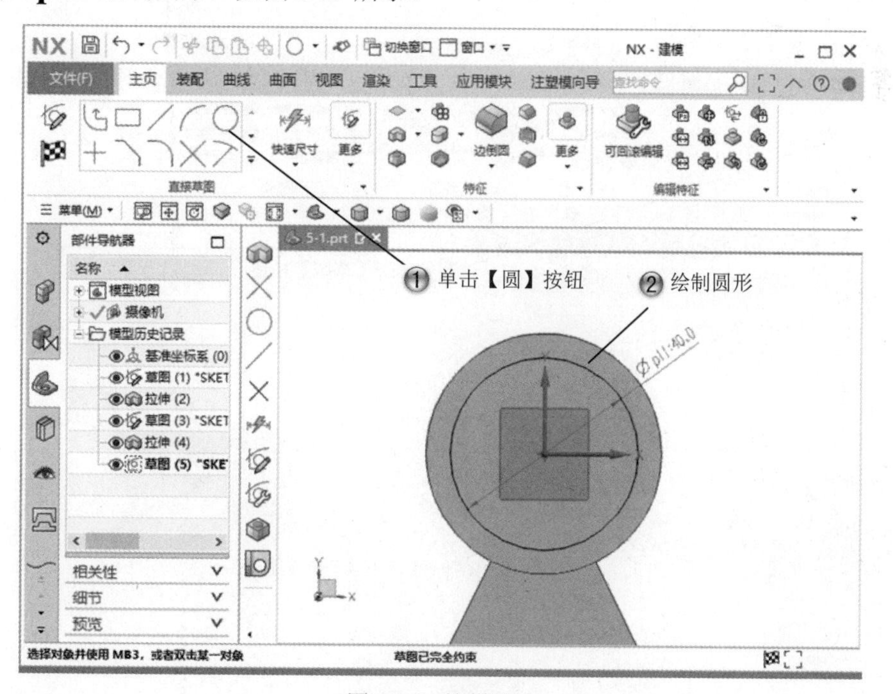

图 5-19　绘制圆形

Step12 创建拉伸特征，如图 5-20 所示。

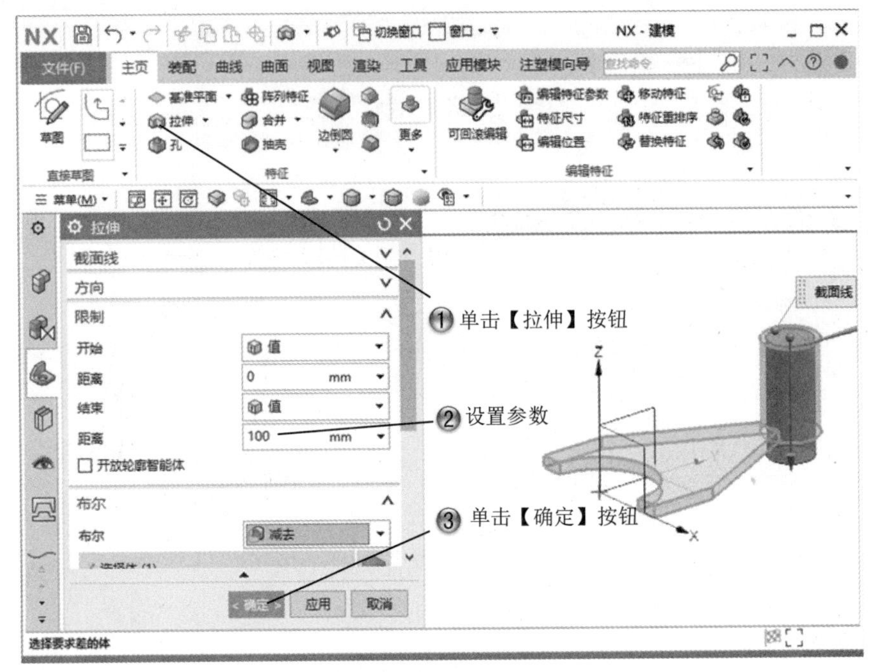

图 5-20　创建拉伸特征

Step13 选择草绘面，如图 5-21 所示。

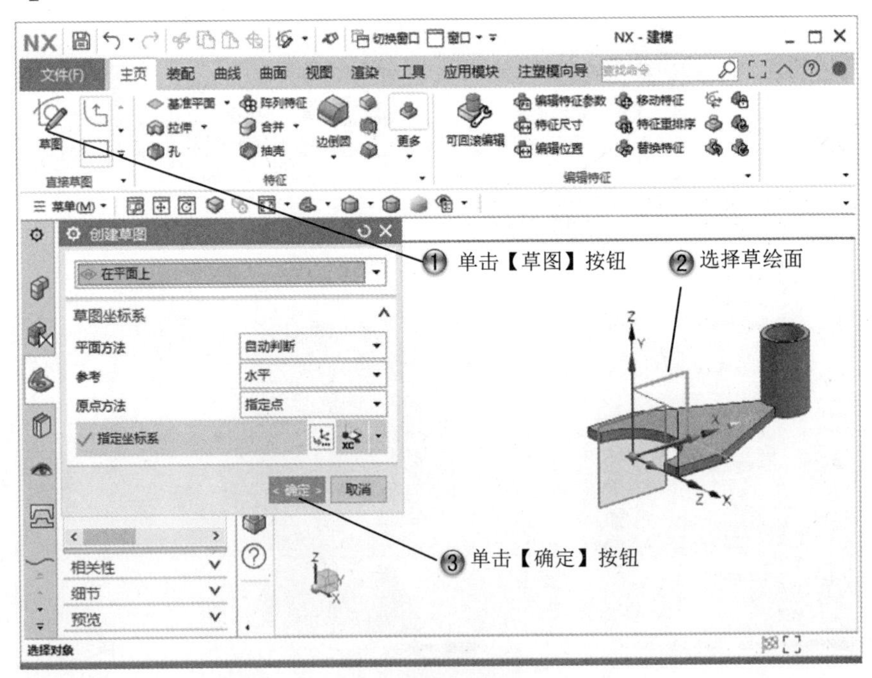

图 5-21　选择草绘面

Step14 绘制三角形，如图 5-22 所示。

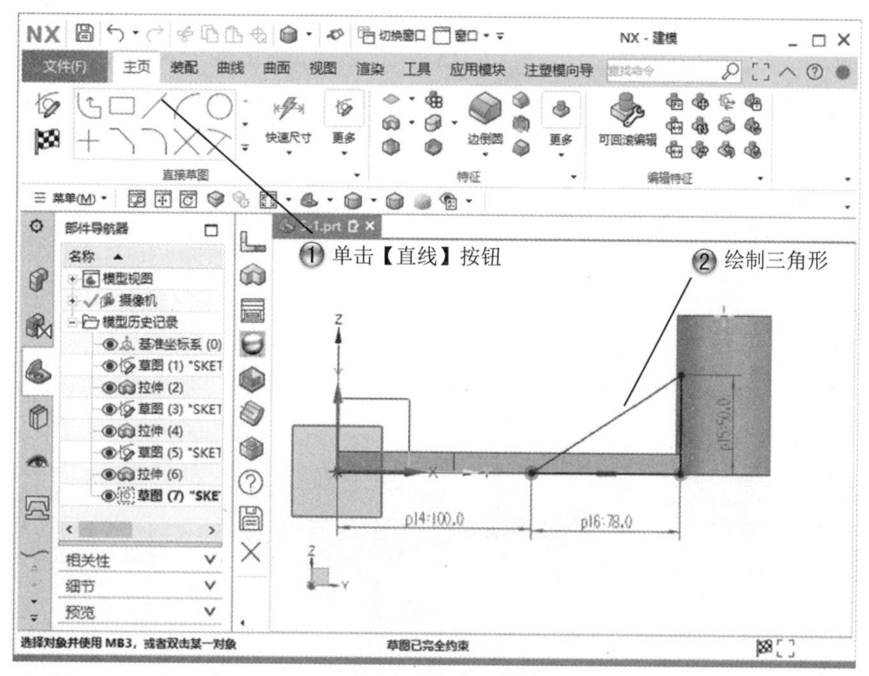

图 5-22　绘制三角形

Step15 创建拉伸特征，如图 5-23 所示。

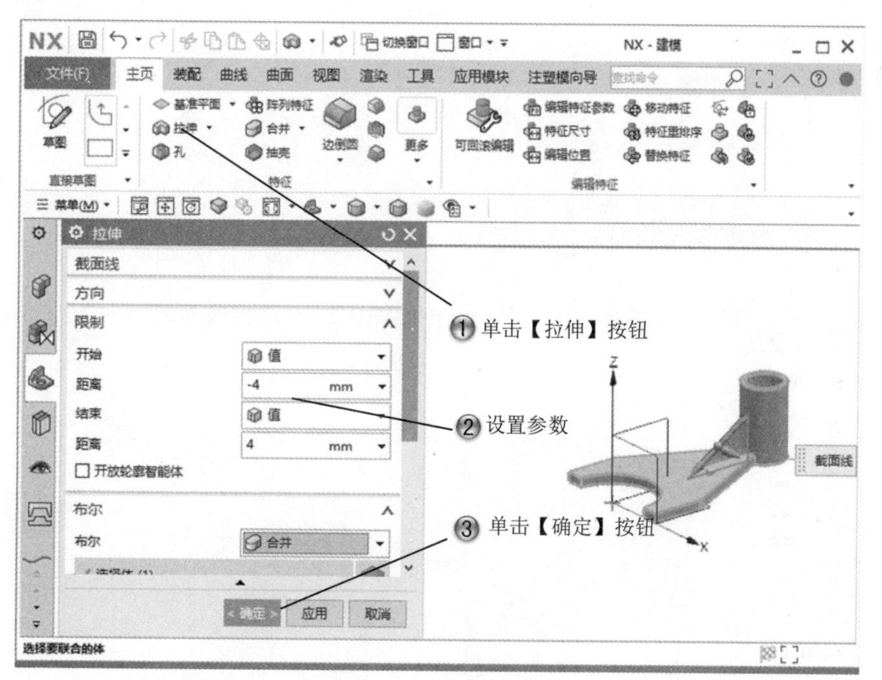

图 5-23　创建拉伸特征

Step16 完成零件模型，如图 5-24 所示。

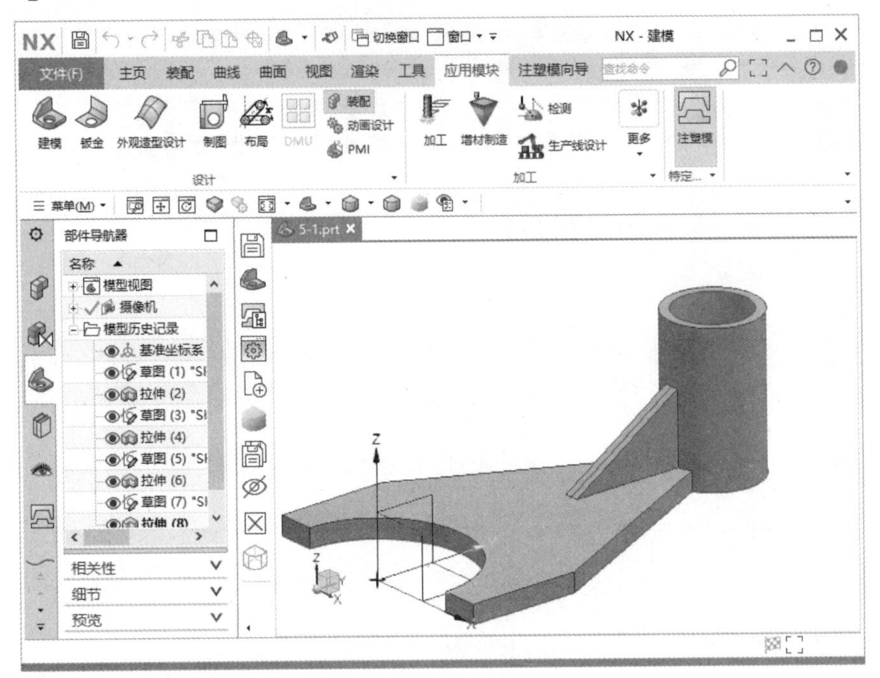

图 5-24　完成零件模型

Step17 初始化模型，如图 5-25 所示。

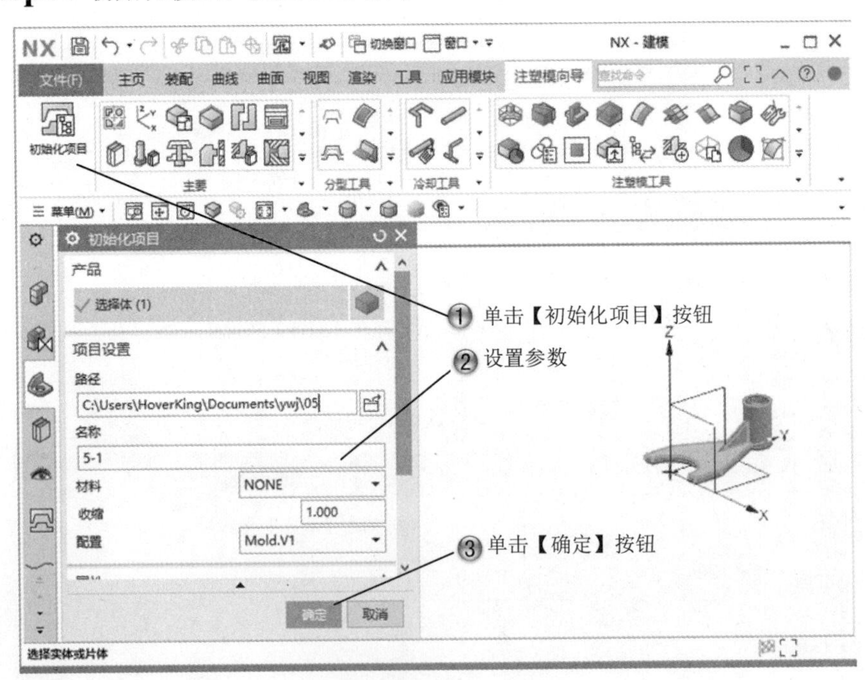

图 5-25　初始化模型

Step18 创建模具坐标，如图 5-26 所示。

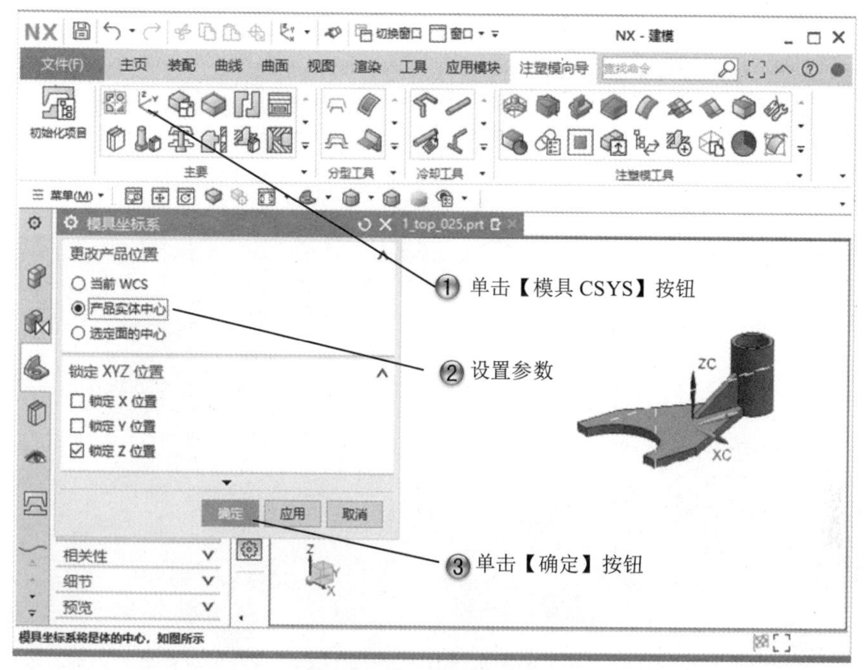

图 5-26 创建模具坐标

Step19 设置缩放体，如图 5-27 所示。

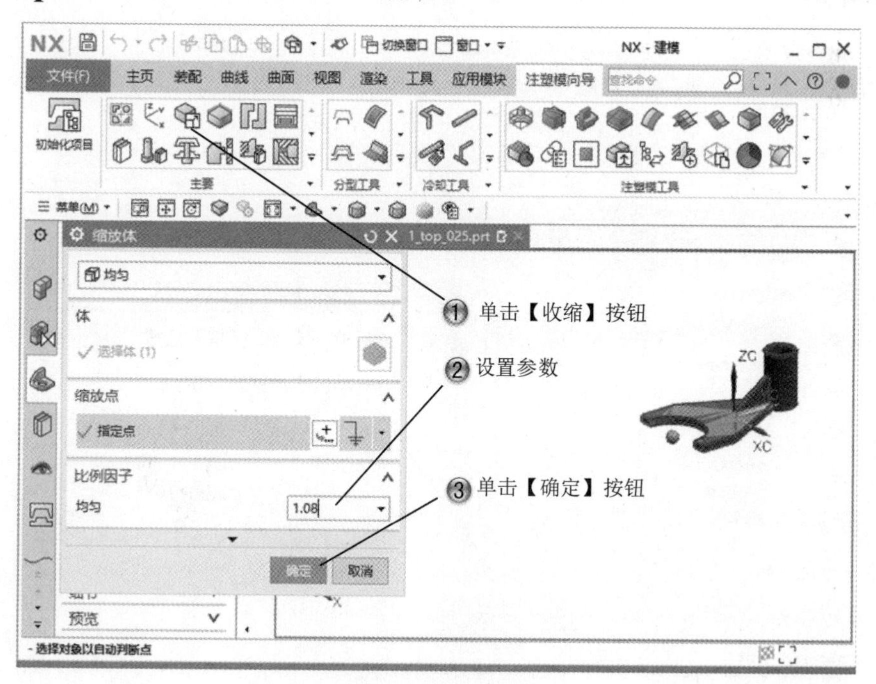

图 5-27 设置缩放体

Step20 创建工件，如图 5-28 所示。

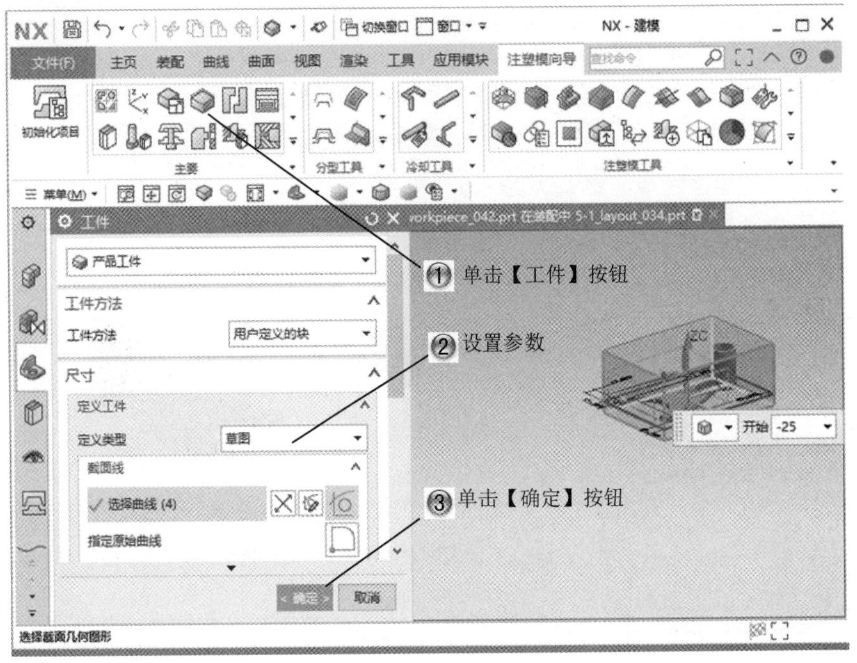

图 5-28 创建工件

Step21 检查区域，如图 5-29 所示。

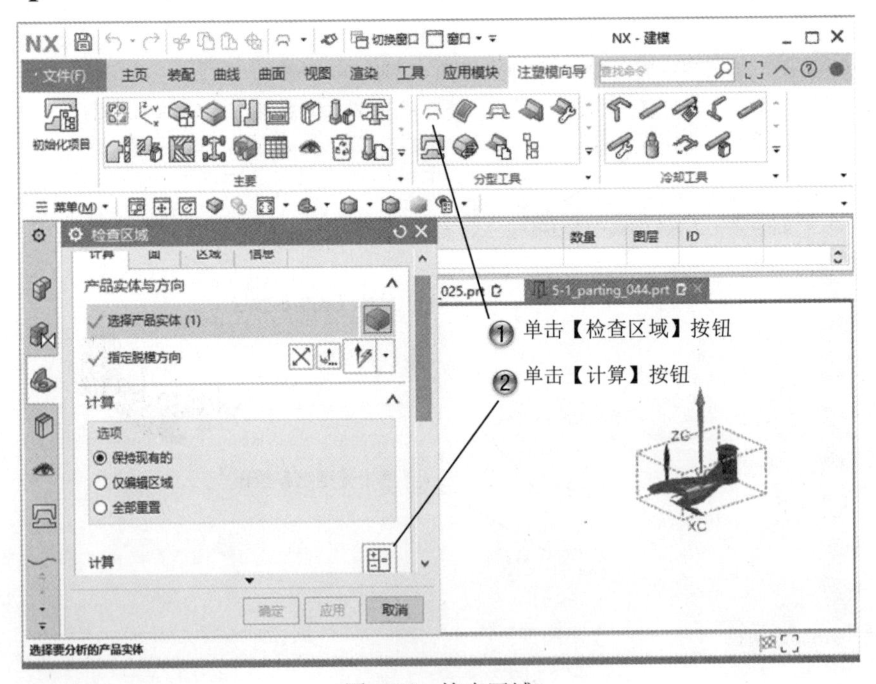

图 5-29 检查区域

Step22 查看未定义区域，如图 5-30 所示。

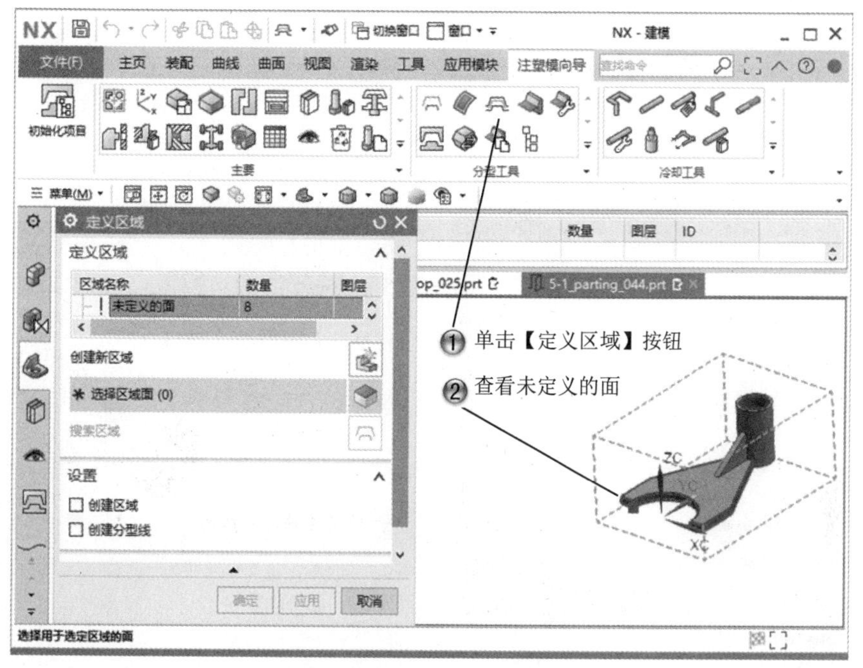

图 5-30　查看未定义区域

Step23 设置型腔面，如图 5-31 所示。

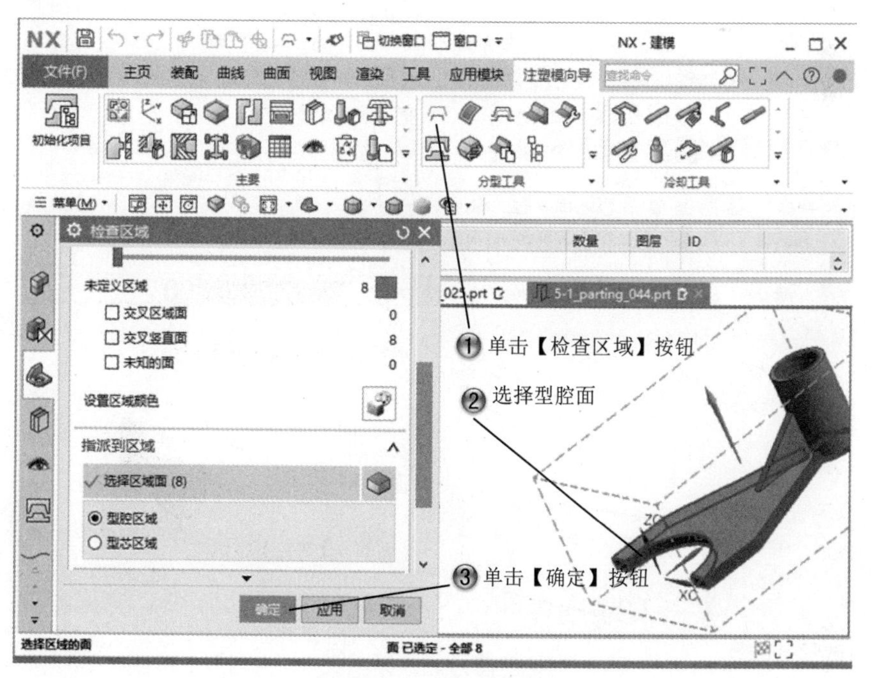

图 5-31　设置型腔面

Step24 曲面补片，如图 5-32 所示。

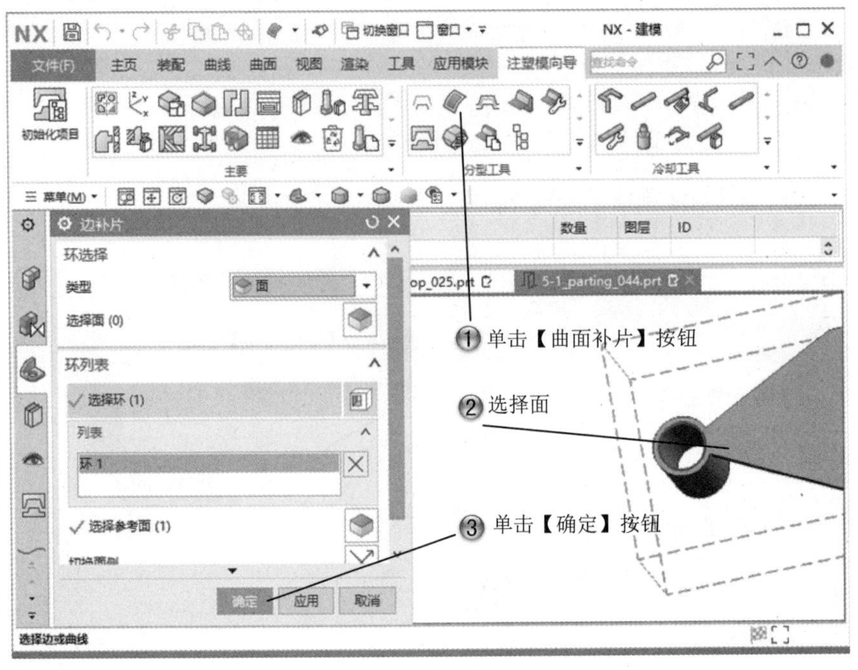

图 5-32　曲面补片

Step25 创建分型线，如图 5-33 所示。

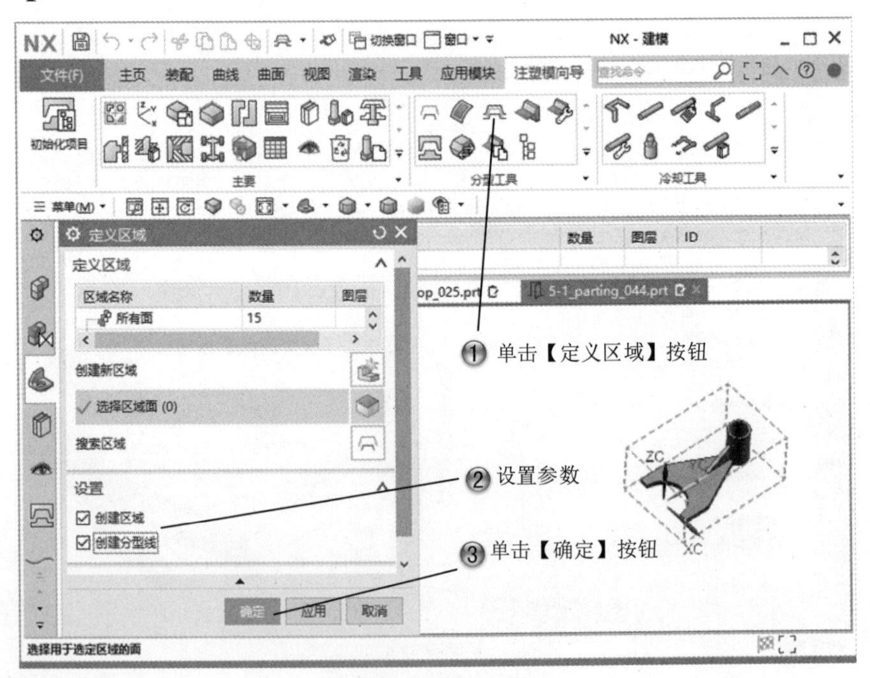

图 5-33　创建分型线

Step26 创建分型面，如图 5-34 所示。

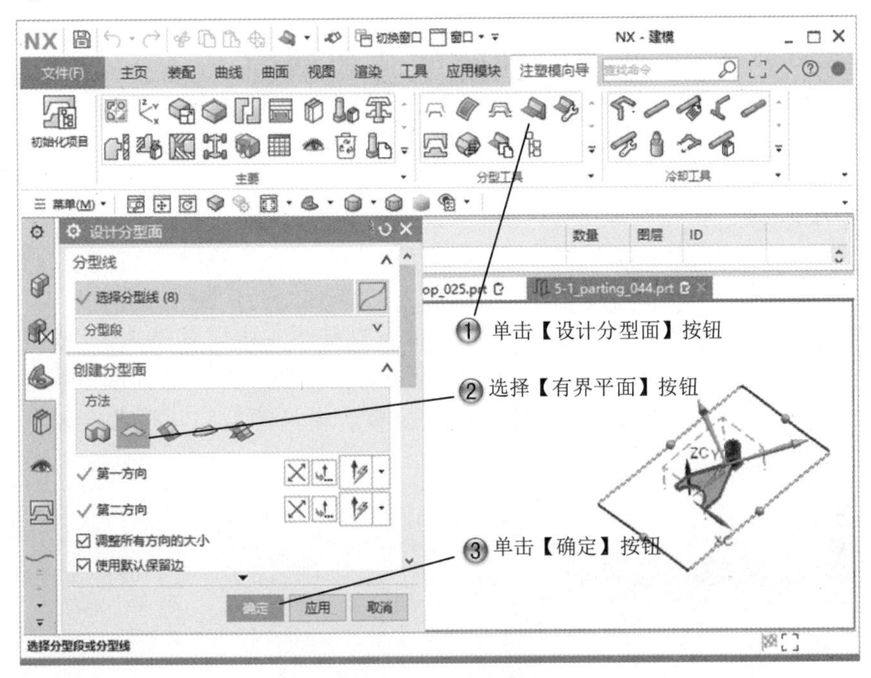

图 5-34　创建分型面

Step27 完成分型面，如图 5-35 所示。

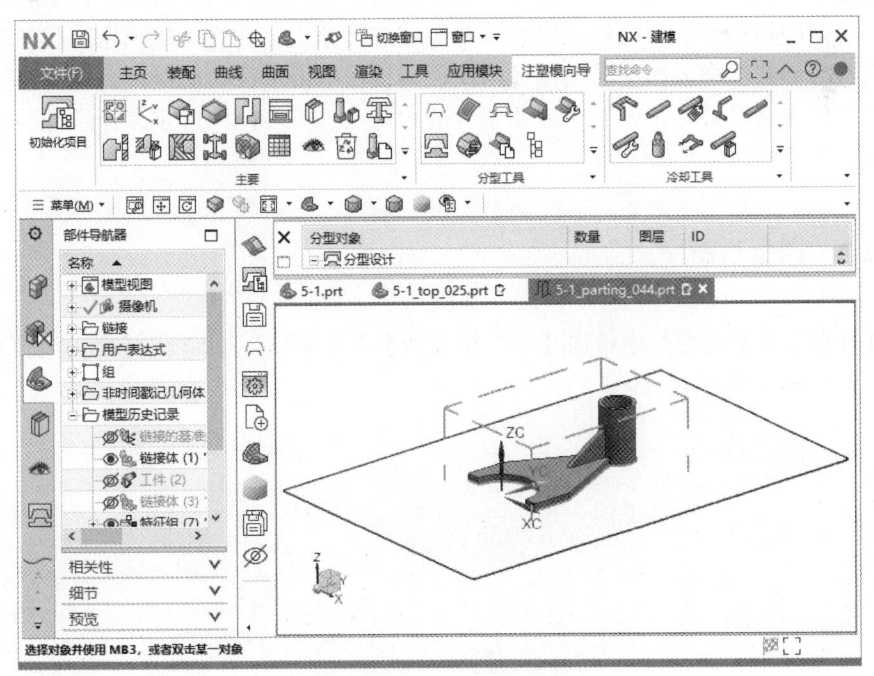

图 5-35　完成分型面

5.2 创建型芯和型腔

型腔和型芯是构成产品空间的零件，称为成型零件（即模具整体），成型产品外表面的（模具）零件称为型腔（Cavity）。下凹部分即为型腔，亦称前模或母模；而相对应的凸起部分则称为型芯（Core），亦称后模或公模。模具的型腔与型芯合模，中间的空隙部分即为产品。

5.2.1 设计理论

当前面所讲到的分型线、分型面设计完成和提取区域之后，便可以进行型腔和型芯的设计。创建型腔和型芯的功能将使用片体对实体进行分割，并且连接到型腔和型芯组件，最终对其进行创建。型腔和型芯的设计，在模具设计中占了很大比例，因此创建型腔和型芯设计的工作非常重要，在设计中需要了解的知识点也很多，因此重点介绍型腔和型芯的设计方法。

5.2.2 课堂讲解

在【分型工具】选项卡中单击【定义型腔和型芯】按钮，弹出【定义型腔和型芯】对话框，如图 5-36 所示。

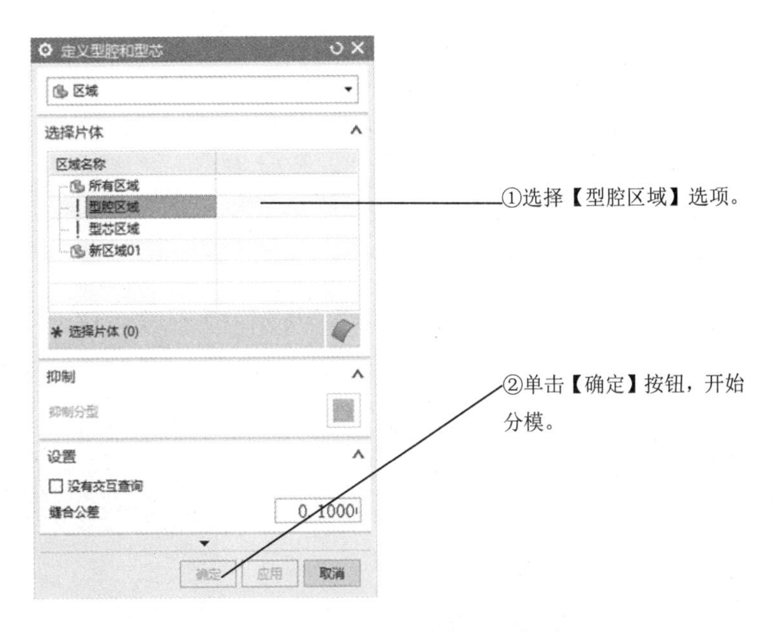

图 5-36 【定义型腔和型芯】对话框

创建型腔模具，弹出【查看分型结果】对话框，如图 5-37 所示，如果分型方向正确，单击【确定】按钮即可。

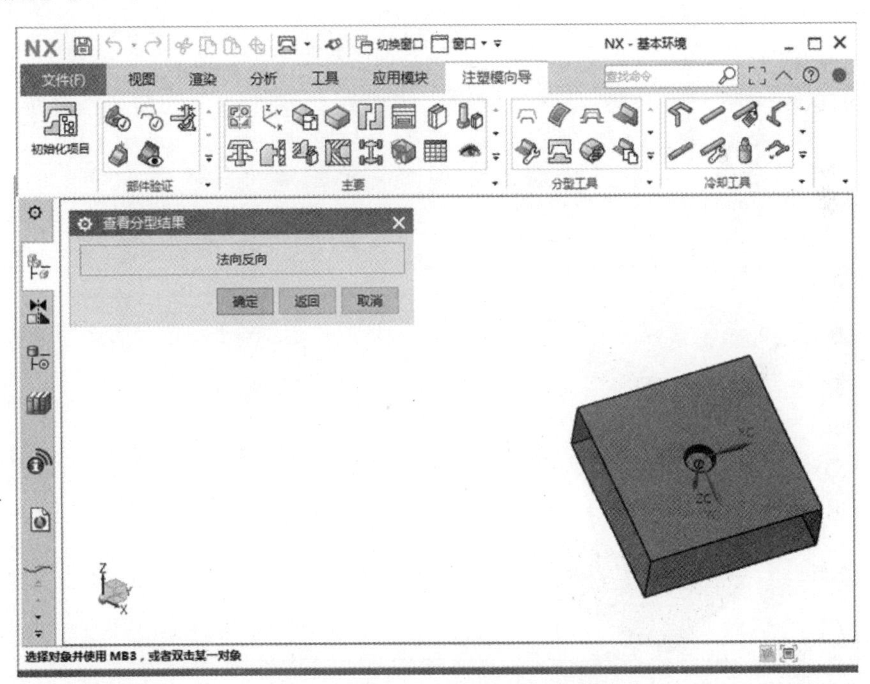

图 5-37 【查看分型结果】对话框

之后继续创建型腔区域，【定义型腔和型芯】对话框，如图 5-38 所示。

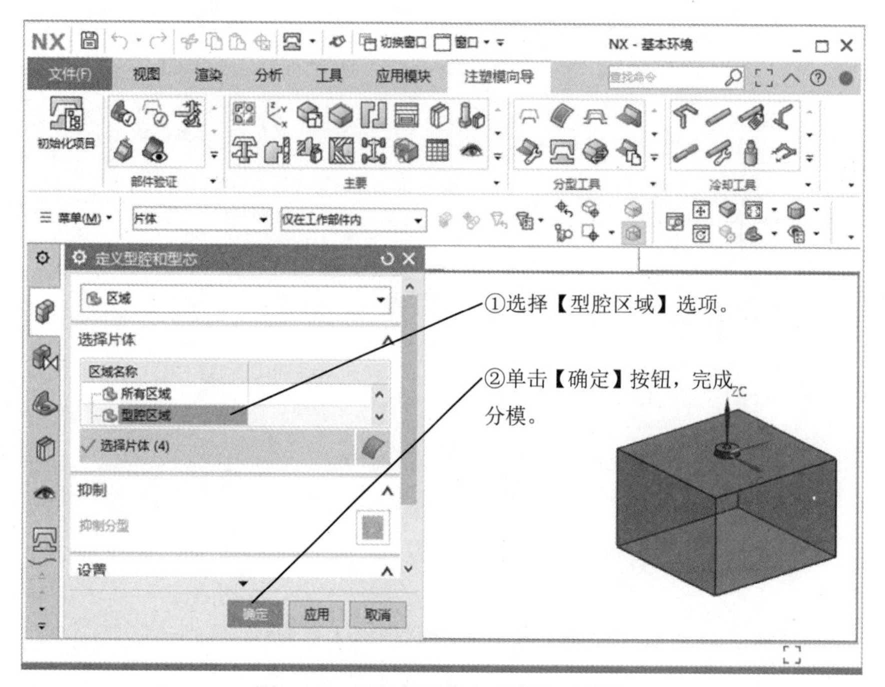

图 5-38 【定义型腔和型芯】对话框

使用爆炸图命令移动型芯型腔，如图 5-39 所示。

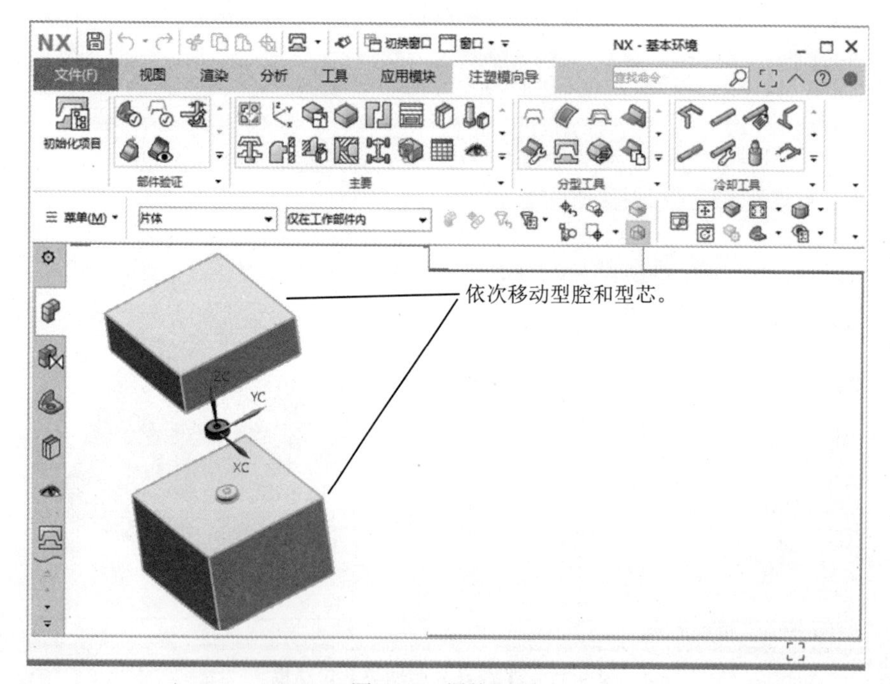

图 5-39 爆炸视图

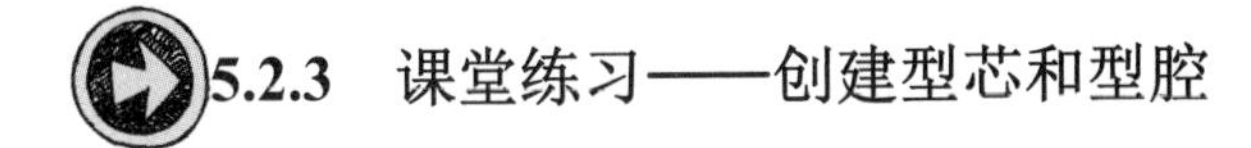

5.2.3 课堂练习——创建型芯和型腔

课堂练习开始文件：ywj /05/5-1.prt

课堂练习完成文件：ywj /05/5-1_layout_034.prt

多媒体教学路径：多媒体教学→第 5 章→5.2 练习

Step1 打开零件模具文件，如图 5-40 所示。

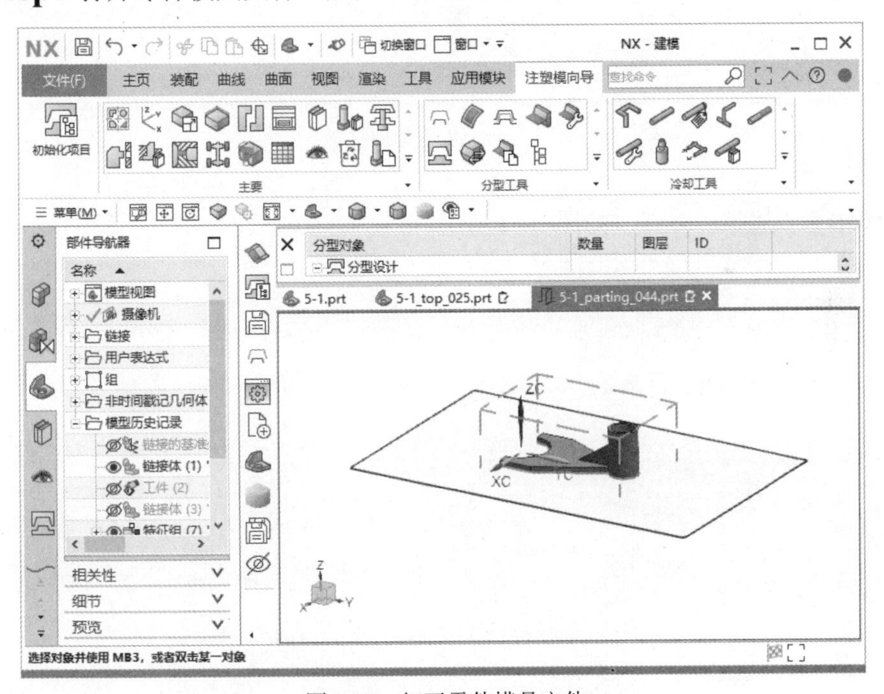

图 5-40　打开零件模具文件

Step2 创建型腔区域，如图 5-41 所示。

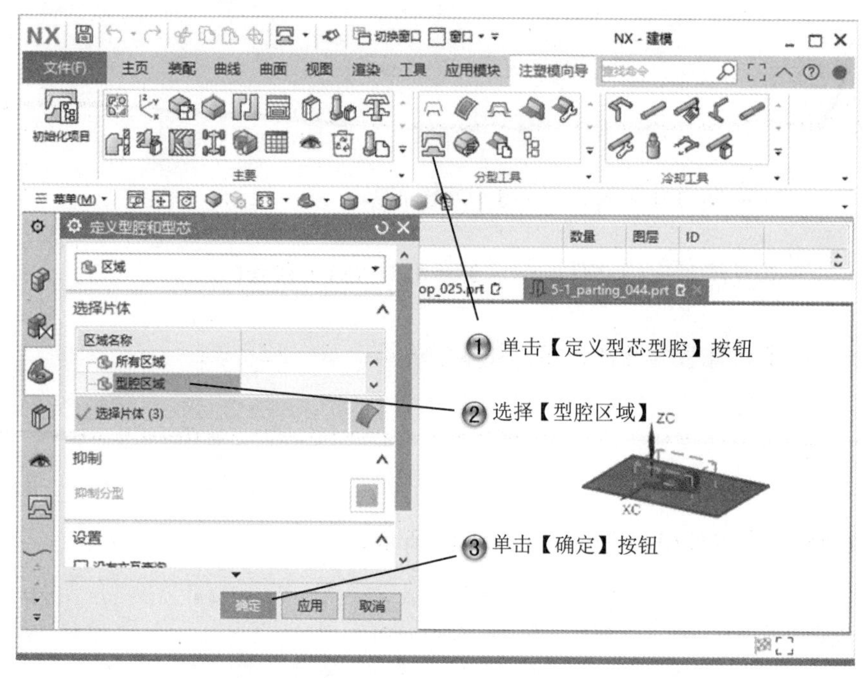

图 5-41　创建型腔区域

Step3 设置型腔方向，如图 5-42 所示。

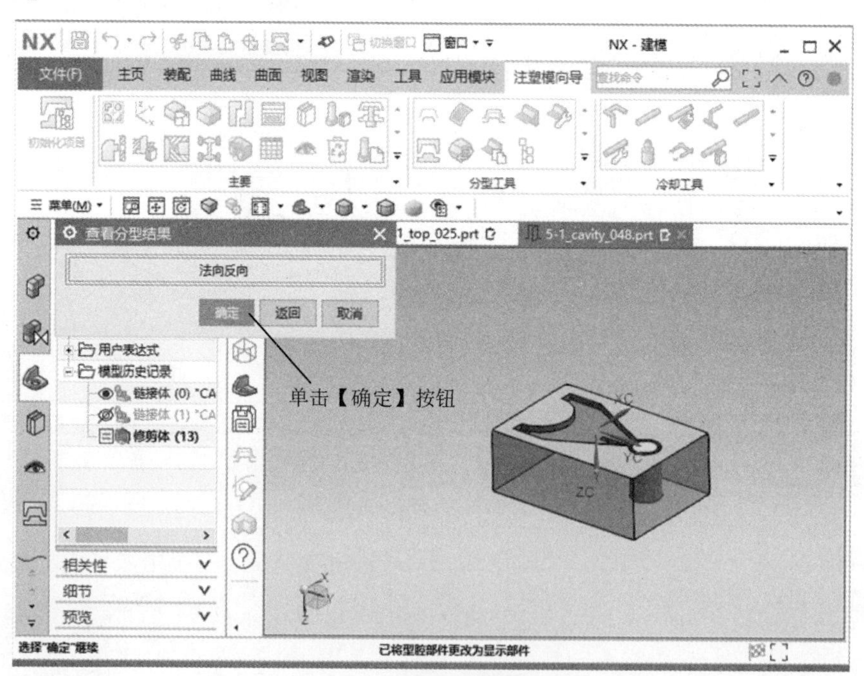

图 5-42　设置型腔方向

Step4 创建型芯区域，如图 5-43 所示。

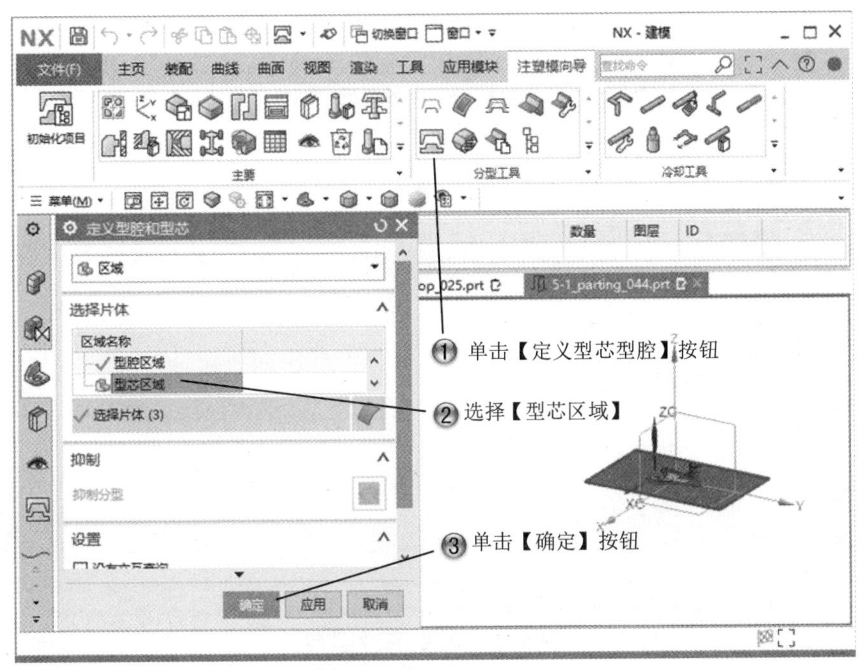

图 5-43　创建型芯区域

Step5 设置型芯方向，如图 5-44 所示。

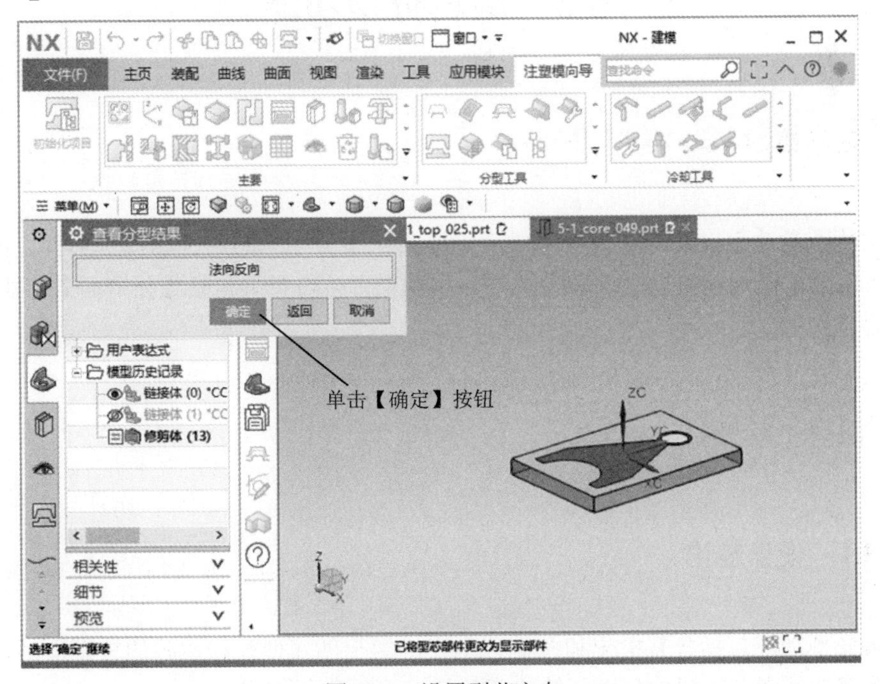

图 5-44　设置型芯方向

Step6 完成型芯和型腔，如图 5-45 所示。

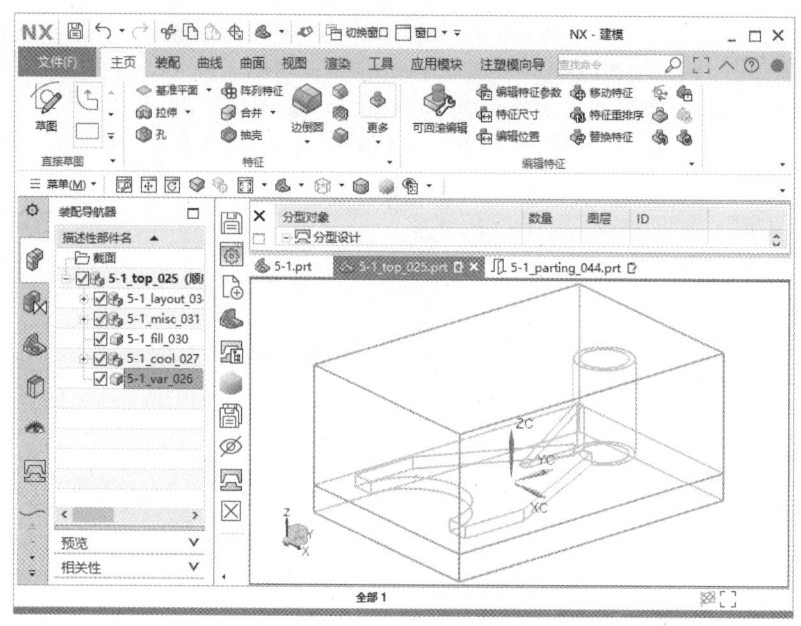

图 5-45　完成型芯和型腔

5.3　编辑分型功能

基本概念

分型检查功能可以在分型设计完成后，检查状态并在产品部件和模具部件之间映射面颜色。备份分型面功能可以一次备份多片分型曲面，备份类型包括【分型面】、【曲面补片】和【两者皆是】。

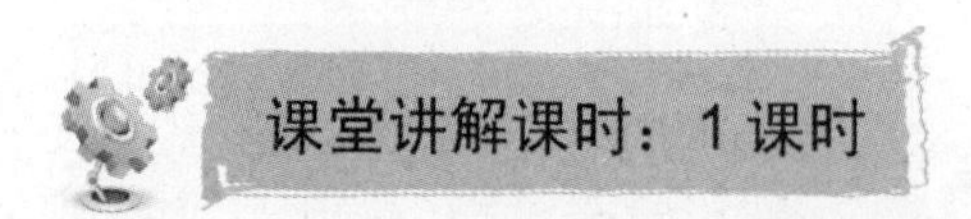

课堂讲解课时：1 课时

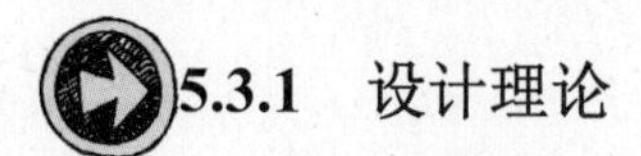

5.3.1　设计理论

编辑分型功能包括分型检查和备份分型表，用于创建型腔和型芯的分型面后，产品模型发生孔增加或者分型线的分型环等改变的情况下，进行编辑。

5.3.2 课堂讲解

1. 分型检查

单击【模具验证】选项卡中的【分型检查】按钮，系统打开如图 5-46 所示的【分型检查】对话框。单击【收缩部件】按钮，进行分型检查步骤的选择。

图 5-46 【分型检查】对话框

单击【模具部件】按钮，选择型芯型腔部分，进行分型检查，如图 5-47 所示。

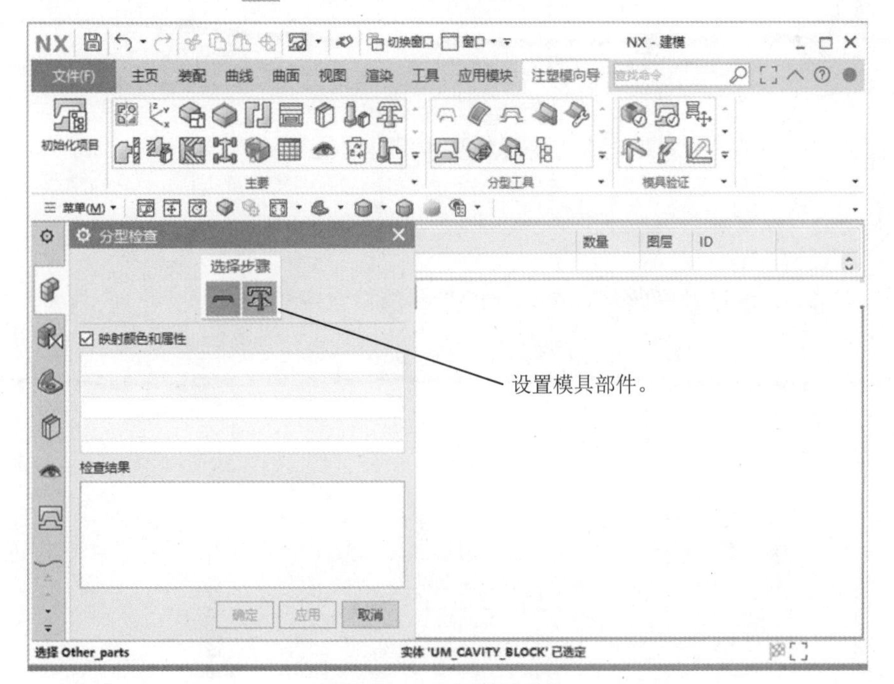

图 5-47 设置模具部件

2. 备份分型

单击【分型工具】选项卡中的【备份分型片/补片】按钮，将打开【备份分型对象】对话框，如图 5-48 所示。

图 5-48 【备份分型对象】对话框

5.3.3 课堂练习——分型检查

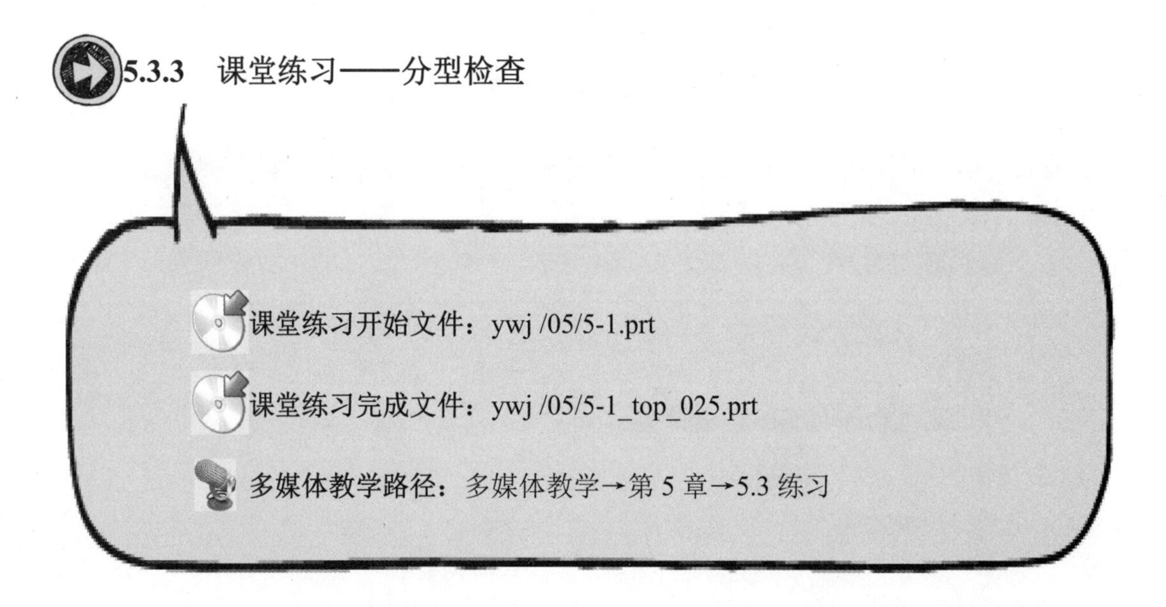

Step1 打开模具文件，如图 5-49 所示。

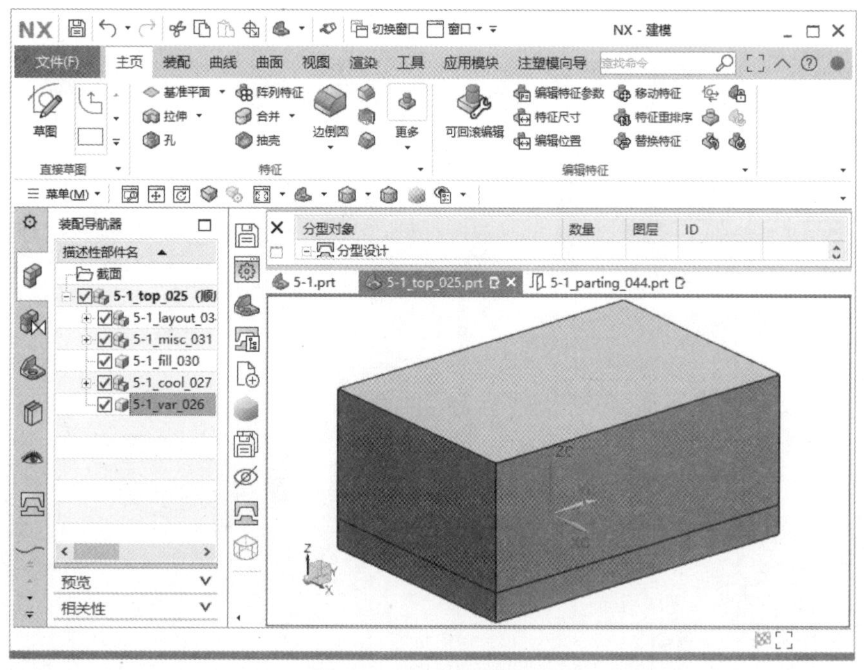

图 5-49 打开模具文件

Step2 分型检查，如图 5-50 所示。

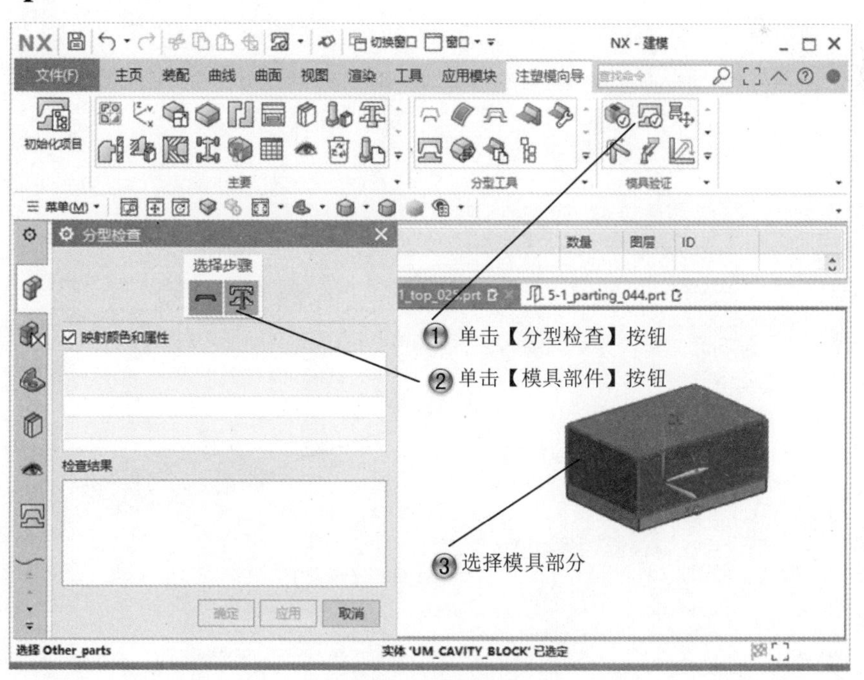

图 5-50 分型检查

Step3 干涉检查，如图 5-51 所示。

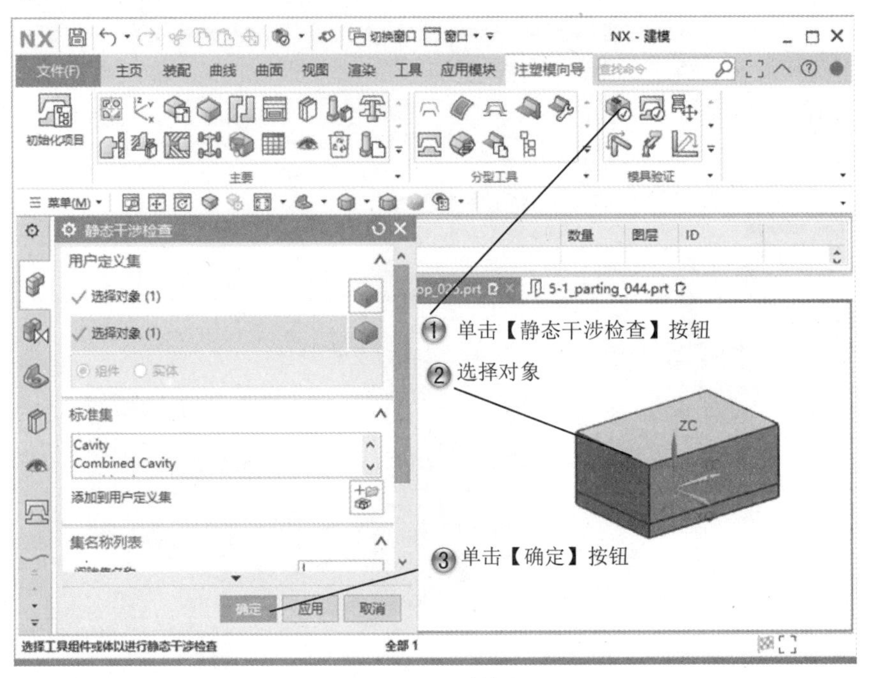

图 5-51　干涉检查

Step4 备份分型对象，如图 5-52 所示。

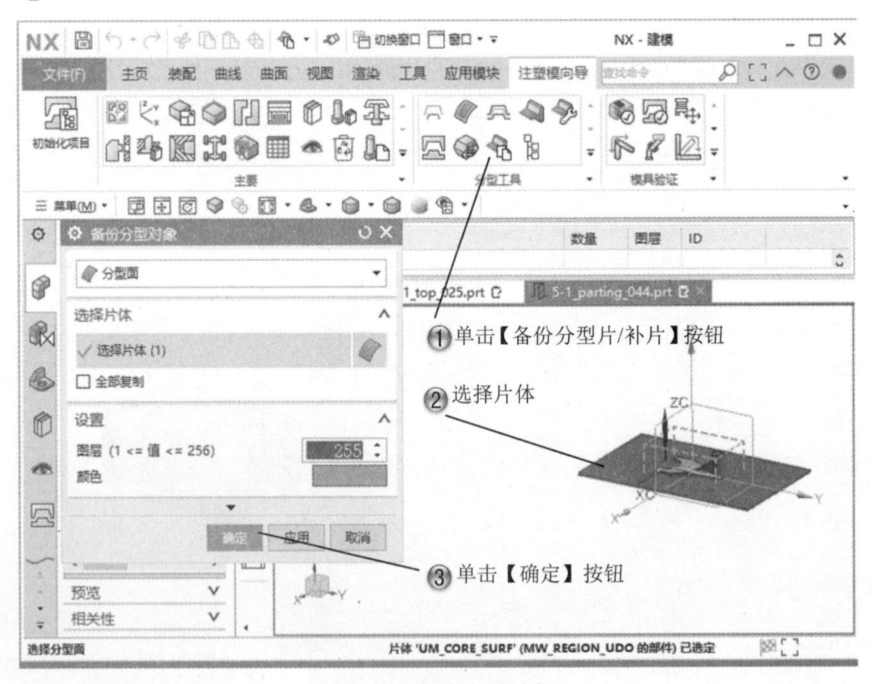

图 5-52　备份分型对象

Step5 完成分型检查，如图 5-53 所示。

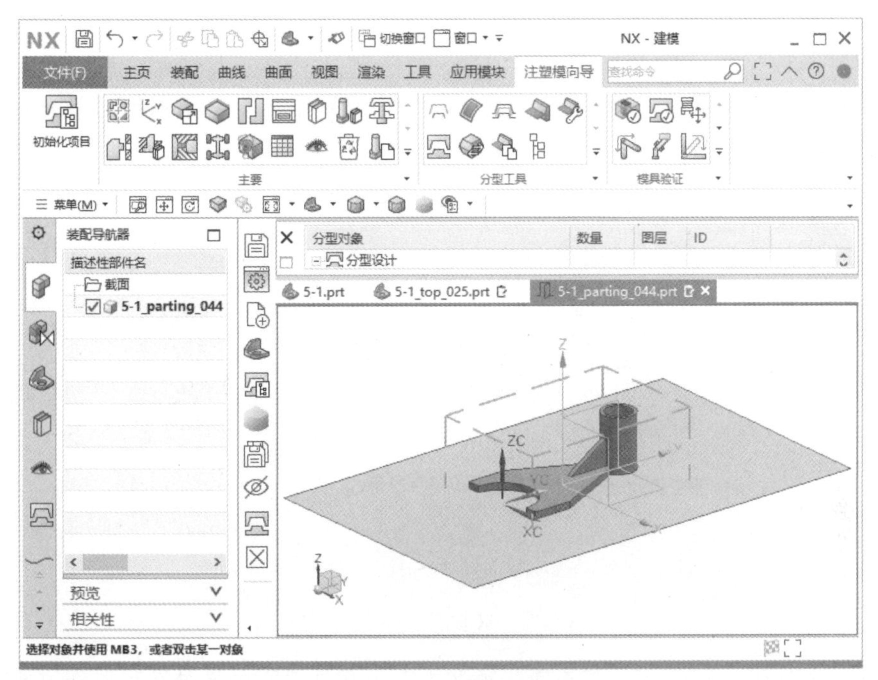

图 5-53　完成分型检查

5.4　模型比较与分析

模型比较是指比较模具设计的产品模型与新的产品模型，从而检查新产品和原产品之间的不同之处。交换模型是指将模具设计中的原模型和新的产品模型进行交换，并保持原有的合适的曲面修补、分型面、模架、标准件等的设计。

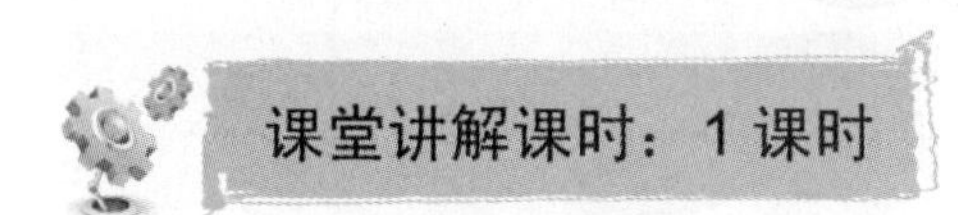

5.4.1　设计理论

当模具设计者拿到产品后进行模具设计时，产品有可能还在改进。这种情况下，当模具设计完成后还存在修改，针对这种情况注塑模向导模块提供了比较产品模型前后状态的工具，以及将老模型转换到新模型的工具。

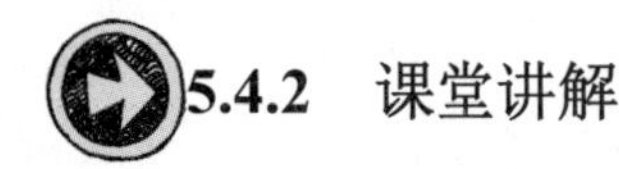

5.4.2 课堂讲解

1. 模型比较

在【菜单栏】中选择【菜单】|【分析】|【模型比较】命令，系统打开【模型比较】对话框，如图 5-54 所示，此时选择需要比较的模型特征。

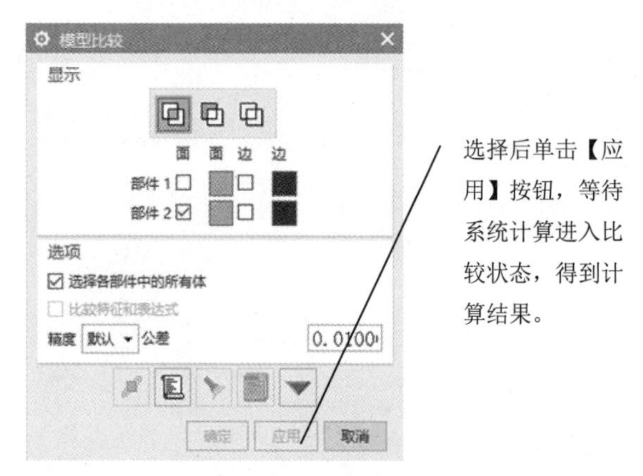

图 5-54 【模型比较】对话框

如图 5-55 所示，图中两个箭头所指处即为两个产品的不同之处，可以通过比较看到。

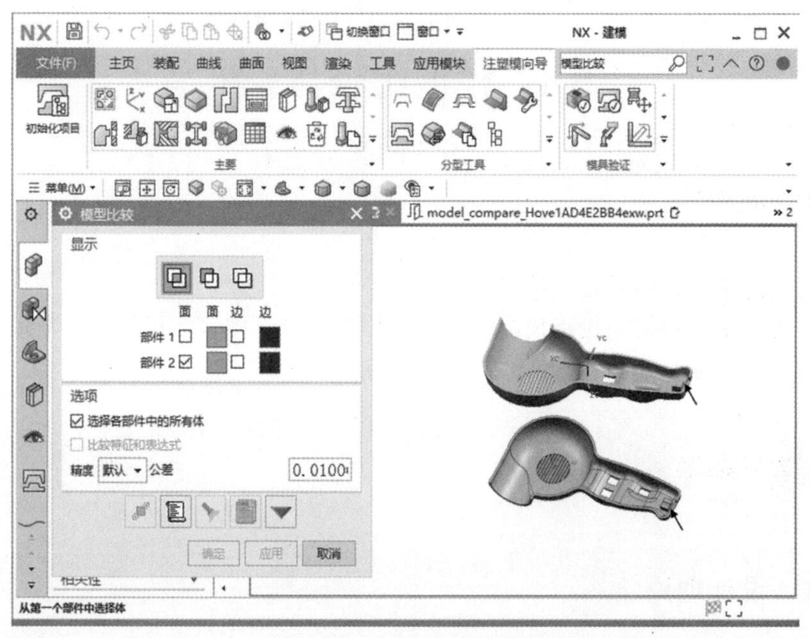

图 5-55 产品不同之处

此时在 NX 绘图区中将会看到三个窗口，分别为原模型、新模型、两者重叠模型的比较，如图 5-56 所示。

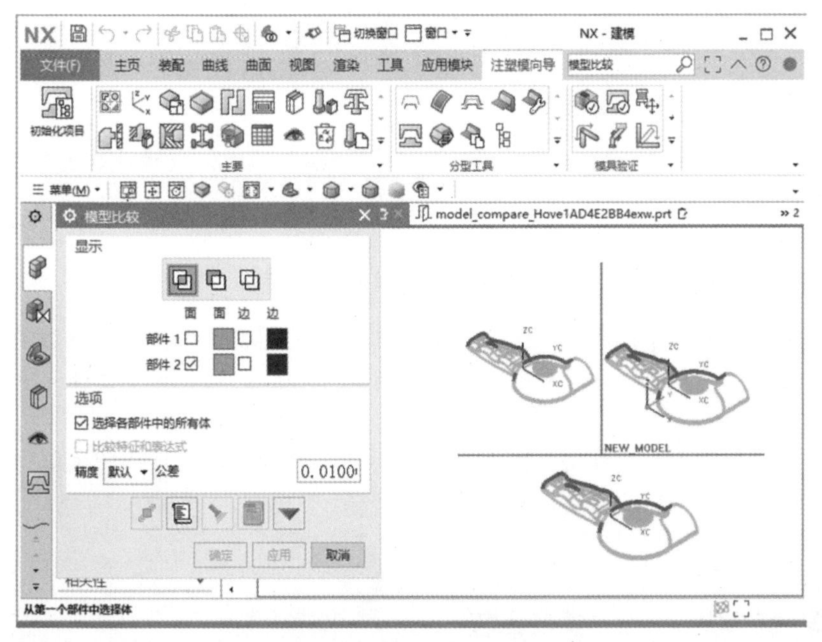

图 5-56　三个产品对比

2. 交换模型

交换模型设计一般分为装载新产品模型、编辑补片/分型面和更新分型 3 个步骤。

（1）装载新产品模型。在【分型工具】选项卡中单击【交换模型】按钮，系统弹出【部件名】对话框，如图 5-57 所示，完成选择交换产品后系统弹出如图 5-58 所示的【替换设置】对话框。

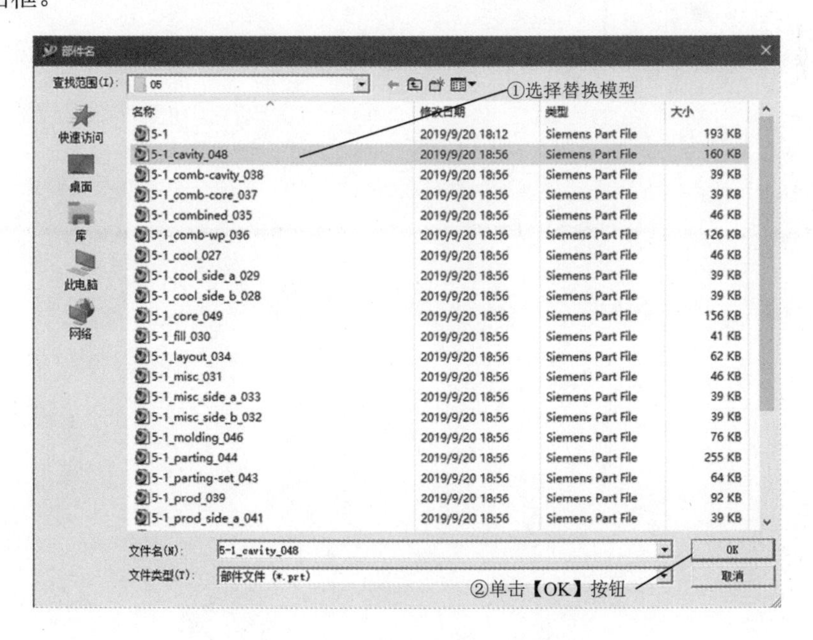

图 5-57　【打开部件名】对话框

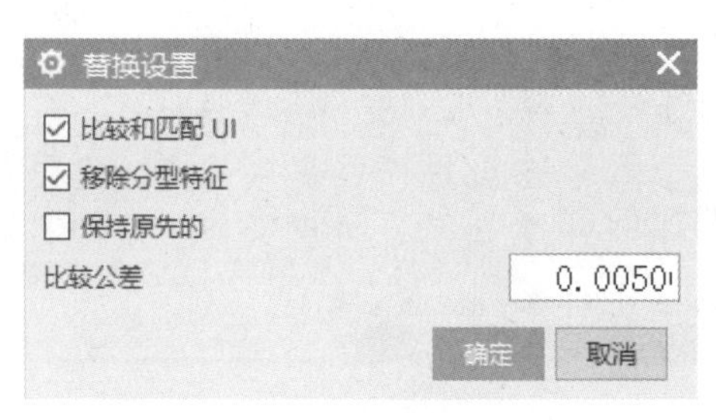

图 5-58 【替换设置】对话框

（2）编辑补片和分型面。装载完新产品后，需要使用模具工具和分型功能对新产品的通孔和分型线进行重新创建，必要时需要删除原模型设计的补片和实体修补块，重新生成分型线和分型面。

（3）更新分型编辑补片和分型面之后，右键单击绘图区，选择快捷菜单中的【刷新】命令，进行模具型腔和型芯及其他相关特征的更新。

5.4.3 课堂练习——模型比较

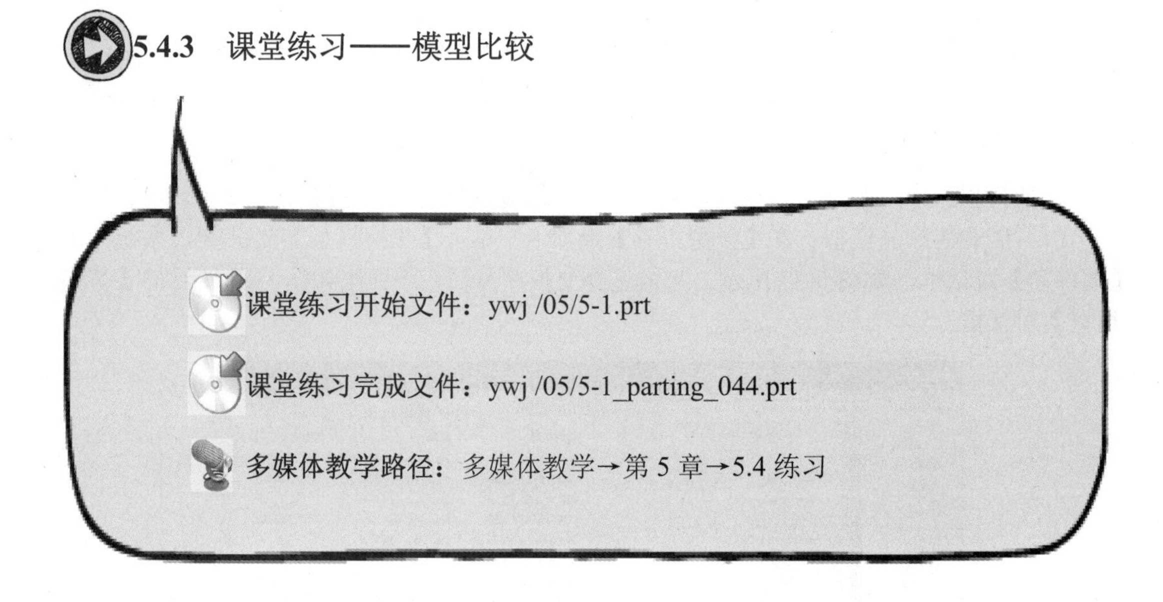

Step1 打开模具文件，如图 5-59 所示。

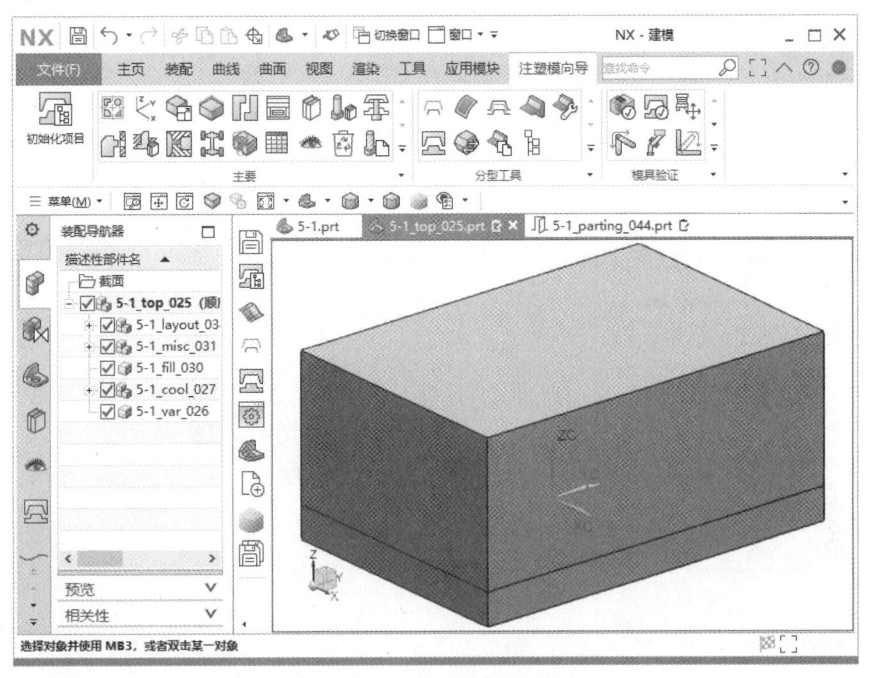

图 5-59　打开模具文件

Step2 模型比较，如图 5-60 所示。

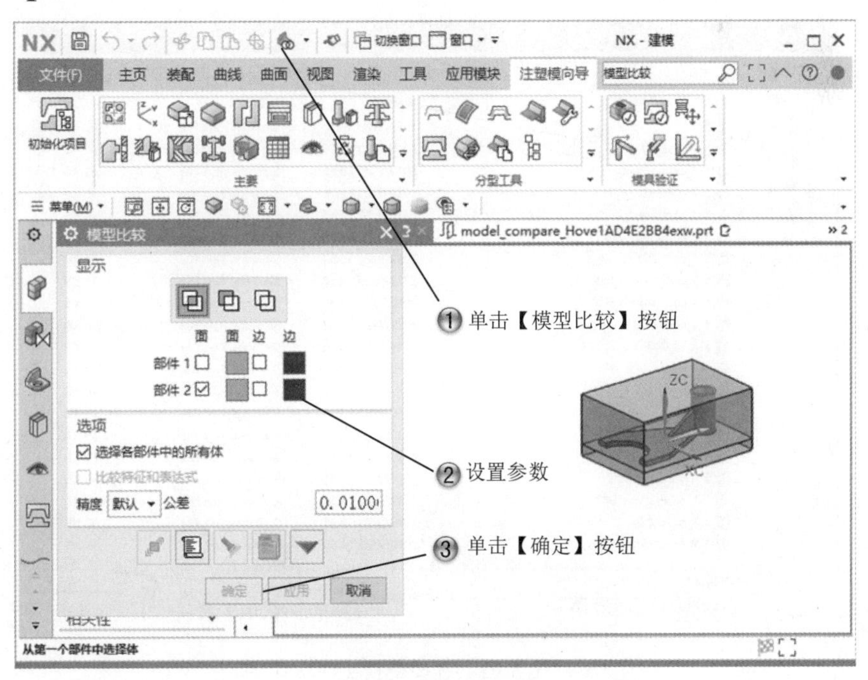

图 5-60　模型比较

Step3 选择【交换模型】命令，如图 5-61 所示。

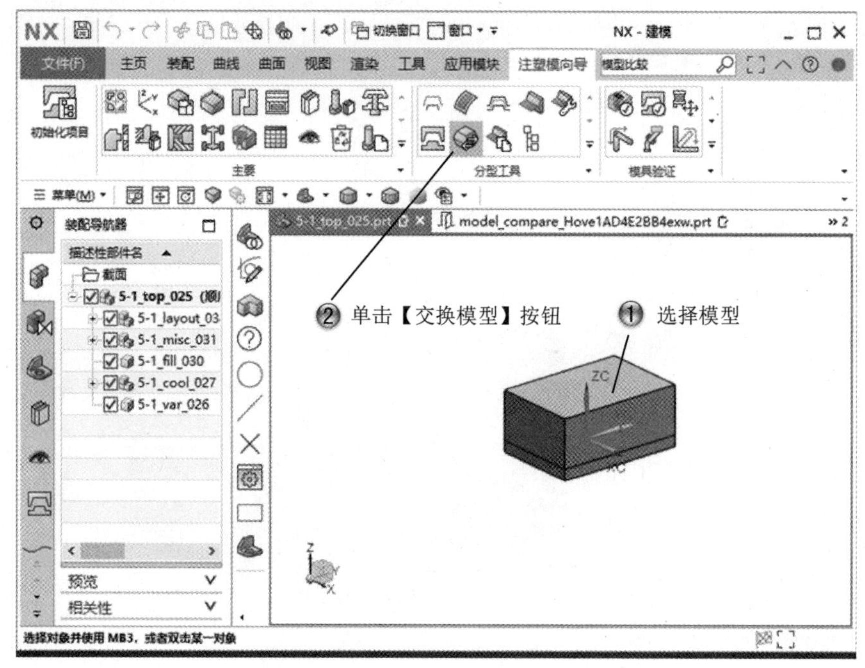

图 5-61　选择【交换模型】命令

Step4 选择交换文件，如图 5-62 所示。

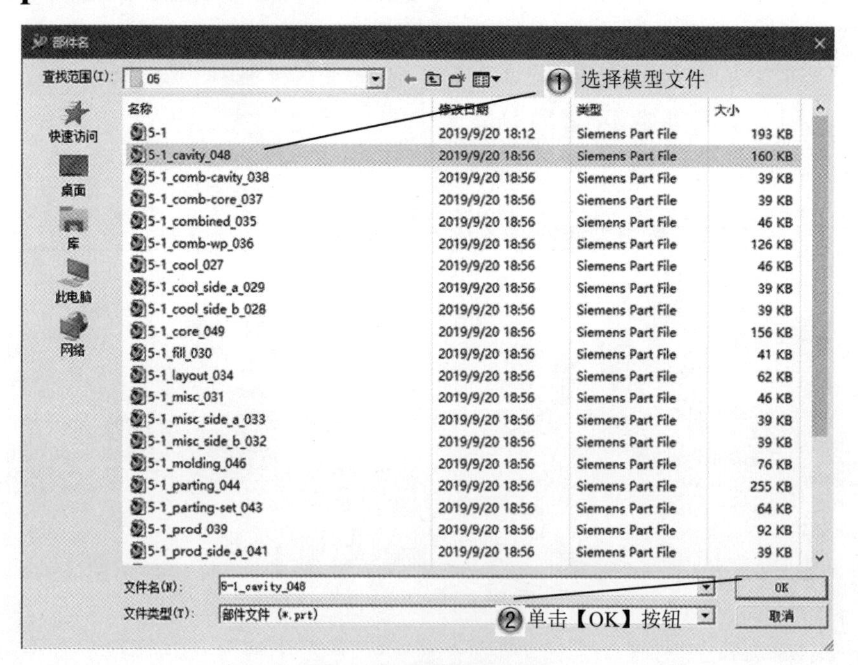

图 5-62　选择交换文件

Step5 完成模型比较，如图 5-63 所示。

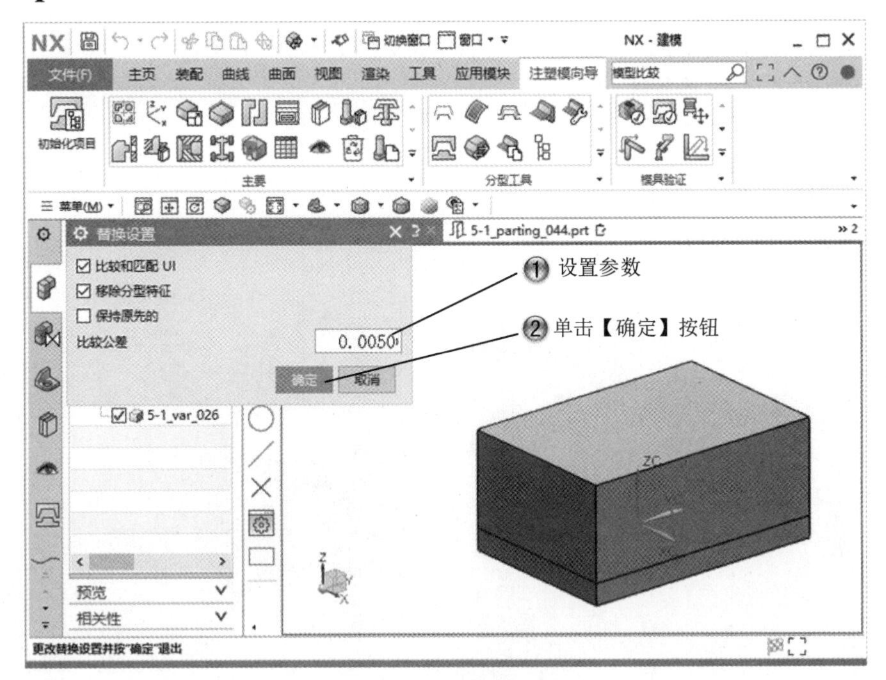

图 5-63　完成模型比较

5.5　专家总结

本章重点讲解了型腔和型芯的设计，希望读者能够认真学习掌握。实际上，使用注塑模向导模块进行设计的关键在于一个思路，大体上应该按照提取产品面、创建补面、创建分型线、创建分型面、分型这几大步骤进行操作。

5.6　课后习题

5.6.1　填空题

（1）创建型芯和型腔前的两个步骤是________、________。

（2）创建型芯和型腔的方法是________。

（3）分型功能的种类有________、________。

5.6.2　问答题

（1）模型比较的作用有哪些？

（2）简述创建型芯和型腔的过程。

5.6.3 上机操作题

如图 5-64 所示，使用本章学过的知识来创建齿轮的型芯和型腔。

一般创建步骤和方法如下：

（1）创建齿轮。

（2）创建分型面。

（3）设计提取区域。

（4）模具分型。

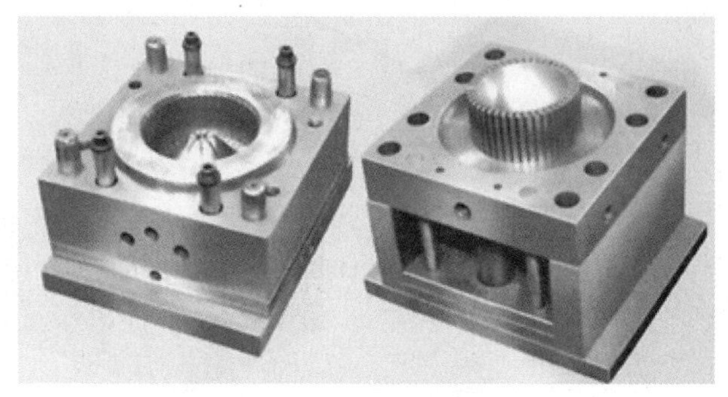

图 5-64 齿轮模具

第6章　模架库

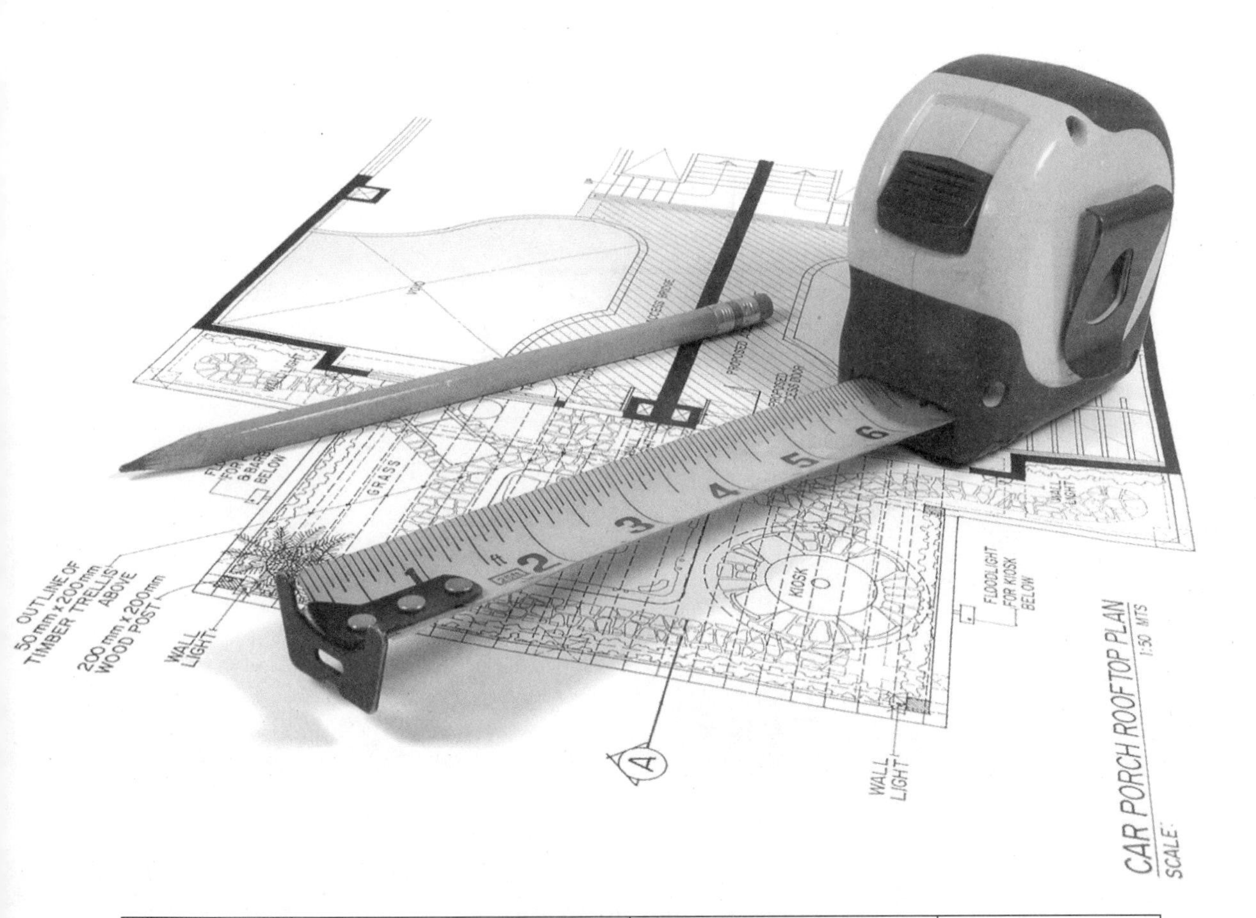

课训目标	内　容	掌握程度	课　时
	模架管理	熟练运用	2
	模架设计	熟练运用	2

课程学习建议

模架是模具中最基本的支撑体，设计模具应当以先结构后模架为准，同样模具标准件也很重要，组成模具的几大系统是：浇注系统、冷却系统、顶出系统、成型系统等，本章介绍最主要的系统组件，即模架库，如何使用和管理模架库是本章的重点。

本课程主要基于软件的模具模块进行讲解，其培训课程表如下。

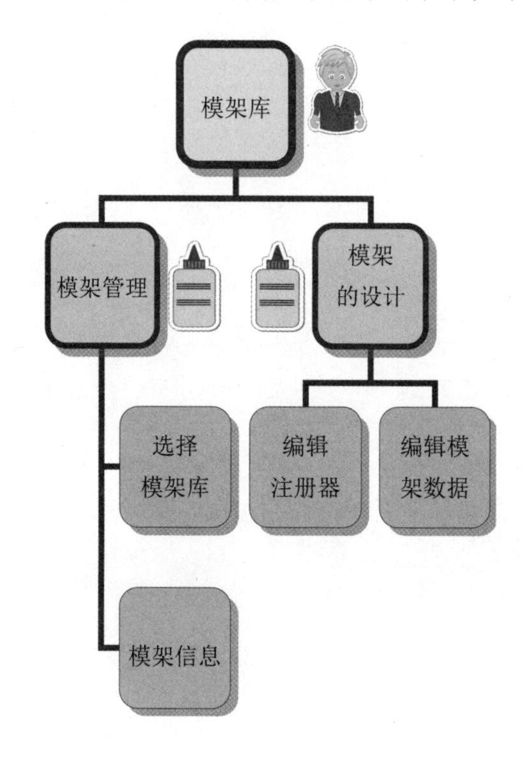

6.1 模架管理

模架是用来给模具定位的一种装置。模架库中的模架主要是用于型腔和型芯的装夹、顶出和分离的机构。目前模具上的模架大部分是由标准件组成的，而且标准件已经从结构、形式和尺寸等几个方面标准化系列化了，并且具有一定的互换性，标准模架就是由这类的标准件组合而成的。

课堂讲解课时：2 课时

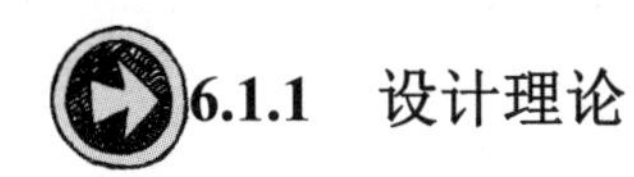

6.1.1 设计理论

在【注塑模向导】的【主要】选项卡中单击【模架库】按钮后，可以在软件左侧的【资源条选项】中打开【重用库】选项卡，其中有多种标准模架。在【重用库】中，都包括【名称】、【成员选择】、【搜索】、【对象】、【标准】等几大块的内容，如图 6-1 所示。

图 6-1 【重用库】

6.1.2 课堂讲解

下面具体介绍【模架库】对话框的各项功能。

1. 选择模架库

注塑模向导模块的标准模架目录包含 DME、HASCO、FUTABA 和 LKM 等。在这些目录中便可为模腔选择一套合适的模架。在选择模架时，应为冷却系统和流道等留出空间。

在【重用库】打开【名称】下拉列表中可选择模架的供应商，例如龙记公司的 3 种模架，可以选择 LKM_PP（即细水口系列)、LKM_SG（即大水口系列）和 LKM_TP（即简化型细水口系列)。目录中还有一个名为 UNIVERSAL 的通用模架，可按需要进行不同标准模架的模板配置。

单击【模架库】按钮，系统弹出如图 6-2 所示的【模架库】对话框。该对话框可以实现的功能见图中标注。

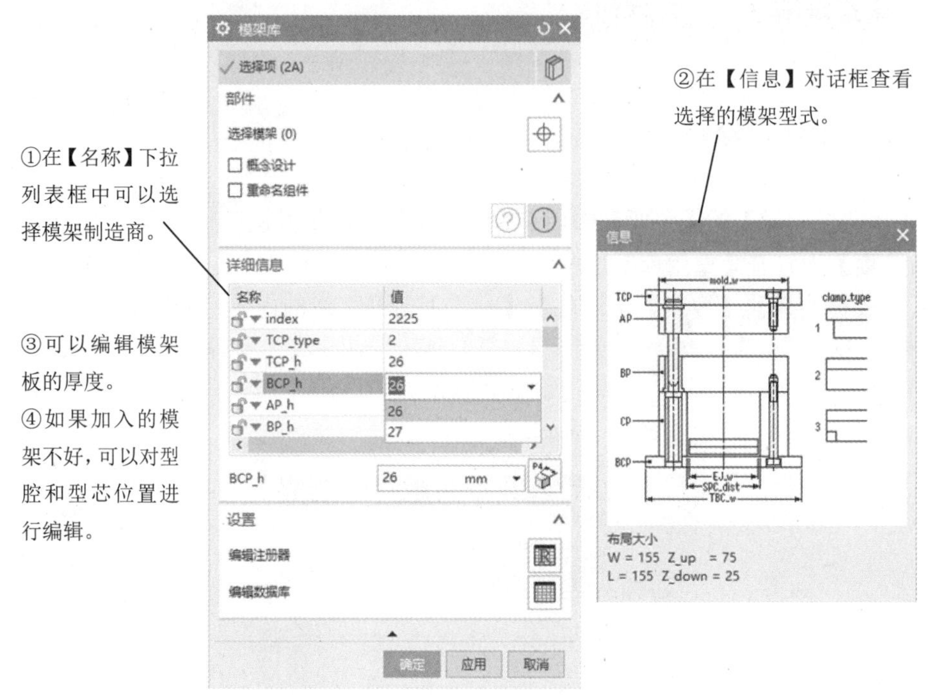

图 6-2 【模架库】对话框及其功能

2. 模架信息

不同的供应商所提供的模架结构也是有所差别的，在【导航器】的【成员选择】选项卡中就列出了指定供应商所提供的标准模架类型。例如：龙记公司的 LKM_TP（即简化型细水口系统）共有 FA、FC、GA 和 GC 四个系列，如图 6-3 所示。

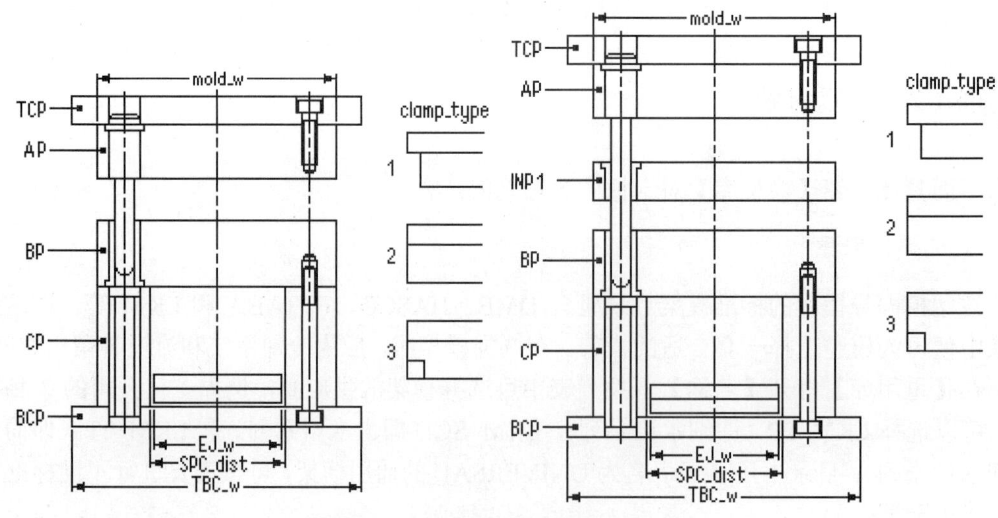

图 6-3 不同类型的简化型细水口系统

当选择了所需要的模架时，系统将会出现所选模架的【信息】对话框。如图 6-4 所示为选择标准模架 LKM_PP 时，出现的示意图。

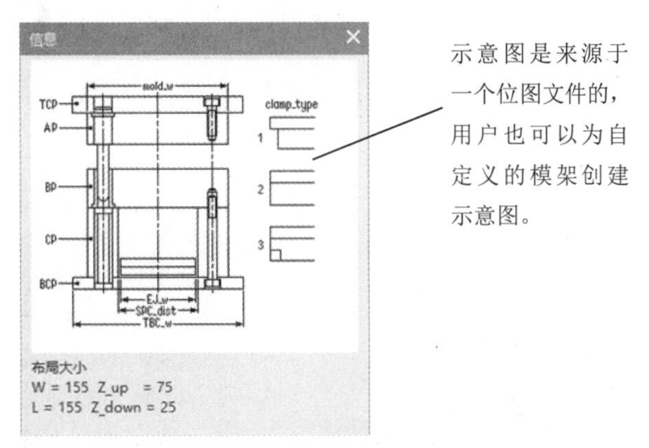

图 6-4　模架示意图

同时还要注意一些常用的知识，例如，图 6-4 中的各字母分别表示了模架中各模板的名称，其中 TCP（即 TOP CLAMPING PLATE）表示上夹板，又称定模垫板； AP（A PLATE）表示 A 板，又称定模板；BP（B PLATE）表示 B 板，又称动模板； CP（C PLATE）表示 C 板，又称模脚；BCP（BOP CLAMPING PLATE）表示下夹板，又称底垫板。

【信息】对话框中显示的字母：W 表示模架中型腔镶件沿 XC 方向的最大宽度，L 表示模架中型腔镶件沿 YC 方向的最大长度，Z_up 是型腔块在 Z 轴正方向上的高度，Z_down 则是型芯块在 Z 轴负方向上的高度。其中 W 和 L 用于初选模架规格中的 X-Y 平面尺寸，Z_up 和 Z_down 则作为选择模板厚度时的参数。模具的规格主要是由“CATALOG”来显示的，模具的尺寸是所选的标准模架在 X-Y 平面内投影的有效尺寸，系统将根据多腔模布局确定最适合的尺寸作为默认的选择。

当选择好模架规格后，系统将自动地在【详细信息】选项组列出模架中各部分的默认数据，如图 6-5 所示。为确保模架与模芯的尺寸与位置相协调，避免过多的反复，最好在加入模架之后（加入任何其他标准件之前），立即调整模架和模芯尺寸。

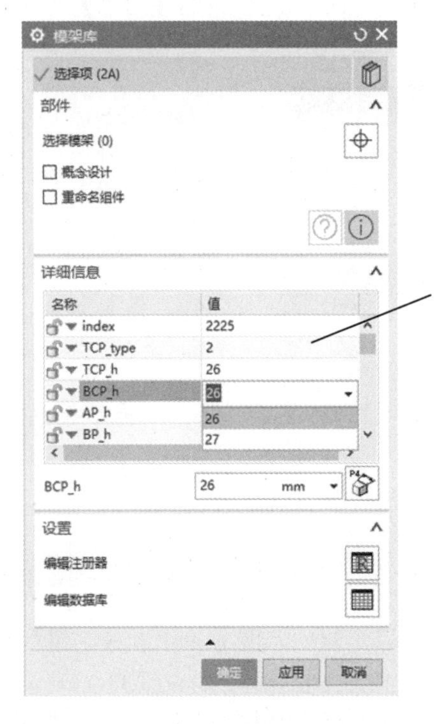

如果模架中的默认数据跟型腔参数不相匹配的时候，就要调整各模架的厚度尺寸，可直接在【值】下面的编辑窗口进行编辑。

图 6-5 【详细信息】选项组

6.1.3 课堂练习——创建孔座零件模具

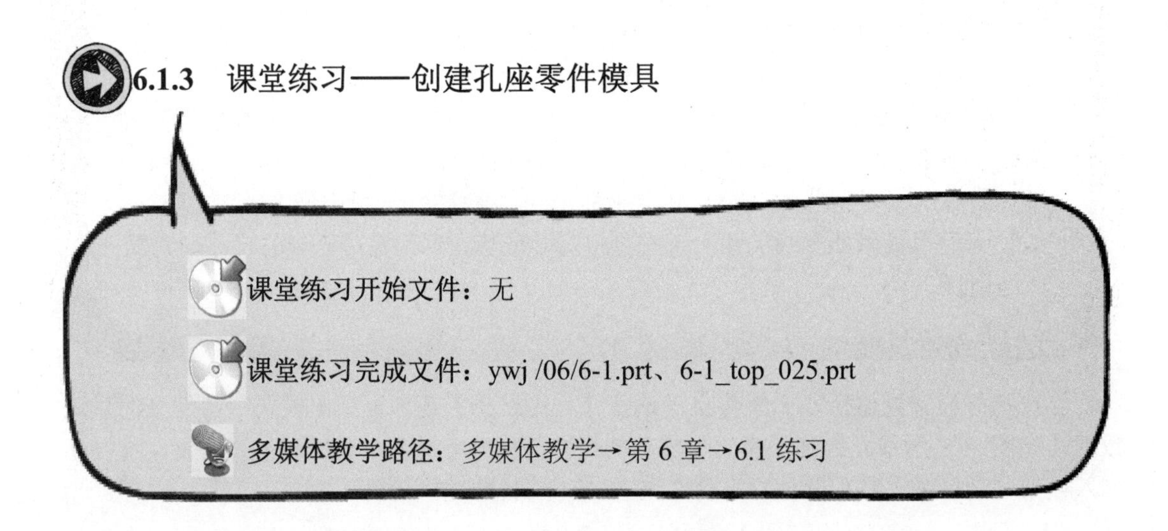

Step1 选择草绘面，如图 6-6 所示。

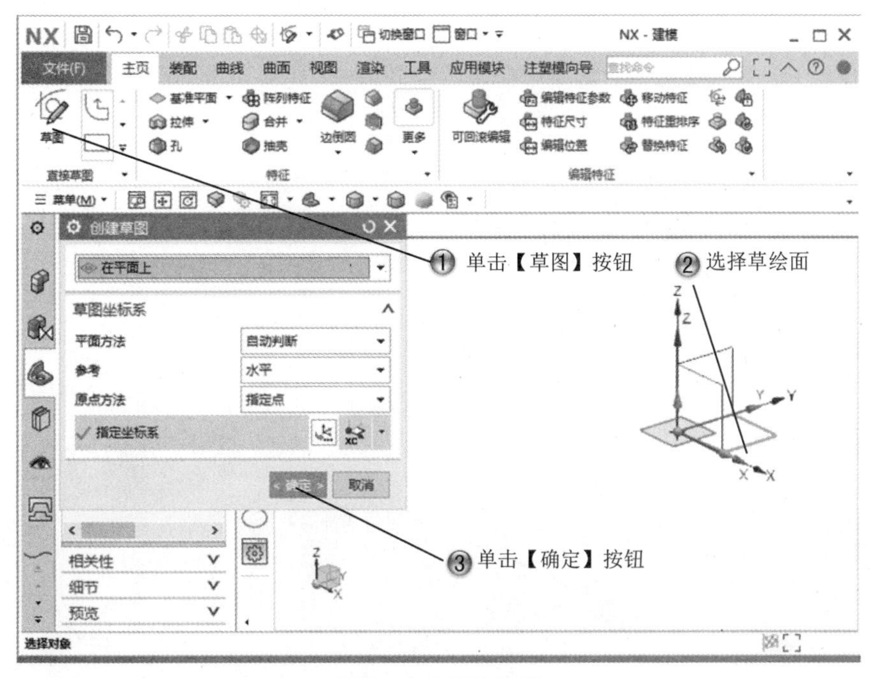

图 6-6　选择草绘面

Step2 绘制矩形，如图 6-7 所示。

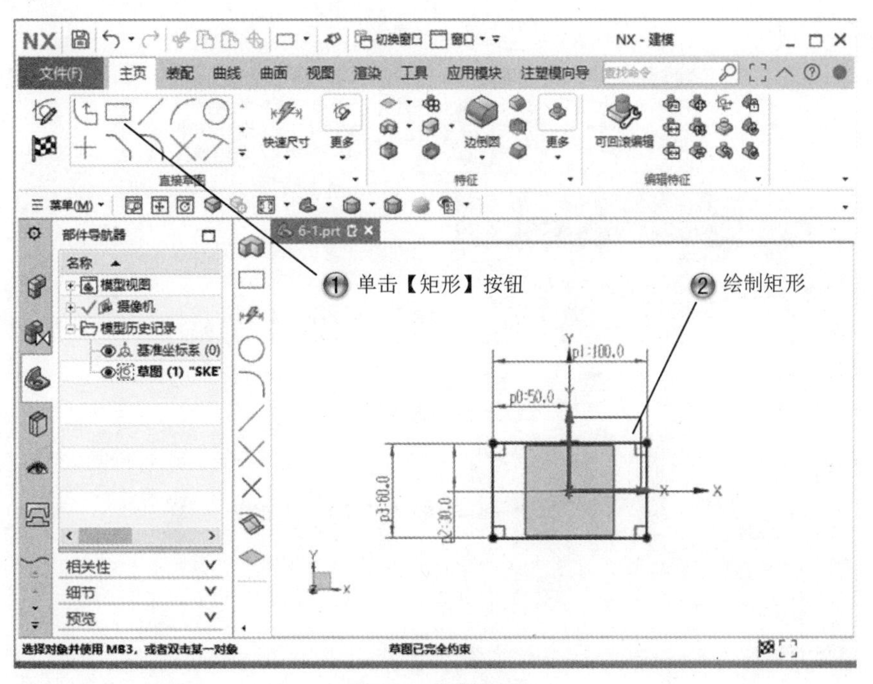

图 6-7　绘制矩形

Step3 创建拉伸特征，如图 6-8 所示。

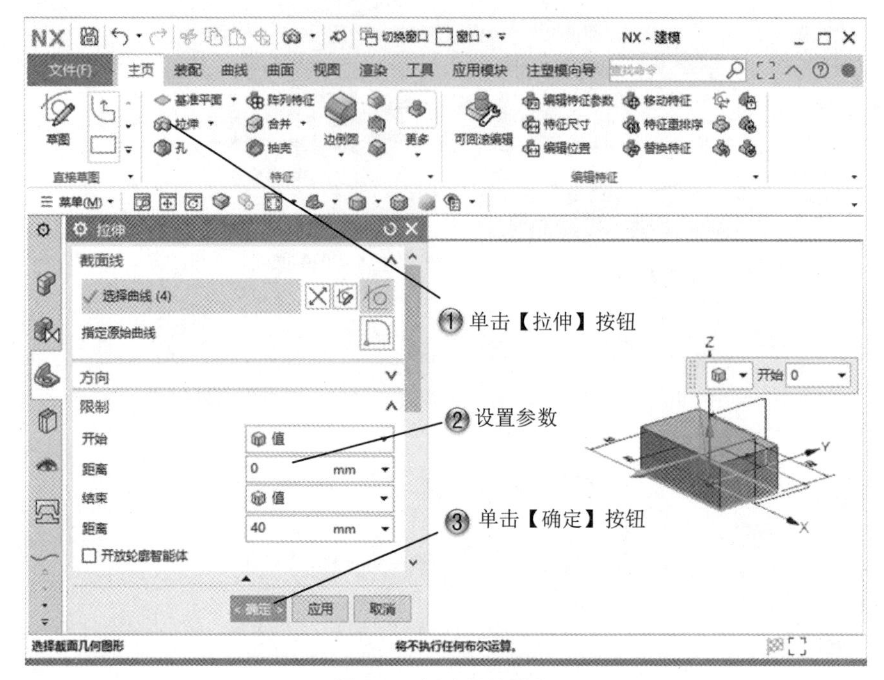

图 6-8　创建拉伸特征

Step4 创建倒斜角，如图 6-9 所示。

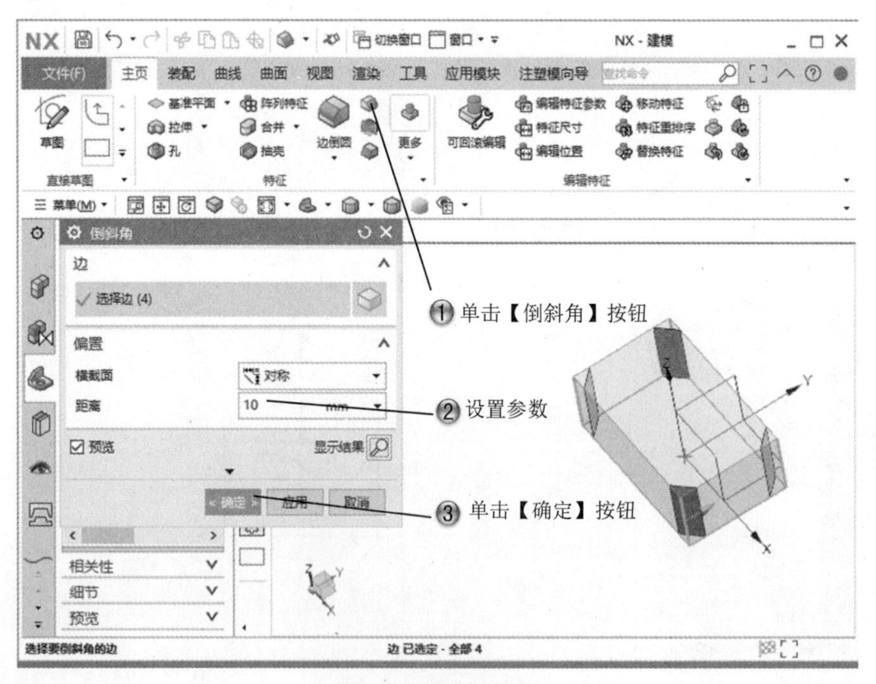

图 6-9　创建倒斜角

Step5 创建抽壳特征，如图 6-10 所示。

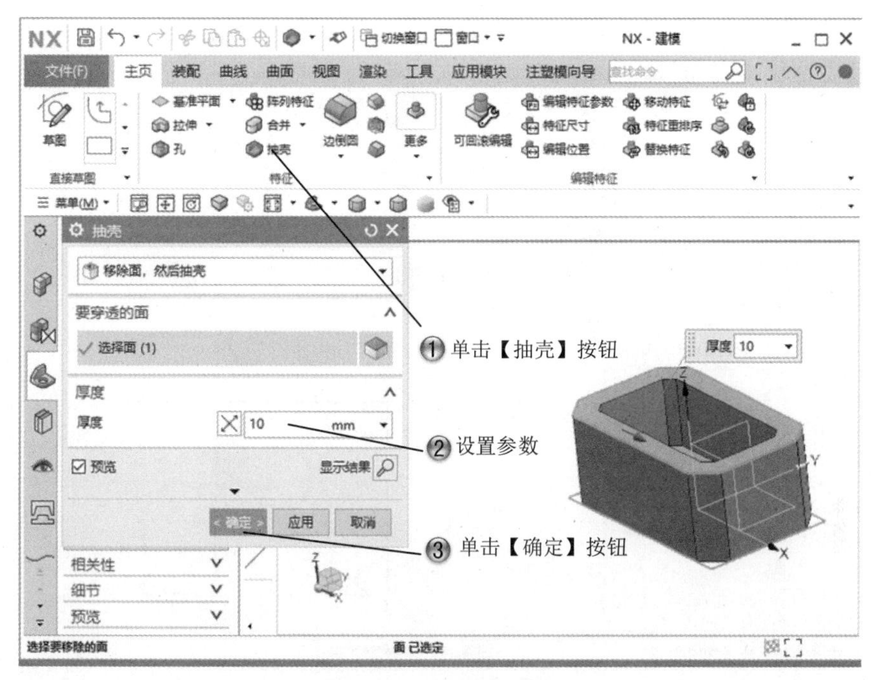

图 6-10 创建抽壳特征

Step6 选择草绘面，如图 6-11 所示。

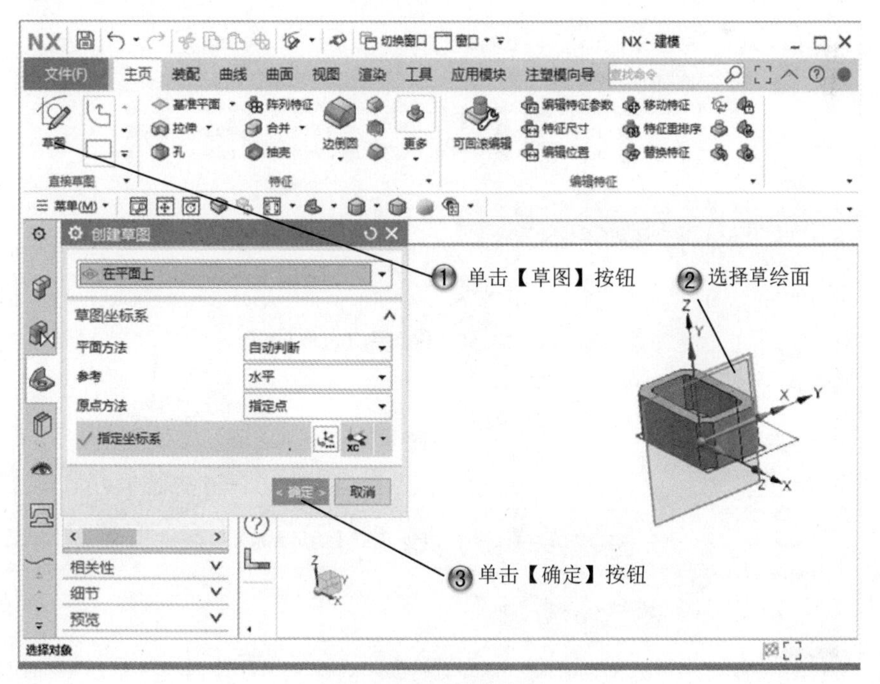

图 6-11 选择草绘面

Step7 绘制三角形，如图 6-12 所示。

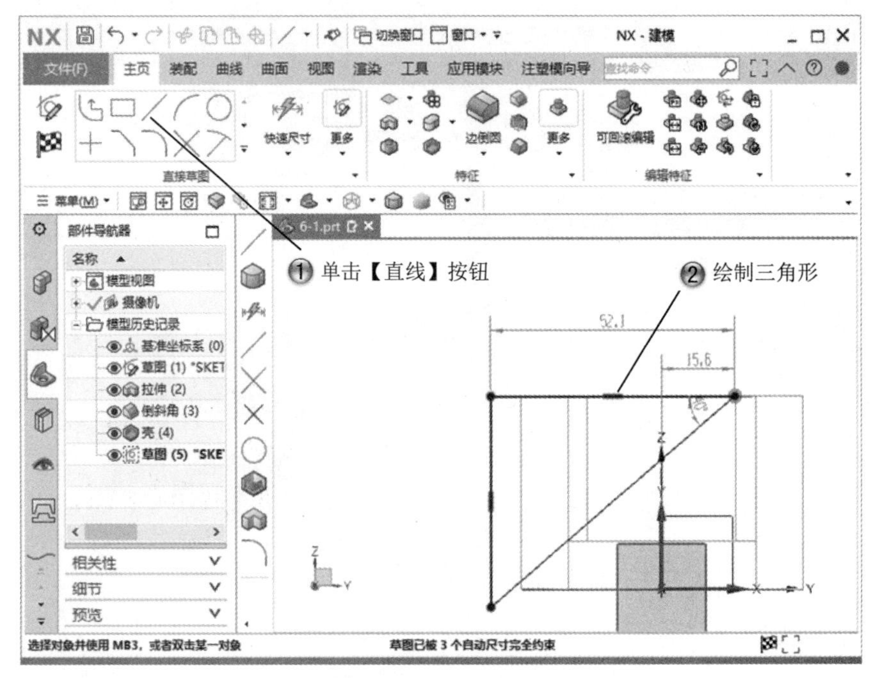

图 6-12　绘制三角形

Step8 创建拉伸特征，如图 6-13 所示。

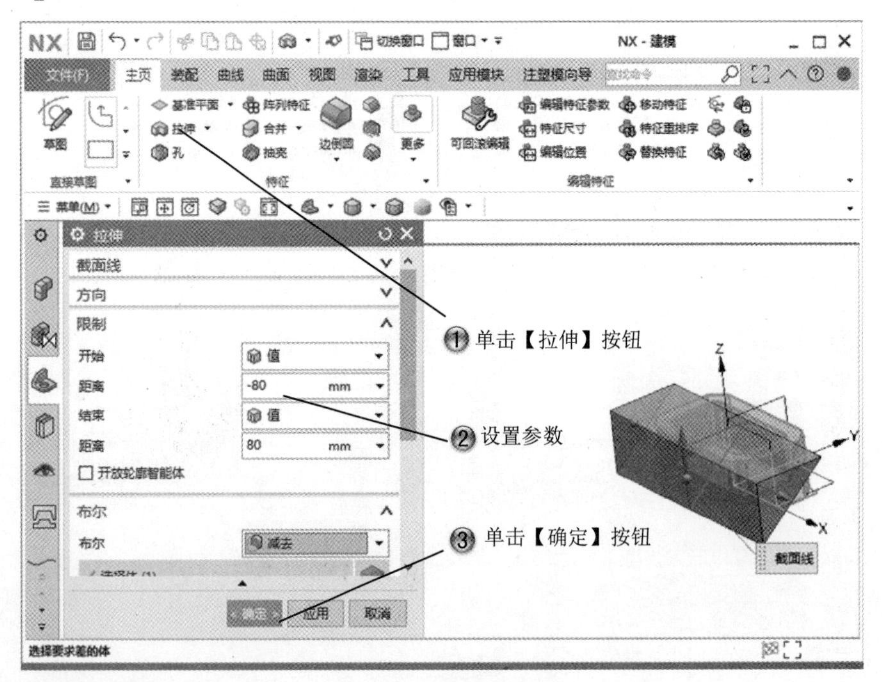

图 6-13　创建拉伸特征

Step9 选择草绘面，如图6-14所示。

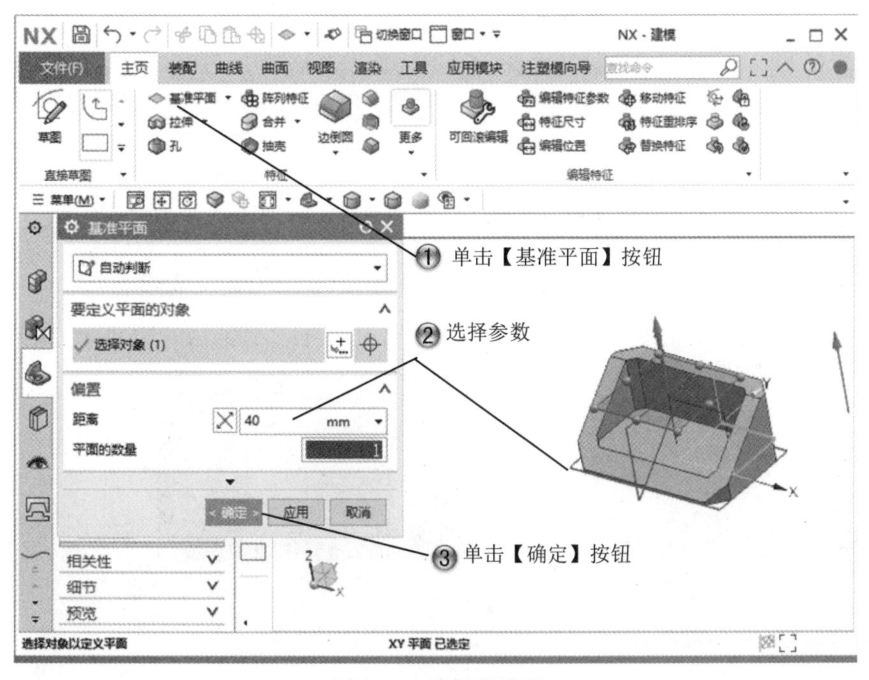

图6-14　选择草绘面

Step10 选择草绘面，如图6-15所示。

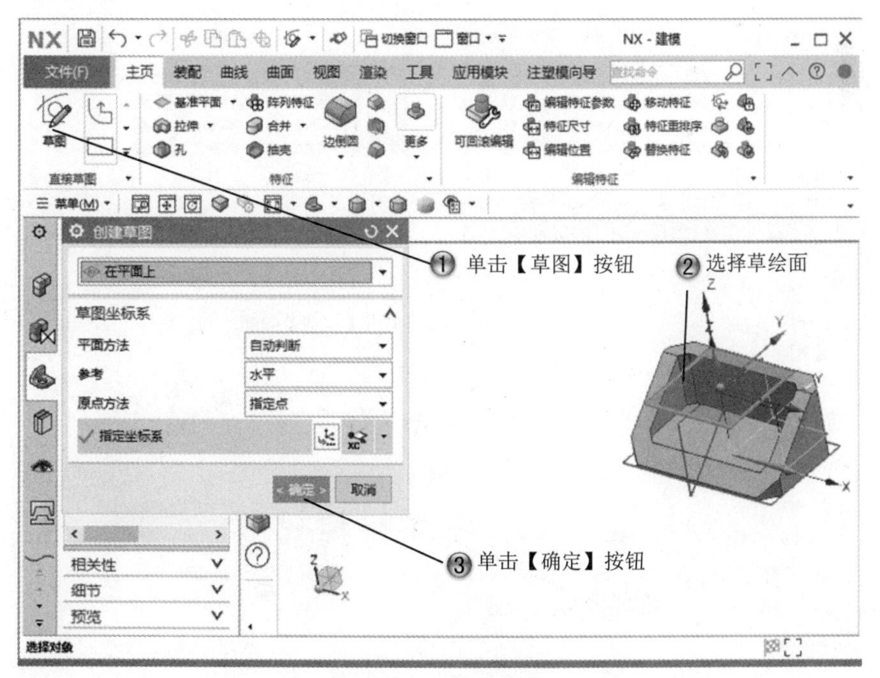

图6-15　选择草绘面

Step11 绘制矩形，如图 6-16 所示。

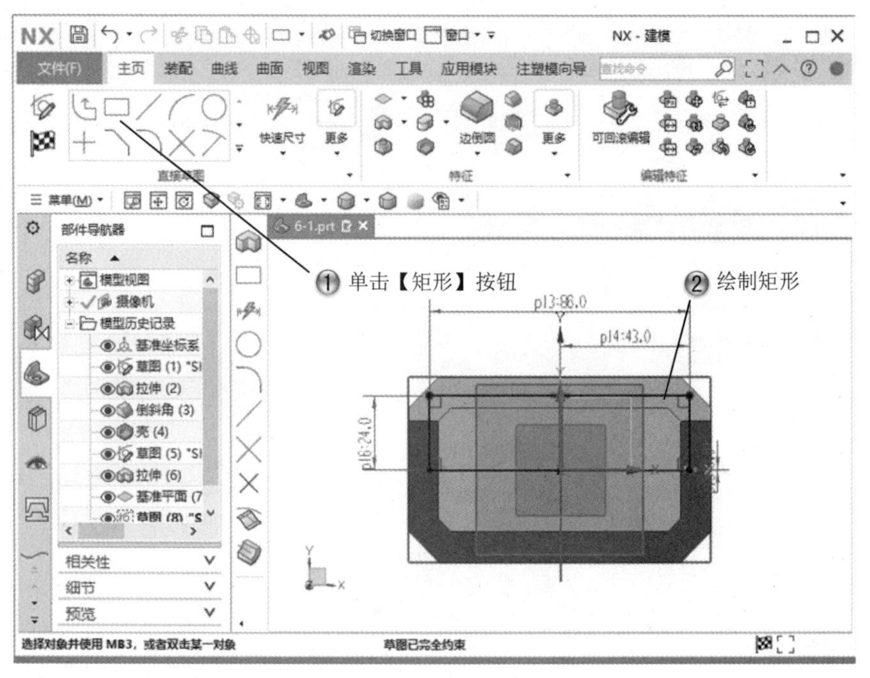

图 6-16　绘制矩形

Step12 创建拉伸特征，如图 6-17 所示。

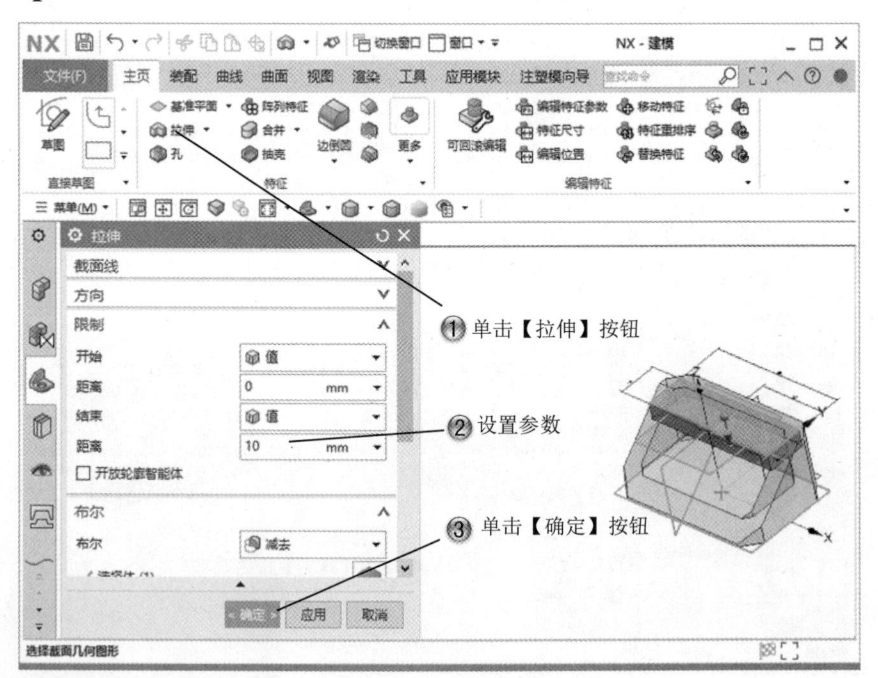

图 6-17　创建拉伸特征

Step13 选择草绘面，如图 6-18 所示。

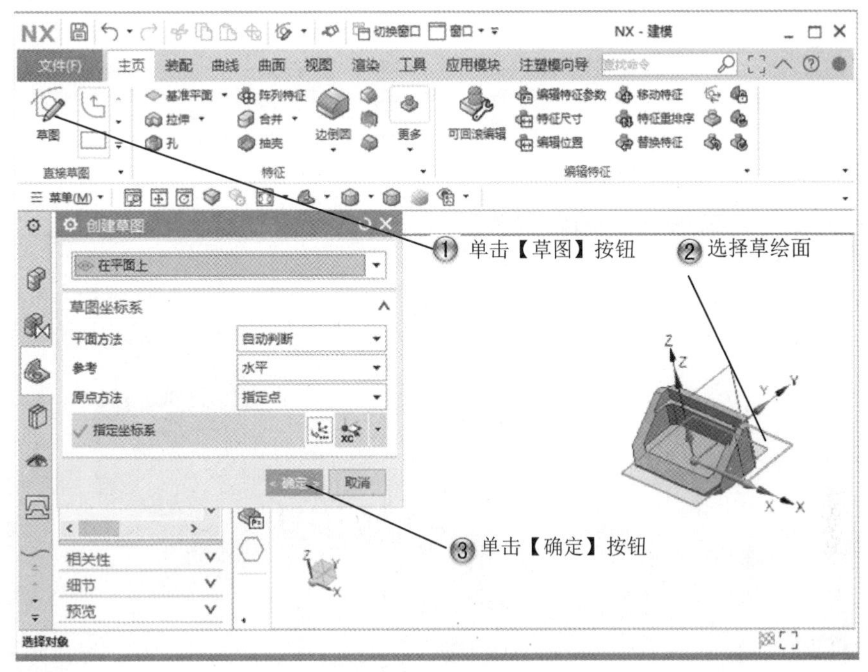

图 6-18　选择草绘面

Step14 绘制圆形，如图 6-19 所示。

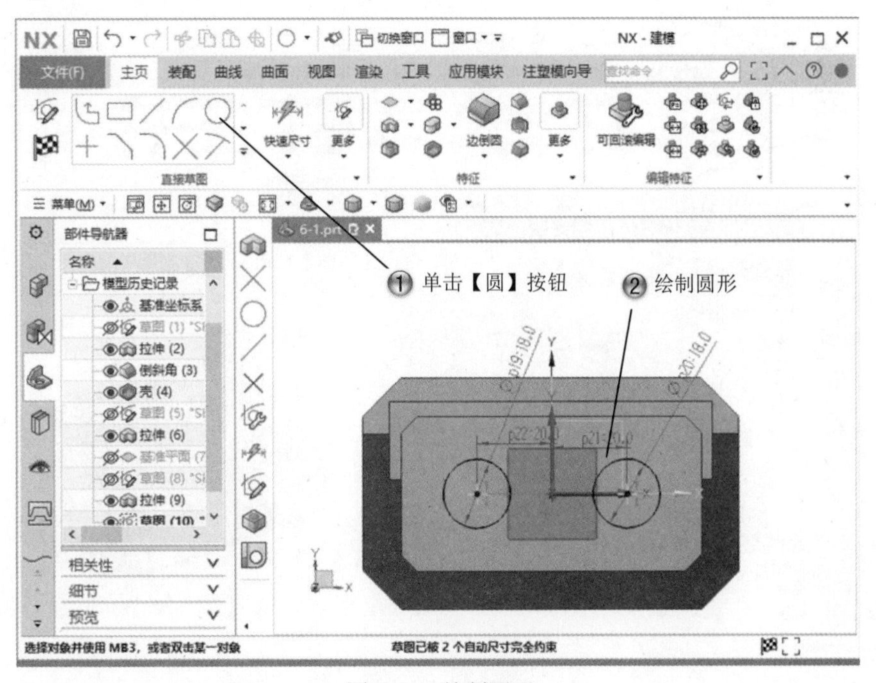

图 6-19　绘制圆形

Step15 创建拉伸特征，如图 6-20 所示。

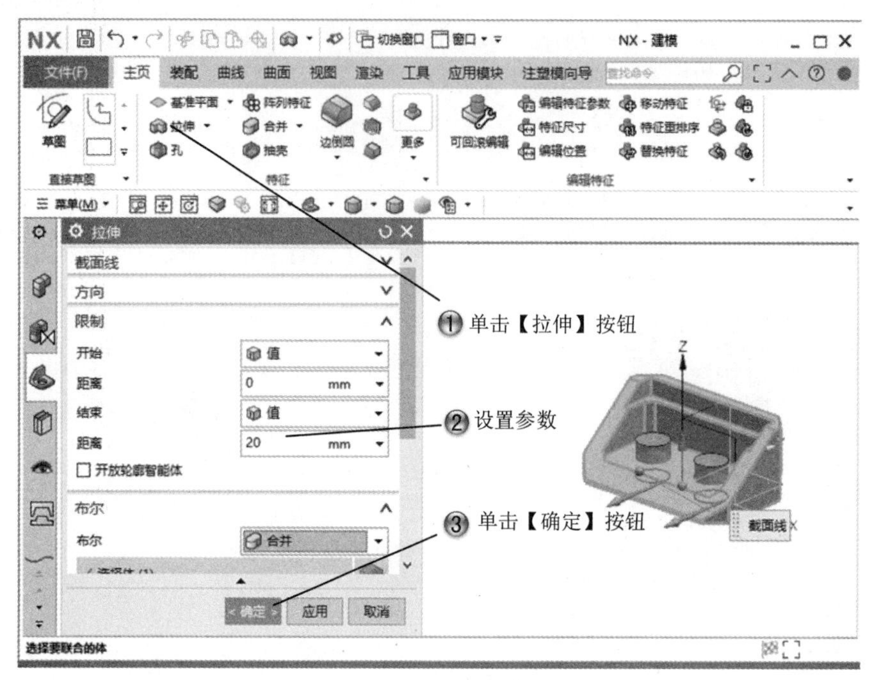

图 6-20　创建拉伸特征

Step16 选择草绘面，如图 6-21 所示。

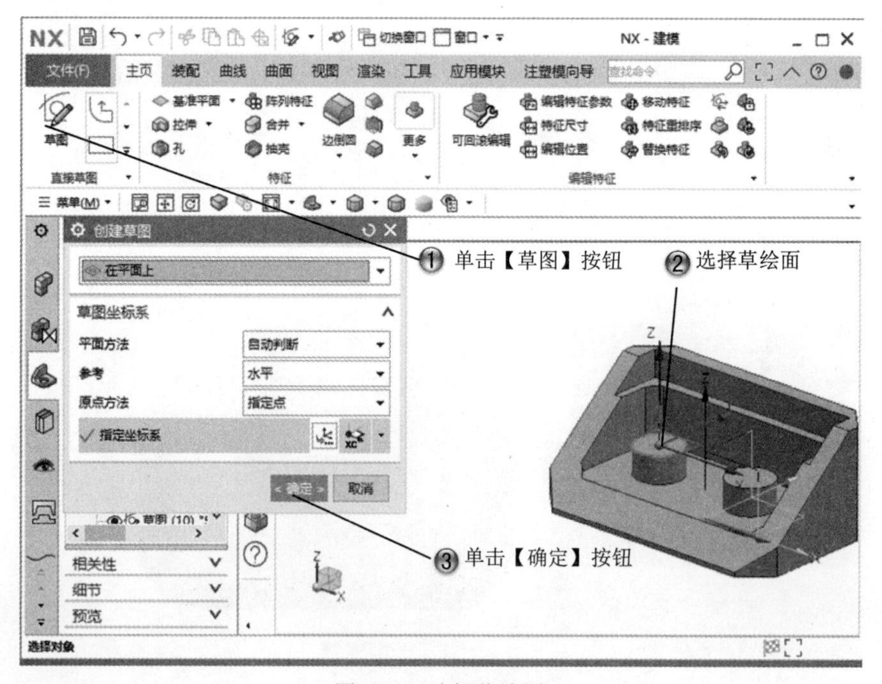

图 6-21　选择草绘面

Step17 绘制圆形，如图 6-22 所示。

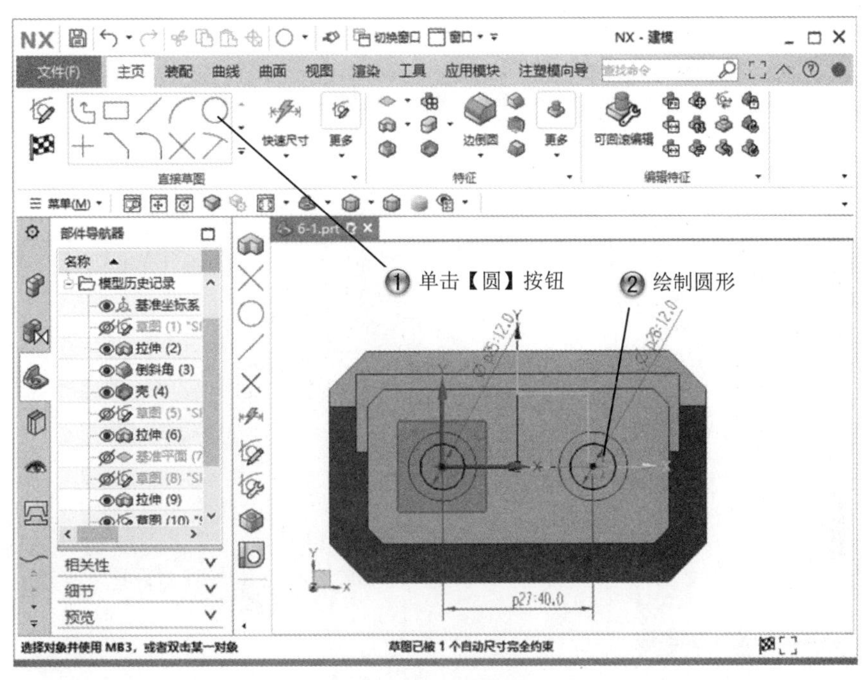

图 6-22　绘制圆形

Step18 创建拉伸特征，如图 6-23 所示。

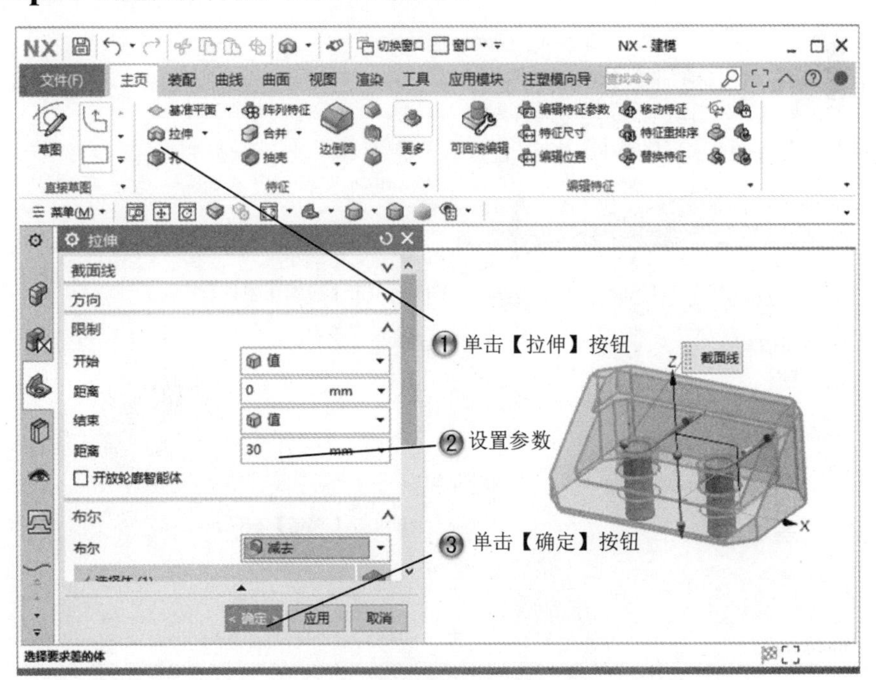

图 6-23　创建拉伸特征

Step19 完成零件模型，如图 6-24 所示。

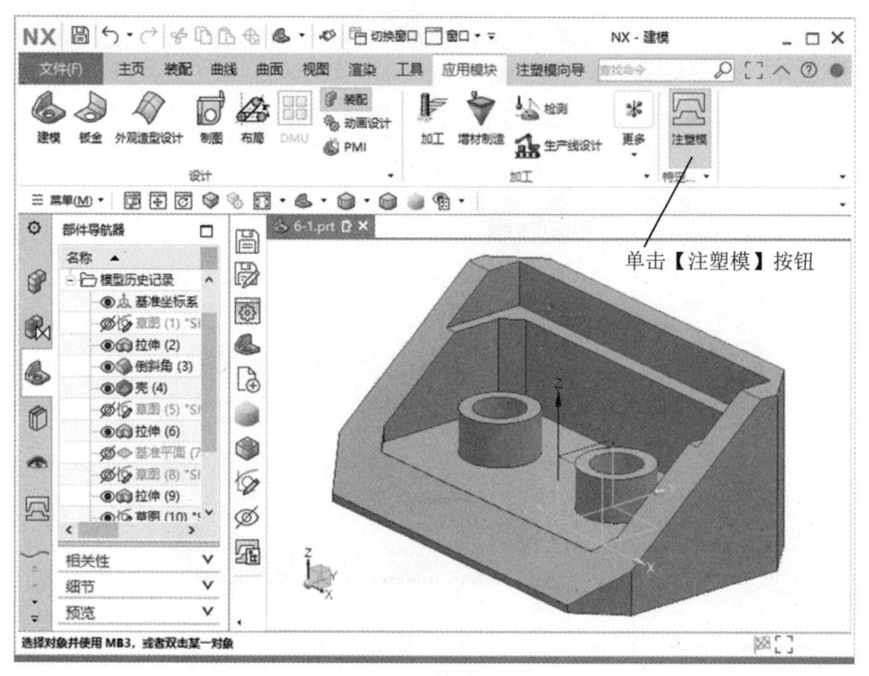

图 6-24 完成零件模型

Step20 初始化模型，如图 6-25 所示。

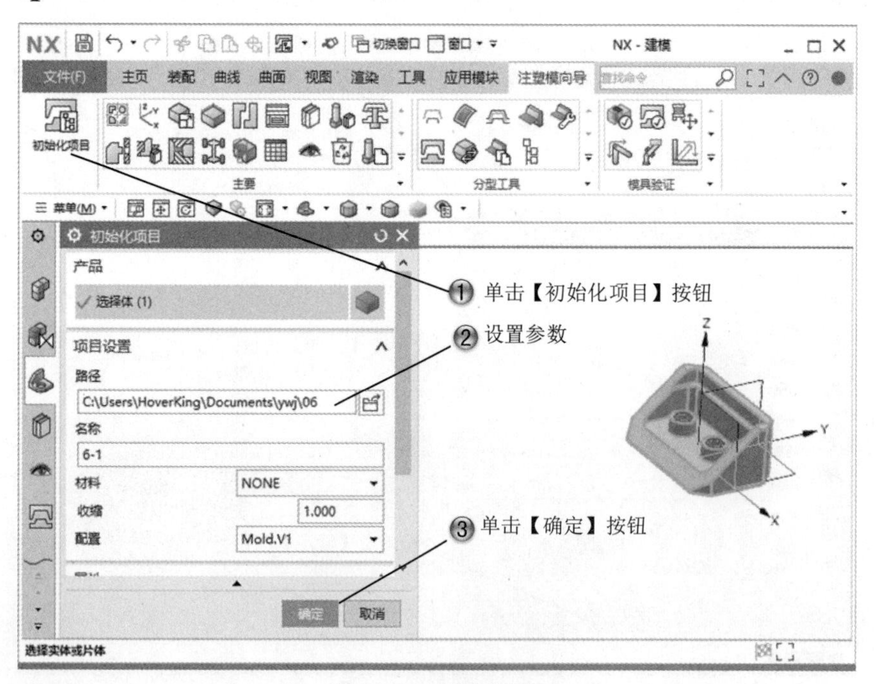

图 6-25 初始化模型

Step21 创建模具坐标，如图 6-26 所示。

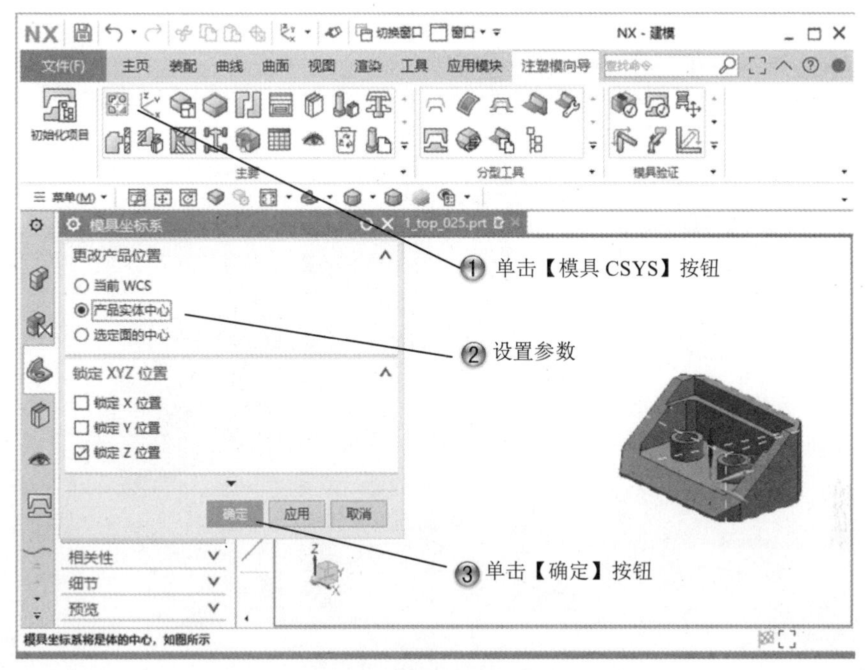

图 6-26　创建模具坐标

Step22 设置缩放体，如图 6-27 所示。

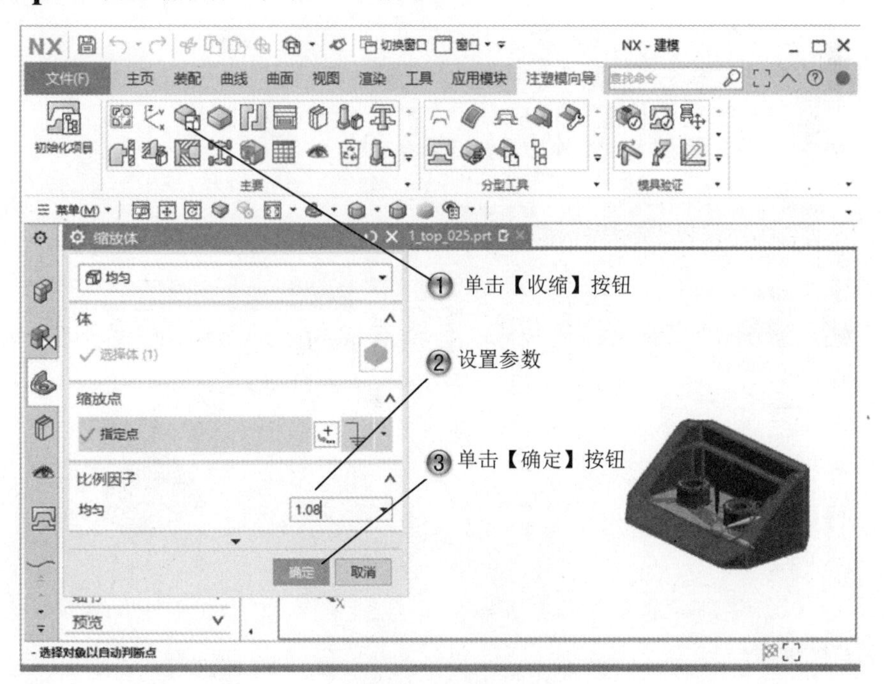

图 6-27　设置缩放体

Step23 创建工件，如图 6-28 所示。

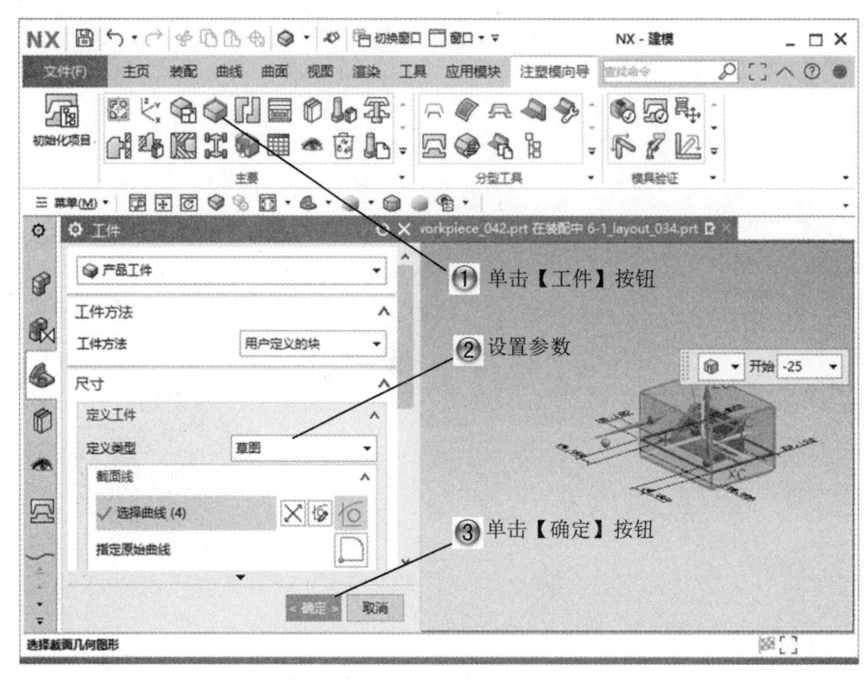

图 6-28　创建工件

Step24 检查区域，如图 6-29 所示。

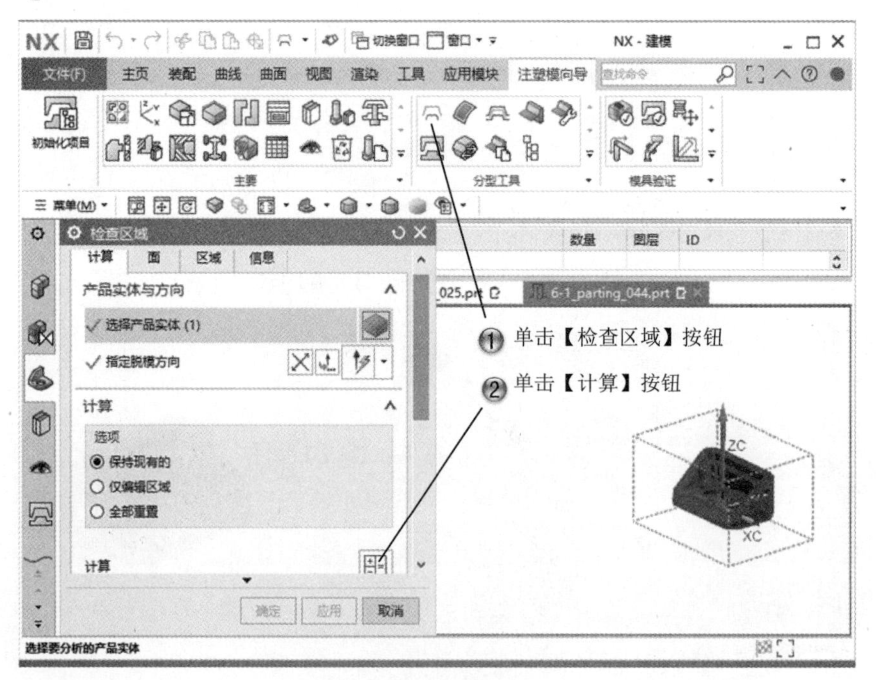

图 6-29　检查区域

Step25 查看未定义区域，如图 6-30 所示。

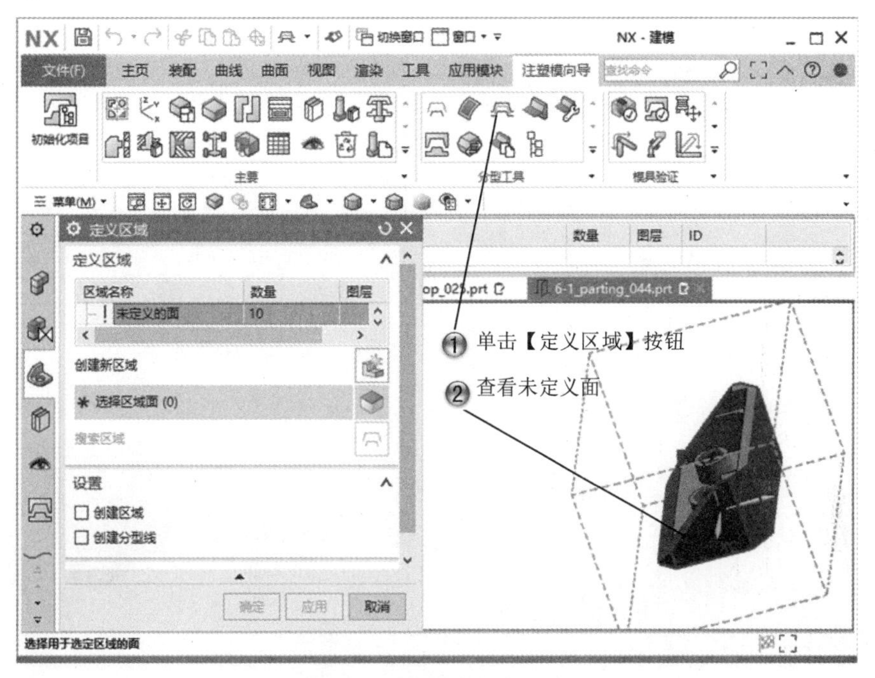

图 6-30　查看未定义区域

Step26 设置型腔面，如图 6-31 所示。

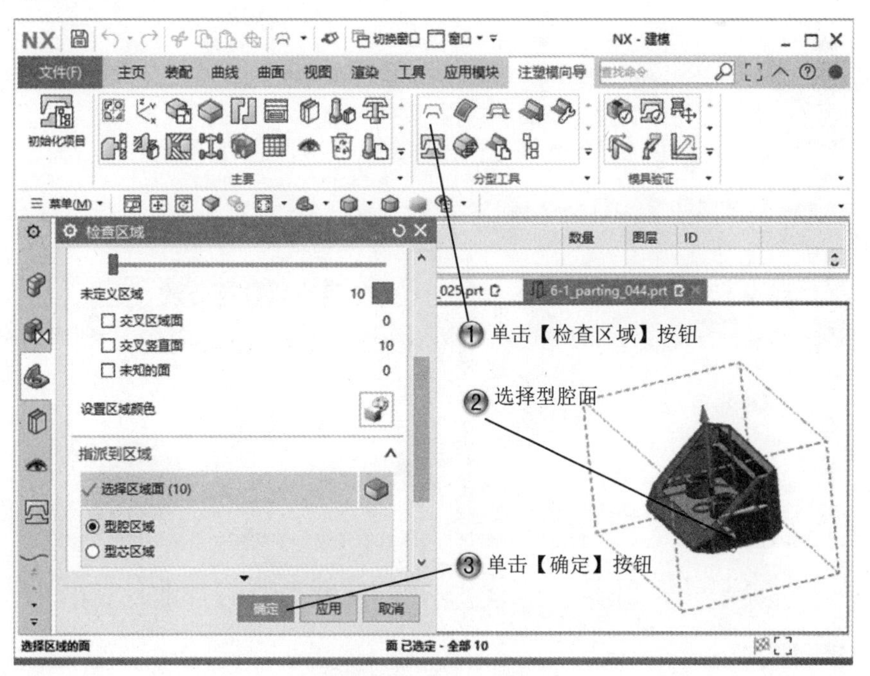

图 6-31　设置型腔面

Step27 创建边补片，如图 6-32 所示。

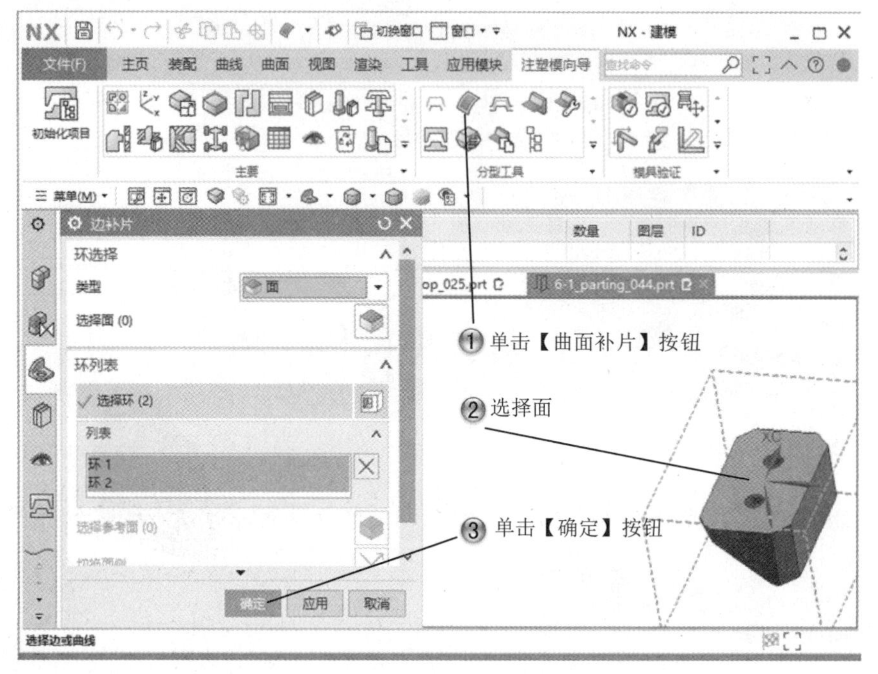

图 6-32　创建边补片

Step28 创建分型线，如图 6-33 所示。

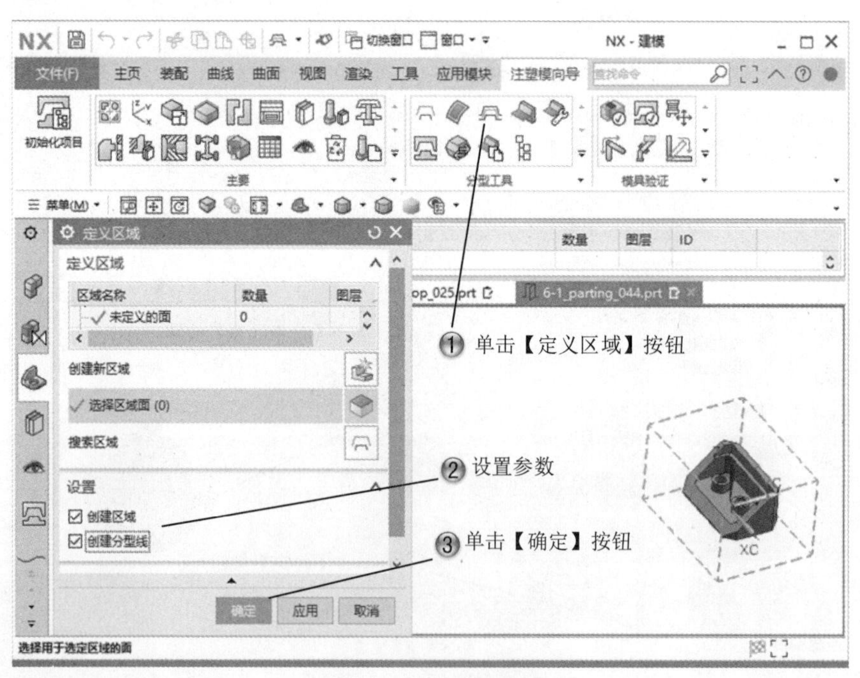

图 6-33　创建分型线

Step29 创建分型面，如图 6-34 所示。

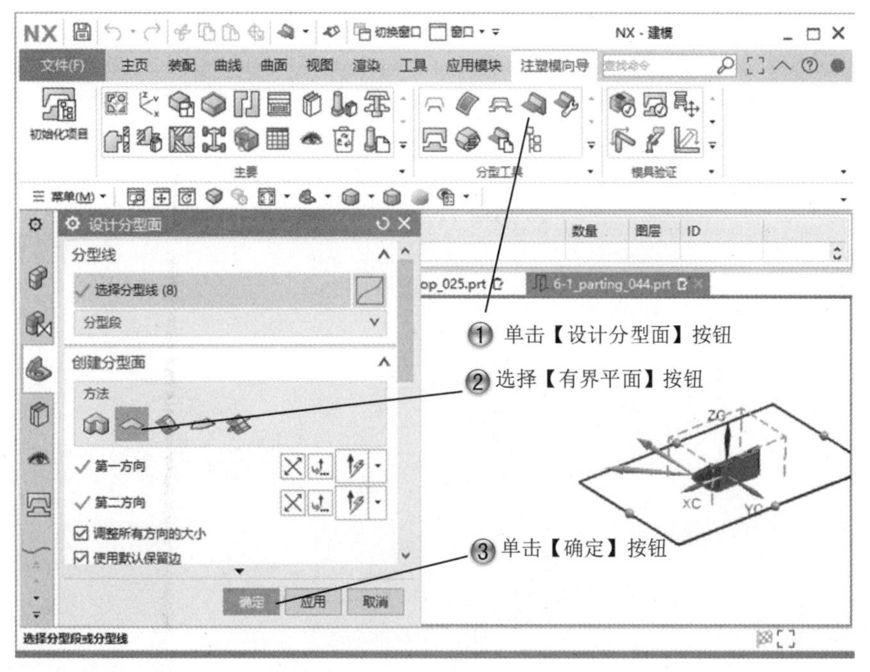

图 6-34　创建分型面

Step30 创建型腔区域，如图 6-35 所示。

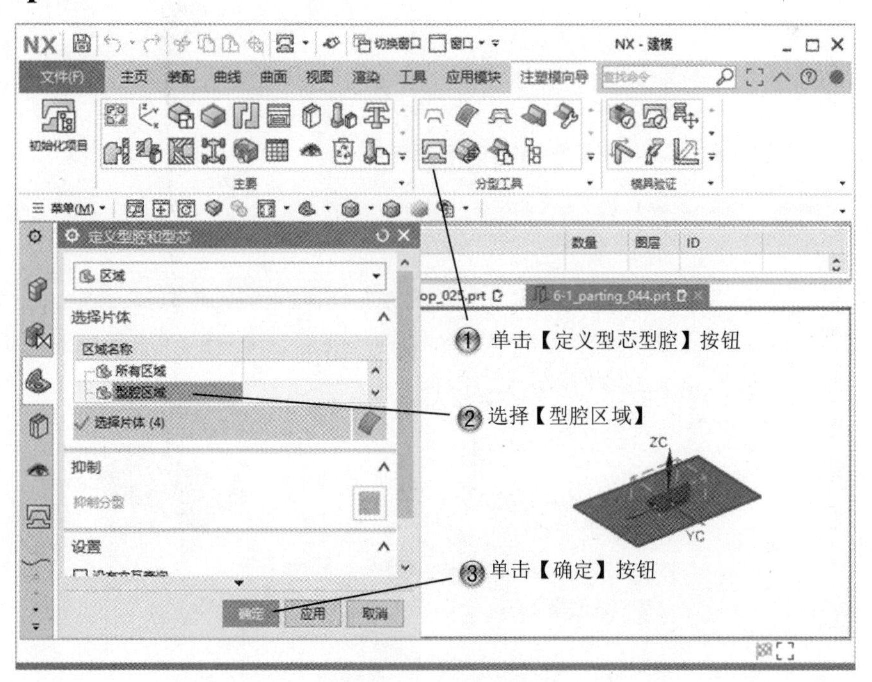

图 6-35　创建型腔区域

Step31 设置型腔方向，如图 6-36 所示。

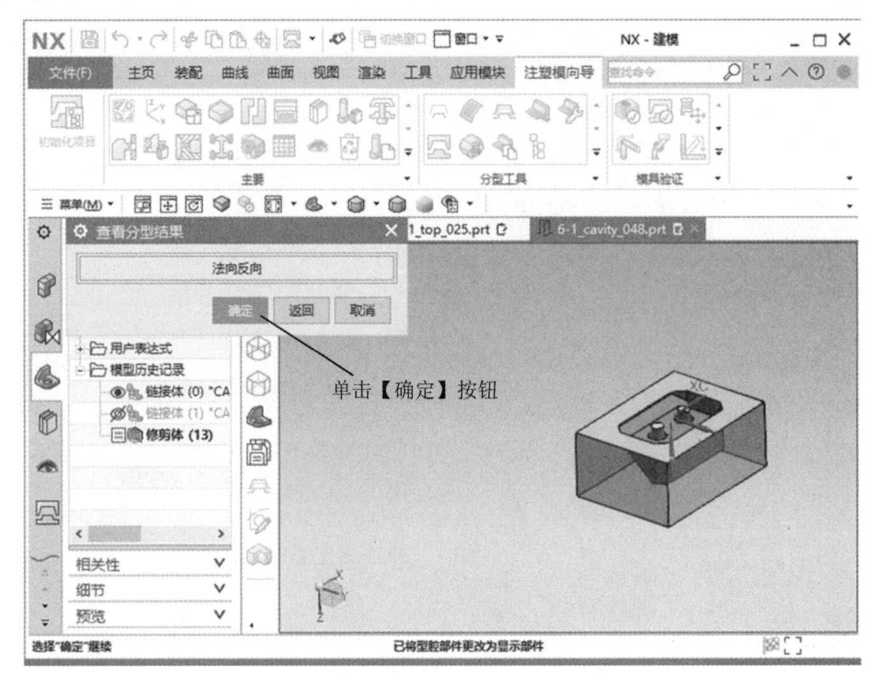

图 6-36　设置型腔方向

Step32 创建型芯区域，如图 6-37 所示。

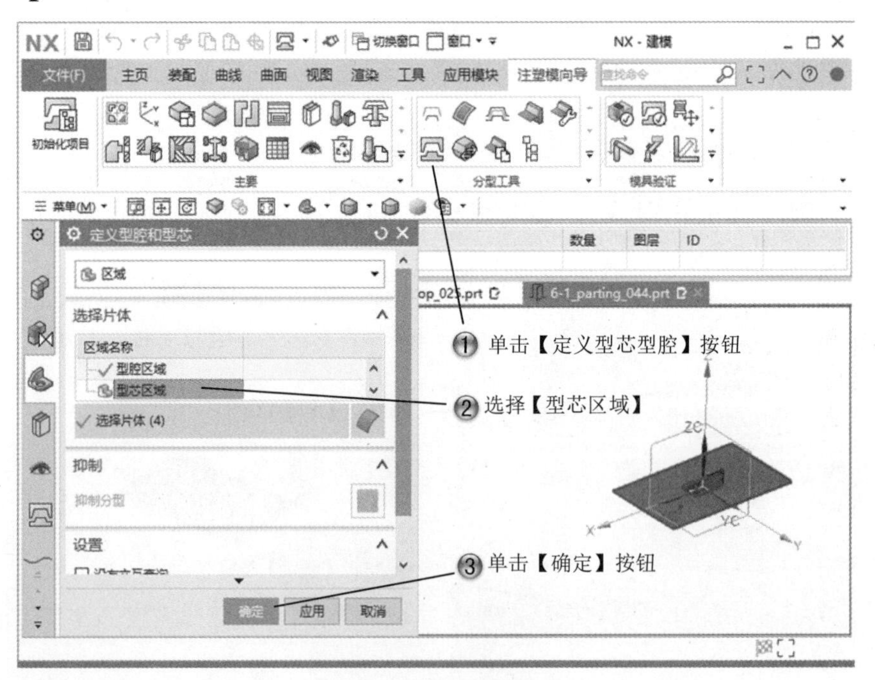

图 6-37　创建型芯区域

Step33 设置型芯方向，如图6-38所示。

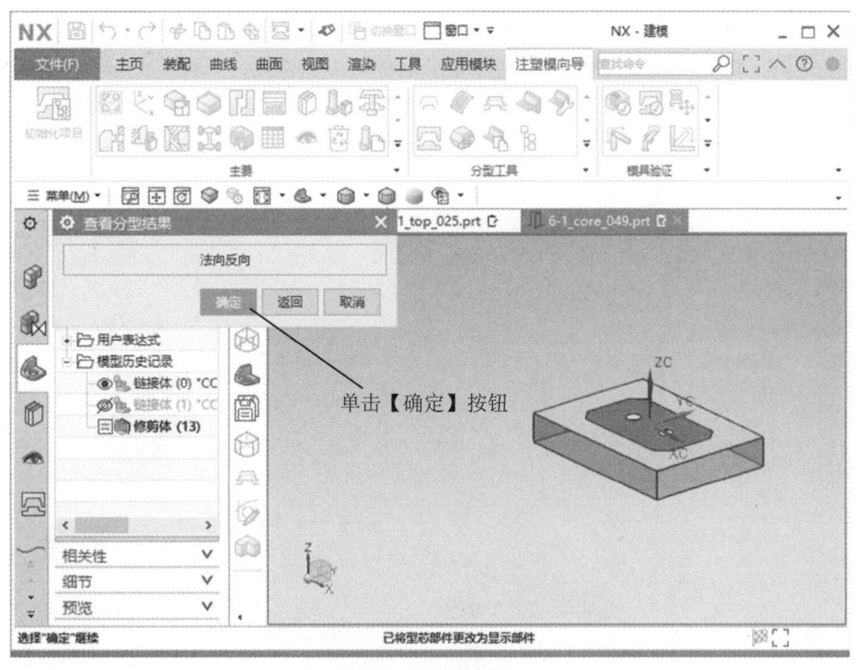

图6-38 设置型芯方向

Step34 完成型芯和型腔，如图6-39所示。

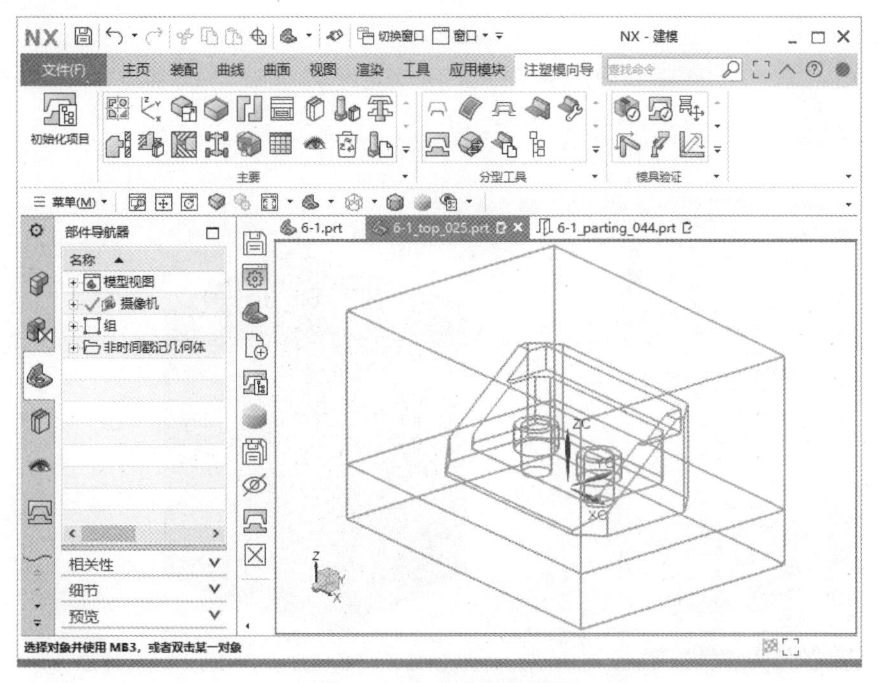

图6-39 完成型芯和型腔

Step35 创建模架，如图 6-40 所示。

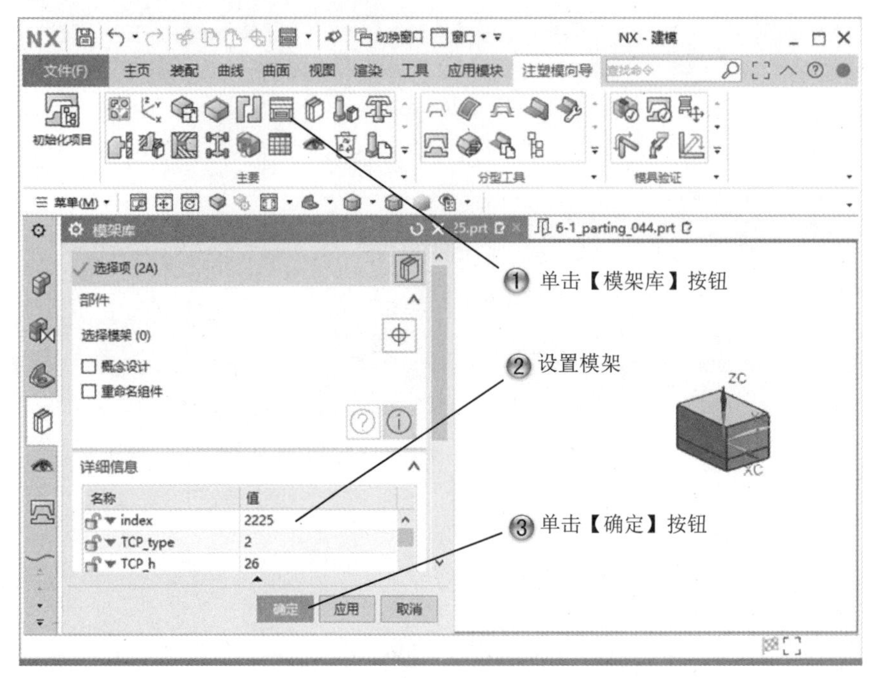

图 6-40　创建模架

Step36 完成模架加载，如图 6-41 所示。

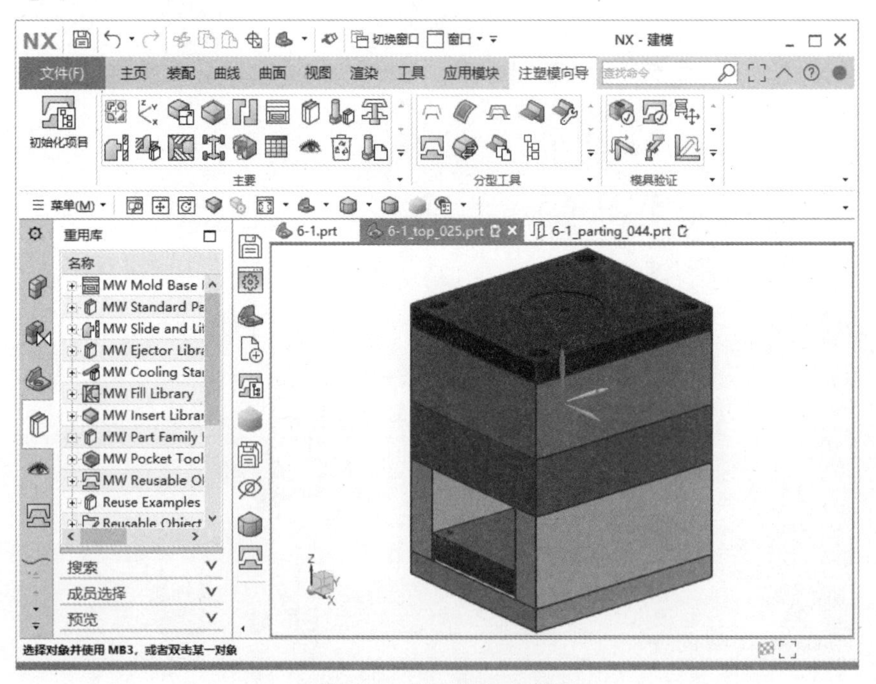

图 6-41　完成模架加载

6.2 模架设计

基本概念

模架的设计指的是编辑模架注册器和数据库，设置模架参数。

课堂讲解课时：2 课时

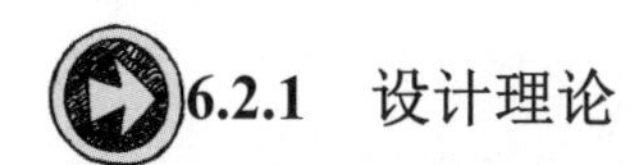

6.2.1 设计理论

使用【编辑注册文件】按钮和【编辑数据库】按钮，进行模架设计，修改模架的参数，生成 Excel 文件。

6.2.2 课堂讲解

1. 编辑注册器

单击【模架库】对话框中的【编辑注册文件】按钮，如图 6-42 所示，将会打开注塑模向导模块注册标准模架的电子表格文件，如图 6-43 所示。

图 6-42 【设置】选项组

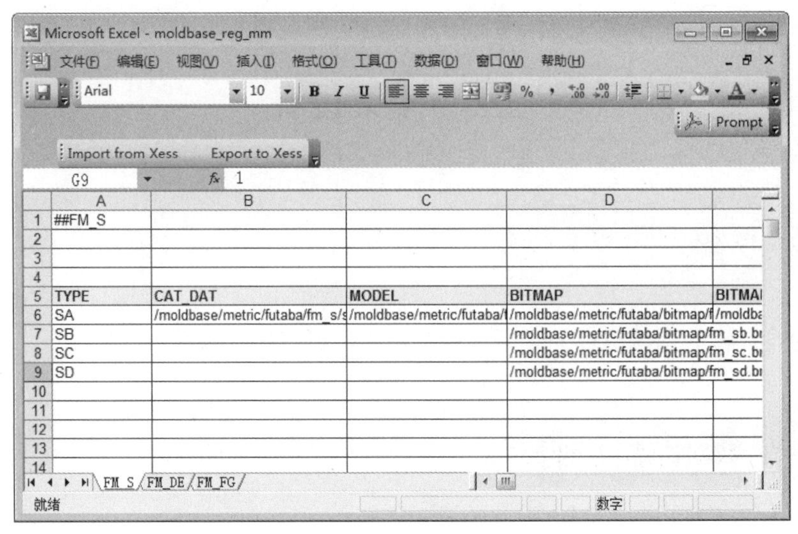

图 6-43　注册标准模架的电子文档

2. 编辑模架数据

单击【模架库】对话框中的【编辑数据库】按钮，将打开注塑模向导模块电子表格文件，如图 6-44 所示，该数据文件可用来定义所选标准模架的各装配元件。

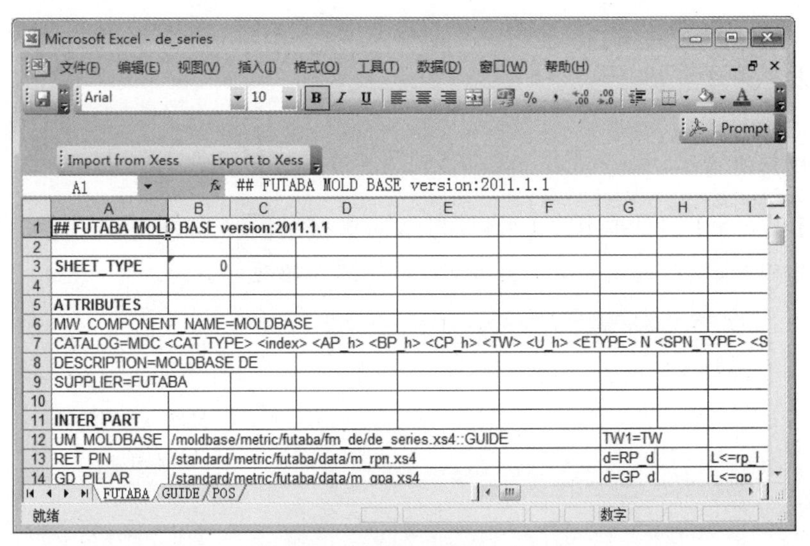

图 6-44　编辑模架数据电子文档

对于所提供的用户定制通用目录，应先在一个复制文件中修改，然后再加入注册文件。

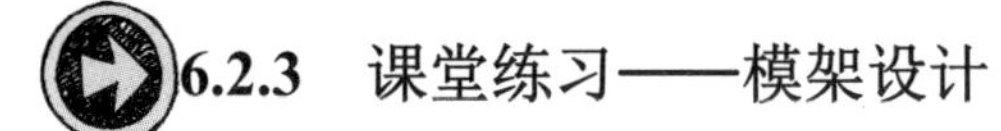

6.2.3 课堂练习——模架设计

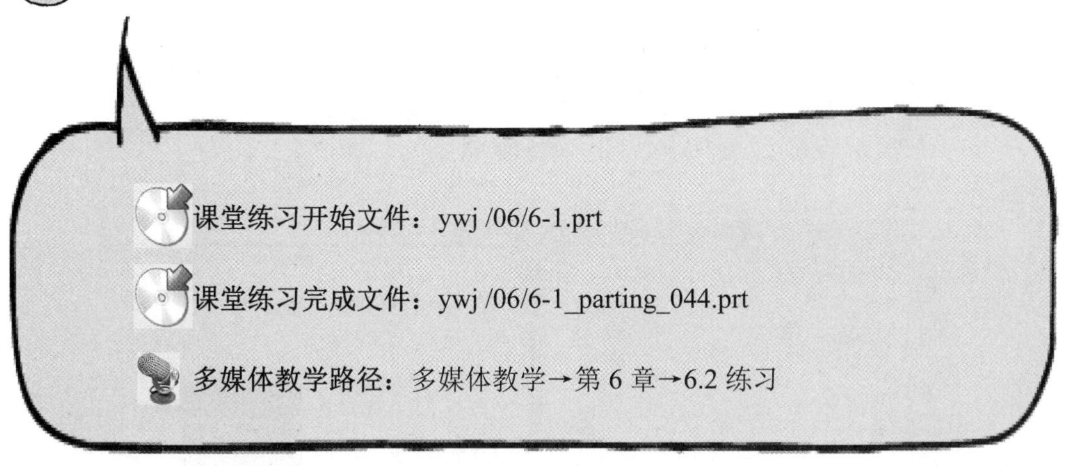

Step1 打开模架文件，如图 6-45 所示。

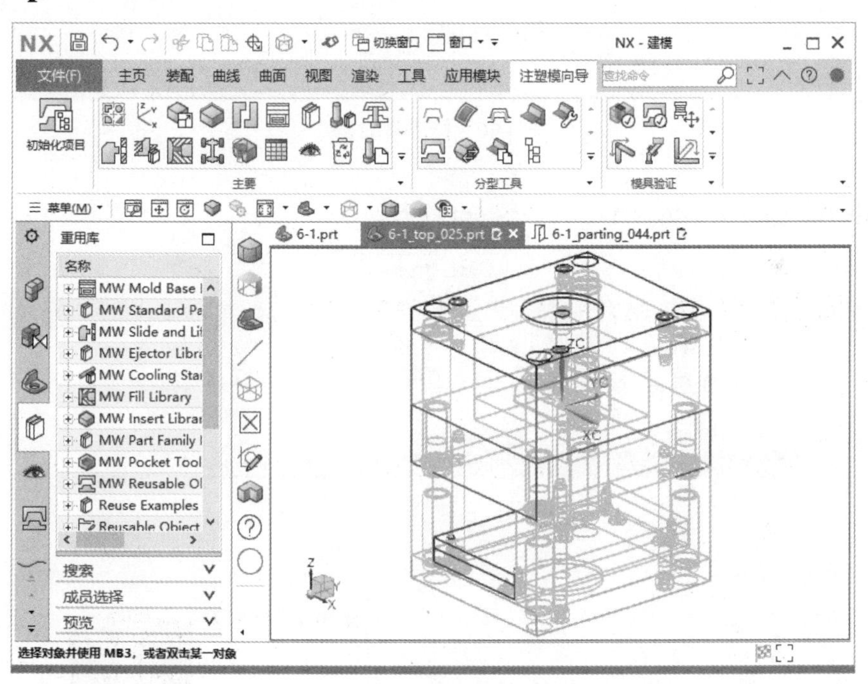

图 6-45　打开模架文件

Step2 修改模架参数，如图 6-46 所示。

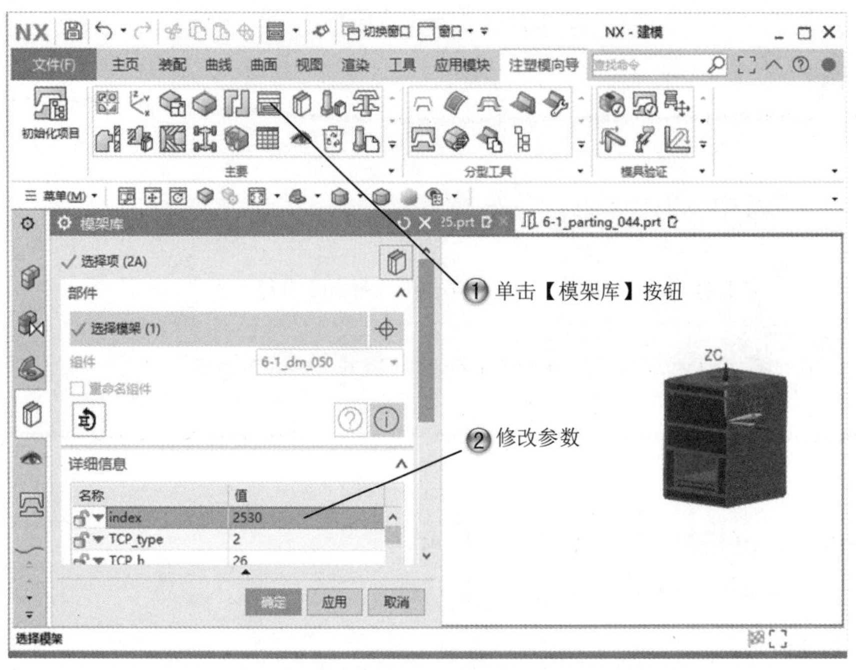

图 6-46 修改模架参数

Step3 修改上下模板参数，如图 6-47 所示。

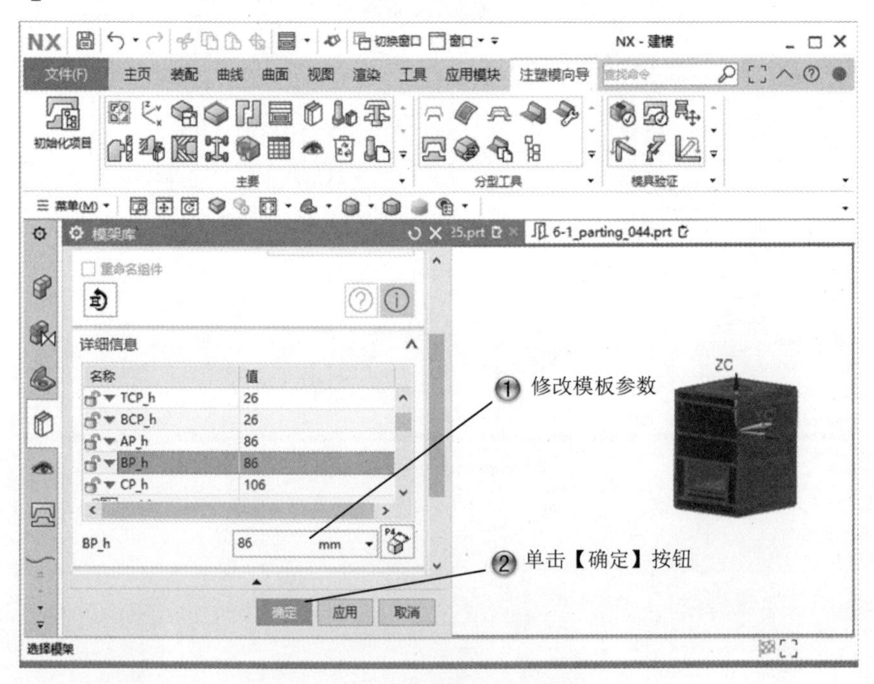

图 6-47 修改上下模板参数

Step4 型腔布局设置，如图 6-48 所示。

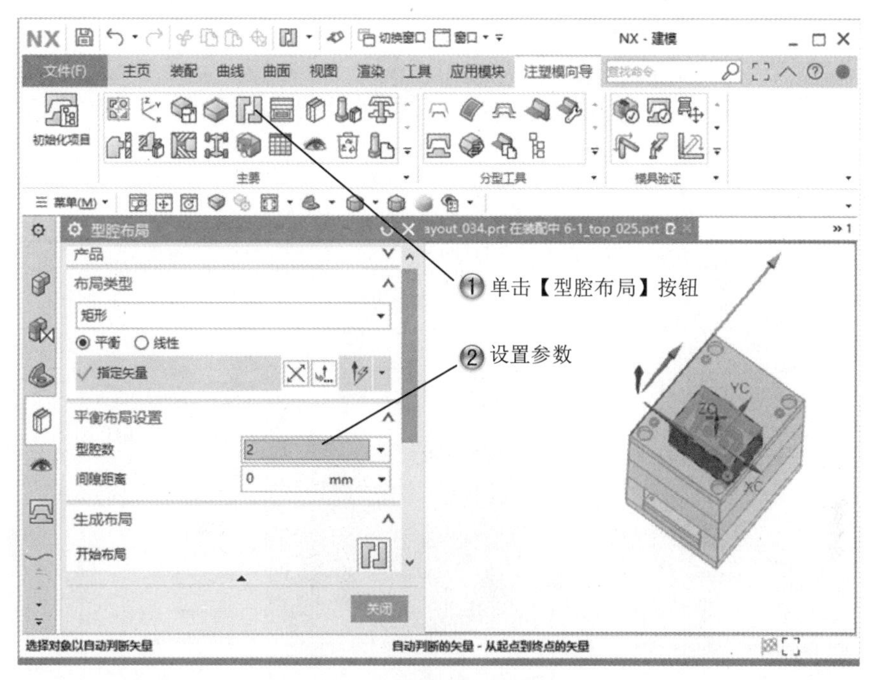

图 6-48　型腔布局设置

Step5 型腔布局，如图 6-49 所示。

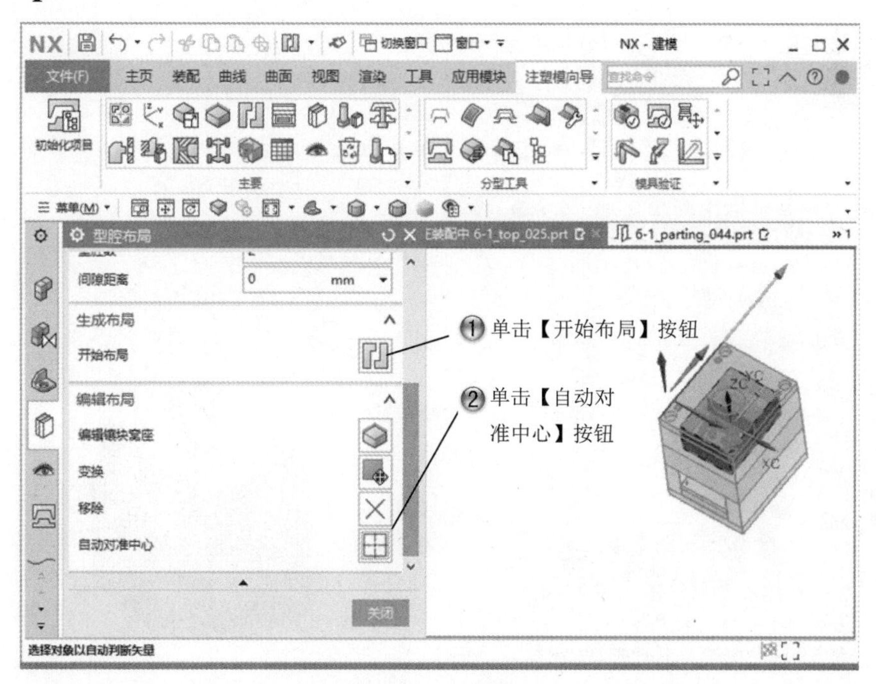

图 6-49　型腔布局

Step6 移动组件，如图 6-50 所示。

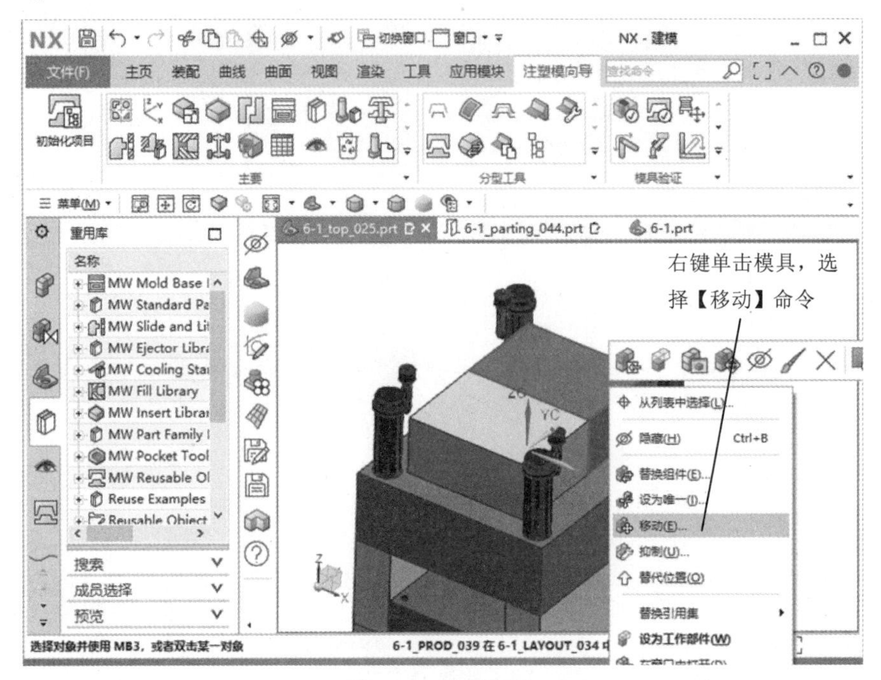

图 6-50　移动组件

Step7 设置移动参数，如图 6-51 所示。

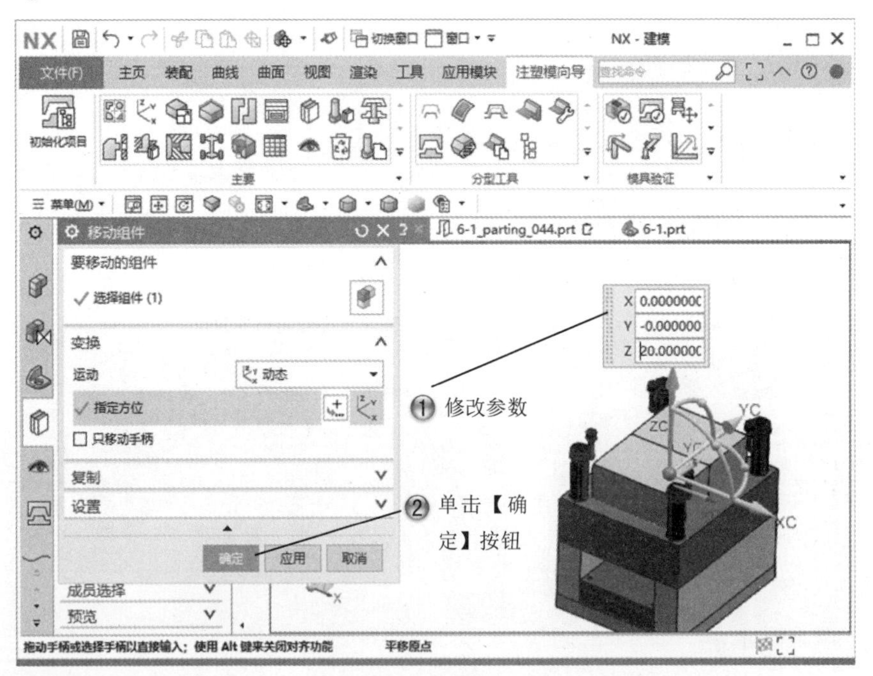

图 6-51　设置移动参数

Step8 完成模架设计，如图 6-52 所示。

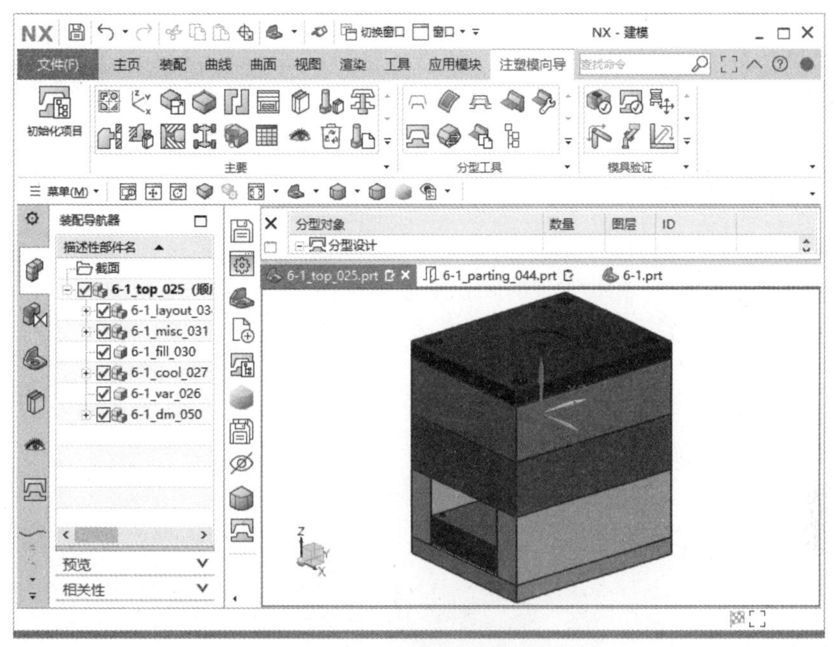

图 6-52　完成模架设计

6.3　专家总结

本章主要讲解了模架库的使用和设置方法，并讲解了实际应用的练习。读者可以结合本书多媒体资源中的视频讲解，来实际操作和学习掌握这部分的内容。实际上，软件的使用离不开理论知识的指导，所以模具设计者应当充实自己的理论知识，在软件中得以应用才可以设计出合格并且优良的模具。

6.4　课后习题

6.4.1　填空题

（1）模架的定义是________。

（2）创建模架的一般步骤是________。

6.4.2 问答题

（1）模架分为几个部分？
（2）模架设计的命令是什么？

6.4.3 上机操作题

如图 6-53 所示，使用本章学过的知识来创建模架。
一般创建步骤和方法如下：
（1）创建盒体模型。
（2）型腔布局。
（3）模具分型。
（4）创建模架。

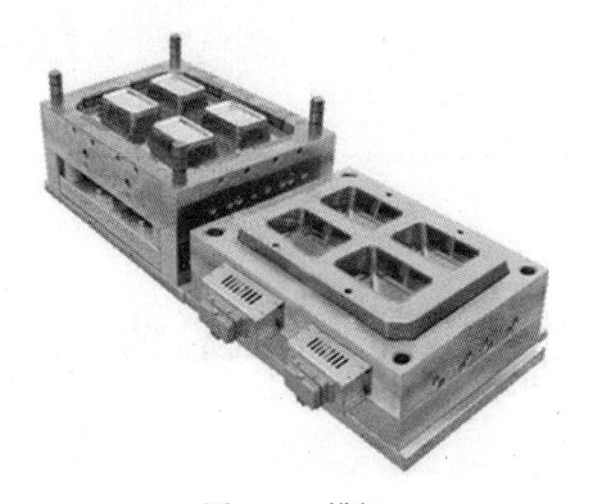

图 6-53 模架

第 7 章　标准件

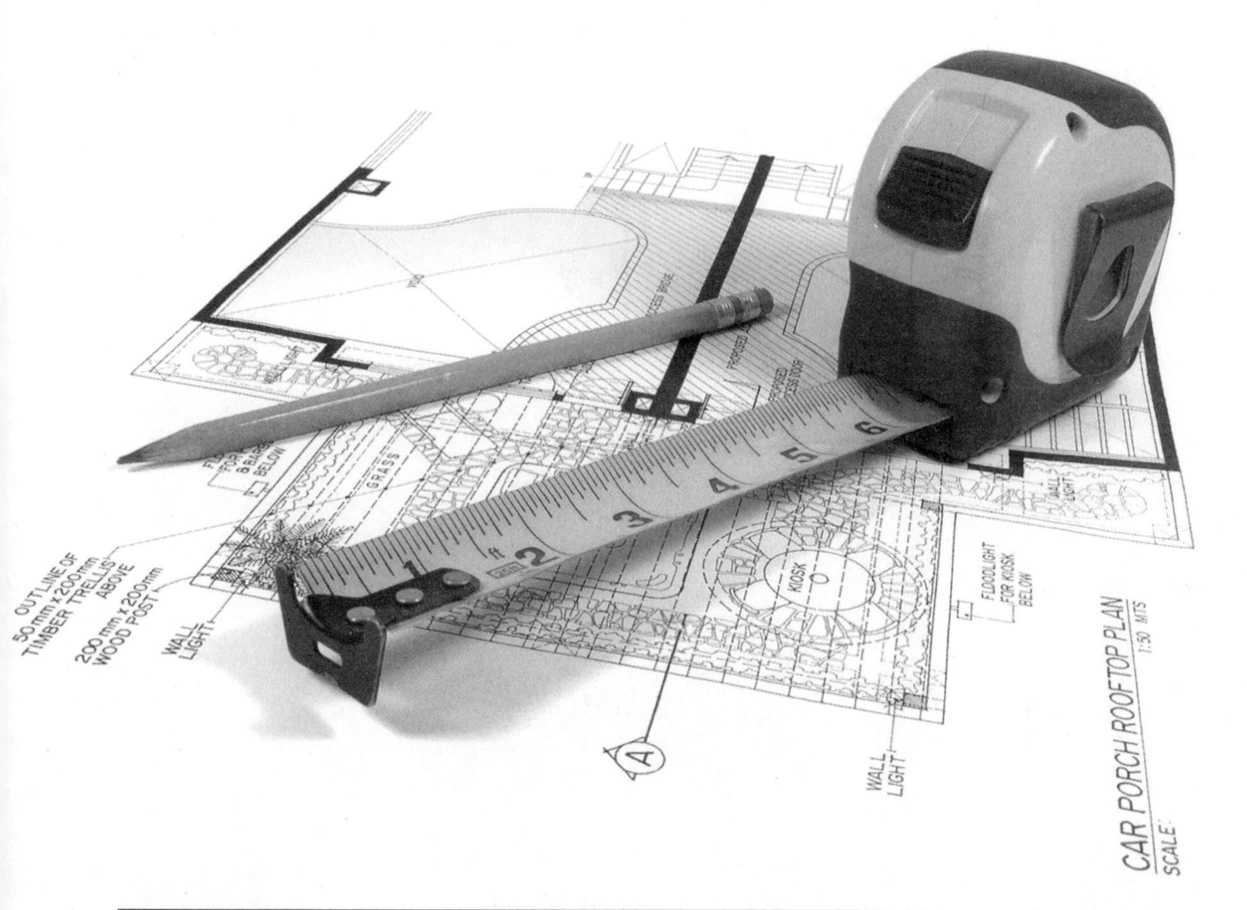

<table>
<tr><td rowspan="5">课训目标</td><td>内　容</td><td>掌握程度</td><td>课　时</td></tr>
<tr><td>标准件管理</td><td>熟练运用</td><td>2</td></tr>
<tr><td>标准件成型</td><td>熟练运用</td><td>2</td></tr>
<tr><td></td><td></td><td></td></tr>
<tr><td></td><td></td><td></td></tr>
</table>

课程学习建议

根据国家模具标准化体系，模具标准件包括四大类标准，即：模具基础标准、模具工艺质量标准、模具零部件标准及与模具生产相关的技术标准。NX 的模具标准件是在模架加载完成之后，依次进行设计添加的。本章主要介绍标准件的加载和应用。

本课程的培训课程表如下。

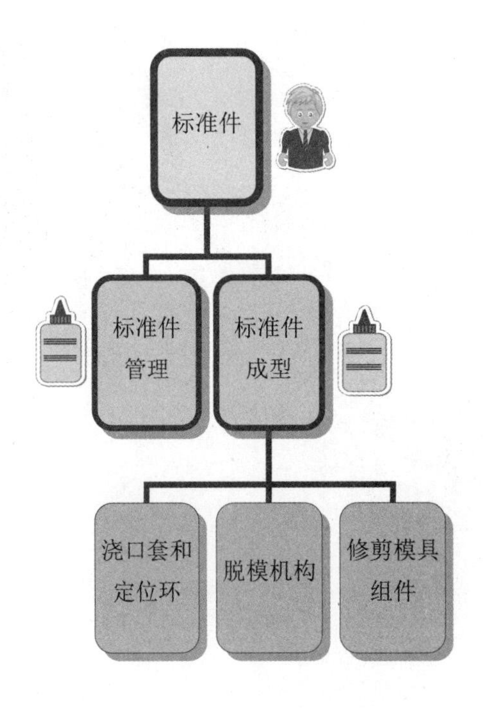

7.1 标准件管理

注塑模向导模块将模具中经常使用的标准组件（如螺钉、顶杆、浇口套等标准件）组成标准件库，用于进行标准件管理和配置。也可以通过自定义标准件库来匹配公司的标准件设计，并扩展到库中以包含所有的组件或装配。

课堂讲解课时：2 课时

7.1.1 设计理论

标准件库的功能和应用原则如下。

（1）组织、显示目录和组件。

（2）复制、重命名及添加组件到模具装配中。

（3）确定组件在模具装配中的方向、位置或匹配标准件。

（4）允许组件驱动参数和数据库相匹配。

（5）移除组件。

（6）定义部件列表数据和识别组件属性。

（7）链接组件和模架之间的参数表达式。

7.1.2 课堂讲解

单击【注塑模向导】选项卡中的【标准件库】按钮，添加模具标准件，系统弹出如图 7-1 所示的【标准件管理】对话框。

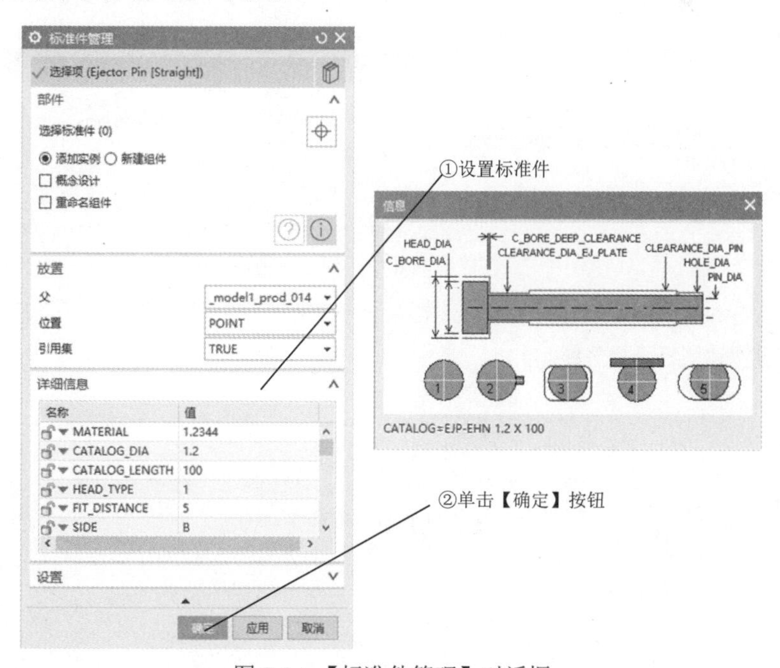

图 7-1 【标准件管理】对话框

单击【标准件库】按钮，单击打开软件界面左侧的【重用库】选项卡，如图 7-2 所示。

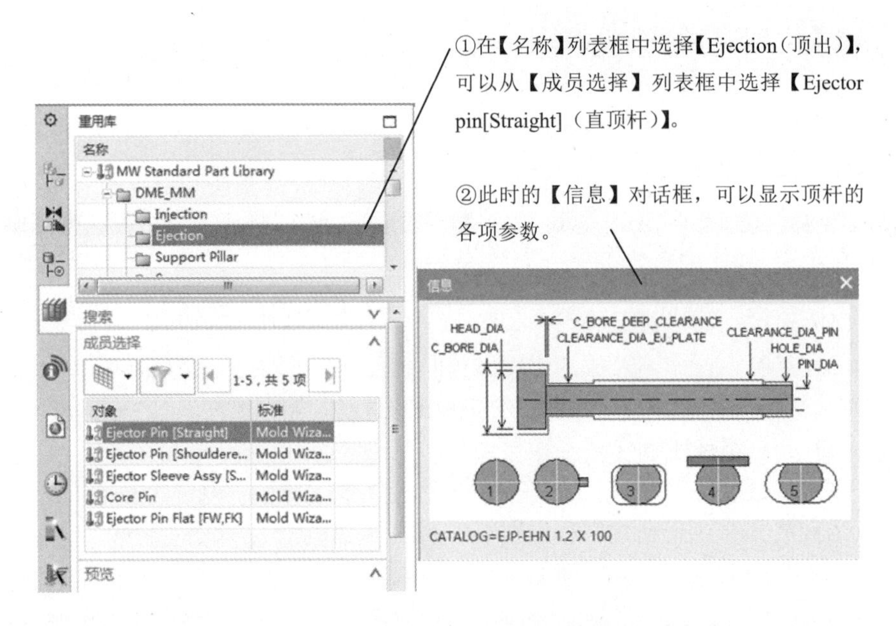

图 7-2　【信息】对话框的顶杆信息

如果从【成员选择】列表框中选择【Angle_Pin)】，此时的【信息】对话框如图 7-3 所示，可以在其中看到顶针的各项参数，这样就能最终设置好模架和标准件。

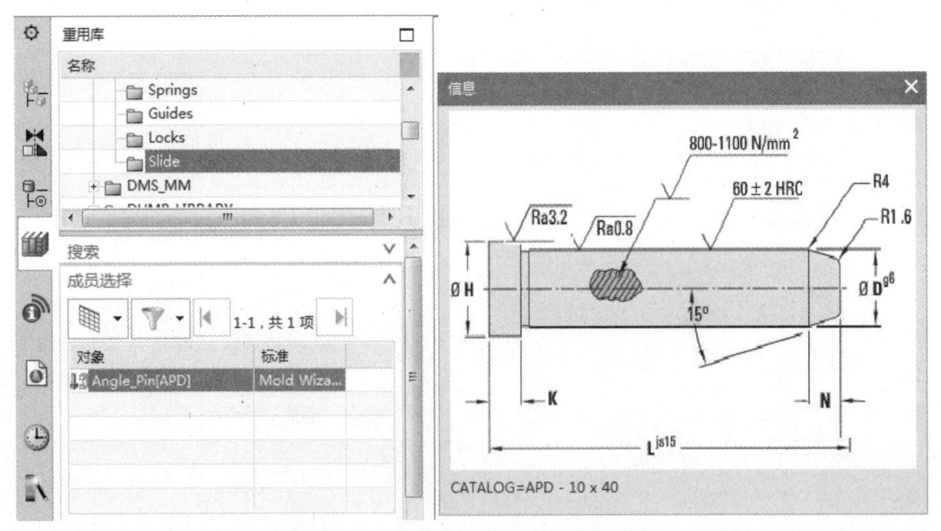

图 7-3　【信息】对话框的顶针参数

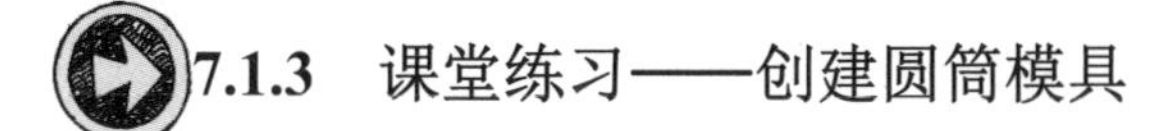

7.1.3 课堂练习——创建圆筒模具

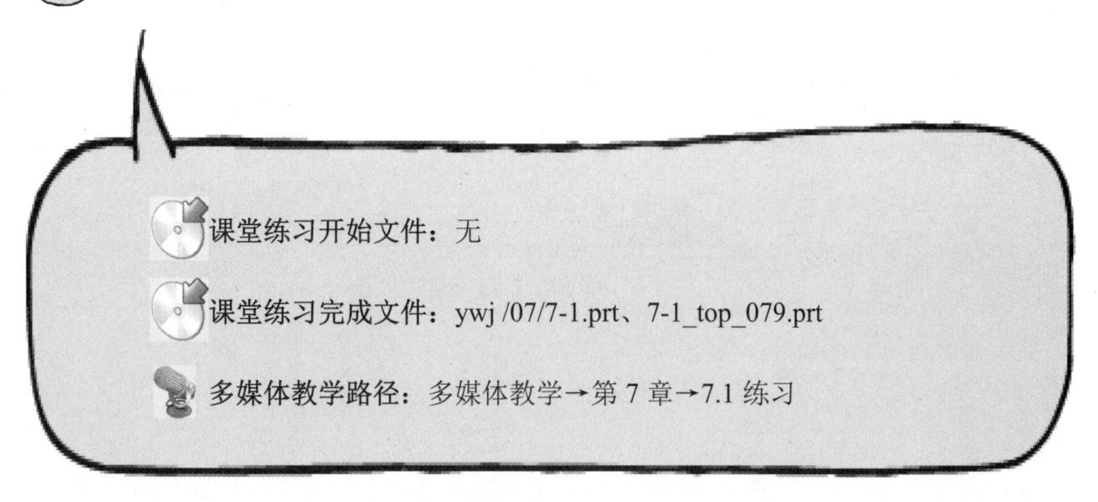

Step1 选择草绘面，如图 7-4 所示。

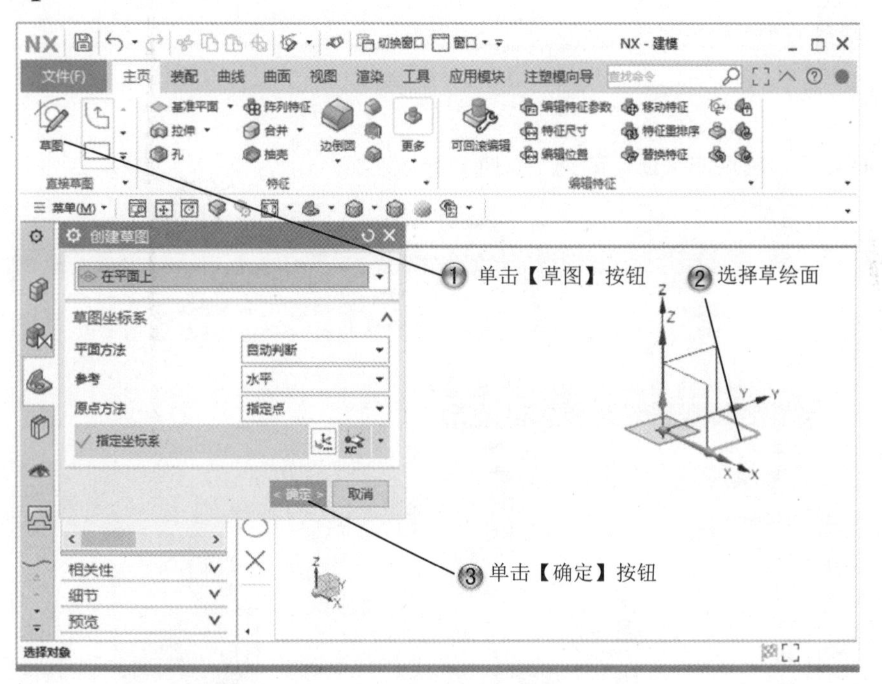

图 7-4　选择草绘面

Step2 绘制圆形，如图 7-5 所示。

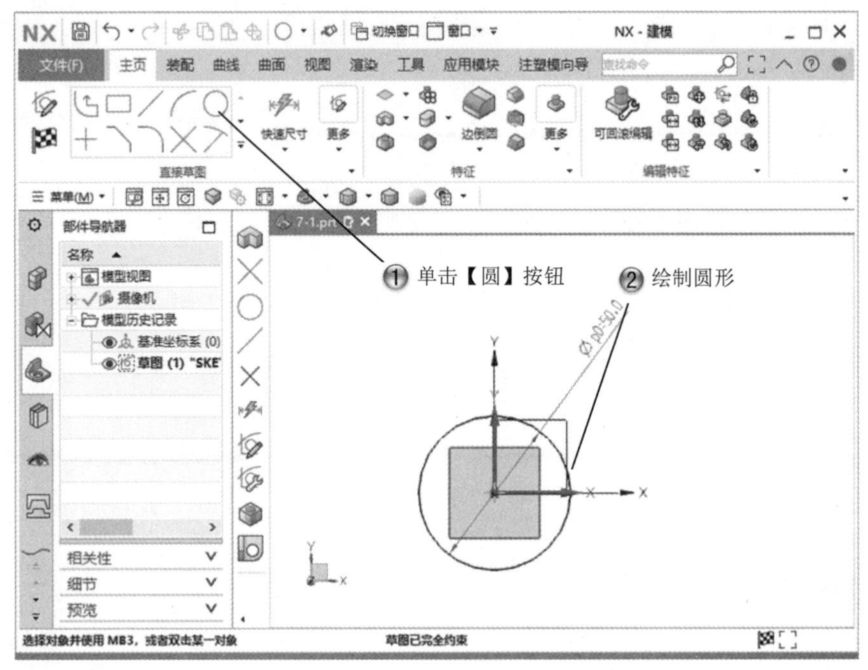

图 7-5 绘制圆形

Step3 创建拉伸特征，如图 7-6 所示。

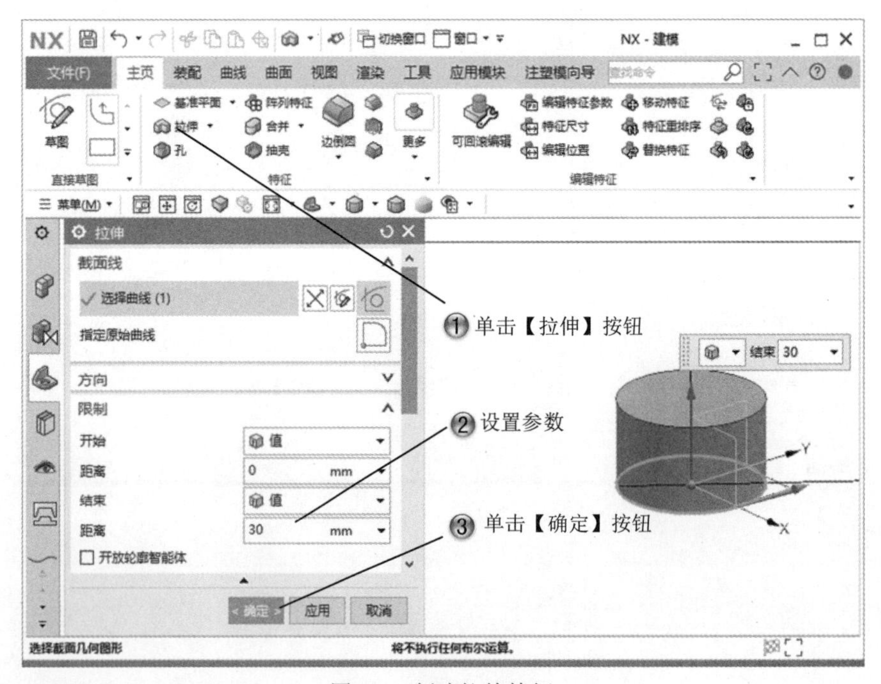

图 7-6 创建拉伸特征

Step4 创建抽壳特征，如图 7-7 所示。

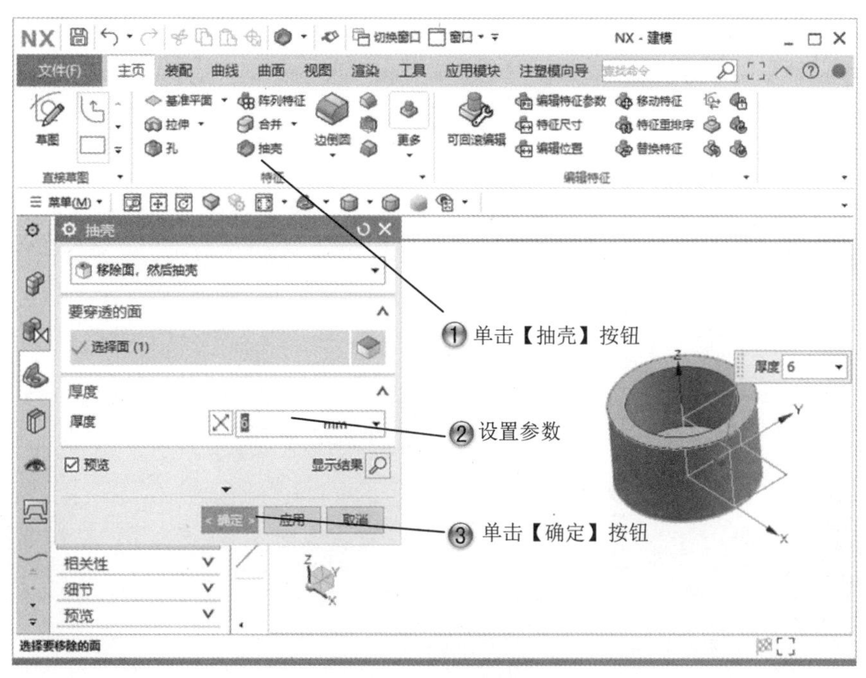

图 7-7　创建抽壳特征

Step5 选择草绘面，如图 7-8 所示。

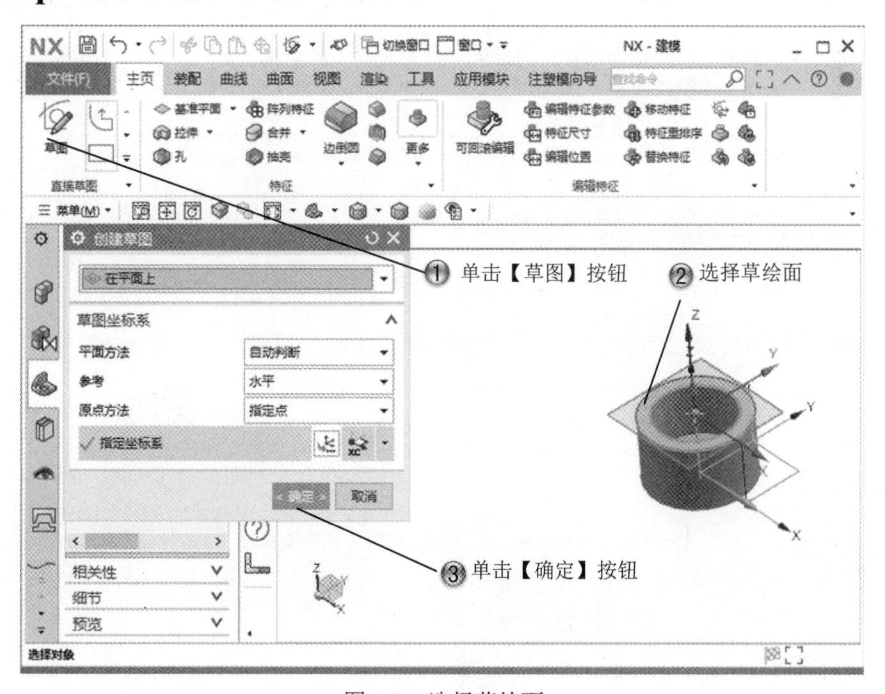

图 7-8　选择草绘面

Step6 绘制圆形，如图 7-9 所示。

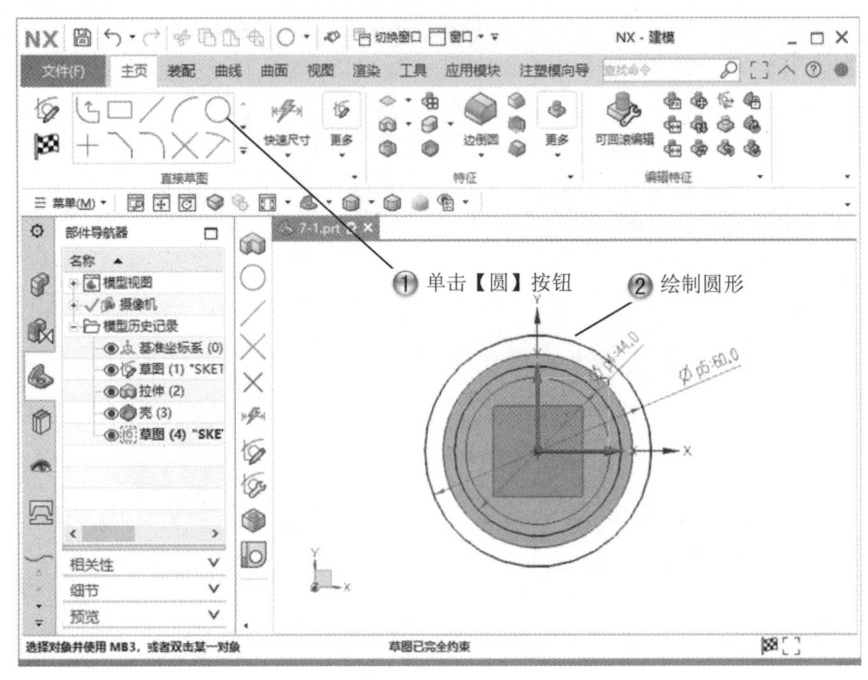

图 7-9　绘制圆形

Step7 创建拉伸特征，如图 7-10 所示。

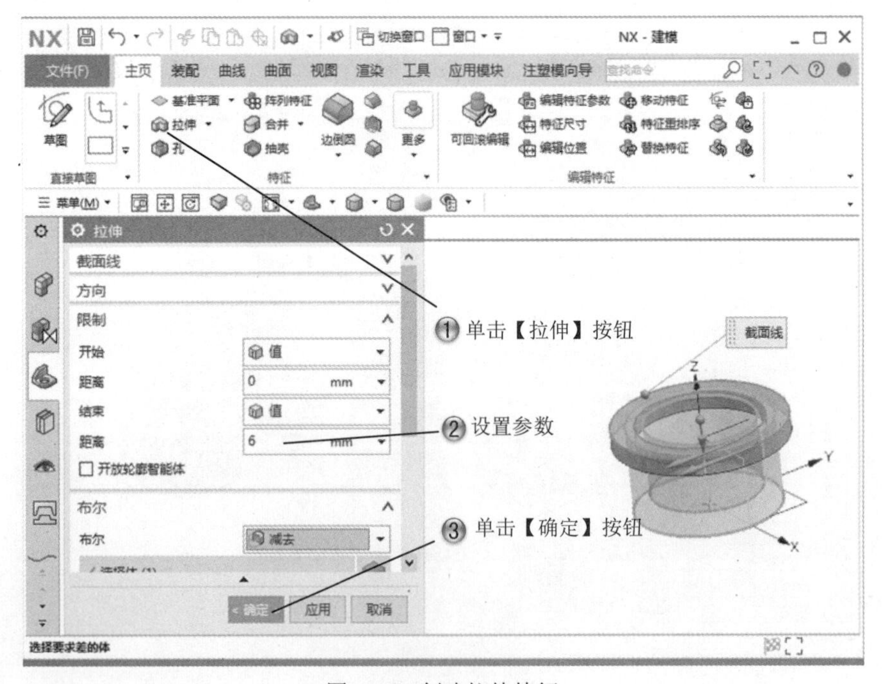

图 7-10　创建拉伸特征

Step8 选择草绘面，如图 7-11 所示。

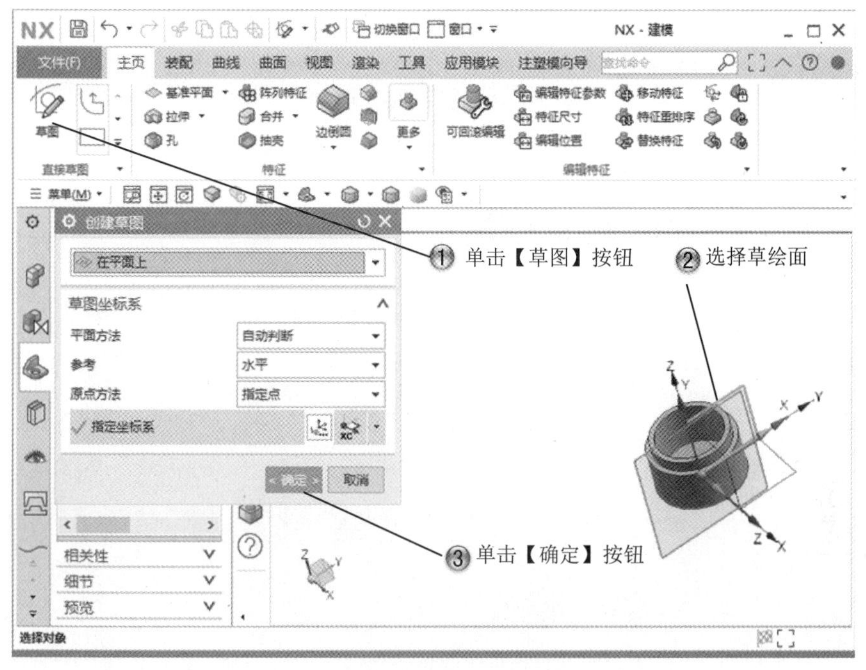

图 7-11 选择草绘面

Step9 绘制圆形，如图 7-12 所示。

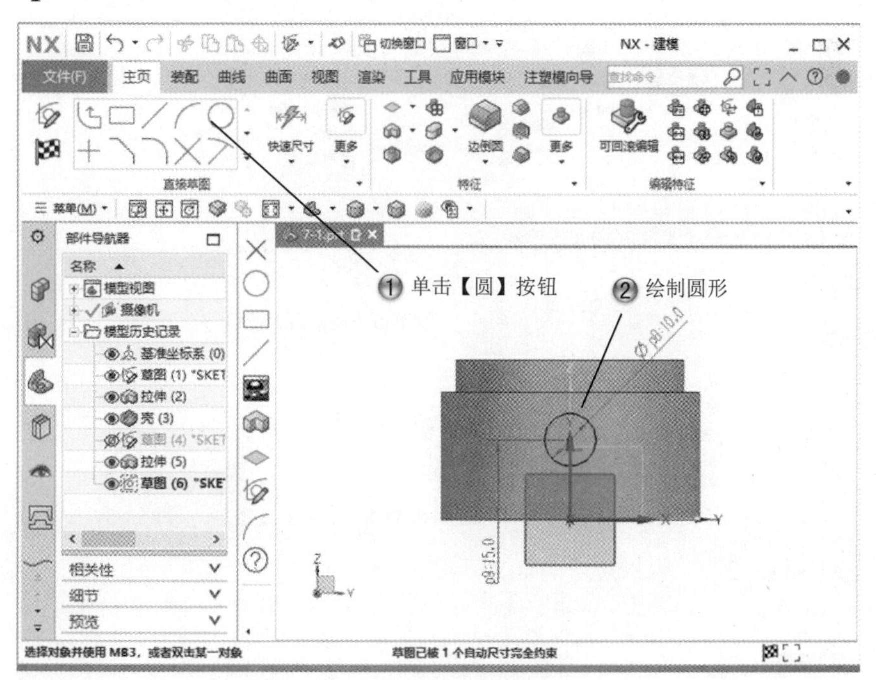

图 7-12 绘制圆形

Step10 创建拉伸特征，如图 7-13 所示。

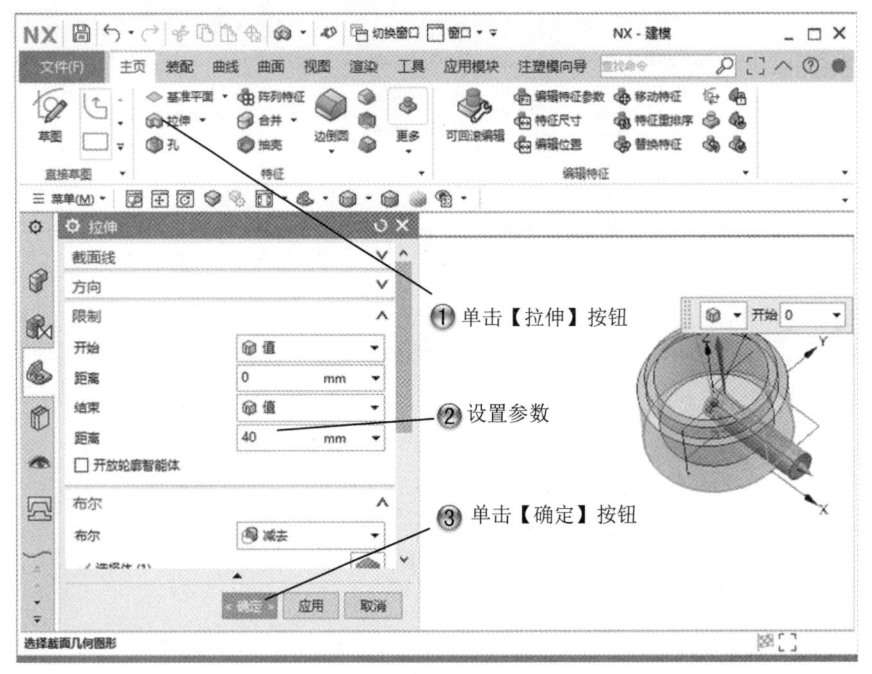

图 7-13　创建拉伸特征

Step11 创建倒斜角，如图 7-14 所示。

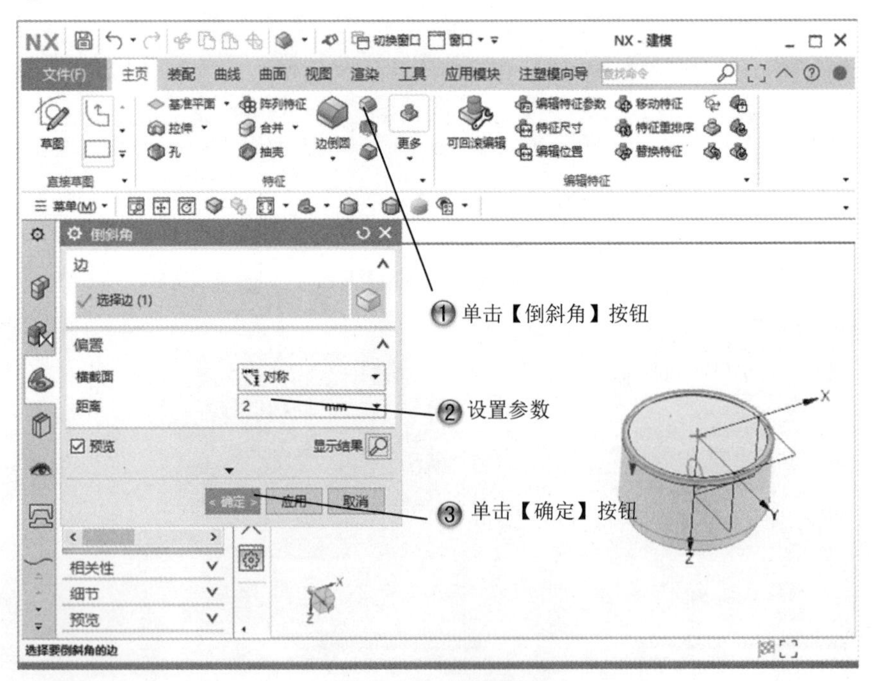

图 7-14　创建倒斜角

Step12 选择草绘面，如图 7-15 所示。

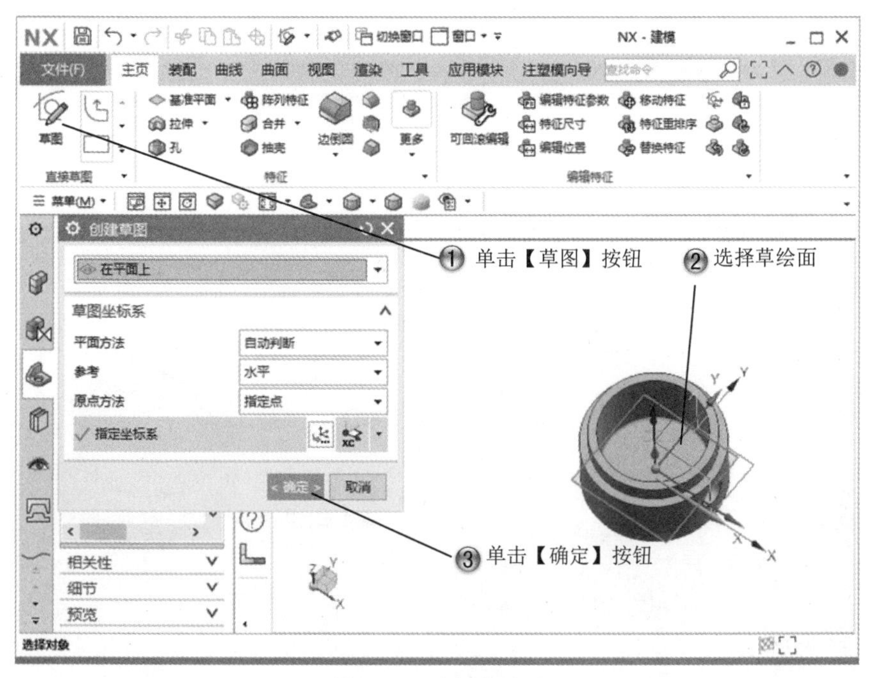

图 7-15　选择草绘面

Step13 绘制圆形，如图 7-16 所示。

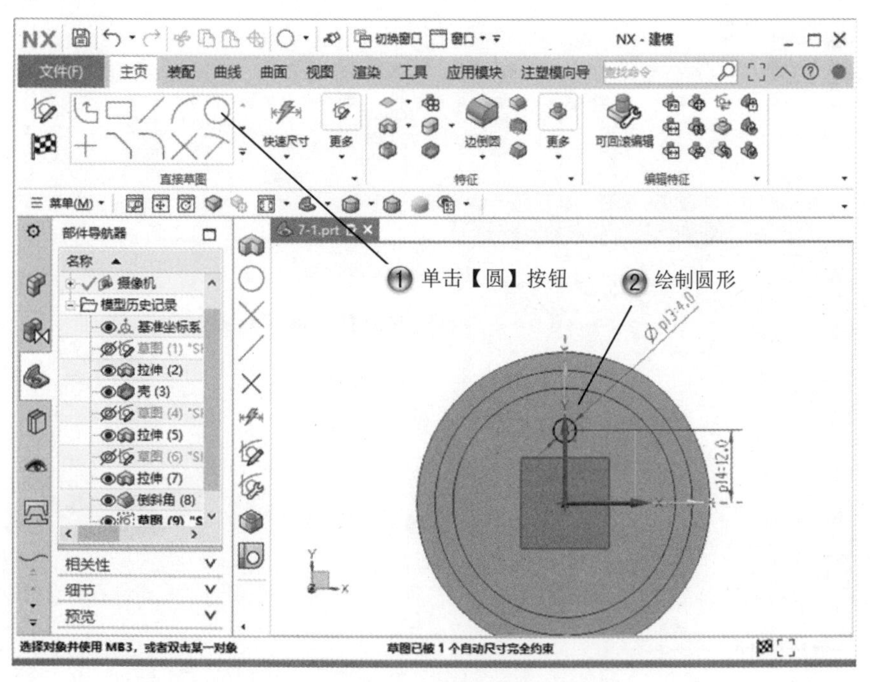

图 7-16　绘制圆形

Step14 创建拉伸特征，如图 7-17 所示。

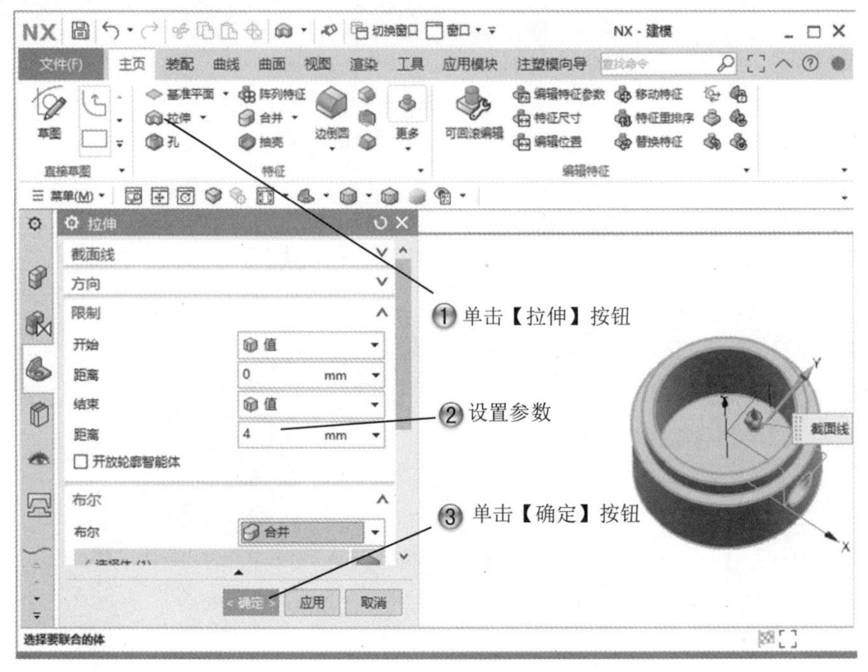

图 7-17　创建拉伸特征

Step15 创建阵列特征，如图 7-18 所示。

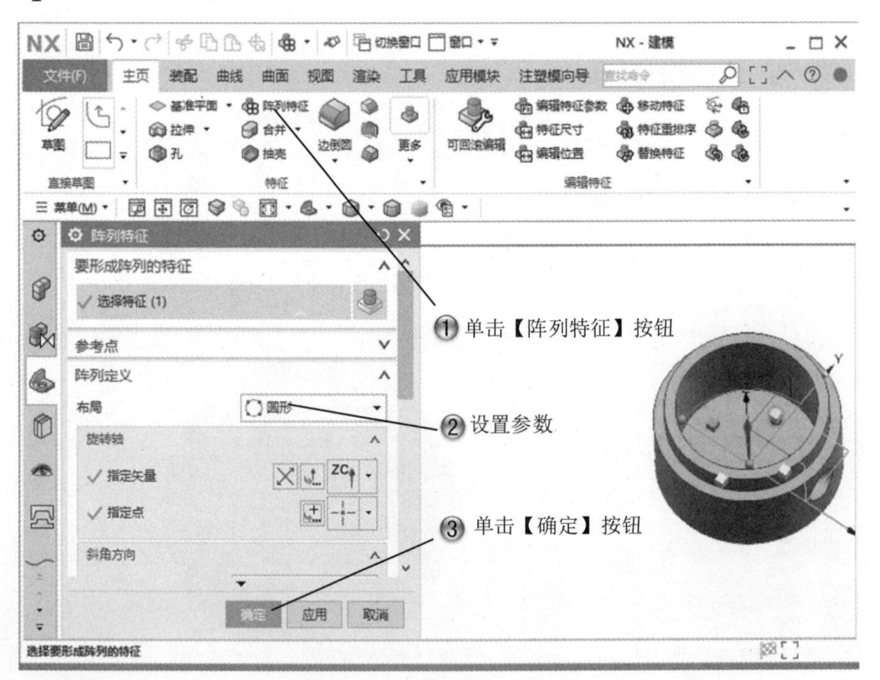

图 7-18　创建阵列特征

Step16 完成圆筒模型，如图 7-19 所示。

图 7-19　完成圆筒模型

Step17 初始化模型，如图 7-20 所示。

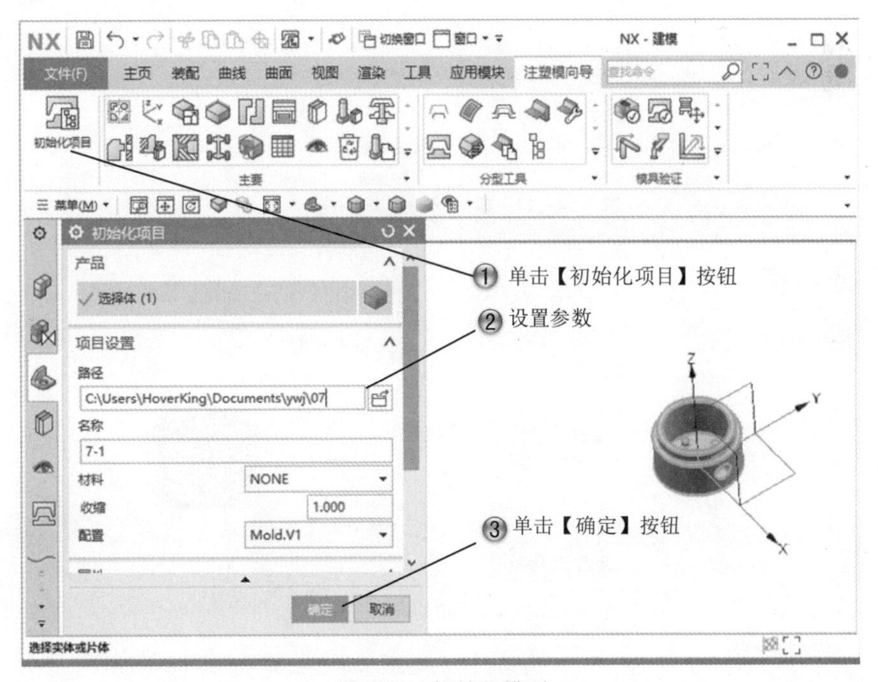

图 7-20　初始化模型

Step18 创建模具坐标，如图 7-21 所示。

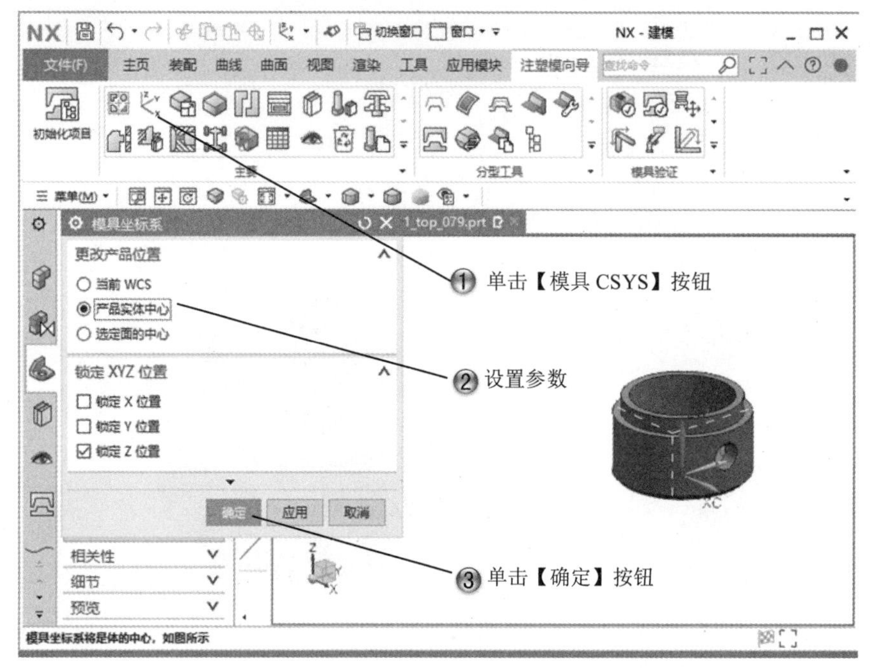

图 7-21　创建模具坐标

Step19 设置缩放体，如图 7-22 所示。

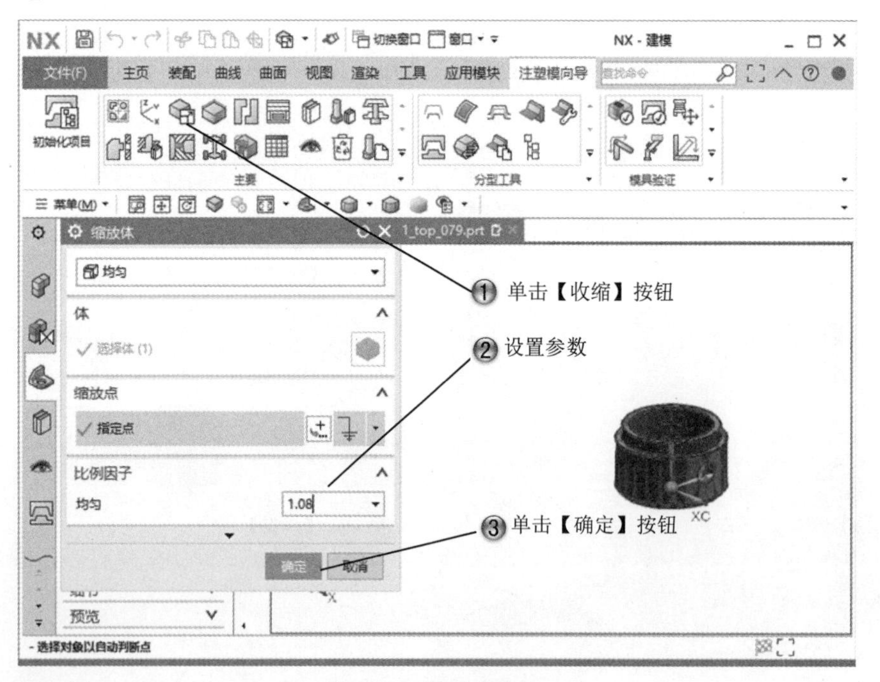

图 7-22　设置缩放体

Step20 创建工件，如图 7-23 所示。

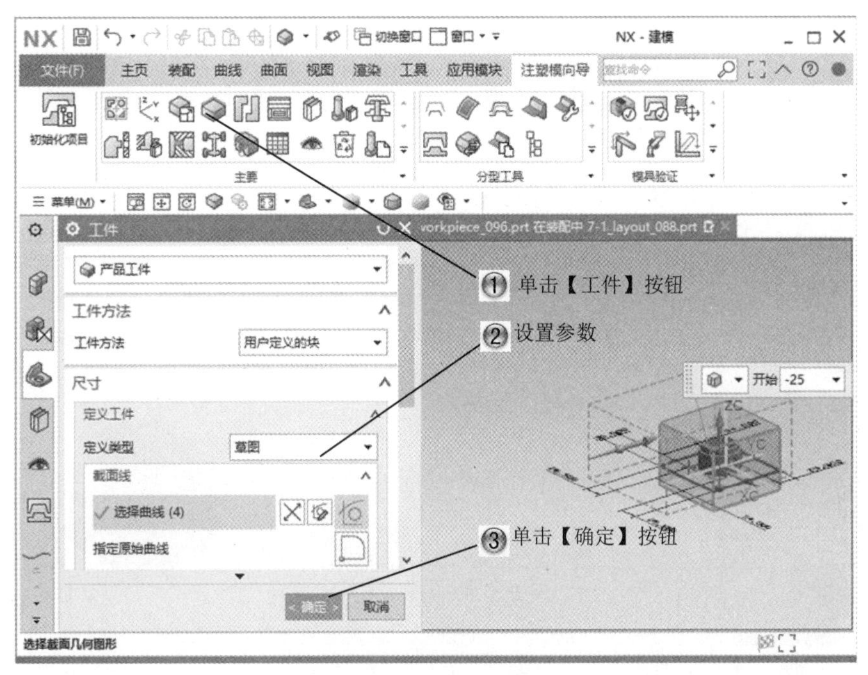

图 7-23　创建工件

Step21 检查区域，如图 7-24 所示。

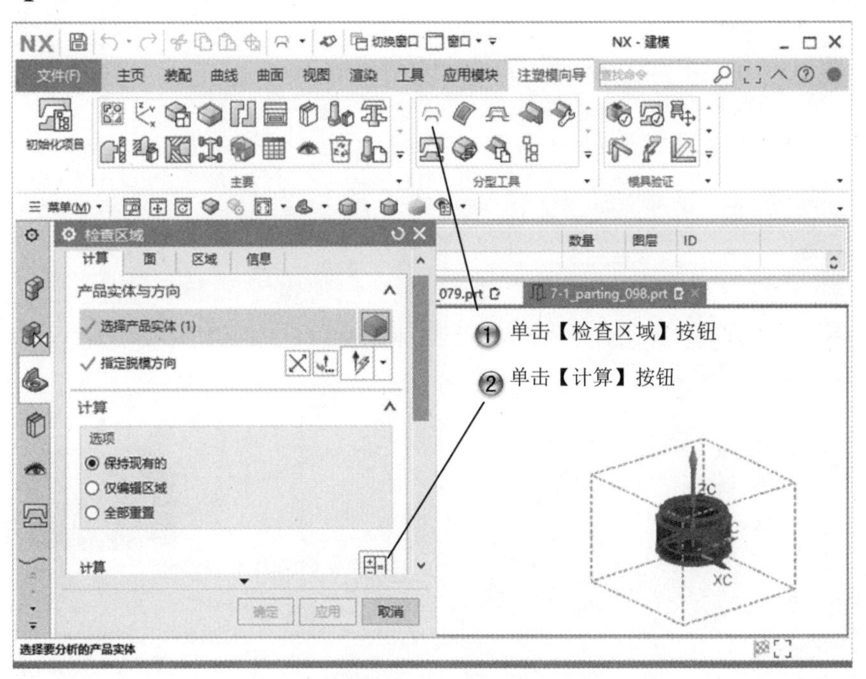

图 7-24　检查区域

Step22 查看未定义区域，如图 7-25 所示。

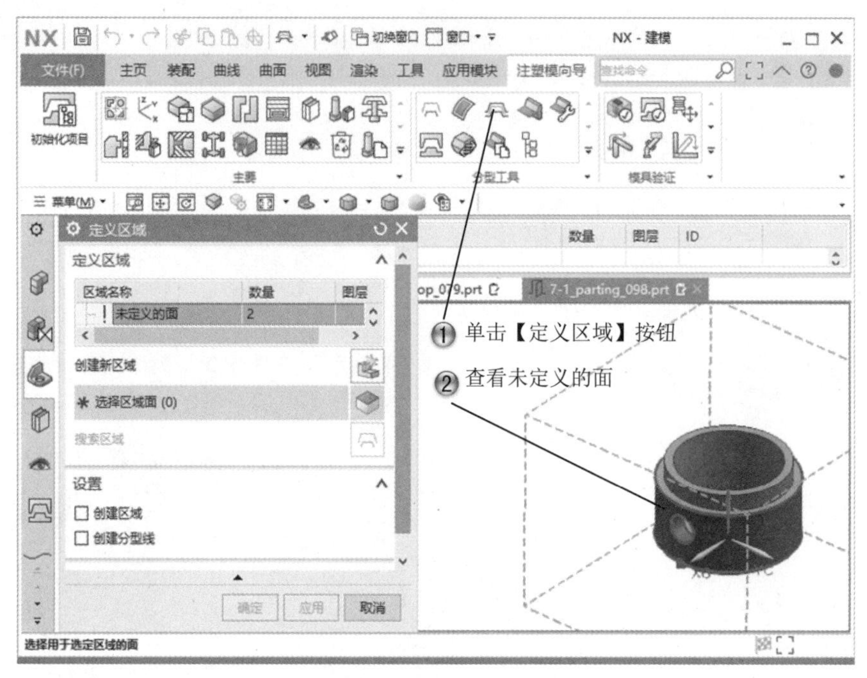

图 7-25　查看未定义区域

Step23 设置型腔面，如图 7-26 所示。

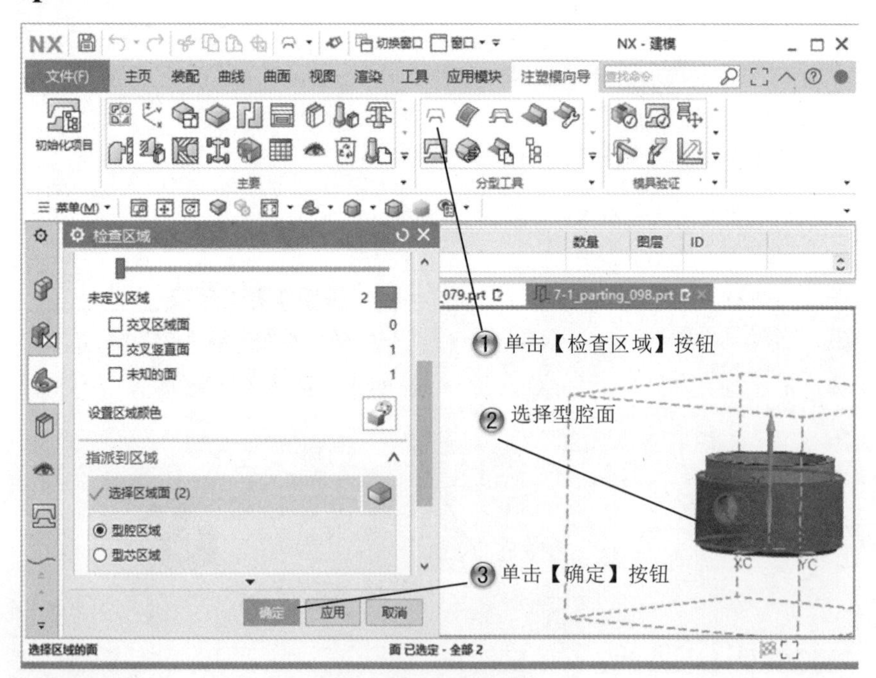

图 7-26　设置型腔面

Step24 创建分型线，如图 7-27 所示。

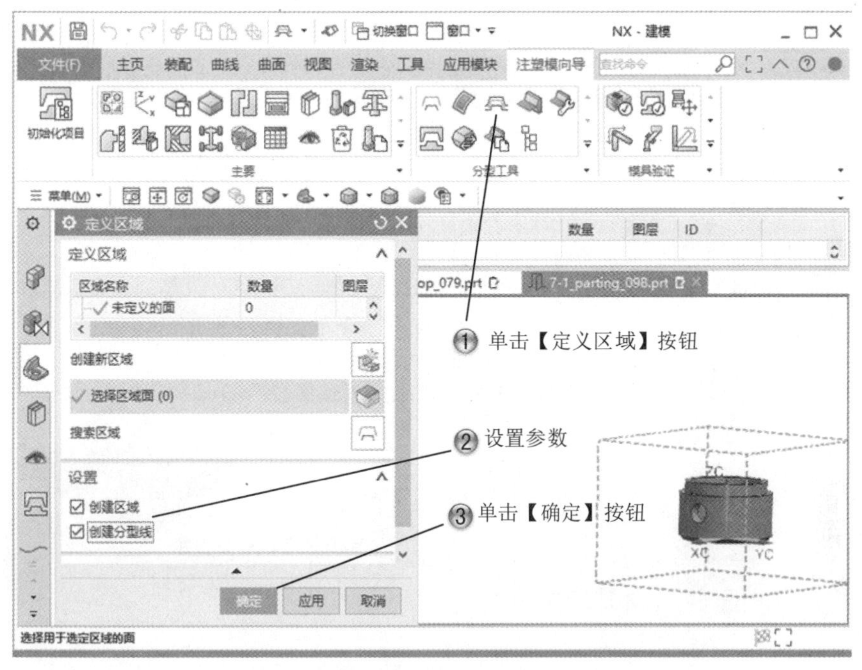

图 7-27 创建分型线

Step25 创建分型面，如图 7-28 所示。

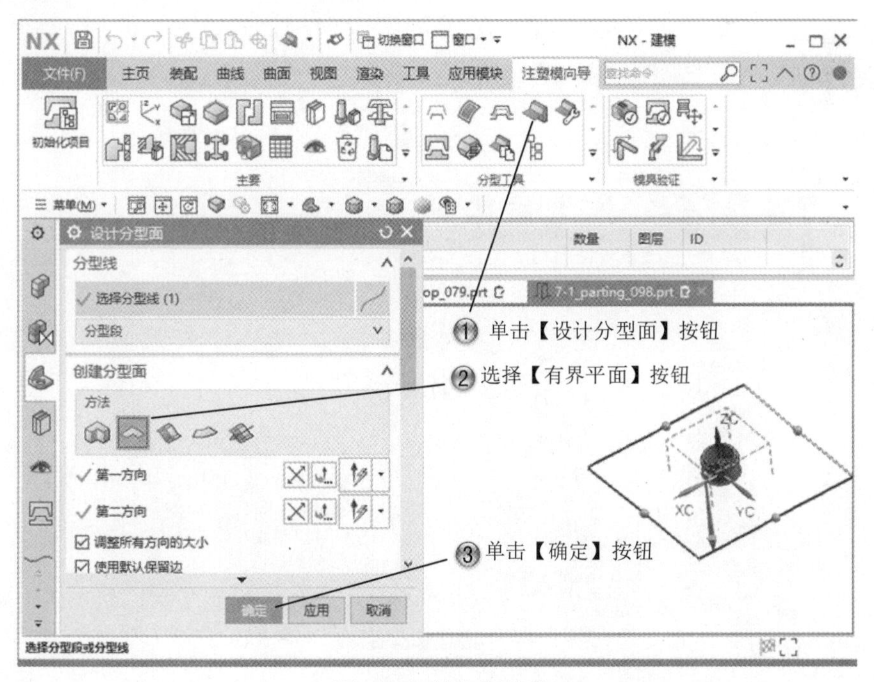

图 7-28 创建分型面

Step26 创建型腔区域，如图 7-29 所示。

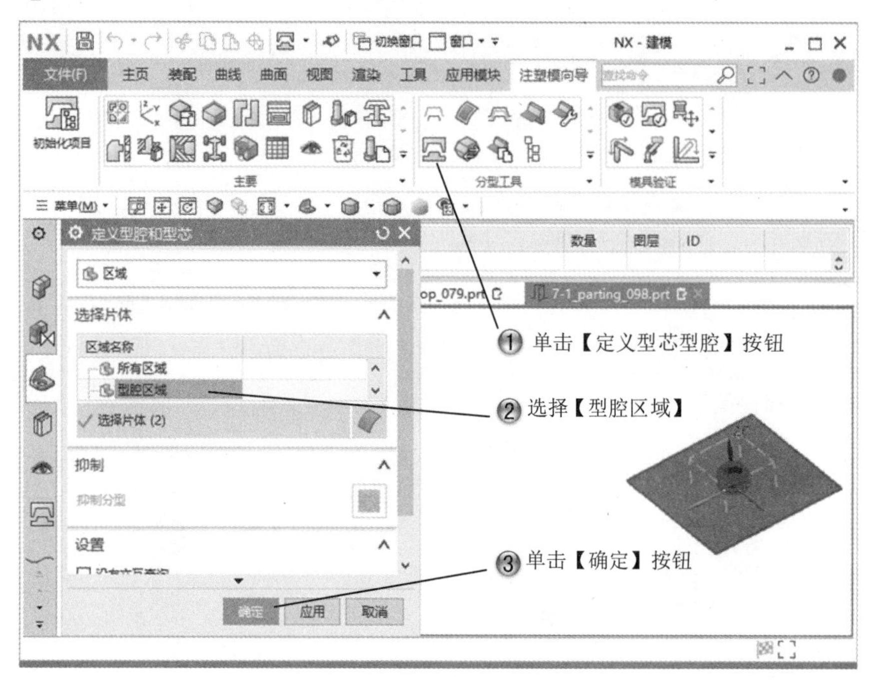

图 7-29　创建型腔区域

Step27 设置型腔方向，如图 7-30 所示。

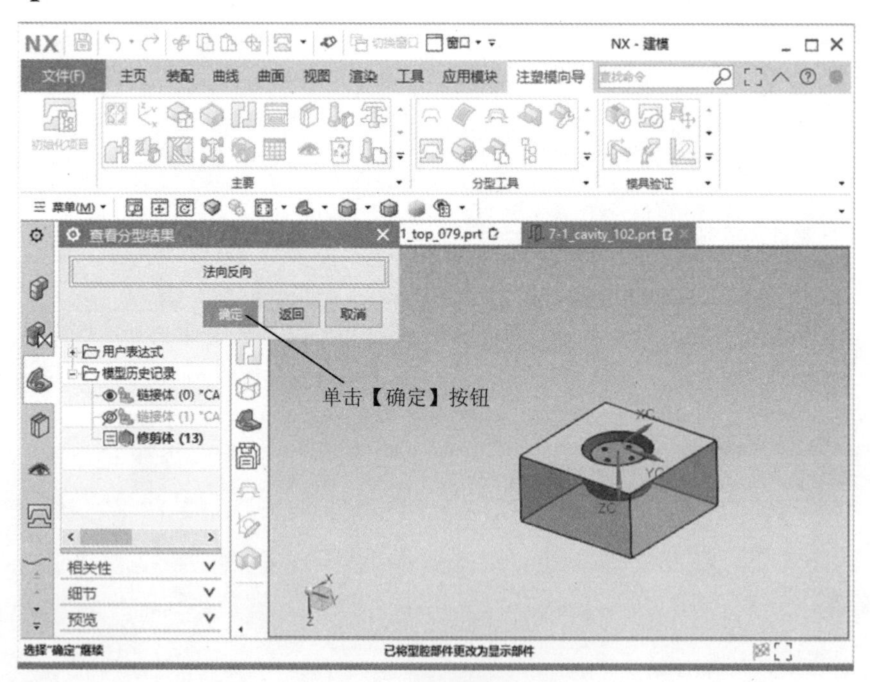

图 7-30　设置型腔方向

Step28 创建型芯区域，如图 7-31 所示。

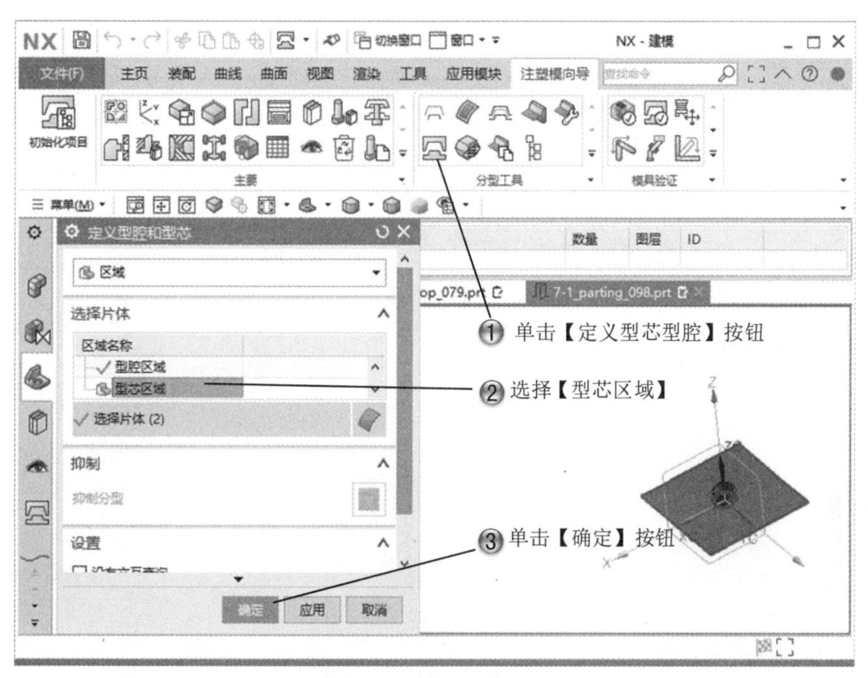

图 7-31 创建型芯区域

Step29 设置型芯方向，如图 7-32 所示。

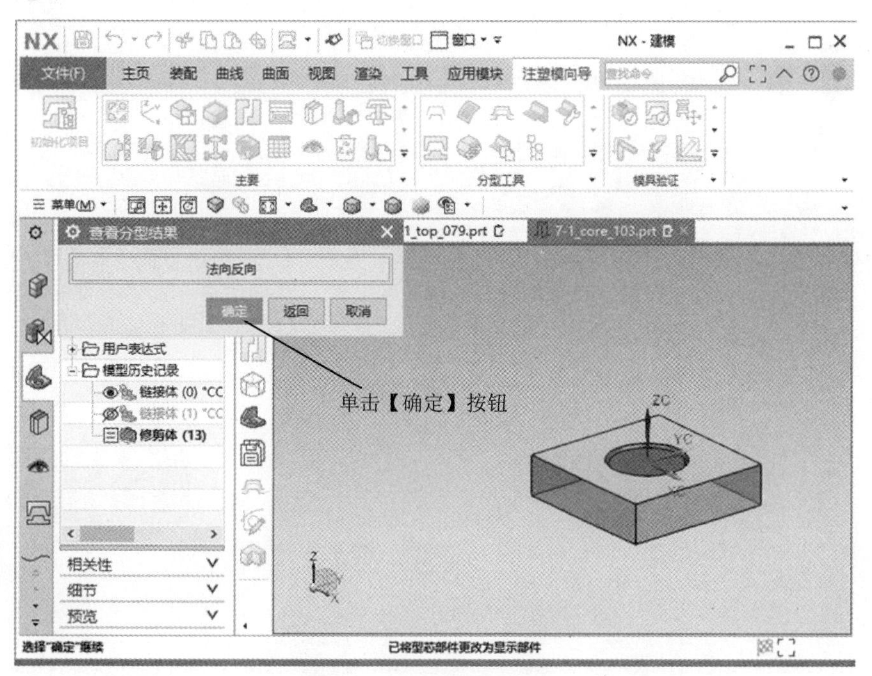

图 7-32 设置型芯方向

Step30 完成型芯和型腔，如图 7-33 所示。

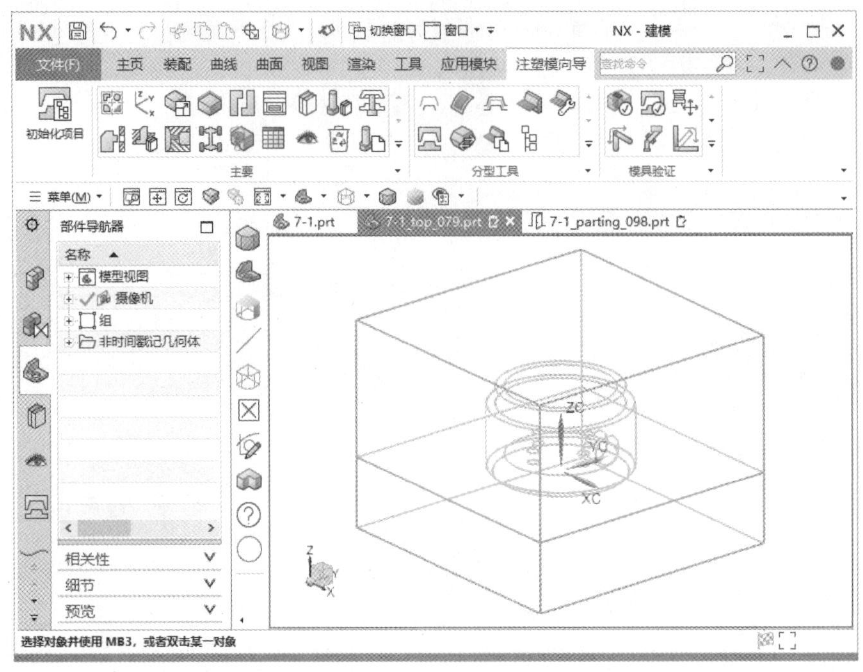

图 7-33　完成型芯和型腔

Step31 创建模架，如图 7-34 所示。

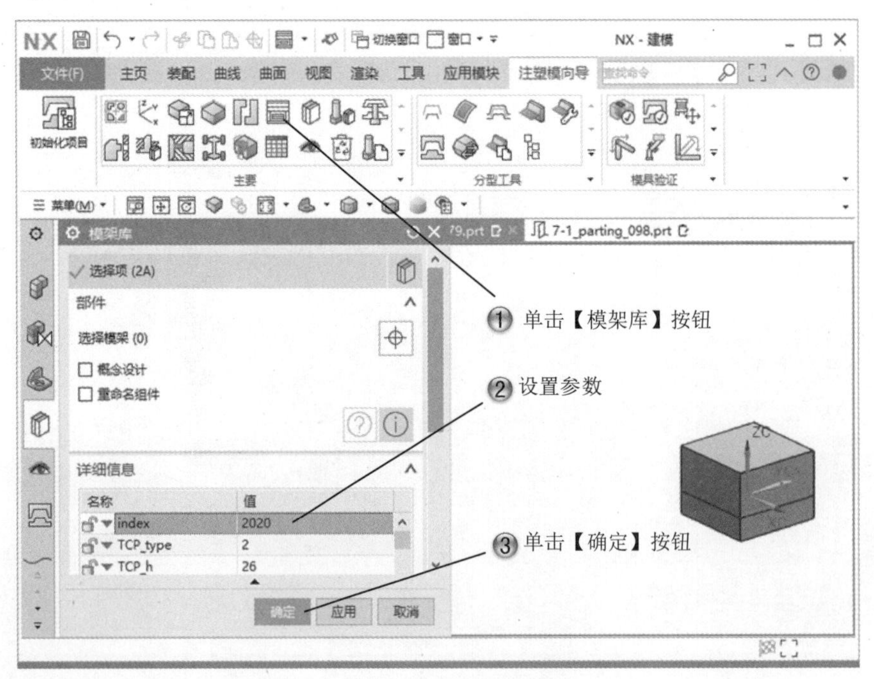

图 7-34　创建模架

Step32 完成模架加载，如图 7-35 所示。

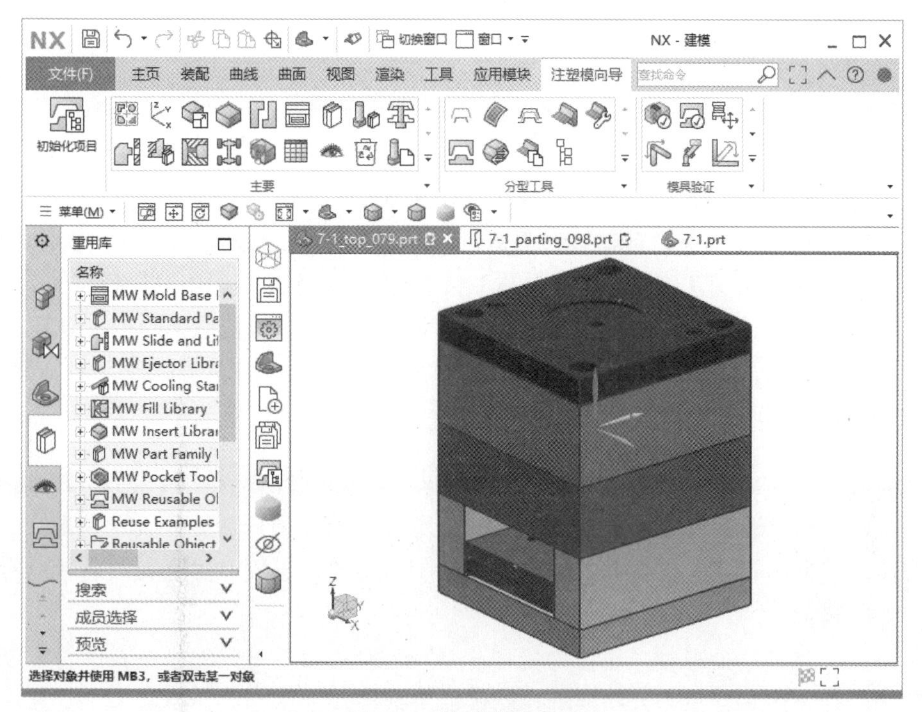

图 7-35　完成模架加载

7.2　标准件成型

浇口套是为避免进料道与高温塑料和注塑机喷嘴反复接触和碰撞，从而安装在定模板上的一个标准件。浇口套与定位环主要是用于与注塑机相接，向型腔中注料。定位环是为使注塑机与主浇口套对准而在定模板上安装的一个标准件。脱模机构是为完成塑件从模具凹凸模上脱出而使用的装配机构，也称为顶出机构。修剪模具组件可以自动相关性的修剪镶件、电极和标准件，从而形成型腔或型芯。

课堂讲解课时：2 课时

7.2.1 设计理论

在【标准件管理】对话框中的【名称】下拉列表框中选择【DME_MM】|【Injection】选项，选择【成员选择】对象，就可以向模架中添加选择的浇口套和定位环。当需要编辑组件时，应先从【标准件管理】对话框的【名称】和【成员选择】选项组中选择相应的标准组件、组件的供应商及类别等的选项后，在【详细信息】选项组中再设置适当的参数即可。

脱模元件是直接与塑件接触，推制品出模的工作零件，常用元件包括顶杆后处理管、推件杆、脱件板和推件块等。

（1）推件杆：标准顶杆后处理截面呈圆形，标准顶杆后处理又分为直杆形和阶梯形两种形式，推件杆的结构简单，制造方便，设置自由度大，是使用最多的脱模元件。

（2）顶杆后处理管：也称为顶管，是一种空心推件杆，对于细长圆管形塑件和生成方向与开模一致的台阶孔最适合用推件管脱模。

（3）脱件板：脱件板安装在凸板根部，与之密切配合，顶出时，推板沿凸模周边移动，将塑件推离凸模，这种机构主要用于大筒形塑件、薄壁容器及各种罩壳形塑件的脱模。

（4）推件块：有的塑料制品内表面也要求无顶推痕迹，或因成型群孔需要，使用推件块脱模。

7.2.2 课堂讲解

1. 浇口套和定位环

浇口套和定位环是重要的模具标准件，下面简单介绍一下它们的添加方法。

单击【主要】工具条中的【标准件库】按钮，系统将打开如图 7-36 所示的【标准件管理】对话框。在此对话框中可以修改相关的一些元件，如顶杆、回程杆、螺钉、导柱和导套等。

随着所选组件的不同，【信息】对话框中将显示不同的示意图，如图 7-37 所示。通过这种图示的形式能够更直观地表达出被选组件各个部位的尺寸。

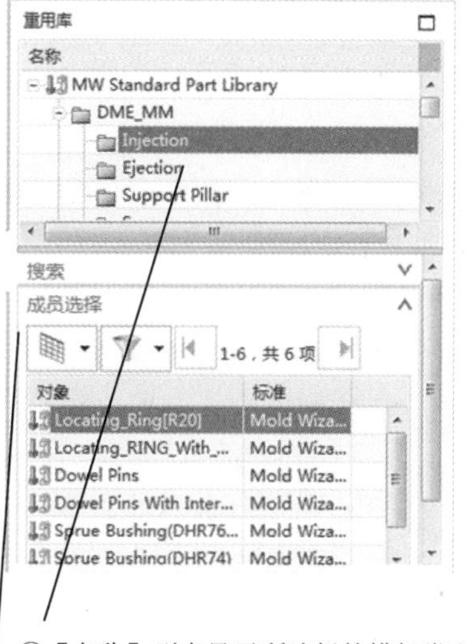

①【名称】列表显示所选择的模架类型。

②【成员选择】列表框中显示的是各个组件的类型，根据所选模架的不同，所构成的组件也不同。

图 7-36 【标准件管理】对话框

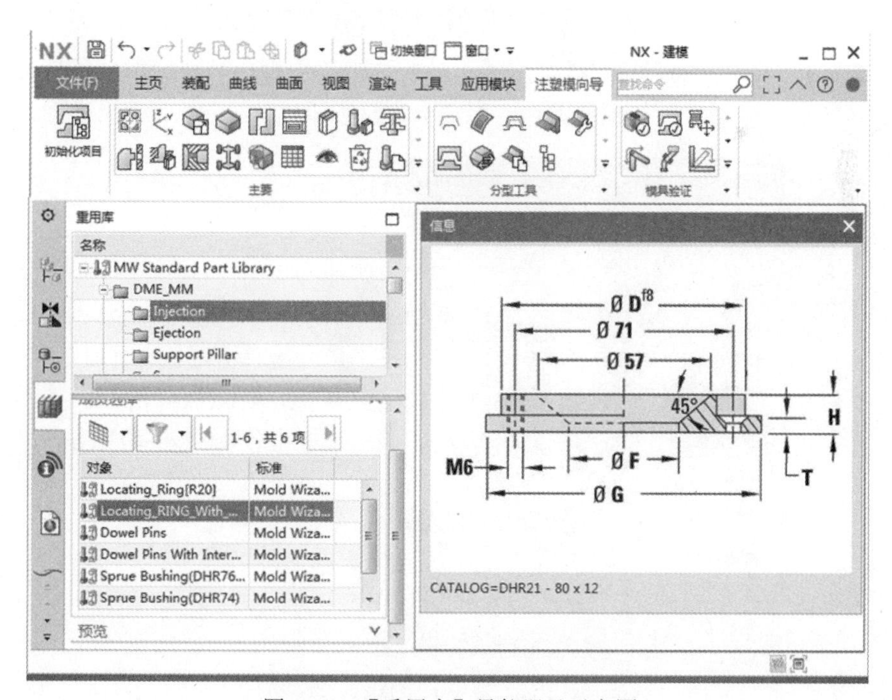

图 7-37 【重用库】导航器及示意图

在【详细信息】选项组中主要有以下几个部分构成，如图 7-38 所示。模具行业通用的标准零件，包括浇口套、顶杆、弹簧、撑头、边锁、滑块机构、斜顶机构等附件。

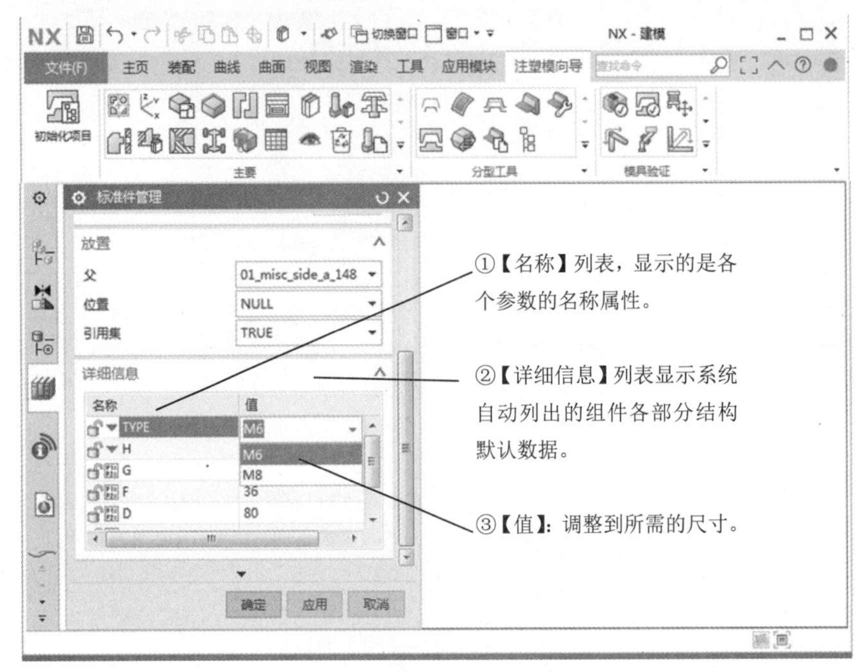

图 7-38 【详细信息】选项组

打开【父】下拉列表框，可以选择列表中的选项来指定其他的父装配，如图 7-39 所示，当重新选择一个父装配时，该部件即自动改变为显示部件。

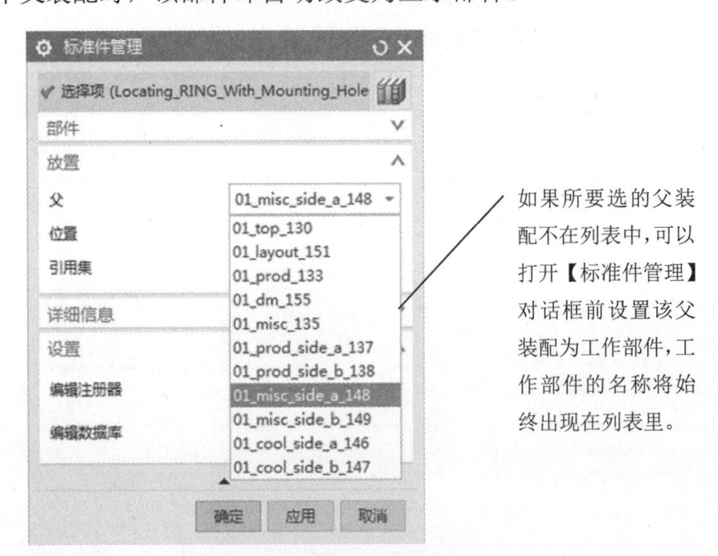

图 7-39 【父】下拉列表框

打开如图 7-40 所示的标准部件定位功能的【位置】下拉列表框，为标准件选择主要的定义参数方式。

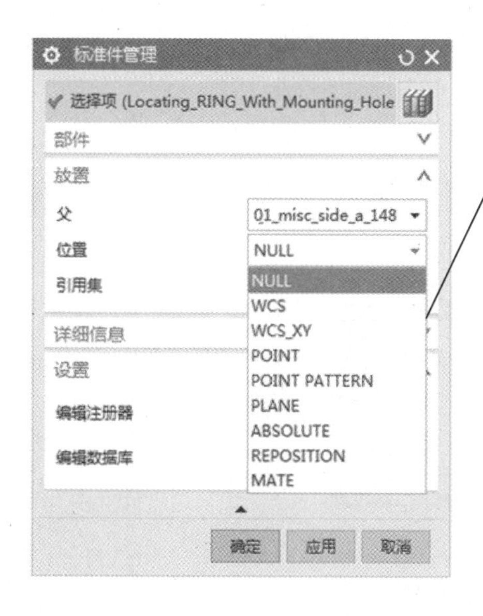

①【NULL】：标准件原点为装配树的绝对坐标原点（0，0，0）。

②【WCS】：标准件原点为当前工作坐标系原点 WCS（0，0，0）。

③【WCS_XY】：选择工作坐标平面上的点作为标准件原点。

④【POINT】、【POINT PATTERN】：以用户所选的平面作为 XY 平面，然后再定义该 XY 平面上的点作为标准件的原点。

⑤【PLANE】：先选一平面作为 XY 平面，然后再定义该 XY 平面上的点作为标准件的原点。

⑥【ABSOLUTE】:、绝对位置定位。

⑦【REPOSITION】：重新定位。

⑧【MATE】：先在任意点加入标准件，然后用配对条件（Mating）为标准件定位。

图 7-40 【位置】下拉列表框

在【设置】选项组中有如下功能按钮：【编辑注册器】按钮，可以打开标准件注册文件进行编辑，如图 7-41 所示；【编辑数据库】按钮，可以打开标准件 Excel 表格编辑目录数据，如图 7-42 所示。

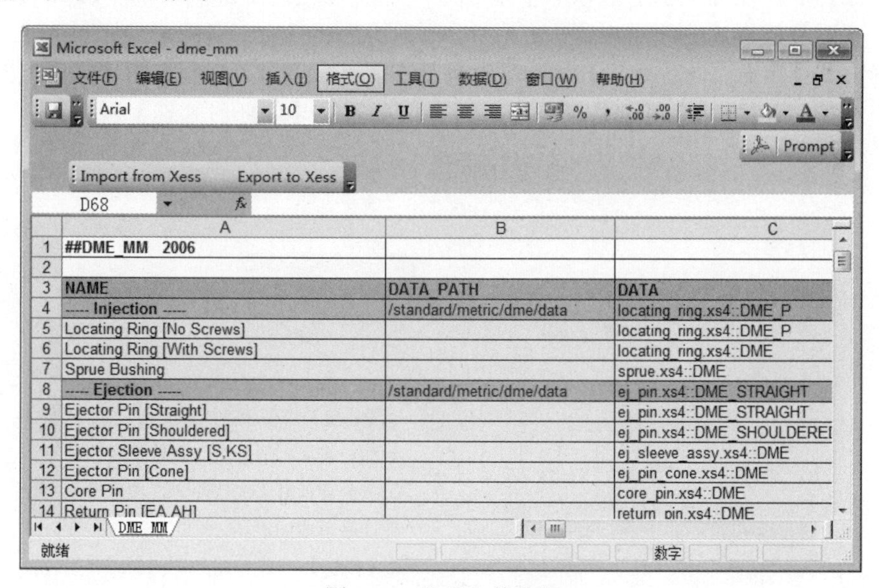

	A	B	C
1	##DME_MM 2006		
2			
3	NAME	DATA_PATH	DATA
4	----- Injection -----	/standard/metric/dme/data	locating_ring.xs4::DME_P
5	Locating Ring [No Screws]		locating_ring.xs4::DME_P
6	Locating Ring [With Screws]		locating_ring.xs4::DME
7	Sprue Bushing		sprue.xs4::DME
8	----- Ejection -----	/standard/metric/dme/data	ej_pin.xs4::DME_STRAIGHT
9	Ejector Pin [Straight]		ej_pin.xs4::DME_STRAIGHT
10	Ejector Pin [Shouldered]		ej_pin.xs4::DME_SHOULDEREI
11	Ejector Sleeve Assy [S,KS]		ej_sleeve_assy.xs4::DME
12	Ejector Pin [Cone]		ej_pin_cone.xs4::DME
13	Core Pin		core_pin.xs4::DME
14	Return Pin [EA,AH]		return_pin.xs4::DME

图 7-41 注册文件数据

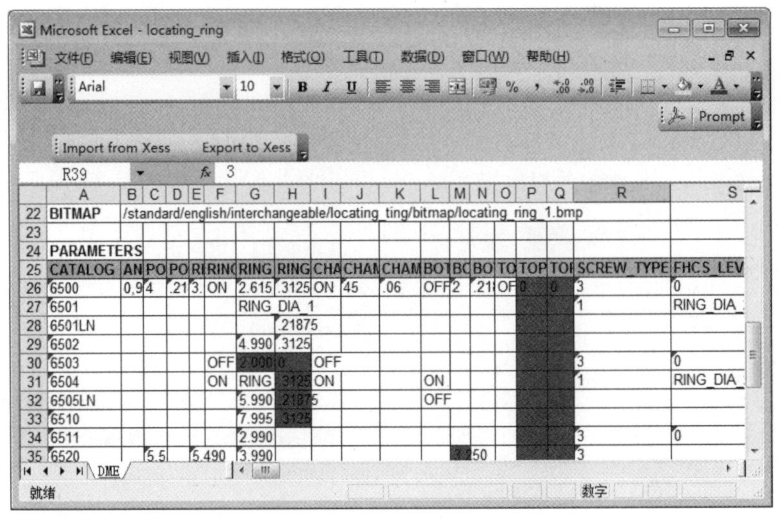

图 7-42　编辑目录数据

2. 脱模机构

在【标准件管理】对话框的【名称】下拉列表框中选择【Ejection】选项，可以向模架中添加选择的顶杆，添加顶杆标准件后，顶杆为原始的标准长度和形状，一般与产品的形状和尺寸不能匹配，需要对其进行修剪和建腔等成型设计。

添加原件后，在【主要】选项卡中单击【顶杆后处理】按钮，打开【顶杆后处理】对话框，下面具体讲述其使用步骤。

顶针方式：在【顶杆后处理】对话框中包括【调整长度】、【修剪】两种修剪方式和【取消修剪】功能。如图 7-43 所示是选择【修剪】选项后的【顶杆后处理】对话框。

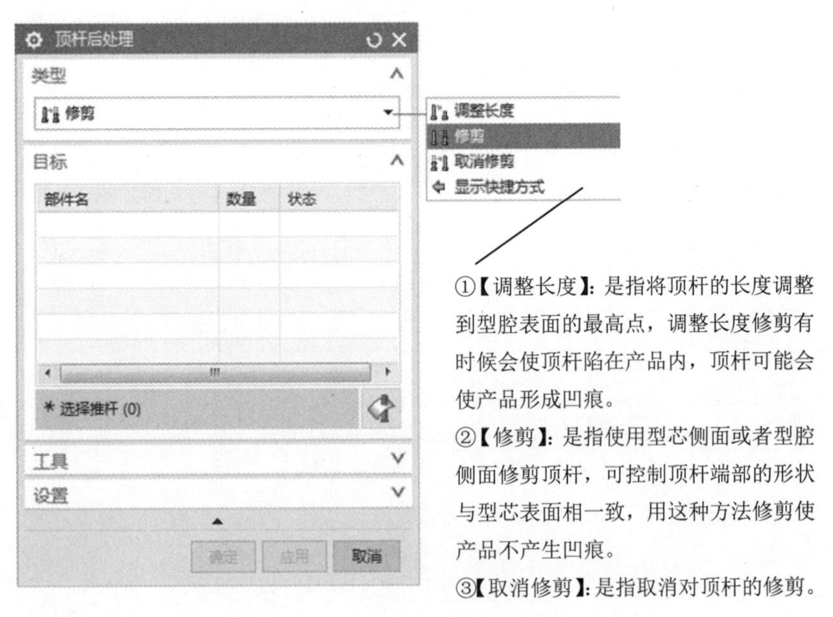

图 7-43　【顶杆后处理】对话框

【目标】和【配合长度】选项组的参数设置，如图 7-44 所示。

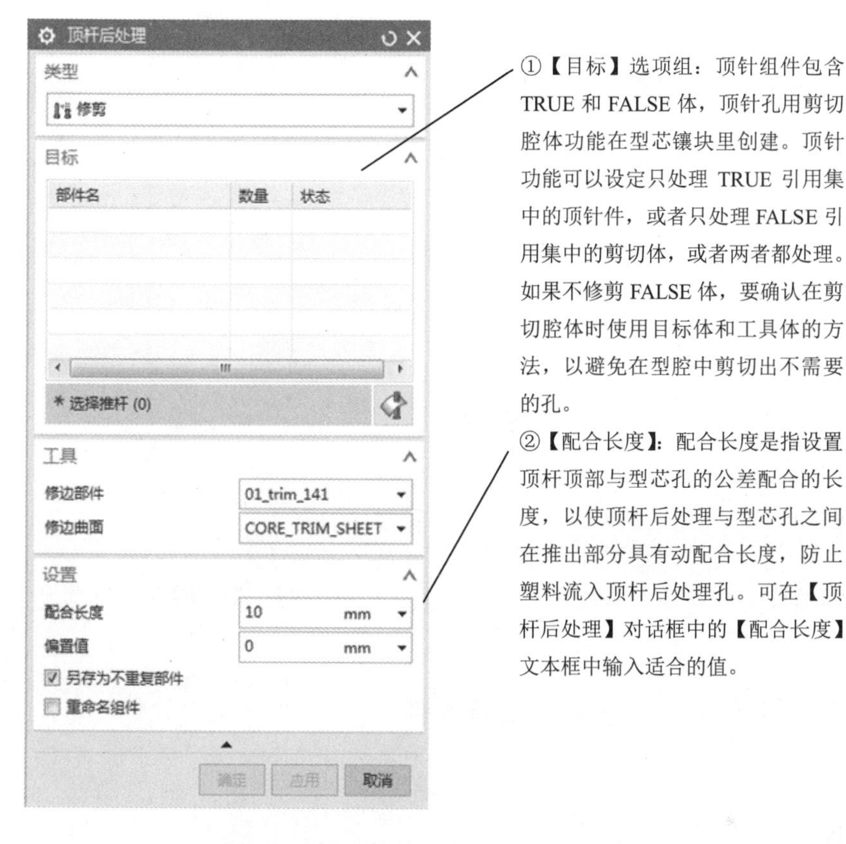

图 7-44　【目标】和【配合长度】选项组

3. 修剪模具组件

下面介绍一下修剪模具组件与建腔的方法。

（1）修剪模具组件

在【修剪工具】选项卡中单击【修边模具组件】按钮，系统将弹出如图 7-45 所示的【修边模具组件】对话框，它与上文介绍的【顶杆后处理】对话框中的修剪选项相似，在此不再重述。

（2）模具建腔

在所设计的模具中，加入了所有的标准件及浇口、流道、冷却管道等，完成模具设计的最后一步便是建腔，单击【主要】选项卡中的【腔体】按钮，打开如图 7-46 所示的【腔体】对话框。

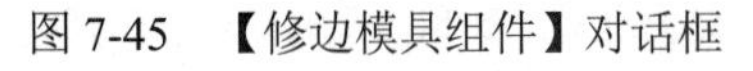
图 7-45 【修边模具组件】对话框

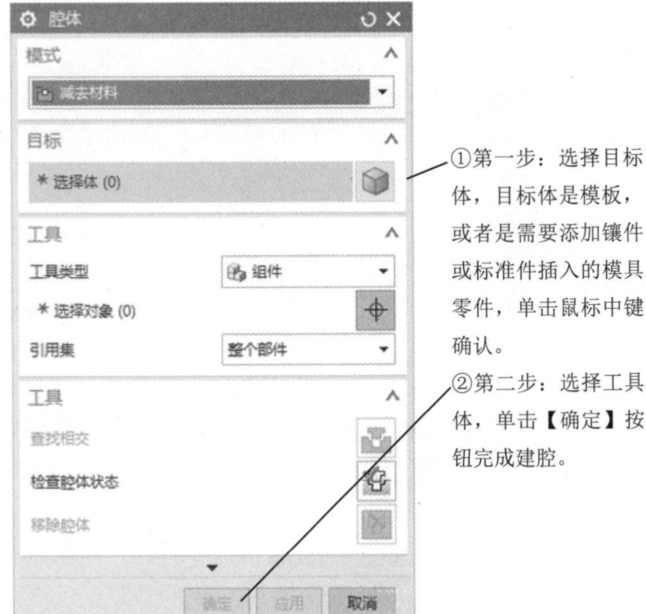

图 7-46 【腔体】对话框

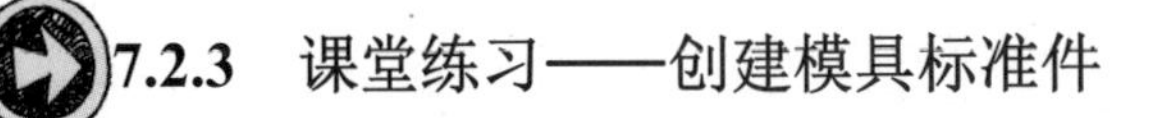

7.2.3 课堂练习——创建模具标准件

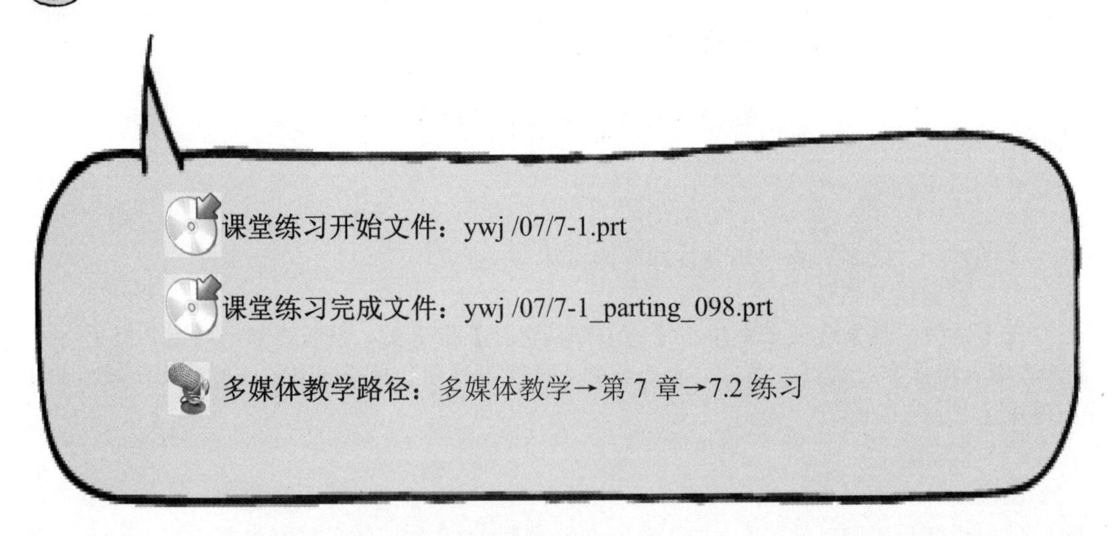

Step1 打开模架文件，如图 7-47 所示。

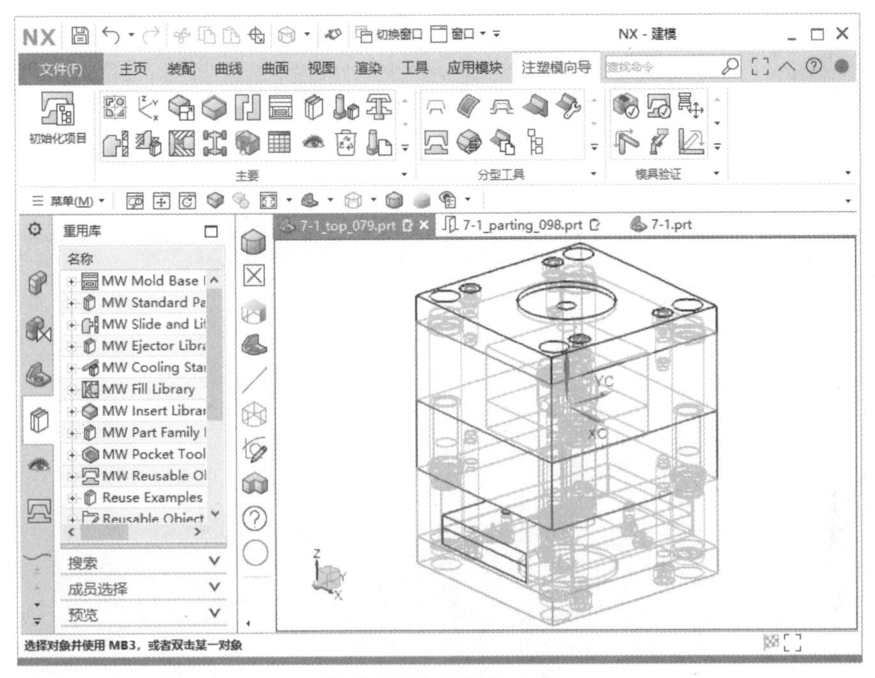

图 7-47　打开模架文件

Step2 修改模架参数，如图 7-48 所示。

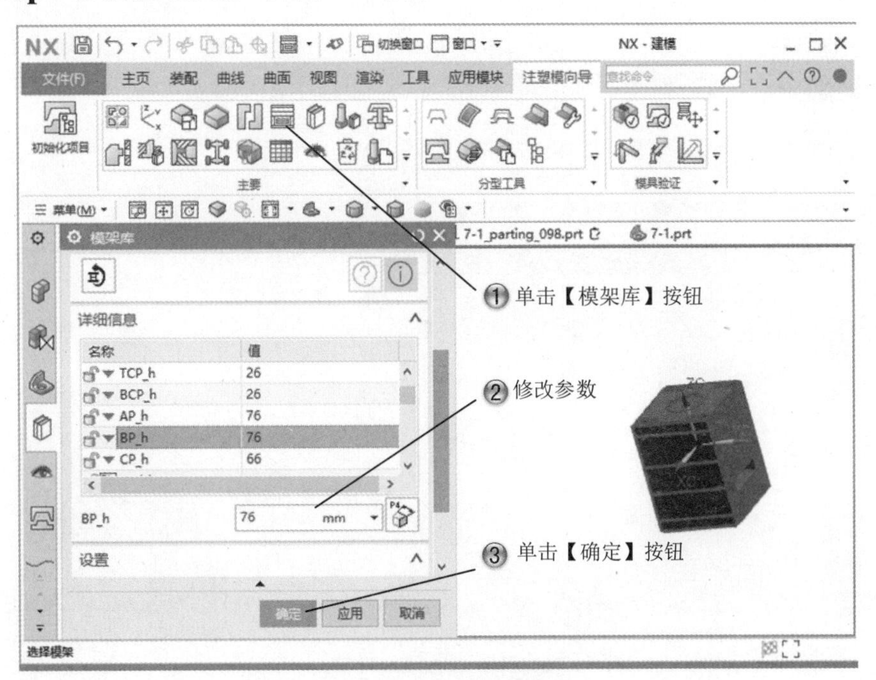

图 7-48　修改模架参数

Step3 创建标准件，如图 7-49 所示。

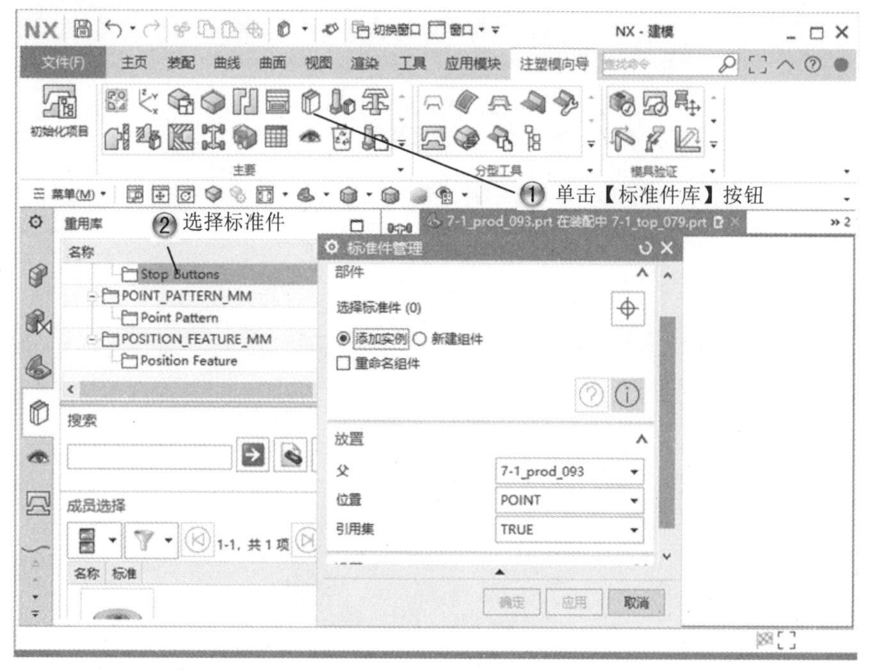

图 7-49 创建标准件

Step4 设置标准件参数，如图 7-50 所示。

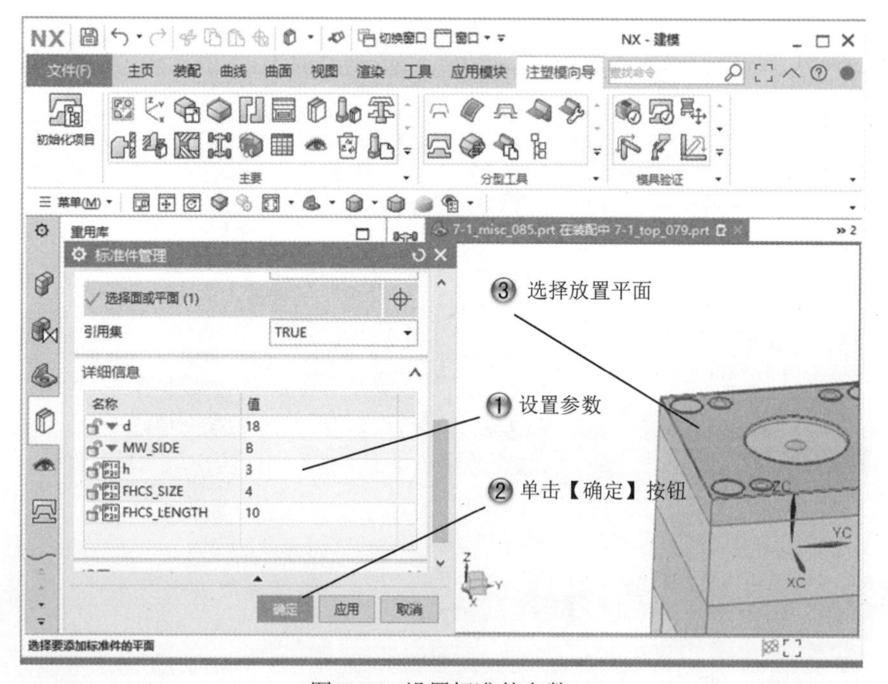

图 7-50 设置标准件参数

Step5 定位标准件，如图 7-51 所示。

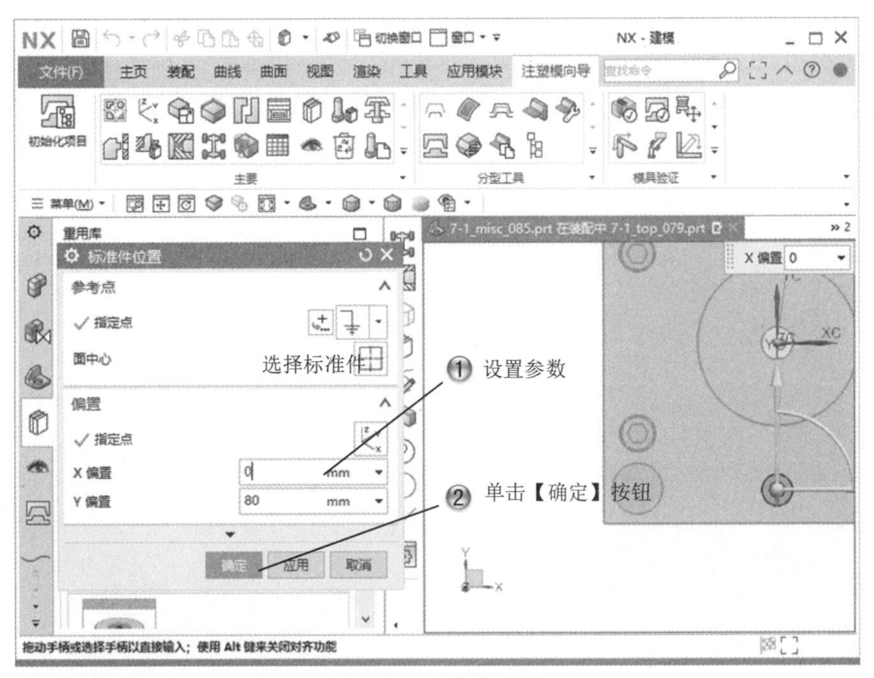

图 7-51　定位标准件

Step6 完成模架设计，如图 7-52 所示。

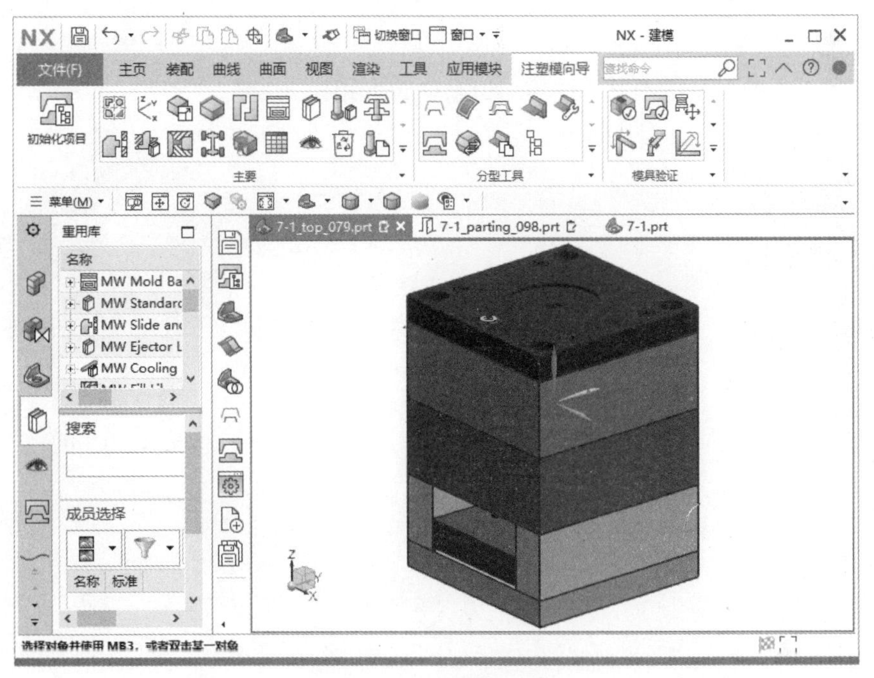

图 7-52　完成模架设计

7.3　专家总结

本章主要介绍了模架库中标准件的创建和管理过程，标准件包括浇口套、定位环、脱模机构、顶出机构等，标准件一般采用国际标准，使用时直接调用即可。

7.4　课后习题

7.4.1　填空题

（1）标准件分为________种。
（2）创建标准件要设置的参数有________。

7.4.2　问答题

（1）标准件之间的不同有哪些？
（2）创建标准件的步骤有哪些？

7.4.3　上机操作题

如图 7-53 所示，使用本章学过的知识来创建卡扣模型的模具。

一般创建步骤和方法如下：
（1）创建卡扣模型。
（2）创建分型面。
（3）模具分型。
（4）创建模架和标准件。

图 7-53　卡扣模型

第 8 章　型腔组件

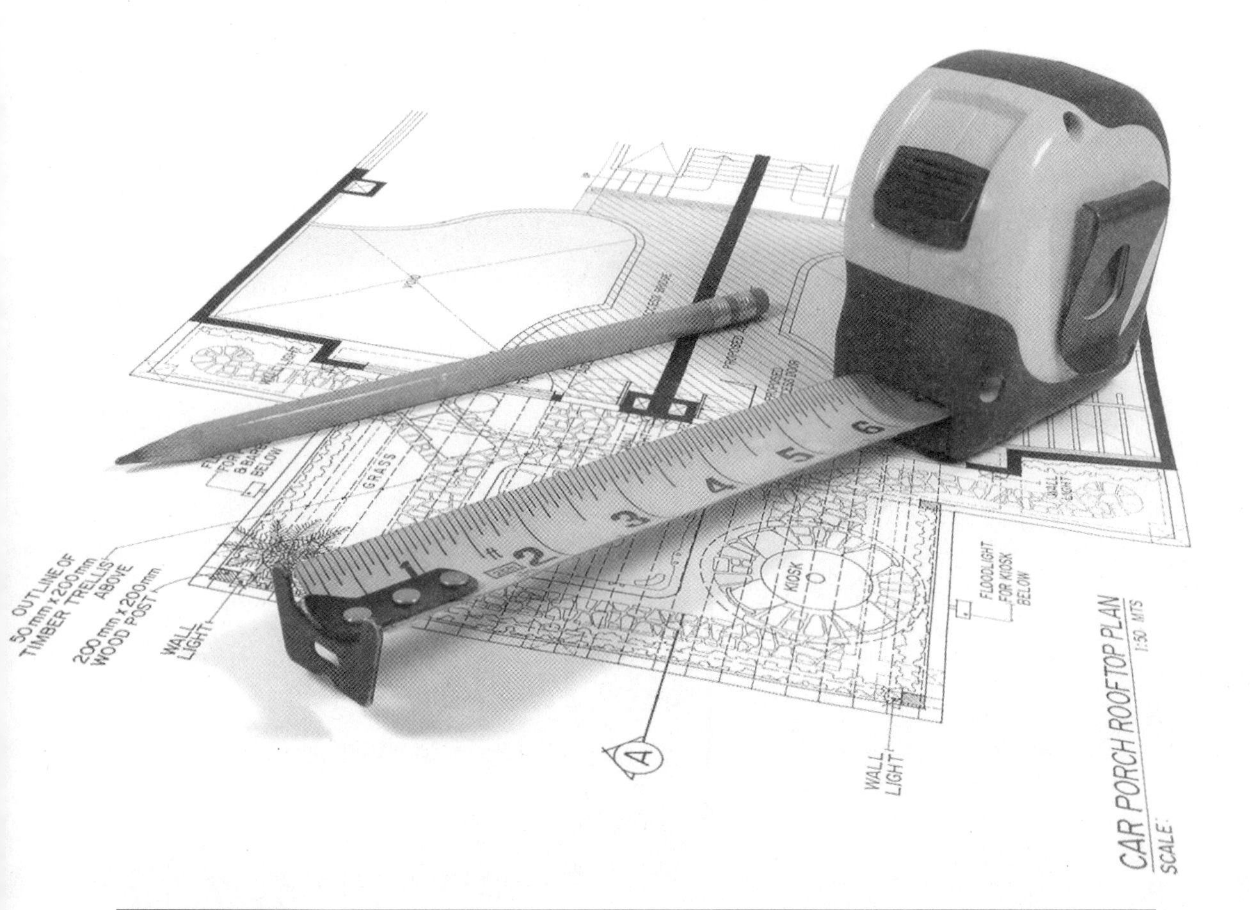

课训目标	内　容	掌握程度	课　时
	滑块和内抽芯机构	熟练运用	2
	镶块设计	熟练运用	2

课程学习建议

模具镶件的作用有以下几点：一是在排气难的地方镶镶件可以便于排气；二是在经常更换的地方镶镶件便于修模改模；三是在模仁上凸起的地方镶镶件可以节约模仁高度；四是在难于加工的地方，镶镶件可以便于加工；五是在很多水路走不到的地方，可以镶镶件以便冷却。模具滑块是利用成型的开模动作，使斜撑梢与滑块产生相对运动趋势，使滑块沿开模方向和水平方向的两种运动形式，使之脱离开。

本章将讲解滑块设计、镶件设计，这两个部分在模具设计中都是很重要的，在模具结构中也是经常见到的。标准件的设计在模具设计中也很重要。

本课程的培训课程表如下。

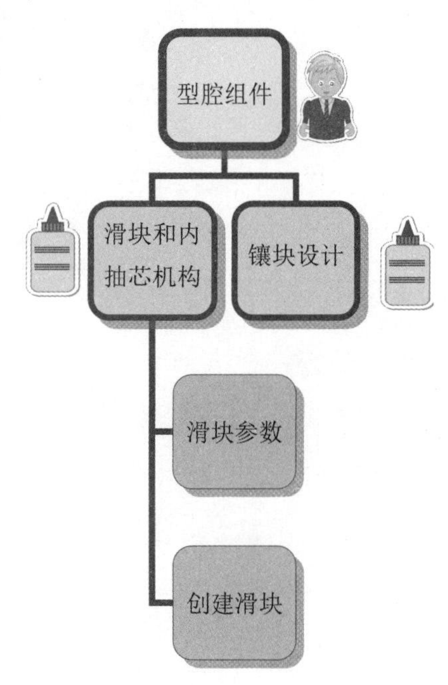

8.1 滑块和内抽芯机构

滑块和浮升销由两个主要部件组成，即滑块头和滑块体。滑块/浮升销头与产品形状有关。滑块/浮升销体由注塑模向导模块定制的标准件组成，当然这里面的参数是可以修改的，而滑块头则是根据零件形状画出来的，如图 8-1 所示，分别为滑块的两个视图。从图 8-1 中不难看出，滑块的基准是按照坐标系来摆放的，所以在进行滑块设计的时候需要将坐标系放置到滑块头的最外端，并且将 Y 轴调整至滑块头冲向工件的方向。

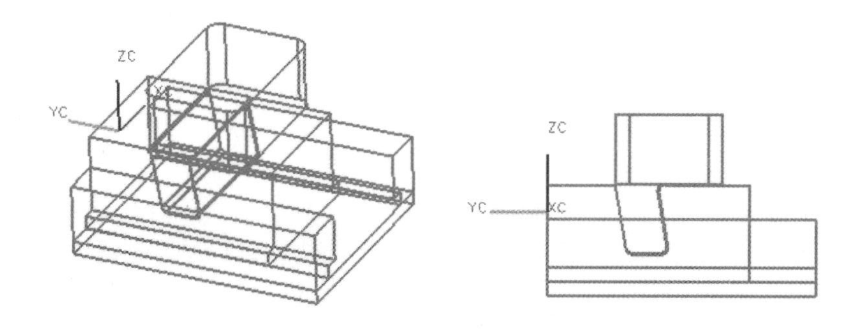

图 8-1 滑块

课堂讲解课时：2 课时

8.1.1 设计理论

注塑模向导模块提供了两种设计方法，即设计实体头和修剪体，下面分别介绍。

（1）实体头

该方法常用于滑块的设计，用创建一个实体的方法设计滑块头，它使用的是实体分割功能，也可以用模型创建中的【拉伸】、【布尔运算】等进行创建。在 NX 中方法比较多，灵活运用这些方法是关键，一般的步骤如下：

①在型芯或型腔内创建一个头部实体。

②加入合适的滑块/浮升销标准件。

③用 WAVE 连结头部实体到滑块/浮升销部件。

④将滑块头和滑块体进行布尔运算即可。

另一种方法，可以先新建一个部件，并将头部实体连接到新建的部件中，然后与滑块/浮生销体装配固定，这种方法更可取，可以为滑块头建立独立的加工。

（2）修剪体

使用修剪体功能，就是用型芯或型腔的修剪片体修剪所选实体，从而可以加入滑块或内抽芯到模架中。

8.1.2 课堂讲解

在塑胶模具设计中，经常遇到产品侧面带有通孔或盲孔的情况。截止到现在，最好的结构莫过于侧抽芯结构和斜顶结构。

注塑模向导模块的滑块和浮升销功能，提供了一个设计滑块和浮升销的简易方法，下面给出介绍。

单击【主要】选项卡中的【滑块和浮升销库】按钮时，打开【滑块和浮升销设计】对话框，如图 8-2 所示。该对话框的界面类似于【标准件管理】对话框，【名称】列表显示了可供选择的滑块和浮升销组件。

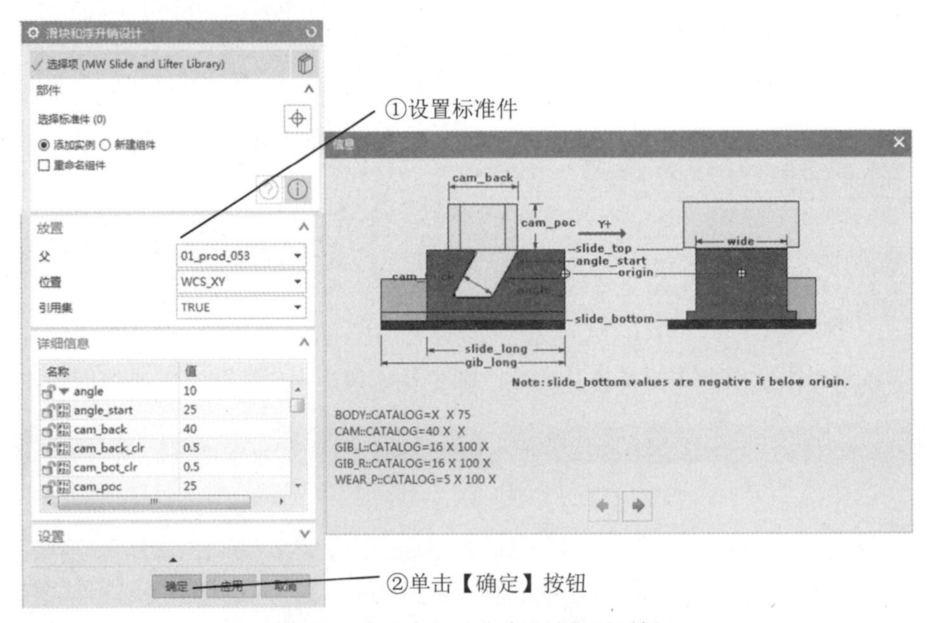

图 8-2 【滑块和浮升销设计】对话框

> 在加入滑块和浮升销机构之前，必须先定义好坐标方位，因为滑块和浮升销的位置是根据坐标系的原点及坐标轴的方向定义的。
>
> 名师点拨

注塑模向导模块规定，WCS 的 YC 轴方向，必须沿着滑块和浮升销的移动方向。在所选用的每个位图说明中都显示有坐标原点，YC 正方向和分形线，注塑模向导模块的 WCS 会在【滑块和浮升销设计】对话框【放置】选项组【位置】下拉列表中显示，如图 8-3 所示。

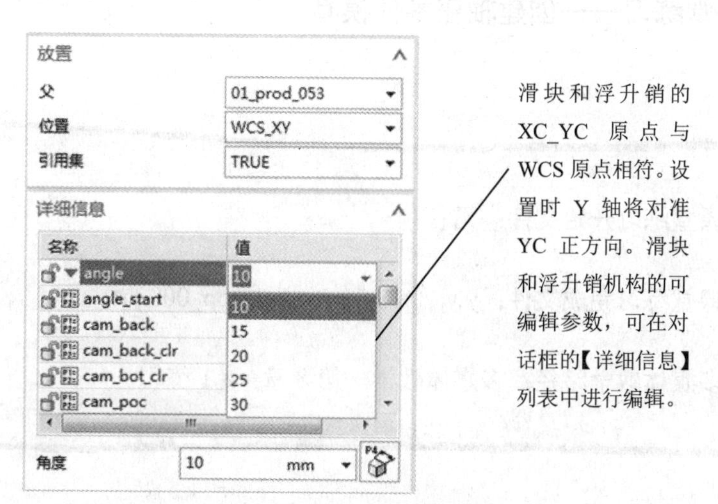

图 8-3　【放置】选项组

滑块和浮升销机构以子装配的形式加入到模具装配的 Prod 节点下，每一个装配包含滑块头、斜锲、滑块体、导轨等部件。典型的滑块子装配结构如图 8-4 所示。

图 8-4　装配导航器

8.1.3 课堂练习——创建轴座零件模具

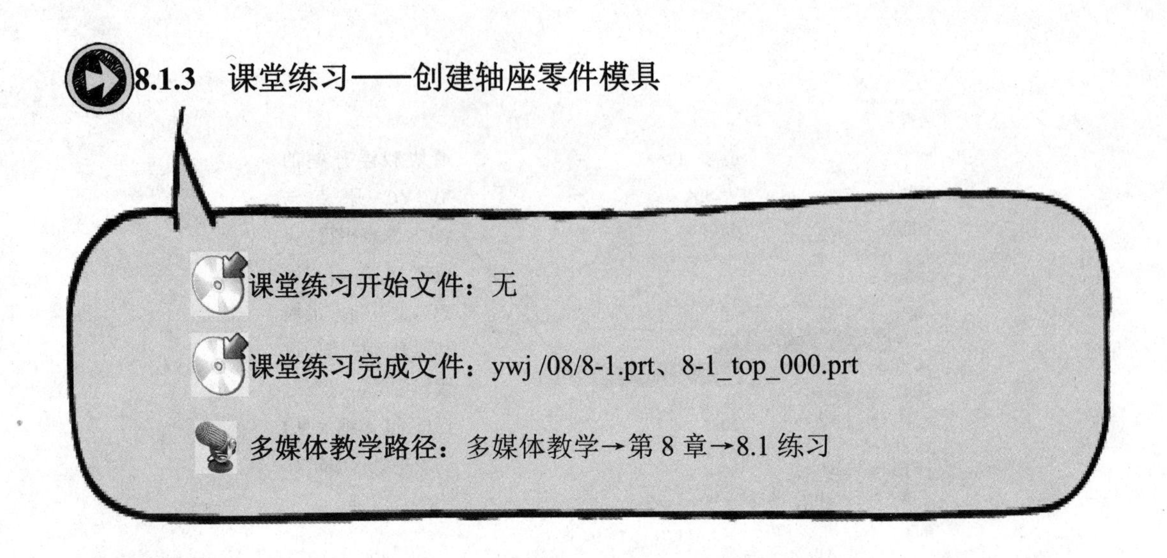

课堂练习开始文件：无

课堂练习完成文件：ywj /08/8-1.prt、8-1_top_000.prt

多媒体教学路径：多媒体教学→第 8 章→8.1 练习

Step1 选择草绘面，如图 8-5 所示。

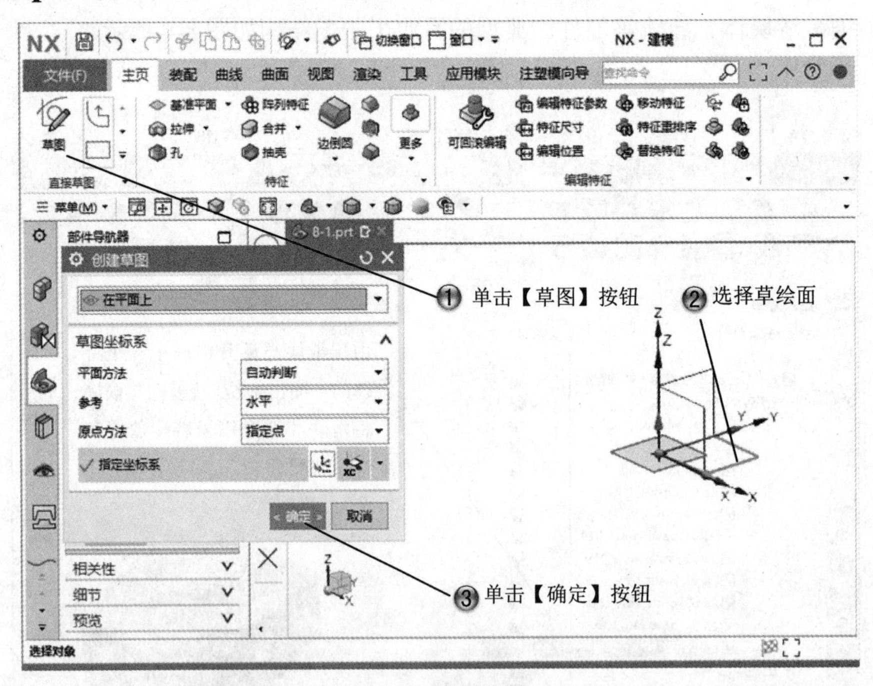

图 8-5 绘制草图

Step2 绘制圆形，如图 8-6 所示。

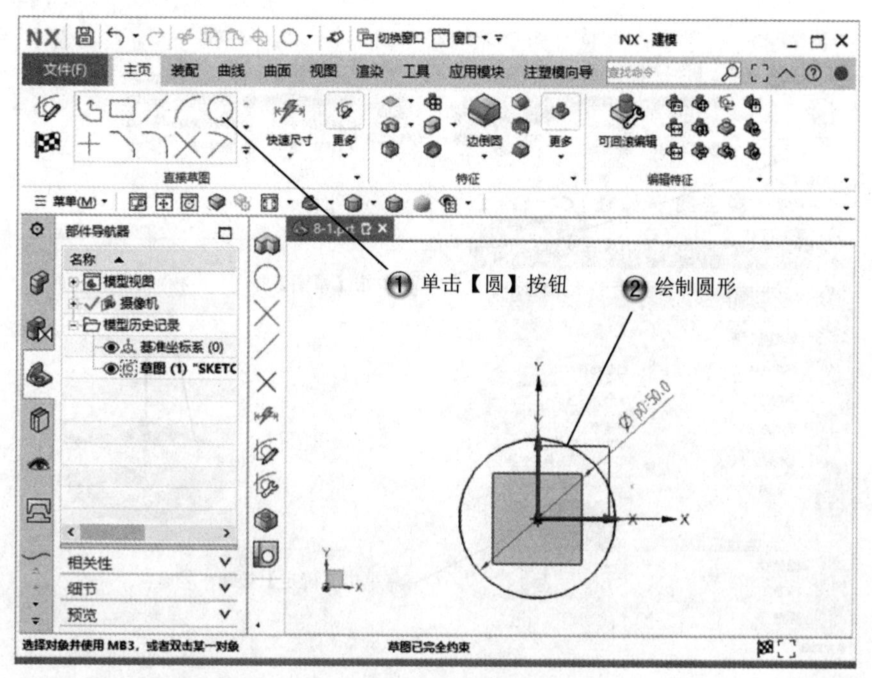

图 8-6 绘制圆形

Step3 创建拉伸特征，如图 8-7 所示。

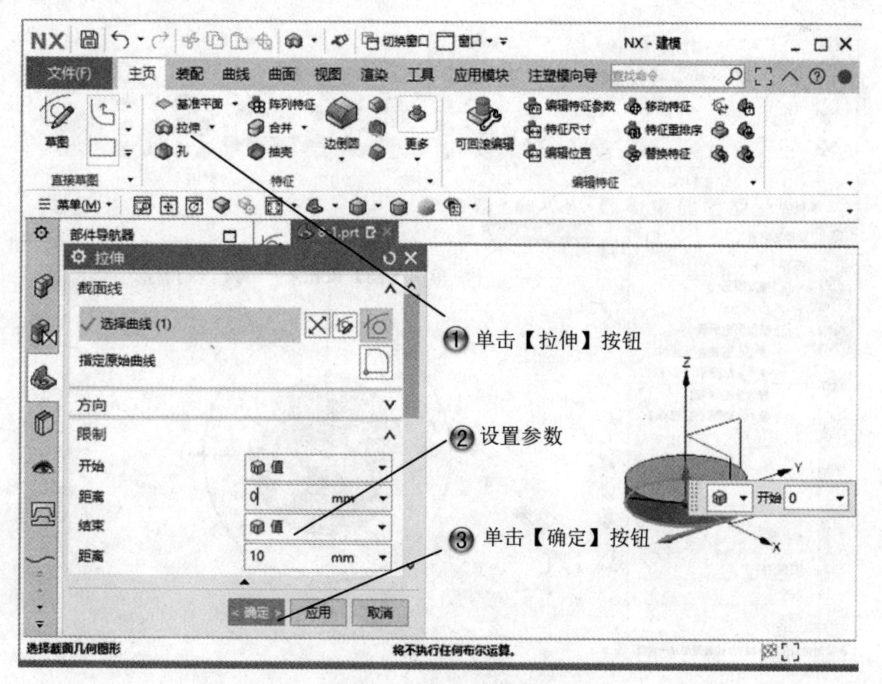

图 8-7 创建拉伸特征

Step4 选择草绘面，如图 8-8 所示。

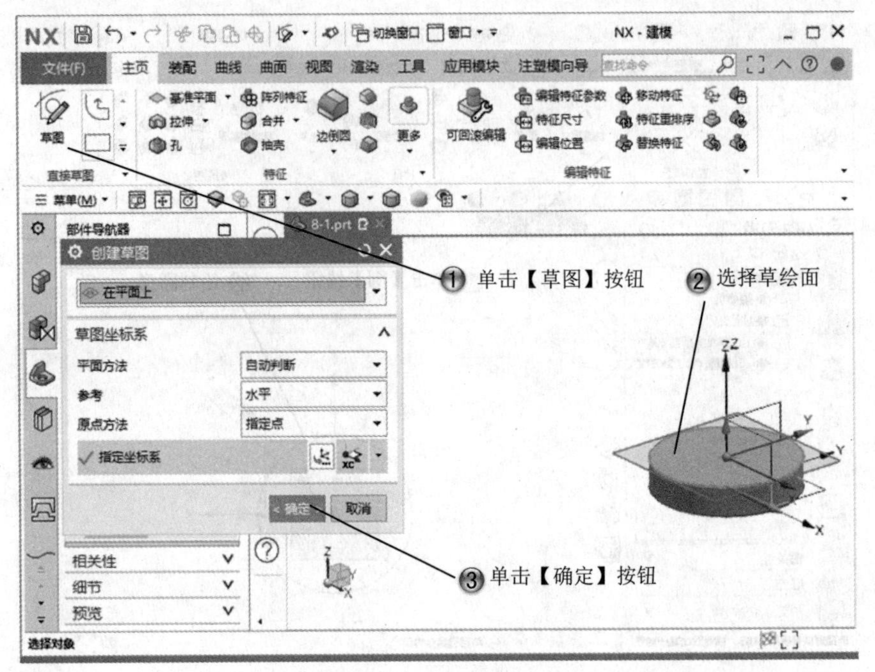

图 8-8　选择草绘面

Step5 绘制圆形，如图 8-9 所示。

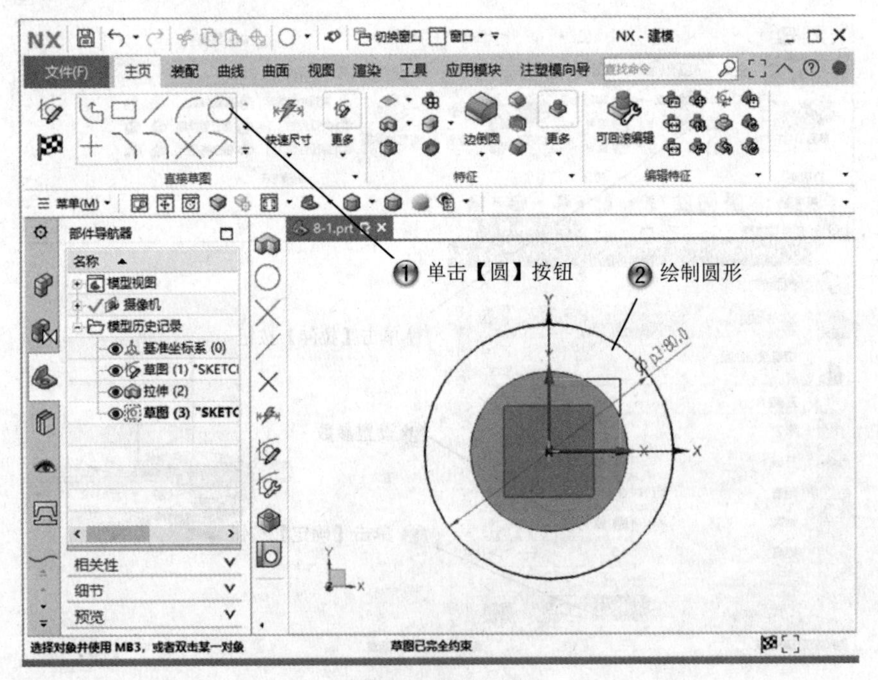

图 8-9　绘制圆形

Step6 创建拉伸特征，如图 8-10 所示。

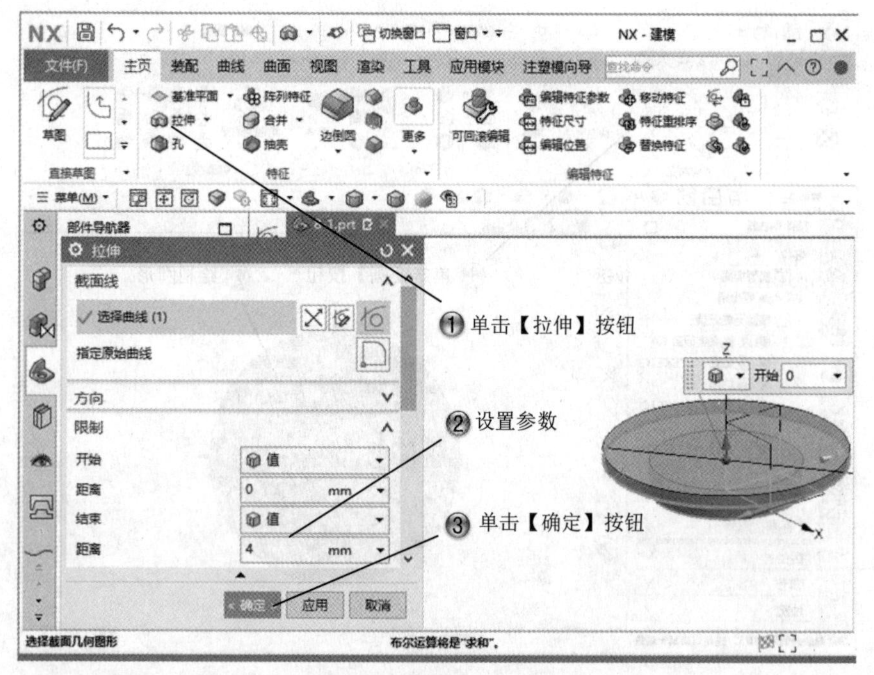

图 8-10　创建拉伸特征

Step7 选择草绘面，如图 8-11 所示。

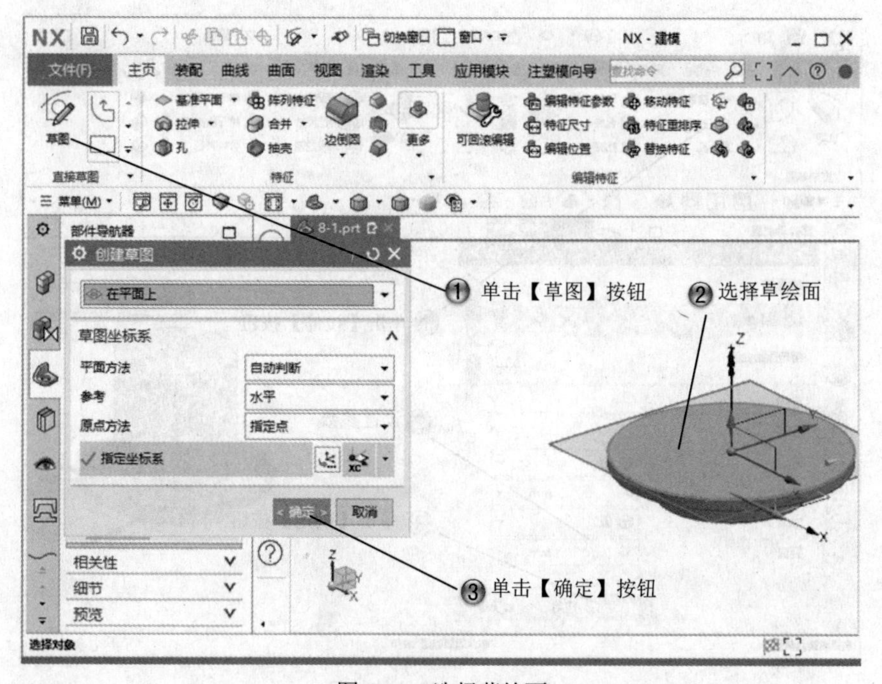

图 8-11　选择草绘面

Step8 绘制圆形，如图 8-12 所示。

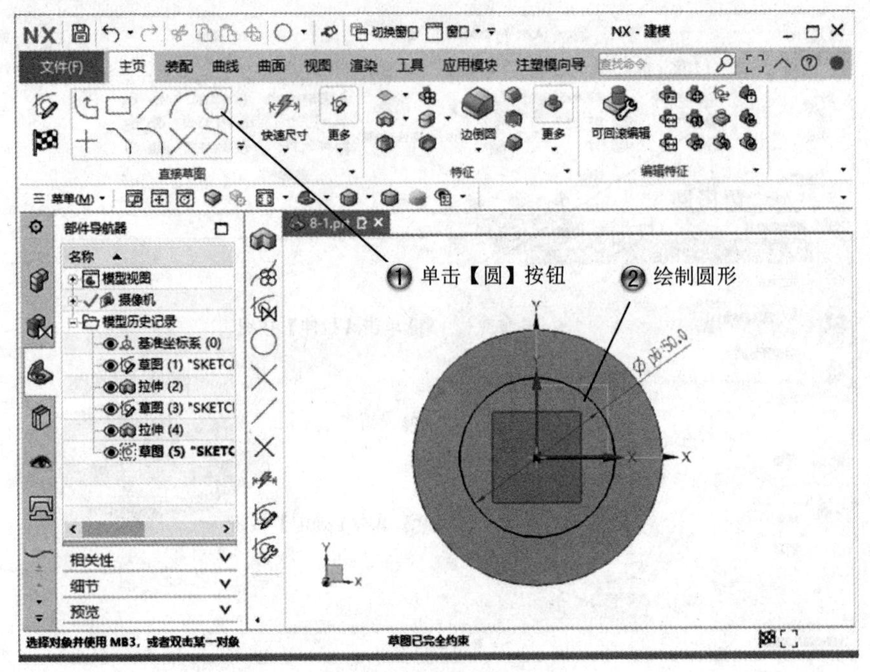

图 8-12　绘制圆形

Step9 创建拉伸特征，如图 8-13 所示。

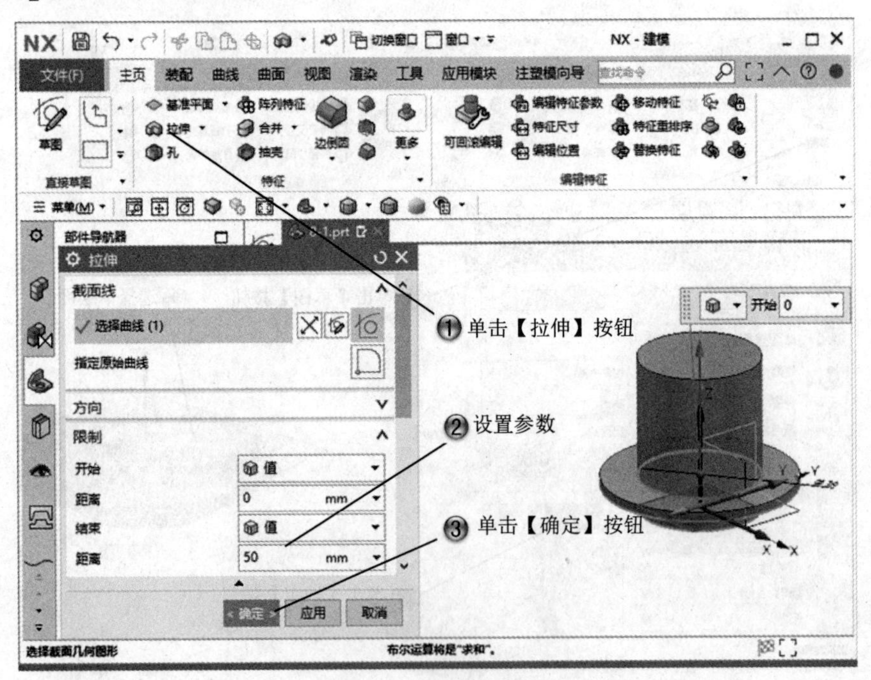

图 8-13　创建拉伸特征

Step10 创建拔模特征，如图 8-14 所示。

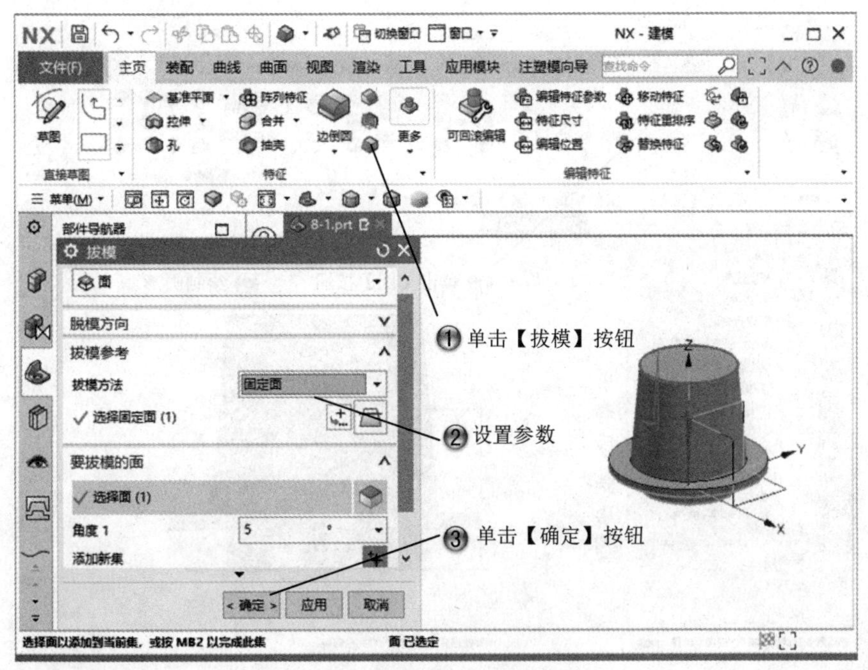

图 8-14　创建拔模特征

Step11 选择草绘面，如图 8-15 所示。

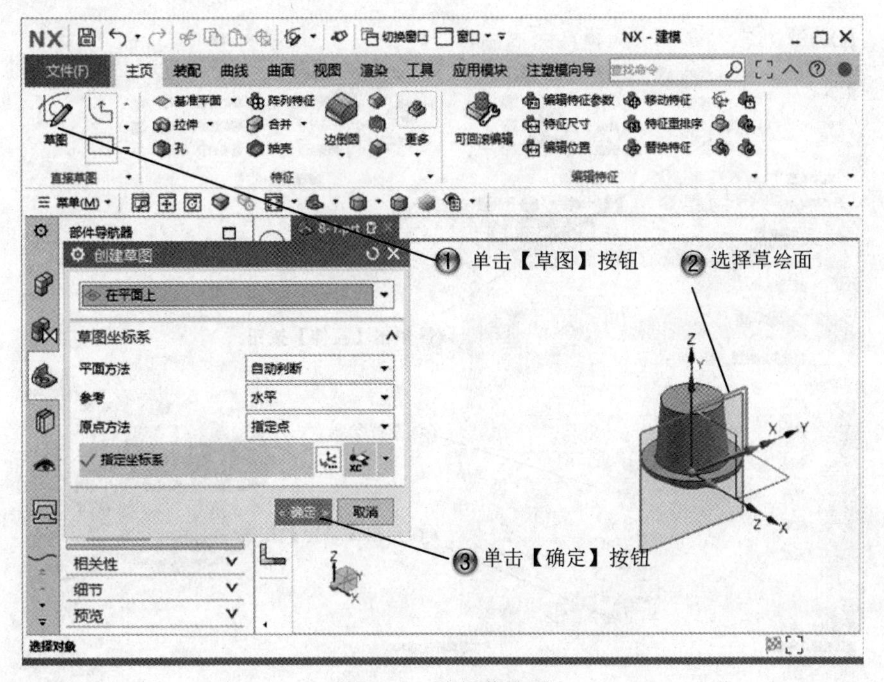

图 8-15　选择草绘面

Step12 绘制圆形，如图 8-16 所示。

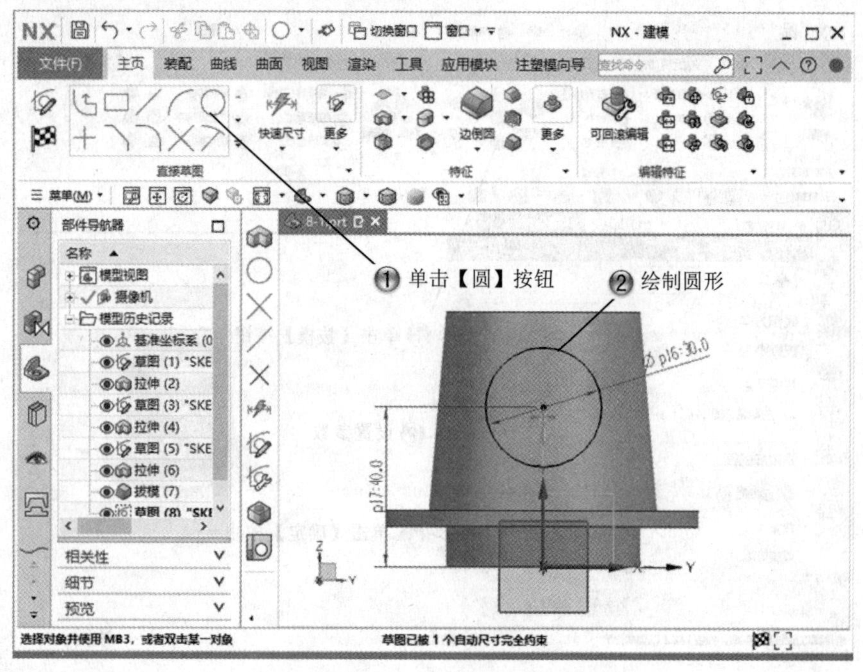

图 8-16 绘制圆形

Step13 创建拉伸特征，如图 8-17 所示。

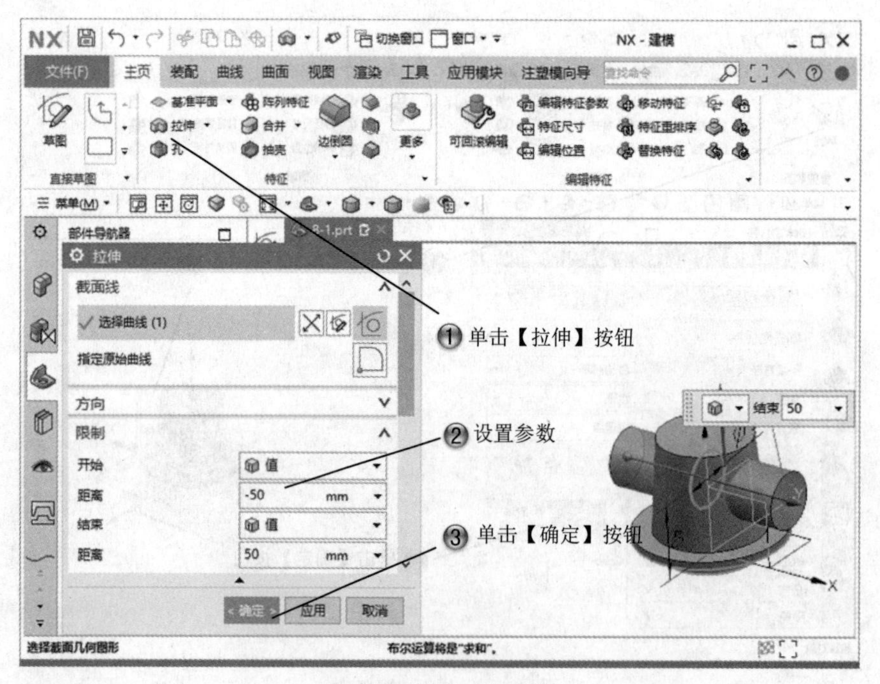

图 8-17 创建拉伸特征

Step14 选择草绘面，如图 8-18 所示。

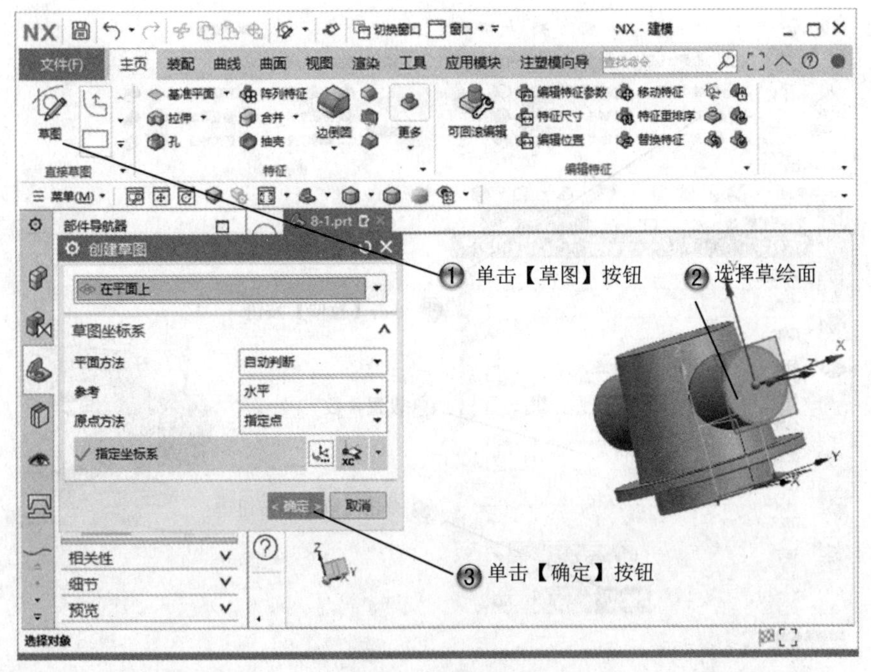

图 8-18 选择草绘面

Step15 绘制圆形，如图 8-19 所示。

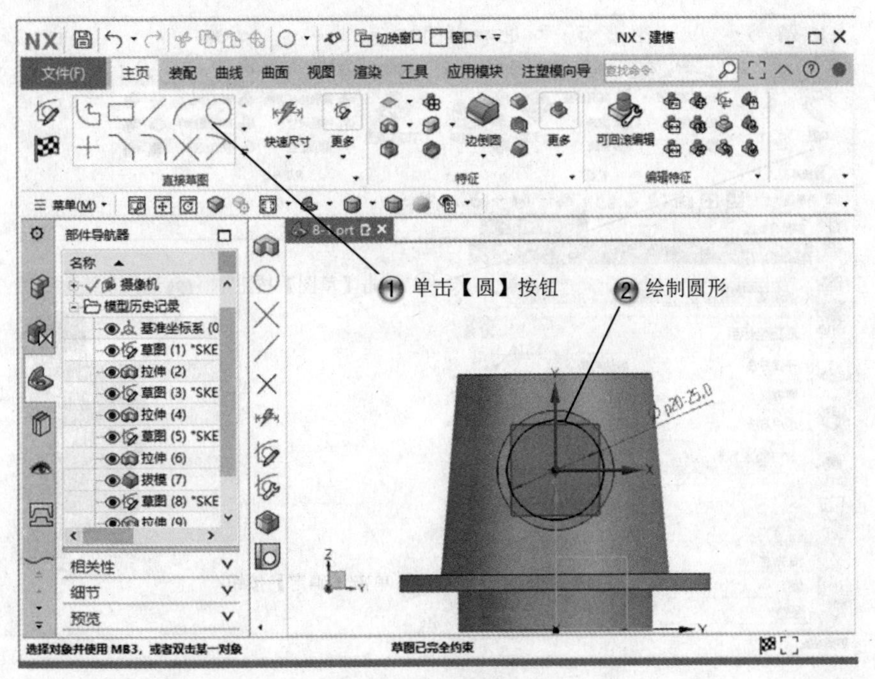

图 8-19 绘制圆形

Step16 创建拉伸特征，如图 8-20 所示。

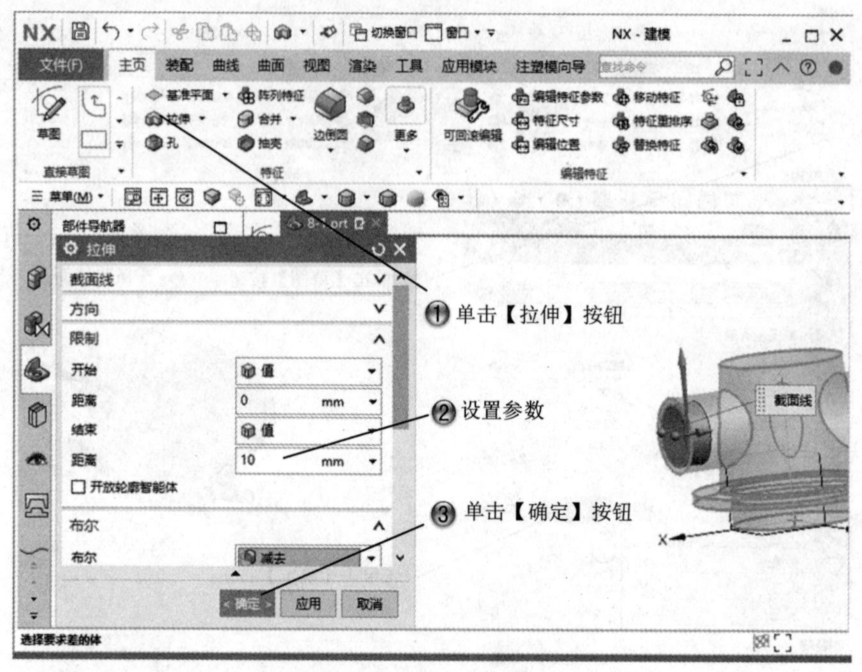

图 8-20 创建拉伸特征

Step17 选择草绘面，如图 8-21 所示。

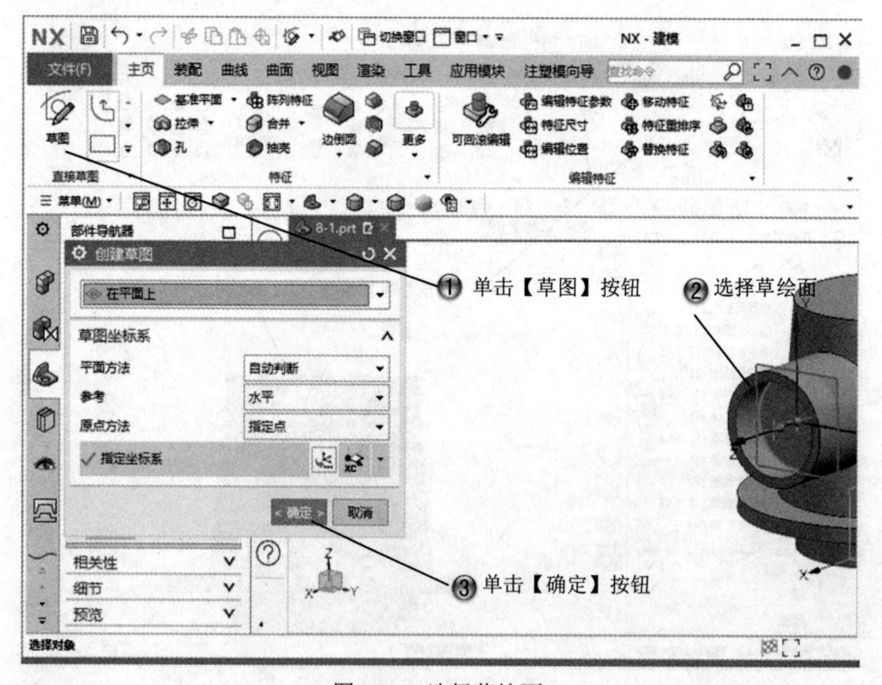

图 8-21 选择草绘面

Step18 绘制圆形，如图 8-22 所示。

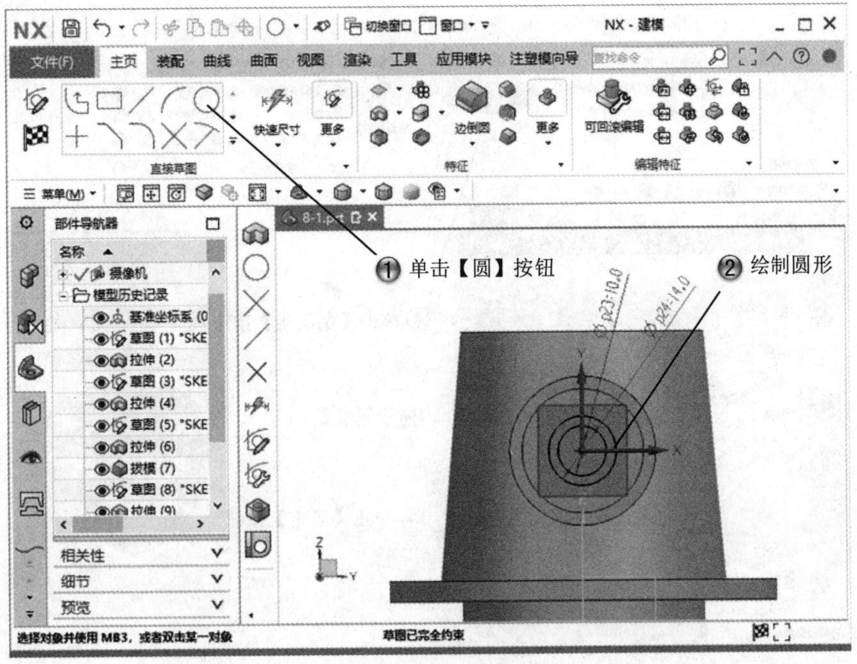

图 8-22　绘制圆形

Step19 创建拉伸特征，如图 8-23 所示。

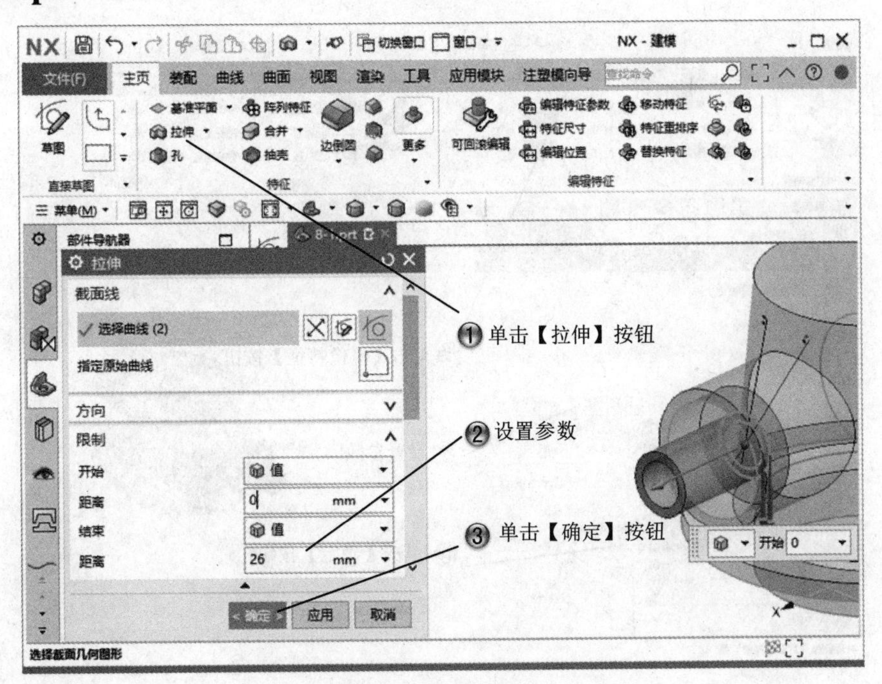

图 8-23　创建拉伸特征

Step20 创建倒斜角，如图 8-24 所示。

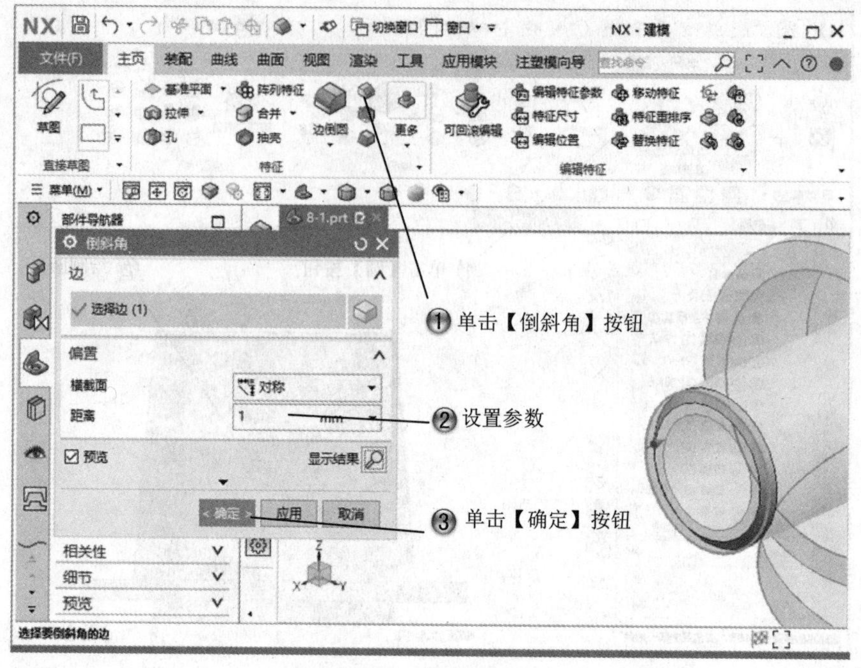

图 8-24　创建倒斜角

Step21 创建镜像特征，如图 8-25 所示。

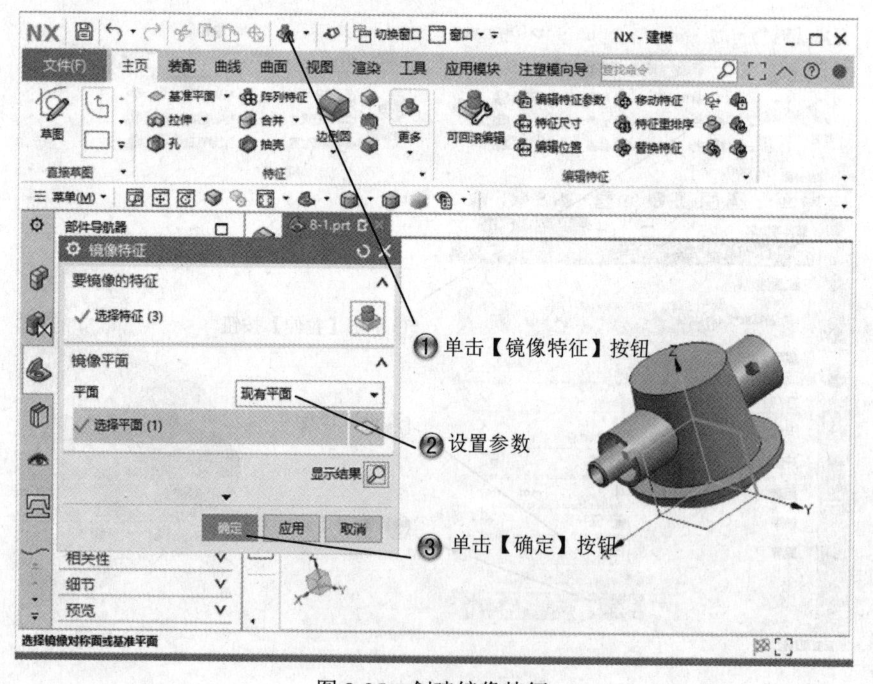

图 8-25　创建镜像特征

Step22 选择草绘面，如图 8-26 所示。

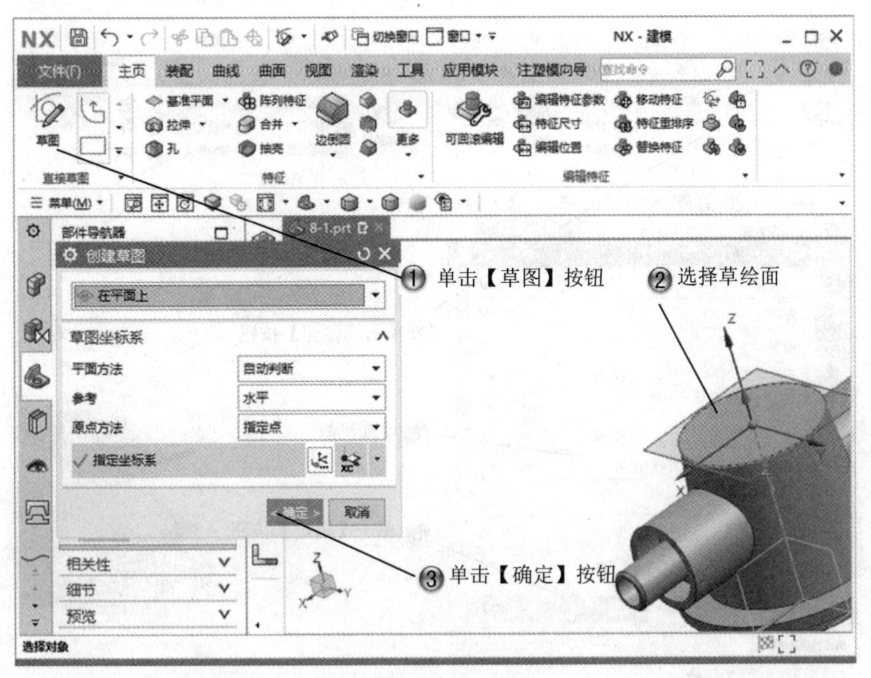

图 8-26　选择草绘面

Step23 绘制圆形，如图 8-27 所示。

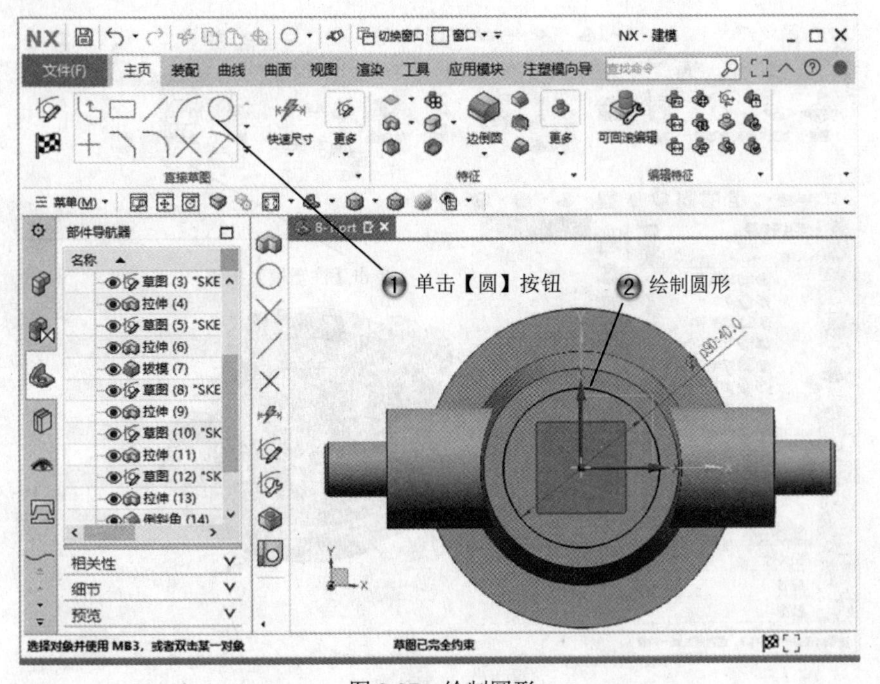

图 8-27　绘制圆形

Step24 创建拉伸特征，如图 8-28 所示。

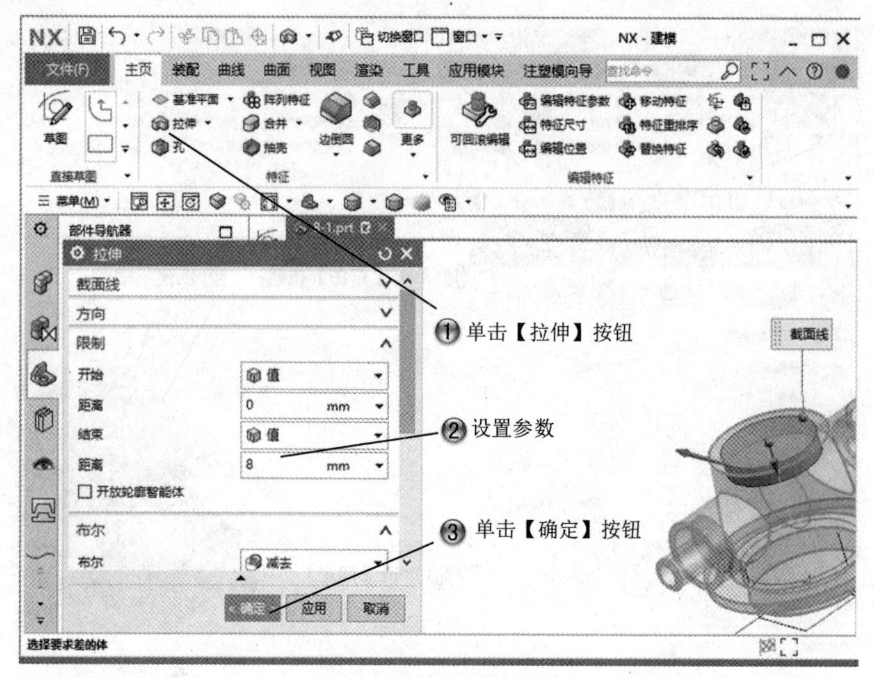

图 8-28　创建拉伸特征

Step25 完成零件模型，如图 8-29 所示。

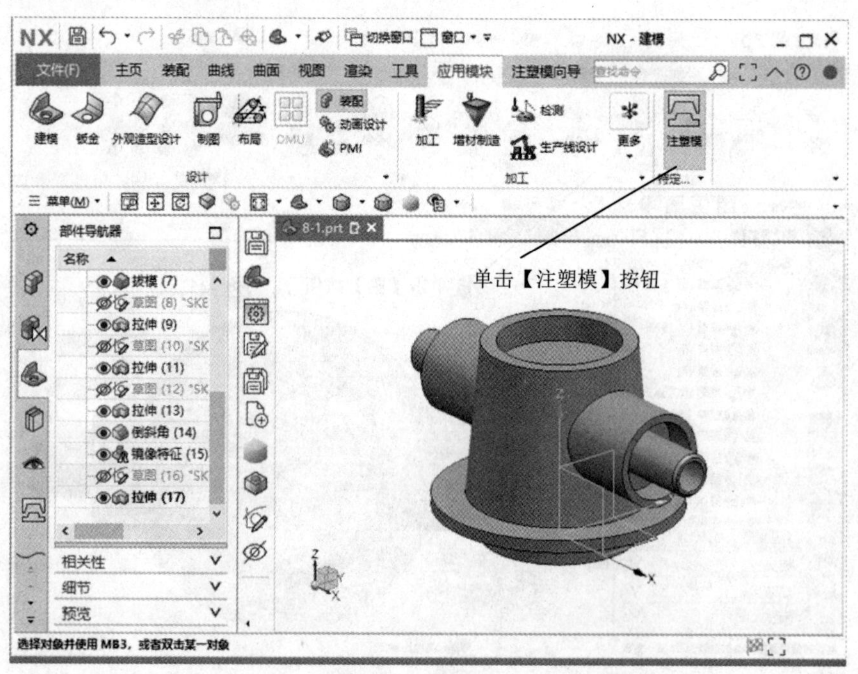

图 8-29　零件模型

Step26 初始化模型，如图 8-30 所示。

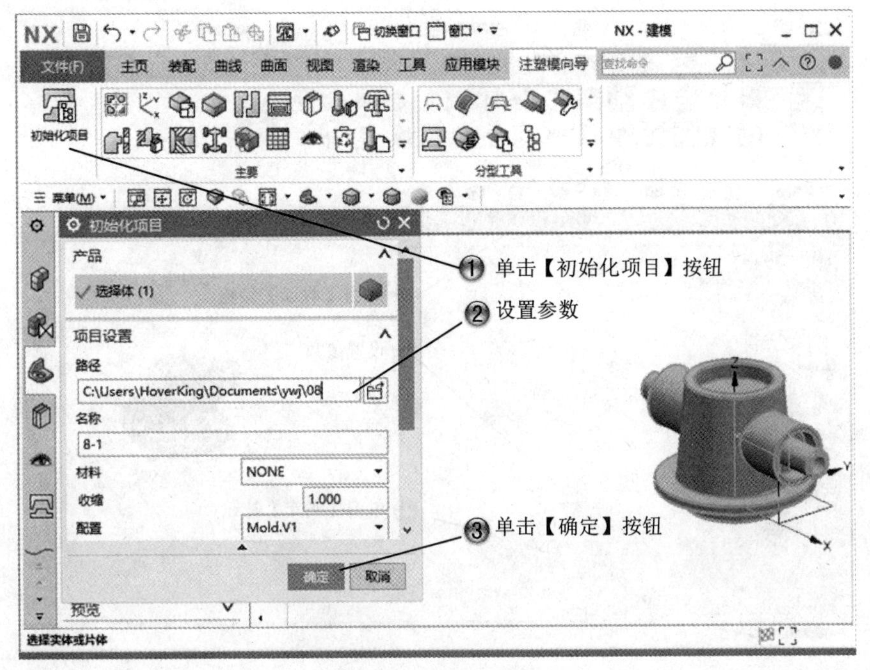

图 8-30　初始化模型

Step27 创建模具坐标，如图 8-31 所示。

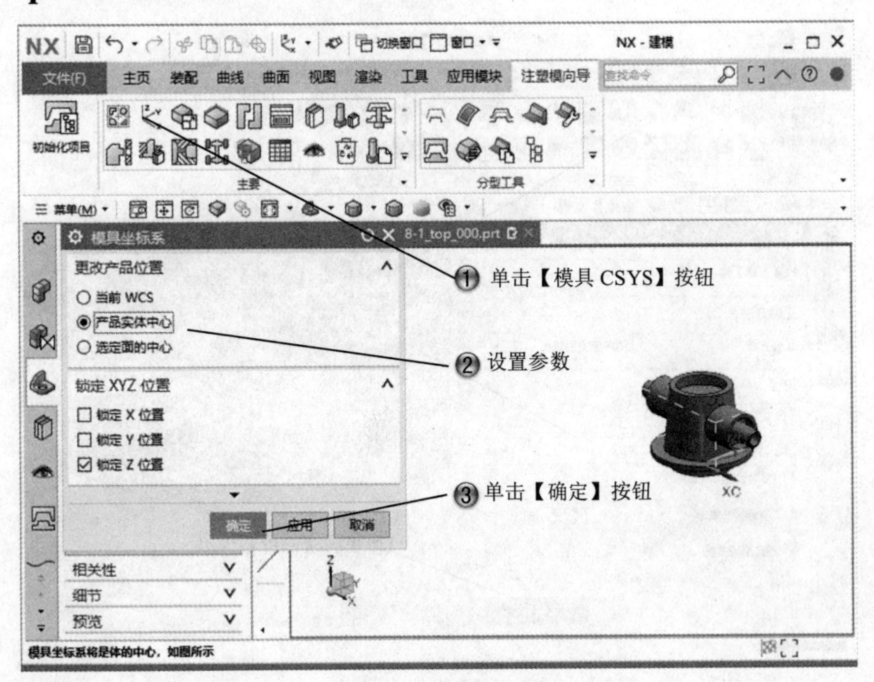

图 8-31　创建模具坐标

Step28 设置缩放体，如图 8-32 所示。

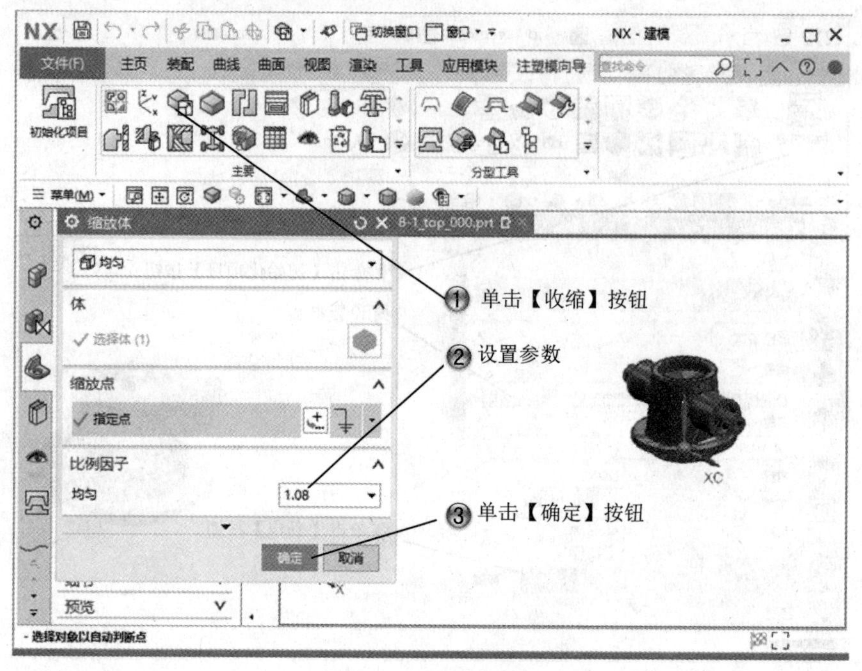

图 8-32 设置缩放体

Step29 创建工件，如图 8-33 所示。

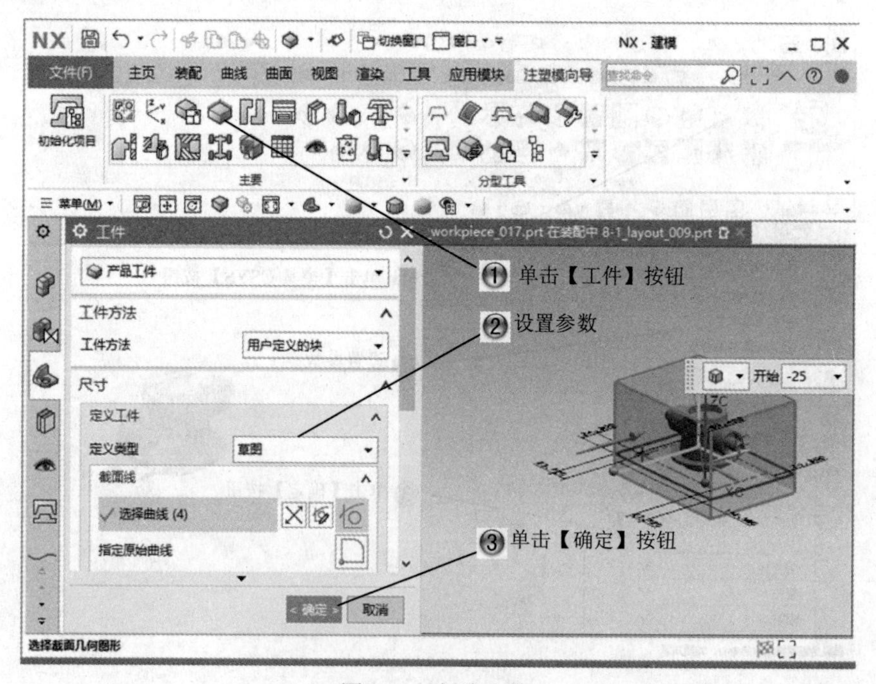

图 8-33 创建工件

Step30 检查区域，如图 8-34 所示。

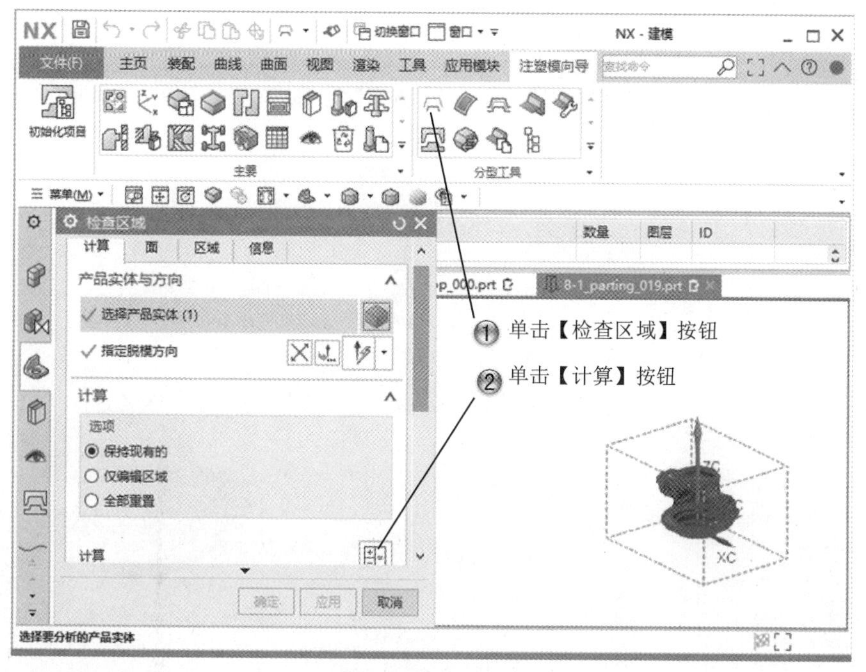

图 8-34　检查区域

Step31 查看未定义区域，如图 8-35 所示。

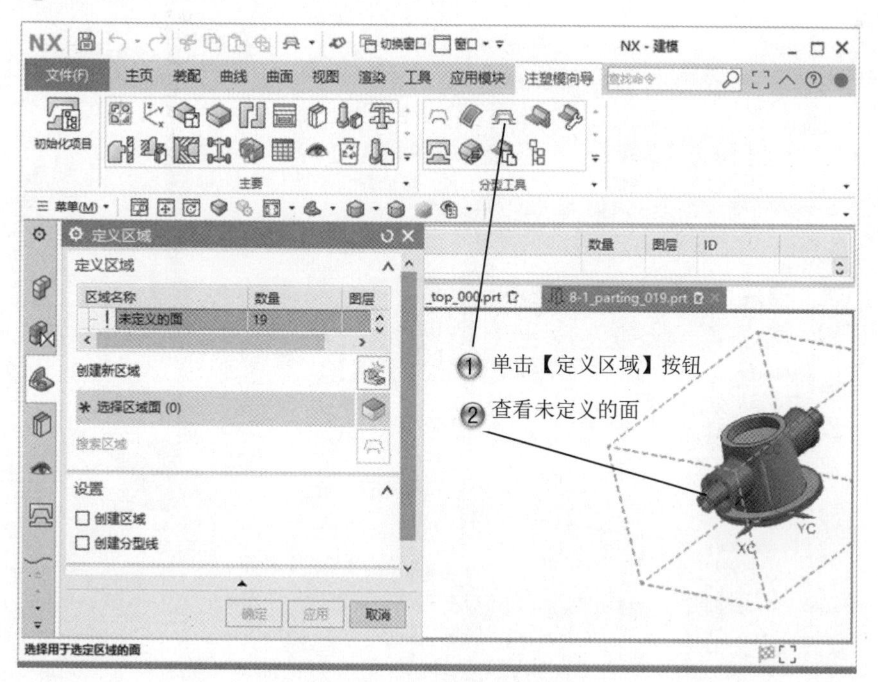

图 8-35　查看未定义区域

Step32 设置型腔面，如图 8-36 所示。

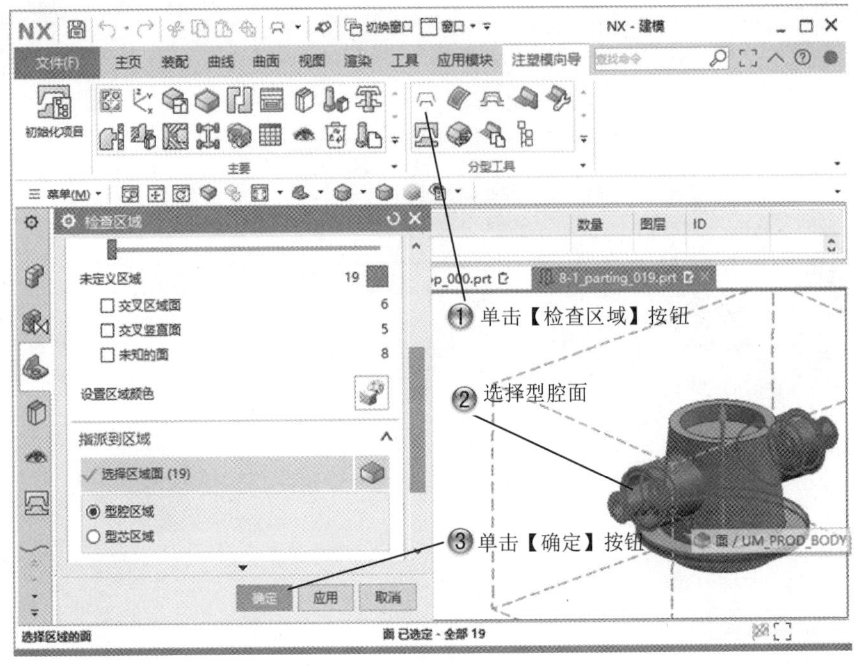

图 8-36　设置型腔面

Step33 创建分型线，如图 8-37 所示。

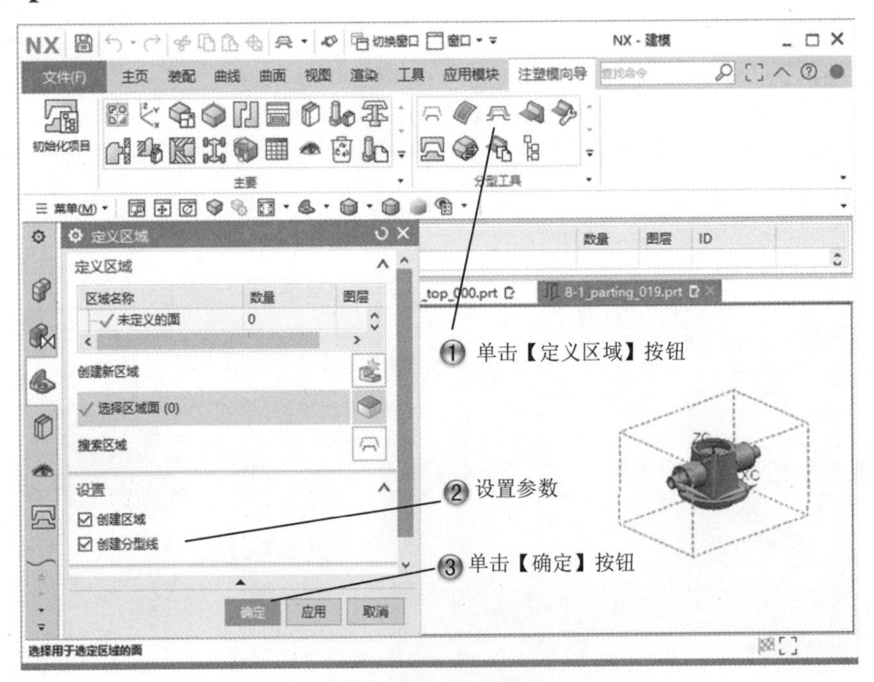

图 8-37　创建分型线

Step34 创建分型面，如图 8-38 所示。

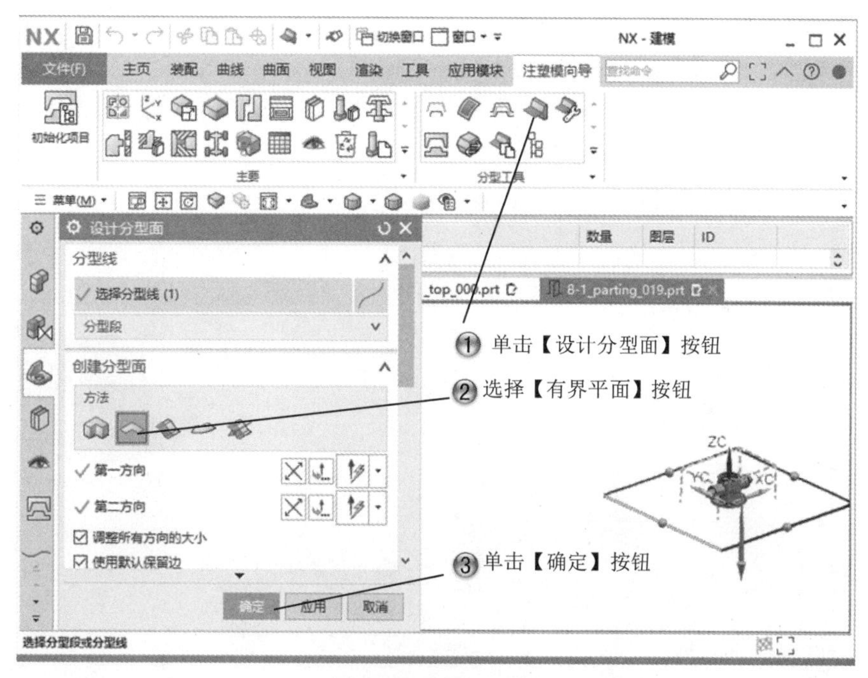

图 8-38　创建分型面

Step35 创建包容体，如图 8-39 所示。

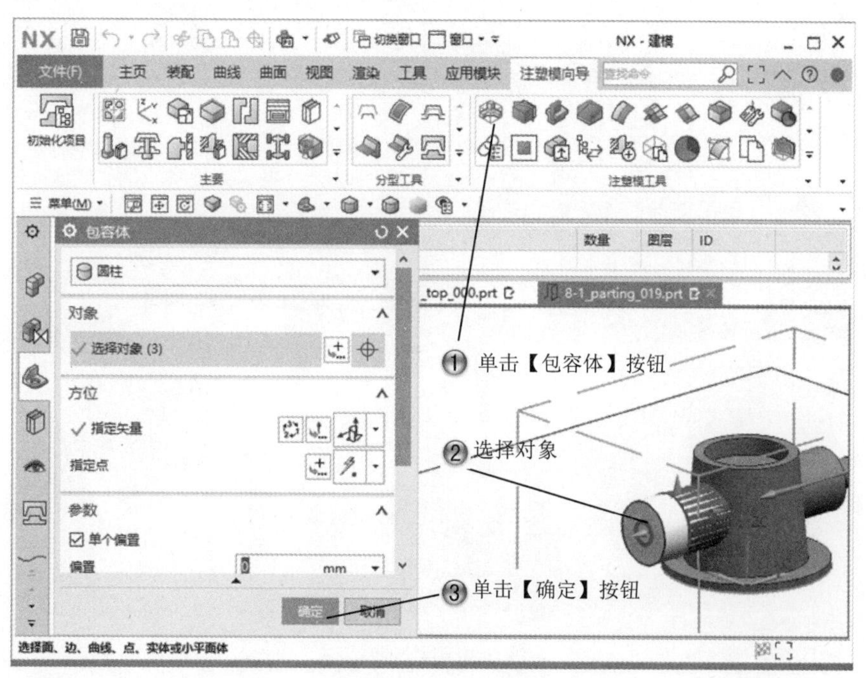

图 8-39　创建包容体

Step36 创建拆分体，如图 8-40 所示。

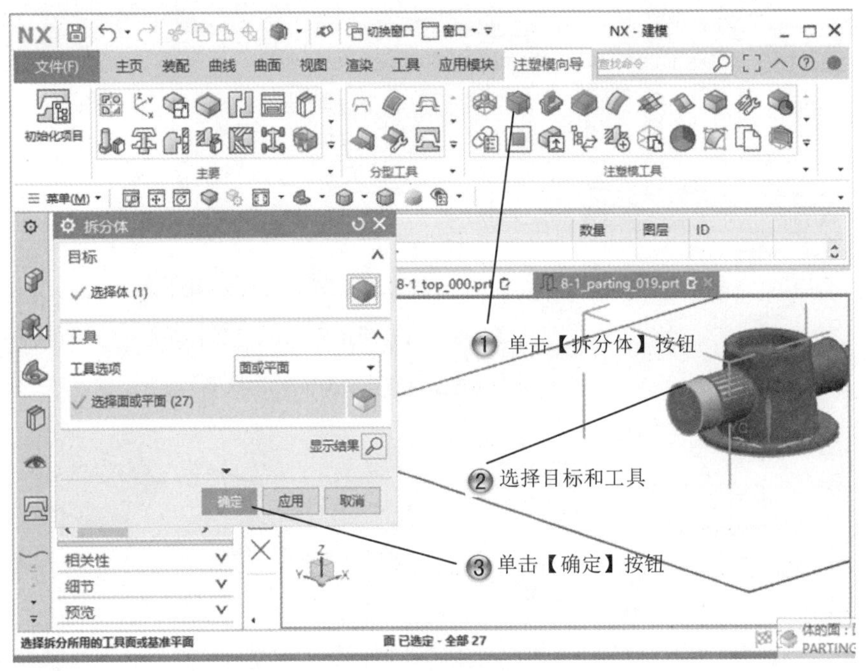

图 8-40　创建拆分体

Step37 实体补片，如图 8-41 所示。

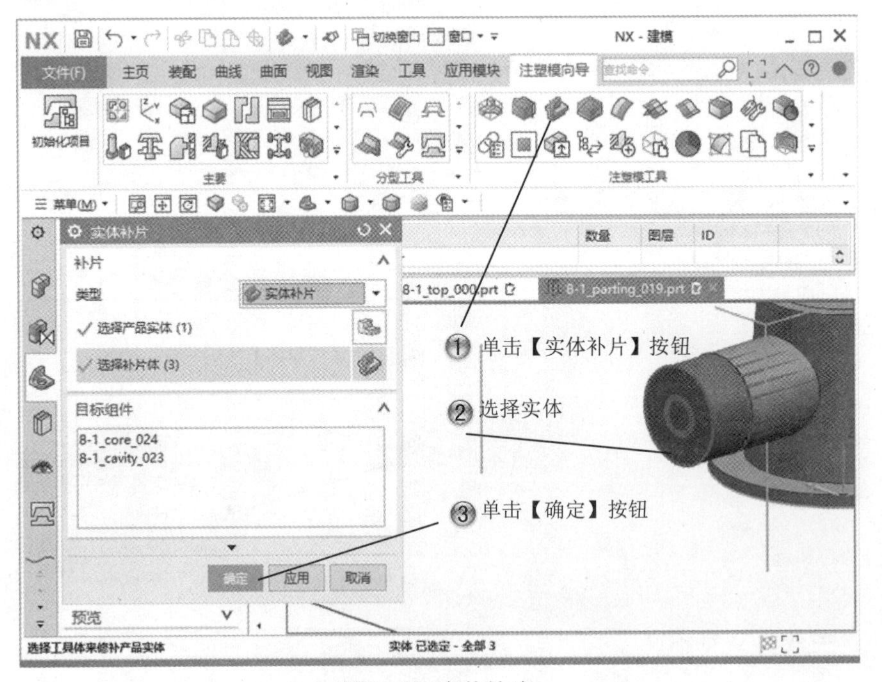

图 8-41　实体补片

Step38 创建包容体，如图 8-42 所示。

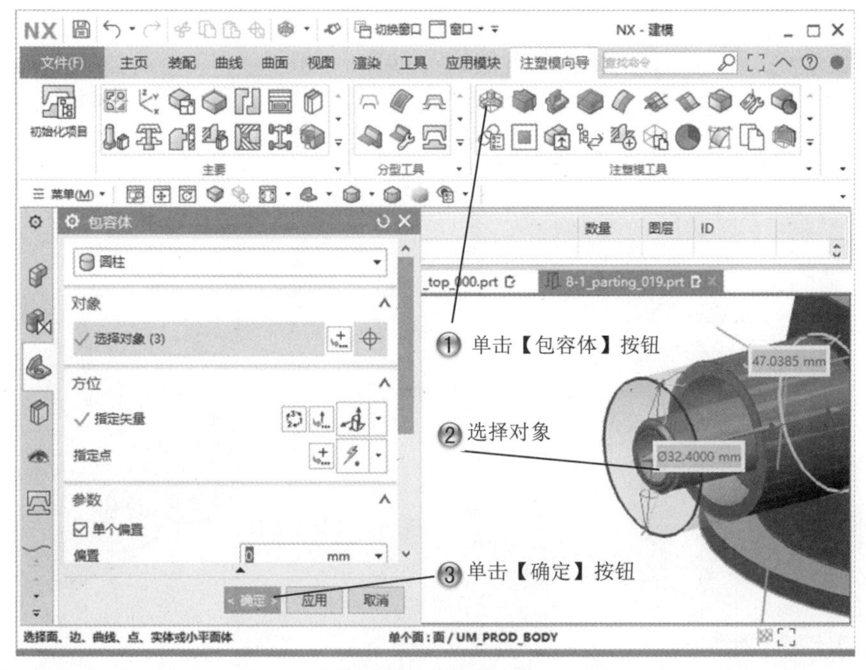

图 8-42　创建包容体

Step39 创建拆分体，如图 8-43 所示。

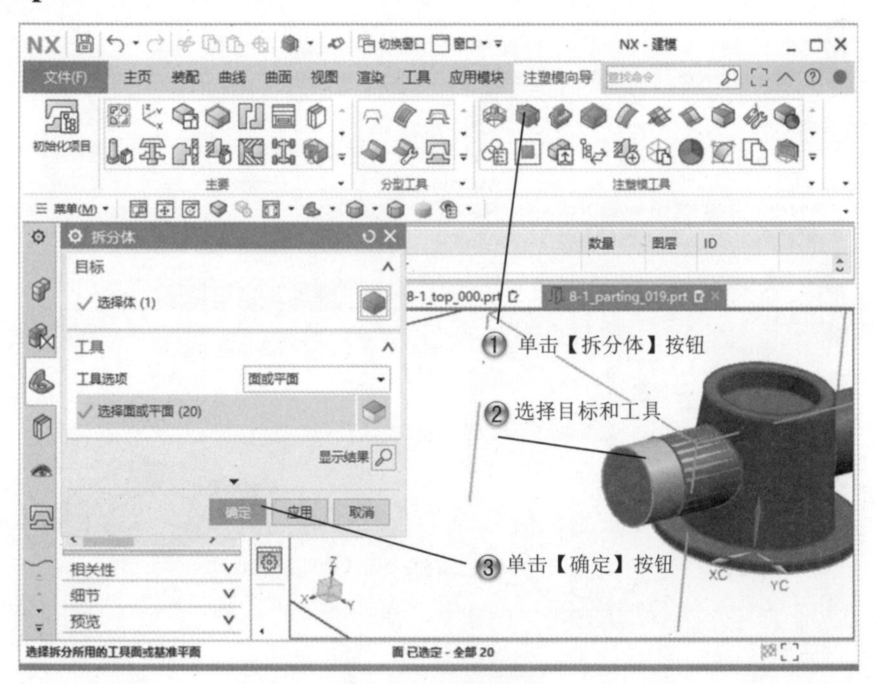

图 8-43　创建拆分体

Step40 实体补片，如图 8-44 所示。

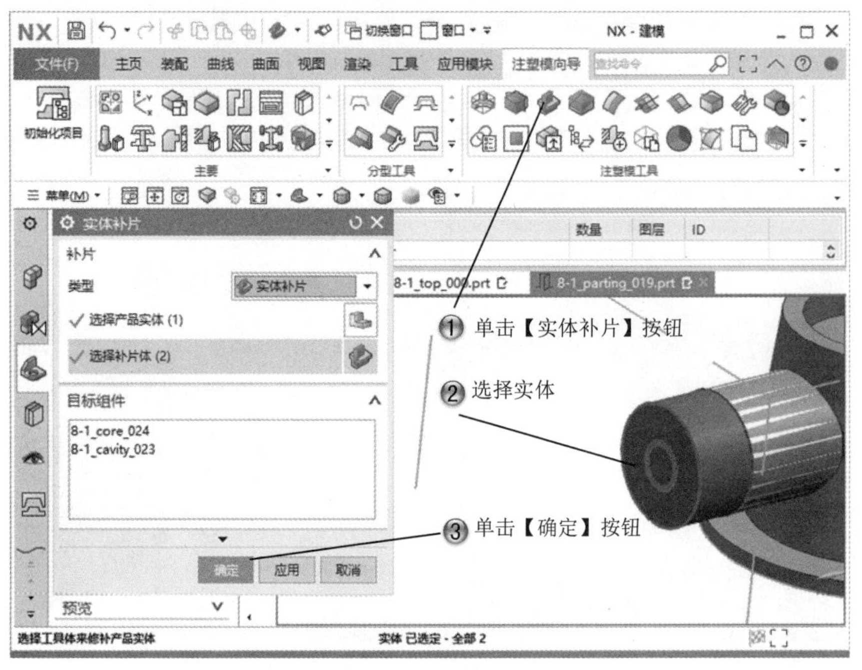

图 8-44　实体补片

Step41 创建型腔区域，如图 8-45 所示。

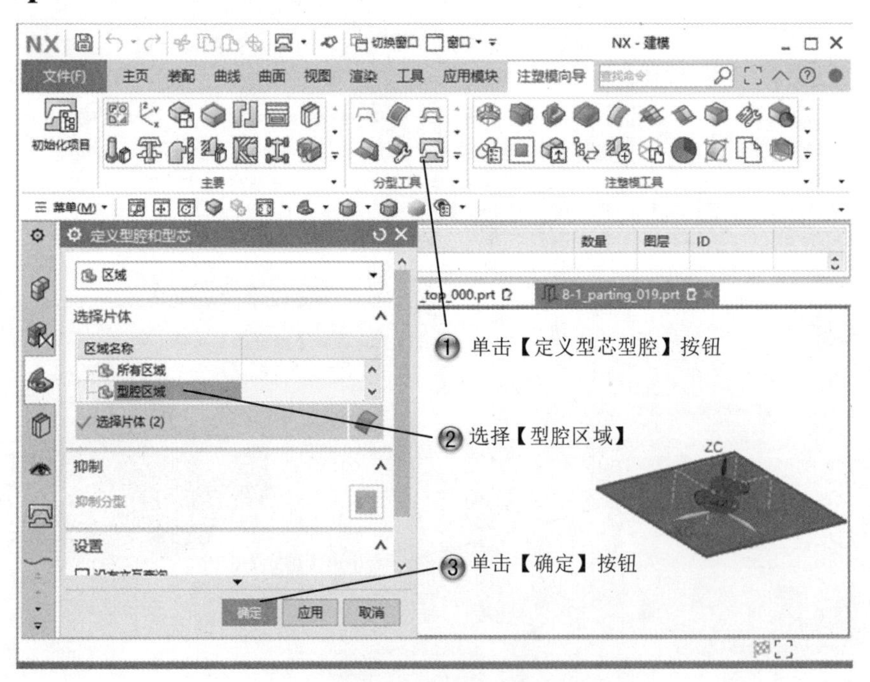

图 8-45　创建型腔区域

Step42 设置型腔方向，如图 8-46 所示。

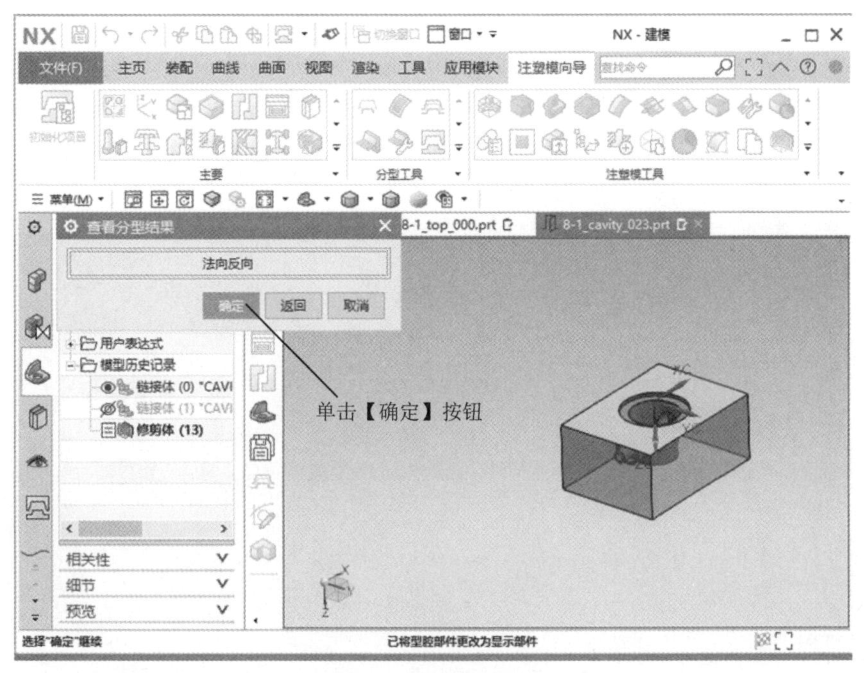

图 8-46　设置型腔方向

Step43 创建型芯区域，如图 8-47 所示。

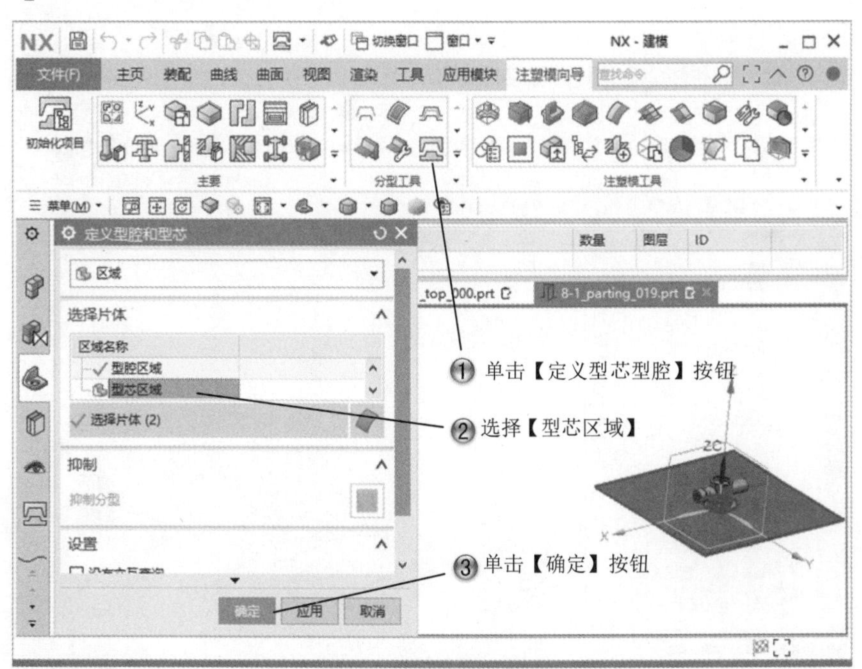

图 8-47　创建型芯区域

Step44 设置型芯方向，如图 8-48 所示。

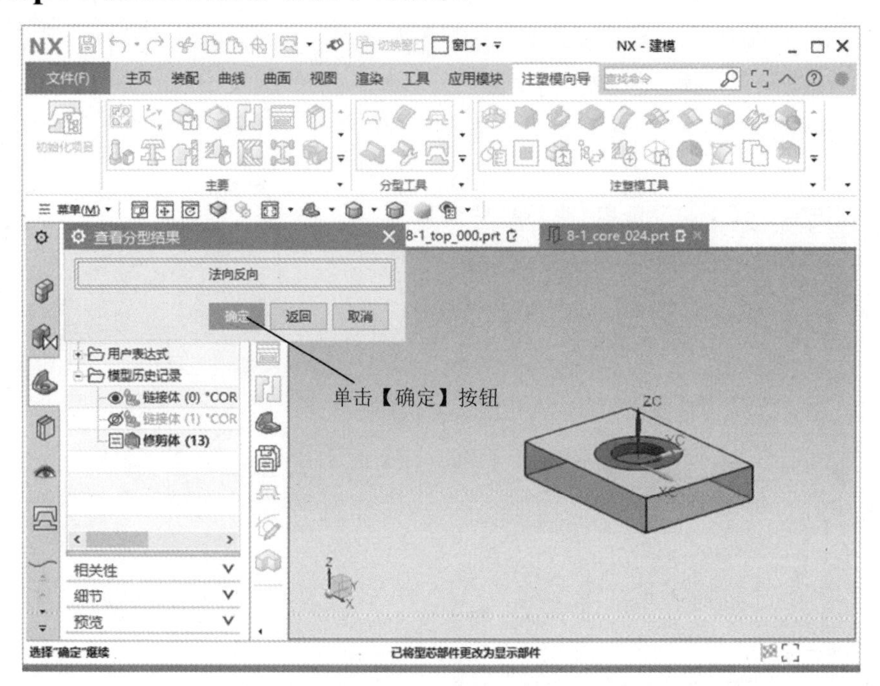

图 8-48　设置型芯方向

Step45 完成的型芯和型腔，如图 8-49 所示。

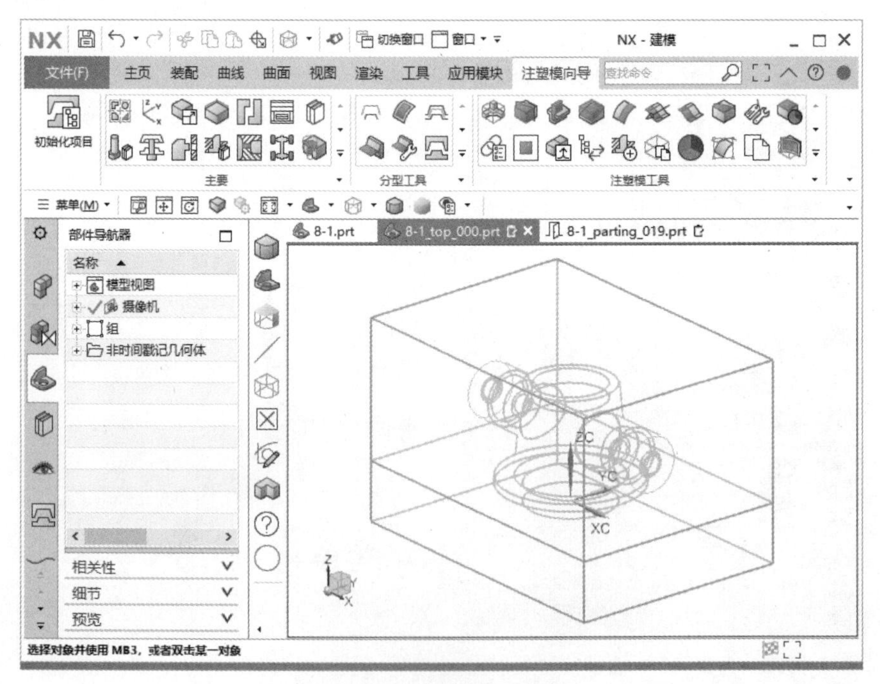

图 8-49　完成的型芯和型腔

Step46 创建模架，如图 8-50 所示。

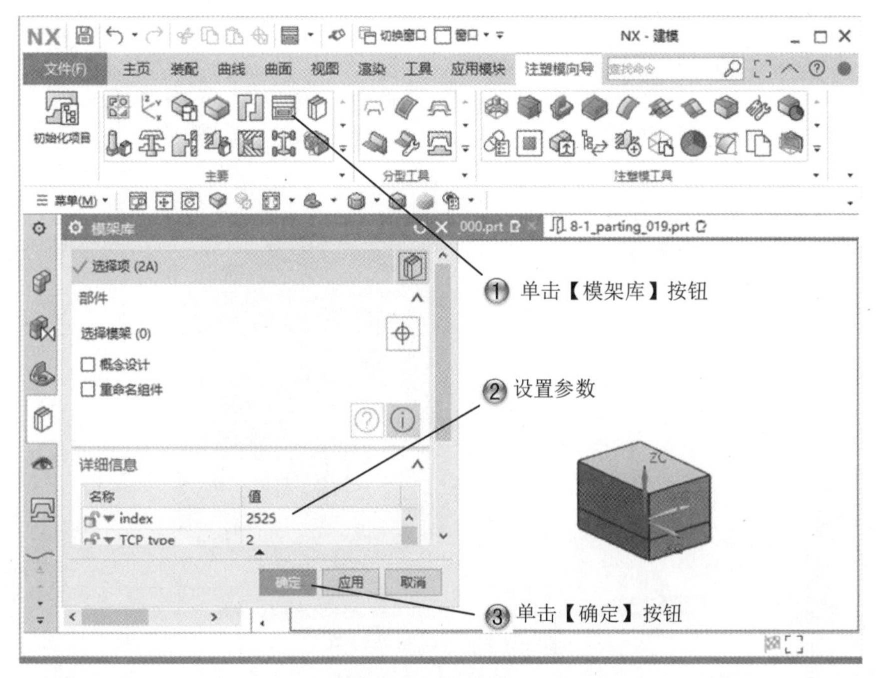

图 8-50　创建模架

Step47 创建滑块，如图 8-51 所示。

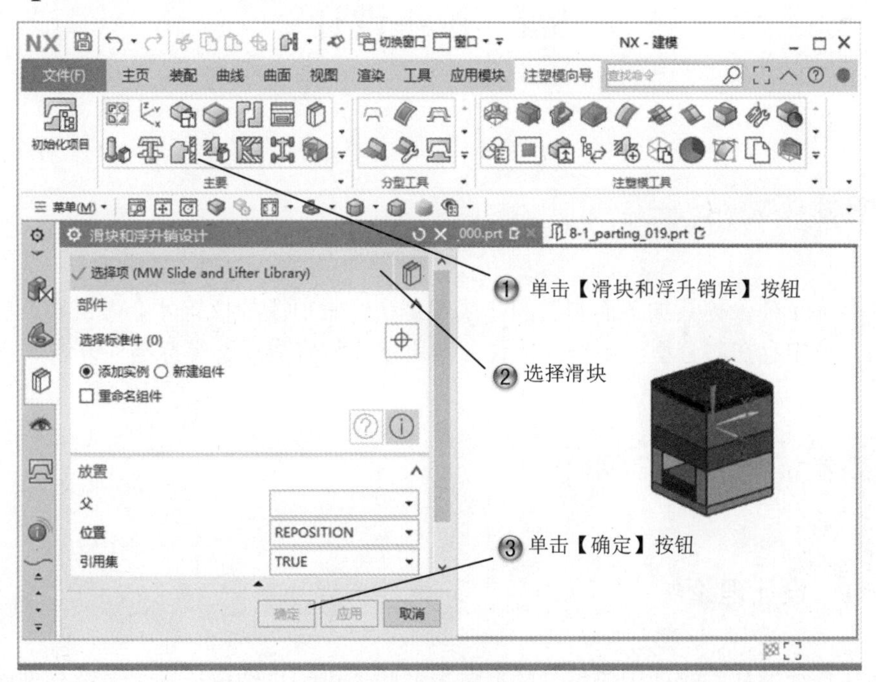

图 8-51　创建滑块

Step48 完成零件模具，如图 8-52 所示。

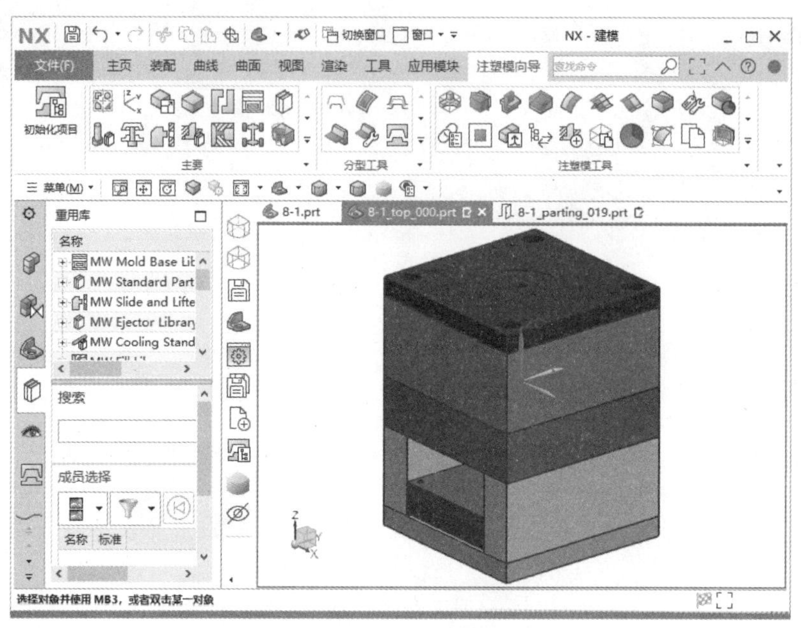

图 8-52 完成零件模具

8.2 镶块设计

基本概念

镶块是为了便于模具加工而制造的，或者是在经常更换的位置才会做镶块。当镶块放置完毕后，肯定存在与分型面不符的位置，镶块设计与修剪顶针等标准件方法一致。

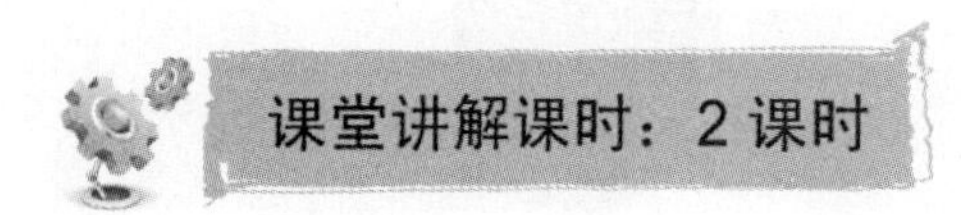

课堂讲解课时：2 课时

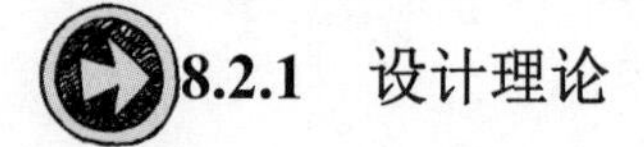

8.2.1 设计理论

镶块还称作镶件，镶件用于模具的型芯、型腔的进一步细化设计，考虑到型腔和型芯的强度及加工的工艺，一个完整的镶件由以下两部分组成。

（1）镶件体：成型产品的轮廓形状部分。

（2）镶件脚：固定镶件体的部分。

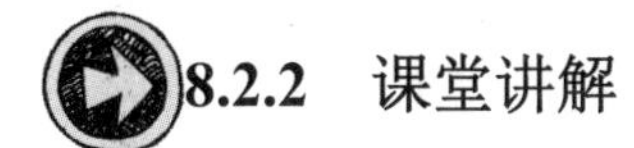

8.2.2 课堂讲解

1. 标准镶块设计

单击【主要】选项卡中的【子镶块库】按钮，系统弹出如图 8-53 所示的【子镶块设计】对话框。对话框中的选项部分功能与前面讲到的标准件用法是相同的。

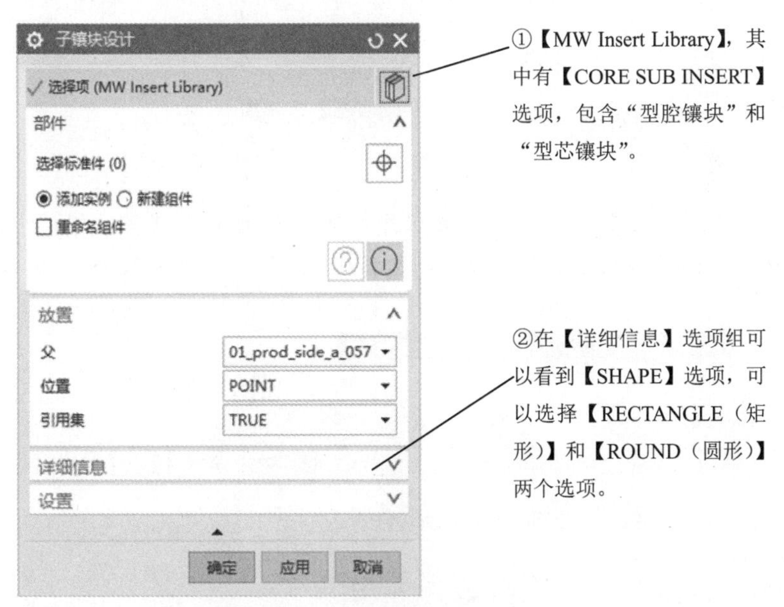

图 8-53 【子镶块设计】对话框

在【详细信息】选项组中可以对镶块的尺寸进行修改，如图 8-54 所示。在创建镶块之前，必须先创建好型腔和型芯。镶块在型腔和型芯内定义，然后连接到产品子装配的一个新成员中。

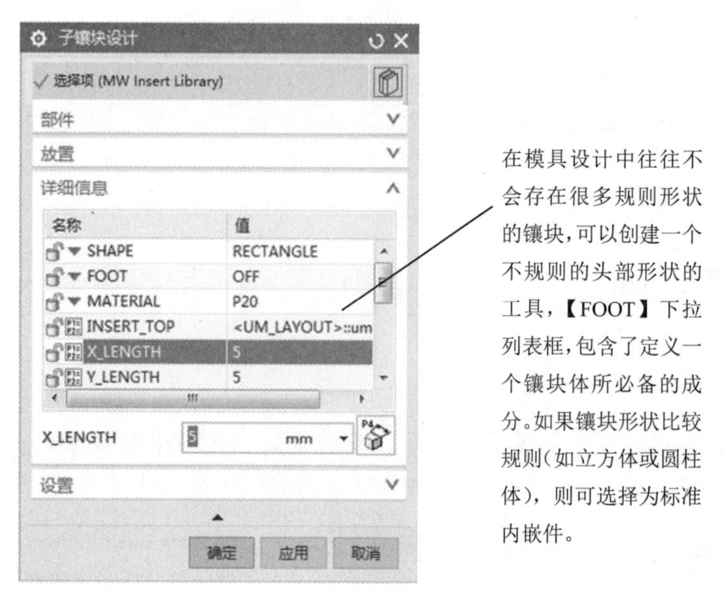

图 8-54 【详细信息】选项组

2. 修剪模具组件

单击【修边模具组件】按钮，系统弹出如图 8-55 所示的【修边模具组件】对话框。然后直接选择镶块，系统会根据分型面进行修剪。

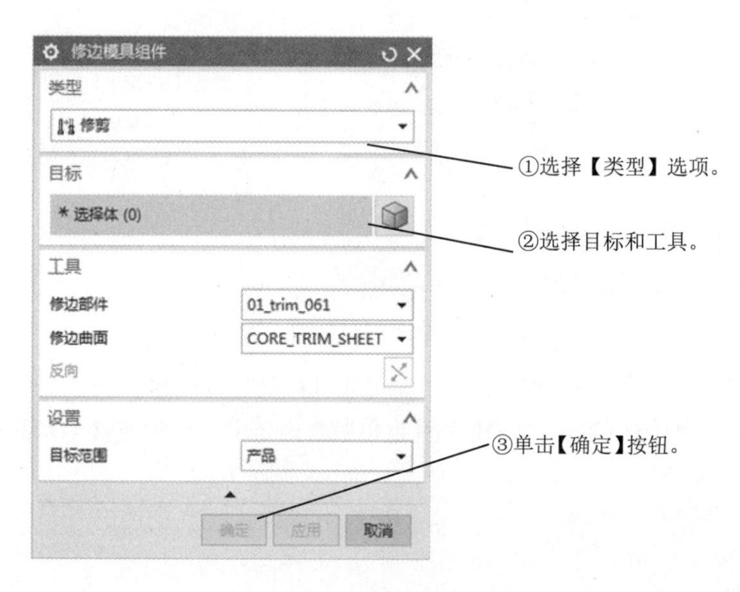

图 8-55 【修边模具组件】对话框

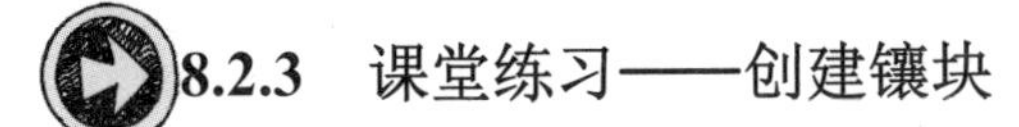

8.2.3 课堂练习——创建镶块

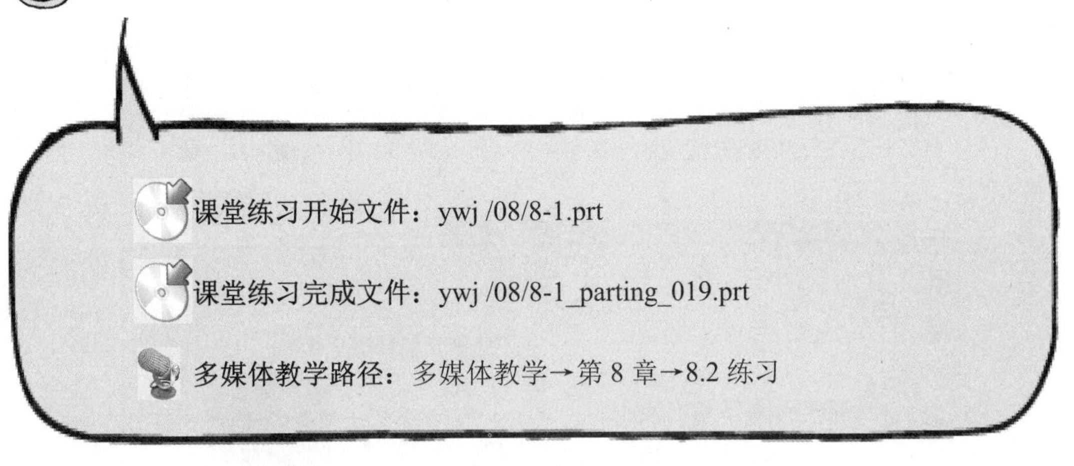

Step1 打开模具文件，如图 8-56 所示。

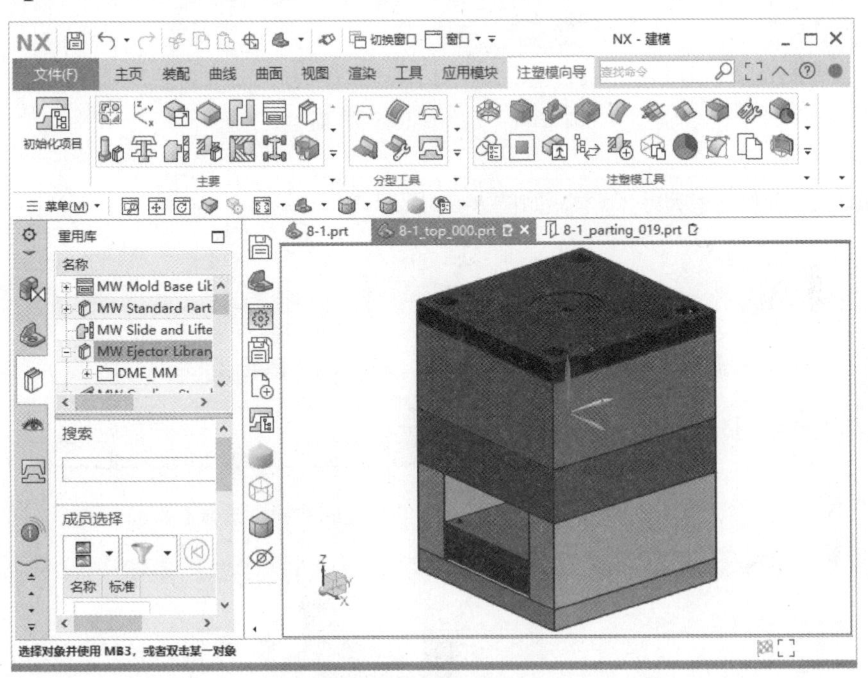

图 8-56　打开模具文件

Step2 修改模架参数，如图 8-57 所示。

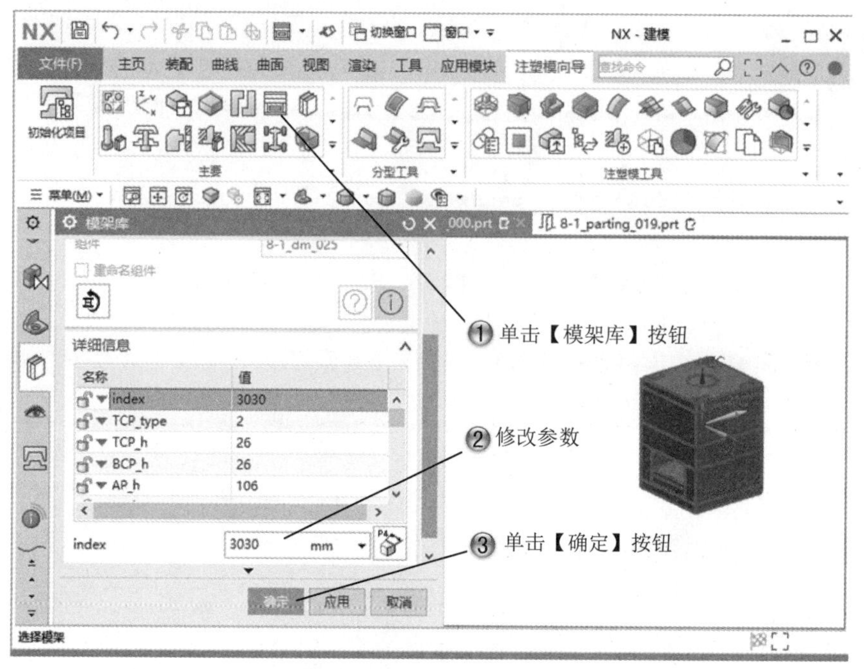

图 8-57　修改模架参数

Step3 选择【移动】命令，如图 8-58 所示。

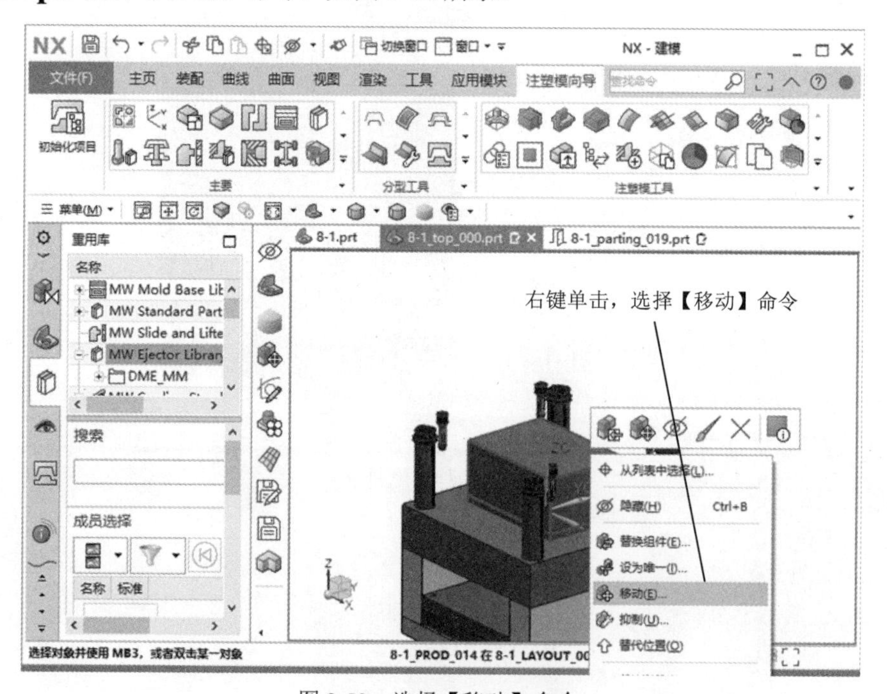

图 8-58　选择【移动】命令

Step4 移动型芯和型腔，如图 8-59 所示。

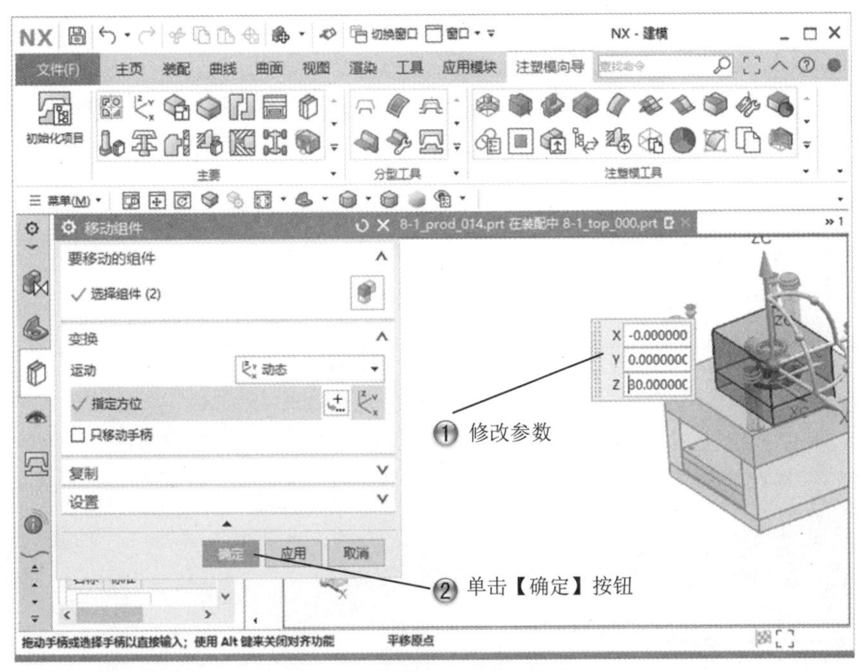

图 8-59　移动型芯和型腔

Step5 创建子镶块，如图 8-60 所示。

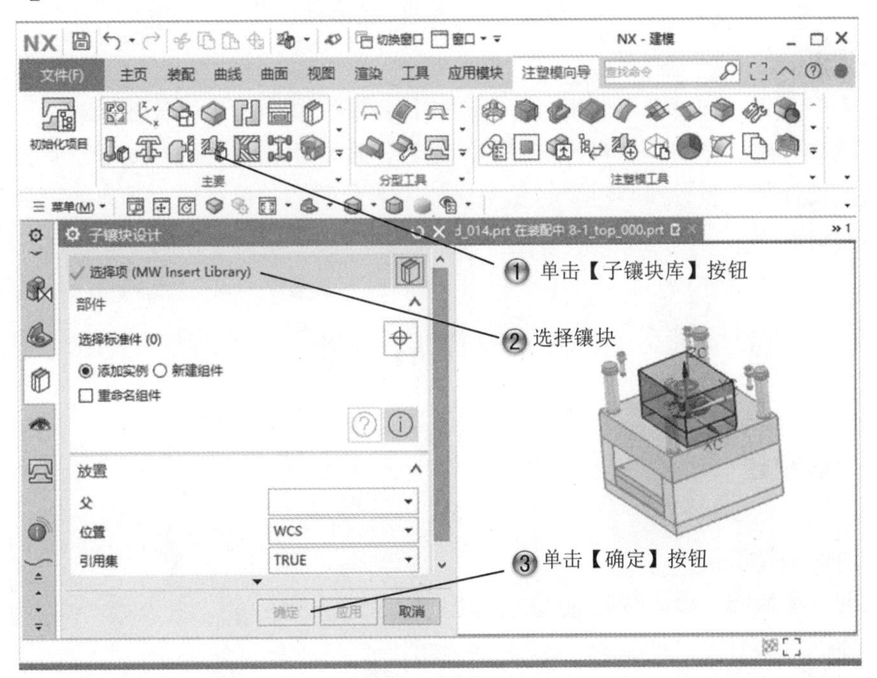

图 8-60　创建子镶块

Step6 完成镶块设计，如图 8-61 所示。

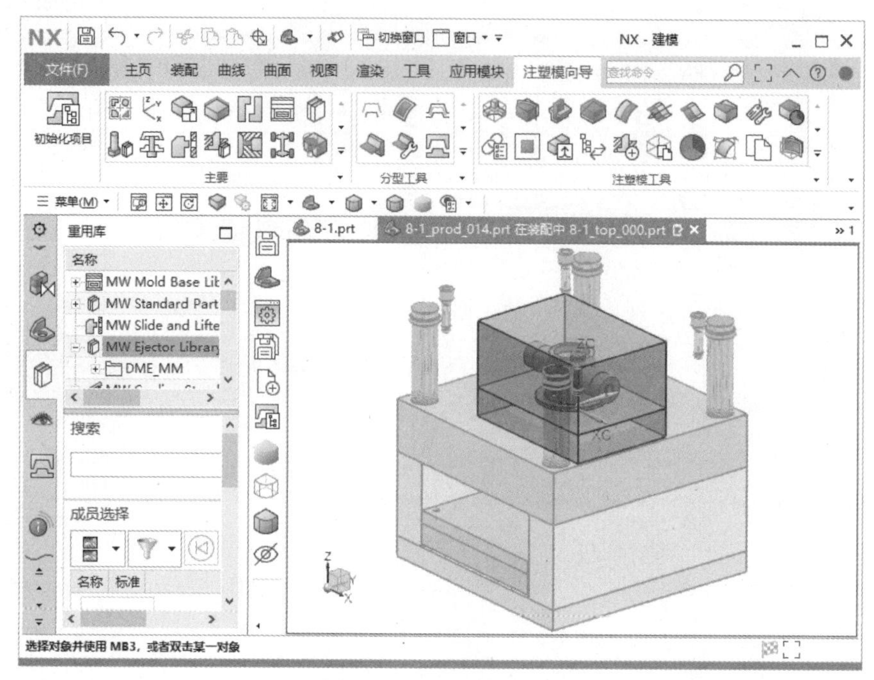

图 8-61　完成镶块设计

8.3　专家总结

本章主要讲解了标准件中的滑块设计和镶块设计。其中滑块设计要注意一点的就是坐标系的放置与方向；镶块存在标准与非标准之说，在能用标准件的时候尽量不去用非标准件来制作，设计师在设计模具时要尽量考虑加工的合理性与可行性，各方面综合考虑才是一个合格的设计师。

8.4　课后习题

8.4.1　填空题

（1）滑块的作用是________。

（2）创建滑块的一般步骤是________。

（3）标准件都有________、________、________、________。

8.4.2 问答题

（1）镶块的作用是什么？
（2）镶块的应用场合有哪些？

8.4.3 上机操作题

如图 8-62 所示，使用本章学过的知识来创建塑料盖模型的模具。
一般创建步骤和方法如下：
（1）创建塑料盖模型。
（2）模具分型。
（3）创建模架。
（4）创建型腔组件。

图 8-62　塑料盖模型

第 9 章　流道系统和冷却系统

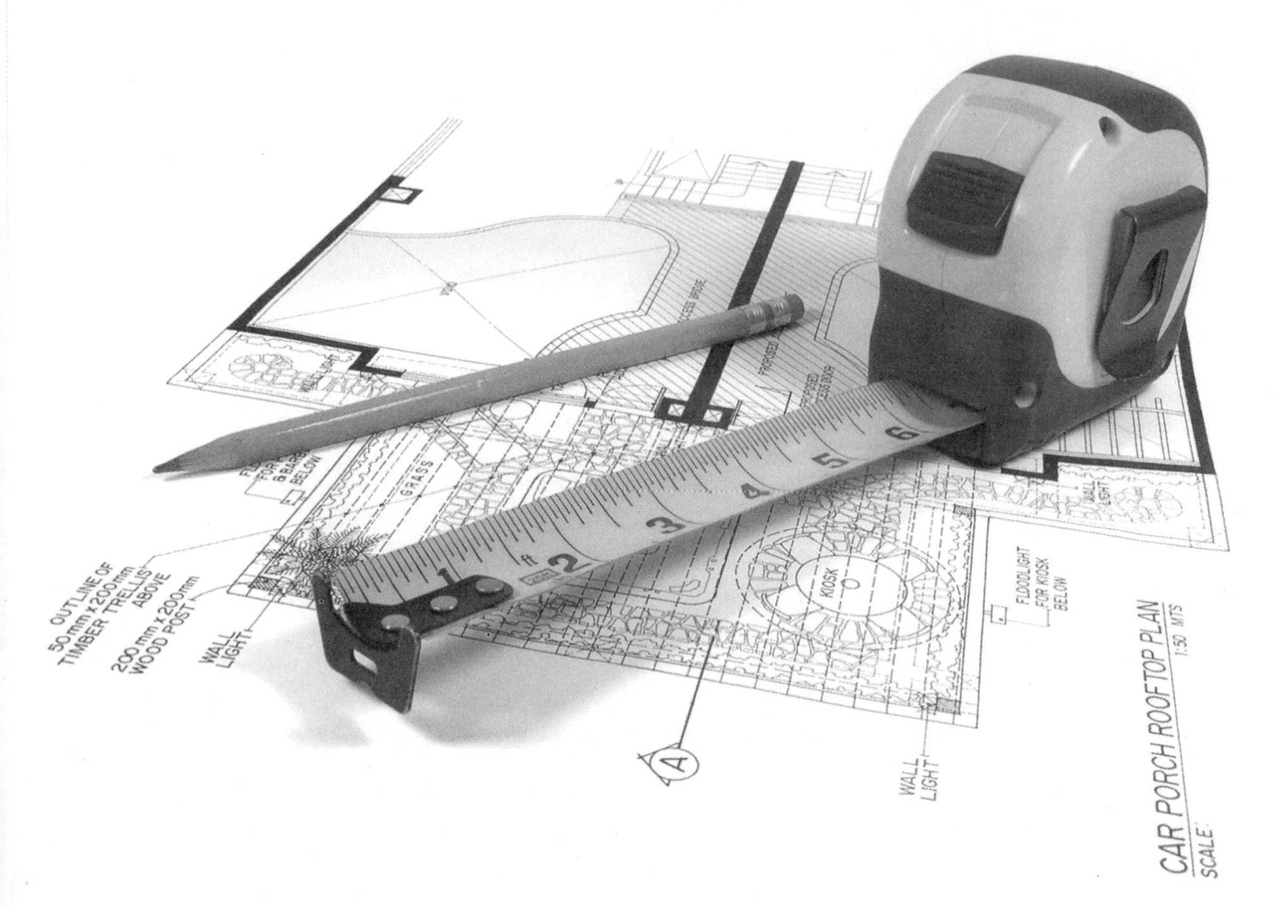

课训目标	内　容	掌握程度	课　时
	设计填充和流道系统	熟练运用	2
	冷却系统	熟练运用	2

课程学习建议

流道系统和冷却系统在模具设计中是不可或缺的两大系统，结构再好的模具没有流道系统都是无法完成塑胶成型这一过程的；冷却系统是模具降温不可或缺的部分，可以提高注塑模的生产效率。因此，本章主要介绍这两个系统的设计方法，并通过范例介绍模具附属系统的设计。

本课程的培训课程表如下。

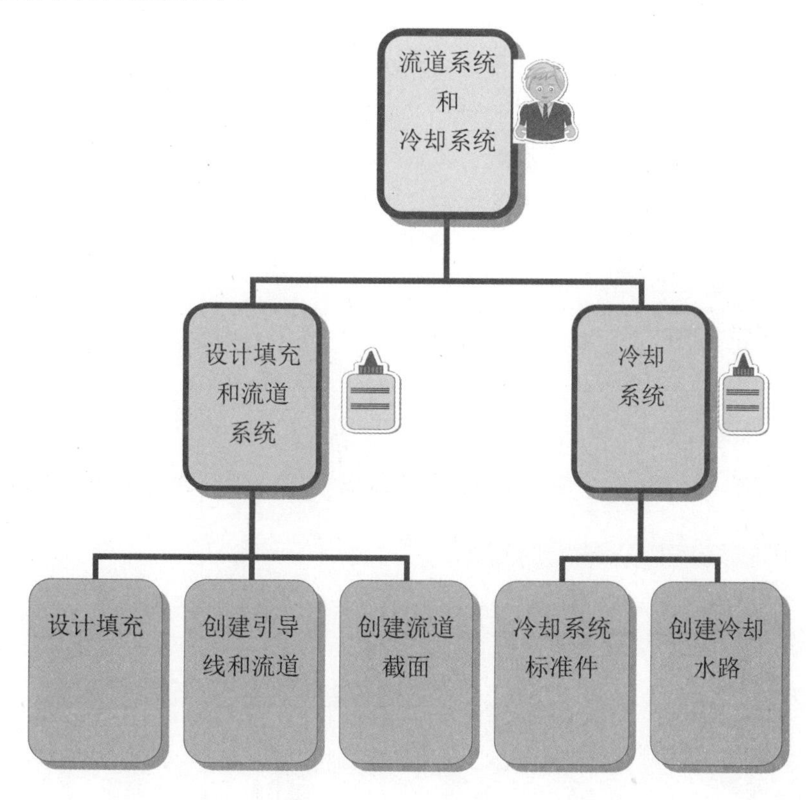

9.1 设计填充和流道系统

设计填充是用来设计连接流道和型腔的熔料进入口，其设计会直接影响后续的成型和加工。流道是熔融塑料通过注塑机进入浇口和型腔前的流动通道，如果流道特征位于型腔或型芯的外部，可以创建一个分流道特征；如果流道特征位于型腔或型芯内部，可以创建

一个主流道特征。

课堂讲解课时：2 课时

9.1.1 设计理论

在注塑模向导模块中，主流道位于浇口套中，浇口套的底部与分型面接触，因此流道设计主要是进行分流道设计。分流道的设计又可以由以下几大步骤决定，分别为：引导线的创建、分型面上投影、创建流道通道。流道设计首先需要创建一个引导线，流道截面沿引导线进行流道创建，创建完成后保存在一个独立的文件中，并在【流道】对话框确认后，从型芯或型腔中剪除。

9.1.2 课堂讲解

1. 设计填充

在【注塑模向导】选项卡中单击【设计填充】按钮，打开如图 9-1 所示的【设计填充】对话框。

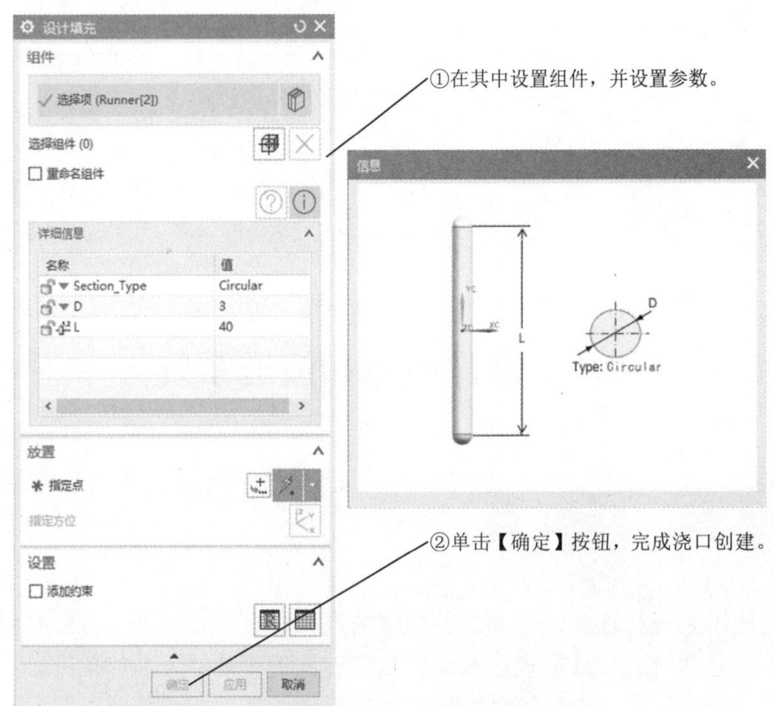

图 9-1 【设计填充】对话框

2. 创建引导线和流道

在【主要】选项卡中单击【流道】按钮，系统弹出如图 9-2 所示的【流道】对话框。引导线的设计需要以分流道和分型面等原因为依据，单击【绘制截面】按钮进行绘制。

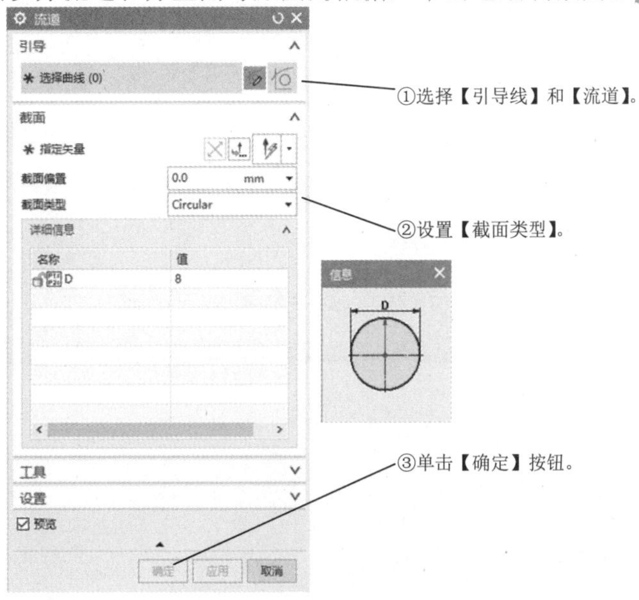

图 9-2 【流道】对话框

3. 创建流道截面

在【流道】对话框的【截面】选项组中选择截面类型，如图 9-3 所示。工件中所有引导线会使用一个封闭的截面，设置好它们的参数及其他选项后，沿每条引导线扫描创建分流道沟槽；当选择一个已有分流道的沟槽时，系统将显示所选分流道的数据，并提示在对话框中供用户修改。

图 9-3 【截面类型】下拉列表框

9.1.3 课堂练习——创建零件模具和流道

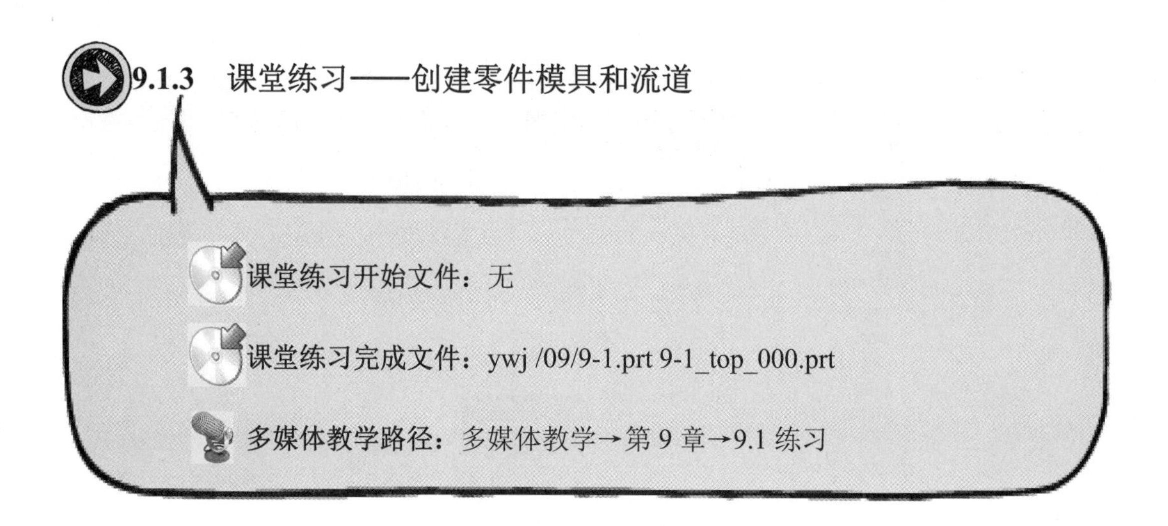

课堂练习开始文件：无

课堂练习完成文件：ywj /09/9-1.prt 9-1_top_000.prt

多媒体教学路径：多媒体教学→第 9 章→9.1 练习

Step1 选择草绘面，如图 9-4 所示。

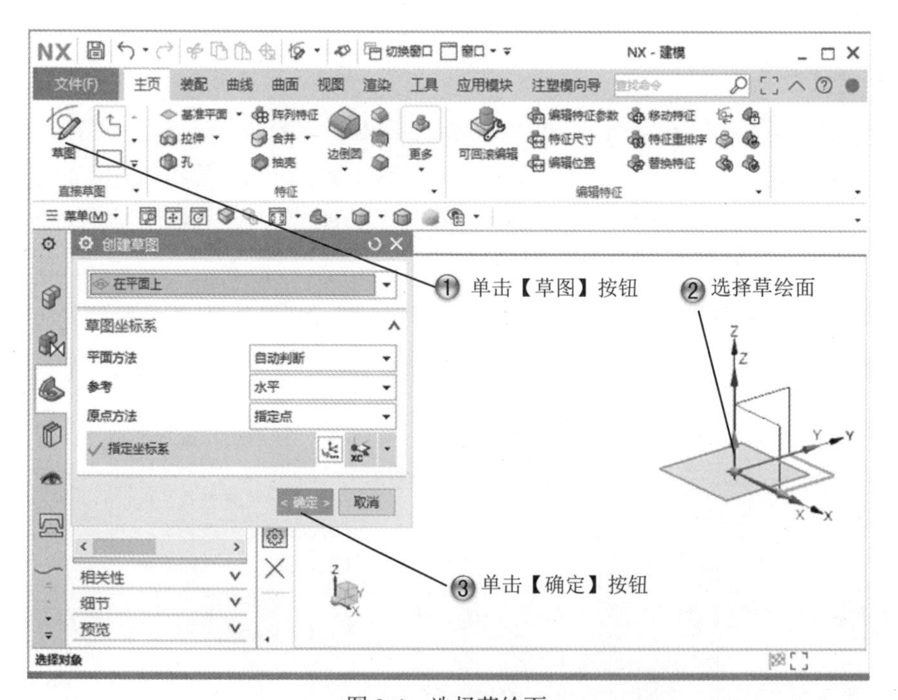

图 9-4　选择草绘面

Step2 绘制圆形，如图 9-5 所示。

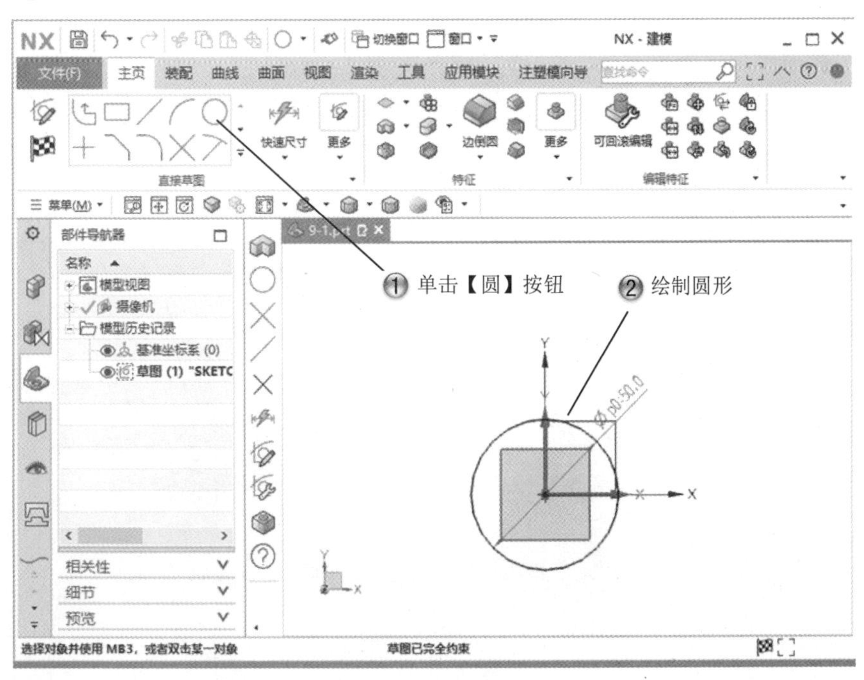

图 9-5　绘制圆形

Step3 创建拉伸特征，如图 9-6 所示。

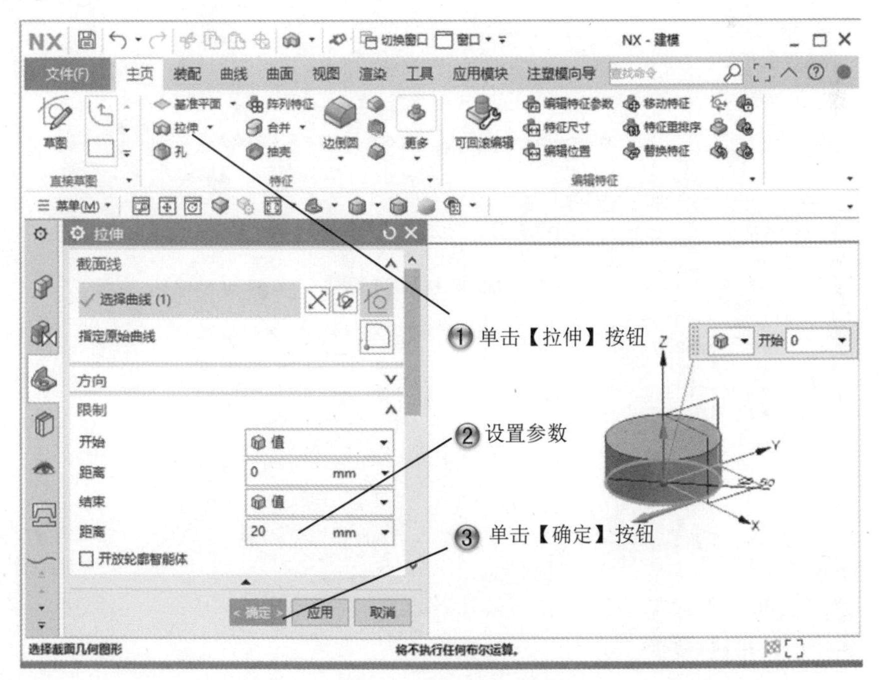

图 9-6　创建拉伸特征

Step4 选择草绘面，如图 9-7 所示。

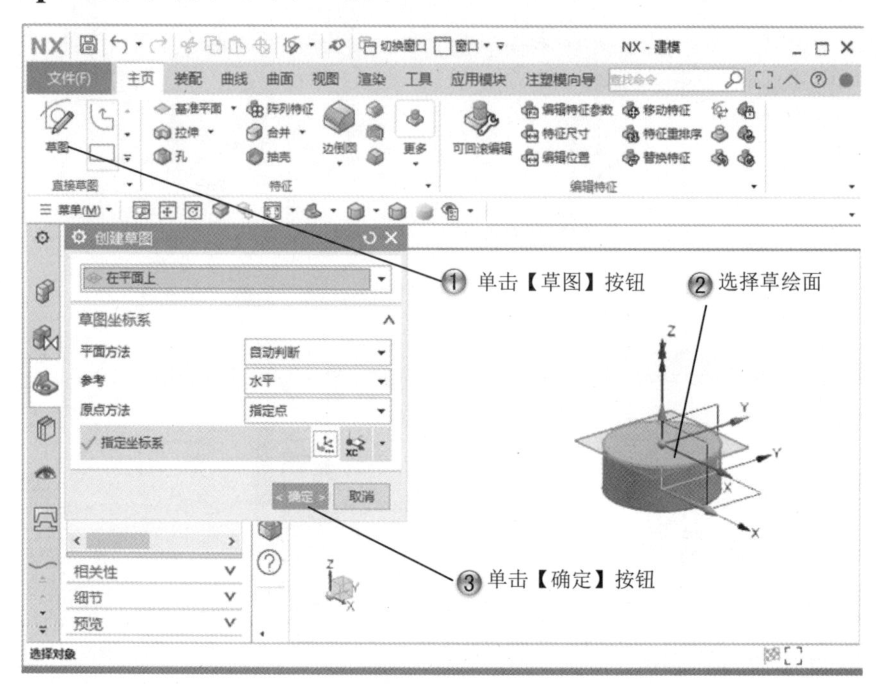

图 9-7 选择草绘面

Step5 绘制圆形，如图 9-8 所示。

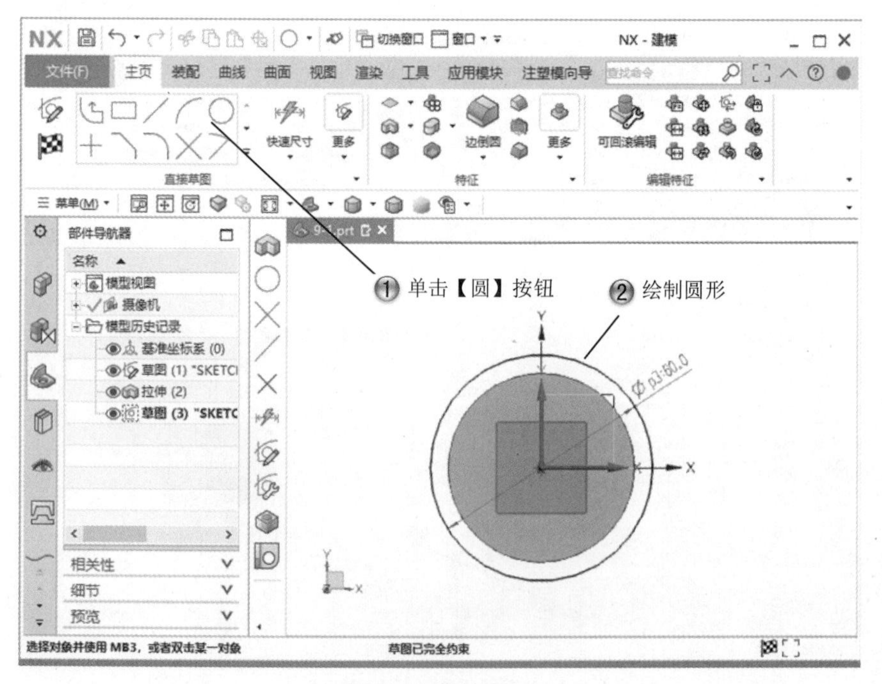

图 9-8 绘制圆形

Step6 创建拉伸特征，如图 9-9 所示。

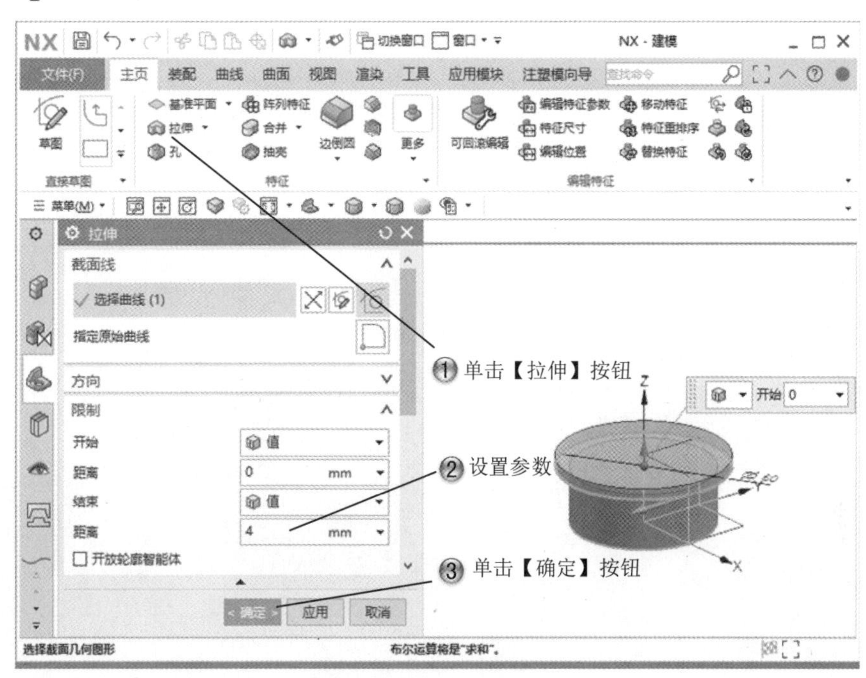

图 9-9　创建拉伸特征

Step7 选择草绘面，如图 9-10 所示。

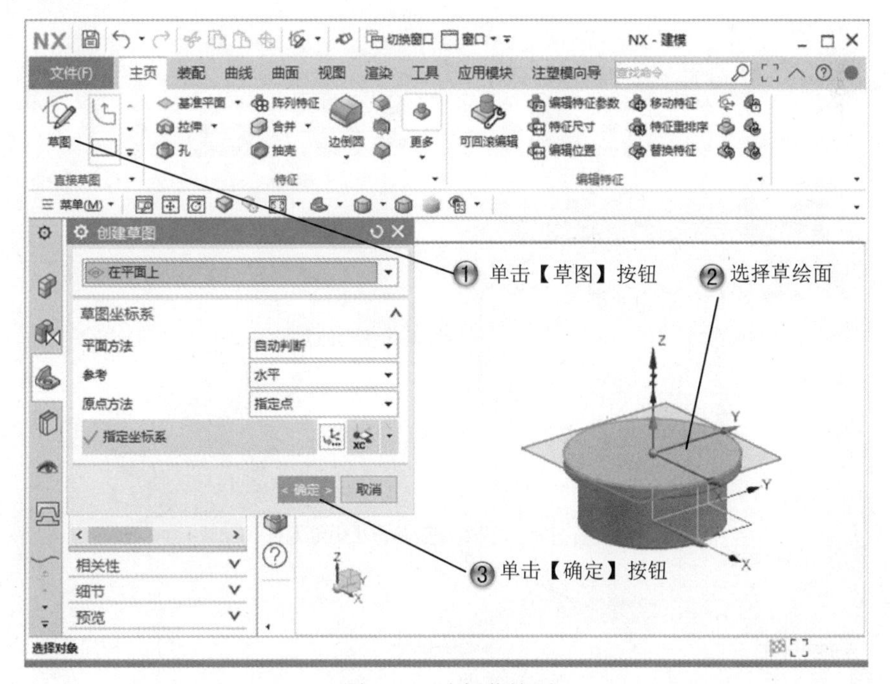

图 9-10　选择草绘面

Step8 绘制圆形，如图 9-11 所示。

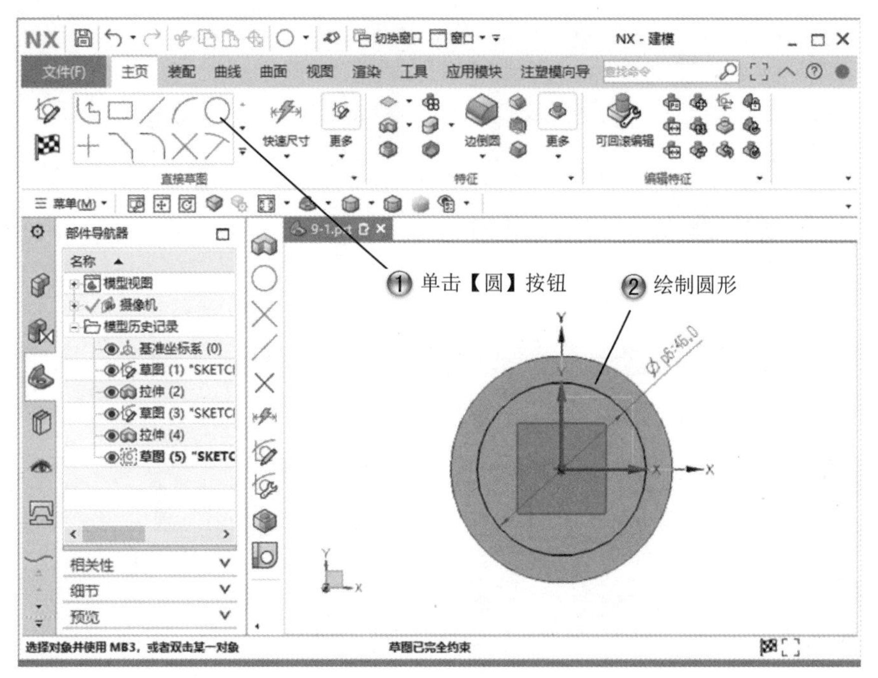

图 9-11　绘制圆形

Step9 创建拉伸特征，如图 9-12 所示。

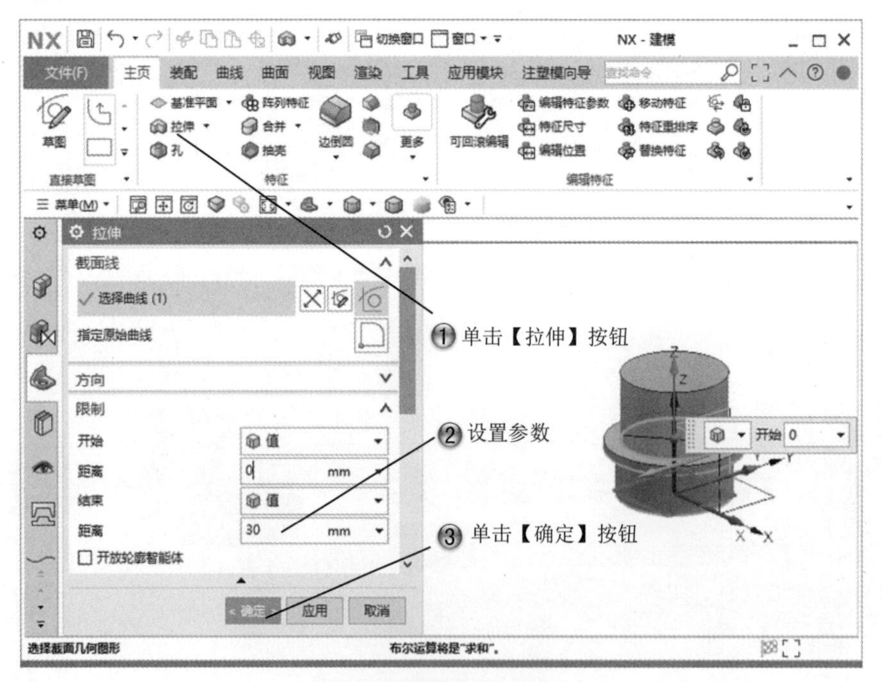

图 9-12　创建拉伸特征

Step10 选择草绘面，如图 9-13 所示。

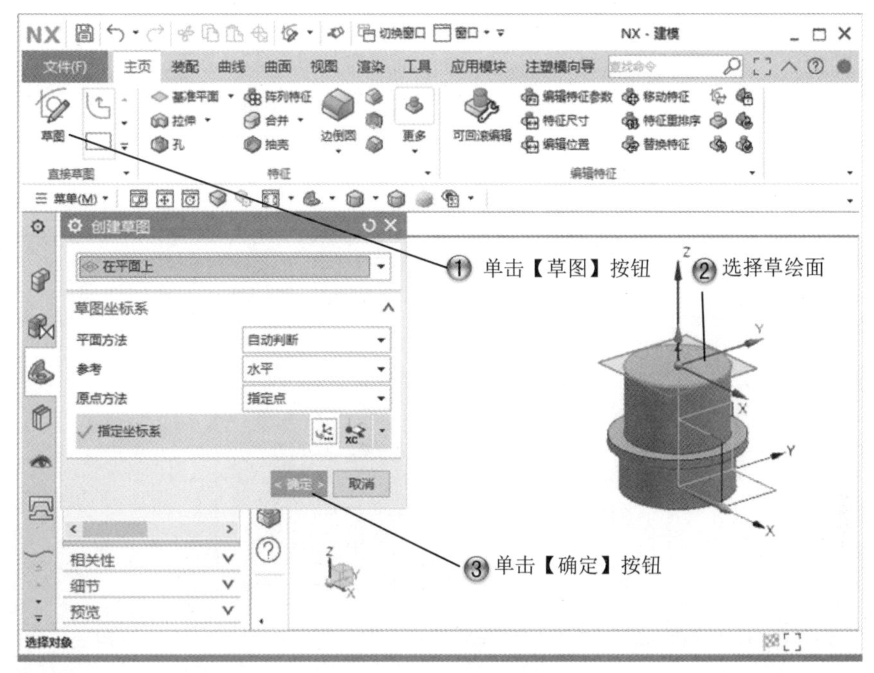

图 9-13　选择草绘面

Step11 绘制矩形，如图 9-14 所示。

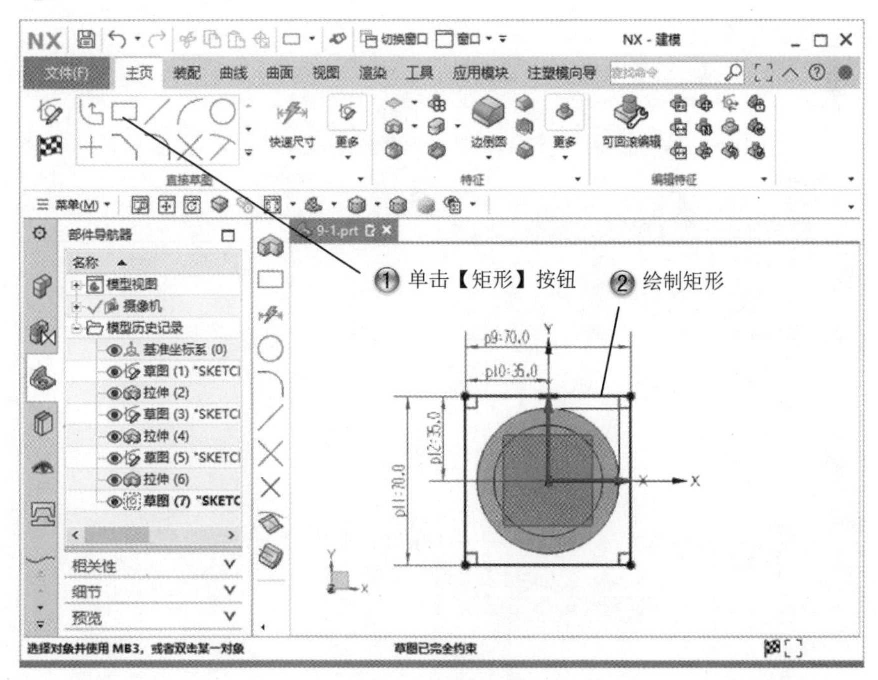

图 9-14　绘制矩形

Step12 创建圆角，如图 9-15 所示。

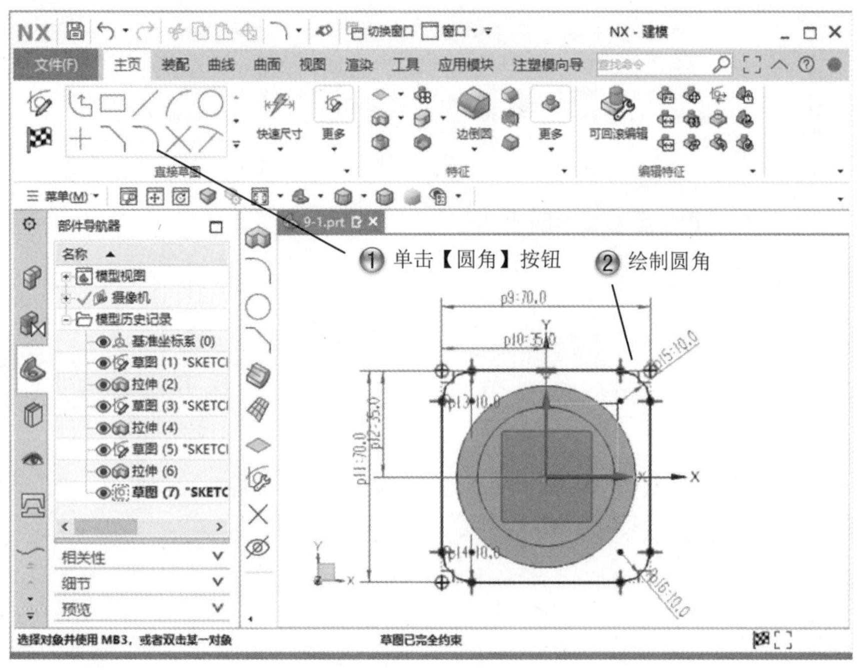

图 9-15　创建圆角

Step13 创建拉伸特征，如图 9-16 所示。

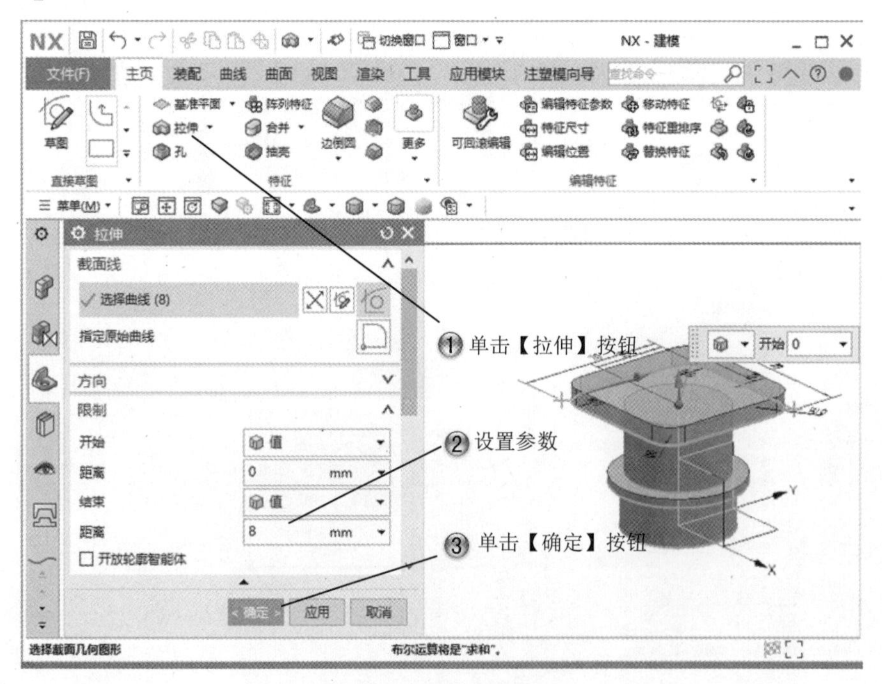

图 9-16　创建拉伸特征

Step14 选择草绘面，如图 9-17 所示。

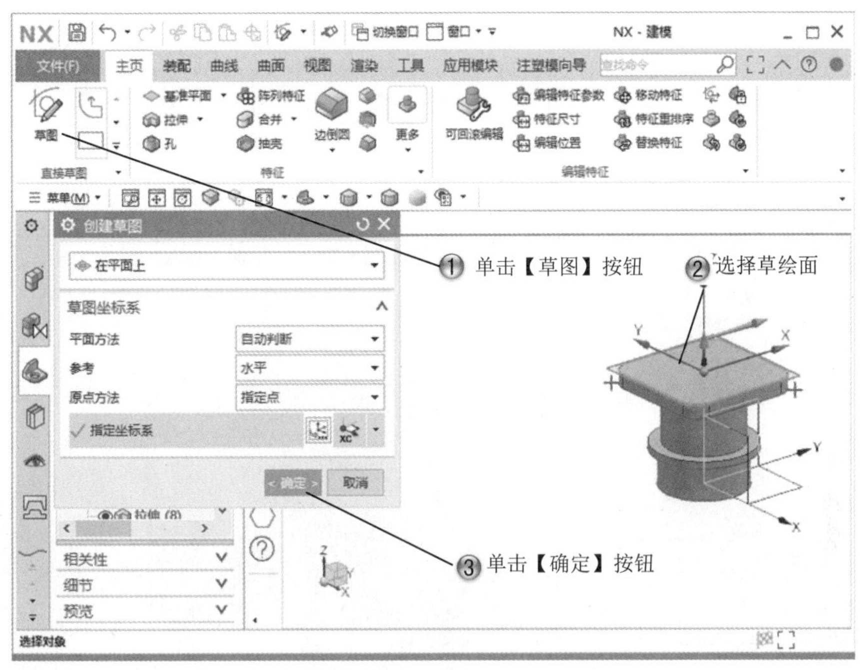

图 9-17　选择草绘面

Step15 绘制矩形，如图 9-18 所示。

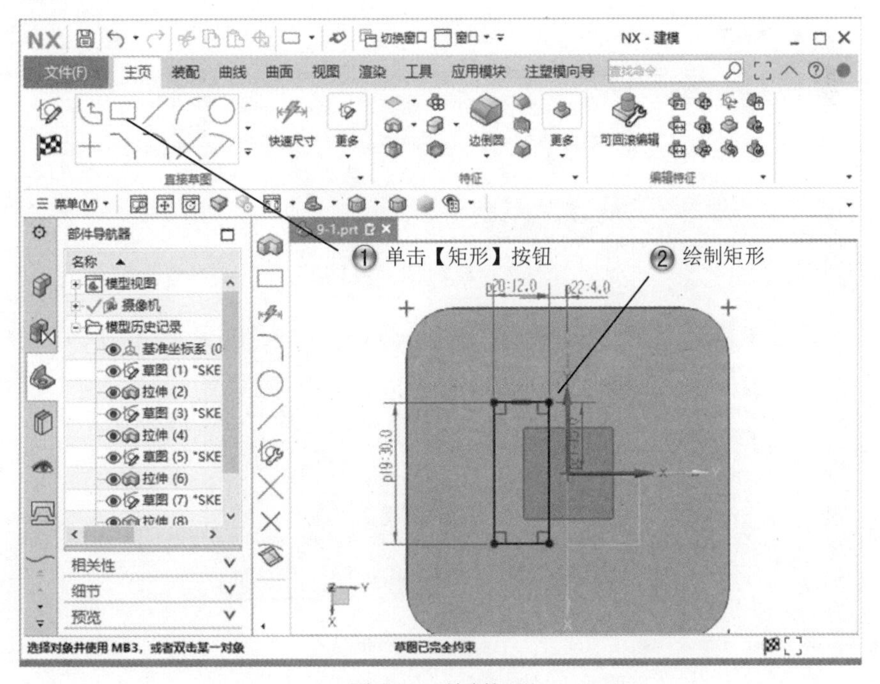

图 9-18　绘制矩形

Step16 绘制圆形，如图 9-19 所示。

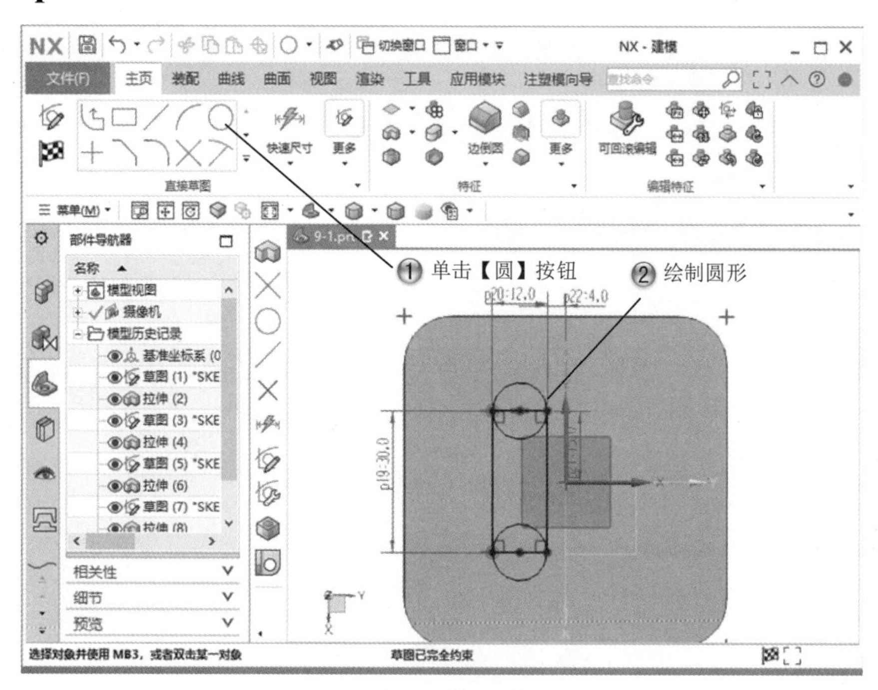

图 9-19　绘制圆形

Step17 修剪图形，如图 9-20 所示。

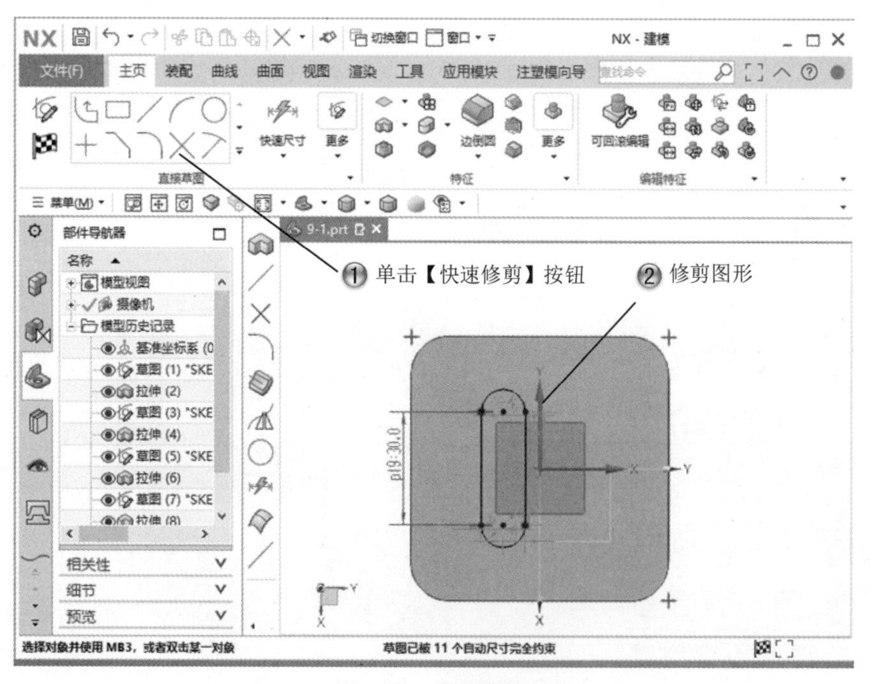

图 9-20　修剪图形

Step18 创建偏置曲线，如图 9-21 所示。

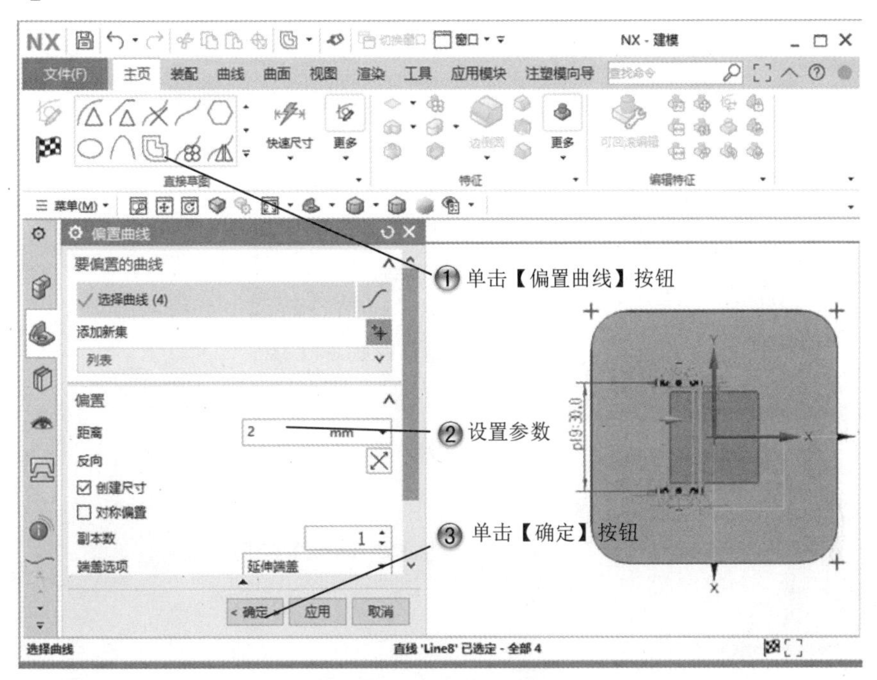

图 9-21　创建偏置曲线

Step19 创建拉伸特征，如图 9-22 所示。

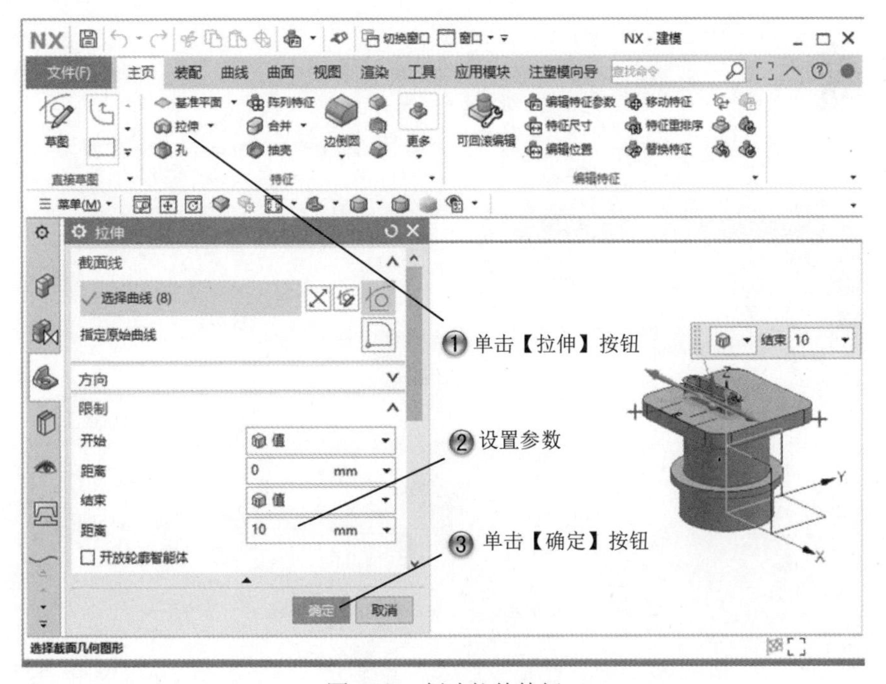

图 9-22　创建拉伸特征

Step20 创建镜像特征，如图 9-23 所示。

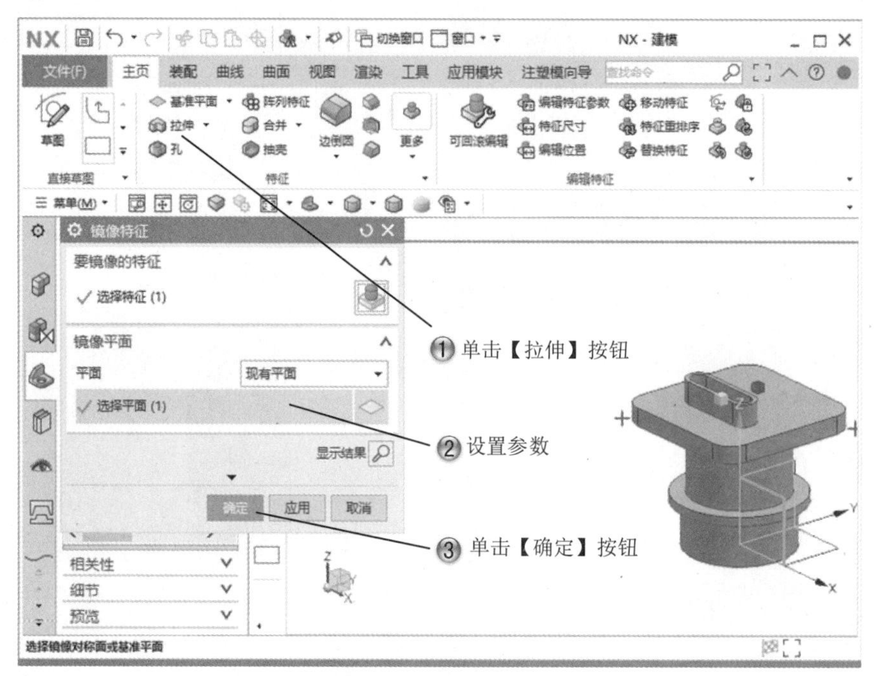

图 9-23　创建镜像特征

Step21 创建孔特征，如图 9-24 所示。

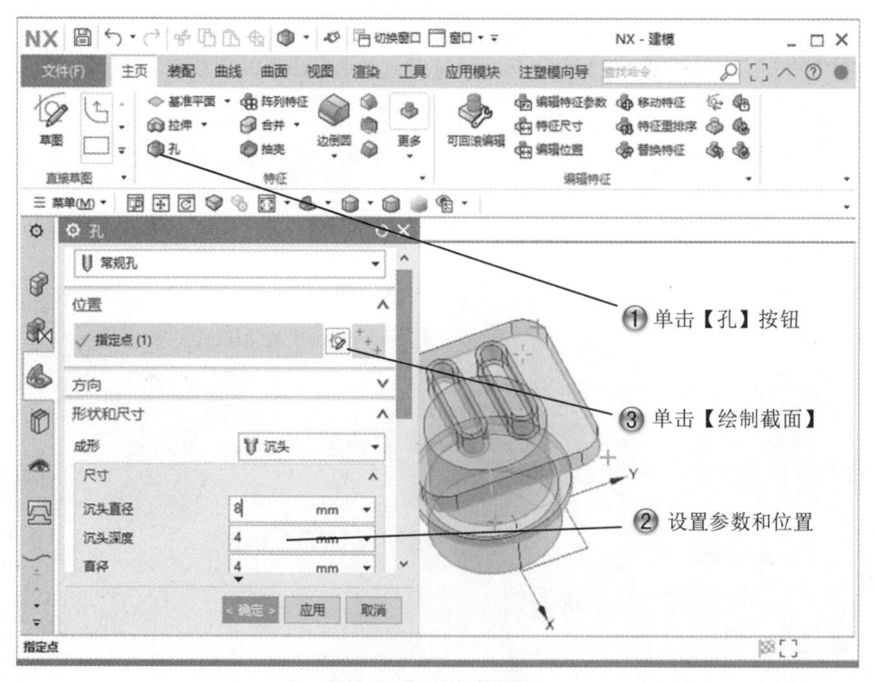

图 9-24　创建孔特征

Step22 选择孔的草绘面，如图 9-25 所示。

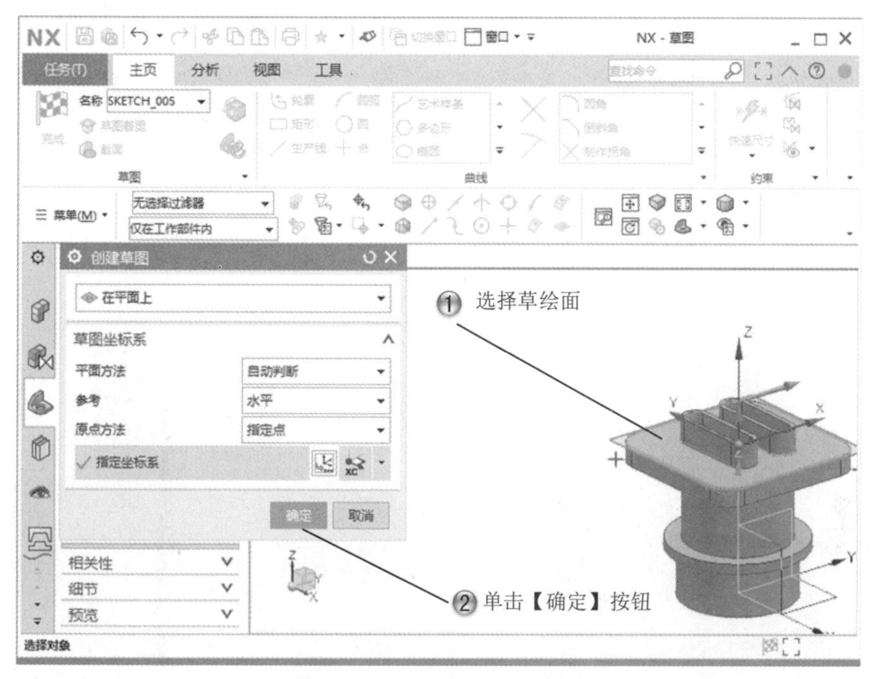

图 9-25　选择孔的草绘面

Step23 绘制点，如图 9-26 所示。

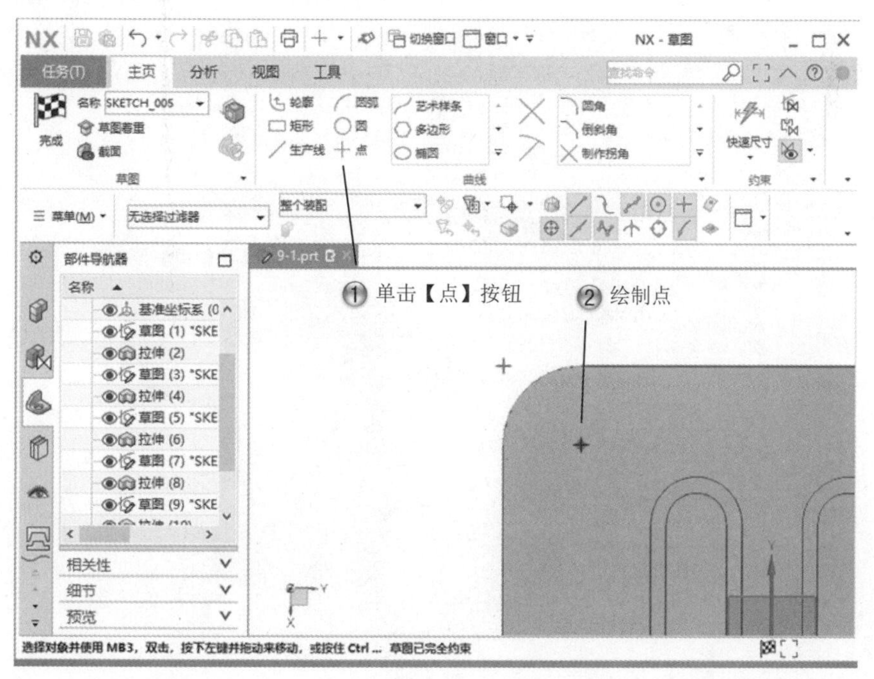

图 9-26　绘制点

Step24 创建阵列特征，如图 9-27 所示。

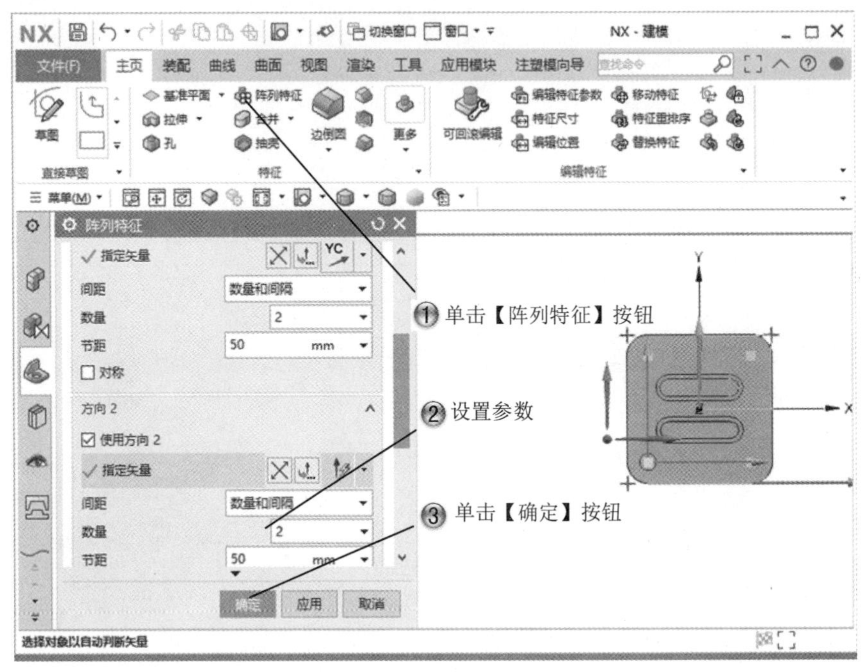

图 9-27　创建阵列特征

Step25 完成零件模型，如图 9-28 所示。

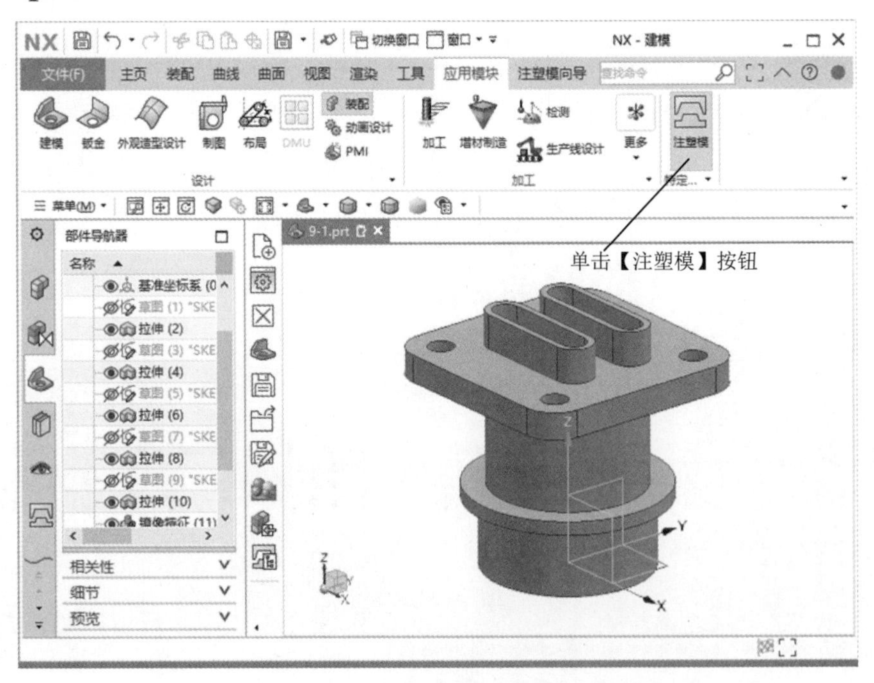

图 9-28　完成零件模型

Step26 初始化模型，如图 9-29 所示。

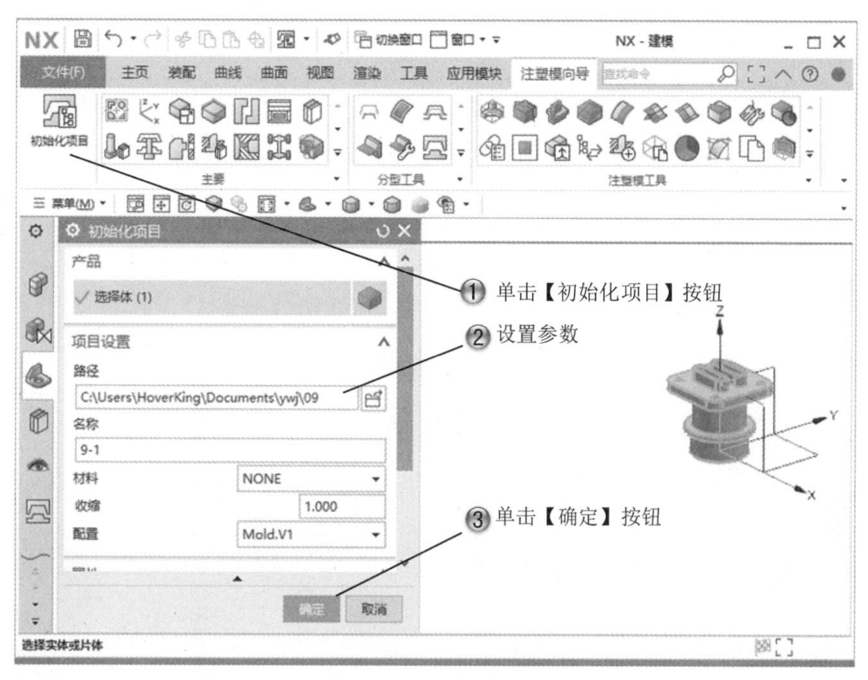

图 9-29 初始化模型

Step27 创建模具坐标，如图 9-30 所示。

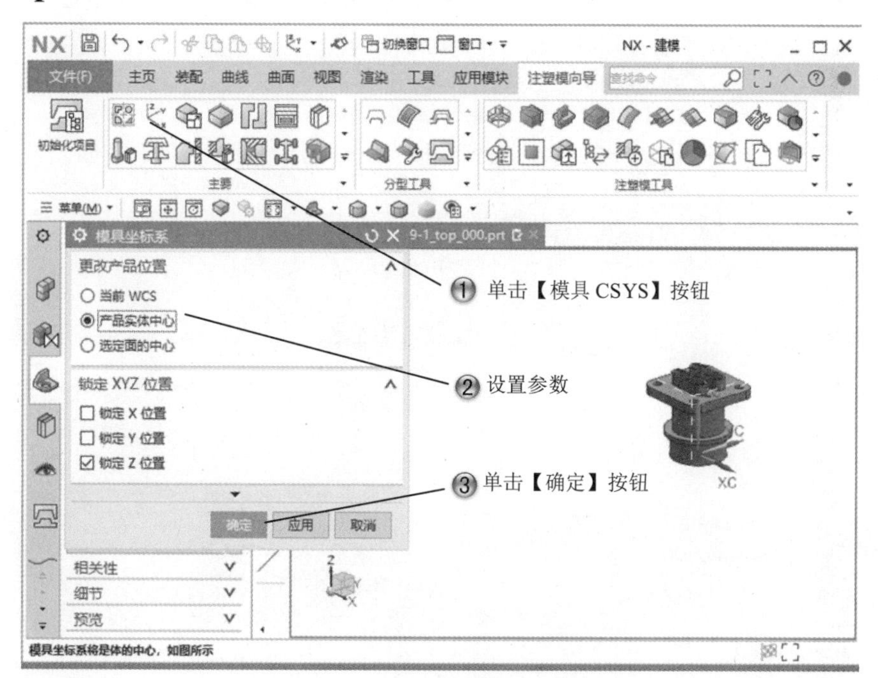

图 9-30 创建模具坐标

Step28 设置缩放体，如图 9-31 所示。

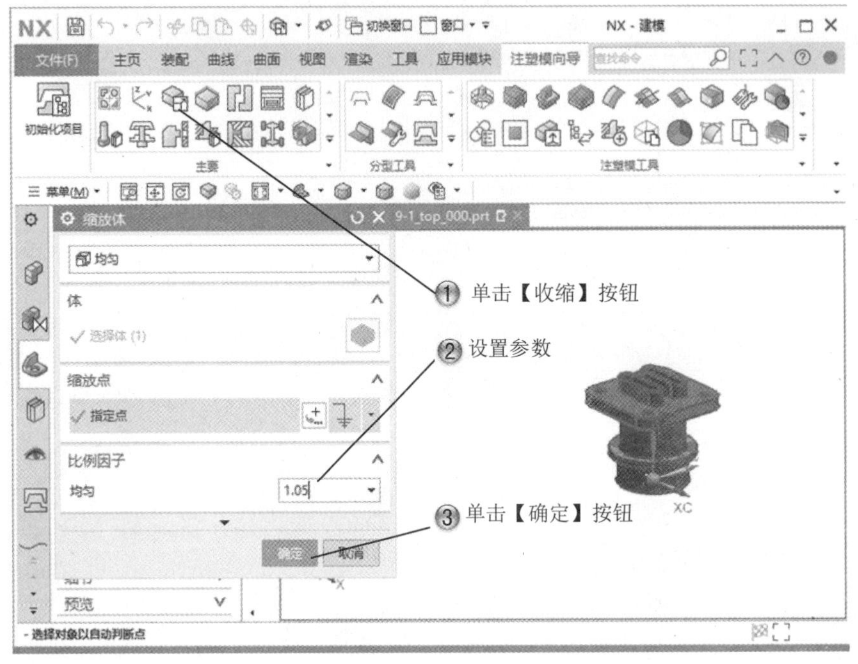

图 9-31　设置缩放体

Step29 创建工件，如图 9-32 所示。

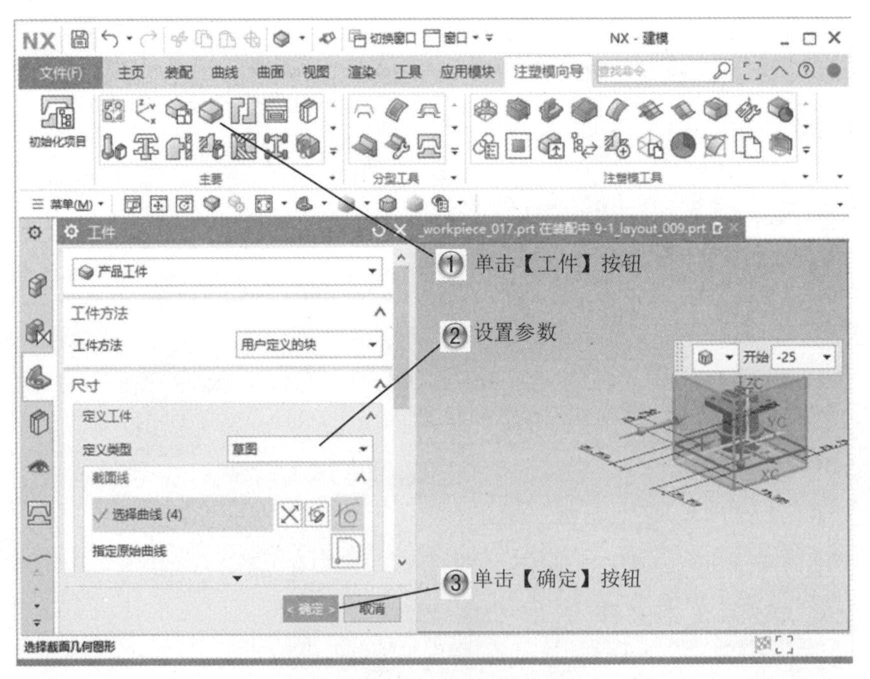

图 9-32　创建工件

Step30 检查区域，如图 9-33 所示。

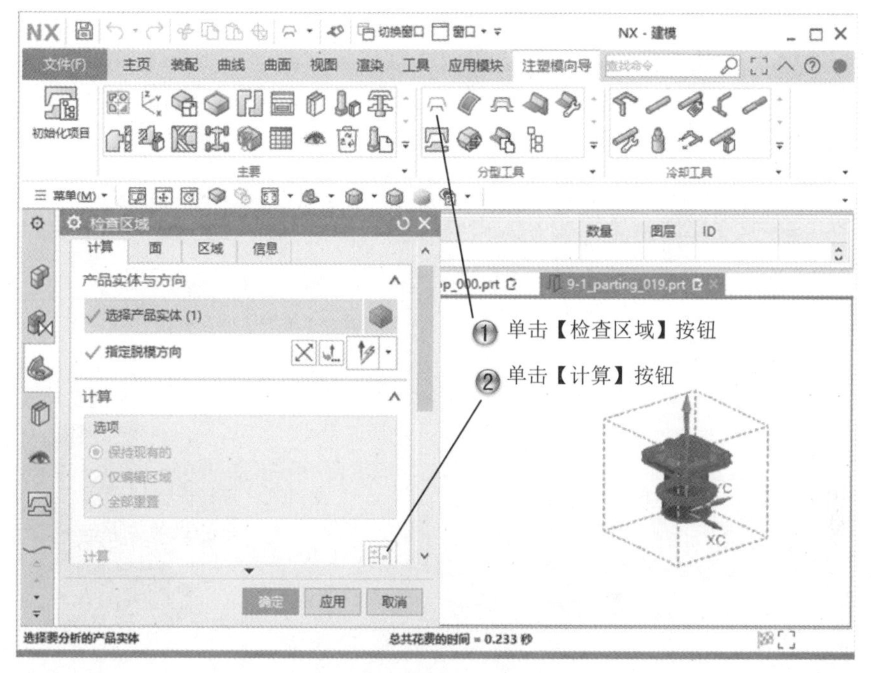

图 9-33　检查区域

Step31 查看未定义区域，如图 9-34 所示。

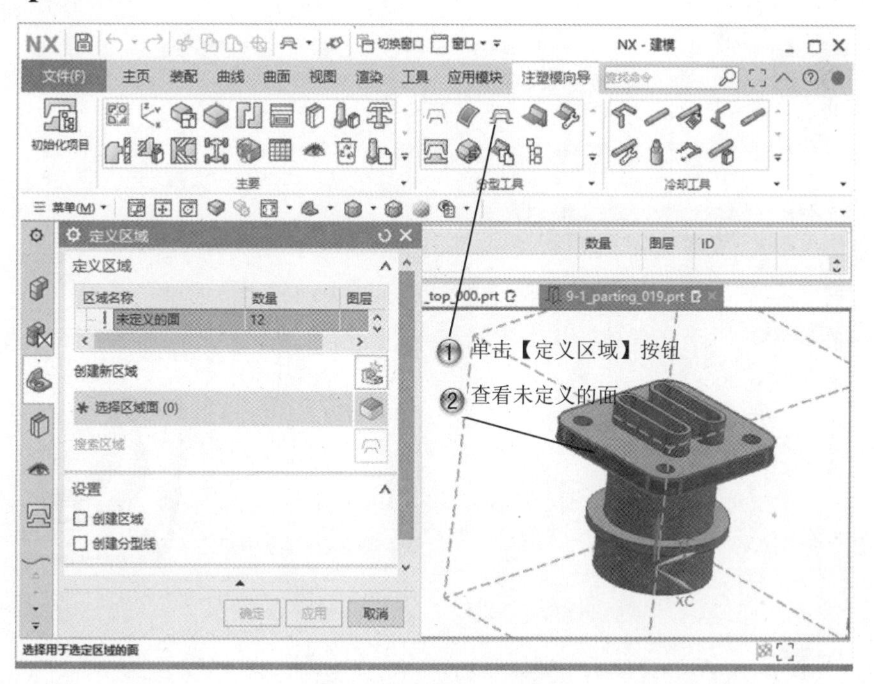

图 9-34　查看未定义区域

Step32 设置型腔面，如图 9-35 所示。

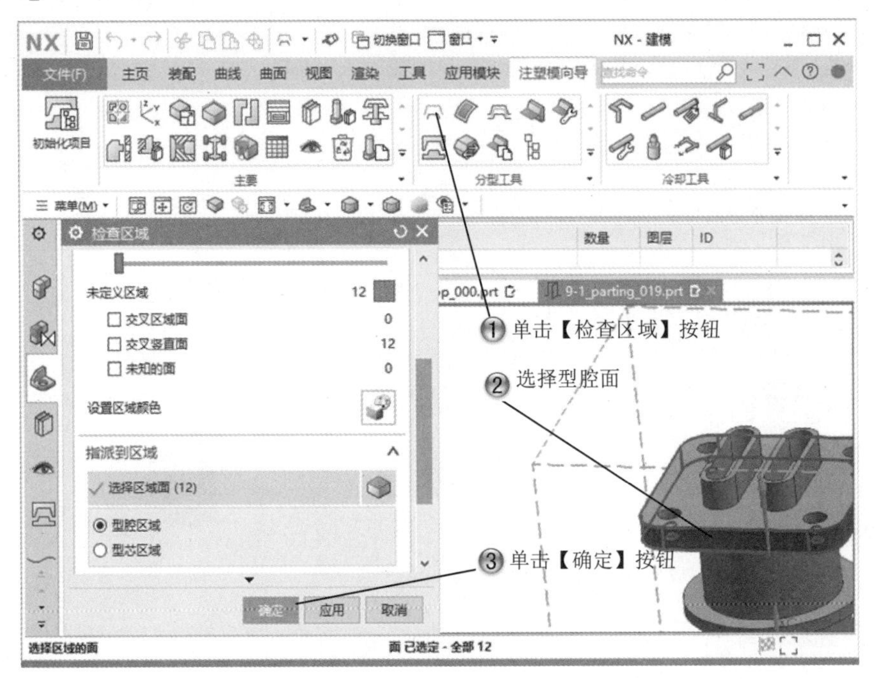

图 9-35 设置型腔面

Step33 曲面补片，如图 9-36 所示。

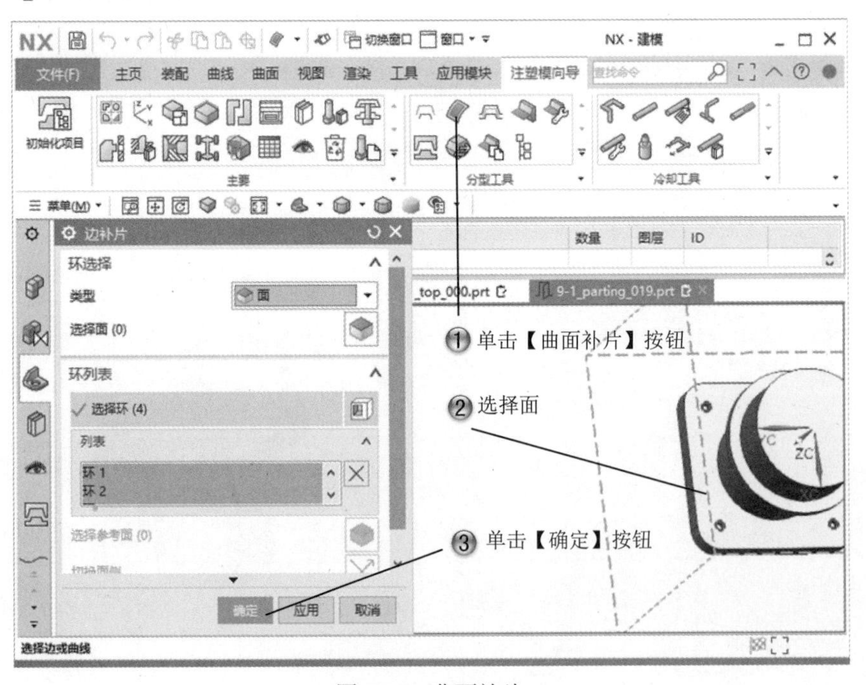

图 9-36 曲面补片

Step34 创建分型线，如图 9-37 所示。

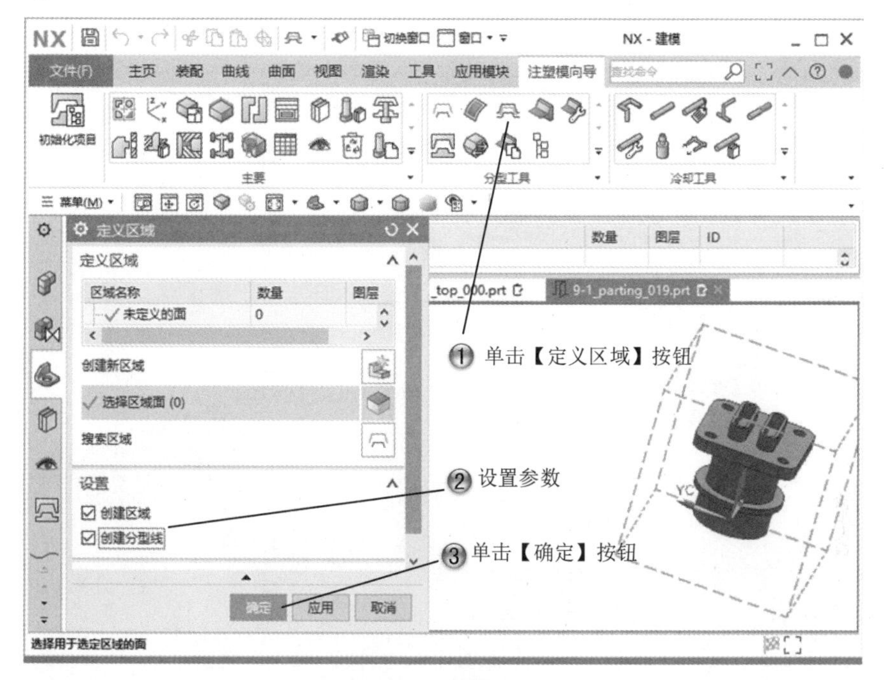

图 9-37　创建分型线

Step35 创建分型面，如图 9-38 所示。

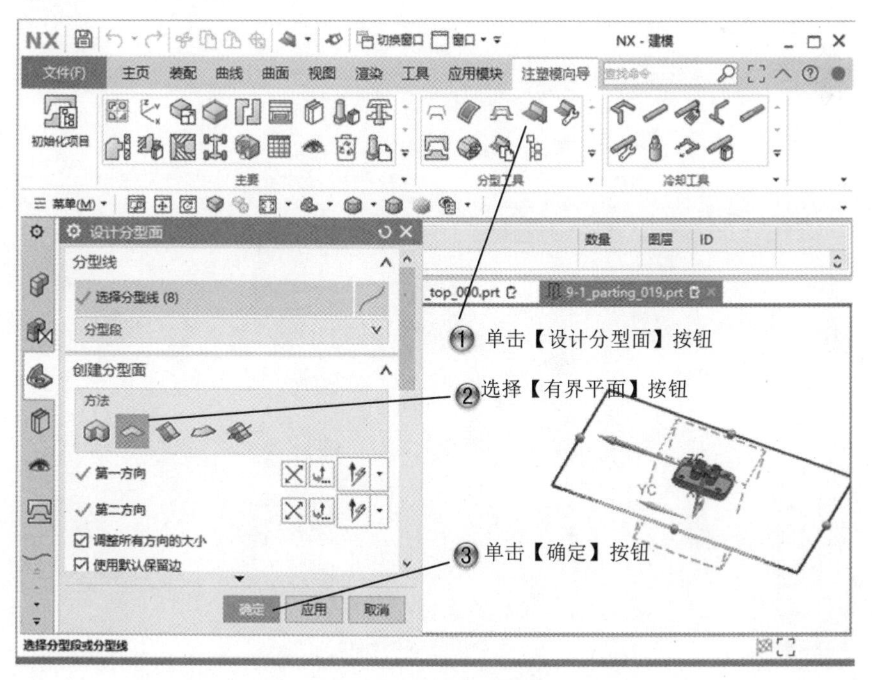

图 9-38　创建分型面

Step36 创建型腔区域，如图 9-39 所示。

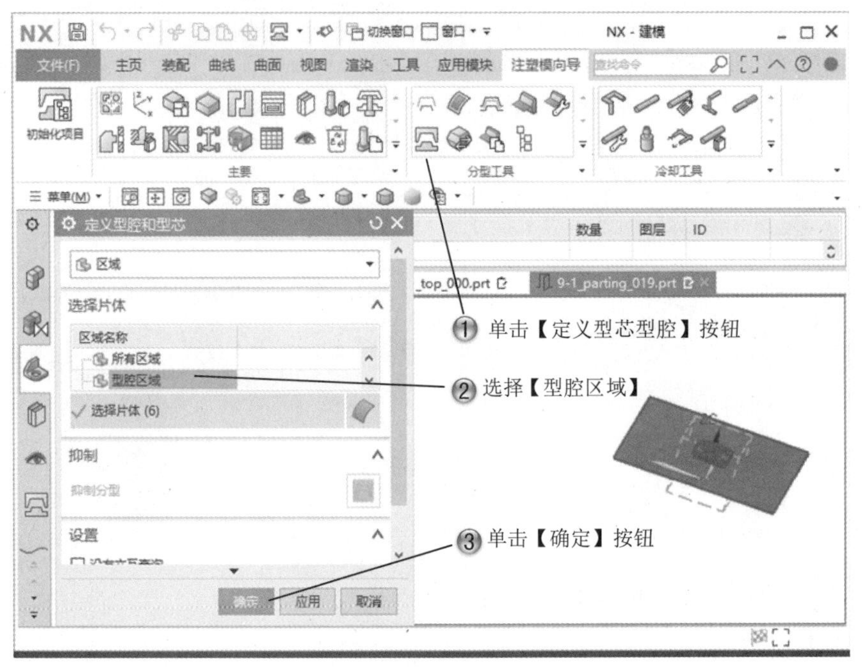

图 9-39　创建型腔区域

Step37 设置型腔方向，如图 9-40 所示。

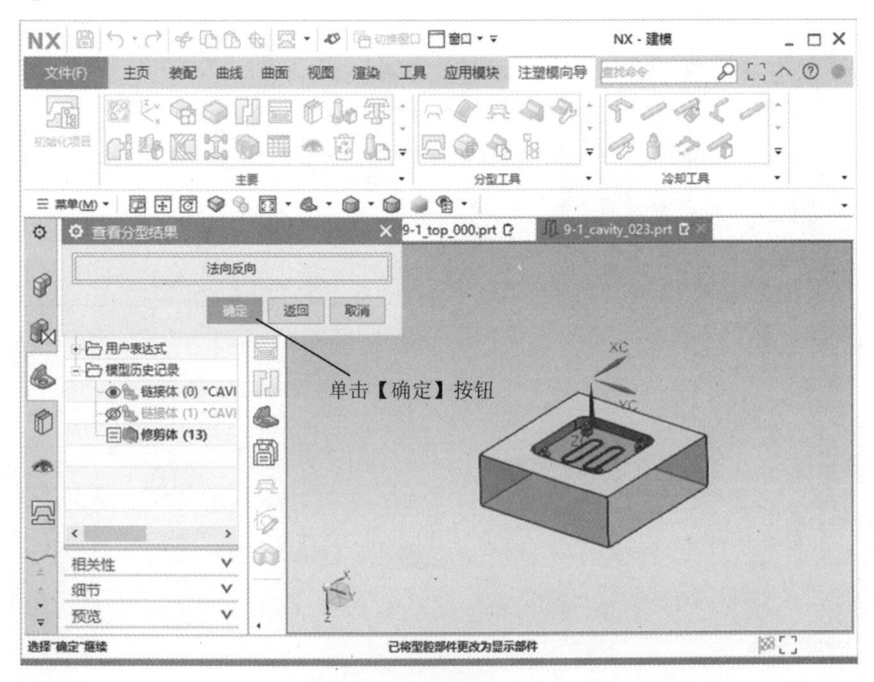

图 9-40　设置型腔方向

Step38 创建型芯区域，如图 9-41 所示。

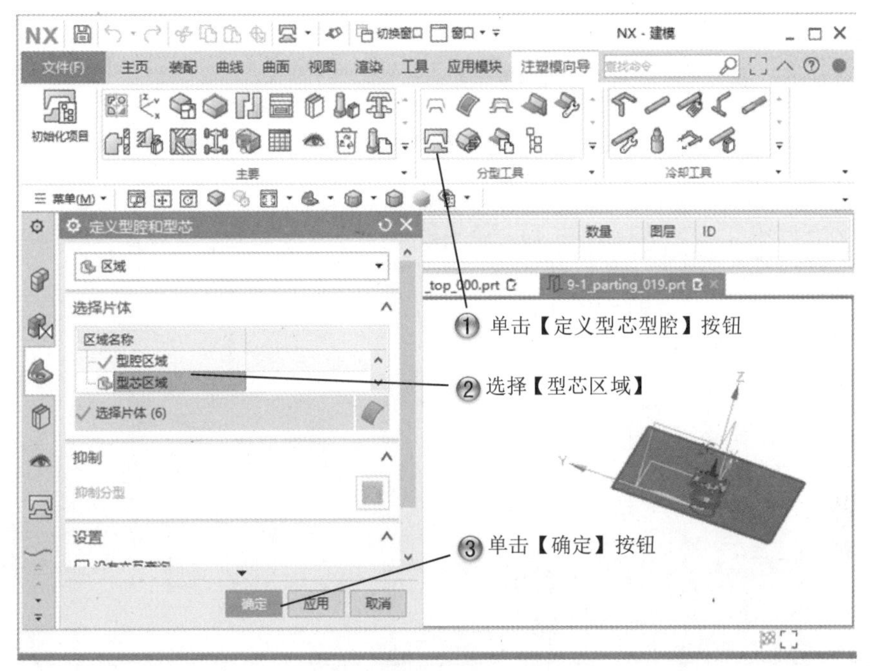

图 9-41　创建型芯区域

Step39 设置型芯方向，如图 9-42 所示。

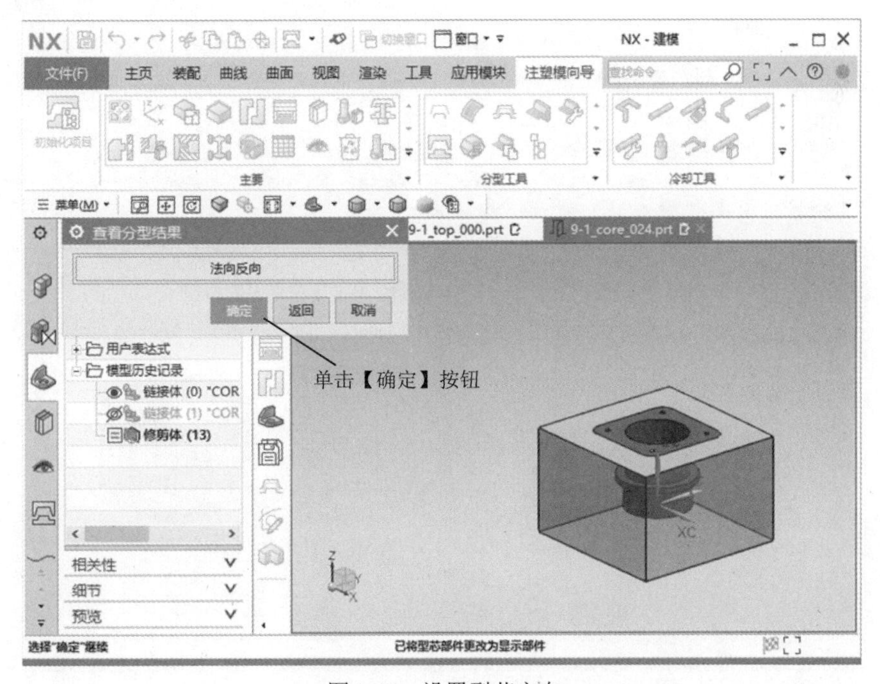

图 9-42　设置型芯方向

Step40 完成型芯和型腔，如图 9-43 所示。

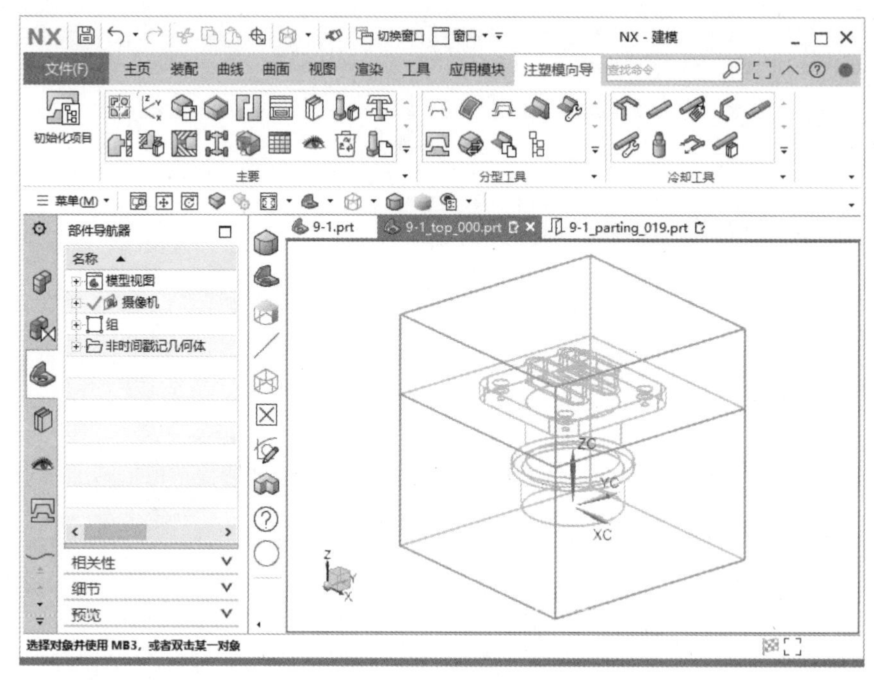

图 9-43　完成型芯和型腔

Step41 创建模架，如图 9-44 所示。

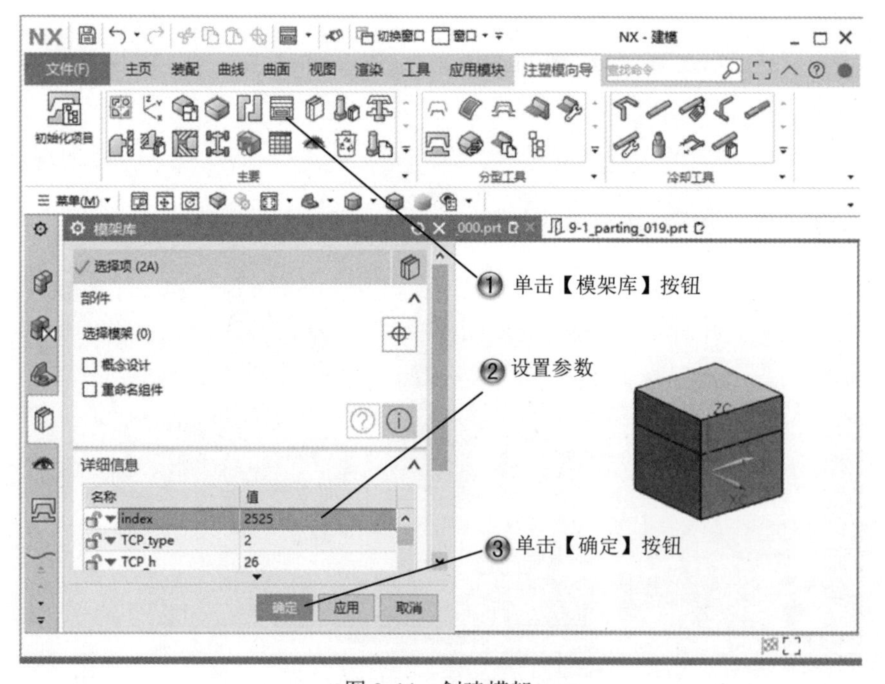

图 9-44　创建模架

Step42 进行设计填充，如图 9-45 所示。

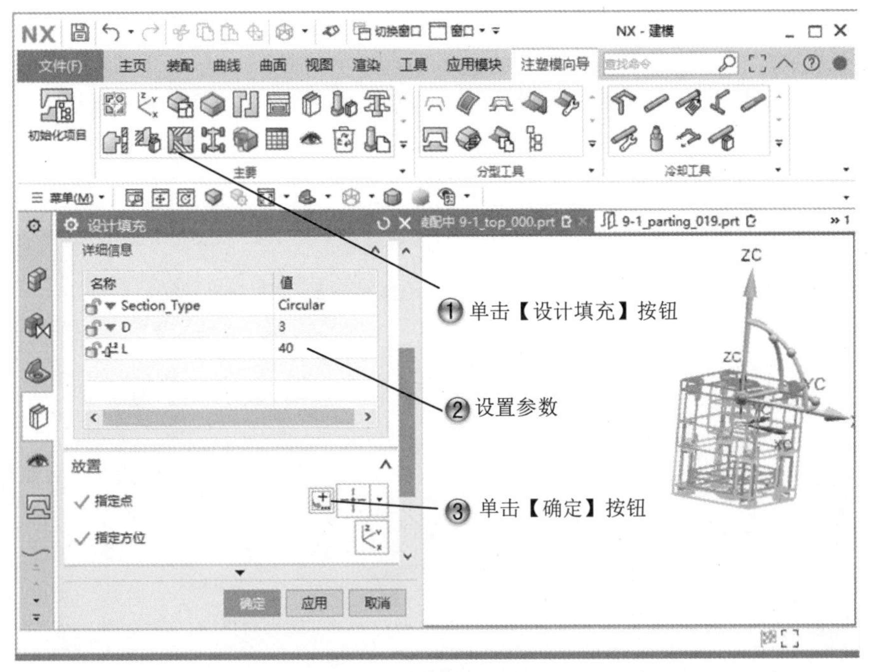

图 9-45 进行设计填充

Step43 设置点位置，如图 9-46 所示。

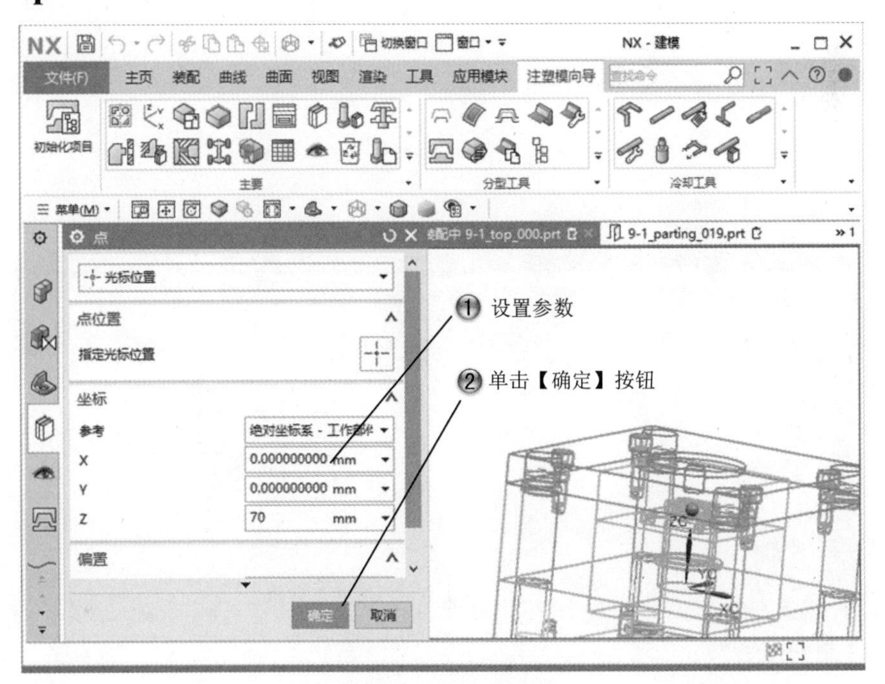

图 9-46 设置点位置

Step44 创建流道，如图 9-47 所示。

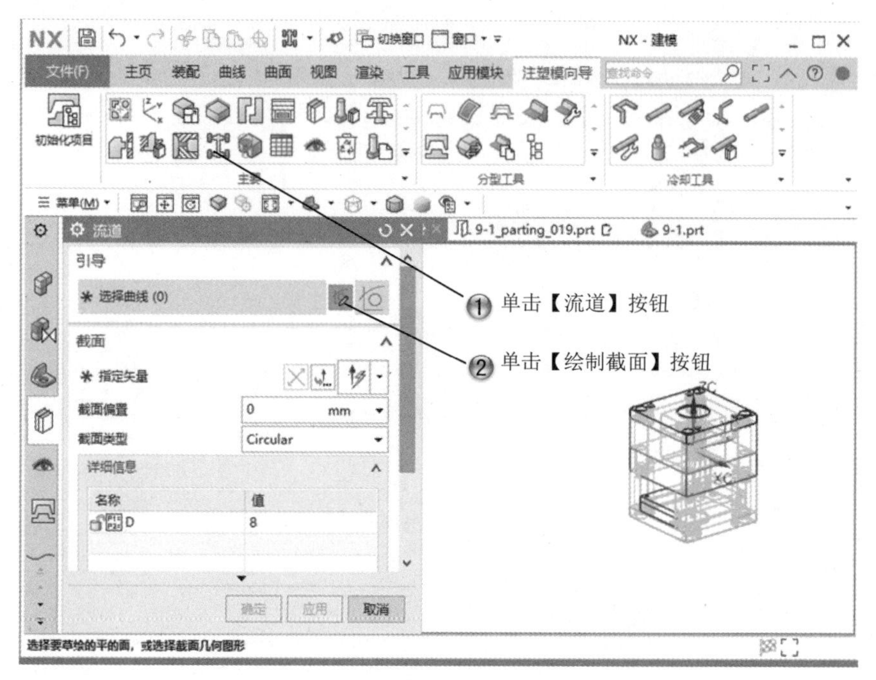

图 9-47　创建流道

Step45 选择草绘面，如图 9-48 所示。

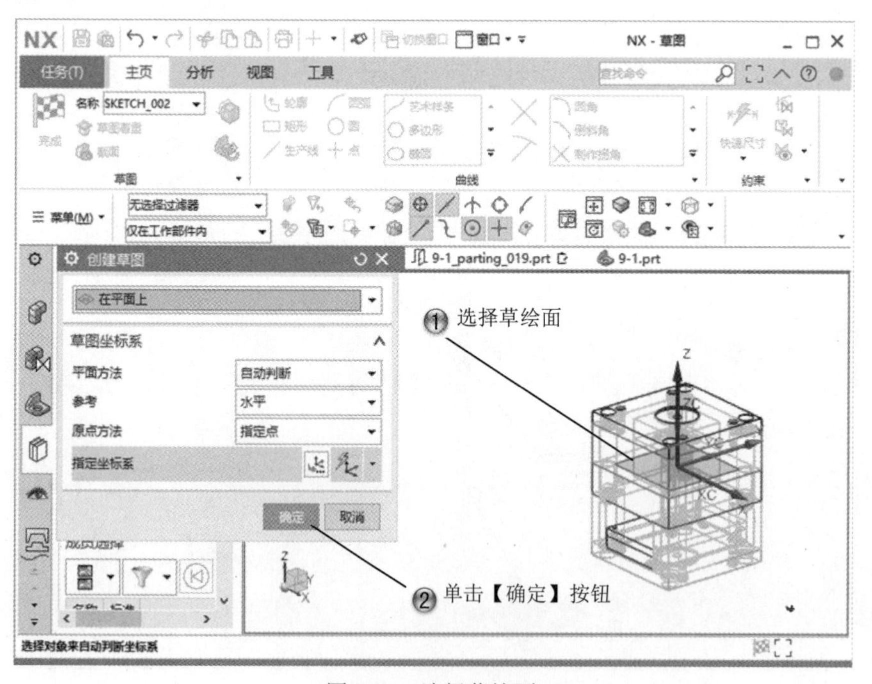

图 9-48　选择草绘面

Step46 绘制直线，如图 9-49 所示。

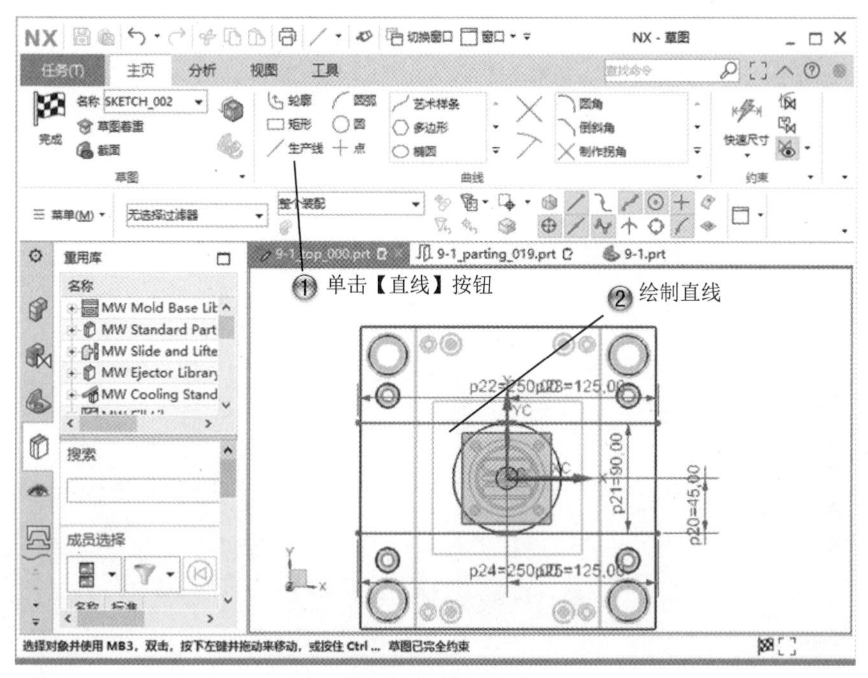

图 9-49 绘制直线

Step47 创建流道 2，如图 9-50 所示。

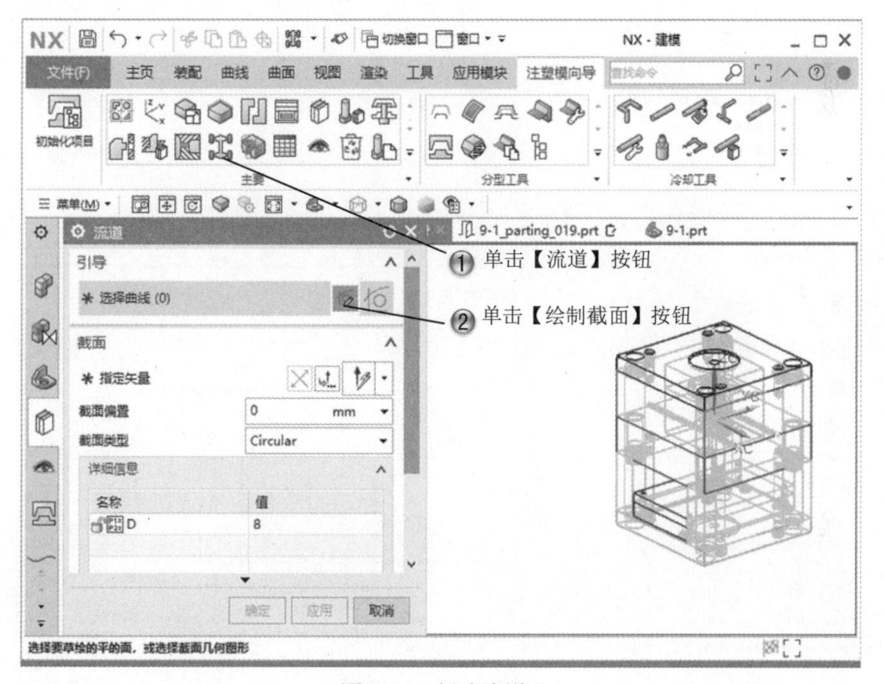

图 9-50 创建流道 2

Step48 选择草绘面，如图 9-51 所示。

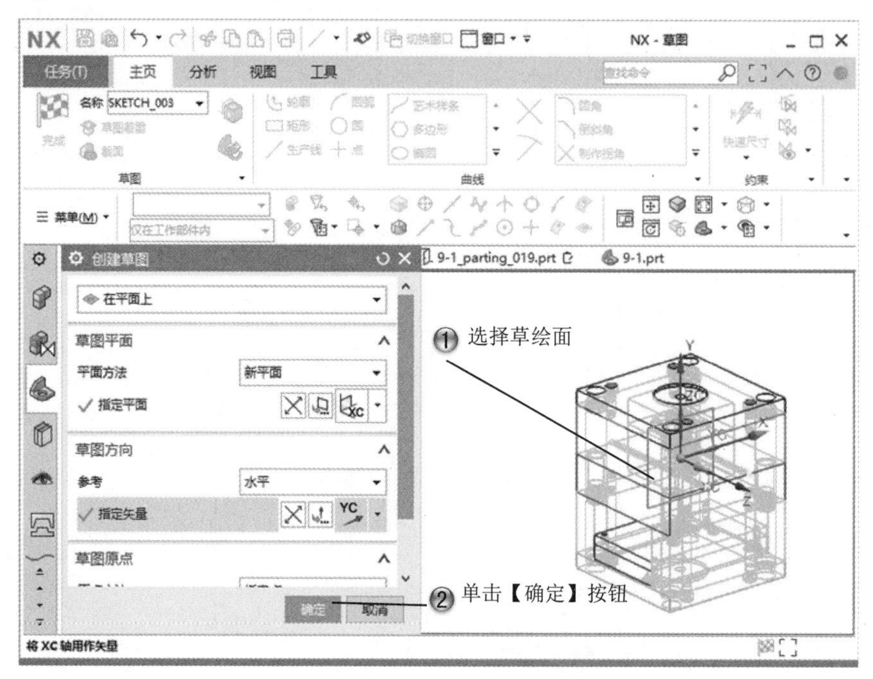

图 9-51　选择草绘面

Step49 绘制直线，如图 9-52 所示。

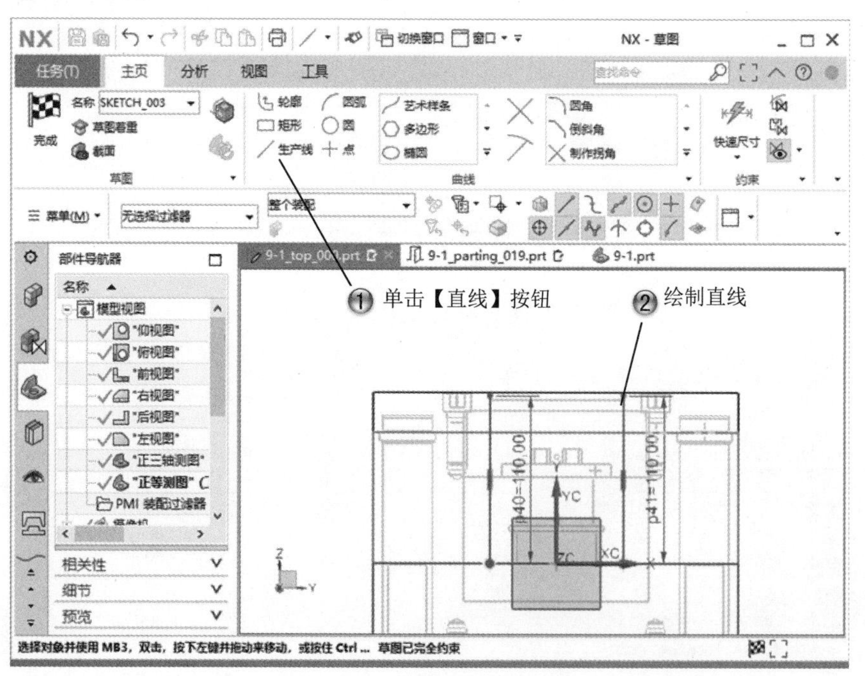

图 9-52　绘制直线

Step50 设置流道参数，如图 9-53 所示。

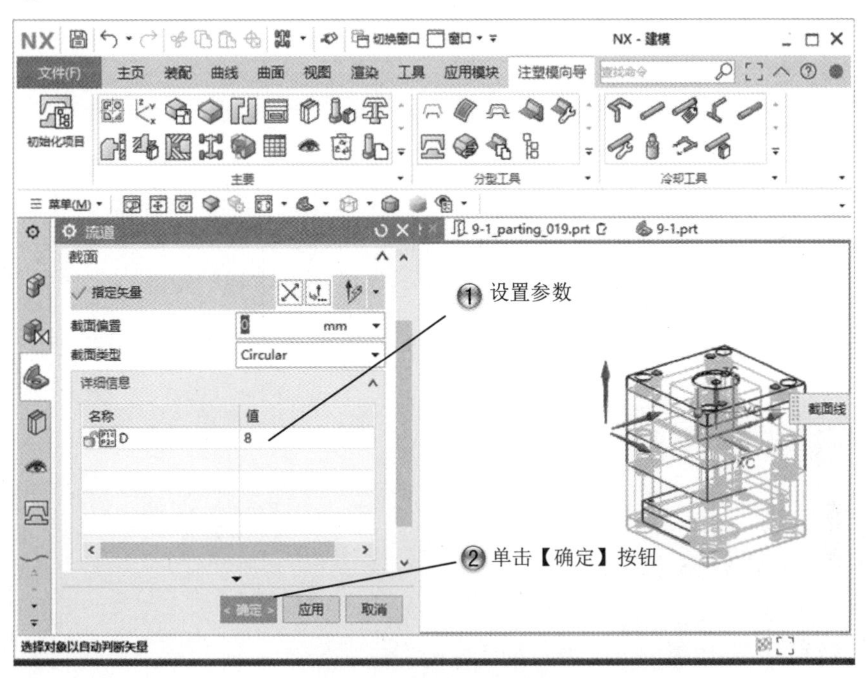

图 9-53　设置流道参数

Step51 完成流道系统，如图 9-54 所示。

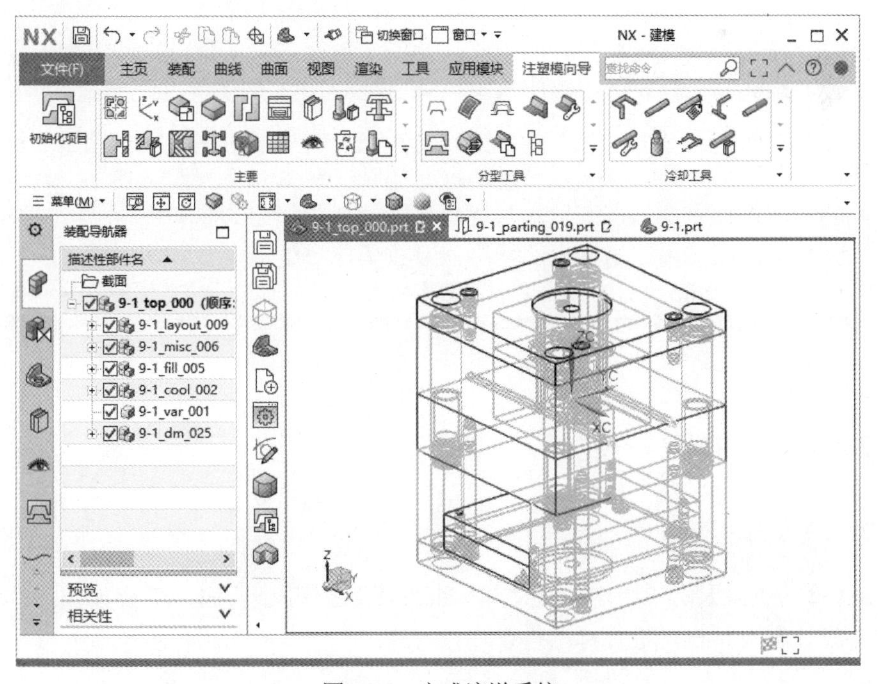

图 9-54　完成流道系统

9.2　冷却系统

基本概念

如果熔融塑料不断进入模具，会导致模具温度上升，对要求模具温度较低的时候，单靠模具本身散热是无法将模具保持在较低温度的，所以必须添加冷却系统。当然有一些塑料是需要高温来实现成型的，比如 PC 等对模具温度的要求相对较高，此时需用到油温机对模具进行加热。

课堂讲解课时：2 课时

9.2.1　设计理论

在模具设计中要遵循以下的冷却设计原则。

（1）冷却水孔数量要尽可能多，孔径要尽可能大，多模具冷却应均匀。
（2）水孔与模具表面距离应均匀，浇口处应加强冷却。
（3）产品壁厚处应加强冷却，冷却水道截面应该与型腔或型芯形状相符。
（4）在热量聚集、温度较高的部位应加强冷却。
（5）应保持每个水道的出水与进水温度保持在一定的温差内。
（6）当产品会出现熔接痕的情况下，在熔接痕处应避免冷却。

9.2.2　课堂讲解

1. 冷却系统标准件

单击【冷却工具】选项卡中的【冷却标准件库】按钮，系统弹出如图 9-55 所示的【冷却组件设计】对话框，进行标准件设计。

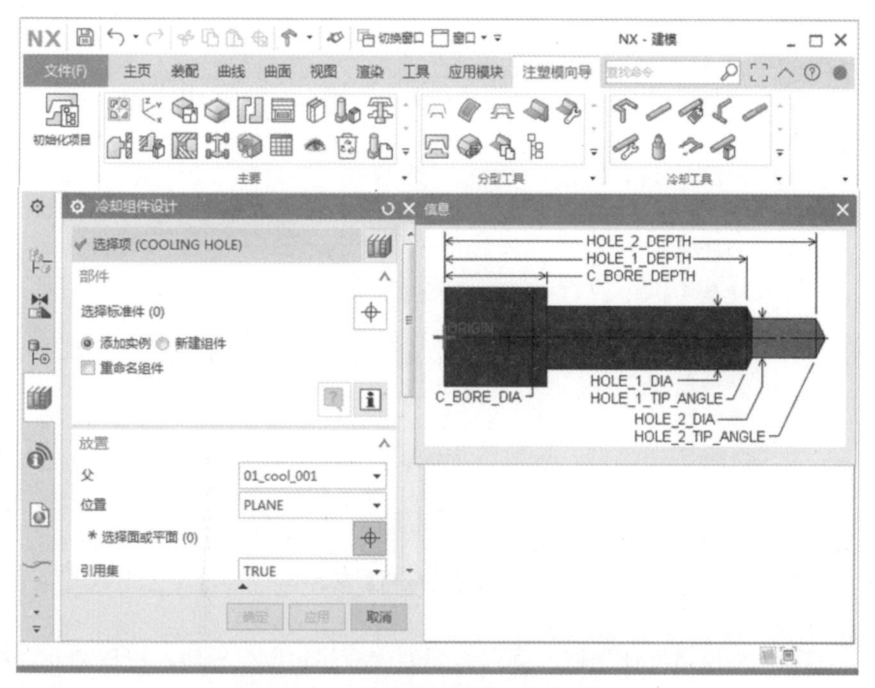

图 9-55 【冷却组件设计】对话框

冷却通道可以根据型腔布局进行设计，在【冷却组件】对话框中，打开如图 9-56 所示的【详细信息】选项组，可以对冷却水路的标准件进行参数设置。

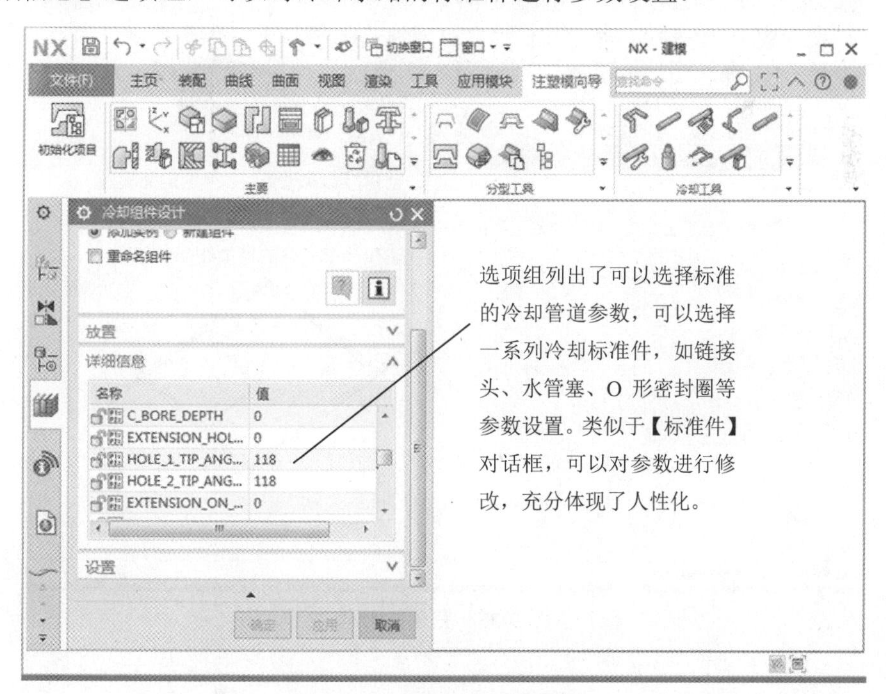

图 9-56 【详细信息】选项组

2. 创建水路图样

单击【冷却工具】选项卡中的【水路图样】按钮，系统弹出如图 9-57 所示的【水路图样】对话框。

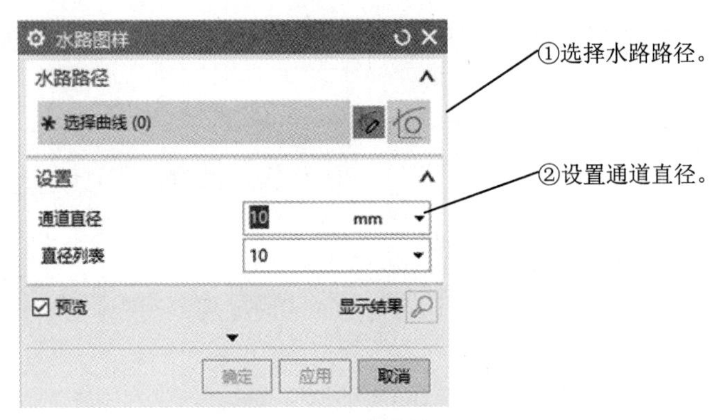

图 9-57 【水路图样】对话框

冷却水道设计与流道设计相似，同样需要创建冷却水道引导线，根据截面进行扫掠从而创建水道，如图 9-58 所示是完成的水道。

图 9-58 完成的水道

9.2.3 课堂练习——创建冷却系统

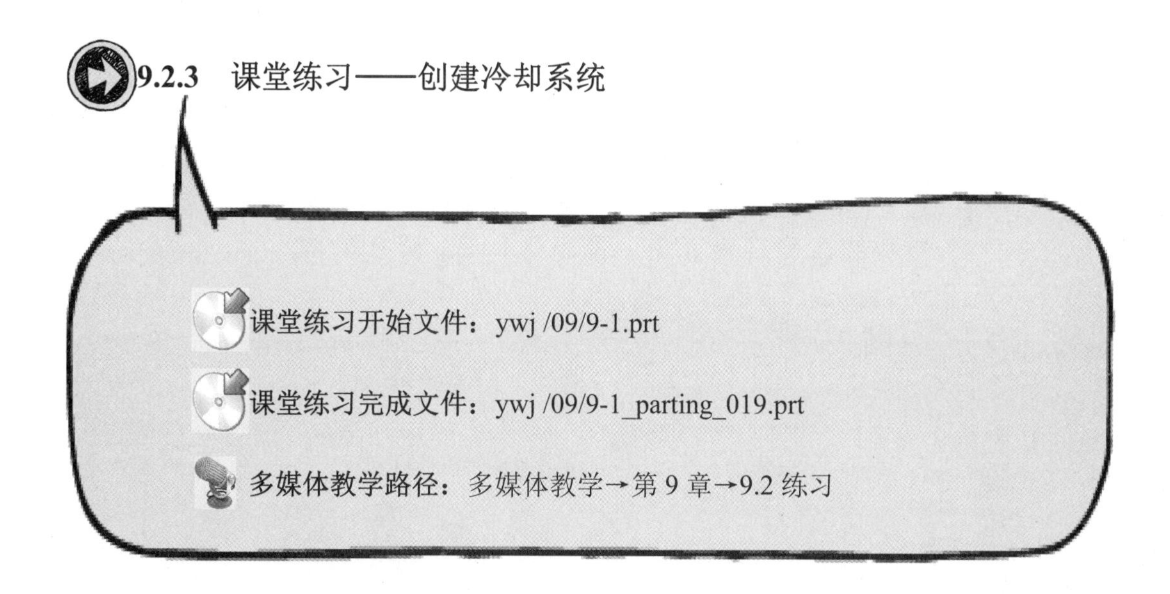

课堂练习开始文件：ywj /09/9-1.prt

课堂练习完成文件：ywj /09/9-1_parting_019.prt

多媒体教学路径：多媒体教学→第 9 章→9.2 练习

Step1 打开 9-1.prt 的模具文件，如图 9-59 所示。

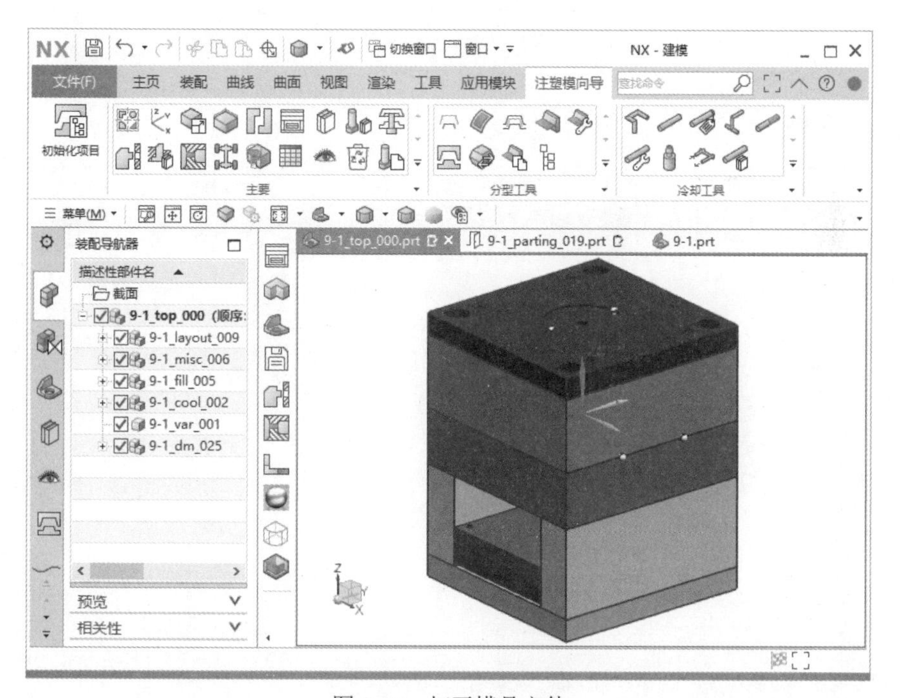

图 9-59　打开模具文件

Step2 创建水路，如图 9-60 所示。

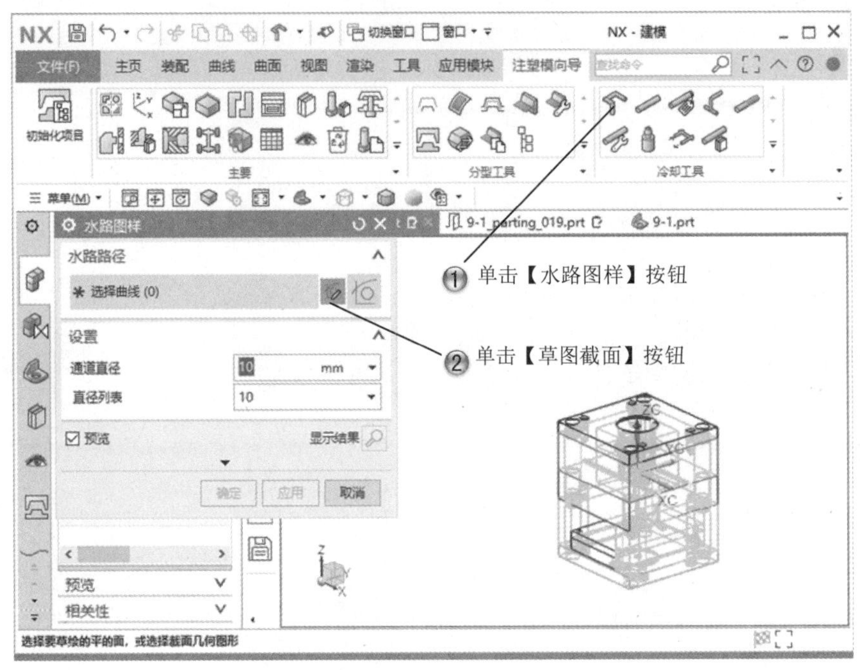

图 9-60　创建水路

Step3 选择草绘面，如图 9-61 所示。

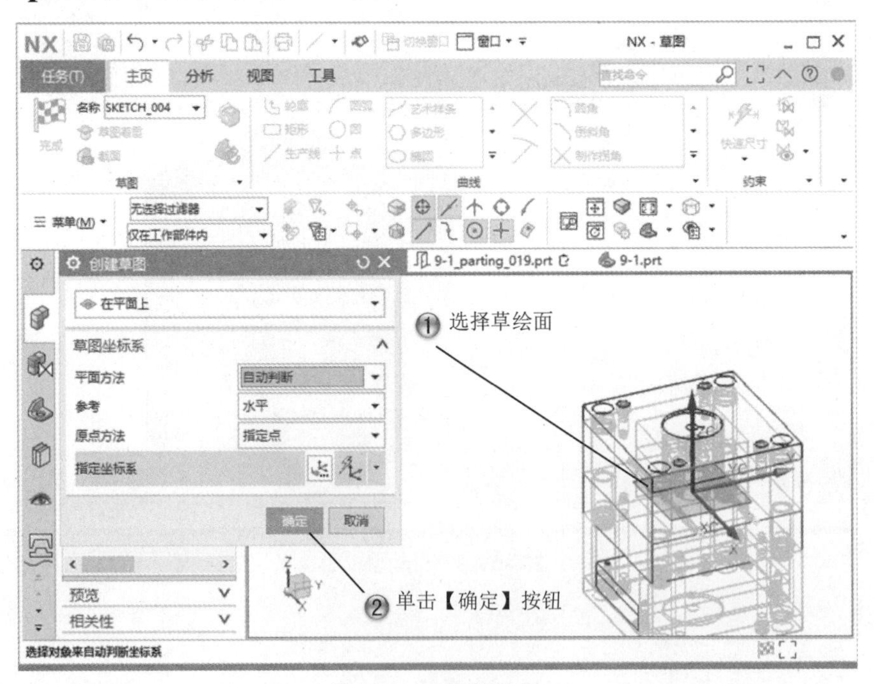

图 9-61　选择草绘面

Step4 绘制直线草图，如图 9-62 所示。

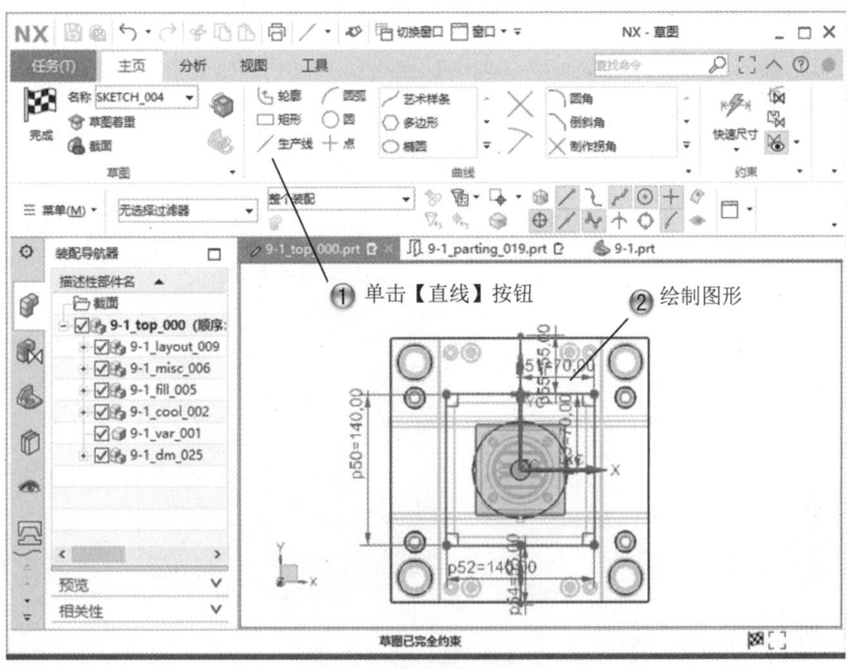

图 9-62 绘制直线草图

Step5 设置冷却通路参数，如图 9-63 所示。

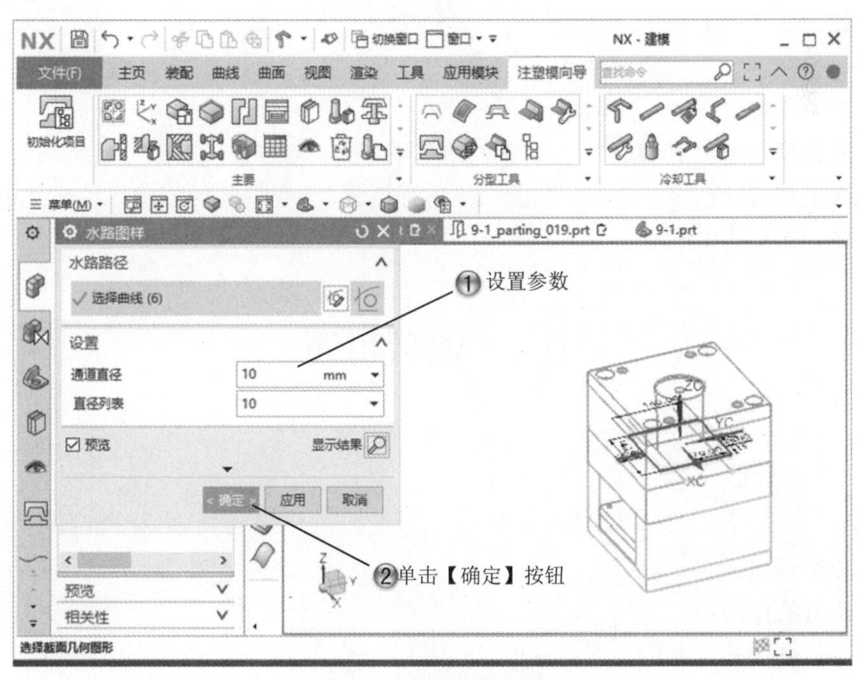

图 9-63 设置冷却通路参数

Step6 完成冷却系统，如图 9-64 所示。

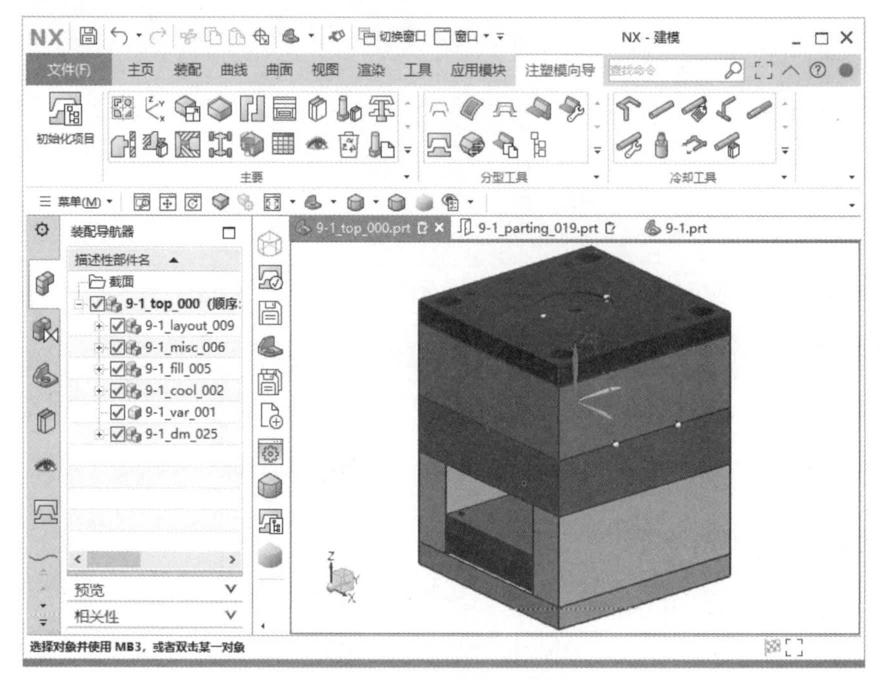

图 9-64　完成冷却系统

9.3　专家总结

本章主要讲解了流道系统和冷却系统，还介绍了一个实际的应用范例。对于一般的模具来说，流道系统显得更为重要；对于精密模具来说，流道系统和冷却系统都很重要。其中流道和水道都可以利用引导线和截面扫描进行创建，而引导线的创建可以在建模中进行，此处又体现了 NX 的灵活性。

9.4　课后习题

9.4.1　填空题

（1）流道的组成有________。

（2）流道的作用是________。

（3）冷却系统的作用是________。

9.4.2 问答题

（1）流道和冷却系统的差别有哪些？
（2）创建流道的一般步骤有哪些？

9.4.3 上机操作题

如图 9-65 所示，使用本章学过的知识来创建堵头的模具。

一般创建步骤和方法如下：

（1）创建堵头模型。
（2）模型分型。
（3）创建模架。
（4）创建冷却和流道系统。

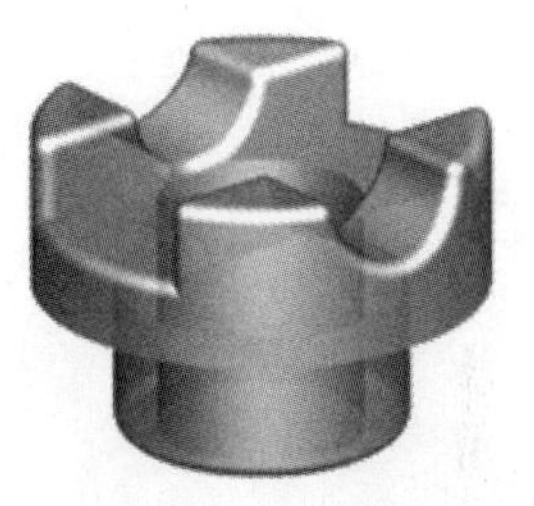

图 9-65 堵头模型

第 10 章　模具设计的其他功能

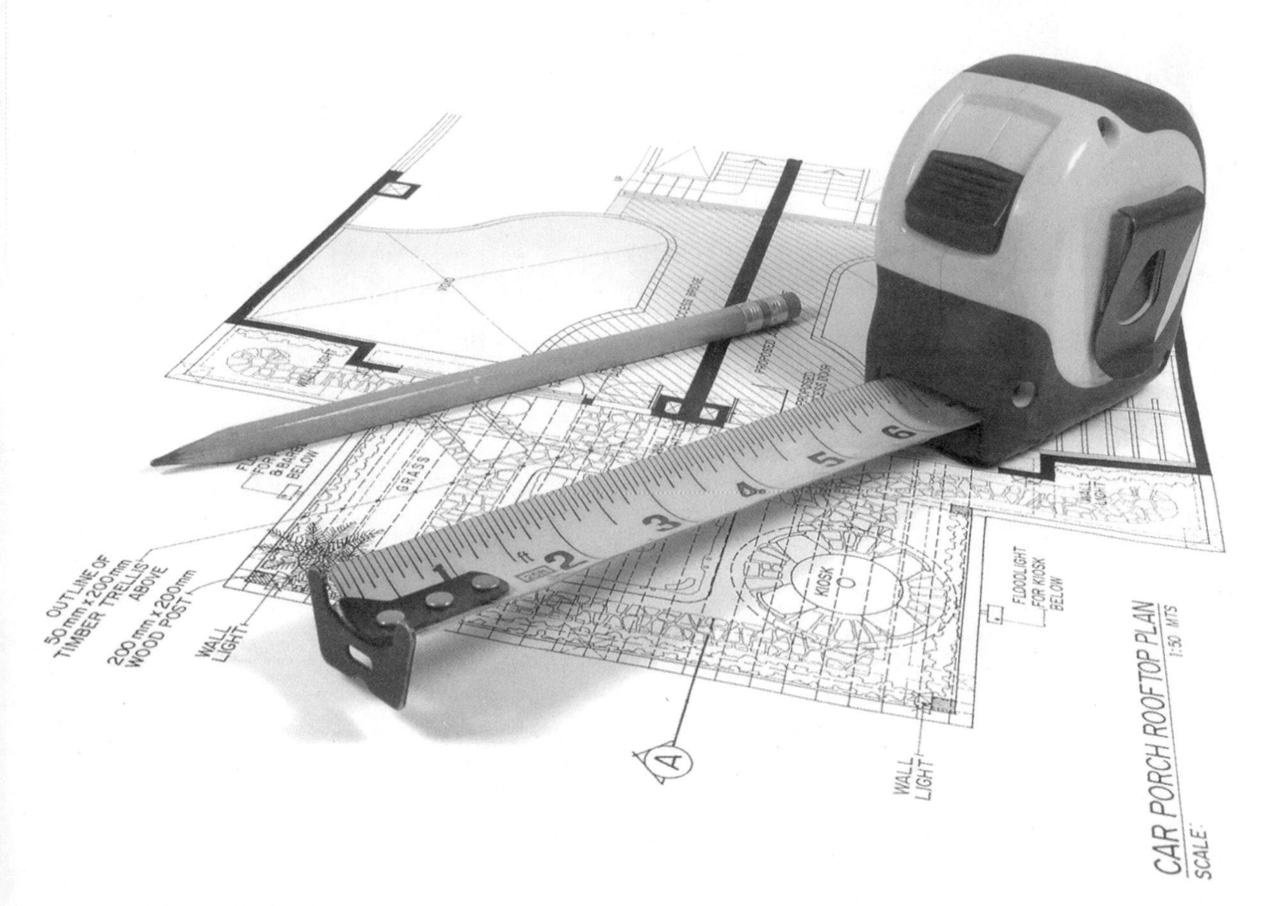

课训目标	内　容	掌握程度	课　时
	物料清单	熟练运用	1
	模具图纸	熟练运用	2
	综合范例	熟练运用	2

课程学习建议

在现代的模具制造中，物料清单和模具图纸是很重要的，模具物料清单也称为模具 BOM 表，能产生与装配相关的明细表，而模具图纸是指创建模具的装配或者组件的图纸，给加工和后续工艺提供依据。本章将讲解 NX 模具的物料清单和模具图纸内容，最后针对本书内容进行一个综合范例的练习。

本课程的培训课程表如下。

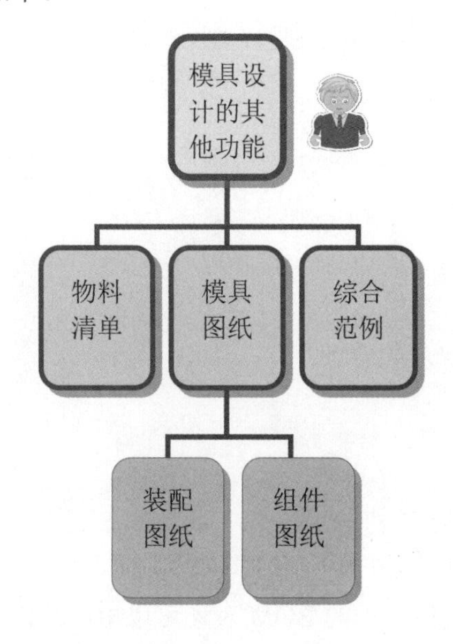

10.1 物料清单

模具物料清单也称为模具 BOM 表，它能产生与装配相关的明细表。

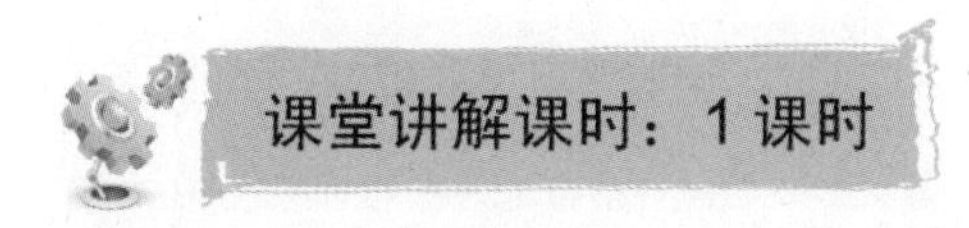

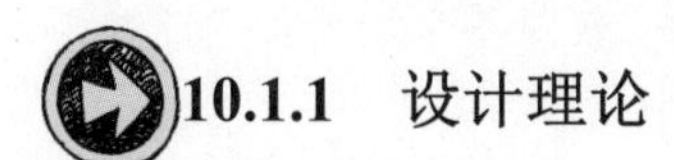

10.1.1 设计理论

想使用 BOM 表，首先必须熟练掌握模具用语，否则即使可以调出模具所有材料及尺寸等也是徒劳的。在【物料清单】对话框的【列表】中选择所需编辑的组件，在该对话框的编辑区输入所需的序号、尺寸大小、供应商和材料等属性，单击鼠标右键，选择【导出至 Excel】创建所需的材料清单。

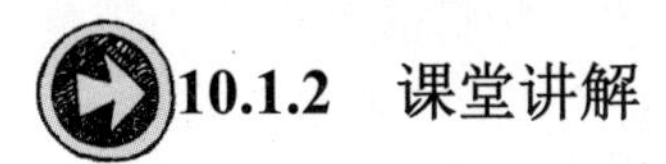

10.1.2 课堂讲解

在【注塑模向导】选项卡中单击【物料清单】按钮，系统弹出如图 10-1 所示的【物料清单】对话框。

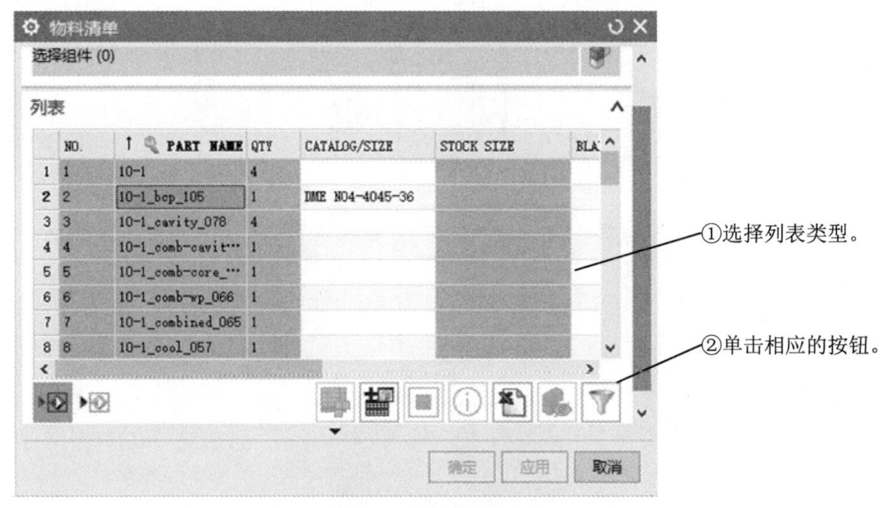

图 10-1　【物料清单】对话框

【物料清单】对话框【名称】中的 BOM 表还可以由用户定制，在表中加入或者删除一些信息；当创建 BOM 表后，部件列表也就被定义了；可以定制模具装配的模板文件，或加载一个模具装配，使用编辑功能可以编辑 BOM 表信息。单击【信息】按钮，弹出【信息】对话框，可查看物料信息，如图 10-2 所示。

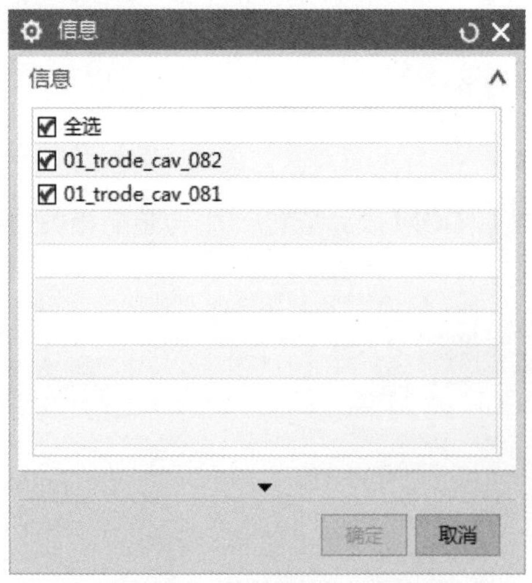

图 10-2　【信息】对话框

10.1.3 课堂练习——创建模具和物料清单

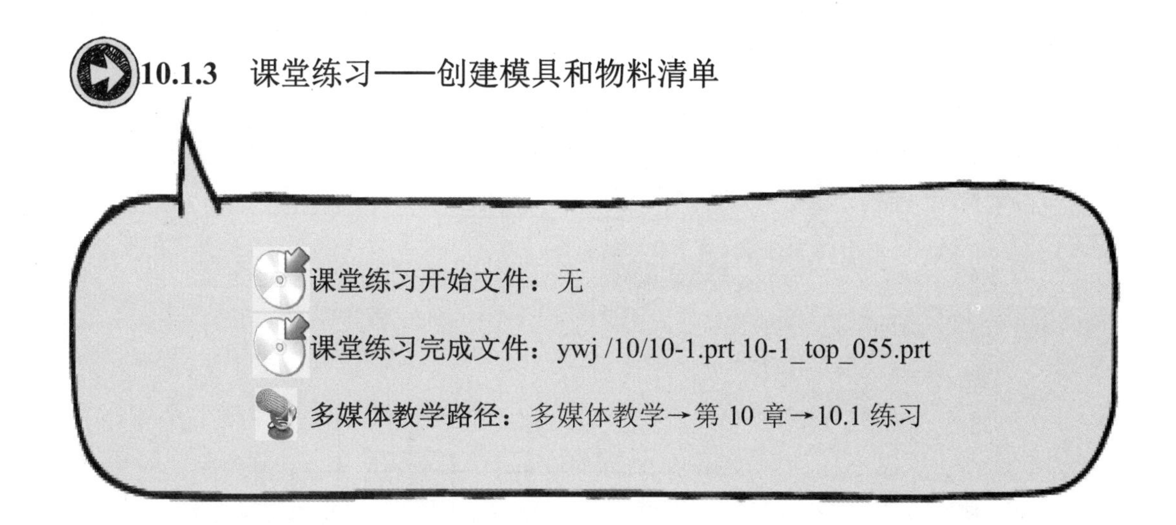

Step1 选择草绘面，如图 10-3 所示。

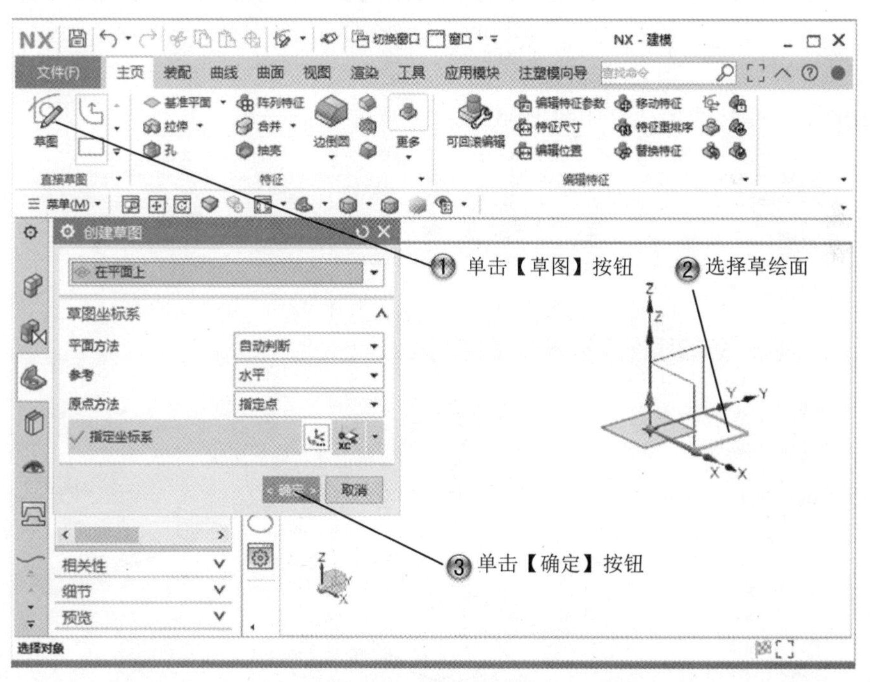

图 10-3 选择草绘面

Step2 绘制矩形，如图 10-4 所示。

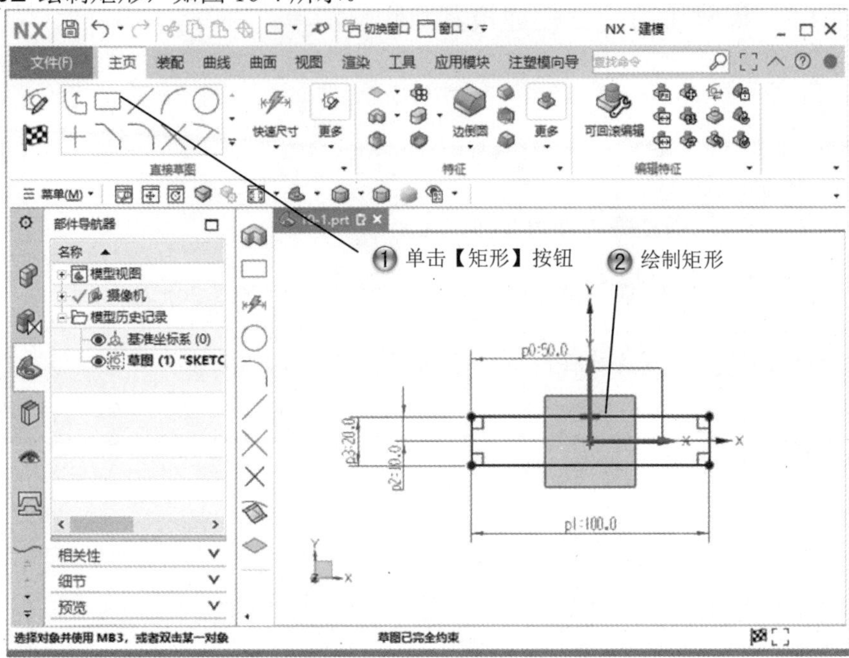

图 10-4　绘制矩形

Step3 创建拉伸特征，如图 10-5 所示。

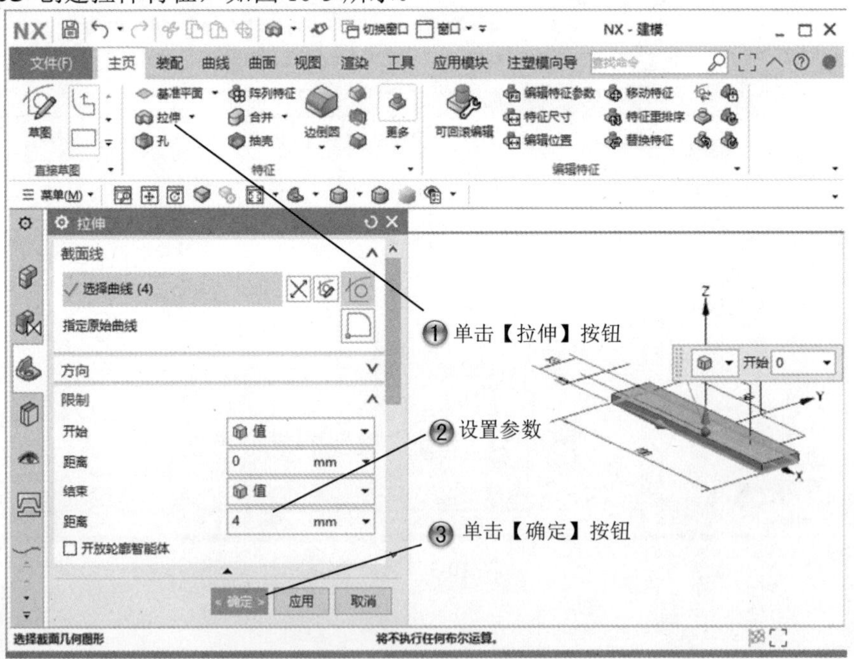

图 10-5　创建拉伸特征

Step4 选择草绘面，如图 10-6 所示。

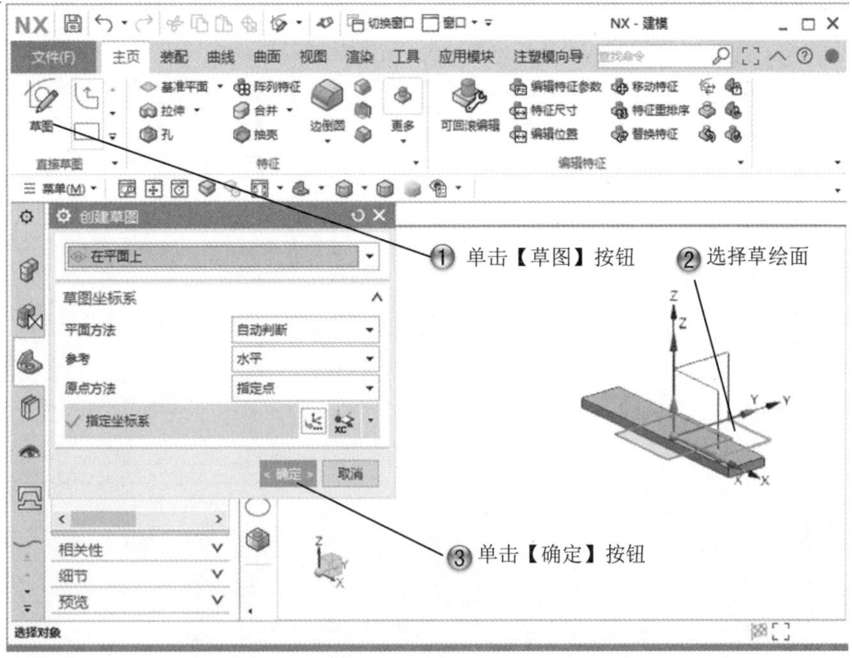

图 10-6　选择草绘面

Step5 绘制矩形，如图 10-7 所示。

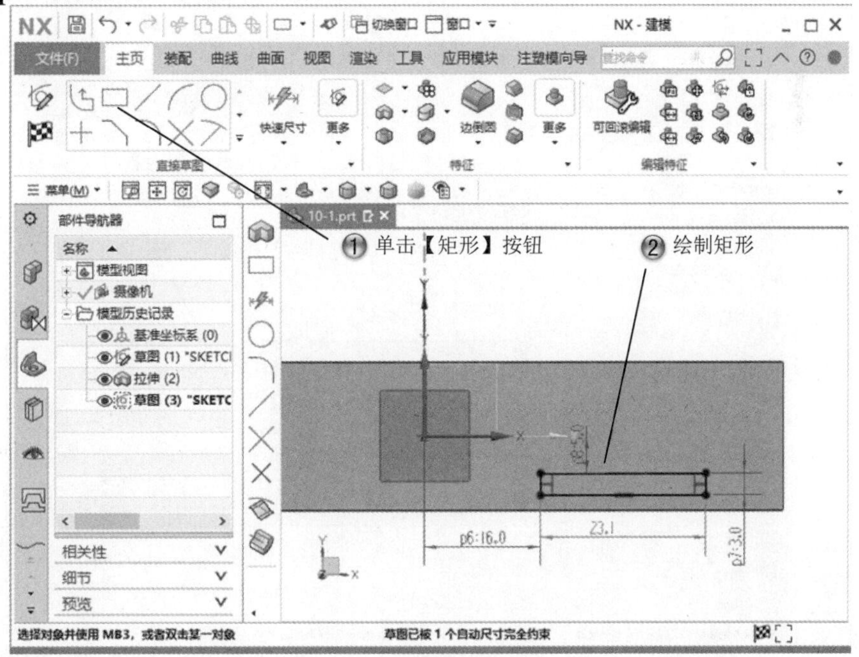

图 10-7　绘制矩形

Step6 绘制圆形，如图 10-8 所示。

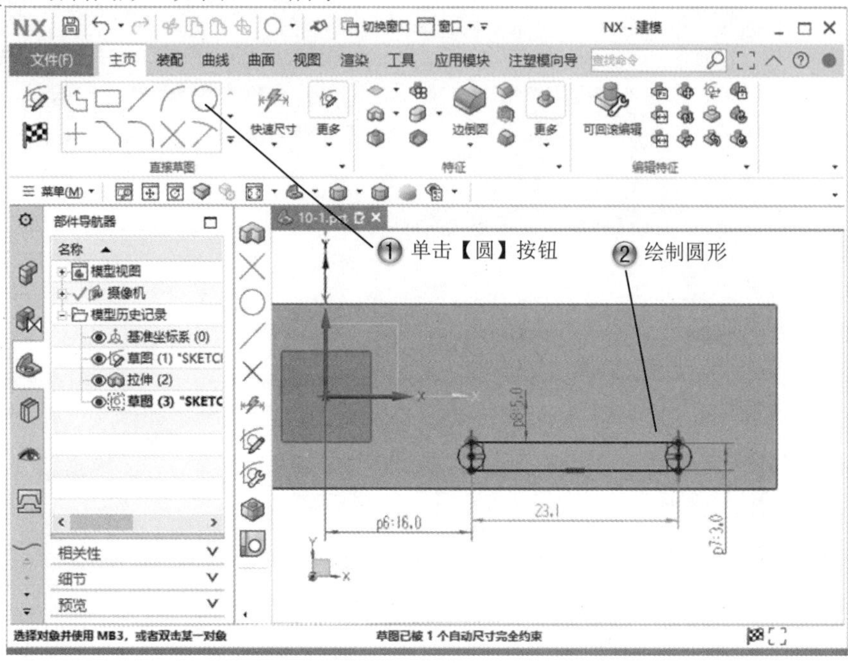

图 10-8　绘制圆形

Step7 修剪图形，如图 10-9 所示。

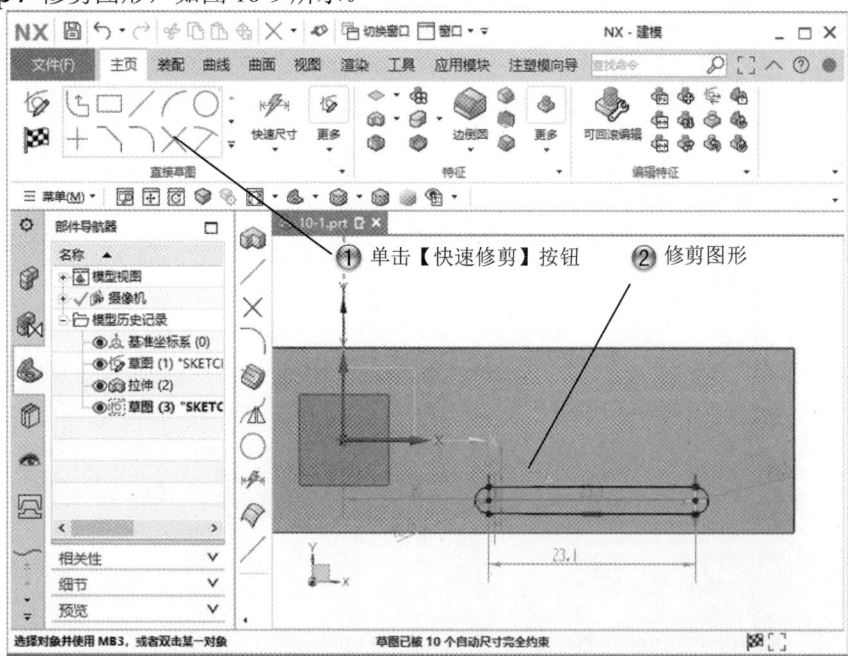

图 10-9　修剪图形

Step8 创建拉伸特征，如图 10-10 所示。

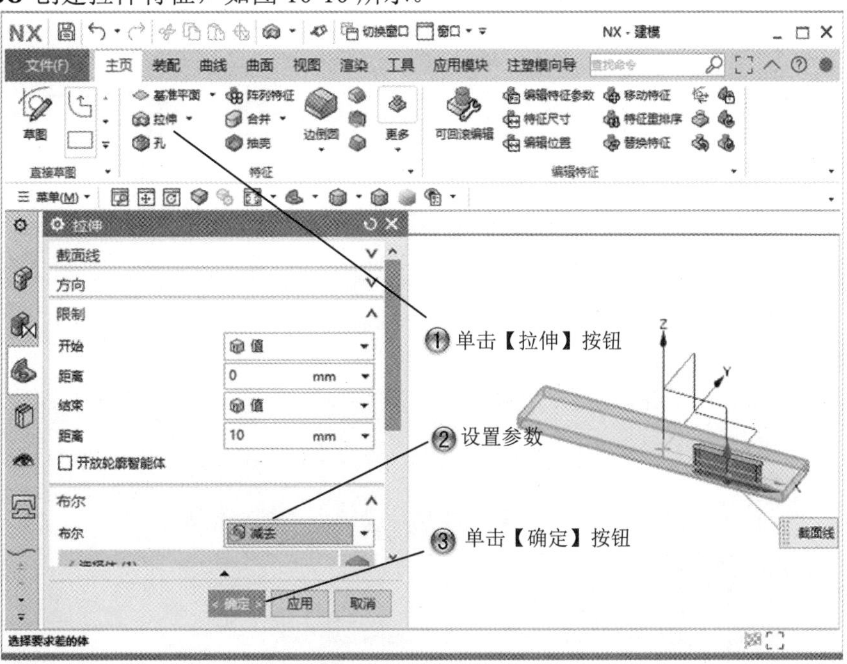

图 10-10　创建拉伸特征

Step9 选择草绘面，如图 10-11 所示。

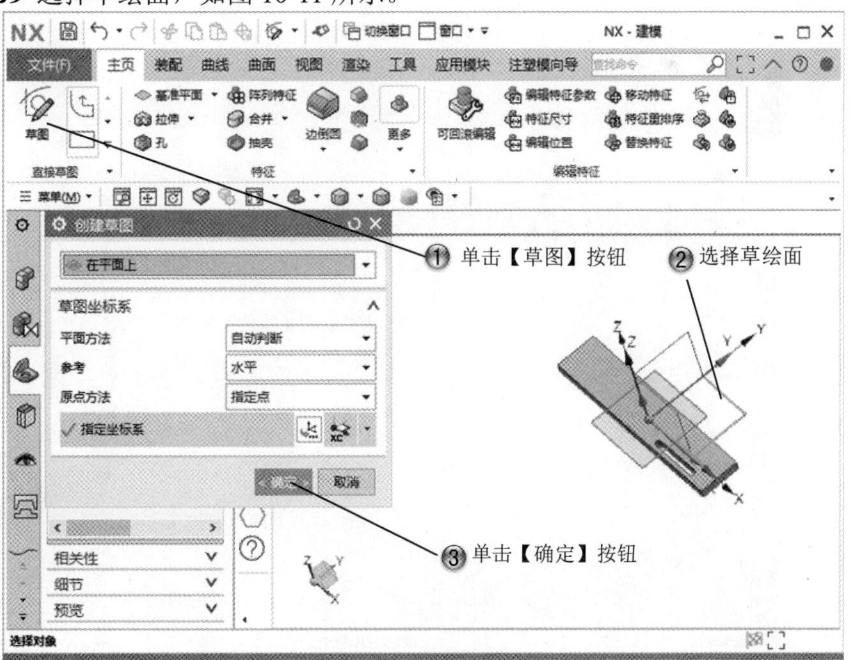

图 10-11　选择草绘面

Step10 绘制圆形，如图 10-12 所示。

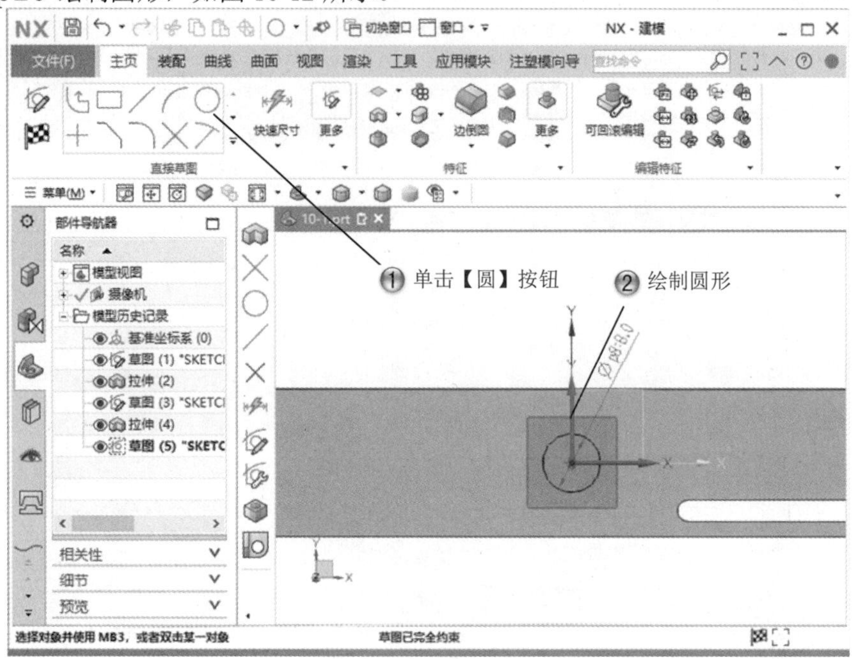

图 10-12　绘制圆形

Step11 创建拉伸特征，如图 10-13 所示。

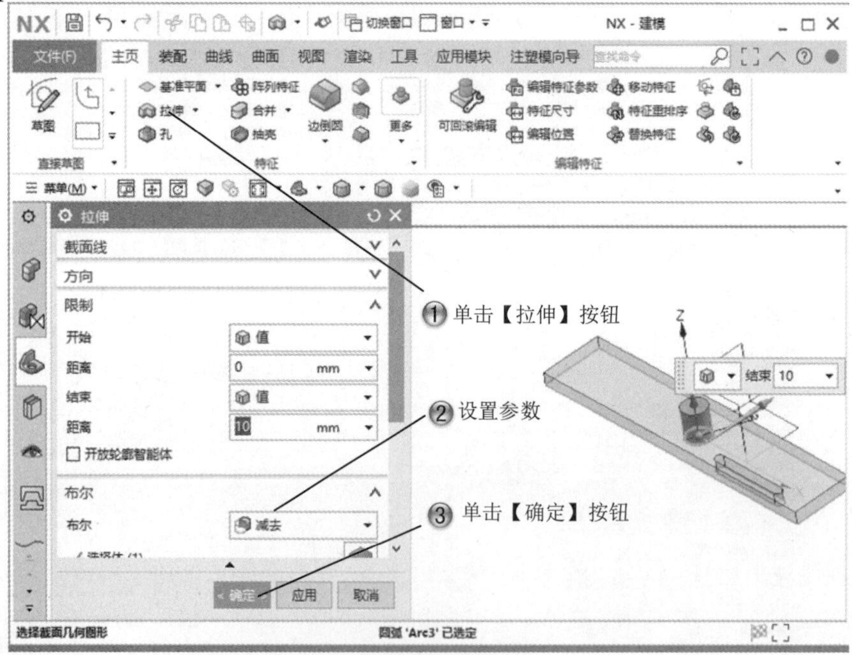

图 10-13　创建拉伸特征

Step12 选择草绘面，如图 10-14 所示。

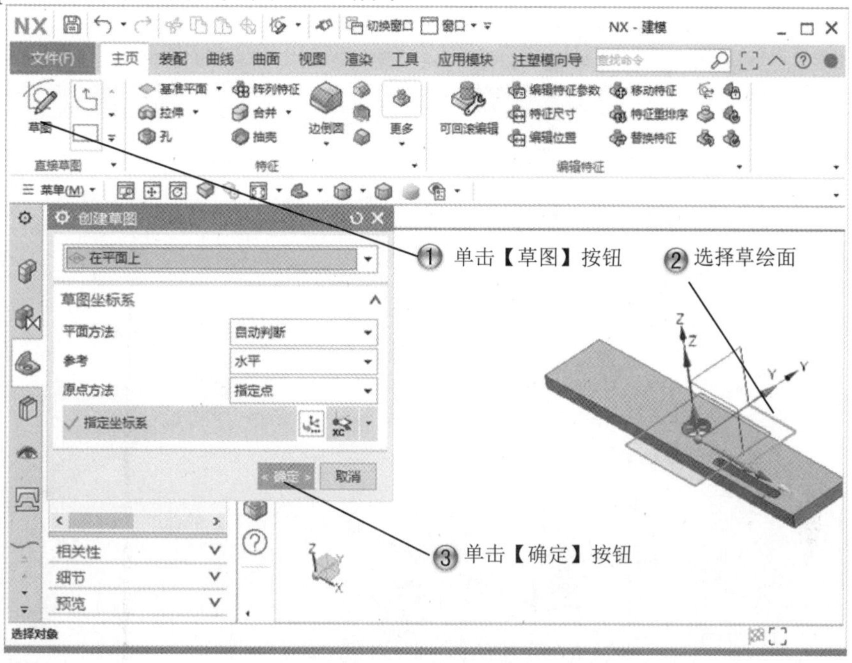

图 10-14　选择草绘面

Step13 绘制矩形，如图 10-15 所示。

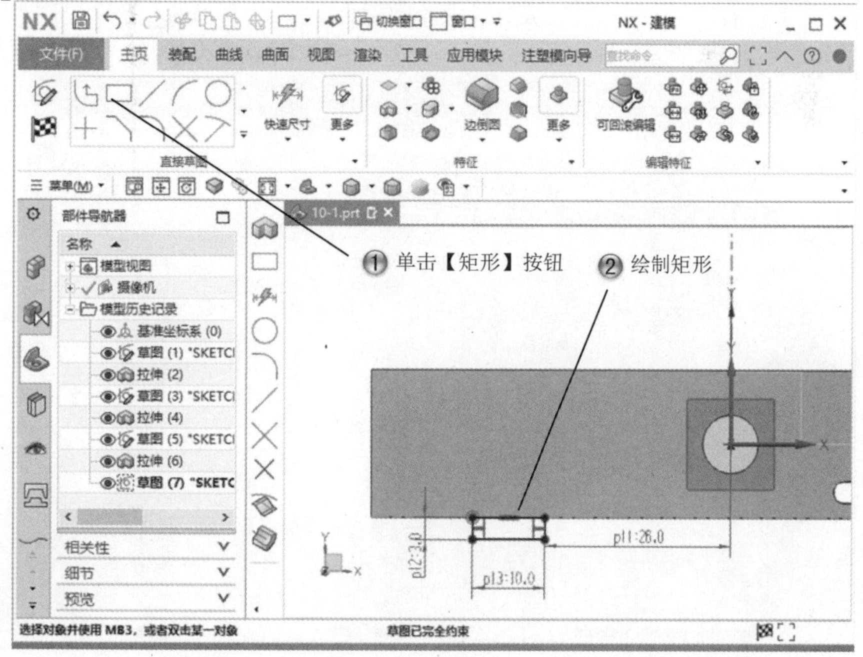

图 10-15　绘制矩形

Step14 创建拉伸特征，如图 10-16 所示。

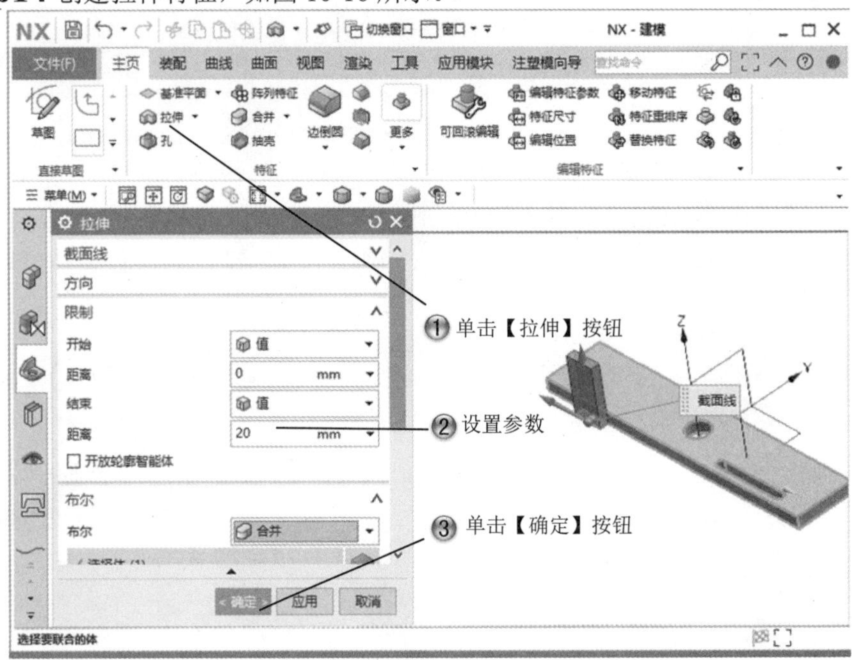

图 10-16 创建拉伸特征

Step15 创建边倒圆，如图 10-17 所示。

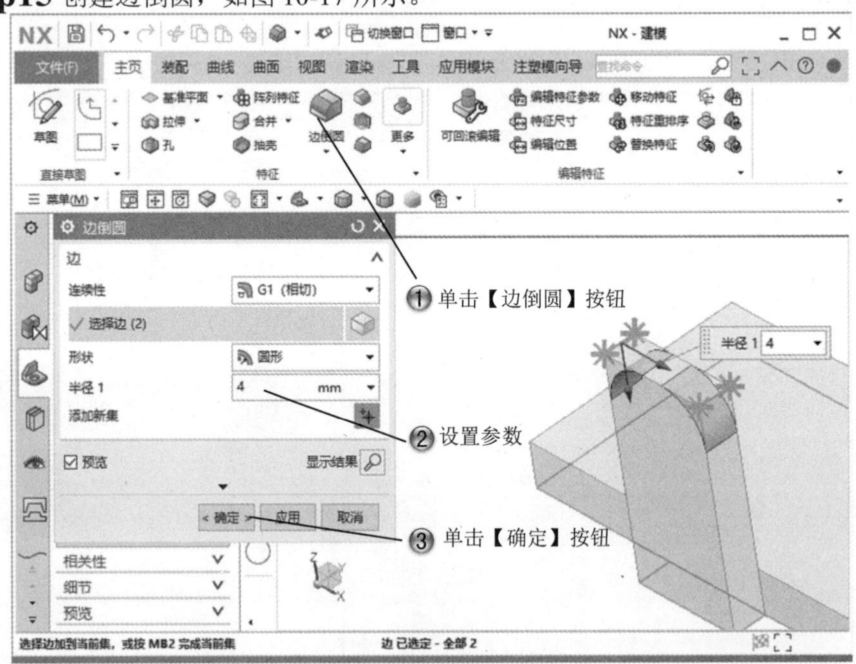

图 10-17 创建边倒圆

Step16 创建镜像特征，如图 10-18 所示。

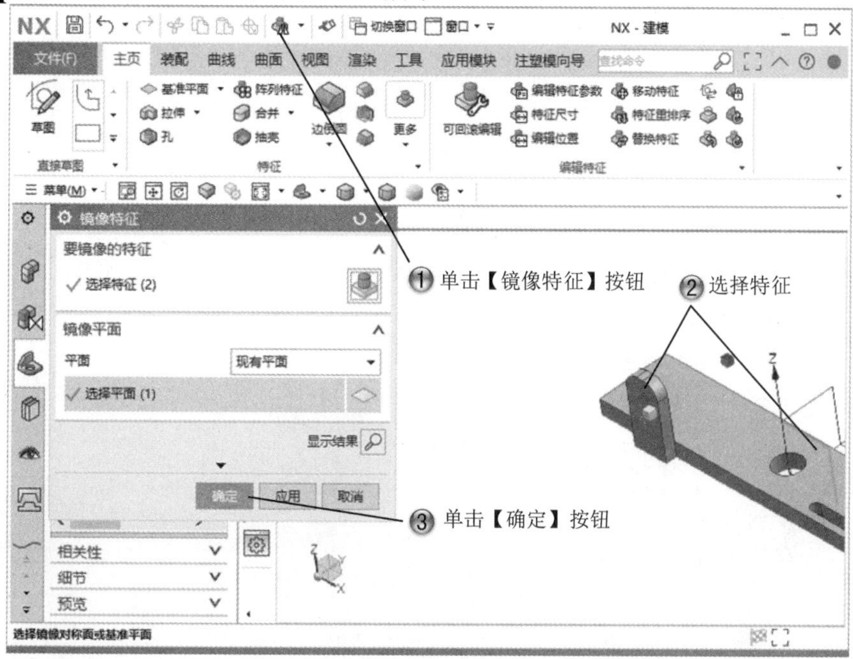

图 10-18　创建镜像特征

Step17 选择草绘面，如图 10-19 所示。

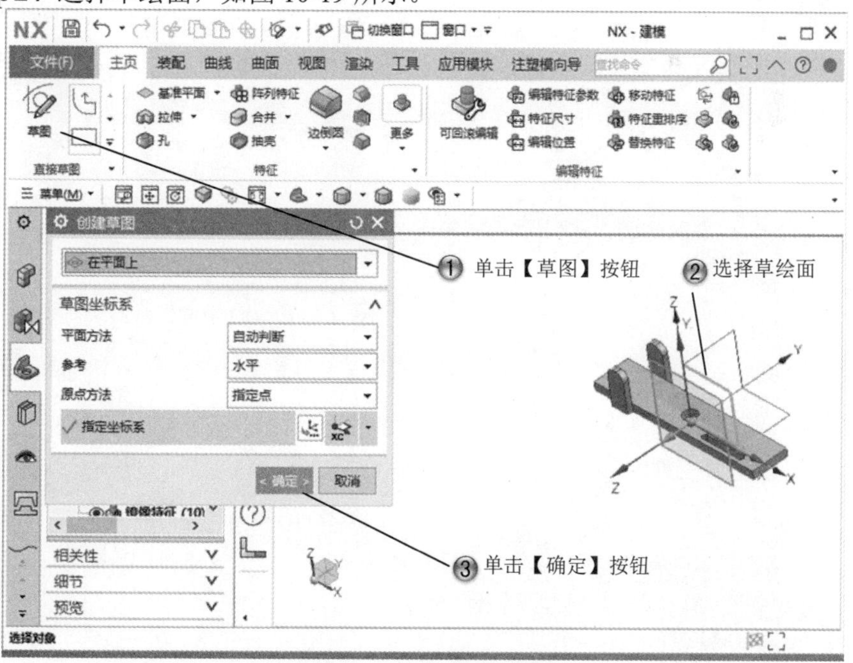

图 10-19　选择草绘面

Step18 绘制圆形，如图 10-20 所示。

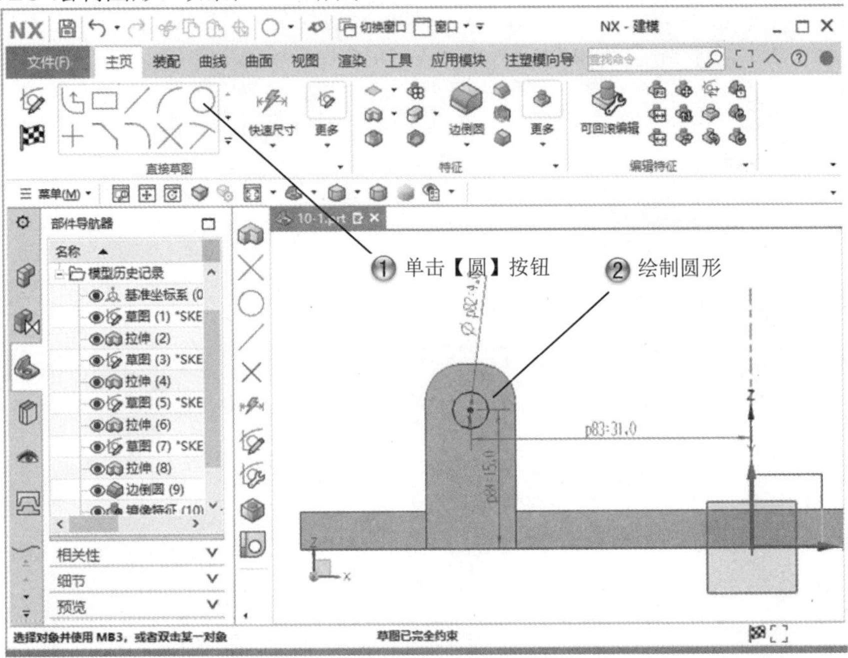

图 10-20　绘制圆形

Step19 创建拉伸特征，如图 10-21 所示。

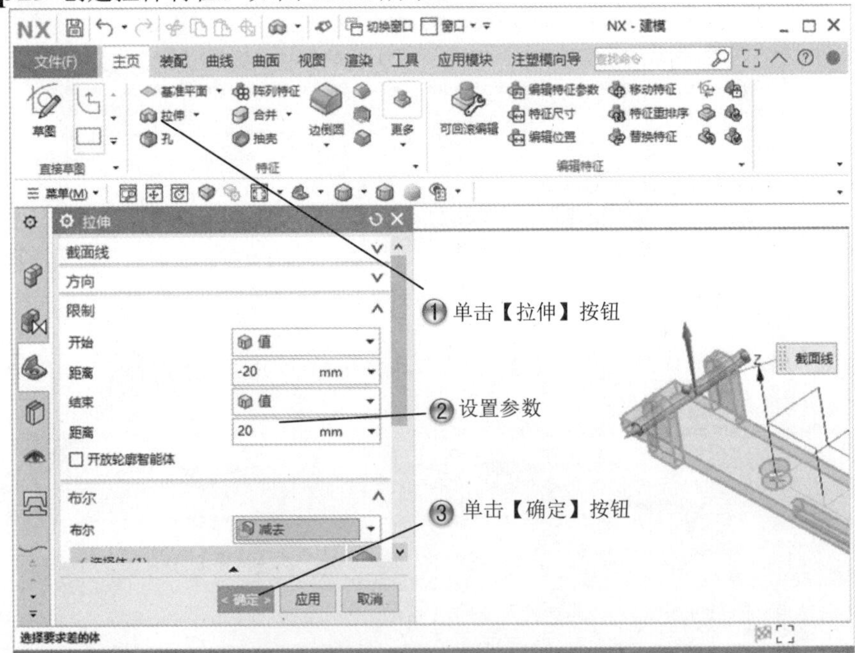

图 10-21　创建拉伸特征

Step20 完成零件模型，如图 10-22 所示。

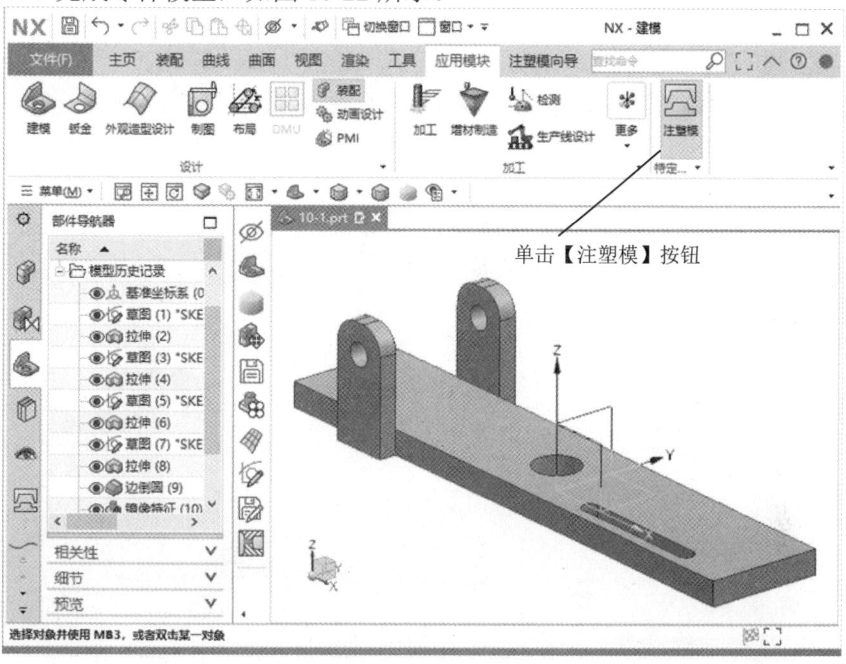

图 10-22　完成零件模型

Step21 初始化模型，如图 10-23 所示。

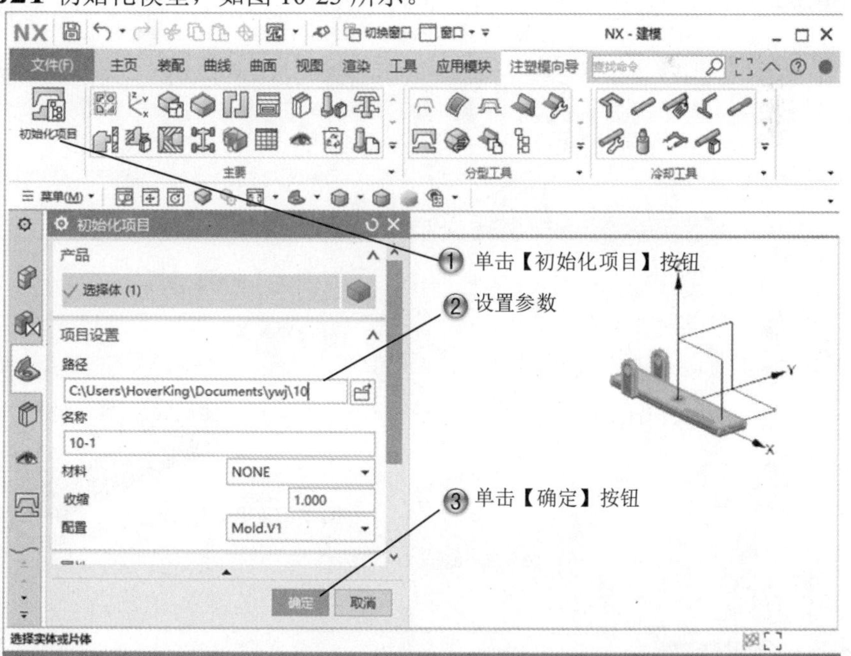

图 10-23　初始化模型

Step22 创建模具坐标，如图 10-24 所示。

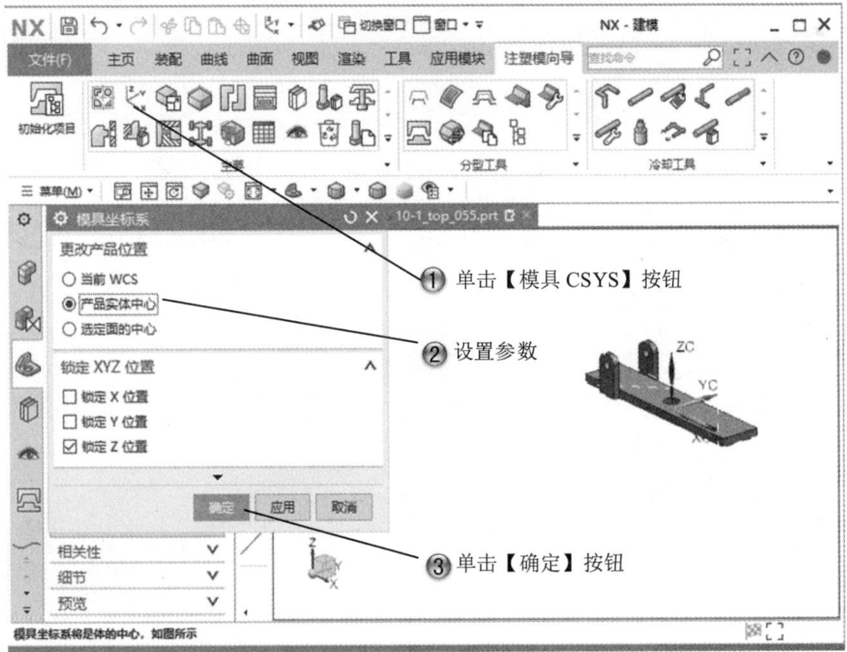

图 10-24　创建模具坐标

Step23 设置缩放体，如图 10-25 所示。

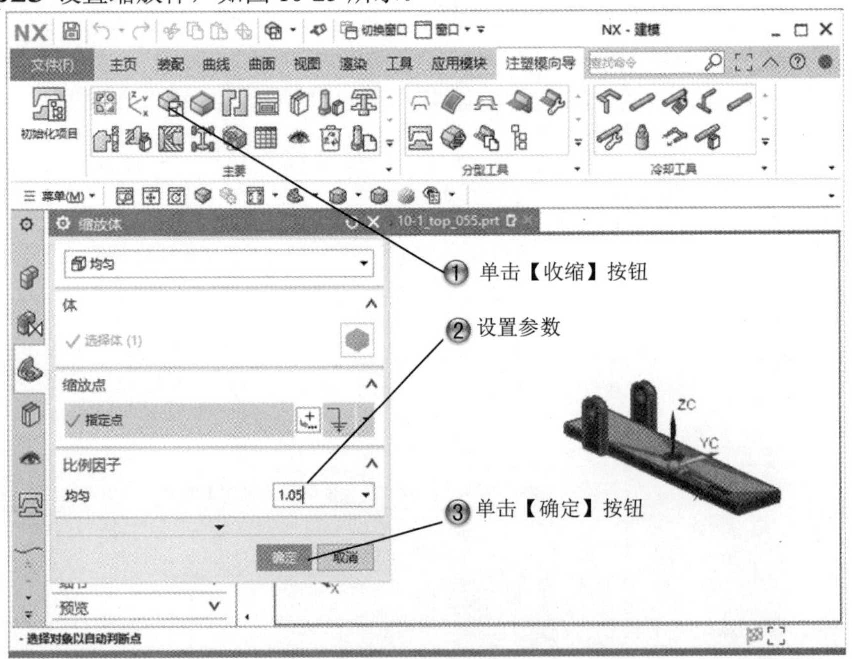

图 10-25　设置缩放体

Step24 创建工件，如图 10-26 所示。

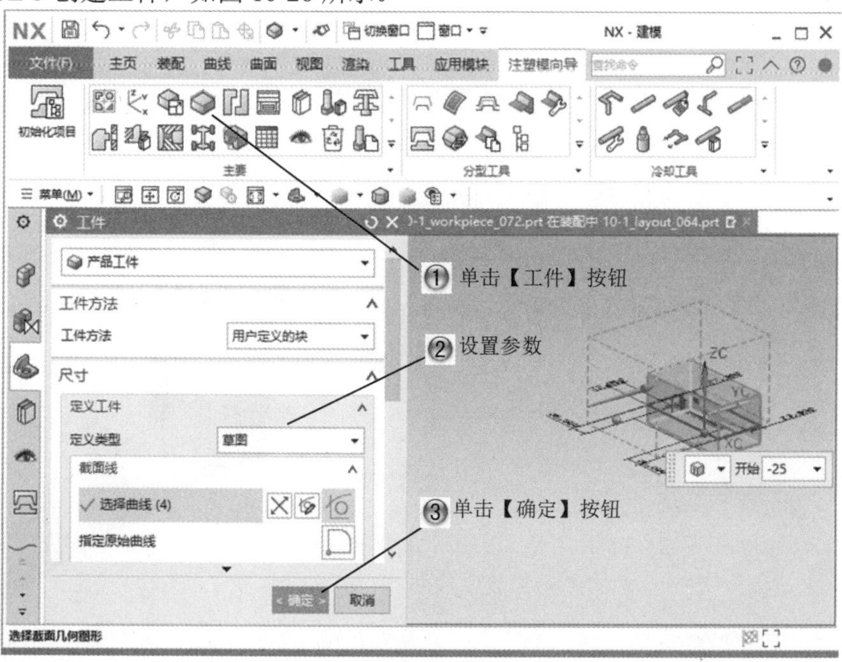

图 10-26 创建工件

Step25 检查区域，如图 10-27 所示。

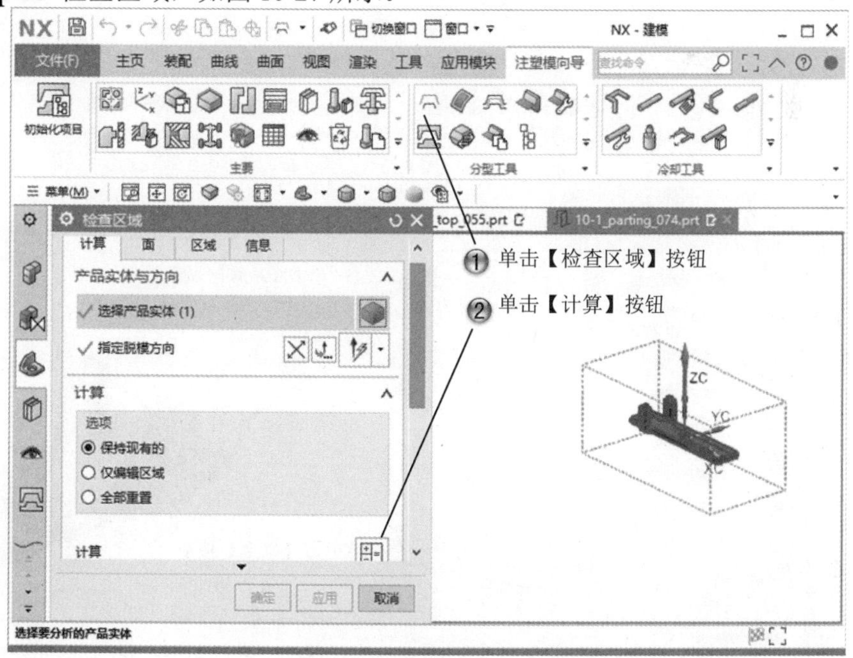

图 10-27 检查区域

Step26 查看未定义区域，如图 10-28 所示。

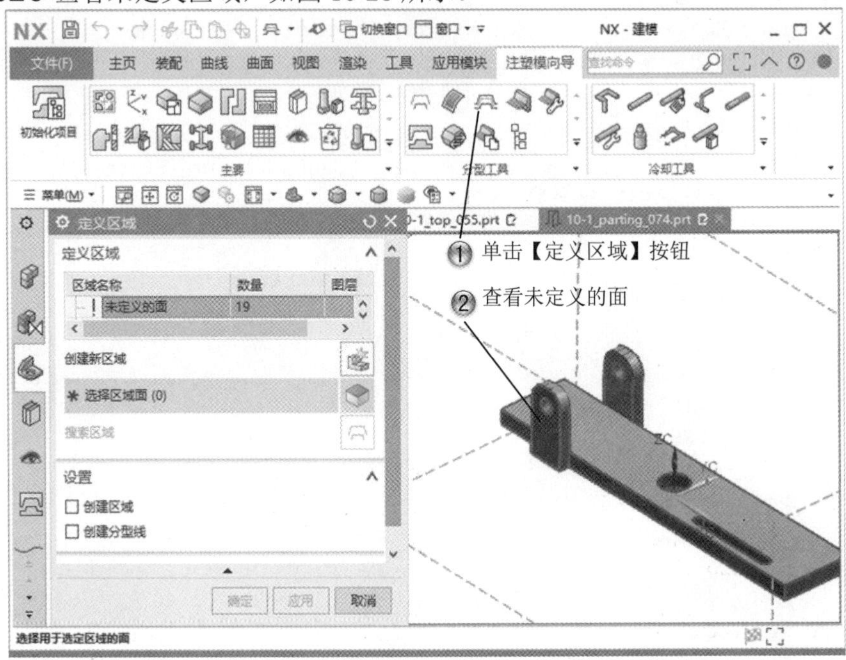

图 10-28　查看未定义区域

Step27 设置型腔面，如图 10-29 所示。

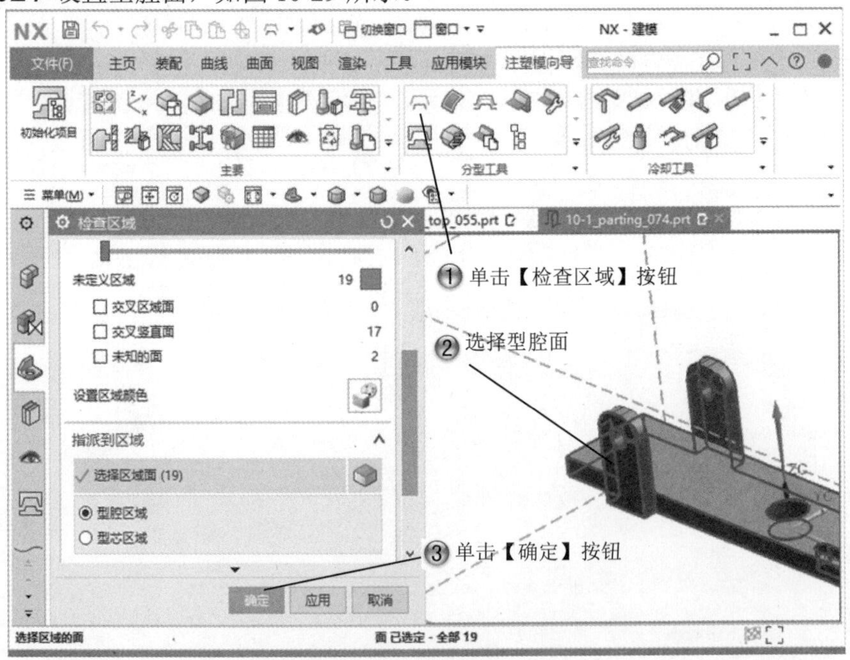

图 10-29　设置型腔面

Step28 创建分型线，如图 10-30 所示。

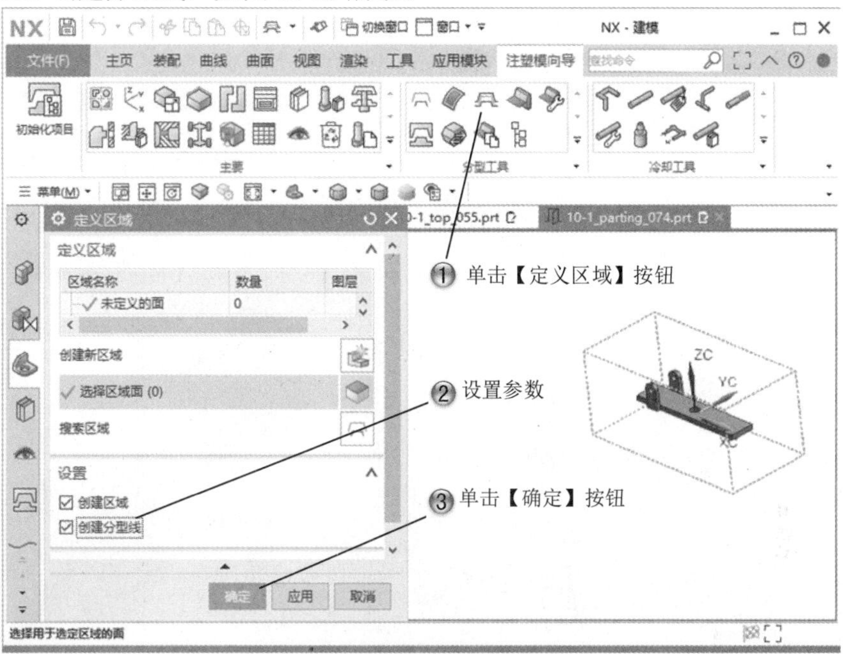

图 10-30　创建分型线

Step29 创建分型面，如图 10-31 所示。

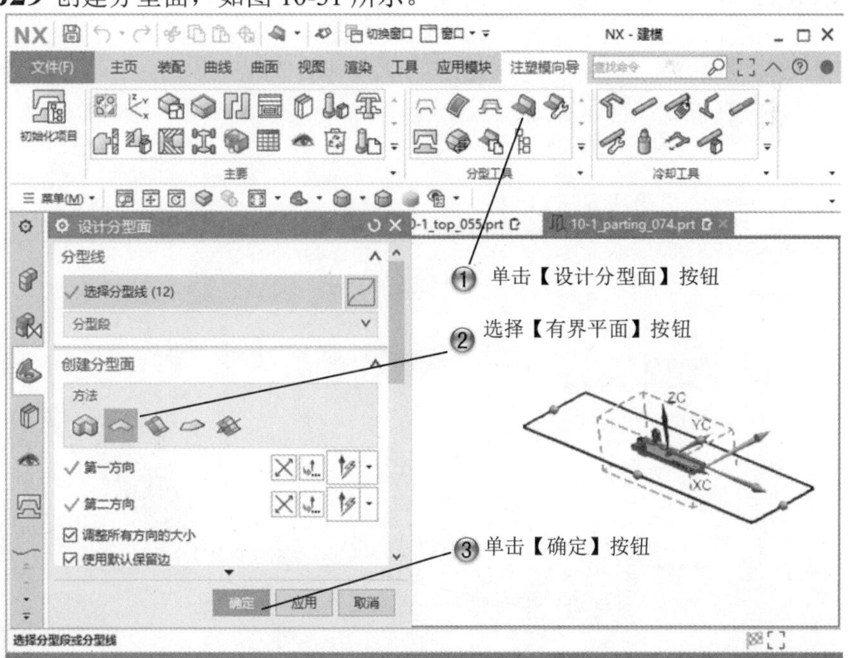

图 10-31　创建分型面

Step30 曲面补片，如图 9-32 所示。

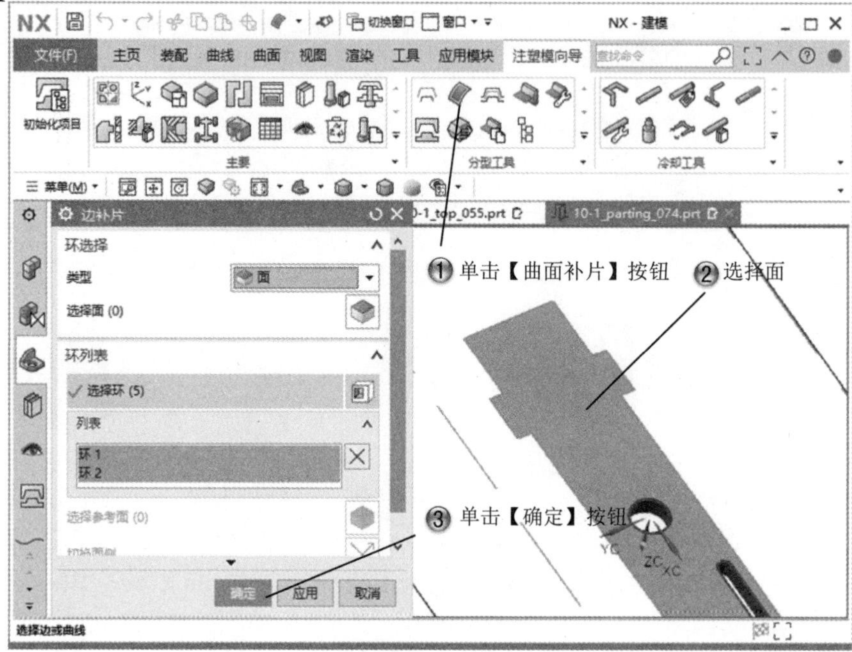

图 10-32 曲面补片

Step31 创建型腔区域，如图 10-33 所示。

图 10-33 创建型腔区域

Step32 设置型腔方向，如图 10-34 所示。

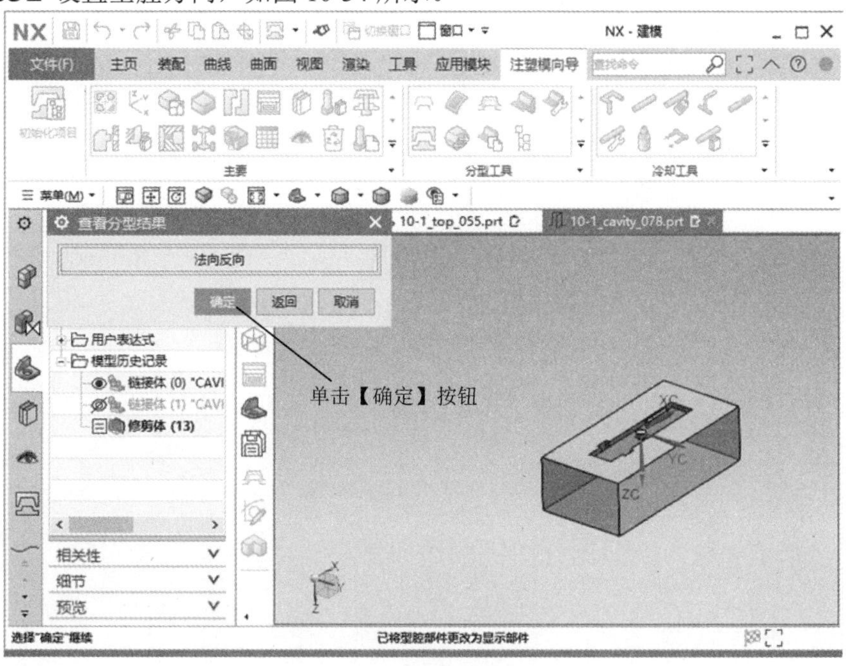

图 10-34　设置型腔方向

Step33 创建型芯区域，如图 10-35 所示。

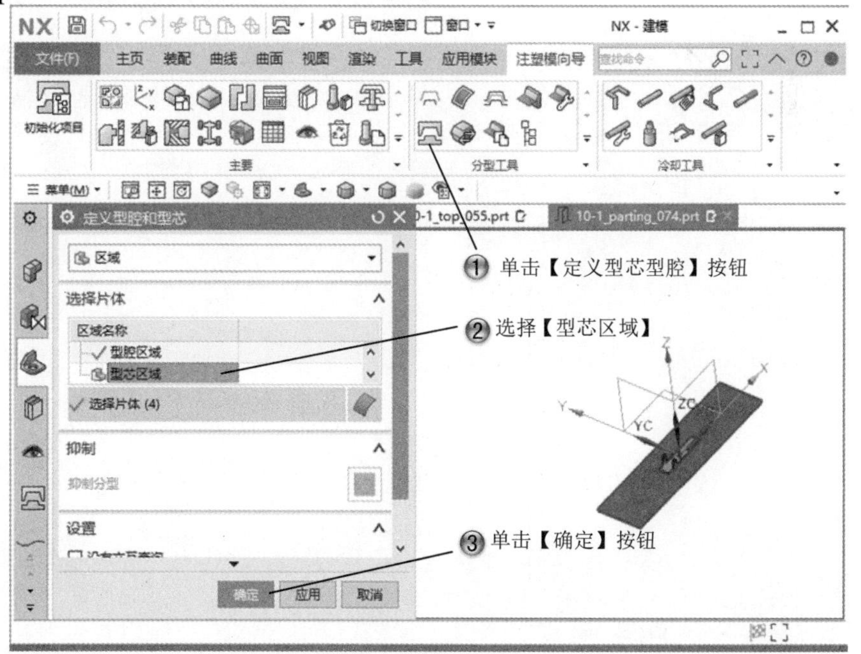

图 10-35　创建型芯区域

Step34 设置型芯方向，如图 10-36 所示。

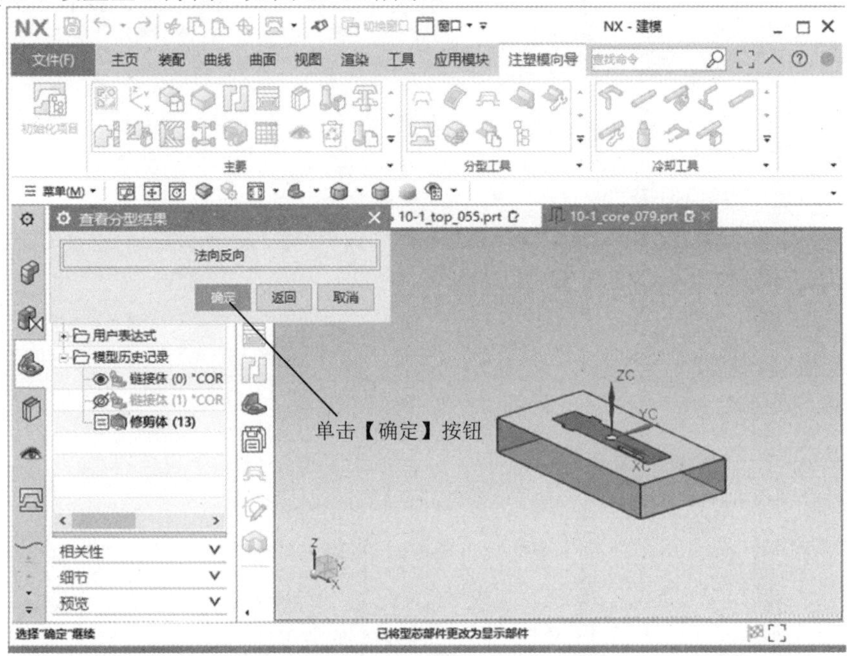

图 10-36　设置型芯方向

Step35 完成模型模具，如图 10-37 所示。

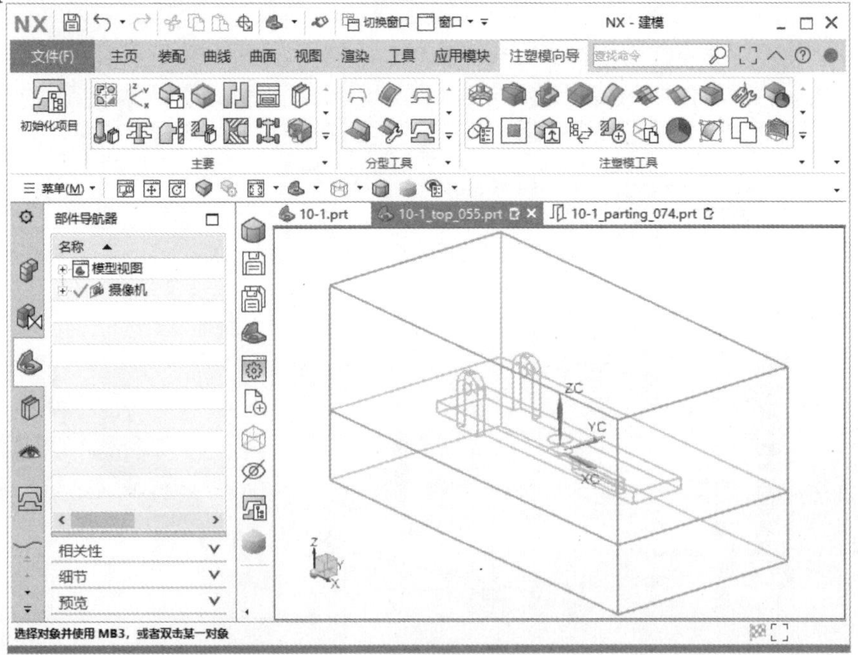

图 10-37　完成模型模具

Step36 创建模架，如图 10-38 所示。

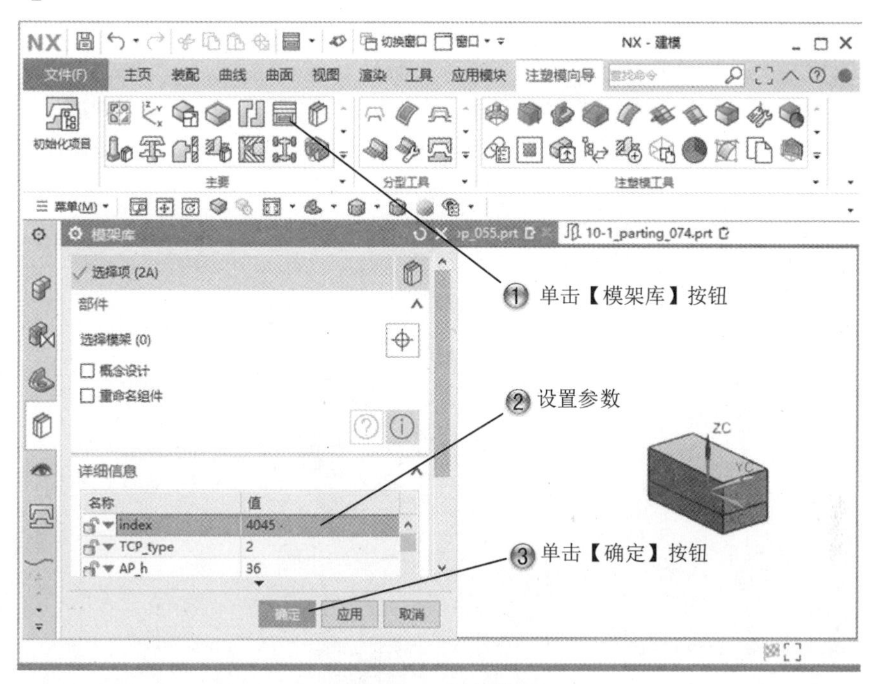

图 10-38　创建模架

Step37 型腔布局，如图 10-39 所示。

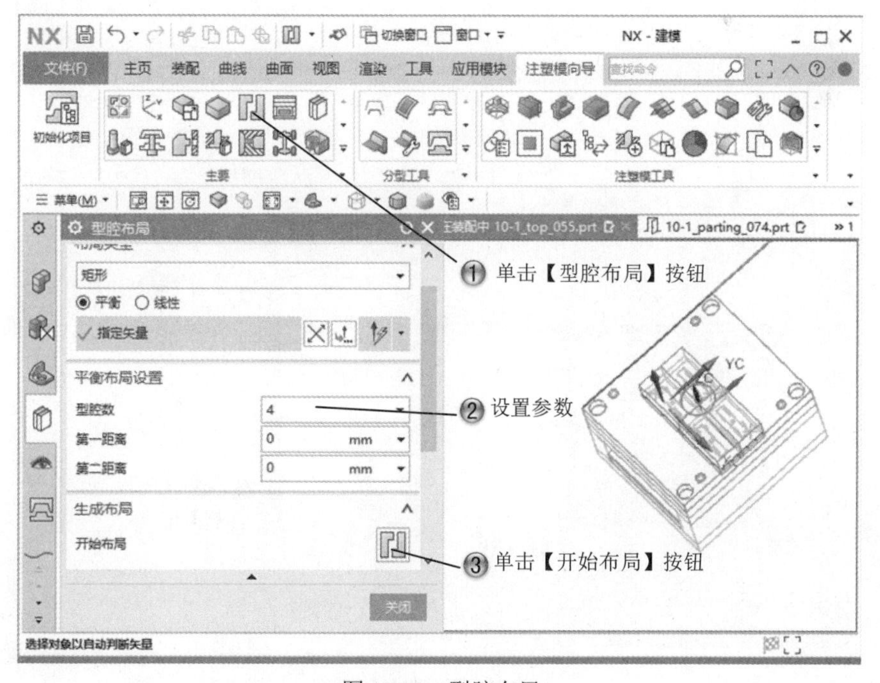

图 10-39　型腔布局

Step38 完成模具模架，如图 10-40 所示。

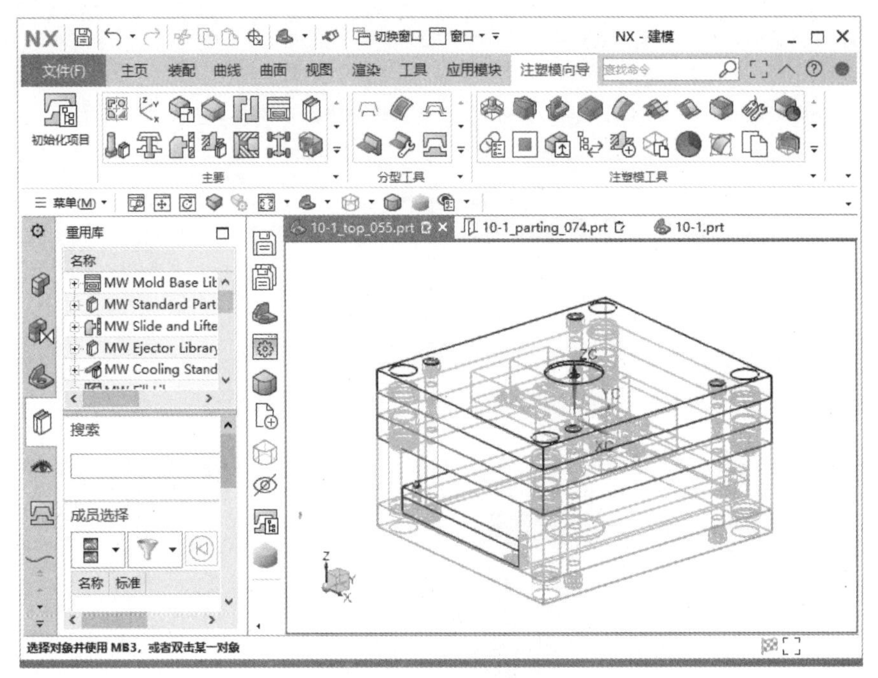

图 10-40　完成模具模架

Step39 创建物料清单，如图 10-41 所示，至此，范例制作完成。

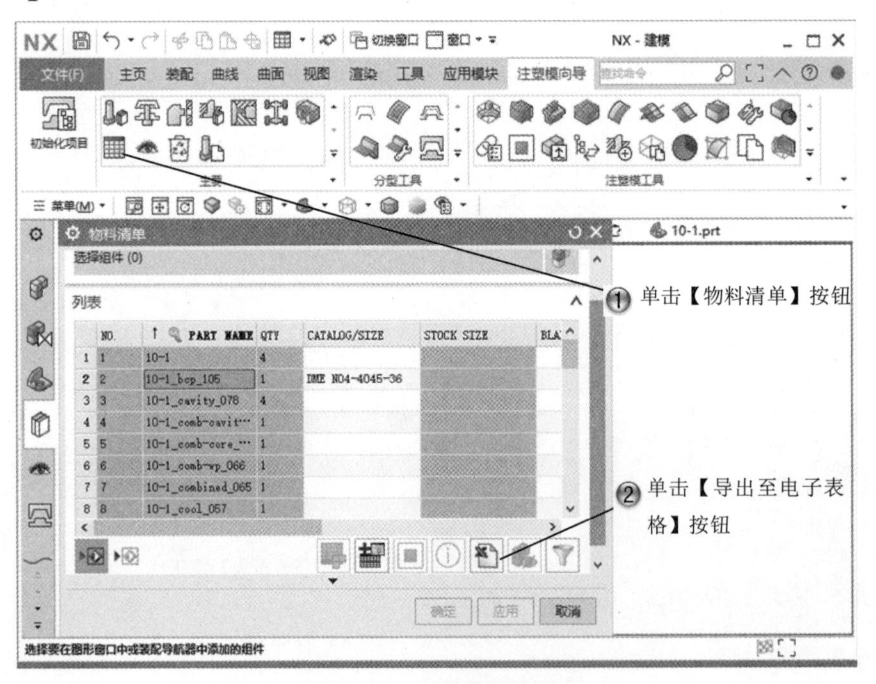

图 10-41　创建物料清单

10.2 模具图纸

模具图纸是指创建模具的装配或者组件的图纸，给加工和后续工艺提供依据。NX 模具向导模块的模具图纸包括装配图纸和组件图纸。

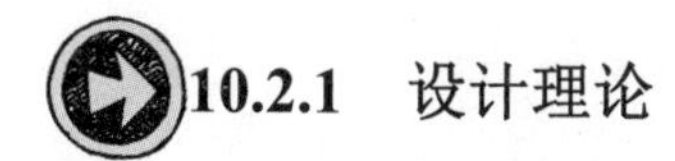

10.2.1 设计理论

模具结构和模架等设计完毕后，需要将三维物体转换为二维图纸以便加工可以在软件中创建图纸，注塑模向导提供了丰富的二维图绘制功能，仅需选择所需的组件即可创建部件图纸，还可以直接绘制出总装图，非常方便。

10.2.2 课堂讲解

1. 装配图纸

在【模具图纸】选项卡中单击【装配图纸】按钮，系统弹出如图 10-42 所示的【装配图纸】对话框。

2. 组件图纸

在【注塑模向导】工具条中单击【组件图纸】按钮，系统弹出如图 10-43 所示的【组件图纸】对话框。

在对话框中选择所需创建图纸的一个或者多个组件名称，单击鼠标右键，在弹出的快捷菜单中选择【创建图纸】命令，系统经过计算得出组件图纸，如图 10-44 所示。

图 10-42 【装配图纸】对话框　　　　图 10-43 【组件图纸】对话框

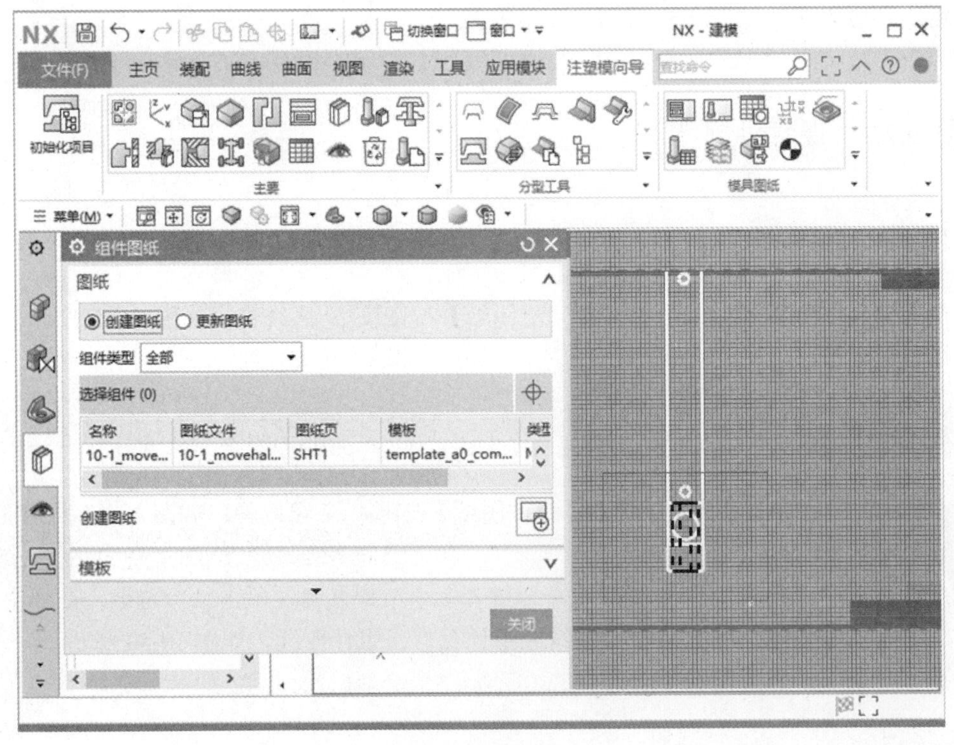

图 10-44 组件图纸

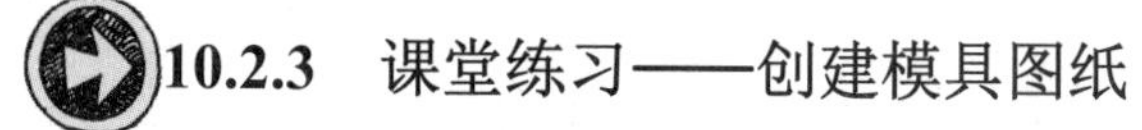

10.2.3 课堂练习——创建模具图纸

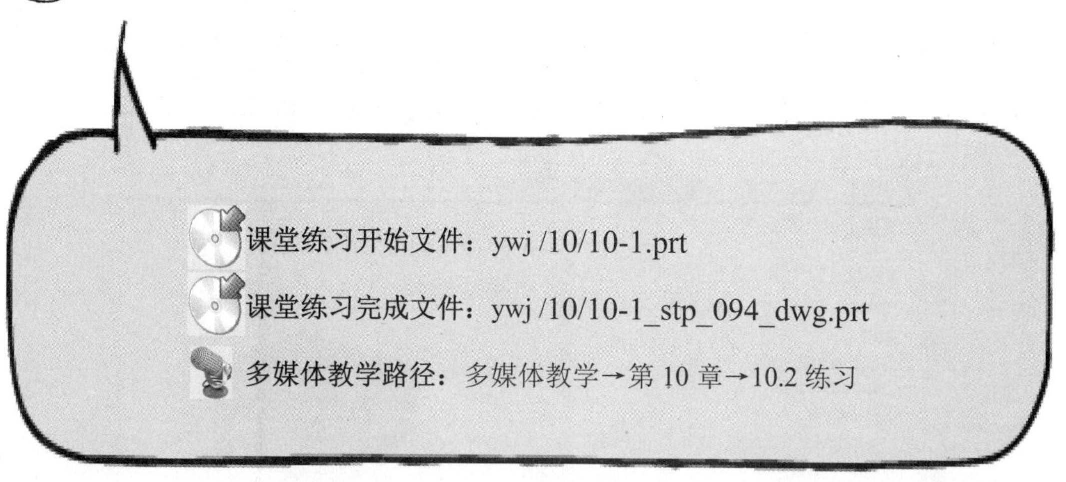

课堂练习开始文件：ywj /10/10-1.prt

课堂练习完成文件：ywj /10/10-1_stp_094_dwg.prt

多媒体教学路径：多媒体教学→第 10 章→10.2 练习

Step1 打开 10-1.prt 的模具文件，如图 10-45 所示。

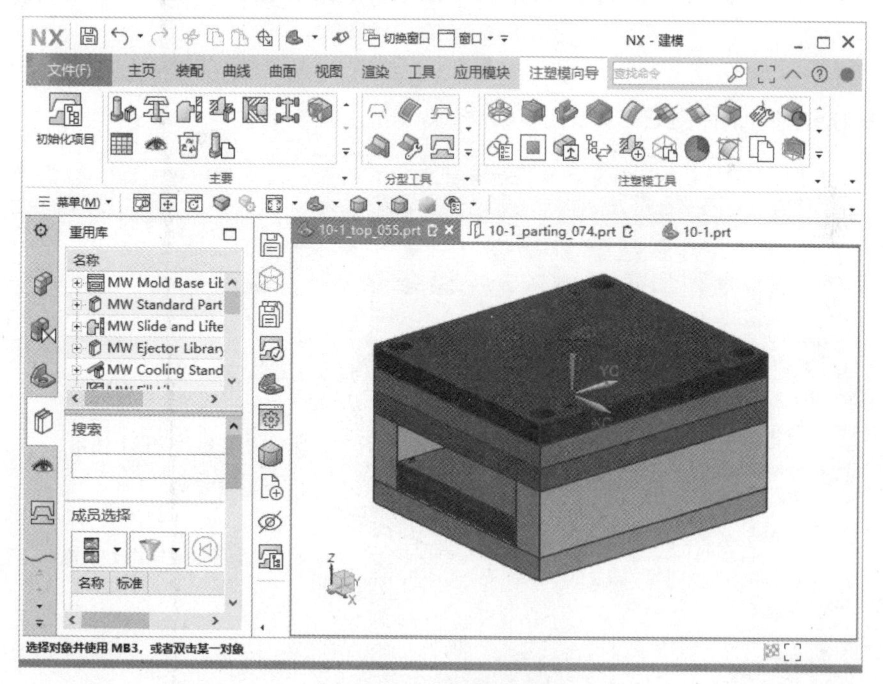

图 10-45 打开模具文件

Step2 创建装配图纸，如图 10-46 所示。

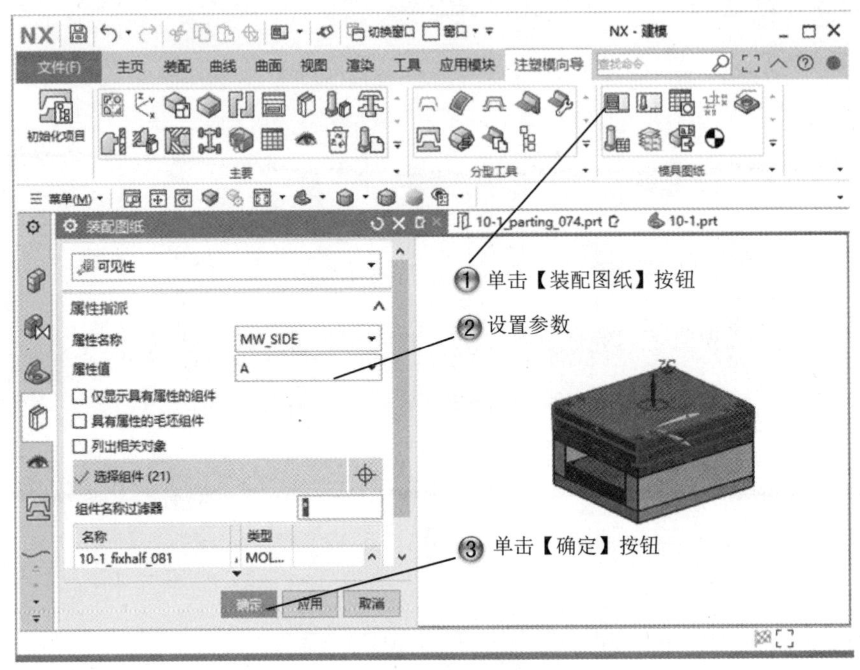

图 10-46　创建装配图纸

Step3 创建组件图纸，如图 10-47 所示。

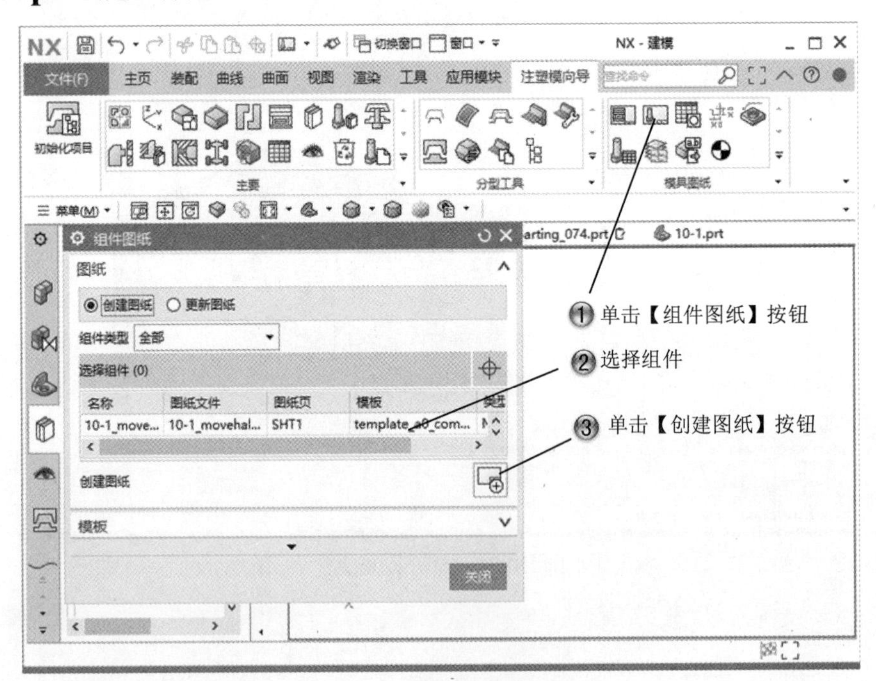

图 10-47　创建组件图纸

Step4 查看完成的图纸，如图 10-48 所示。

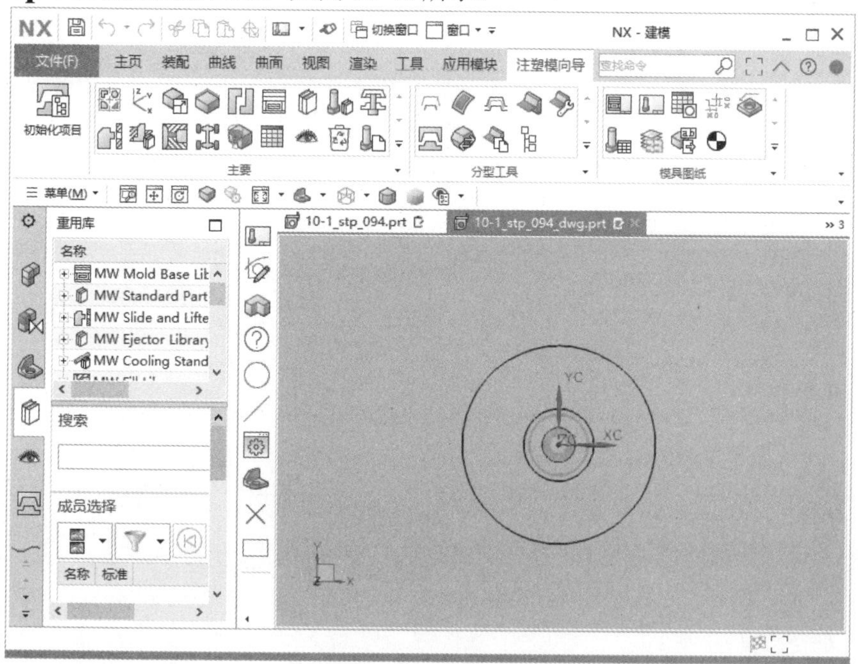

图 10-48　查看完成的图纸

10.3　综合范例

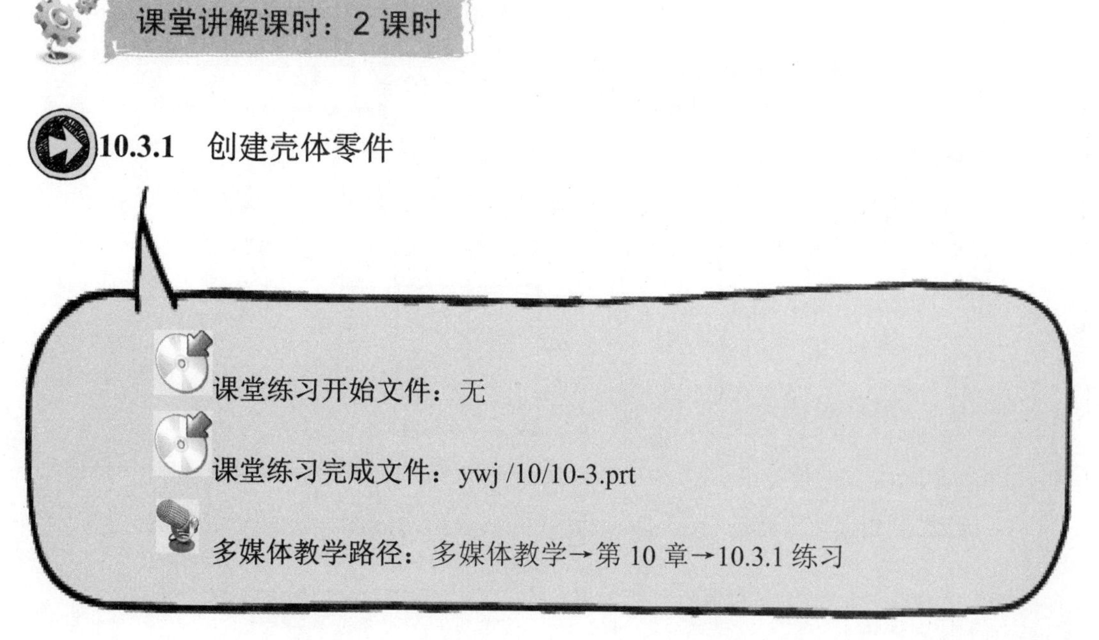

课堂讲解课时：2 课时

10.3.1　创建壳体零件

课堂练习开始文件：无

课堂练习完成文件：ywj /10/10-3.prt

多媒体教学路径：多媒体教学→第 10 章→10.3.1 练习

Step1 选择草绘面，如图 10-49 所示。

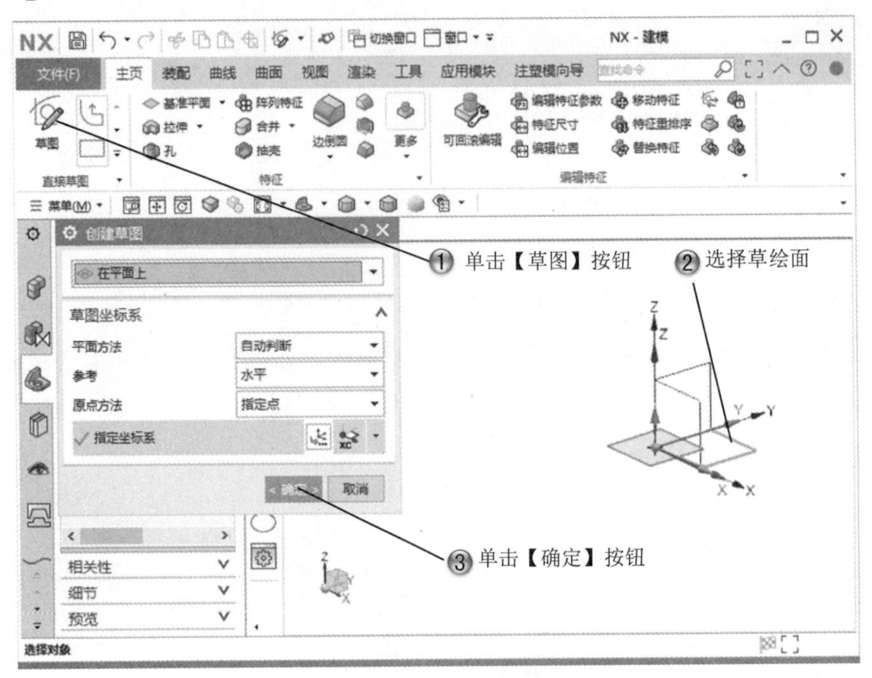

图 10-49　选择草绘面

Step2 绘制矩形，如图 10-50 所示。

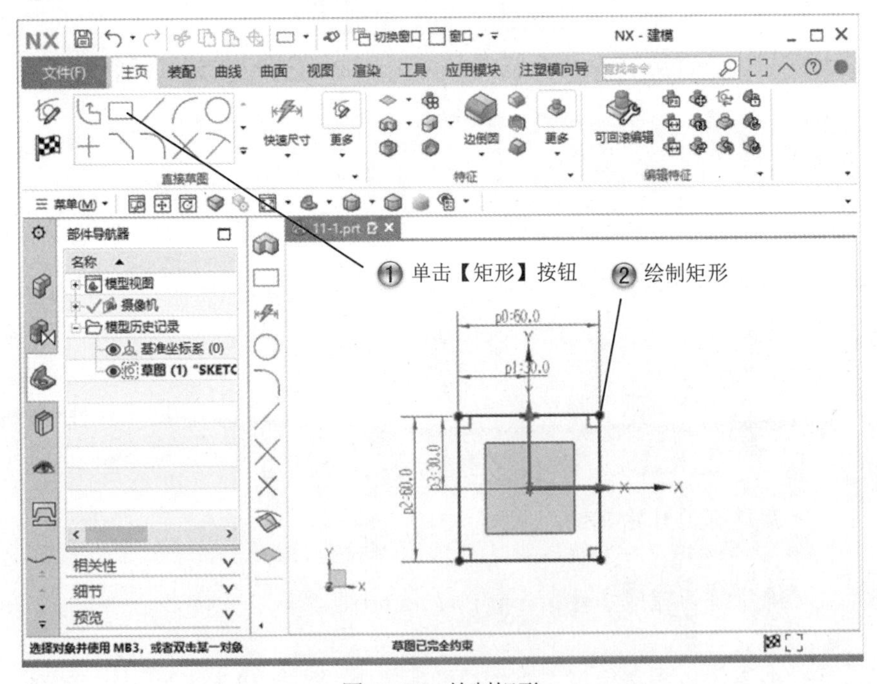

图 10-50　绘制矩形

Step3 绘制圆角，如图 10-51 所示。

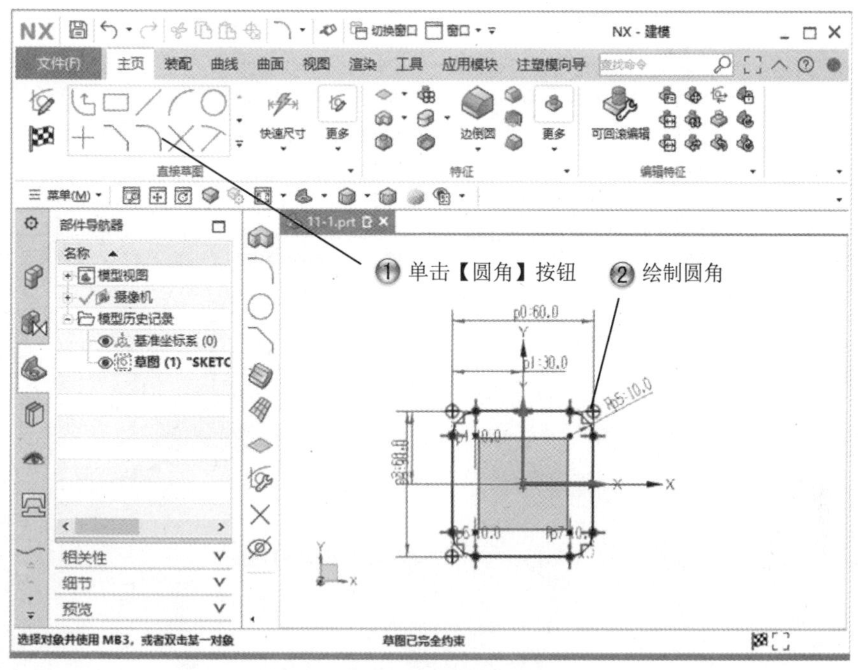

图 10-51 绘制圆角

Step4 创建拉伸特征，如图 10-52 所示。

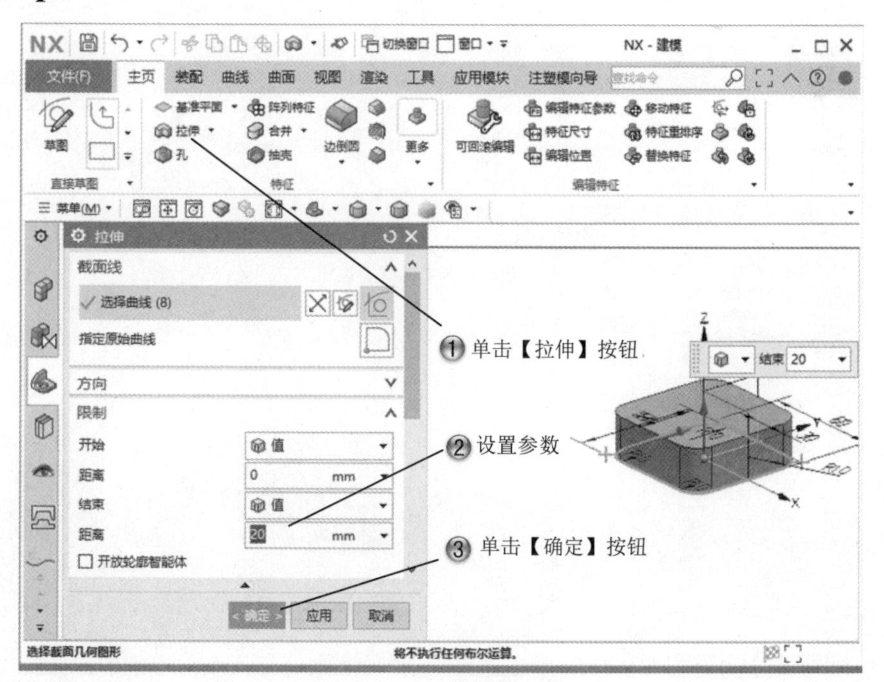

图 10-52 创建拉伸特征

Step5 选择草绘面，如图 10-53 所示。

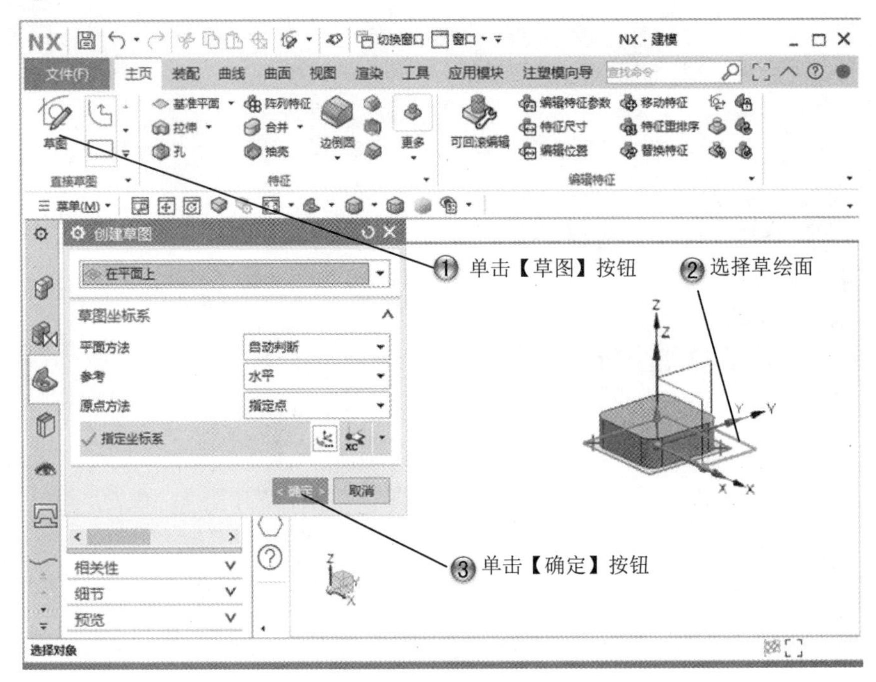

图 10-53　选择草绘面

Step6 绘制矩形，如图 10-54 所示。

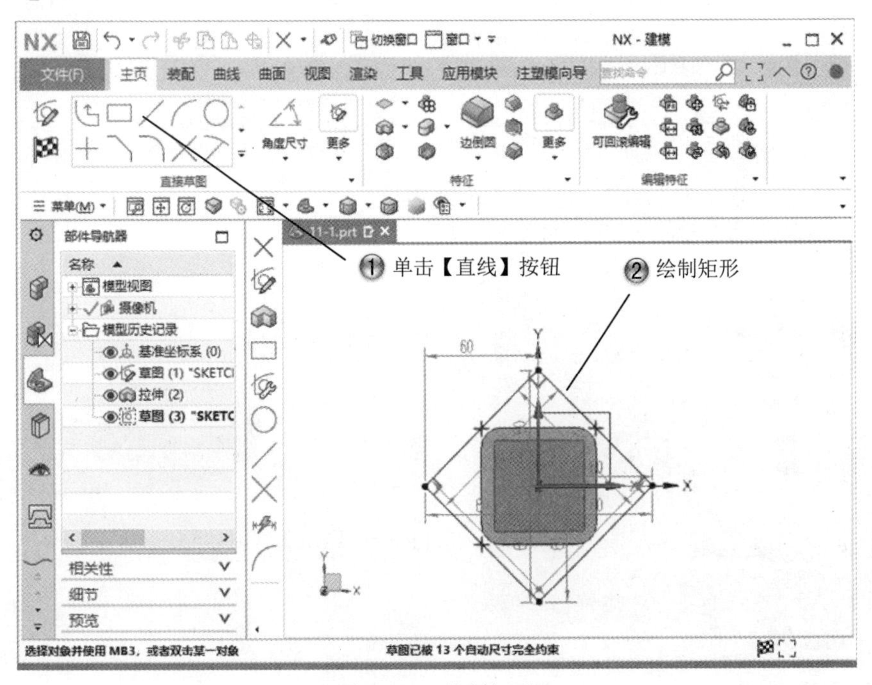

图 10-54　绘制矩形

Step7 创建拉伸特征，如图 10-55 所示。

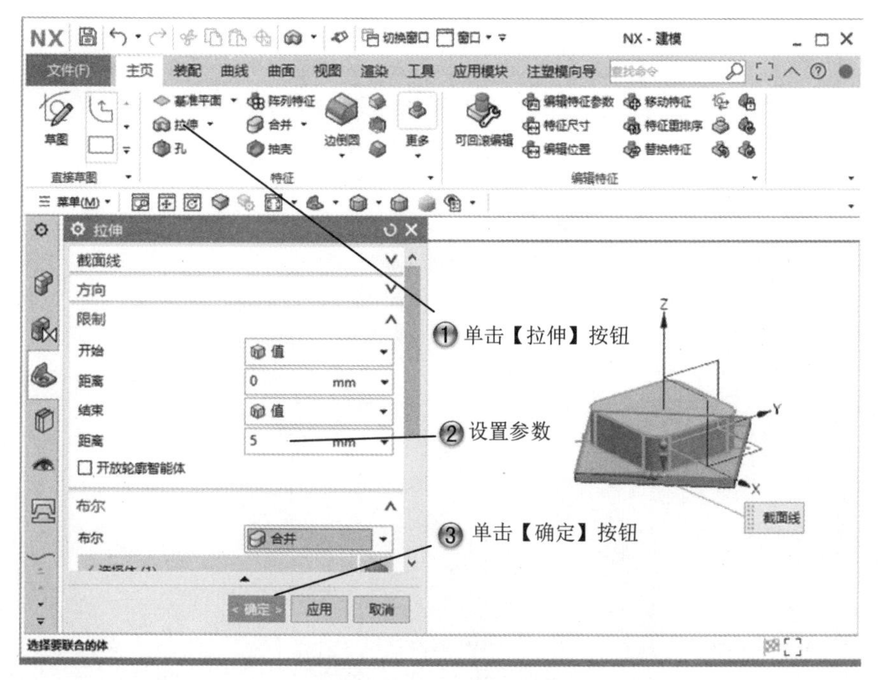

图 10-55 创建拉伸特征

Step8 选择草绘面，如图 10-56 所示。

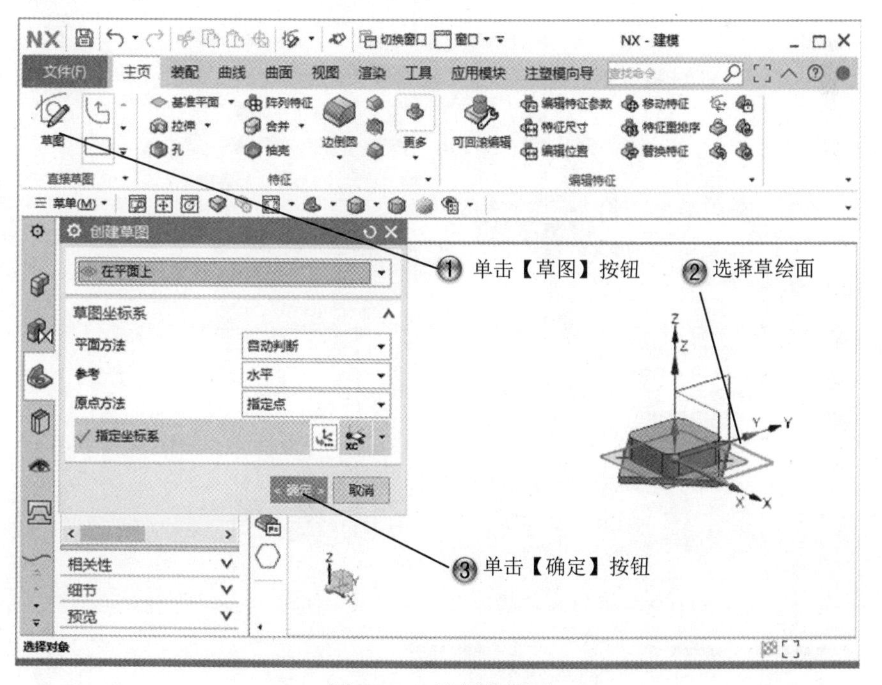

图 10-56 选择草绘面

Step9 绘制矩形，如图 10-57 所示。

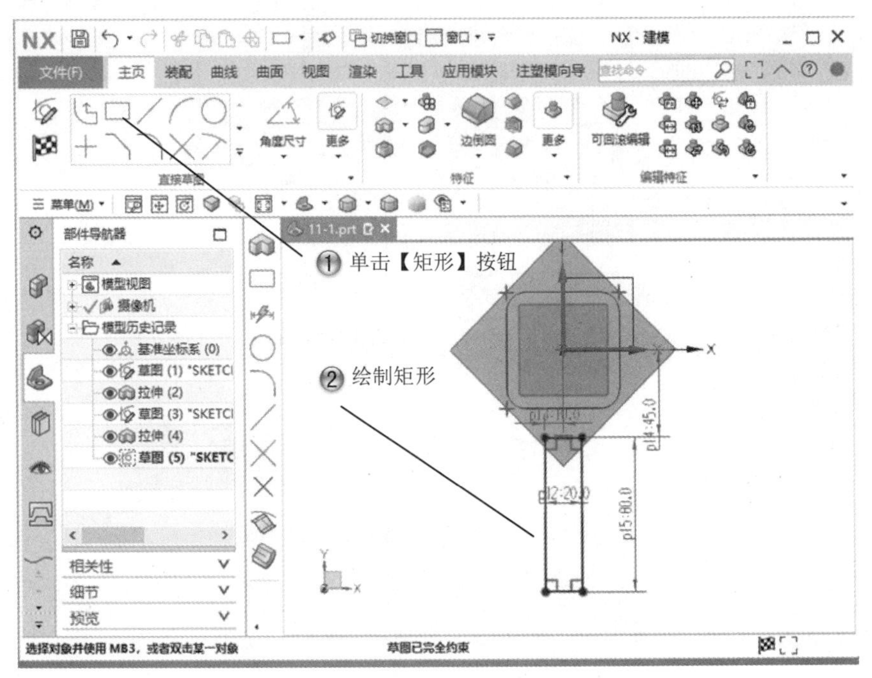

图 10-57　绘制矩形

Step10 绘制圆形，如图 10-58 所示。

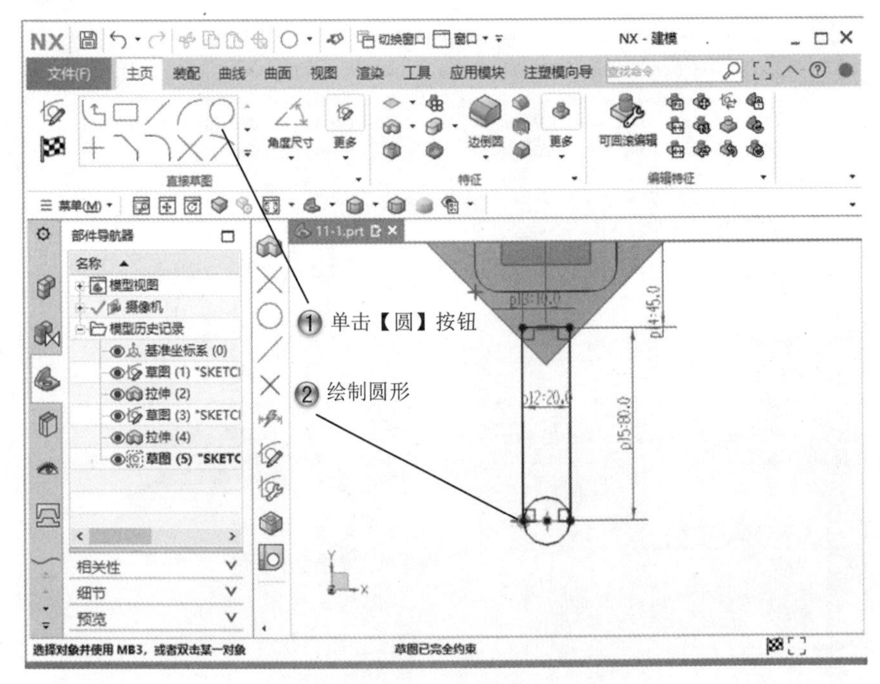

图 10-58　绘制圆形

Step11 修剪图形，如图 10-59 所示。

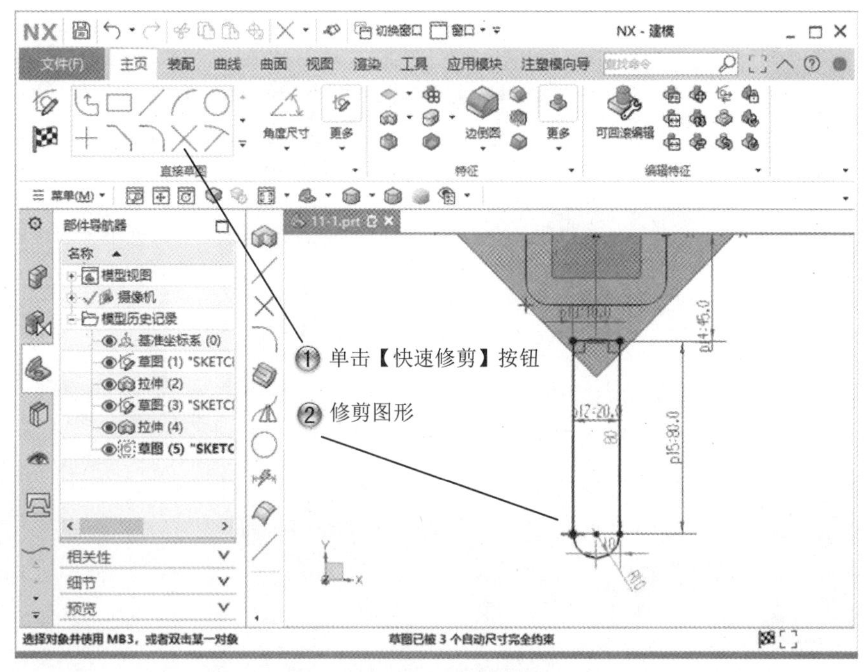

图 10-59　修剪图形

Step12 阵列曲线，如图 10-60 所示。

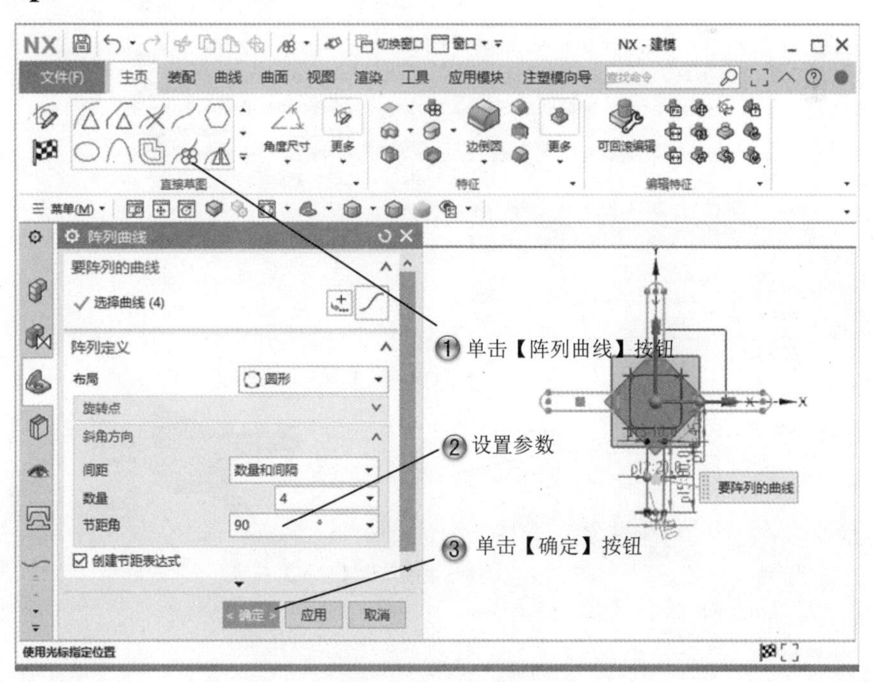

图 10-60　阵列曲线

Step13 创建拉伸特征，如图 10-61 所示。

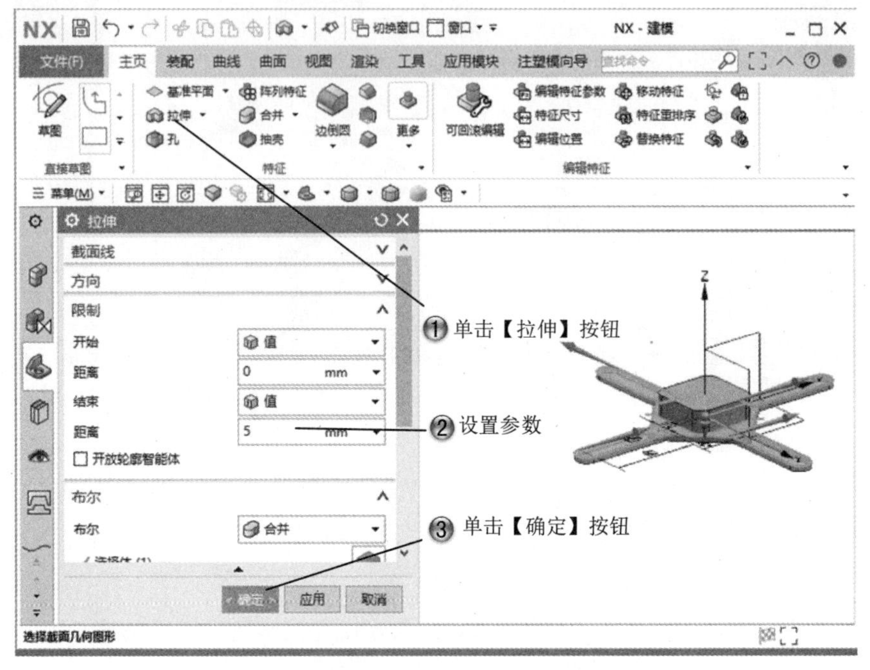

图 10-61　创建拉伸特征

Step14 创建抽壳特征，如图 10-62 所示。

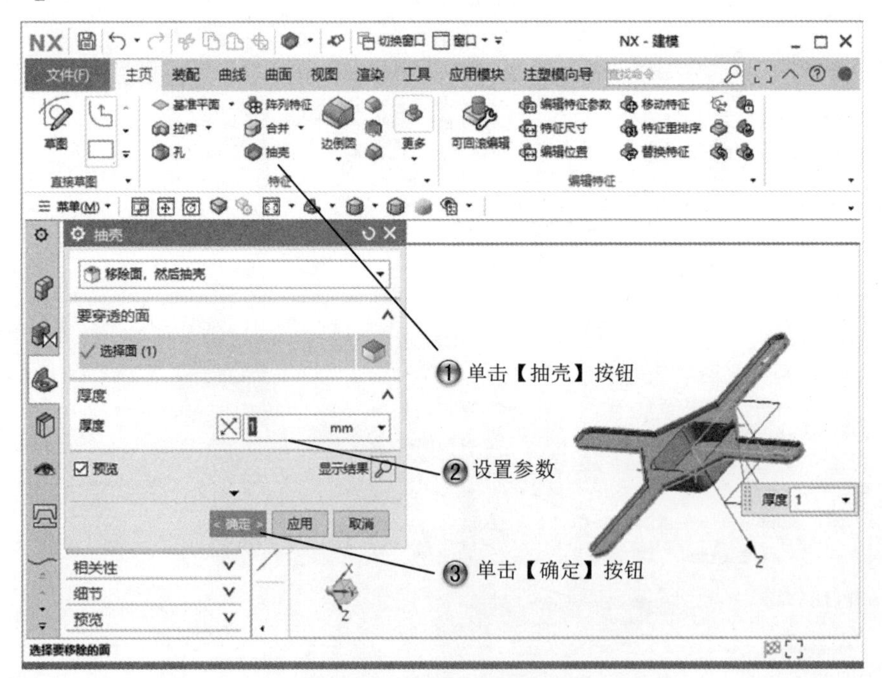

图 10-62　创建抽壳特征

Step15 选择草绘面，如图 10-63 所示。

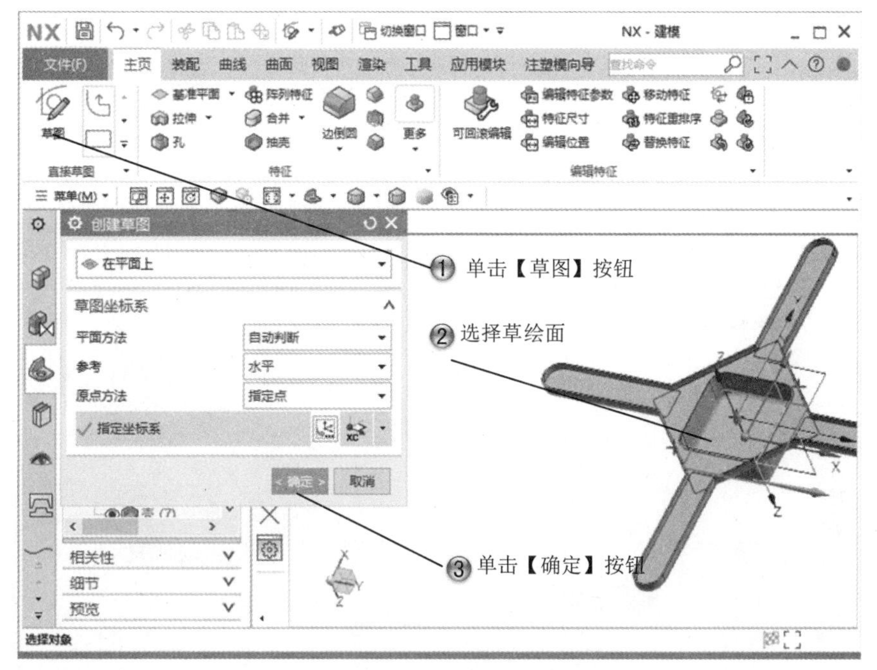

图 10-63　选择草绘面

Step16 绘制圆形，如图 10-64 所示。

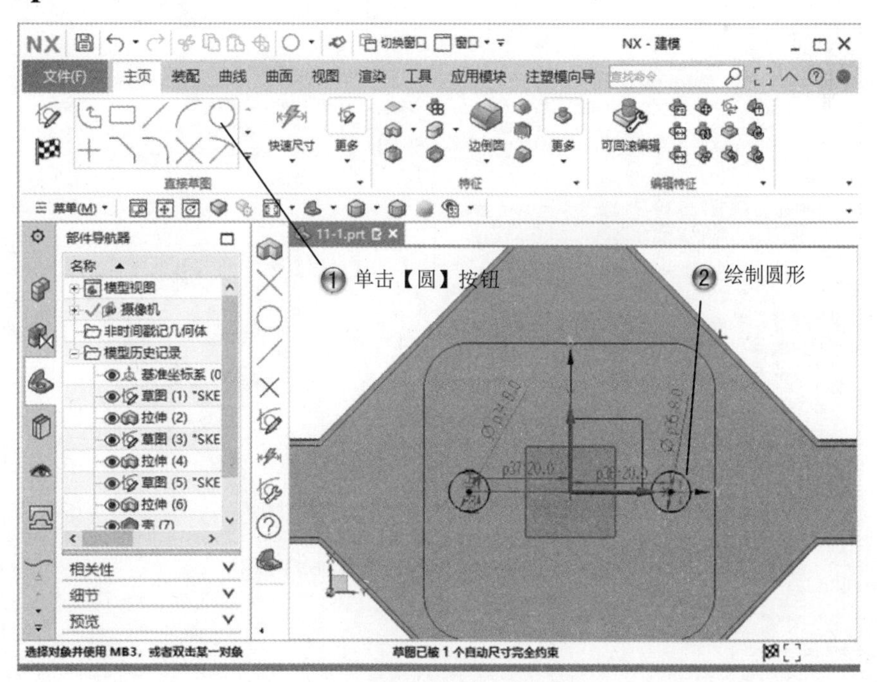

图 10-64　绘制圆形

Step17 创建拉伸特征，如图 10-65 所示。

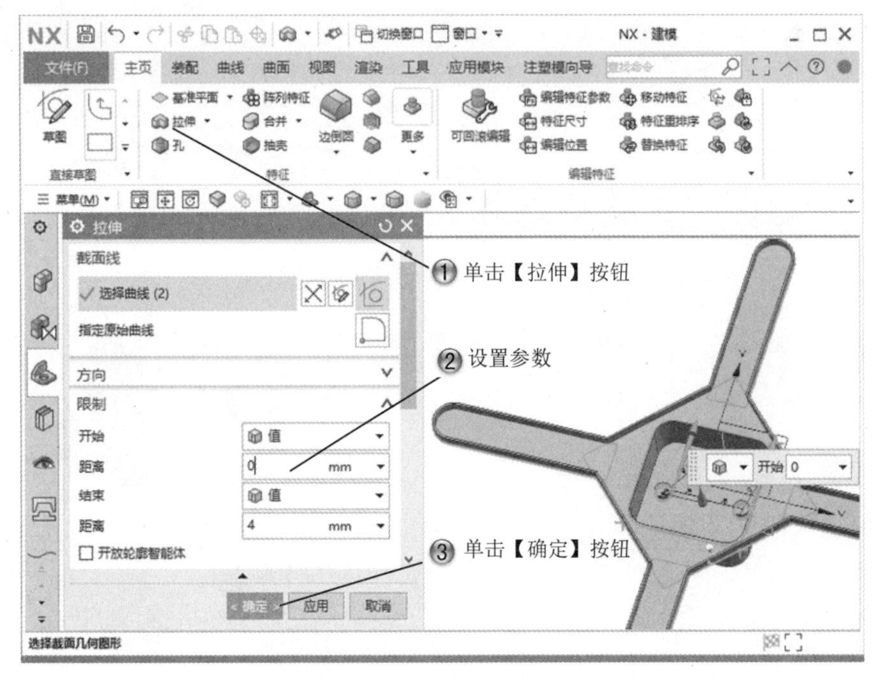

图 10-65　创建拉伸特征

Step18 选择草绘面，如图 10-66 所示。

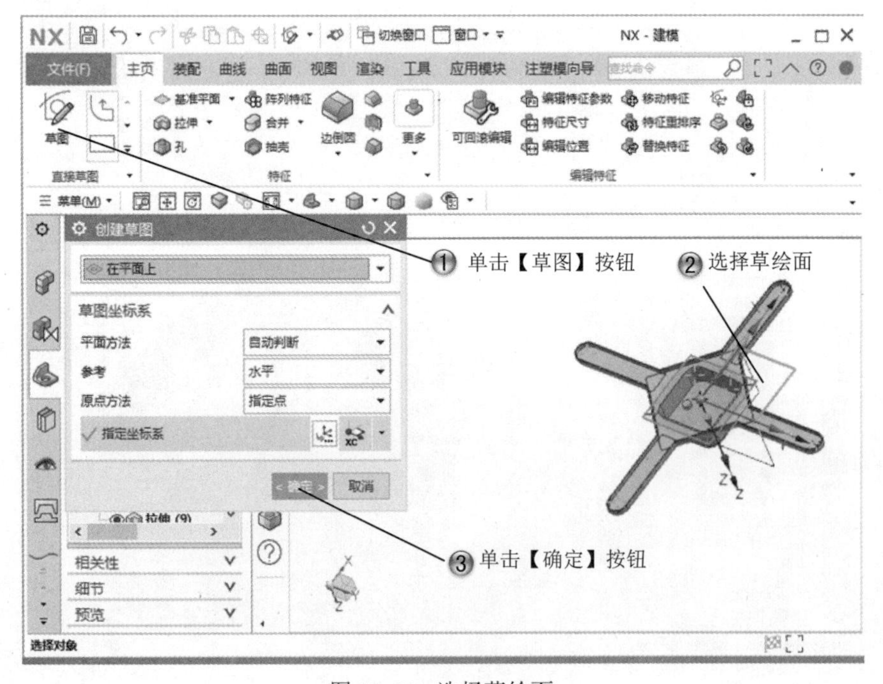

图 10-66　选择草绘面

Step19 绘制圆形，如图 10-67 所示。

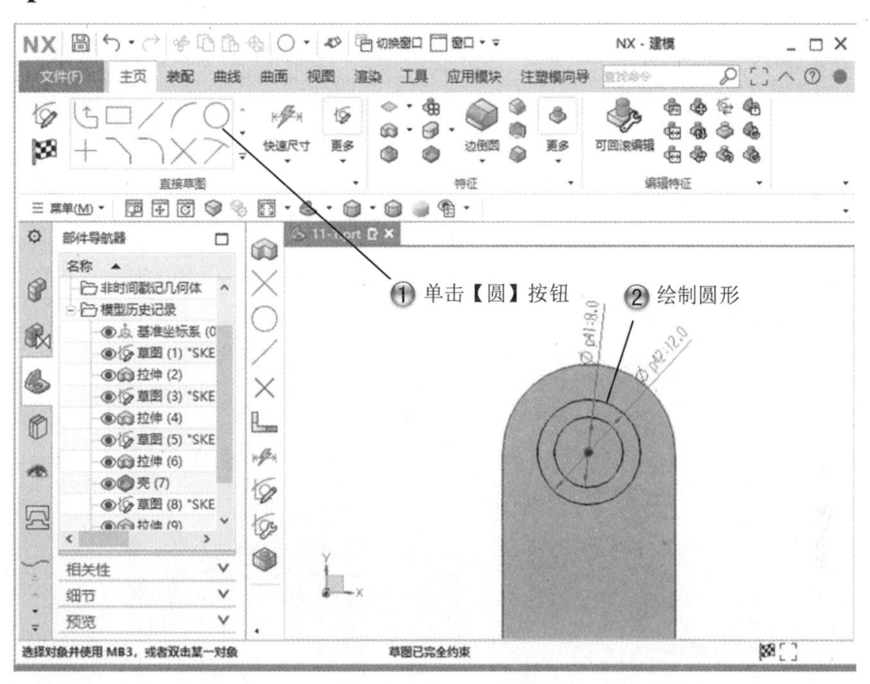

图 10-67　绘制圆形

Step20 绘制矩形，如图 10-68 所示。

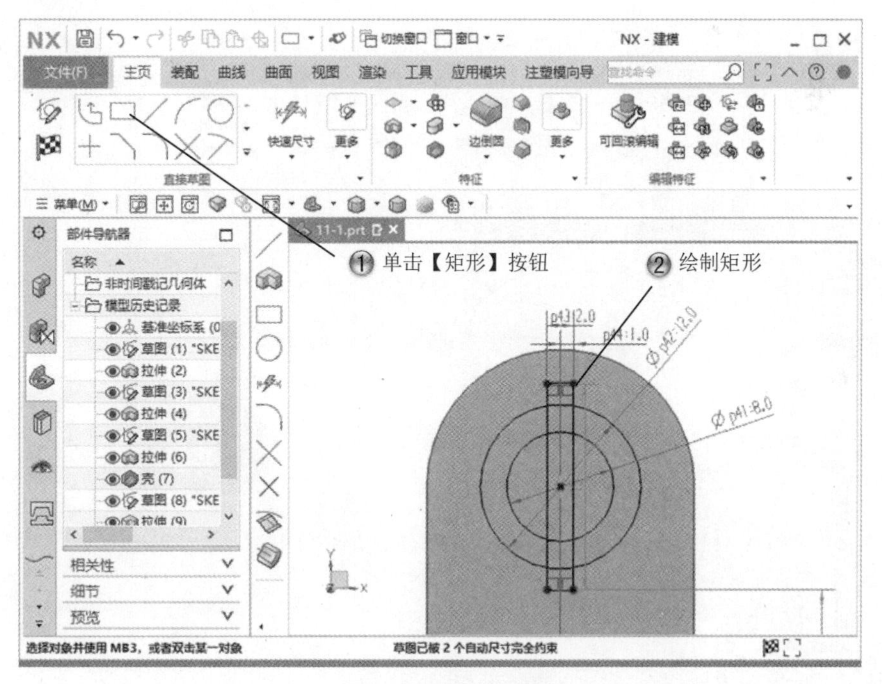

图 10-68　绘制矩形

Step21 修剪图形，如图 10-69 所示。

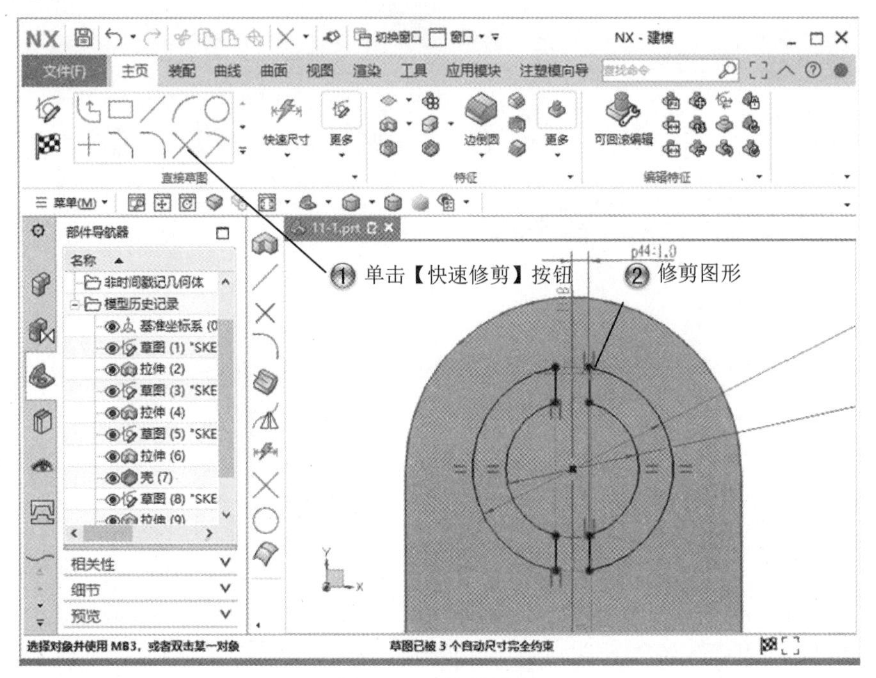

图 10-69　修剪图形

Step22 创建拉伸特征，如图 10-70 所示。

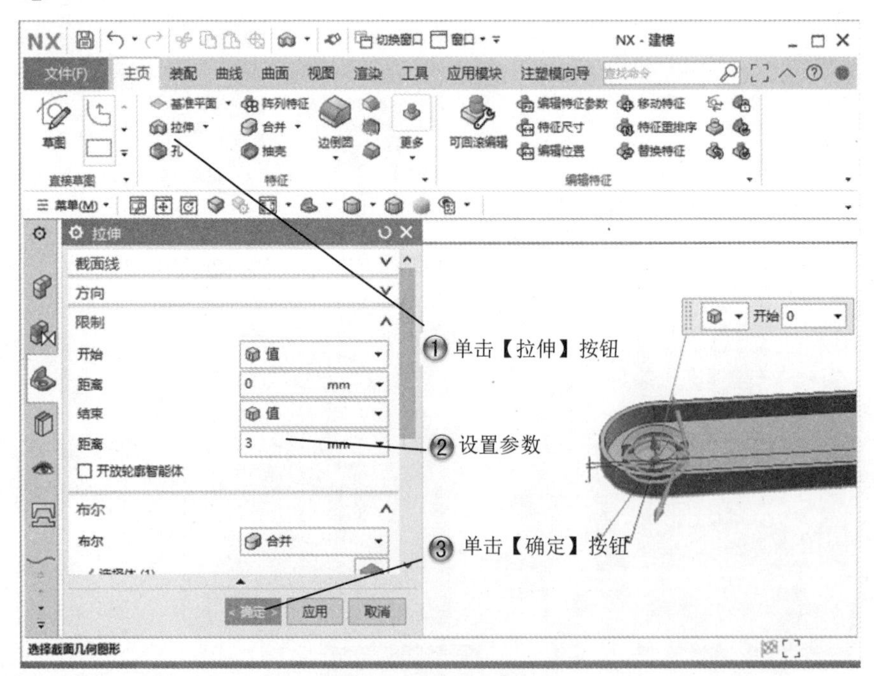

图 10-70　创建拉伸特征

Step23 选择草绘面，如图 10-71 所示。

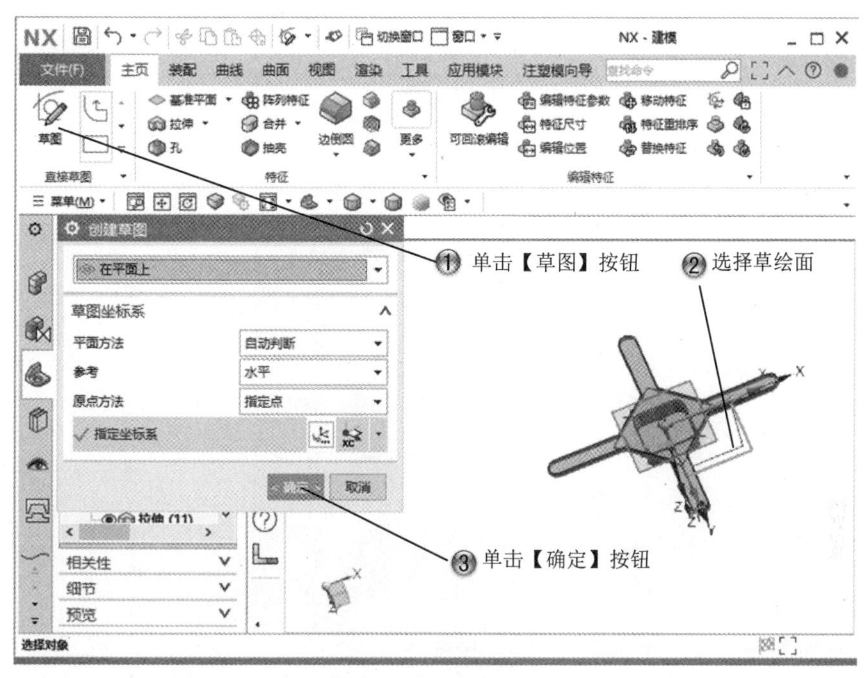

图 10-71 选择草绘面

Step24 绘制矩形，如图 10-72 所示。

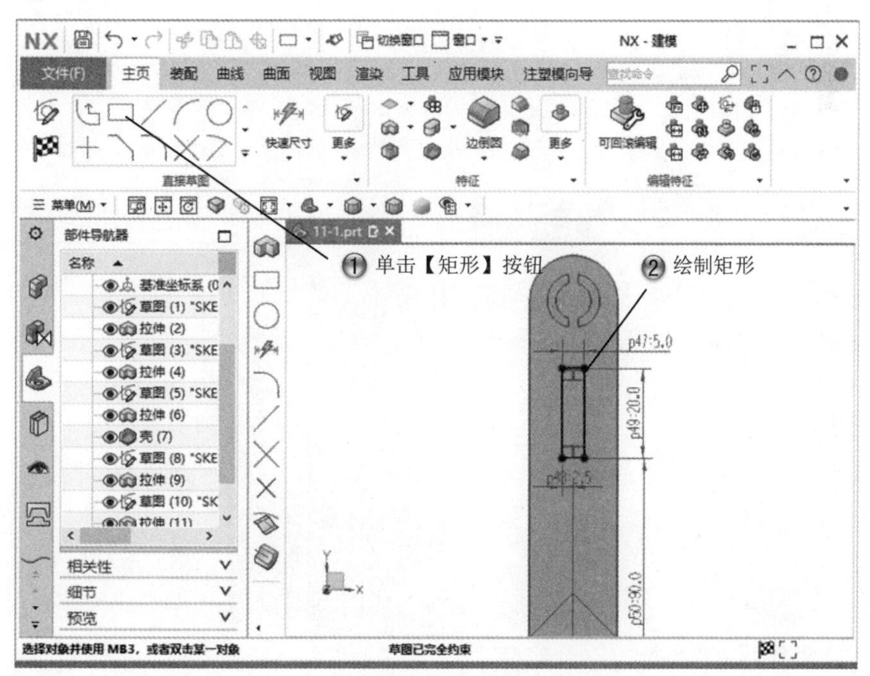

图 10-72 绘制矩形

Step25 绘制圆形，如图 10-73 所示。

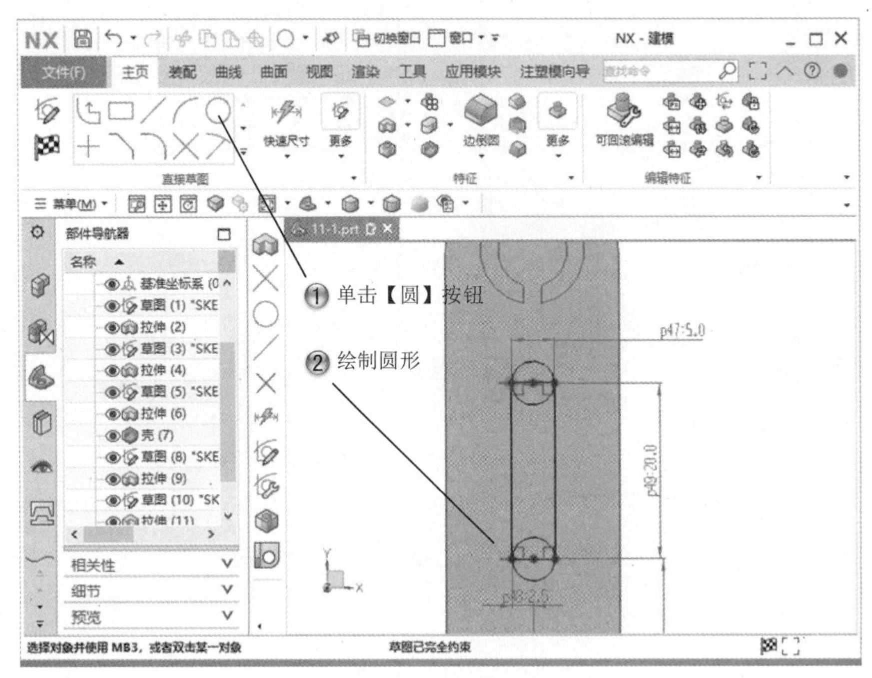

图 10-73　绘制圆形

Step26 修剪图形，如图 10-74 所示。

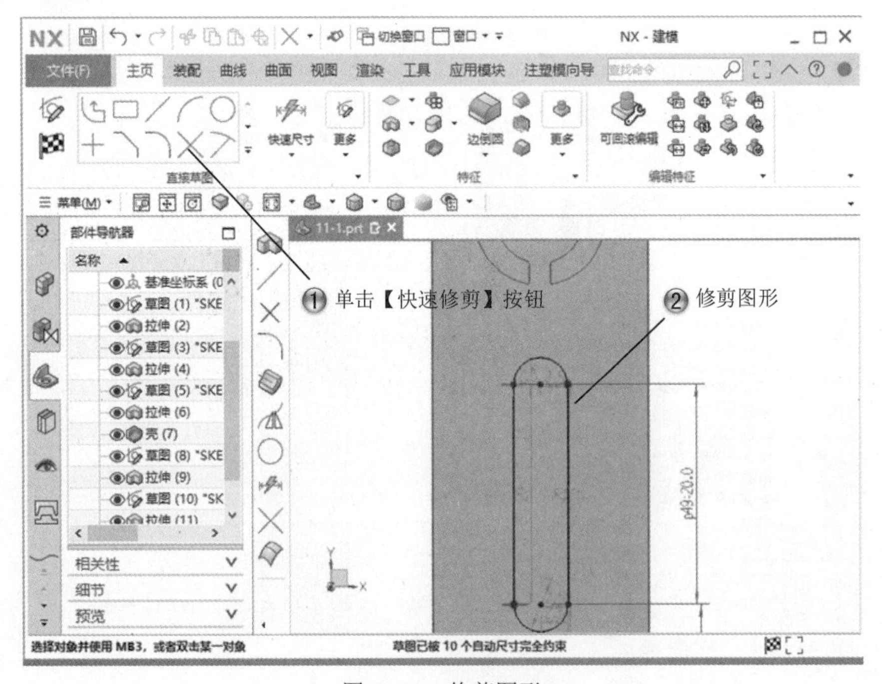

图 10-74　修剪图形

Step27 创建拉伸特征，如图 10-75 所示。

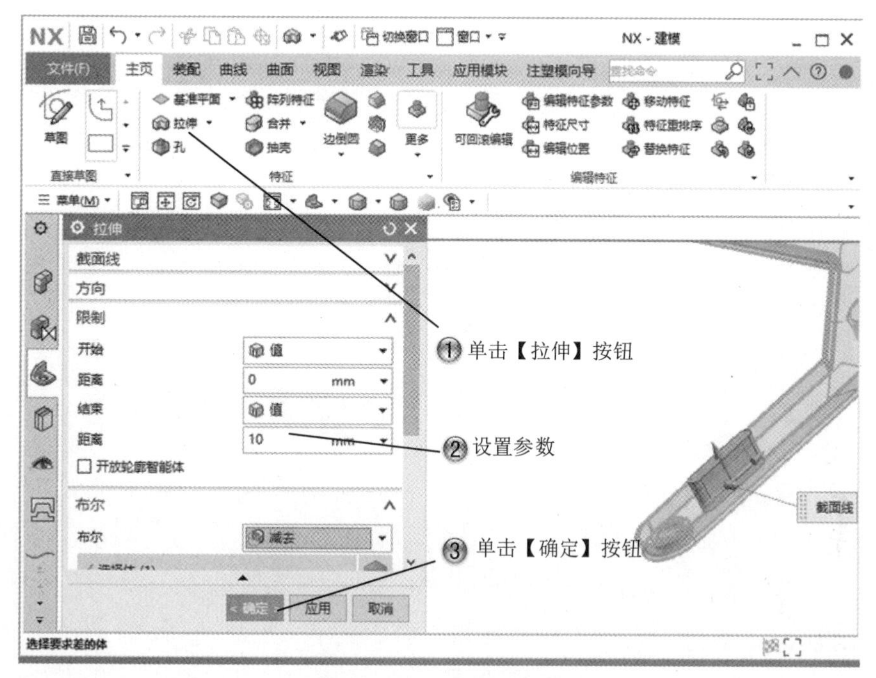

图 10-75　创建拉伸特征

Step28 创建基准平面，如图 10-76 所示。

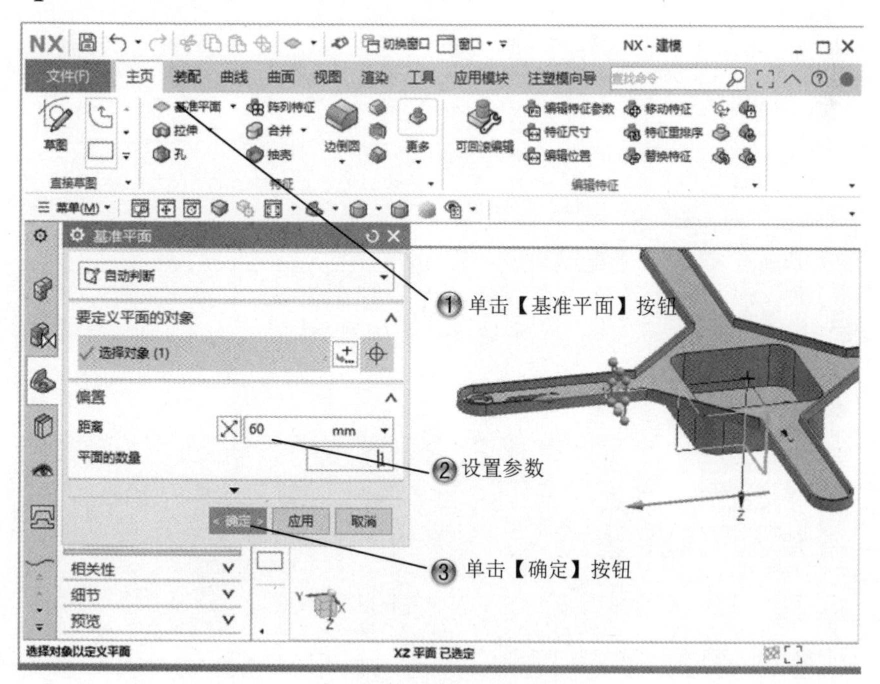

图 10-76　创建基准平面

Step29 创建筋板，如图 10-77 所示。

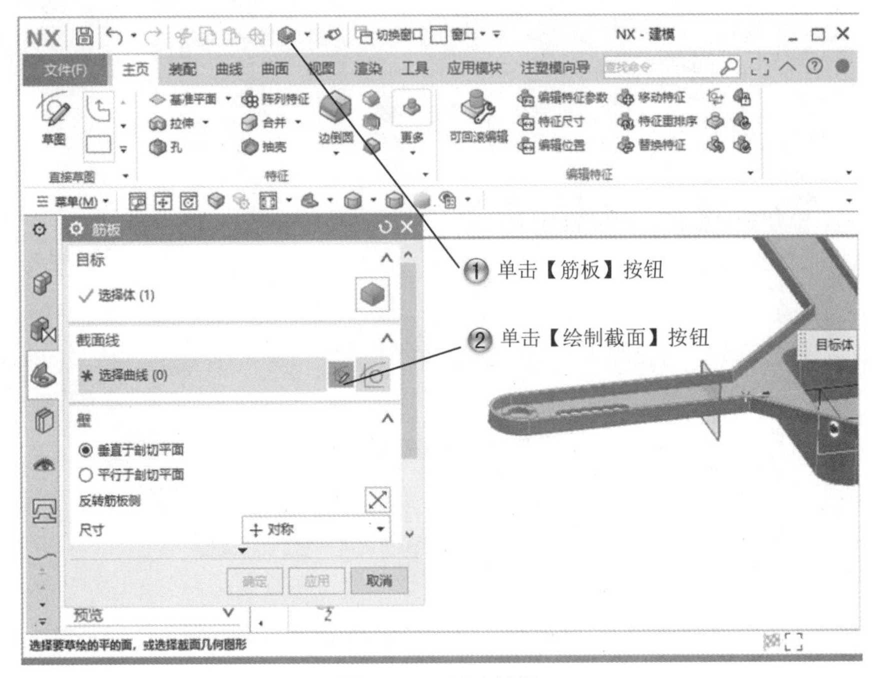

图 10-77　创建筋板

Step30 绘制直线，如图 10-78 所示。

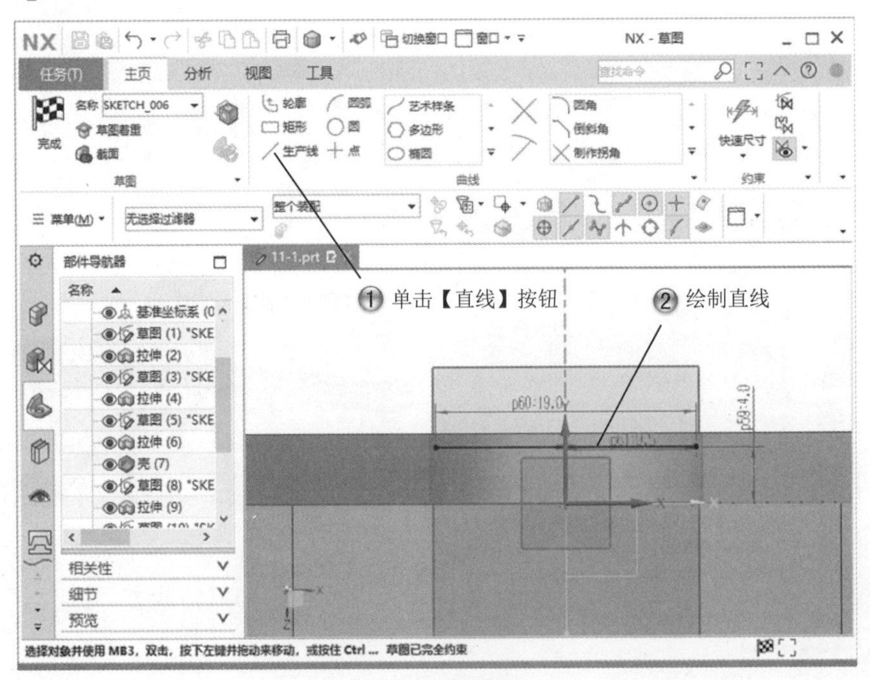

图 10-78　绘制直线

Step31 创建筋板阵列特征，如图 10-79 所示。

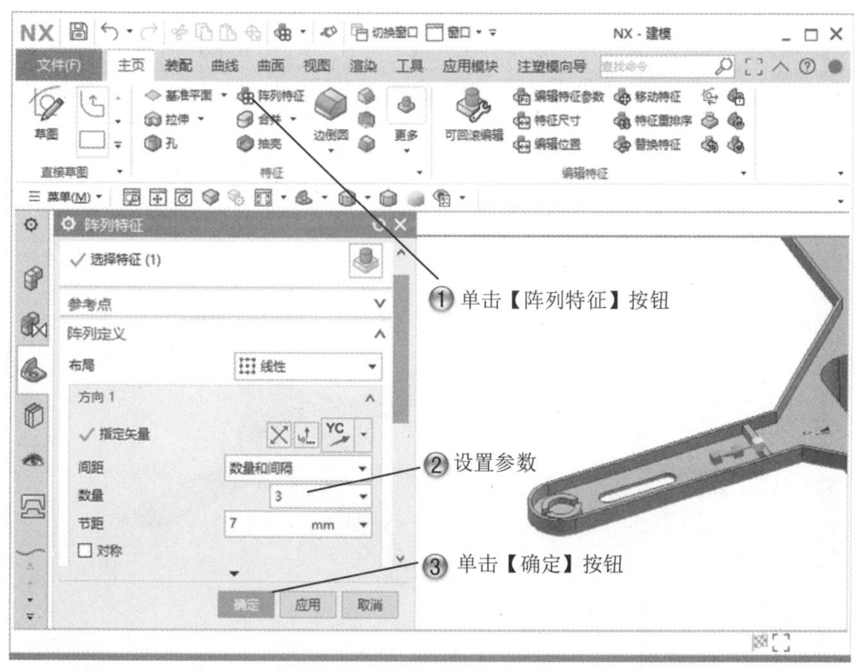

图 10-79　创建筋板阵列特征

Step32 创建阵列特征，如图 10-80 所示。

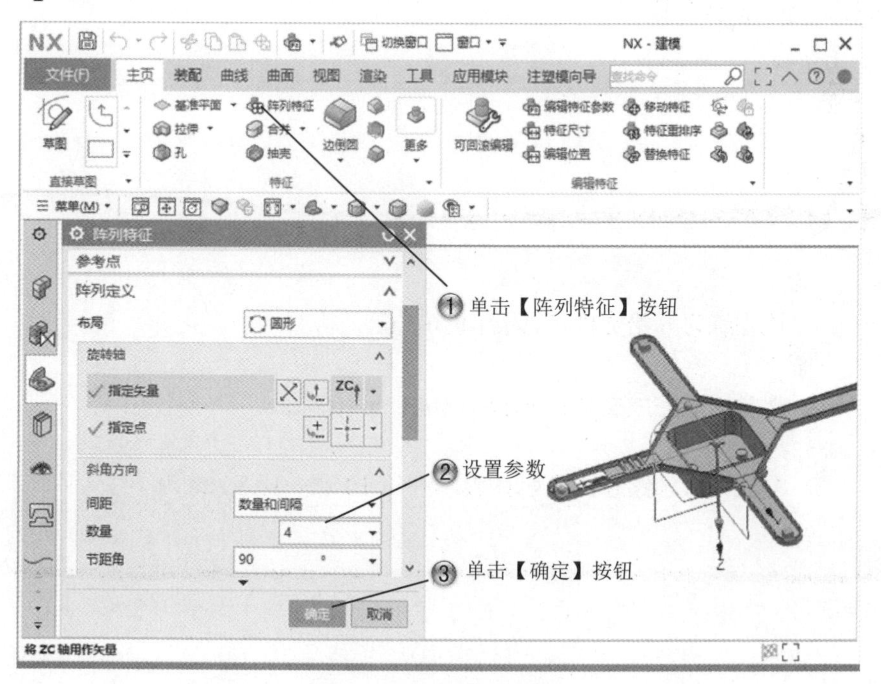

图 10-80　创建阵列特征

Step33 完成壳体零件的创建，如图 10-81 所示。

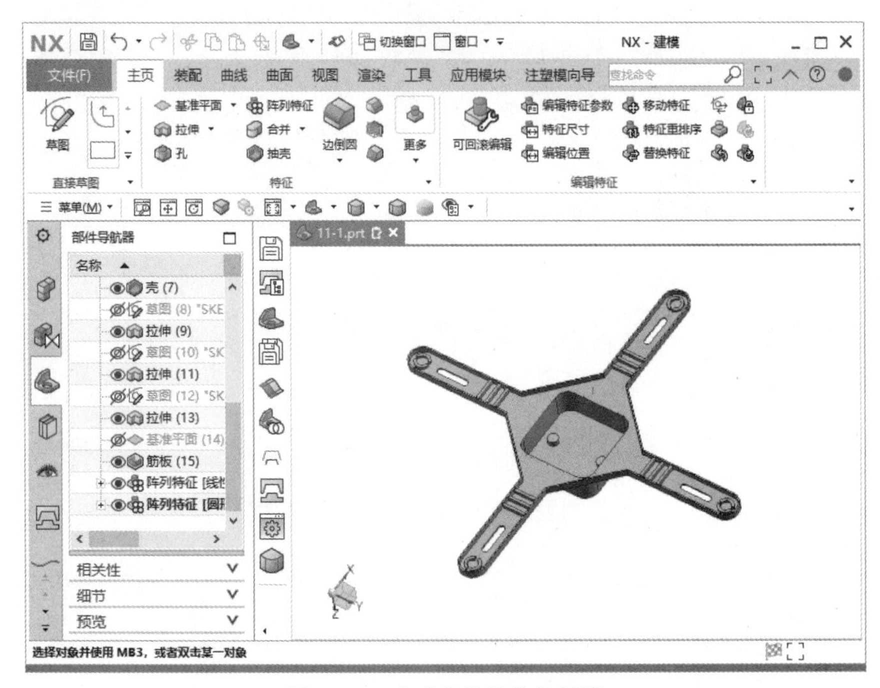

图 10-81　完成壳体零件的创建

10.3.2　创建零件模具

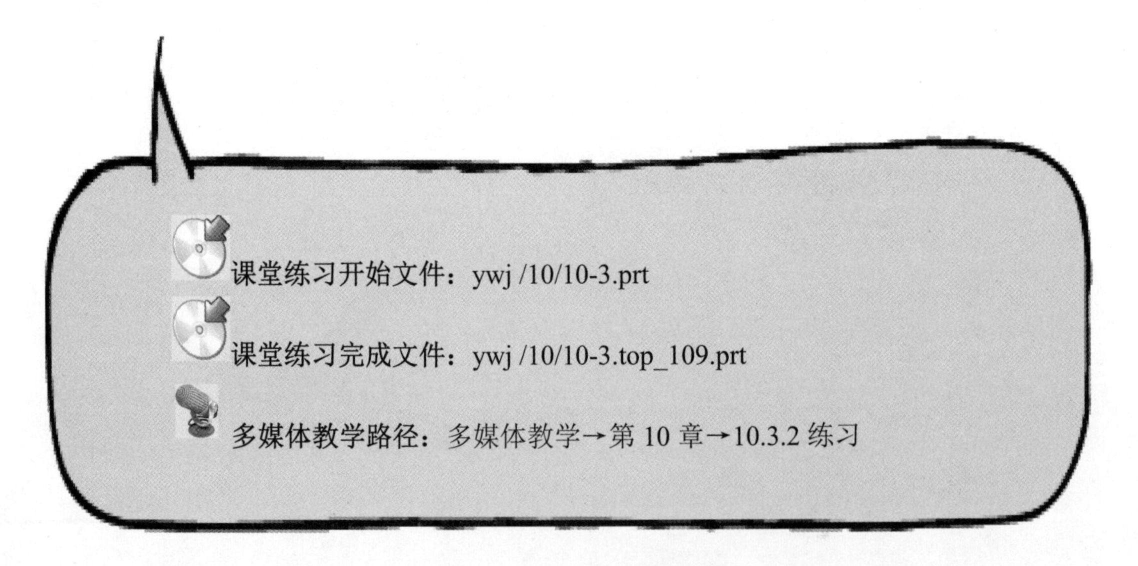

课堂练习开始文件：ywj /10/10-3.prt

课堂练习完成文件：ywj /10/10-3.top_109.prt

多媒体教学路径：多媒体教学→第 10 章→10.3.2 练习

Step1 打开零件模型，进入模具设计，如图 10-82 所示。

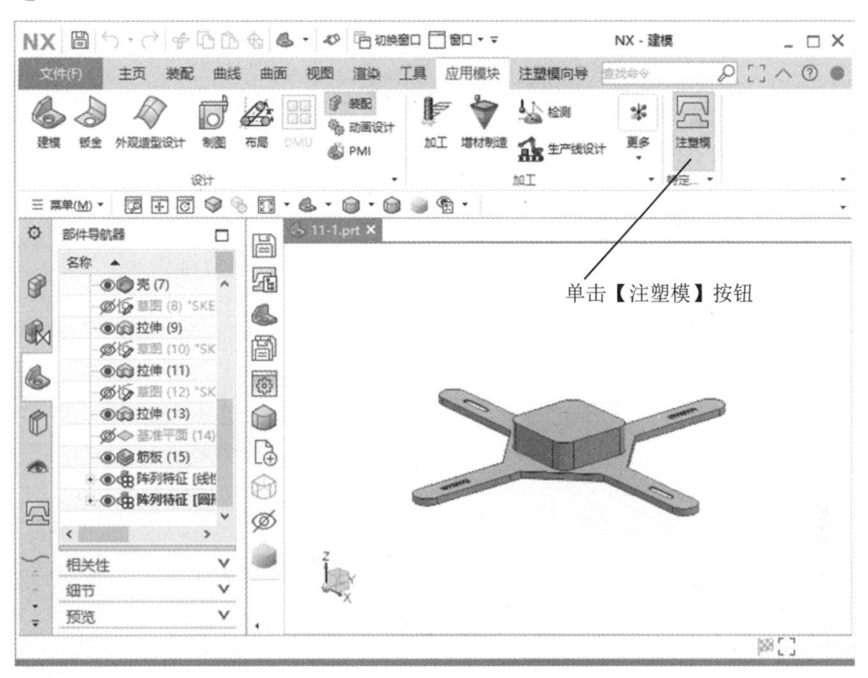

图 10-82　打开零件模型

Step2 初始化模型，如图 10-83 所示。

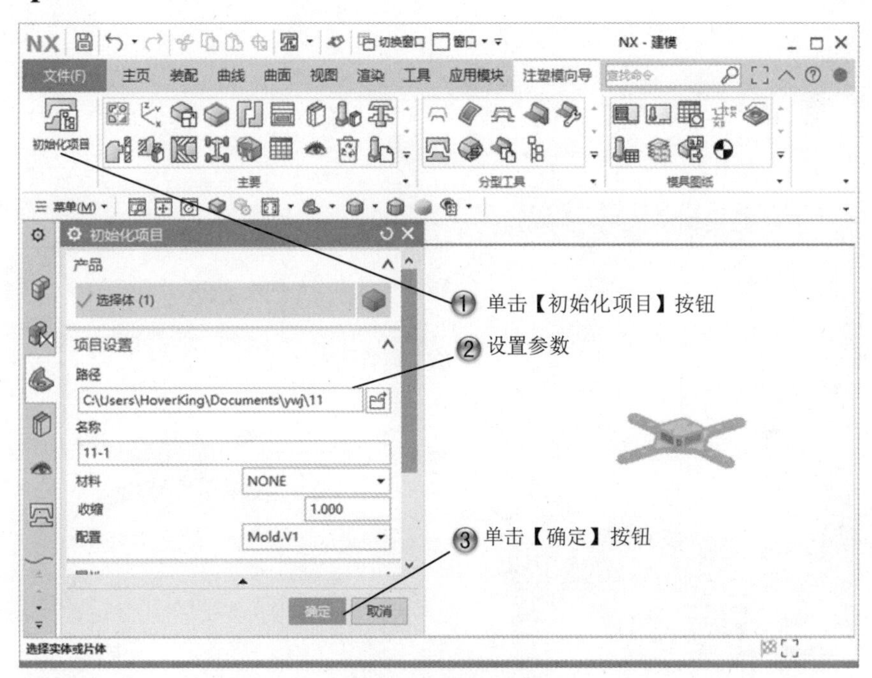

图 10-83　初始化模型

Step3 创建模具坐标，如图 10-84 所示。

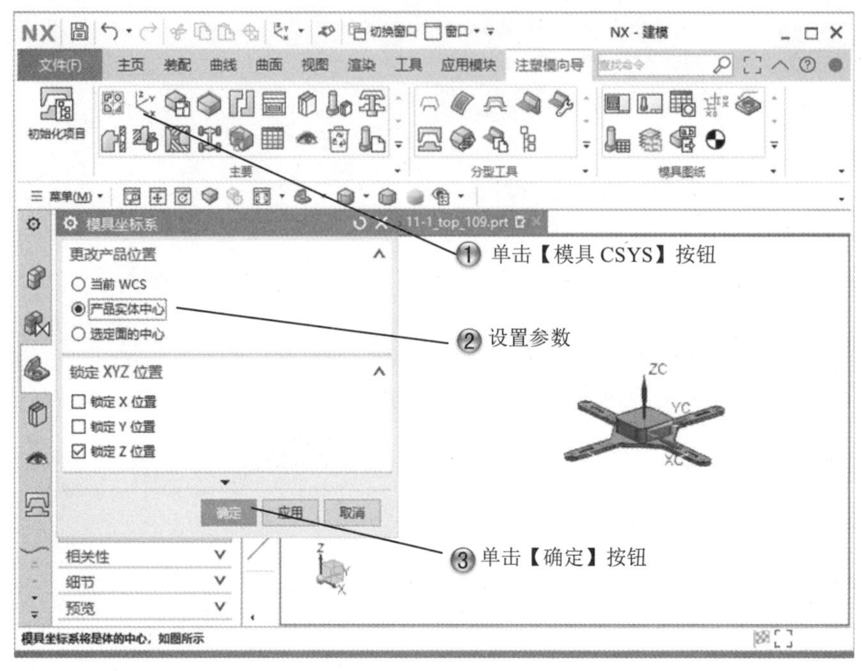

图 10-84　创建模具坐标

Step4 设置缩放体，如图 10-85 所示。

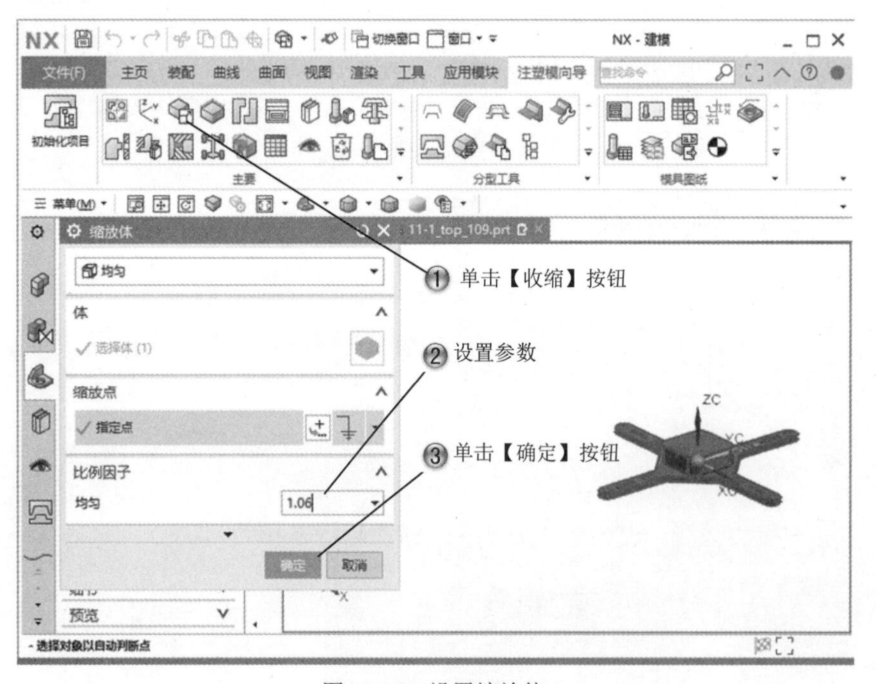

图 10-85　设置缩放体

Step5 创建工件，如图 10-86 所示。

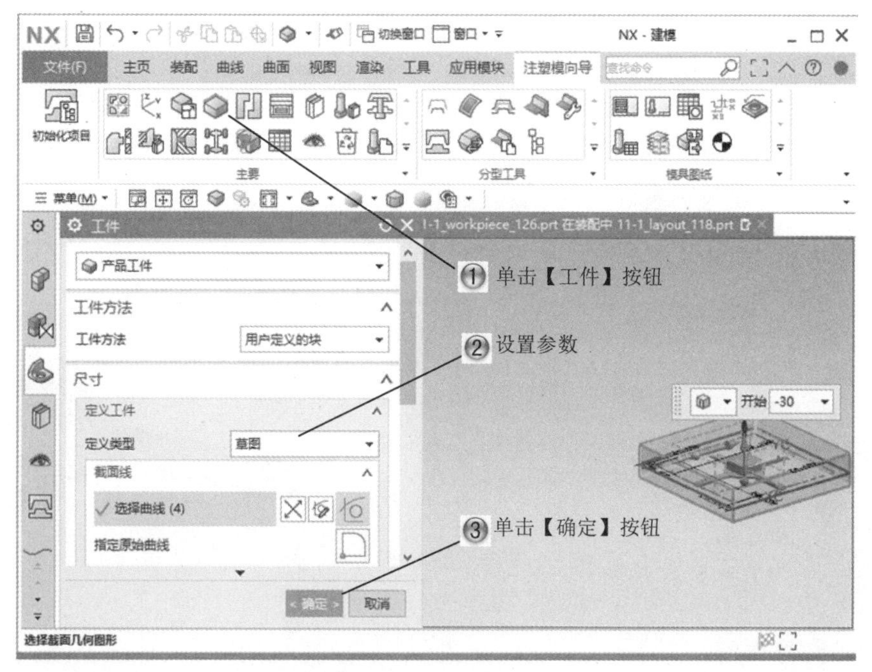

图 10-86　创建工件

Step6 检查区域，如图 10-87 所示。

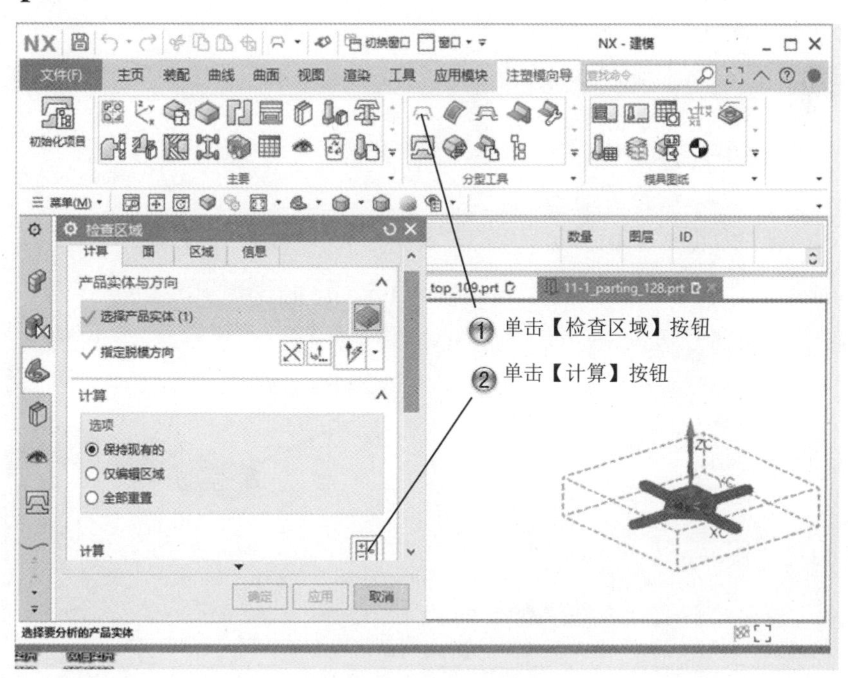

图 10-87　检查区域

Step7 查看未定义区域，如图 10-88 所示。

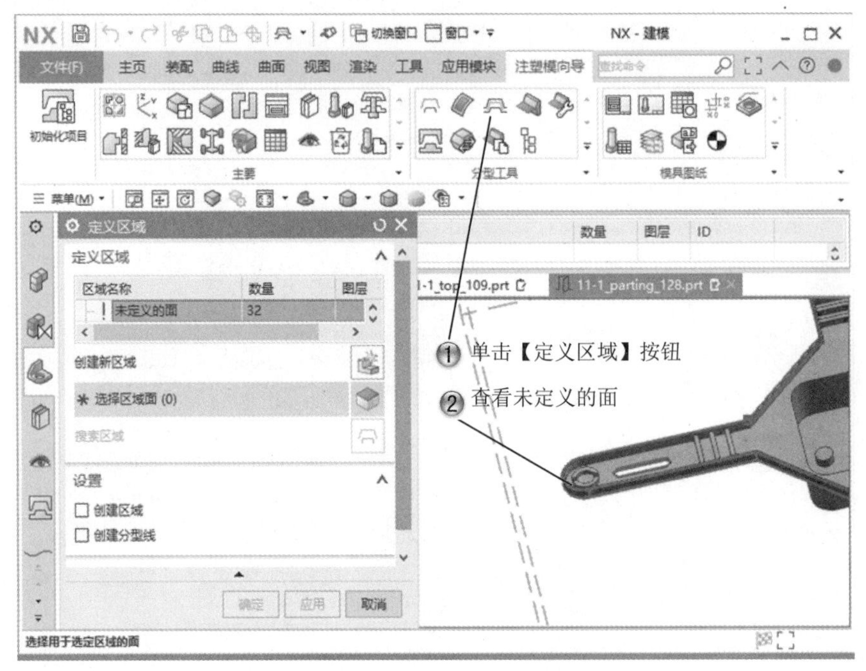

图 10-88 查看未定义区域

Step8 设置型腔面，如图 10-89 所示。

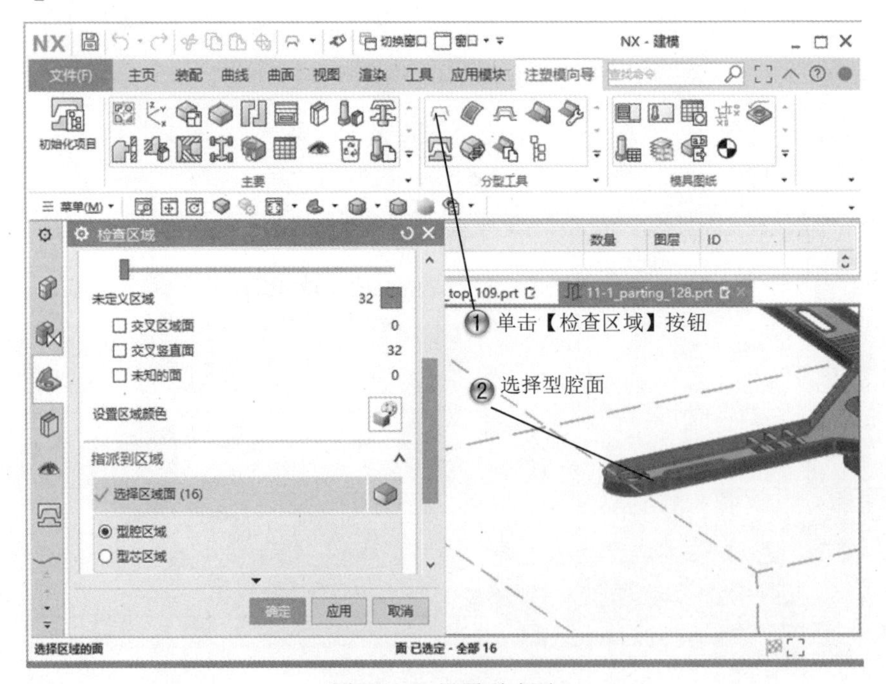

图 10-89 设置型腔面

Step9 设置型芯面，如图 10-90 所示。

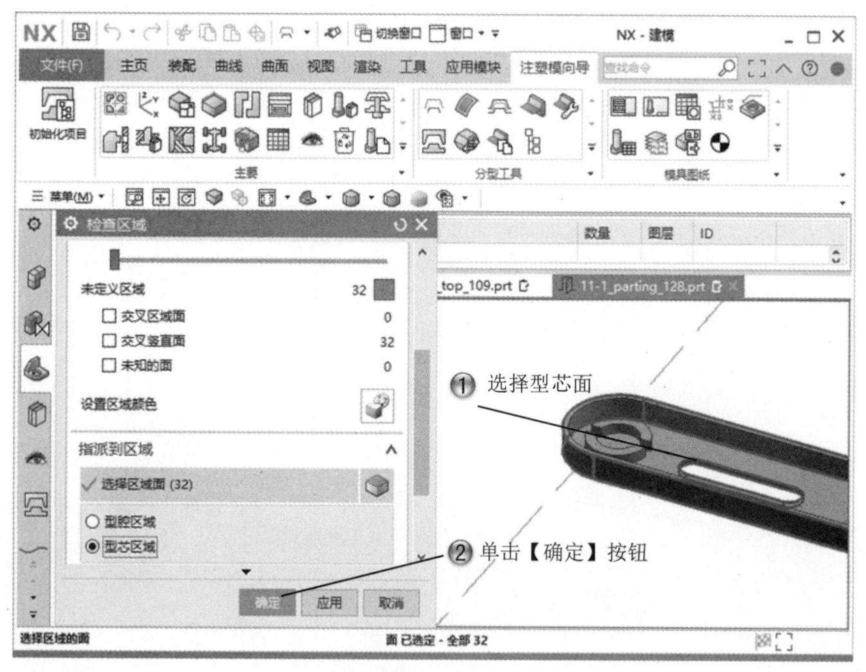

图 10-90　设置型芯面

Step10 曲面补片，如图 10-91 所示。

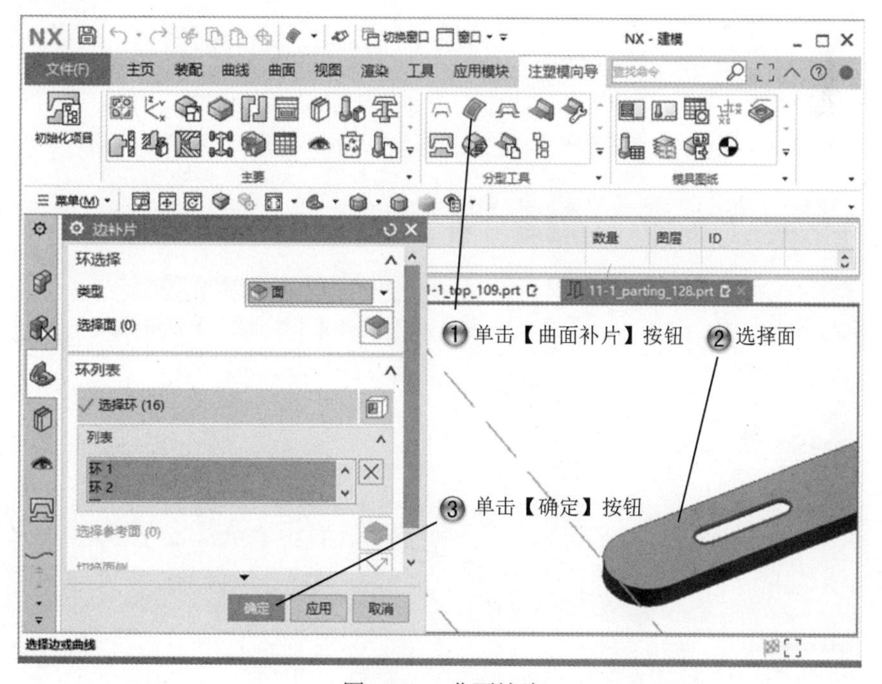

图 10-91　曲面补片

Step11 创建分型线，如图 10-92 所示。

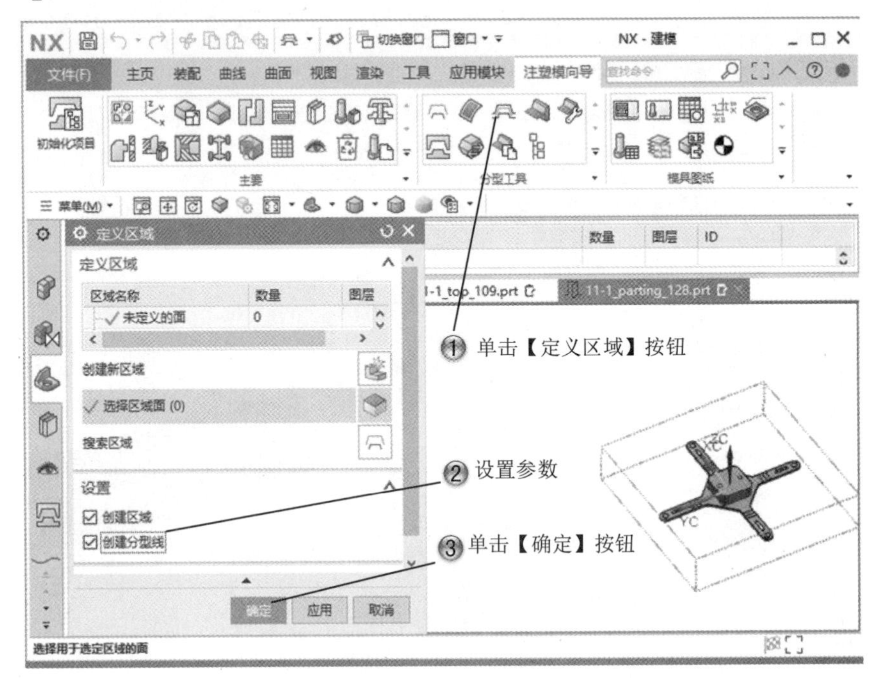

图 10-92　创建分型线

Step12 创建分型面，如图 10-93 所示。

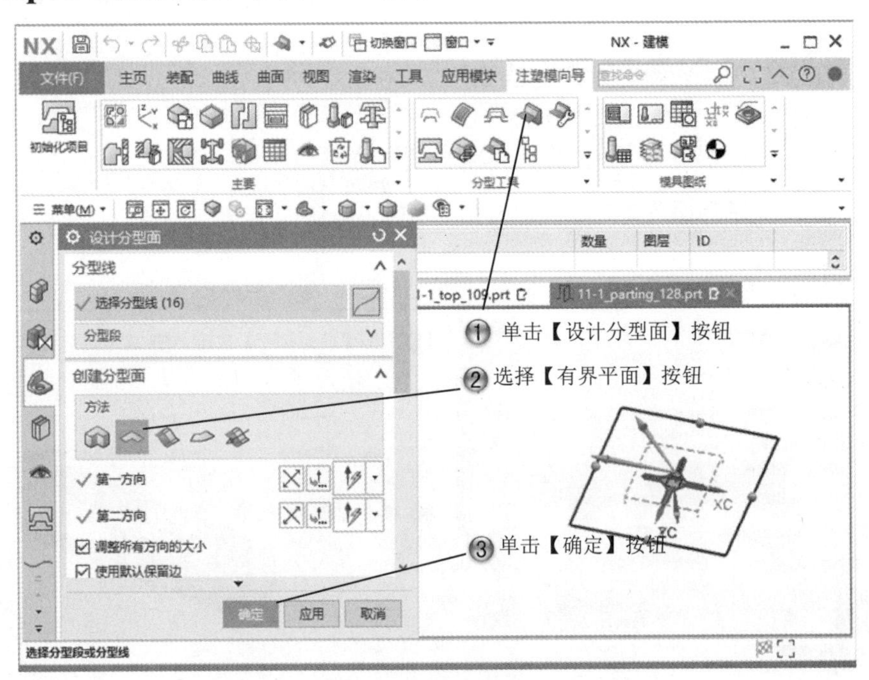

图 10-93　创建分型面

Step13 创建型腔区域，如图 10-94 所示。

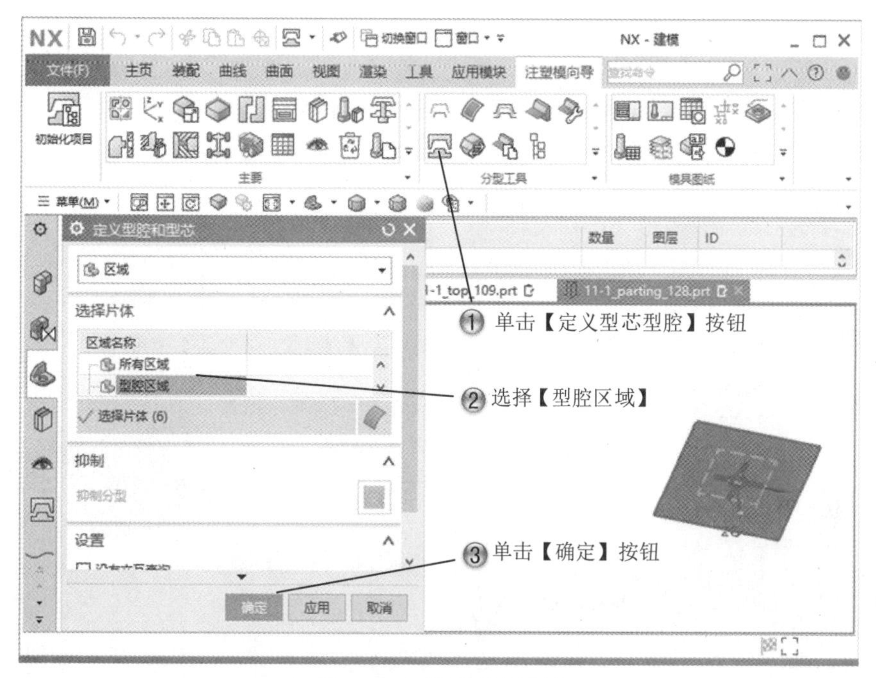

图 10-94 创建型腔区域

Step14 设置型腔方向，如图 10-95 所示。

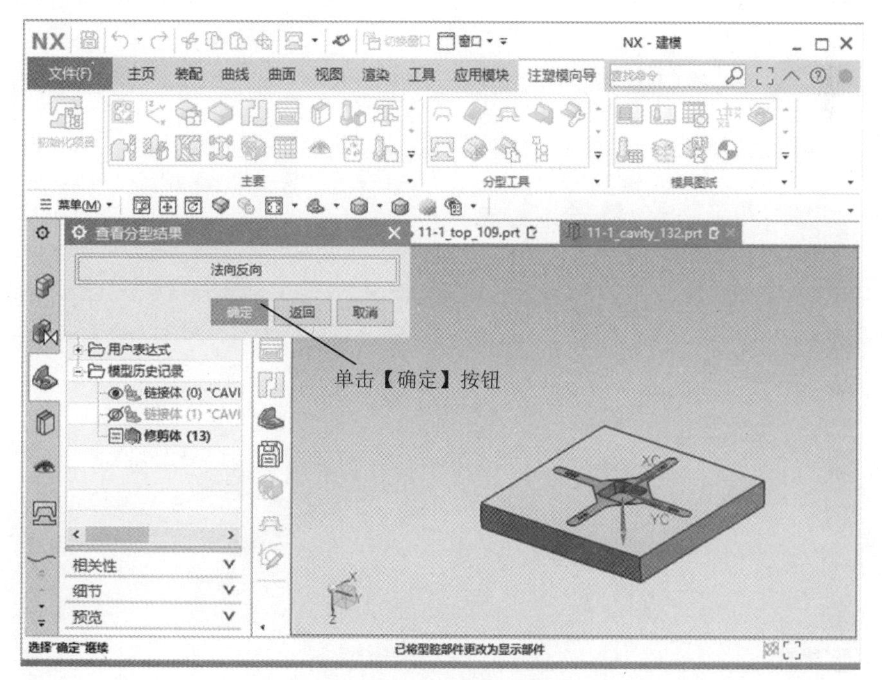

图 10-95 设置型腔方向

Step15 创建型芯区域，如图 10-96 所示。

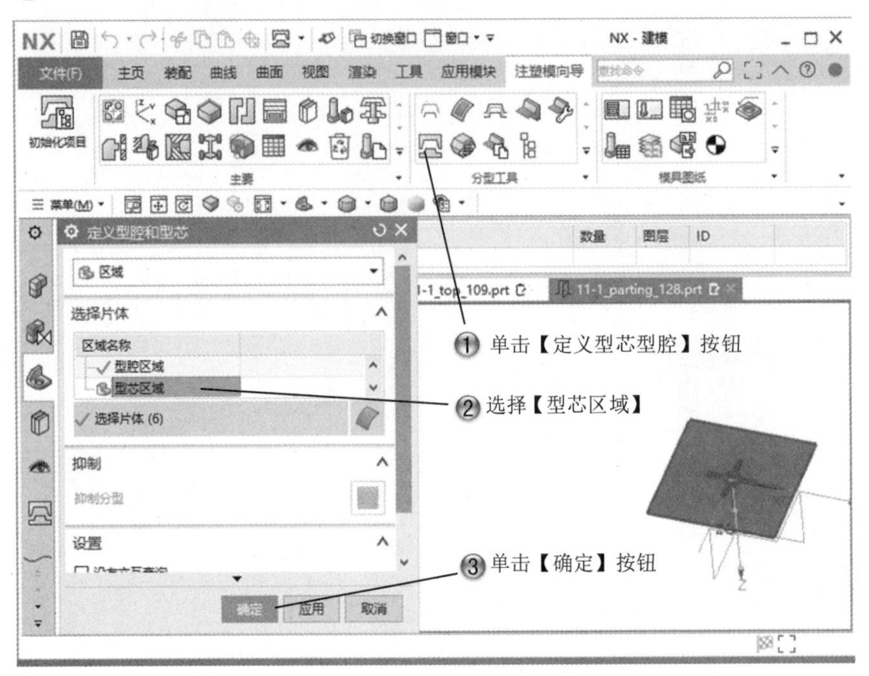

图 10-96　创建型芯区域

Step16 设置型芯方向，如图 10-97 所示。

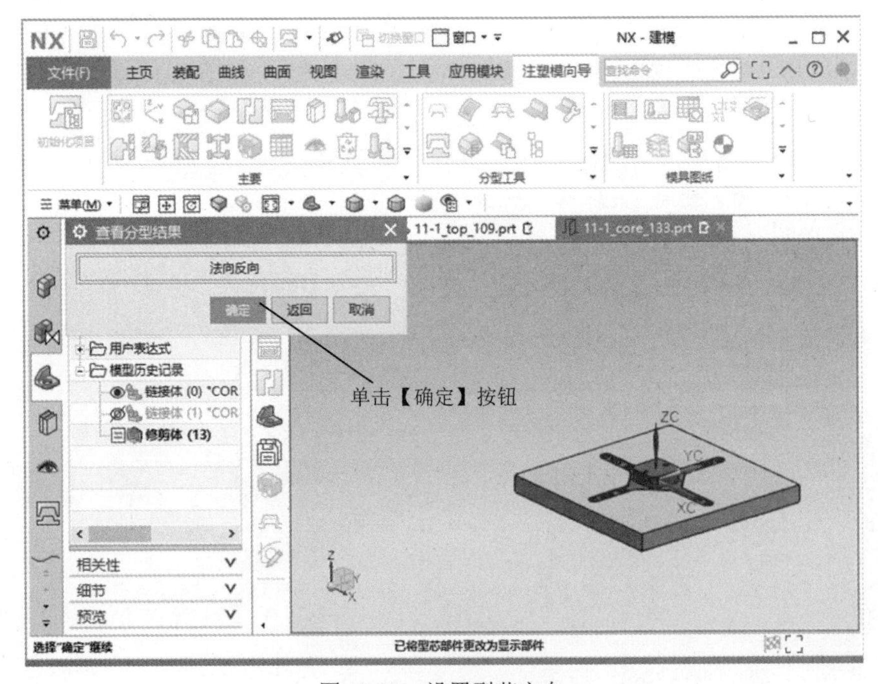

图 10-97　设置型芯方向

Step17 完成的型芯和型腔，如图 10-98 所示。

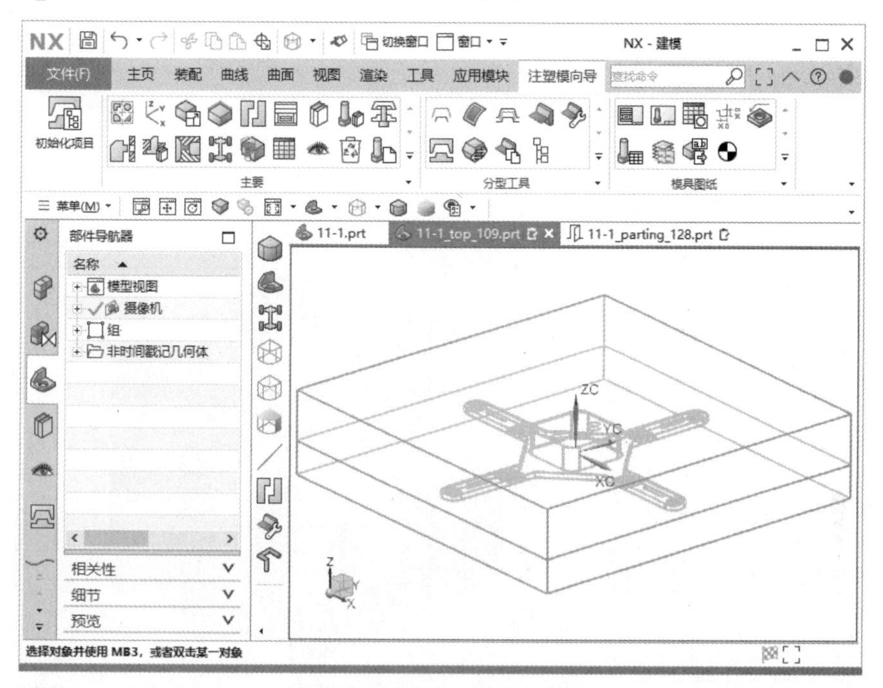

图 10-98　完成的型芯和型腔

Step18 创建模架，如图 10-99 所示。

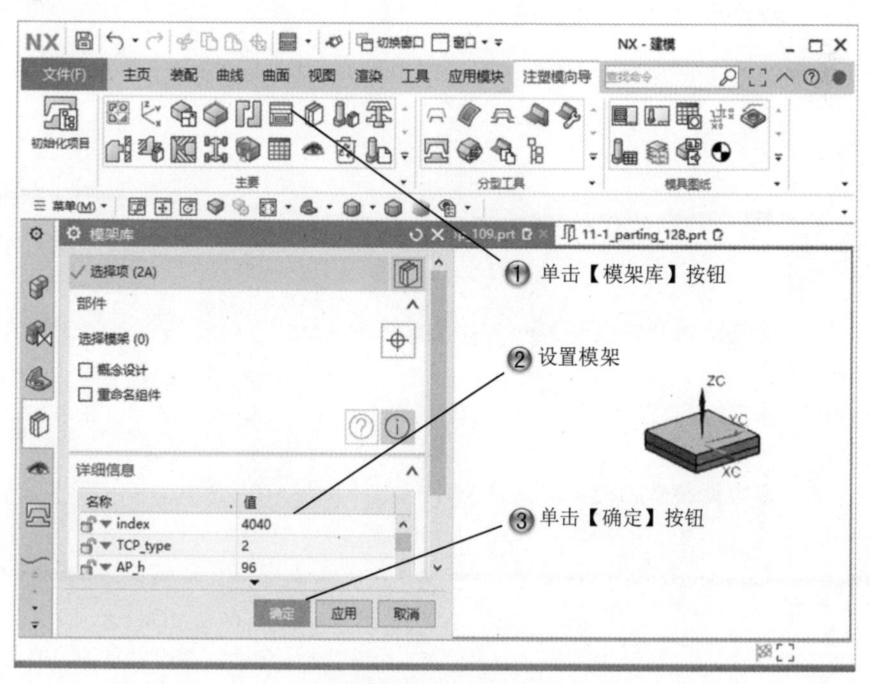

图 10-99　创建模架

Step19 完成模架加载，如图 10-100 所示。

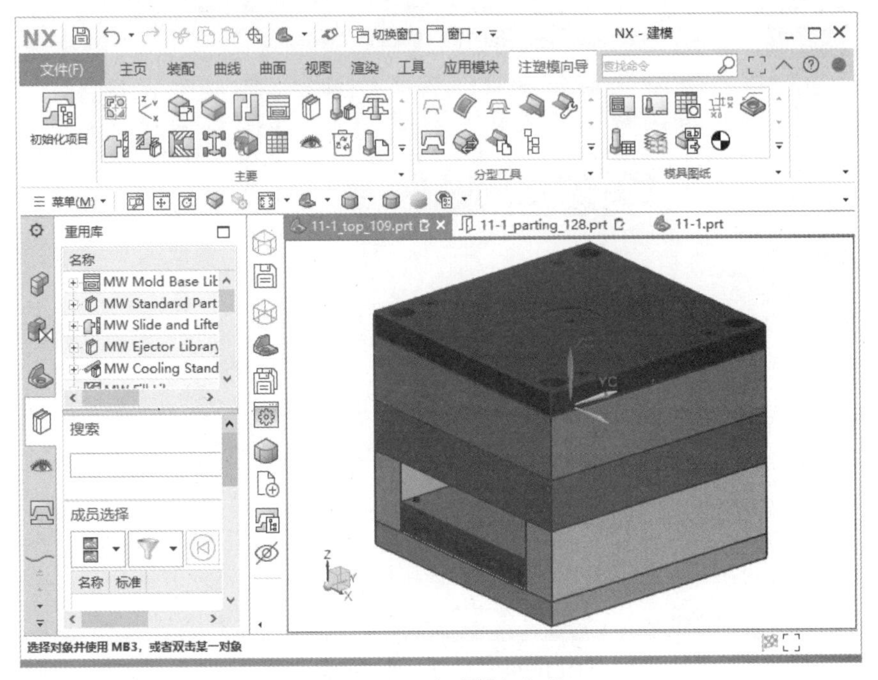

图 10-100　完成模架加载

10.3.3　创建模架流道及水路

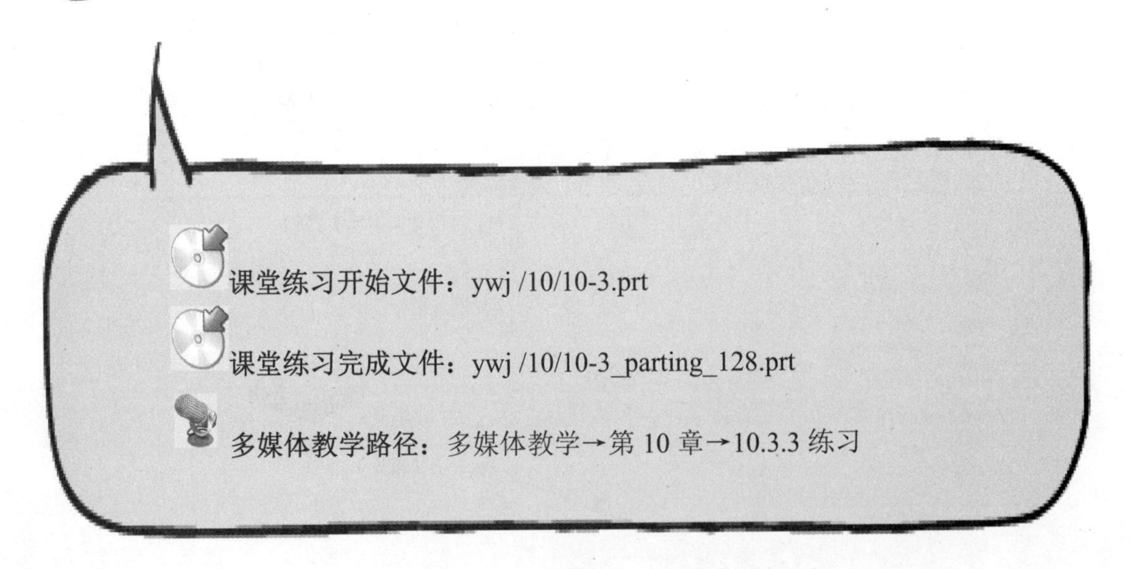

Step1 打开模具文件，如图 10-101 所示。

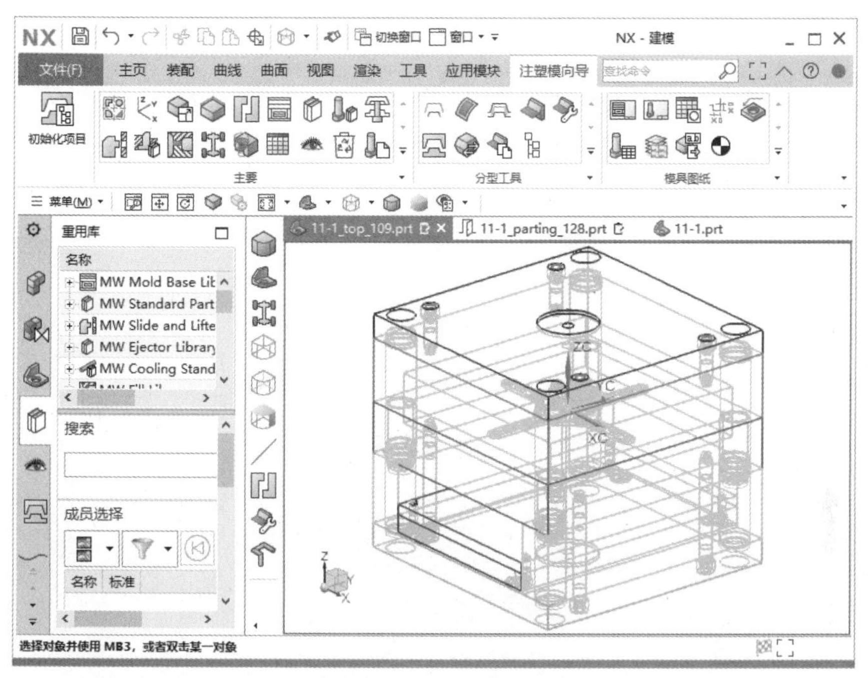

图 10-101 打开模具文件

Step2 创建标准件，如图 10-102 所示。

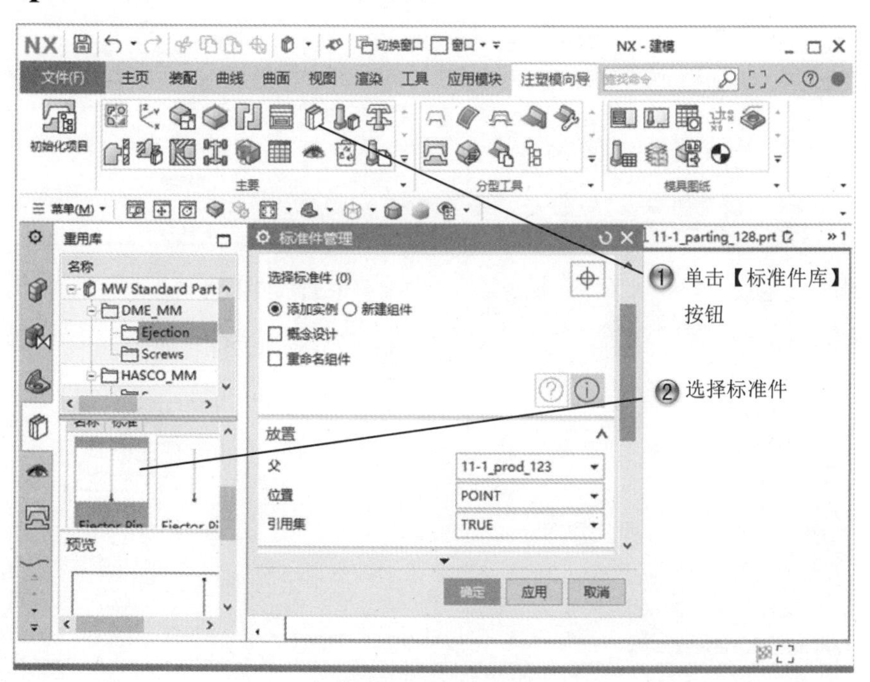

图 10-102 创建标准件

Step3 设置标准件位置，如图 10-103 所示。

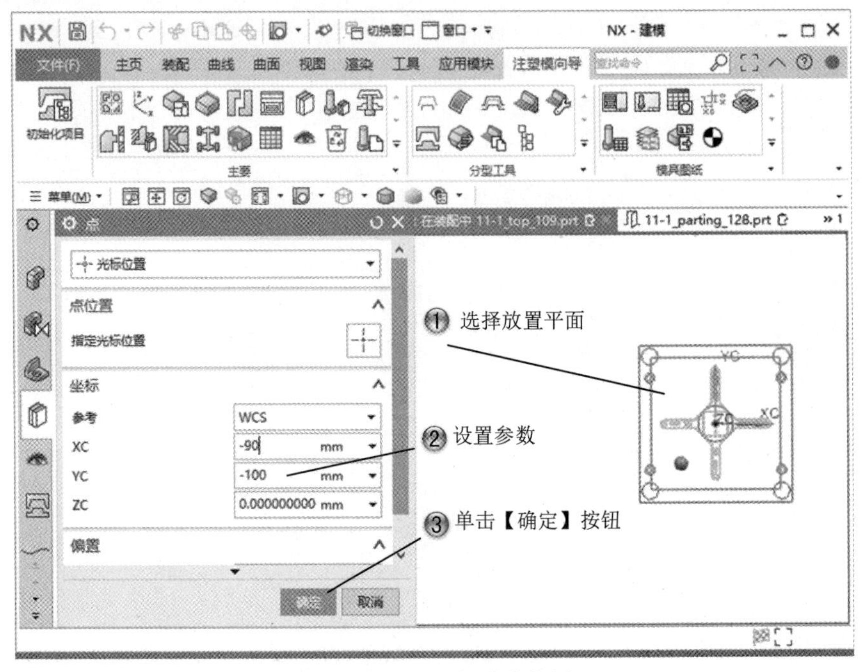

图 10-103　设置标准件位置

Step4 创建流道，如图 10-104 所示。

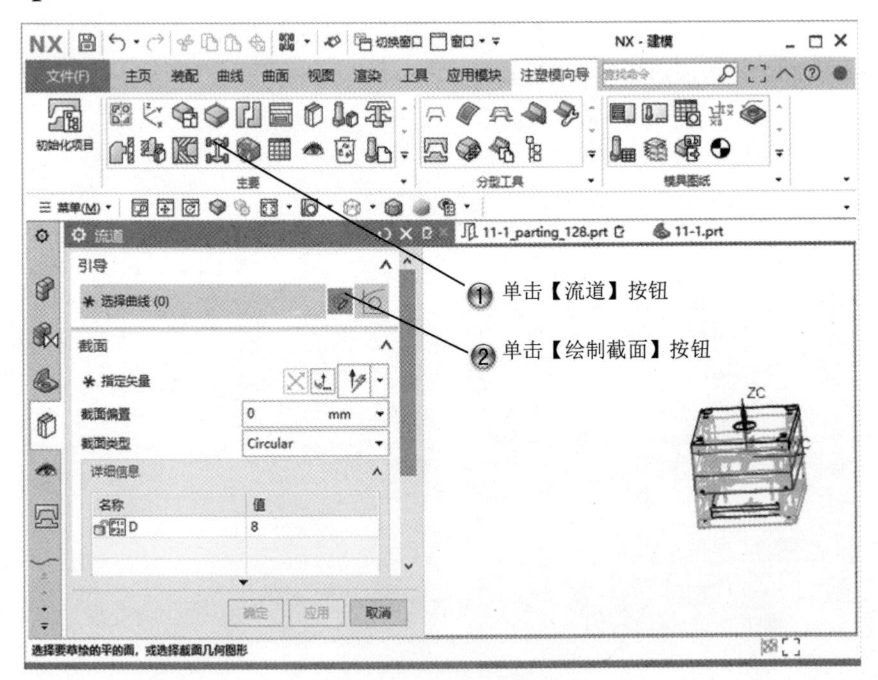

图 10-104　创建流道

Step5 选择草绘面，如图 10-105 所示。

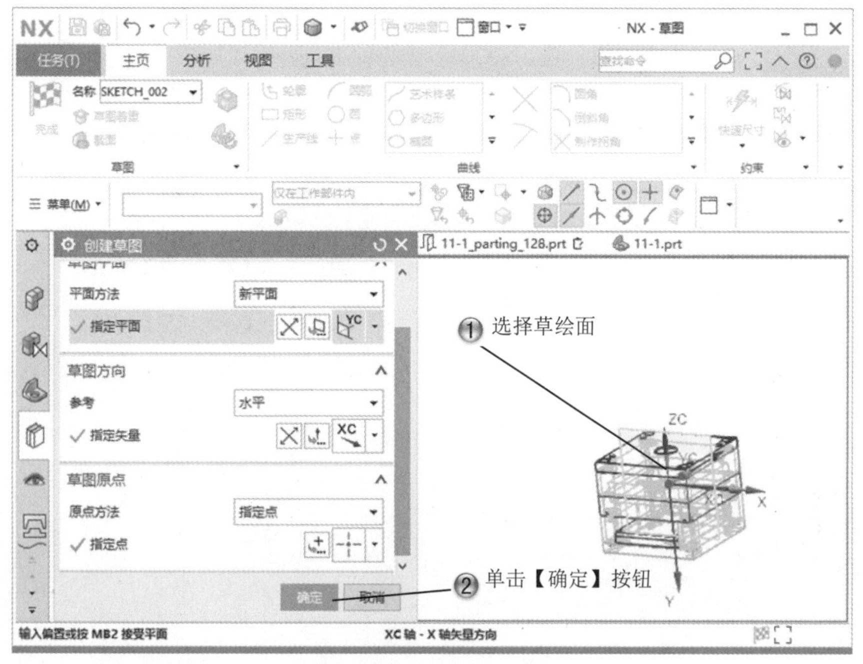

图 10-105　选择草绘面

Step6 绘制直线，如图 10-106 所示。

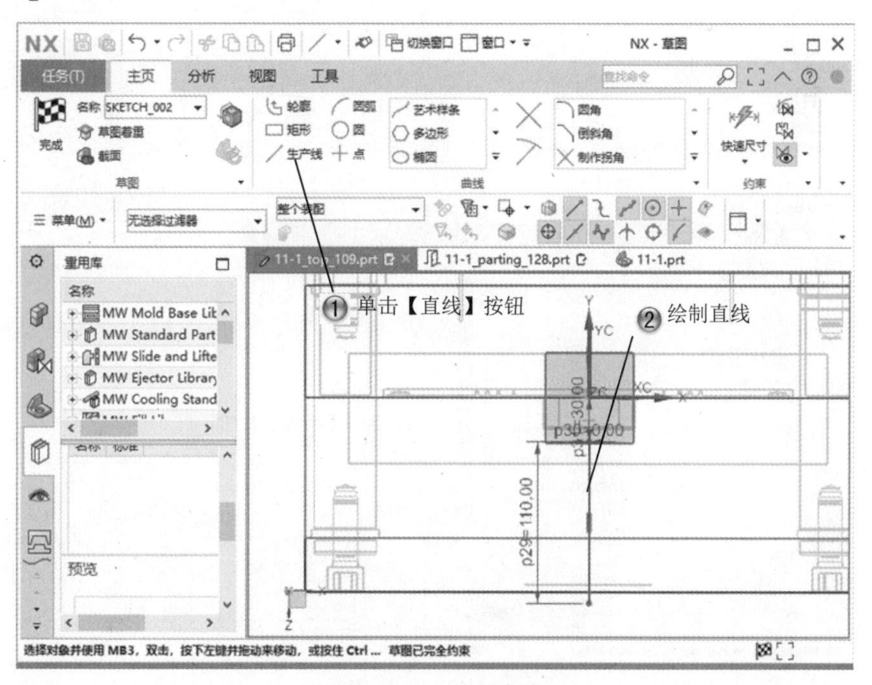

图 10-106　绘制直线

Step7 创建设计填充，如图 10-107 所示。

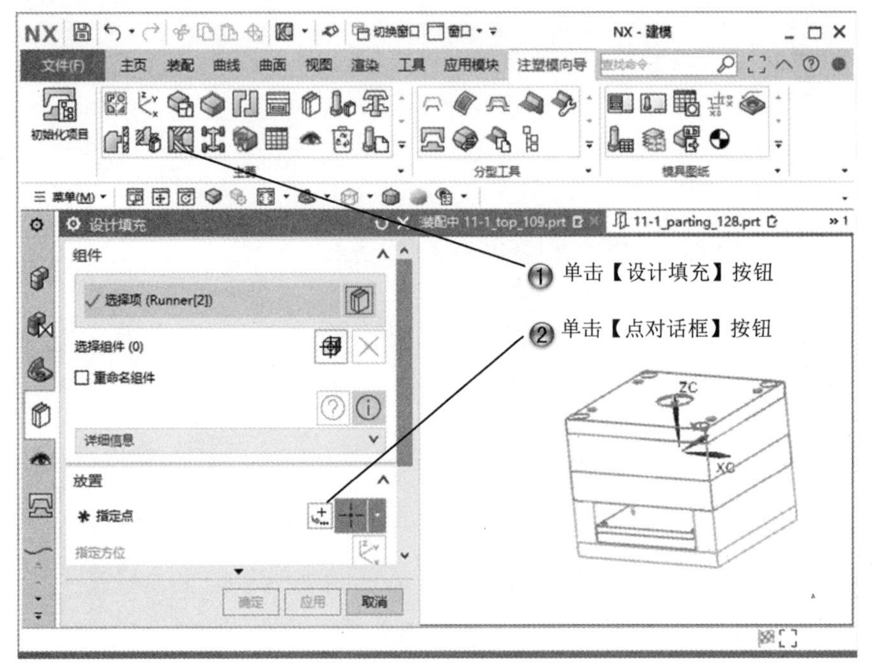

图 10-107　创建设计填充

Step8 设置设计填充位置，如图 10-108 所示。

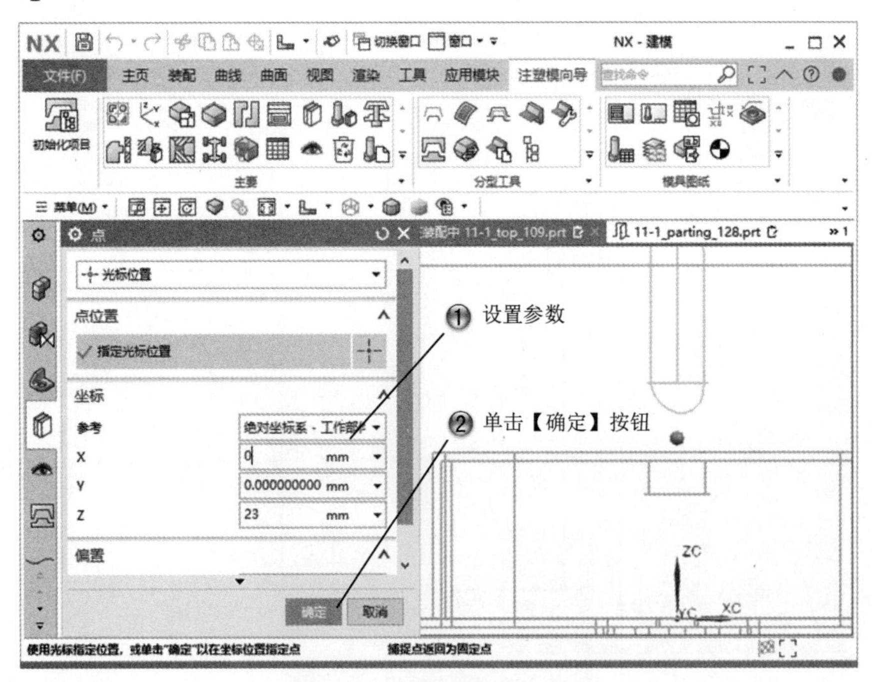

图 10-108　设置设计填充位置

Step9 创建水路路径，如图 10-109 所示。

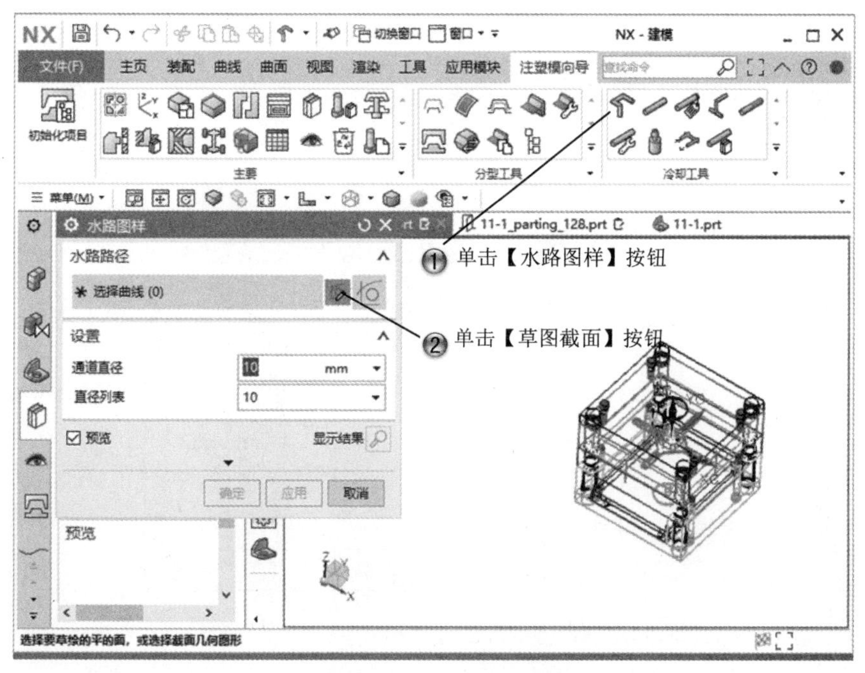

图 10-109　创建水路路径

Step10 选择草绘面，如图 10-110 所示。

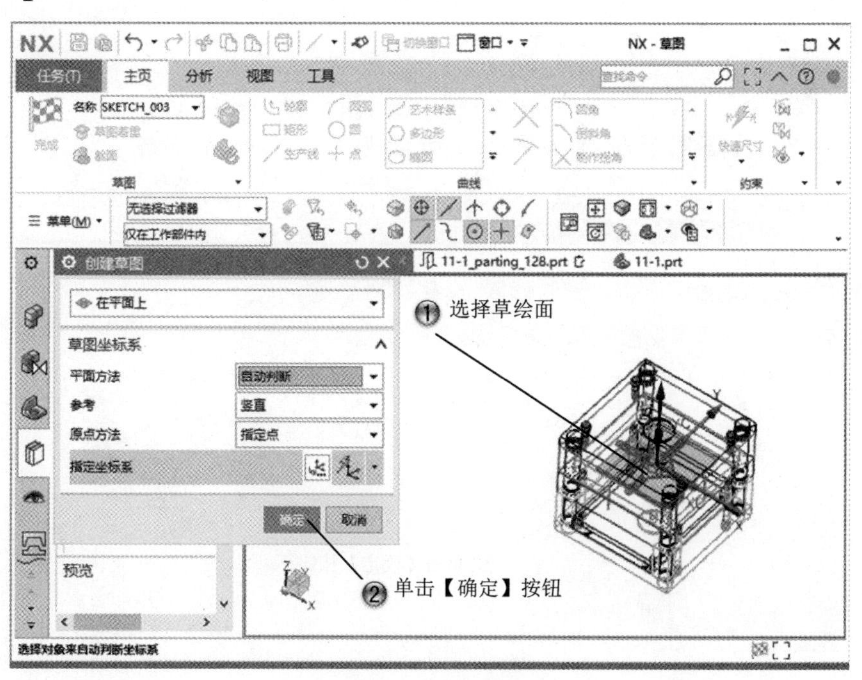

图 10-110　选择草绘面

Step11 绘制直线草图，如图 10-111 所示。

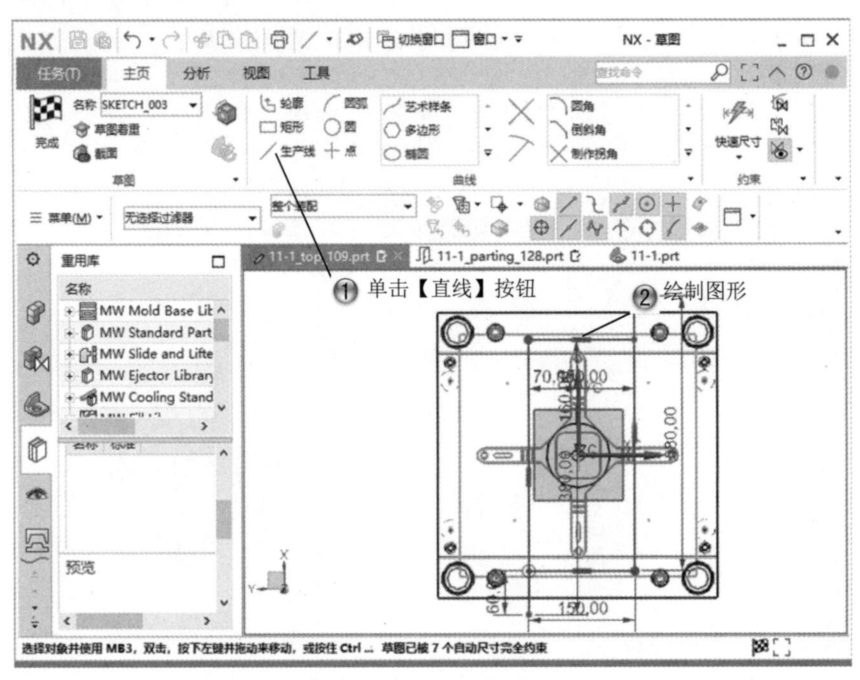

图 10-111　绘制直线草图

Step12 设置冷却通路参数，如图 10-112 所示。

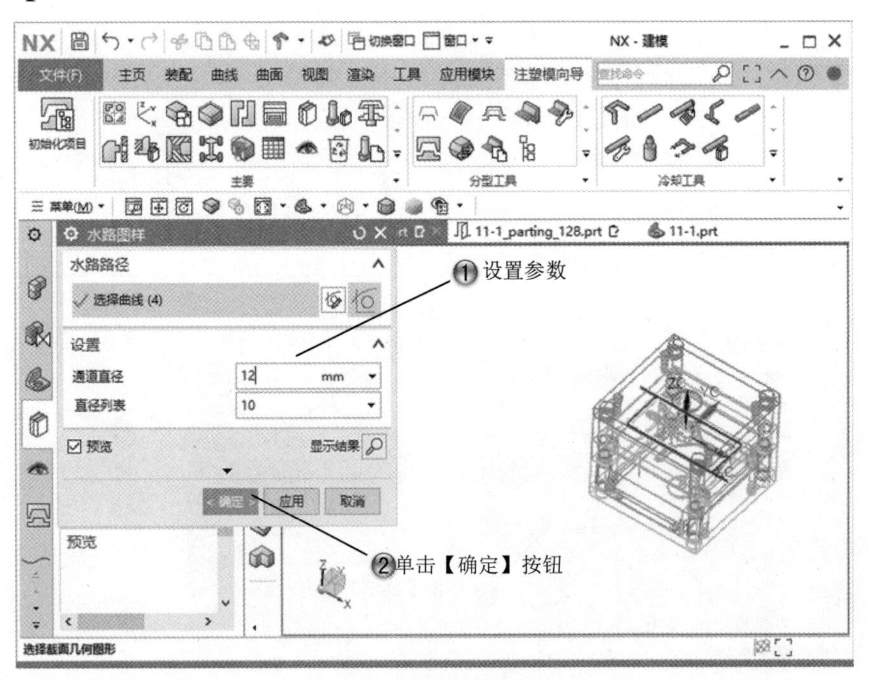

图 10-112　设置冷却通路参数

Step13 完成冷却系统，如图 10-113 所示。

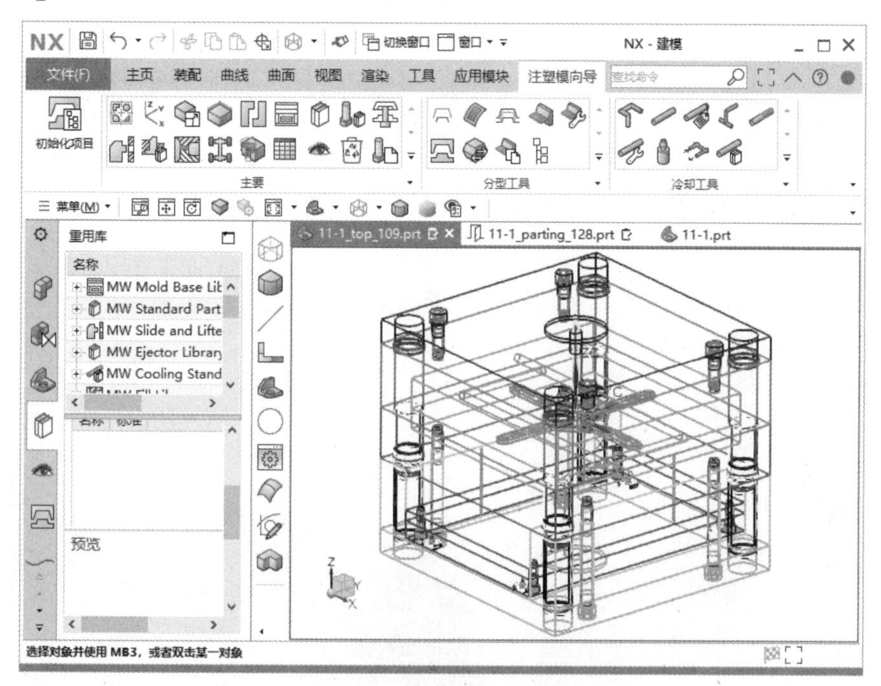

图 10-113 完成冷却系统

10.4 专家总结

本章主要讲解了模具物料清单的内容，并讲解了后续的模具图纸等，还介绍了一个实际应用的综合范例，读者可以通过练习进一步学习。

10.5 课后习题

10.5.1 填空题

（1）模具图纸包括________和________。

（2）物料清单的作用是________。

10.5.2 问答题

（1）创建模具图纸的方法有哪些？

（2）如何保存模具图纸？

10.5.3 上机操作题

如图 10-114 所示，使用本章学过的知识来创建螺钉模具并创建图纸。

一般创建步骤和方法如下：

（1）创建螺钉模型。

（2）模具分型。

（3）创建模具。

（4）创建模具图纸。

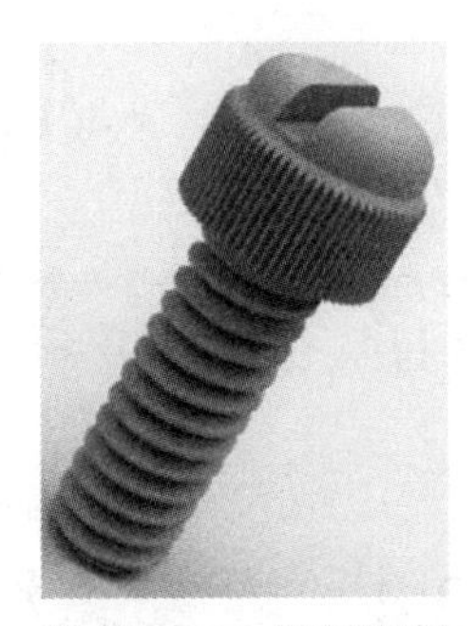

图 10-114　螺钉模型

反侵权盗版声明

举报电话：（010）88254396；（010）88258888
传　　真：（010）88254397
E-mail：　dbqq@phei.com.cn
通信地址：北京市海淀区万寿路 173 信箱
　　　　　电子工业出版社总编办公室
邮　　编：100036